全面 ● 专业 ● 实用 ● 经典 ● 艺术 ● 厚重 ● 超值 新闻出版总署"盘配书"项目

3ds Max 2012 效果图制作完全自学手册

VRay2.1

曹茂鹏 瞿颖健 编著

高清教学光盘

超值附赠 4.1GB 的 DVD 光盘,内容包括 440 多个场景文件和 1100 多个最终的 MAX、线框、效果文件,以及 240 多分钟的视频教学文件

技术手册
13章近450页的手册篇幅,全面系统地讲解了3ds Max及VRay软件功能命令的实用方法以及操作技巧

专业实用
充分展现了3ds Max及VRay的核心技术、新增功能和商业应用,全面提高效果图制作的技能

操作技巧
9大核心功能讲解和70多个技能实例,技术与经验紧密结合,使您的学习变得轻松、简单、快捷

北京希望电子出版社
Beijing Hope Electronic Press
www.bhp.com.cn

内容简介

本书从基础知识开始，深入介绍 3ds Max 效果图绘制方法和技巧。

本书共有 13 章。第 1～2 章为"效果图必学理论和基本操作"作为全书的铺垫。第 3～6 章为"建模"章节，全面地介绍了基础建模、二维图形建模、修改器建模、高级建模技术的应用。第 7～11 章为"灯光材质渲染"章节，全面、细致地介绍了 3ds Max 效果图的灯光、材质、渲染的制作流程，并结合理论等更易读者所吸收。第 12～13 章为"综合"章节，将室内外设计所能遇到的几乎所有的风格、表现技法完全的展现，并完全讲解每一个综合实例的灯光、材质、渲染、后期处理知识，让读者通过反复的练习，可以达到掌握技术更全面、水平提升速度更快的目的。

本书不仅适合 3ds Max 室内外设计师初、中级读者的学习使用，也可以作为大中专院校相关专业及 3ds Max 三维设计培训班的教材，也非常适合读者自学、查阅。

本书配套光盘内容包含书中部分实例的场景文件、源文件、贴图和实例的视频教学录像，同时附加了 3ds Max 2012 快捷键索引、常用物体折射率表、效果图常用尺寸附表等，供读者使用。

图书在版编目（ＣＩＰ）数据

3ds Max 2012 效果图制作完全自学手册 /曹茂鹏，瞿颖健编著．

—北京：北京希望电子出版社，2012．1

ISBN 978-7-83002-025-5

Ⅰ．①3… Ⅱ．①曹… ②瞿… Ⅲ．①三维动画软件，3ds Max 2012 Ⅳ．①TP391.41

中国版本图书馆 CIP 数据核字(2011)第 261478 号

出版：北京希望电子出版社		封面：付 巍	
地址：北京市海淀区上地 3 街 9 号		编辑：刘俊杰	
金隅嘉华大厦 C 座 611		校对：方加青	
邮编：100085		开本：787mm×1092mm　1/16	
网址：www.bhp.com.cn		印张：28（全彩印刷）	
电话：010-62978181（总机）转发行部		印数：1-3000	
010-82702675（邮购）		字数：664 千字	
传真：010-82702698		印刷：北京瑞富峪印务有限公司	
经销：各地新华书店		版次：2012 年 1 月 1 版 1 次印刷	

定价：88.00 元（配 1 张 DVD 光盘）

作品欣赏

第3章　AEC物体的综合运用

第3章　AEC物体的综合运用—线框

第3章　创意茶几

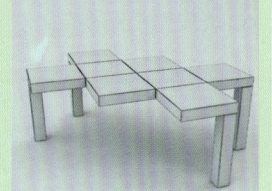
第3章　创意茶几—线框

第3章　会议室椅子

第3章　会议室椅子—线框

第3章　皮草

第3章　皮草—线框

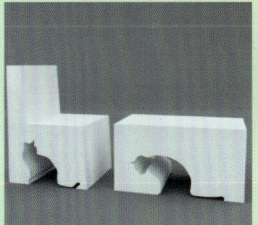
第3章　椅子

第3章　椅子—线框

第3章　制作简约沙发

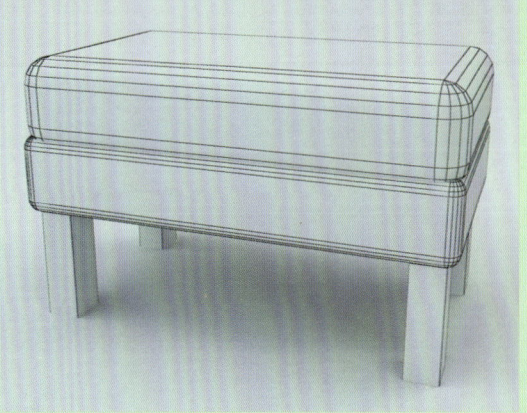
第3章　制作简约沙发—线框

3ds Max 2012 效果图制作 从入门到精通

第3章　制作简约落地灯　　　　　　　　第3章　制作简约落地灯—线框

第3章　制作楼梯　　　　　　　　　　　第3章　制作楼梯—线框

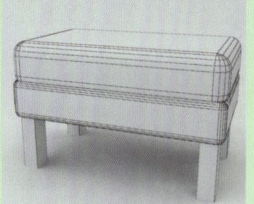

第3章　制作简约沙发　　第3章　制作简约沙发—线框　　第3章　制作简约书架　　第3章　制作简约书架—线框

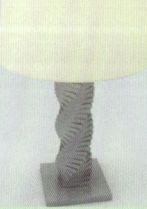

第3章　制作简约台灯　　第3章　制作简约台灯—线框　　第3章　制作欧式镜子　　第3章　制作欧式镜子—线框

作品欣赏

第3章　制作室内户型结构　　　　　　　　第3章　制作室内户型结构—线框

第3章　制作创意椅子　　第3章　制作创意椅子—线框　　第3章　制作现代椅子　　第3章　制作现代椅子—线框

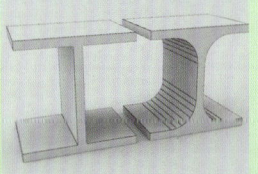

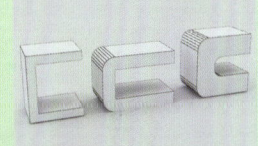

第4章　创建宽法兰　　　第4章　创建宽法兰—线框　　　第4章　创建通道　　　　第4章　创建通道—线框

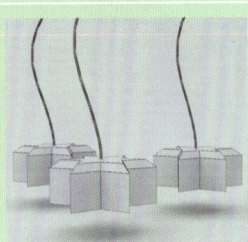

第4章　制作创意茶几　　第4章　制作创意茶几—线框　　第4章　制作创意吊灯　　第4章　制作创意吊灯—线框

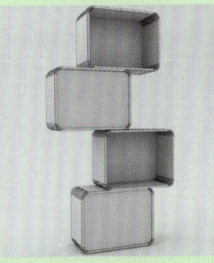

第4章　制作创意柜子　　第4章　制作创意柜子—线框　　第4章　制作文字挂钩　　第4章　制作文字挂钩—线框

3ds Max 2012 效果图制作 从入门到精通

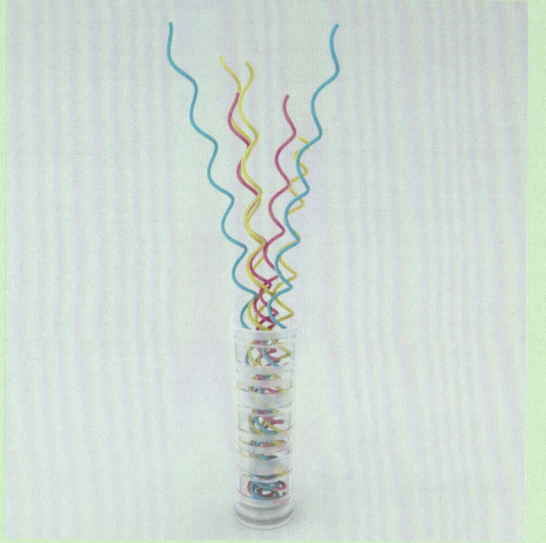
第4章 制作螺旋线装饰造型

第4章 制作螺旋线装饰造型—线框

第4章 制作创意椅子

第4章 制作创意椅子—线框

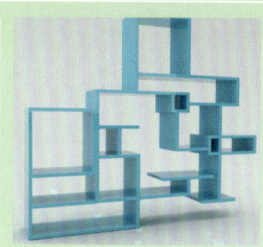
第4章 制作书架

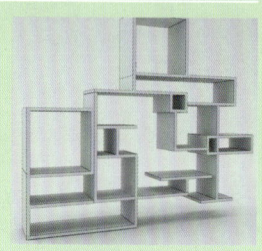
第4章 制作书架—线框

第4章 制作躺椅

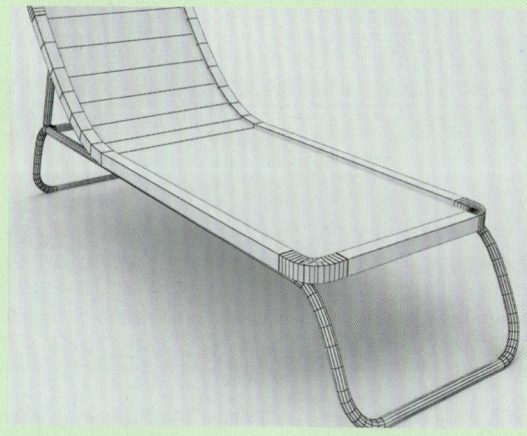
第4章 制作躺椅—线框

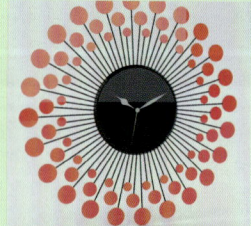
第4章 制作现代时钟

第4章 制作现代时钟—线框

第4章 中式台灯

第4章 中式台灯—线框

作品欣赏

第5章　水晶吊灯

第5章　水晶吊灯—线框

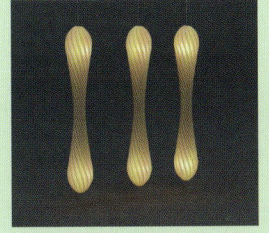
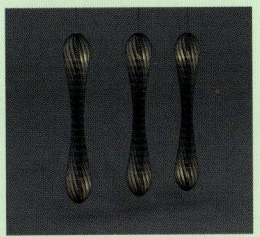
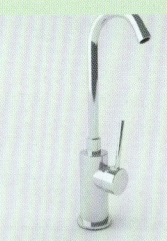
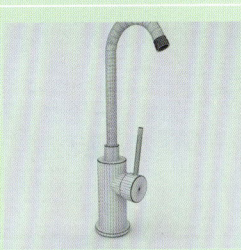

第5章　创意吊灯　　第5章　创意吊灯—线框　　第5章　水龙头　　第5章　水龙头—线框

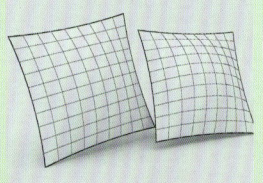

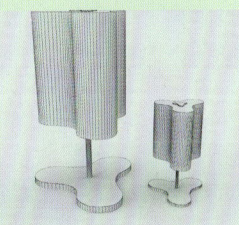

第5章　制作抱枕　　第5章　制作抱枕—线框　　第5章　制作创意台灯　　第5章　制作创意台灯—线框

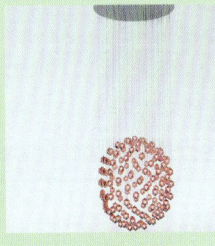
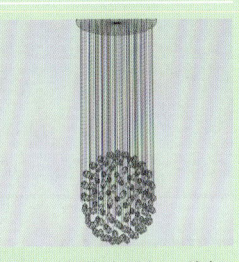

第5章　制作复古灯饰　　第5章　制作复古灯饰—线框　　第5章　制作水晶灯　　第5章　制作水晶灯—线框

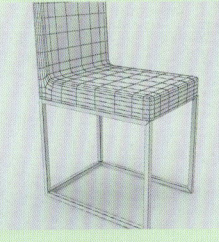

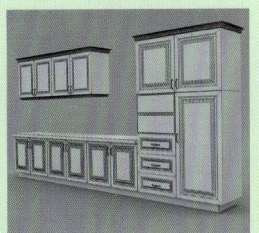

第6章　餐椅　　第6章　餐椅—线框　　第6章　橱柜　　第6章　橱柜—线框

3ds Max 2012 效果图制作 从入门到精通

第6章　床

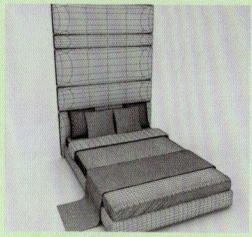
第6章　床—线框

第6章　床头柜

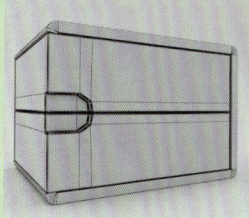
第6章　床头柜—线框

第6章　斗柜

第6章　斗柜—线框

第6章　多人沙发

第6章　多人沙发—线框

第6章　柜子

第6章　柜子—线框

第6章　木质椅子

第6章　木质椅子—线框

第6章　双人沙发

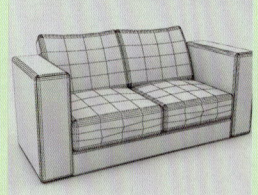
第6章　双人沙发—线框

第6章　新古典餐椅

第6章　新古典餐椅—线框

第7章　灯光综合之厨房

作品欣赏

第7章 灯光综合之餐厅

第7章 灯光综合之书房

第7章 室外阳光阴影效果

第7章 起居室壁炉灯光效果

第7章 客厅灯光白天效果

3ds Max 2012 效果图制作 从入门到精通

第7章 休闲室夜晚落地灯

第7章 室外阳光阴影效果

第7章 走廊处阳光效果

作品欣赏

第8章 白雪材质

第8章 地砖材质

第8章 金属材质

第8章 镜子材质

第8章 木地板材质

第8章 沙发皮革材质

3ds Max 2012 效果图制作 从入门到精通

第8章 食物材质

第8章 水材质

第8章 陶瓷材质

第8章 相机材质

第8章 塑料材质

第8章 布纹材质

作品欣赏

第9章　光圈系数为1

第9章　光圈系数为3

第11章　利用VRay渲染器渲染起居室白天效果

第11章　利用VRay渲染器渲染起居室夜晚效果

3ds Max 2012 效果图制作 从入门到精通

第12章 别墅阳光效果

第13章 中式接待室日景效果

前言

　　3ds Max是应用最为广泛的三维软件，且在室内外设计中以其强大的建模、灯光、材质、动画、渲染等功能著称。

　　Autodesk公司推出两个版本，分别为3ds Max Design 2012（建筑类、设计类专业人员使用）和3ds Max 2012（娱乐类专业人员使用），这两种版本功能差别不大。本书使用的是Autodesk 3ds Max 2012版本。

　　本书共分13章，具体章节内容介绍如下。

　　第1章："效果图制作必备常识"。主要介绍效果图制作中必须掌握的理论知识，主要包括光与影、构图技巧、色彩与风格、室内人体工程学等。

　　第2章："3ds Max基本操作"。主要针对新手介绍3ds Max 2012入门的基本操作，并列举大量基础案例作为练习。

　　第3章："基础建模技术"。主要介绍室内外设计中，使用基础建模的制作方法与技巧。

　　第4章："二维图形建模技术"。主要介绍室内外设计中，使用二维图形建模的制作方法与技巧。

　　第5章："修改器建模技术"。主要介绍室内外设计中，使用修改器建模的制作方法与技巧。

　　第6章："高级建模技术"。主要介绍室内外设计中，使用高级建模的制作方法与技巧。

　　第7章："效果图中的灯光设置"。主要介绍室内外灯光的表现技法，包括光度学灯光、标准灯光、VRay灯光的使用方法等。

　　第8章："效果图质感表现中的材质与贴图"。主要介绍了室内外常用材质和贴图的设置与使用方法。

　　第9章："效果图中的摄影机设置"。主要介绍几种常用的摄影机的创建与使用方法。

　　第10章："效果图中的VRay渲染利器参数详解"。主要介绍VRay渲染器的各个参数和产生的效果。

　　第11章："VRay渲染器综合运用"。主要介绍VRay渲染器的参数，并介绍了灯光、材质、渲染综合运用的制作流程。

  第12~13章：这两章中，以两个大型综合案例别墅阳光效果、中式接待室日景效果的表现手法，细致地介绍所应用到的灯光、材质、摄影机、渲染器、后期处理。

  本书附带一张DVD教学光盘，内容包括书中部分实例的场景文件、源文件、贴图，并包含书中部分实例的视频教学录像，同时附加了3ds Max 2012快捷键索引、常用物体折射率表、效果图常用尺寸附表等，供读者使用。

  本书技术实用，不仅适合3ds Max室内外设计师初、中级读者的学习使用，也可以作为大中专院校相关专业及3ds Max三维设计培训班的教材，也非常适合读者自学、查阅。

  本书由亿瑞设计策划，曹茂鹏和瞿颖健共同编写。参与本书编写和整理的还有艾飞、杨建超、马啸、于燕香、王萍、董辅川、瞿吉业、瞿玉珍、李路、曹子龙、曹诗雅、丁仁雯、孙芳等同志。本书在编写过程中，得到了韩宜波老师的大力支持，在此一并表示感谢。

  由于水平有限，书中难免存在错误和不妥之处，敬请广大读者批评指正。

编著者

CONTENTS 目录

第1章 效果图制作必备常识

1.1 光与影 2
　1.1.1 光 2
　1.1.2 影 8
1.2 构图技巧 9
　1.2.1 比例和尺度 9
　1.2.2 主角与配角 10
　1.2.3 均衡与稳定 10
　1.2.4 韵律与节奏 11
1.3 色彩与风格 11
　1.3.1 常用室内色彩搭配 11
　1.3.2 色彩心理 12
　1.3.3 风格 14
1.4 室内人体工程学 16
　1.4.1 概论 16
　1.4.2 作用 16
1.5 优秀作品赏析 16
　1.5.1 国外优秀欧式大堂日景点评 ... 16
　1.5.2 国外优秀剧院夜景点评 17

第2章 3ds Max基本操作

2.1 初识3ds Max 2012 19
2.2 3ds Max的应用发展与前景 19
2.3 3ds Max 2012 工作界面 19
　2.3.1 标题栏 22
　2.3.2 菜单栏 22
　2.3.3 主工具栏 22
　2.3.4 视口区域 23
　2.3.5 命令面板 24
　2.3.6 时间尺 24
　2.3.7 状态栏 25

2.3.8 视图导航控制按钮.................25	2.4 3ds Max基本操作...............26
2.3.9 时间控制按钮.....................25	

第3章 基础建模技术

3.1 初识建模........................34	**3.4 建筑构件建模**.................57
3.1.1 建模是什么......................34	3.4.1 楼梯...................................57
3.1.2 建模常用方法..................34	3.4.2 门.......................................59
3.1.3 建模的前期准备工作........36	3.4.3 窗.......................................61
3.1.4 初识【创建】面板..........38	3.4.4 墙.......................................61
3.2 标准基本体....................39	3.4.5 栏杆...................................62
3.2.1 长方体..............................40	3.4.6 植物...................................64
3.2.2 球体..................................43	3.4.7 AEC物体综合运用...........65
3.2.3 圆柱体..............................43	**3.5 复合对象**........................69
3.2.4 圆环..................................44	3.5.1 放样...................................70
3.2.5 茶壶..................................44	3.5.2 散布...................................73
3.2.6 圆锥体..............................45	3.5.3 图形合并...........................73
3.2.7 几何球体..........................45	3.5.4 布尔和ProBoolean...........79
3.2.8 管状体..............................46	**3.6 VRay**...............................84
3.2.9 四棱锥..............................48	3.6.1 VR_代理...........................84
3.2.10 平面................................48	3.6.2 VR_毛发...........................87
3.3 扩展基本体....................51	3.6.3 VR_平面...........................89
3.3.1 切角长方体......................52	3.6.4 VR_球体...........................89
3.3.2 切角圆柱体......................52	**3.7 课后作业**........................90
3.3.3 L-Ext和C-Ext..................53	**3.8 本章小结**........................91

第4章　二维图形建模技术

- 4.1　初识二维图形 93
- 4.2　样条线 93
  - 4.2.1　线 94
  - 4.2.2　圆 98
  - 4.2.3　弧 101
  - 4.2.4　多边形 101
  - 4.2.5　文本 104
  - 4.2.6　矩形 107
  - 4.2.7　星形 109
  - 4.2.8　螺旋线 111
- 4.3　扩展样条线 112
  - 4.3.1　墙矩形 113
  - 4.3.2　角度 113
  - 4.3.3　宽法兰 113
  - 4.3.4　通道 115
  - 4.3.5　T形 115
- 4.4　二维图形的编辑与修改 119
- 4.5　课后作业 123
- 4.6　本章小结 123

第5章　修改器建模技术

- 5.1　初识修改器 125
  - 5.1.1　修改器的种类 127
  - 5.1.2　修改器的应用 128
- 5.2　常用修改器 128
  - 5.2.1　【挤出】修改器 128
  - 5.2.2　【倒角】修改器 131
  - 5.2.3　【车削】修改器 131
  - 5.2.4　【弯曲】修改器 136
  - 5.2.5　【扭曲】修改器 136
  - 5.2.6　【晶格】修改器 139
  - 5.2.7　【FFD】修改器 143
  - 5.2.8　【平滑】、【网格平滑】、【涡轮平滑】修改器 146
  - 5.2.9　【噪波】修改器 146

5.2.10 【优化】修改器 146	5.4 本章小结 152
5.3 课后作业 152	

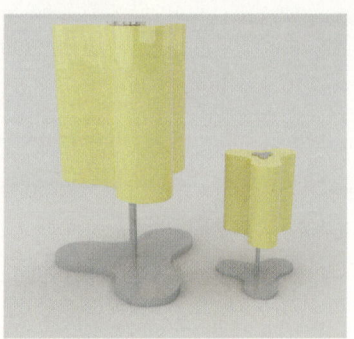

第6章　高级建模技术

6.1　认识高级建模 154	6.3.6　【循环】面板 196
6.2　编辑多边形 154	6.3.7　【细分】面板 197
6.2.1　选择卷展栏 154	6.3.8　【三角剖分】面板 197
6.2.2　【顶点】次物体级 155	6.3.9　【对齐】面板 198
6.2.3　【边】次物体级 156	6.3.10　【可见性】面板 198
6.2.4　【边界】次物体级 157	6.3.11　【属性】面板 198
6.2.5　【多边形】/【元素】次物体级 157	6.4　NURBS高级建模 208
6.2.6　【编辑几何体】次物体级 158	6.4.1　初识NURBS建模 208
6.2.7　【细分曲面】次物体级 160	6.4.2　NURBS对象类型 208
6.3　石墨建模工具 191	6.4.3　创建NURBS对象 209
6.3.1　【多边形建模】面板 191	6.4.4　转换NURBS对象 210
6.3.2　【修改选择】面板 191	6.4.5　编辑NURBS对象 210
6.3.3　【编辑】面板 192	6.4.6　NURBS工具箱 211
6.3.4　【几何体（全部）】面板 193	6.5　课后作业 213
6.3.5　【子对象】面板 194	6.6　本章小结 213

第7章　效果图中的灯光设置

- 7.1 初识灯光 215
  - 7.1.1 灯光是什么 215
  - 7.1.2 为什么要设置灯光 215
  - 7.1.3 灯光的设置步骤 215
- 7.2 光度学灯光 216
  - 7.2.1 目标灯光 216
  - 7.2.2 自由灯光 224
- 7.3 标准灯光 224
  - 7.3.1 目标聚光灯 225
  - 7.3.2 自由聚光灯 230
  - 7.3.3 目标平行光 230
  - 7.3.4 自由平行光 233
  - 7.3.5 泛光灯 233
  - 7.3.6 天光 234
- 7.4 VRay灯光 234
  - 7.4.1 VR_光源 235
  - 7.4.2 VR_IES 242
  - 7.4.3 VR_环境光 242
  - 7.4.4 VR_太阳 242
- 7.5 灯光设置实例 246
- 7.6 课后作业 256
- 7.7 本章小结 257

第8章　效果图质感表现中的材质与贴图

- 8.1 初识材质与贴图 259
- 8.2 材质技术 259
  - 8.2.1 初识材质 259
  - 8.2.2 材质编辑器 259
  - 8.2.3 材质/贴图浏览器 268
  - 8.2.4 为模型指定材质 269
- 8.3 常用材质的制作 269
  - 8.3.1 "标准"材质 271
  - 8.3.2 "顶/底"材质 271
  - 8.3.3 "多维子/对象"材质 271
  - 8.3.4 "混合"材质 274
  - 8.3.5 "VRayMtl"材质 278
  - 8.3.6 VR_发光材质 290
  - 8.3.7 VR_材质包裹器 290
- 8.4 贴图技术 294
  - 8.4.1 初识贴图 294
  - 8.4.2 贴图的分类 295
  - 8.4.3 贴图的加载方法 297
  - 8.4.4 贴图通道 298
  - 8.4.5 贴图坐标 298
- 8.5 常用贴图 299
  - 8.5.1 "位图"贴图 299
  - 8.5.2 "衰减"贴图 300
  - 8.5.3 "噪波"贴图 303

8.5.4 "VR_天空"贴图 308	8.6 常用材质真实表现 310
8.5.5 "VR_HDRI"贴图 309	8.7 课后作业 319
8.5.6 "VR_线框贴图"贴图 309	8.8 本章小结 320
8.5.7 "渐变"贴图 310	

第9章 效果图中的摄影机设置

9.1 初识摄影机 322	9.3.1 VR_穹顶像机 327
9.2 标准摄影机 323	9.3.2 VR_物理像机 328
9.2.1 目标摄影机 323	9.4 摄影机的几种表现技巧 330
9.2.2 自由摄影机 326	9.5 课后作业 336
9.3 VRay像机 327	9.6 本章小结 337

第10章 效果图中的VRay渲染利器参数详解

10.1 初识渲染器 339	10.2 VRay渲染器 339
10.1.1 渲染器是什么 339	10.2.1 公用 340
10.1.2 扫描线渲染器 339	10.2.2 V-Ray 343

10.2.3　V-Ray::间接照明.....................354	10.3　测试渲染参数设置方案.......365
10.2.4　设置...360	10.4　最终渲染参数设置方案.......366
10.2.5　Render Elements（渲染元素）.....363	10.5　本章小结................................367

第11章　VRay渲染器综合运用

11.1　利用VRay渲染器渲染起居室白天效果............................369	效果............................380
	11.2.1　设置VRay渲染器....................380
11.1.1　设置VRay渲染器.....................369	11.2.2　材质的制作.............................381
11.1.2　材质的制作.............................370	12.2.3　设置灯光并进行草图渲染.....385
11.1.3　设置灯光并进行草图渲染.....374	11.2.4　设置成图渲染参数.................389
11.1.4　设置成图渲染参数.................377	**11.3　本章小结................................391**
11.2　利用VRay渲染器渲染起居室夜晚	

第12章　别墅阳光效果表现

12.1　别墅阳光效果表现整体设置...393	12.1.2　材质的制作.............................394
12.1.1　设置VRay渲染器.....................393	12.1.3　设置灯光并进行测试渲染.....398

12.1.4 设置成图渲染参数..................400	12.2 本章小结....................404
12.1.5 后期处理........................402	

第13章 中式接待室日景效果表现

13.1 中式接待室日景效果整体设置...406	13.1.4 设置成图渲染参数..................420
13.1.1 设置VRay渲染器..................406	13.1.5 后期处理........................421
13.1.2 材质的制作......................407	**13.2 本章小结....................424**
13.1.3 设置灯光并进行测试渲染..........412	

第1章
效果图制作必备常识

- 光与影
- 色彩与风格
- 优秀作品赏析
- 构图技巧
- 室内人体工程学

1.1 光与影

光是人眼可以看见的一种电磁波,也称可见光谱。如果在现实中没有灯光,我们就看不到缤纷的世界,更看不到绚丽的色彩,因此光是非常重要的。同样在效果图制作中,灯光同样重要,没有灯光或灯光设置不合理,最终效果都会不真实。在真实世界中光的分类很多,主要有自然光、人造光等,同样将现实的光的产生应用于效果图制作中是非常必要的。

光在传播过程中遇到不透明物体时,在背光面的后方形成没有光线到达的黑暗区域,称为不透明物体的影。影可分为本影和半影。在本影区内看不到光源发出的光,在半影区内看到光源发出的部分光。本影区的大小与光源的发光面大小及不透明物体的大小有关。发光体越大,遮挡物越小,本影区就越小。

光与影有着密不可分的关系。

1.1.1 光

无论是黑白胶片,还是彩色胶片,如果把摄影师的照相机比作"画笔",那么光线就是他的"油彩"。摄影师用光来涂抹照片,就像画家挑选他的油彩一样,会仔细地选择所要用的光。光主要包括自然光和人造光。

1. 自然光

(1)不同时间的光的效果

"自然光"又称"天然光",是不直接显示偏振现象的光。它包括垂直于光波传播方向的所有可能的振动方向,所以不显示偏振性。从普通光源直接发出的天然光是无数偏振光的无规则集合,所以直接观察时不能发现光强偏于哪一个方向。这种沿着各个方向振动的光波强度都相同的光叫做自然光。自然光随着一天时间的变化产生不同的效果,如清晨、中午、下午、黄昏、夜晚等。同时根据天气的变化,还可以分为天空光、薄云遮日、乌云密布等。

① 清晨

天亮到太阳刚出来不久的一段时间,指清晨。通常是早上5:00~6:30这段时间,此时太阳开始升起。而一日之计在于晨和清晨的第一缕阳光都是与清晨有关的。清晨效果如图1-1所示。

图1-1 清晨效果

② 中午

中午,又名正午,指二十四小时制的12:00或十二小时制的中午12时,为一天的正中。此时阳光直射非常强烈,物体产生的阴影也会比较实。中午效果如图1-2所示。

效果图制作必备常识 第1章

图1-2 中午效果

③ 下午

下午，与上午相对，指从正午12:00后到日落的一段时间。太阳在这段时间逐渐落下，逼近黄昏。下午效果如图1-3所示。

图1-3 下午效果

④ 黄昏

指日落以后到天还没有完全黑的这段时间。也指昏黄，光色较暗。黄昏效果如图1-4所示。

图1-4 黄昏效果

⑤ 夜晚

夜晚指下午6:00到次日早晨5:00这一段时间。在这段时间内，天空通常为黑色（是由地球自转引起的）。夜晚气温通常会逐渐降低。在半夜达到最低。夜晚效果如图1-5所示。

图1-5 夜晚效果

⑥ 天空光

天空光主要是指太阳光在地球大气层中反复反射及空间介质的作用，形成的柔和

3

漫散射光。在日出和日落的时候，越靠近地面的天空光越明亮，离地面越远，天空光越暗。地面景物在这种散射光的照耀下，普遍照度很低，很难表现物体的细微之处。天空光效果如图1-6所示。

图1-6　天空光效果

⑦ 薄云遮日

薄云遮日主要是指当太阳光被薄薄的云层遮挡时，便失去了直射光的性质，但仍有一定的方向性。薄云遮日效果如图1-7所示。

图1-7　薄云遮日效果

⑧ 乌云密布

浓云遮日的雨天或阴天、下雪天，太阳光被厚厚的乌云遮挡，经大气层反射形成阴沉的漫射光，完全失去了方向性，光线分布均匀。乌云密布效果如图1-8所示。

（2）光的基本类型

光的基本方向：根据相机、被摄体和光源所处的方位，可从任何角度捕捉到被摄物。当主光源很强时（如明亮的阳光）从相机来看光落在被摄体不同部位，会产生不同的效果。一般分为五种基本类型的光线：正面光、前侧光、后侧光、正侧光、逆光。

图1-8　乌云密布效果

① 正面光

摄影者背对太阳，即由摄影机后面射来的光线，亦称顺光。因为被摄物的所有部分都沐浴在直射光中，面对相机部分到处有光，所得结果是一张缺乏影调层次的影像。正面光效果如图1-9所示。

图1-9　正面光效果

② 前侧光

光线从被摄体的侧前方射来，与被摄物成45°左右的角度时，称为前侧光，也称斜侧光。这种光线比较符合人们日常的视觉习惯，在前侧光的照耀下，被摄物大部受光，投影落在斜侧面，有明显的影调对比，明暗面的比例也比较适中，可较好地表现被摄物的立体形态和表面质感。这种光线在人物摄影中使用较普遍，在使用时，可以前侧光为主光，正面有辅助光补助，以取得轮廓线条清晰、影调层次丰富、明暗反差和谐的效果，从而较好地表现人物的外形特征和内心。前侧光效果如图1-10所示。

图1-10 前侧光效果

③ 后侧光

当光线与被摄体成135°左右的角度时，称为后侧光。此时被摄物的1/3面积受光，2/3面积在暗处，明暗对比强烈，投影很有表现力，能表现被摄物的轮廓。后侧光效果如图1-11所示。

图1-11 后侧光效果

④ 正侧光

当光线与被摄物成90°左右的角度时，称为正侧光。在正侧光的照耀下，投影落在侧面，景物的明暗阶调各占一半，能较突出地表现被摄物的立体感、表面质感和空间纵深感，造型效果好。特别是在拍摄浮雕、石刻、水纹、沙漠以及各种表面结构粗糙的物体时，利用正侧光照明，可获得鲜明的质感。如采用正侧光拍摄风光照片，画面层次丰富，立体感和空间感很强，若景物光对比太大，则应注意画面反差的调节。一般来说，90°的侧光不宜拍人像，因为正侧光会使人的脸部形成一半明一半暗的阴阳脸，很不美观。但有时用正侧光也能较好地表现人物的性格特征和精神面貌。正侧光效果如图1-12所示。

图1-12 正侧光效果

⑤ 逆光

逆光一种是由于被摄物恰好处于光源和照相机之间的情况。这种情况极易造成被摄物曝光不充分。在一般情况下摄影者应尽量避免在逆光条件下拍摄物体，但是有时候逆光产生的特殊效果也不失为一种艺术摄影的技法。逆光效果如图1-13所示。

图1-13 逆光效果

2．人造光

人造光主要是指各种灯具发出的光。这种光源是商品拍摄中主要使用的光源。它主要包括室内住宅灯光，酒店等工装商业场景灯光，KTV、酒吧、舞台等灯光，混合灯光，烛光和火光，其他灯光等。它的发光强度稳定，光源的位置和灯光的照射角度可以根据自己的需要进行调节。一般来讲，布光至少需要两种类型的光源，一种是主光，另一种是辅助光。在此基础上还可以根据需要打轮廓光。

（1）室内住宅灯光

室内住宅灯光主要用来照亮居住的空间，一般以自然、舒适为主。室内住宅灯光效果如图1-14所示。

图1-14　室内住宅灯光效果

> **提示**：通常情况下，白炽灯产生的光影都不太柔和，而为了得到一个柔和的光影，就会经常使用灯罩。

（2）酒店等工装商业场景灯光

酒店照明把气氛的营造放在很重要的地位，大堂一般情况都会安装吊灯，无论是用高级水晶灯还是用吸顶灯，都可以使餐厅变得更加高雅、气派，但其造价比较高。合理的灯光设置，可使装修较好的场所档次提升。灯光舒适、有层次，可使消费者更喜欢并接受。图1-15所示为酒店常用的灯光效果。

图1-15　酒店灯光效果

图1-16所示为理发店的灯光布置，主要为了烘托干净、简约、时尚的效果。这样人们在理发店中会有干净、清新的感觉。

图1-16　理发店灯光效果

图1-17所示为专卖店、会议室等灯光的布置，它讲究明亮、清晰的效果。

图1-17　专卖店灯光效果

（3）KTV、酒吧、舞台等灯光

KTV、酒吧、舞台等灯光相对较为复杂，颜色使用较为大胆、个性，一般都会凸显该类场所的特点。而在一般室内住宅中常使用白色、黄色等暖色调的灯光，给人以舒适、柔和的感觉，而KTV、酒吧、舞台则多使用蓝色、粉色、绿色、紫色等强烈的颜色，给人以刺激、不一样的感受，因此人们在此可以尽情地举杯欢唱、释放压力。图1-18所示为KTV的灯光效果。

图1-18　KTV灯光效果

一流的酒吧，必须要有好的装修、设计，更重要的是灯光的设计，而在较暗的环境中如何使用灯光为场景制作气氛尤为重要。图1-19所示为酒吧的灯光效果。

图1-19　酒吧灯光效果

舞台灯光多以聚焦演唱者、观众为目的，因此多以聚光灯为主，灯光颜色搭配也较大胆，且色彩丰富、绚丽，同样舞台还可以搭配雾气等效果，同样是为了烘托气氛。图1-20所示为舞台灯光效果。

图1-20　舞台灯光效果

（4）混合灯光

多数情况下，自然光和人造光在一起，这样被统称为混合灯光，比如夜晚室外的灯光效果，既有强烈刺眼、色彩斑斓的人造光，又有迷人夜色的自然光，两种混合到一起，产生了人与自然的和谐之美。混合灯光效果如图1-21所示。

图1-21　混合灯光效果

（5）烛光和火光

烛光和火光的照射范围相对较小，但是照亮的中心非常亮，因此把握好这类光的特点非常重要。比如在图1-22中，可以观察到烛光本身色彩非常丰富，产生的光影也比较柔和。

图1-22　烛光效果

（6）其他灯光

还有很多物体可以产生光照效果，如计算机显示器、电视、手机屏幕等。电视灯光效果如图1-23所示。

图1-23　电视灯光效果

1.1.2 影

影子是因物体遮住了光线，使其不能穿过不透明物体而形成的较暗区域。它是一种光学现象。影子不是一个实体，只是一个投影。影子的形成需要光和不透明物体两个必要条件。它的原理如图1-24所示。

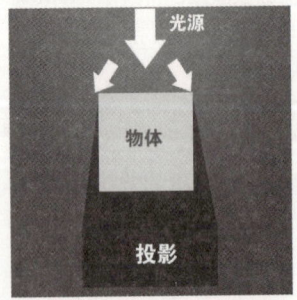

图1-24　影的原理

影子的产生，与光的强度、角度等都有直接的关系。因此会产生不同的阴影效果，如边缘实的影子、边缘虚化的影子、柔和的影子、广告中的无影、全息投影等。

1．边缘实的影子

在正午时阳光直射会产生强烈的阴影效果，当然夜晚有些时候也会产生边缘实的阴影。边缘实的影子的效果如图1-25所示。

图1-25　边缘实的影子的效果

2．边缘虚化的影子

在光照较为柔和时相对应产生的阴影效果也会比较虚化，如图1-26所示。

图1-26　边缘虚化的影子的效果

3．柔和的影子

在光照非常柔和时，会产生非常微弱、柔和的阴影，几乎看不到，此时会给人非常柔和、干净的感觉。柔和的影子的效果如图1-27所示。

图1-27 柔和的影子的效果

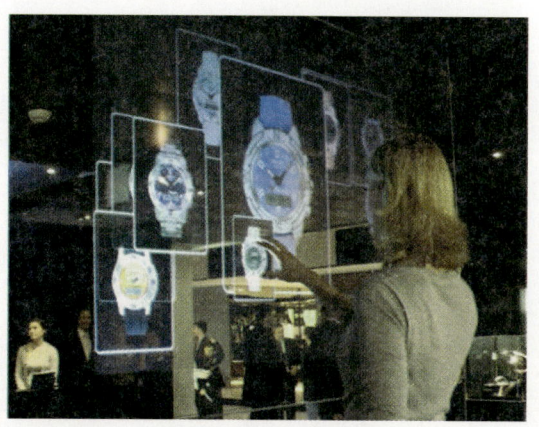

图1-29 全息投影效果

4．广告中的无影

在很多广告中，为了凸显产品的干净，很多情况下不使用阴影，从而显得有些假，而这种方法在效果图中不太常用。广告中的无影效果如图1-28所示。

图1-28 广告中的无影效果

5．全息投影

全息投影技术是利用干涉和衍射原理记录并再现物体真实三维图像的记录和再现的技术。息投影技术在舞美中的应用，不仅可以产生立体的空中幻像，还可以使幻像与表演者产生互动，一起完成表演，产生令人震撼的演出效果。全息投影效果如图1-29所示。

1.2 构图技巧

与摄影一样，因为静帧效果图最终呈现在客户面前的是一幅图像，所以如何突出画面的主体，取得画面的平衡和协调就显得尤为重要。而要达到这一目的，在构图时就必须遵循一定的原则和规律。构图的法则就是多样统一，也称有机统一，也就是说在统一中求变化，在变化中求统一。

1.2.1 比例和尺度

一切造型艺术，都存在着比例关系和谐的问题。和谐的比例可以给人美感，最经典的比例关系理论是黄金分割。由于黄金分割计算方法过于复杂，人们将其进行了简化，形成了"三分法"构图原则。三分法构图是指把画面横向和纵向均分3份，每一份中心都可放置主体形态，这种构图适合多形态平行焦点的主体。也可表现大空间、小对象，还可反相选择。这种画面构图，表现鲜明，构图简练。可用于近景等不同景别。即把画面的长和宽都做三等分分割，形成9个相同的长方形，在横竖线交叉的地方会生成4个交叉点，这些点就是画面的关键位置。三分法效果如图1-30所示。

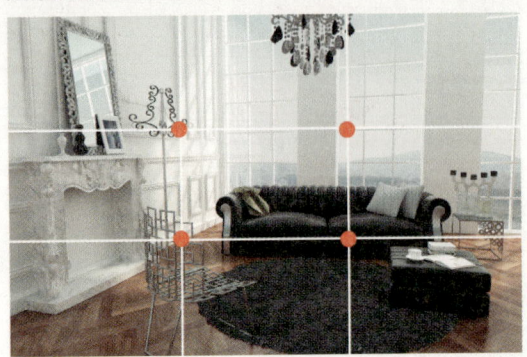

图1-30　三分法效果

图1-32　主角与配角效果

和比例相关的另一个概念是尺度。要使室内空间协调，给人以美感，室内各物体的尺度应符合其真实情况。图1-31所示为正常比例和错误比例的效果对比。

1.2.3　均衡与稳定

室内构图中的均衡与稳定并不是追求绝对的对称，而是画面的视觉均衡。过多地使用对称会使人感到呆板，缺乏活力。而均衡是为了打破较呆板的局面，它既有"均"的一面，又有灵活的一面。均衡的范围包括构图中形象的对比、大与小、动与静、明与暗、高与低、虚与实等的对比。结构的均衡是指画面中各部分的景物要有呼应，有对照，达到平衡和稳定。画面结构的均衡，除了大小、轻重以外，还包括明暗、线条、空间、影调等。均衡与稳定如图1-33所示。

图1-31　比例对比

1.2.2　主角与配角

任何一个画面都应该有主角、有核心、有配景，而不能同等对待，否则就会使画面失去统一和主题，从而变得松散。主角与配角效果如图1-32所示。

图1-33　均衡与稳定

1.2.4 韵律与节奏

韵律是指以条理性、重复性和连续性为特征的美的形式。韵律美按其形式特点可以分为几种不同的类型，即连续韵律、渐变韵律、起伏韵律。合理的把握韵律和节奏会得到不错的画面效果。韵律与节奏的效果如图1-34所示。

图1-34 韵律与节奏的效果

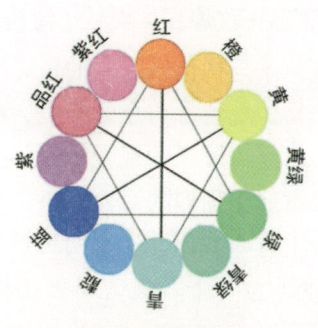

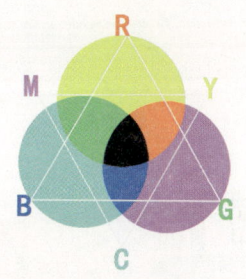

图1-35 色环

1.3 色彩与风格

没有难看的颜色，只有不和谐的配色。在一所房子中，色彩的使用还蕴藏着健康的学问。太强烈刺激的色彩易使人产生烦躁的感觉或影响人的心理健康，把握一些基本原则，就会使家庭装饰的用色感觉更和谐。室内的装修风格非常多，合理把握这些风格的大体特征并加以应用，且时刻把握最新、最流行的装修风格，对于设计师来说是非常必要的。

1.3.1 常用室内色彩搭配

色环其实就是在彩色光谱中所见到的长条形的色彩序列，它只是将首尾连接在一起，使红色连接到另一端的紫色。色环通常包括12种不同的颜色，如图1-35所示。

如果能将色彩运用和谐，便可将自己的爱家装饰得更好。

1. 黑+白+灰＝永恒经典

一般人在居家中，不敢尝试过于大胆的颜色，认为还是使用白色比较安全。而黑加白可以营造出强烈的视觉效果，若将近年来流行的灰色融入其中，可缓和黑与白的视觉冲突感觉，从而营造出另外一种不同的风格。3种颜色搭配出来的空间中，体现了冷调的现代与未来感。在这种色彩情境中，会由简单产生理性、秩序与专业感。黑白灰效果如图1-36所示。

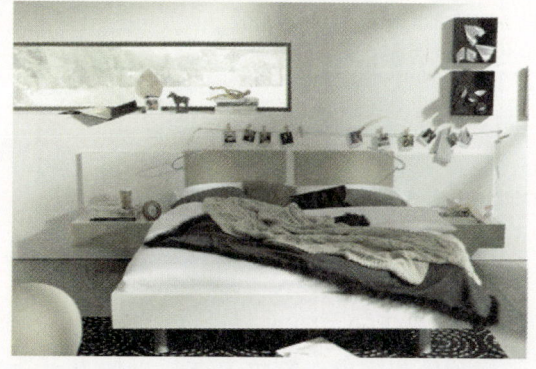

图1-36 黑白灰效果

2．银蓝+敦煌橙=现代+传统

以蓝色系与橘色系为主的色彩搭配，表现出现代与传统、古与今的交汇，碰撞出兼具超现实与复古风味的视觉感受。蓝色系与橘色系原本属于强烈的对比色系，只是在双方的色度上有些变化，让这两种色彩能给予空间一种新的生命。银蓝+敦煌橙效果如图1-37所示。

图1-37　银蓝+敦煌橙效果

3．蓝+白=浪漫温情

无论是淡蓝或深蓝，都可把白色的清凉与无瑕表现出来，这样的白令人感到十分自由，也令人心胸开阔。蓝色与白色合理的搭配给人以放松、洁净的感觉，如地中海风格主要就是用蓝色和白色进行搭配的。蓝+白效果如图1-38所示。

图1-38　蓝+白效果

4．黄+绿=新生的喜悦

黄色和绿色的配色方案，可使人有新生的喜悦，而鹅黄色搭配紫蓝色或嫩绿色则是一种很好的配色方案。鹅黄色是一种清新、鲜嫩的颜色，代表的是新生命的喜悦。如果绿色是让人内心感觉平静的色调，那么它可以中和黄色的轻快感，让空间稳重下来。所以，这样的配色方法是非常适合年轻夫妻使用的。黄+绿效果如图1-39所示。

图1-39　黄+绿效果

1.3.2　色彩心理

色彩心理学家认为，不同颜色对人的情绪和心理的影响有差别。色彩心理是客观世界的主观反映。不同波长的光作用于人的视觉器官而产生色感时，必然导致人产生某种带有情感的心理活动。事实上，色彩生理和色彩心理过程是同时交叉进行的，它们之间既相互联系，又相互制约。在有一定的生理变化时，就会产生一定的心理活动；在有一定的心理活动时，也会产生一定的生理变化。比如，红色能使人生理上脉搏加快，血压升高，而心理上具有温暖的感觉。长时间红光的刺激，会使人心理上产生烦躁不安，在生理上欲求相应的绿色来调节平衡。因此色彩的美感与生理上的满足和心理上的快感有关。

1．色彩心理与年龄有关

根据实验心理学的研究，人随着年龄

的变化,生理结构也发生变化,色彩所产生的心理影响随之有别。有人作过统计:儿童大多喜爱极鲜艳的颜色。婴儿喜爱红色和黄色,4～9岁儿童最喜爱红色,9岁的儿童又喜爱绿色,7～15岁的小学生中男生的色彩爱好次序是绿、红、青、黄、白、黑;女生的爱好次序是绿、红、白、青、黄、黑。随着年龄的增长,人们的色彩喜好逐渐向复色过渡,逐渐向黑色靠近。因此,随着年龄愈近成熟,所喜爱的色彩愈倾向成熟色。这是因为儿童刚走入这个大千世界,脑子思维一片空白,什么都是新鲜的,需要简单的、新鲜的、强烈刺激的色彩,他们神经细胞产生得快,补充得快,对一切都有新鲜感。而随着年龄的增长,成年人的阅历也增长,脑神经记忆库已经被其他刺激占去了许多,色彩感觉相应就成熟、柔和些。色彩与年龄变化如图1-40所示。

图1-40 色彩与年龄变化

2. 色彩心理与职业有关

体力劳动者喜爱鲜艳色彩,脑力劳动者喜爱调和色彩;农牧区喜爱极鲜艳的,成补色关系的色彩;高级知识分子则喜爱复色、淡雅色、黑色等较成熟的色彩。

3. 色彩心理与社会心理有关

由于不同时代在社会制度、意识形态、生活方式等方面的不同,人们的审美意识和审美感受也不同。古典时代认为不和谐的配色在现代却被认为是新颖的美的配色。所谓反传统的配色在装饰色彩史上的例子是举不胜举的。一个时期的色彩的审美心理受社会心理的影响很大,所谓"流行色"就是社会心理的一种产物,时代的潮流,现代科技的新成果。新艺术流派的产生,甚至自然界某种异常现象所引起的社会心理都可能对色彩心理发生作用。当一些色彩被赋予时代精神的象征意义,符合人们的认识、理想、兴趣、爱好、欲望时,那么这些具有特殊感染力的色彩就会流行开来。比如,20世纪60年代初,宇宙飞船上天,给人类开拓了进入新的宇宙空间的新纪元,这个标志着新的科学时代的重大事件曾轰动过世界,各国人民都期待着宇航员从太空中带回新的趣闻。色彩研究家抓住了人们的心理,发布了所谓的"流行宇宙色",结果在一个时期内流行于全世界。这种宇宙色的特点是浅淡明快的高短调,抽象,无复色。不到一年,又开始流行低长调、成熟色。但一年后,又开始流行低短调,复色抽象,形象模糊,似是而非的时代色。这就是动态平衡的审美欣赏的循环。

4. 共同的色彩感情

虽然色彩引起的复杂感情是因人而异的,但由于人类生理构造和生活环境等方面存在着共性,因此对大多数人来说,无论是单一色,还是几色的混合色,在色彩的心理方面,也存在着共同的色彩情感。根据实验心理学家的研究,主要有下列几个方面:色彩的冷暖、色彩的轻重感、色彩的软硬感、色彩的强弱感、色彩的明快感与忧郁感、色彩的兴奋感与沉静感、色彩的华丽感与朴素感。

正确地应用色彩美学,还有助于改善居住条件。宽敞的居室采用暖色装修,可以避免房间给人以空旷感;狭小的居室可以采用冷色装修,在视觉上让人感觉大些。人口少而感到寂寞的家庭居室,配色宜选暖色,人口多而觉喧闹的家庭居室宜用冷色。同一家庭，在色彩上也有侧重，卧室装饰色调暖些，有利于增进夫妻情感的和谐；书房用淡蓝色装饰，能使人集中精力学习、研究；餐厅里，红棕色的餐桌，有利于增进食欲。对不同的气候条件，运用不同的色彩也可一定程度地改变环境气氛。在寒冷的北方，人们希望室内墙壁、地板、家具、窗帘选用暖色装饰会有温暖的感觉；反之，南方气候炎热潮湿，采用青、绿、蓝色等冷色装饰居室，感觉会比较凉爽些。

研究由色彩引起的共同感情，对于装饰色彩的设计和应用具有十分重要的意义。

- ◆ 恰当地使用色彩装饰在工作上能减轻疲劳，提高工作效率。
- ◆ 办公室朝北的房间，使用暖色冬天能增加温暖感。
- ◆ 住宅采用明快的配色，能给人以宽敞、舒适的感觉。
- ◆ 娱乐场所采用华丽、兴奋的色彩能增加欢乐、愉快的气氛。
- ◆ 学校、医院采用明洁的配色能为学生、病员创造安静、清洁、卫生、幽静的环境。

1.3.3 风格

由于国家、地域的不同，人文生活习性的不同，会产生多样的装修风格，并且都是多年累积的适合人类居住的风格。不同的风格有不同的特点，同时不同的风格针对不同的人群。下面选择了时下热门的几种经典装修风格，并将其特点逐一列出。

1. 现代风格

现代装饰艺术将现代抽象艺术的创作思想及其成果引入室内装饰设计中。现代风格极力反对从古罗马到洛可可等一系列旧的传统样式，力求创造出适应工业时代精神，独具新意的简化装饰，设计简朴、通俗、清新，更接近人们的生活。其装饰特点由曲线和非对称线条构成，如花梗、花蕾、葡萄藤、昆虫翅膀以及自然界各种优美、波状的形体图案等，体现在墙面、栏杆、窗棂和家具等装饰上。线条有的柔美雅致，有的遒劲而富有节奏感，整个立体形式都与有条不紊的、有节奏的曲线融为一体。大量使用铁制构件，将玻璃、瓷砖等新工艺，以及铁艺制品、陶艺制品等综合运用于室内。但应注意室内外沟通，尽量给室内装饰艺术引入新意。现代风格如图1-41所示。

图1-41 现代风格

2. 田园风格

自然界的景点、景观移置运用在室内，室内室外情景交融，有整体回归自然的感觉，即田园风格，如图1-42所示。

图1-42 田园风格

3. 中式风格

以宫廷建筑为代表的中国古典建筑的

室内装饰设计艺术风格，气势恢弘、壮丽华贵、高空间、大进深、雕梁画栋、金碧辉煌，造型讲究对称，色彩讲究对比，装饰材料以木材为主，图案多龙、凤、龟、狮等，精雕细琢、瑰丽奇巧。但中国古典风格的装修造价较高，且缺乏现代气息，只能在家居中点缀使用。中式风格如图1-43所示。

图1-43　中式风格

4. 欧式古典风格

人们在不断满足现代生活要求的同时，又萌发出一种向往传统、怀念古老饰品、珍爱有艺术价值的传统家具陈设的思想。于是，曲线优美、线条流动的巴洛克和洛可可风格的家具常用来作为居室的陈设，再配以相同格调的壁纸、帘幔、地毯、家具外罩等装饰织物，给室内增添了端庄、典雅的贵族气氛，即欧式古典风格，如图1-44所示。

图1-44　欧式古典风格

5. 地中海风格

此风格指整体色调深，自然界材质的肌理效果运用在室内，陈设品古朴、自然，设计中运用了欧式风格，如图1-45所示。

图1-45　地中海风格

6. 乡村风格

乡村风格主要表现为尊重民间的传统习惯、风土人情，注重保持民间特色，注意运用地方建筑材料或传说故事等作为装饰主题，在室内环境中力求表现悠闲、舒畅的田园生活情趣，创造自然、质朴、高雅的空间气氛。乡村风格如图1-46所示。

图1-46　乡村风格

7. 洛可可风格

洛可可风格的总体特征是轻盈、华丽、精致、细腻。室内装饰造型高耸纤细，不对称，频繁地使用形态方向多变的如"C"、"S"或涡券形曲线、弧线，并常用大镜面作装饰，大量运用花环、花束、弓箭及贝壳图案纹样。善用金色和象牙白，色彩明快、柔和、清淡却豪华富丽。室内装修造型优雅，制作工艺、结构、线条具有婉转、柔和等特点，以创造轻松、明朗、亲切的空间环境。洛可可风格如图1-47所示。

图1-47　洛可可风格

1.4 室内人体工程学

1.4.1 概论

人体工程学是一门重要的学科，不仅要求设计师会运用，而且随着效果图整体水平的提高，效果图表现师也需要了解这门学科。

人体工程学可以简单概括为人在工作学习和娱乐环境中对人的生理、心理及行为的影响。为了让人的生理和心理及行为达到一个最合适的状态，就要求环境的尺寸、光线、色彩等因素适合人们。

1.4.2 作用

研究室内人体工程学主要有以下4方面的作用。

1．确定人和人体在室内活动所需空间的主要依据

根据人体工程学中的有关计测数据，从人的尺度、动作域、心理空间以及人际交往的空间等，确定空间范围。

2．确定家具、设施的形体、尺度及其使用范围的主要依据

家具设施为人所使用，因此它们的形体、尺度必须以人体尺度为主要依据；同时，人们为了使用这些家具和设施，其周围必须留有活动和使用的最小余地，这些要求都由人体工程科学地予以解决。室内空间越小，停留时间越长，对这方面内容测试的要求也越高，例如车厢、船舱、机舱等交通工具内部空间的设计。

3．提供适应人体的室内物理环境的最佳参数

室内物理环境主要有室内热环境、声环境、光环境、重力环境、辐射环境等，室内设计时有了上述要求的科学的参数后，在设计时就有可能有正确的决策。

4．对视觉要素的计测为室内视觉环境设计提供科学依据

人的视力、视野、光觉、色觉是视觉的要素，人体工程学通过计测得到的数据，对室内光照设计、室内色彩设计、视觉最佳区域等提供了科学依据。

1.5 优秀作品赏析

1.5.1 国外优秀欧式大堂日景点评

图1-48所示为国外优秀的欧式大堂日景表现作品，精美的模型和复古的材质彰显出古典与奢华，而正午强烈的阳光对称地照射到大堂中间，更加表现了大堂的宁静和严肃的气氛。图1-49所示为国外优秀的新古典风格客厅日景效果，大空间的装饰格调、材质的运用都非常不错，灯光也非常真实，并应用后期处理制作出仿真的效果。

效果图制作必备常识 第1章

图1-48　大堂日景

图1-49　客厅日景

1.5.2　国外优秀剧院夜景点评

图1-50所示为国外优秀的剧院夜景表现作品，带有强烈设计感的模型设计，加上强烈透视感的角度，使场景变得非常宏大，灯光的合理设置，有明有暗、有虚有实，仿佛都融入到这场音乐会中。图1-51所示为国外优秀的别墅夜景表现作品，其模型制作非常严谨，并搭配大量植被、水流等配饰，更加突出了主体别墅的地位，同时超真实的灯光和材质设置，给人以恬静、魅力夜色的感受。

图1-50　剧院夜景

图1-51　别墅夜景

17

第2章
3ds Max基本操作

- 熟悉3ds Max 2012的操作界面
- 掌握3ds Max 2012的常用工具
- 掌握3ds Max 2012的基本操作

   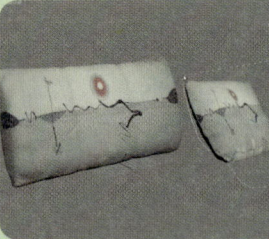

2.1 初识3ds Max 2012

　　Autodesk 3ds Max 2012 和 Autodesk 3ds Max Design 2012 提供在设计可视化、游戏、电影和电视中使用的 3D 建模、动画和渲染。其效果如图2-1所示。

图2-1　效果图

2.2 3ds Max的应用发展与前景

　　在范围方面，广泛应用于广告、影视、工业设计、建筑设计、多媒体制作、游戏、辅助教学及工程可视化等领域。在影视特效方面也有一定的应用，而在国内发展的相对比较成熟的建筑效果图和建筑动画制作中，3ds Max的使用率更是占了绝对的优势。根据不同行业的应用特点对3ds Max的掌握程度也有不同的要求，建筑方面的应用相对来说局限性大些，它只要求单帧的渲染效果和环境效果，只涉及比较简单的动画；片头动画和视频游戏应用中动画占的比例很大，特别是视频游戏对角色动画的要求要高一些；影视特效方面的应用则把3ds Max的功能发挥到了极至。

　　鉴于3ds Max在三维软件中的地位，以及3ds Max的更新速度和强大的功能而言，3ds Max的前景是非常好的，而且从事该方面的工作也是相当有前景的。

2.3 3ds Max 2012 工作界面

　　安装好3ds Max 2012后，可以通过以下两种方法来启动。

　　第1种：双击桌面上的快捷方式图标。

　　第2种：执行【开始】|【程序】|【Autodesk】|【Autodesk 3ds Max 2012 32-bit-Simplified Chinese】|【Autodesk 3ds Max 2012 32-bit-Simplified Chinese】命令，如图2-2所示。

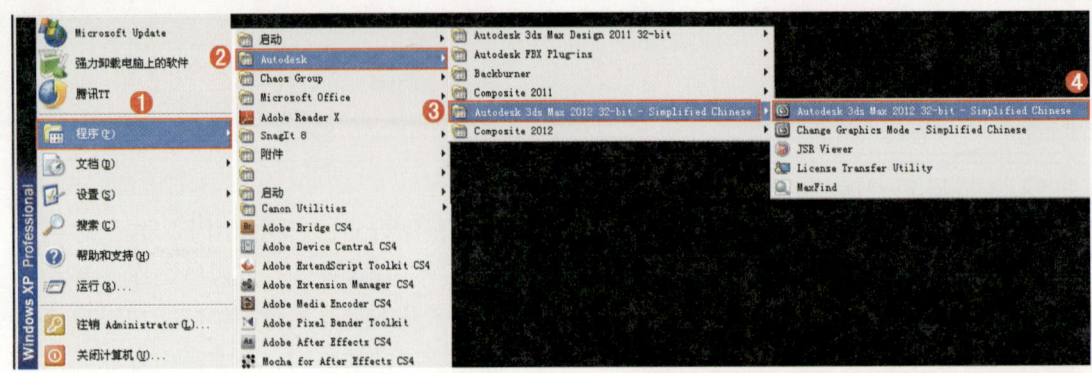

图2-2 启动3ds Max 2012

在启动3ds Max 2012的过程中，可以观察到3ds Max 2012的启动画面，首次启动速度会稍微慢一些，如图2-3所示。

图2-3 启动画面

技术专题——如何使用教学影片

在初次启动3ds Max 2012时，系统会自动弹出【学习影片】对话框，其中包括用户界面和视口导航、创建对象、导入并管理对象、指定材质、添加灯光、设置摄影机、渲染场景和新功能，如图2-4所示。单击相应的图标即可观看视频教程。

首次开启3ds Max，【学习影片】的对话框都会弹出来，当不需要每次都弹出来时，可以取消选中【在启动时显示此对话框】复选框即可，如图2-5所示。

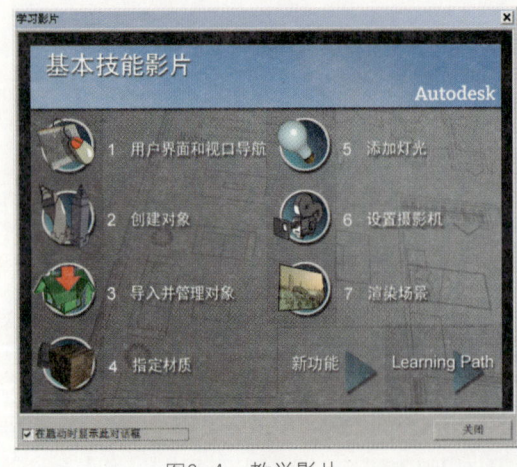

图2-4 教学影片

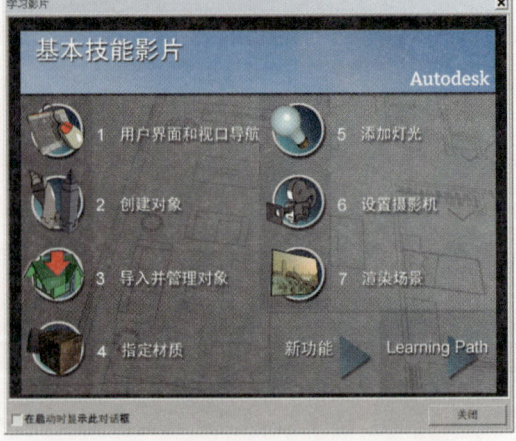

图2-5 取消开启【学习影片】对话框

3ds Max 2012的工作界面分为【标题栏】、【菜单栏】、【主工具栏】、视口区域、【命令】面板、【时间尺】、【状态栏】、【时间控制按钮】和【视口导航控制按钮】9大部分,如图2-6所示。

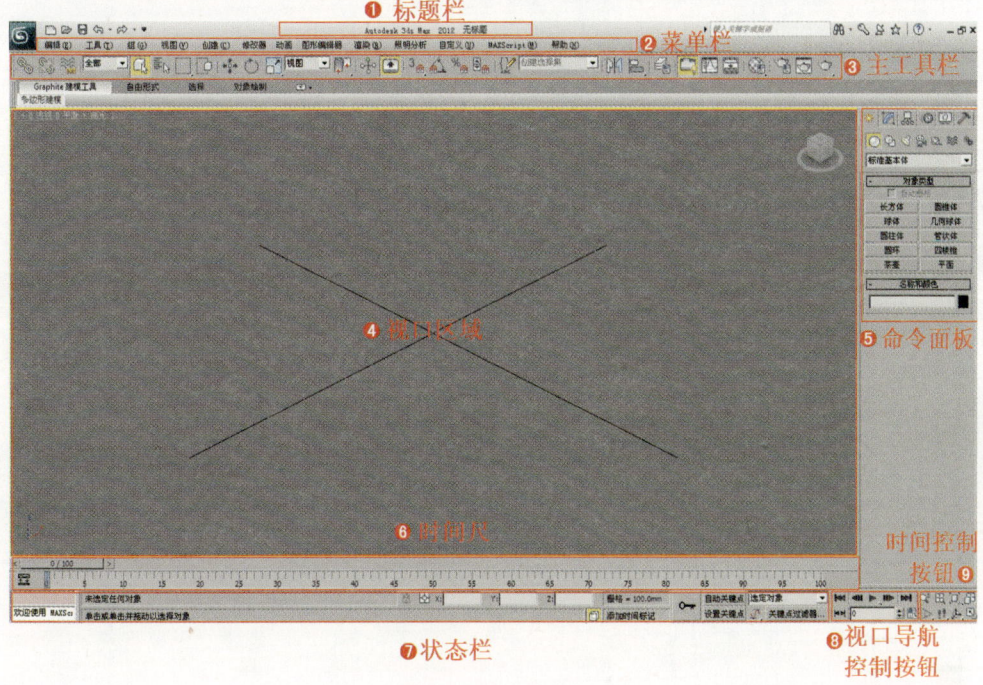

图2-6　工作界面

默认状态下,3ds Max的各个界面都是保持停靠状态的,若不习惯这种方式,也可以将部分面板拖曳出来,如图2-7所示。

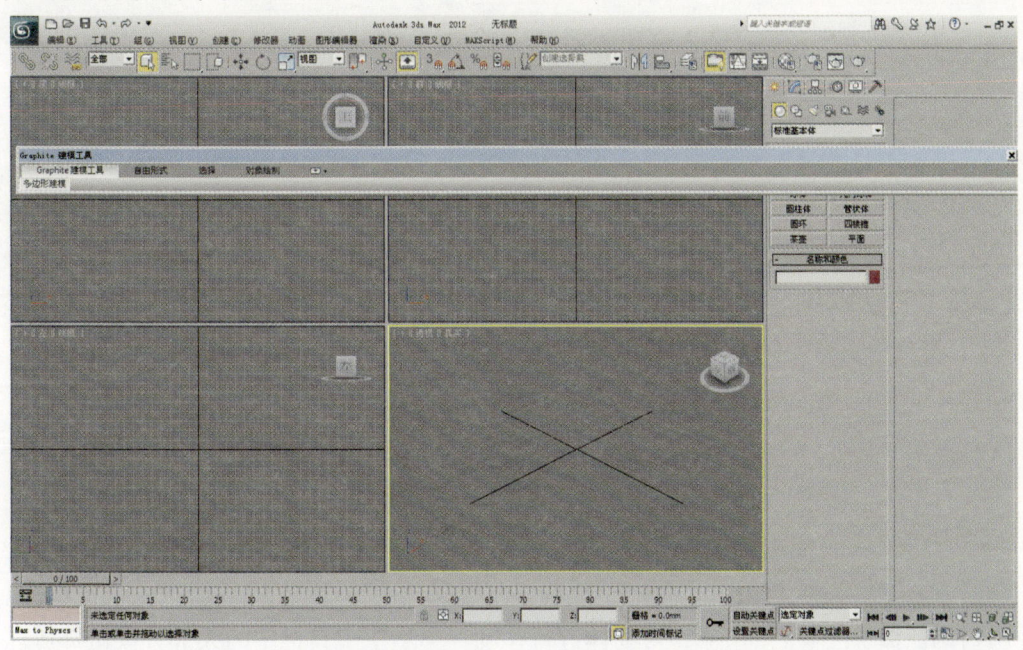

图2-7　浮动的面板

拖曳此时浮动的面板到窗口的边缘处，可以将其再次进行停靠，如图2-8所示。

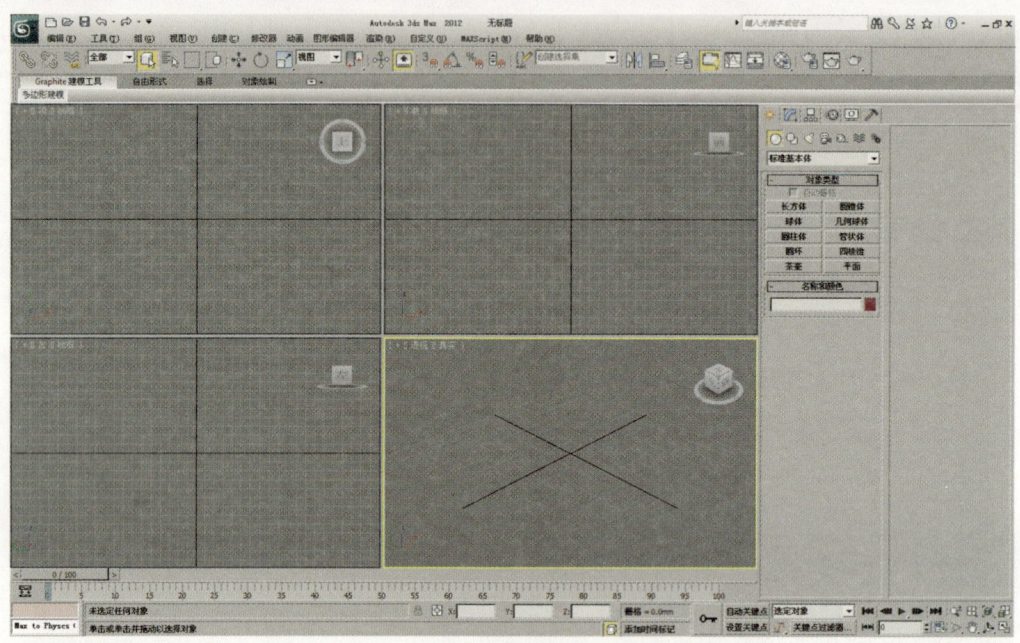

图2-8　停靠的面板

2.3.1　标题栏

3ds Max 2012的【标题栏】主要包括5个部分，分别为【应用程序按钮】、【快速访问工具栏】、【版本信息】、【文件名称】和【信息中心】，如图2-9所示。

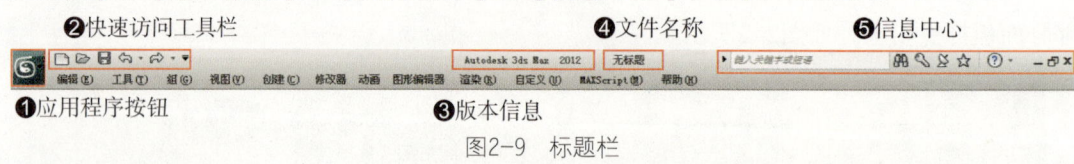

图2-9　标题栏

2.3.2　菜单栏

3ds Max与其他软件一样，【菜单栏】也位于工作界面的顶端，其中包含12个菜单，分别为【编辑】、【工具】、【组】、【视图】、【创建】、【修改器】、【动画】、【图形编辑器】、【渲染】、【自定义】、MAXScript（MAX脚本）和【帮助】，如图2-10所示。

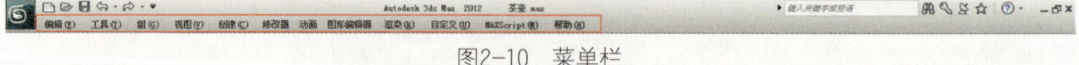

图2-10　菜单栏

2.3.3　主工具栏

3ds Max主工具栏是由多个按钮组成的，每个按钮都有相应的功能，比如可以通过单击【选择并移动工具】按钮，对物体进行移动，当然主工具栏中的大部分按钮都可以在其他位置找到，如菜单栏中。熟练掌握主工具栏，会使3ds Max操作更顺手、更快捷。3ds Max 2012 的主工具栏如图2-11所示。

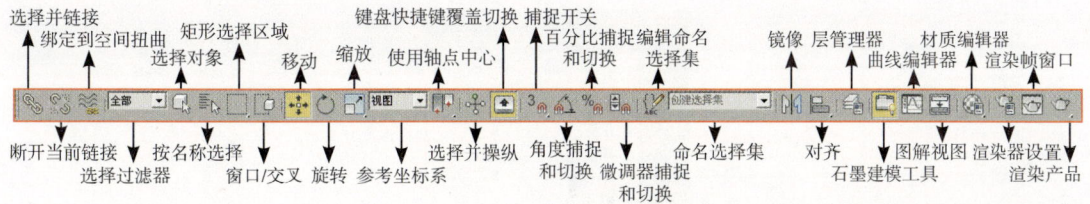

图2-11 主工具栏

当用鼠标左键长时间单击一个按钮时，会出现两种情况。一种是无任何反应，另外一种是会出现下拉菜单，下拉菜单中还包含其他按钮。下拉工具列表如图2-12所示。

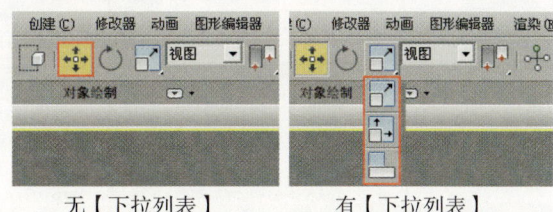

图2-12 下拉工具列表

2.3.4 视口区域

视口区域是操作界面中最大的一个区域，也是3ds Max中用于实际操作的区域，默认状态下为单一视图显示，通常使用的状态为四视图显示，包括【顶】视图、【左】视图、【前】视图和【透】视图，在这些视图中可以从不同的角度对场景中的对象进行观察和编辑。

每个视图的左上角都会显示视图的名称以及模型的显示方式，右上角有一个导航器（不同视图显示的状态也不同），如图2-13所示。

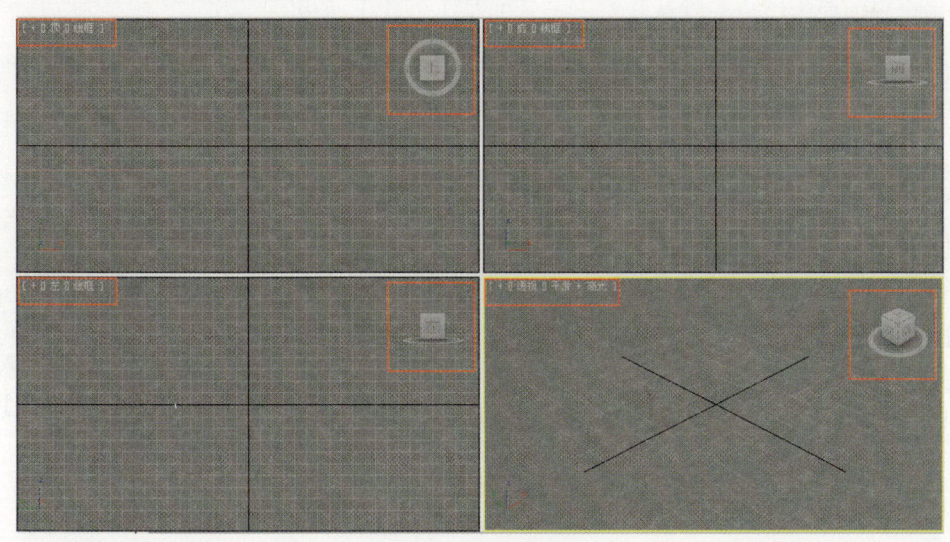

图2-13 四视图显示

> 提示　常用的几种视图都有其相对应的快捷键，【顶】视图的快捷键是T键、【底】视图的快捷键是B键、【左】视图的快捷键是L键、【前】视图的快捷键是F键、【透】视图的快捷键是P键、【摄影机】视图的快捷键是C键。

与以往版本不同的是，3ds Max 2012中视图的名称被分为3个小部分，用鼠标右键分别单击这3个部分会弹出不同的菜单，如图2-14所示。

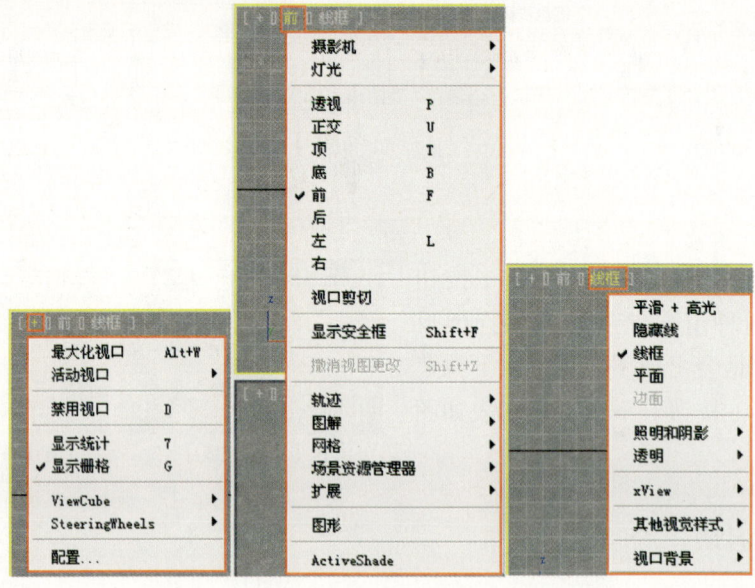

图2-14 视图菜单

2.3.5 命令面板

场景对象的操作都可以在【命令】面板中完成。【命令】面板由6个用户界面面板组成，默认状态下显示的是【创建】面板，其他面板分别是【修改】面板、【层次】面板、【运动】面板、【显示】面板和【工具】面板，如图2-15所示。

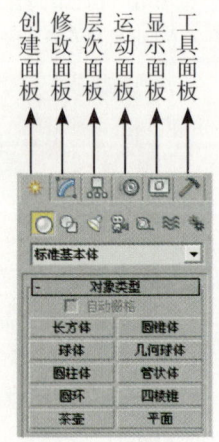

图2-15 【命令】面板

2.3.6 时间尺

【时间尺】包括时间线滑块和轨迹栏两大部分。时间线滑块位于视图的最下方，主要用于制定帧，默认的帧数为100帧，具体数值可以根据动画长度进行修改。拖曳时间线滑块可以在帧之间迅速移动，单击时间线滑块左右的向左箭头图标 < 与向右箭头图标 > 可以向前或向后移动一帧，如图2-16所示；轨迹栏位于时间线滑块的下方，主要用于显示帧数和选定对象的关键点，这里可以移动、复制、删除关键点，以及更改关键点的属性，如图2-17所示。

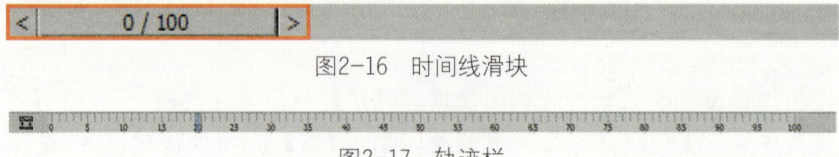

图2-16 时间线滑块

图2-17 轨迹栏

2.3.7 状态栏

状态栏位于轨迹栏的下方，它提供了选定对象的数目、类型、变换值和栅格数目等信息，并且状态栏可以基于当前光标位置和当前程序活动来提供动态反馈信息，如图2-18所示。

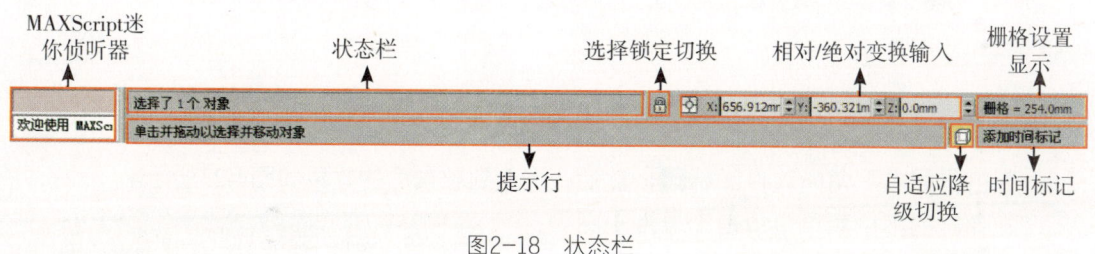

图2-18 状态栏

2.3.8 视口导航控制按钮

视口导航控制按钮在状态栏的最右侧，主要用来控制视图的显示和导航。使用这些按钮可以缩放、平移和旋转活动的视图，如图2-19所示。

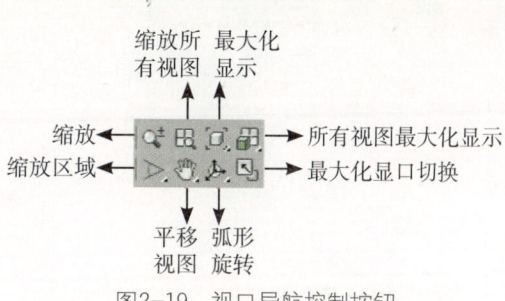

图2-19 视口导航控制按钮

2.3.9 时间控制按钮

时间控制按钮位于状态栏的右侧，这些按钮主要用来控制动画的播放效果，包括关键点控制和时间控制等，如图2-20所示。

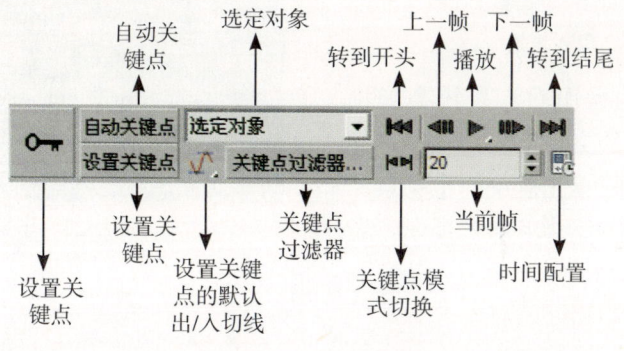

图2-20 时间控制按钮

> 提示：关键点控制主要用于创建动画关键点，有两种不同的模式，分别是【自动关键点】和【设置关键点】，快捷键分别为键盘的N键和'键。时间控制提供了在各个动画帧和关键点之间移动的便捷方式。

2.4 3ds Max基本操作

实战演练001——导入外部文件

案例文件	最终文件\第2章\实战演练001\导入外部文件.max	视频教学	视频\第2章\导入外部文件.flv
视频长度	1分02秒	难易指数	★☆☆☆☆

在效果图制作中，经常需要将外部文件（比如.3ds和.obj文件）导入到场景中进行操作。

1 单击界面左上角的软件图标 ，然后在弹出的下拉菜单中单击【导入】图标 ，并在右侧的列表中单击【导入】选项，如图2-21所示。

入到场景后的效果如图2-23所示。

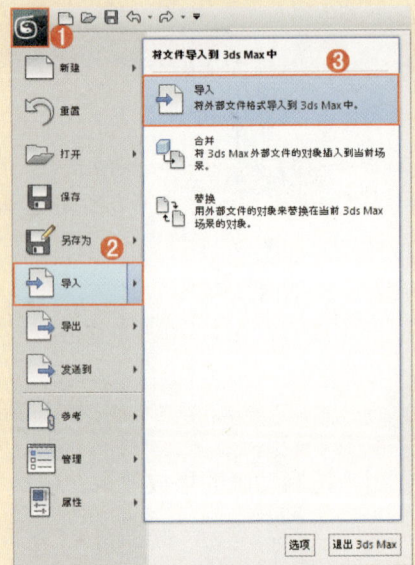

图2-21 导入界面

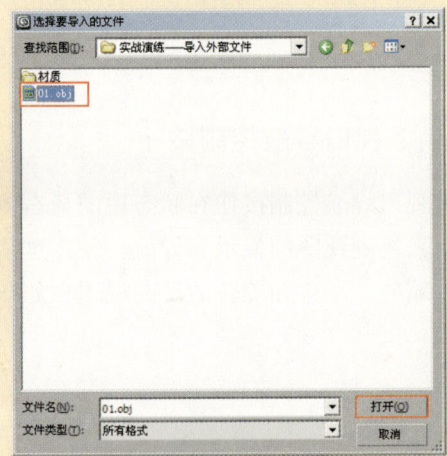

图2-22 导入文件

2 执行上一步的操作后，系统会弹出【选择要导入的文件】对话框，在该对话框中选择本书配套光盘中的【场景文件\第2章\01.obj】文件，如图2-22所示，导

图2-23 场景文件

实战演练002——导出场景对象

场景文件	场景文件\第2章\02.max	案例文件	最终文件\第2章\实战演练002\导出场景对象.max
视频教学	视频\第2章\导出场景对象.flv	视频长度	1分05秒
难易指数	★☆☆☆☆		

创建完一个场景后，可以将场景中的所有对象导出为其他格式的文件，也可以将选定的对象导出为其他格式的文件。

3ds Max基本操作 第2章

1 打开本书配套光盘中的【场景文件\第2章\02.max】文件,如图2-24所示。

2 选择场景中的抱枕模型,然后单击界面左上角的软件图标,在弹出的下拉菜单中单击【导出】按钮后面的按钮,接着单击【导出选定对象】,并在弹出的对话框中为导出文件命名为【02.OBJ】,最后单击【保存】按钮,如图2-25所示。

提示 在进行导出时,多数人习惯直接单击【导出】按钮,那么将会把场景中所有的物体全部进行导出。而单击【导出】按钮后面的按钮,接着单击【导出选定对象】,只会将刚才选中的物体进行导出,而其他未选择的物体则不被导出。

3 此时会出现【正在导出OBJ】的对话框,稍微等待一段时间,就可导出完成,最后单击【完成】按钮,如图2-26所示。

图2-24 场景文件

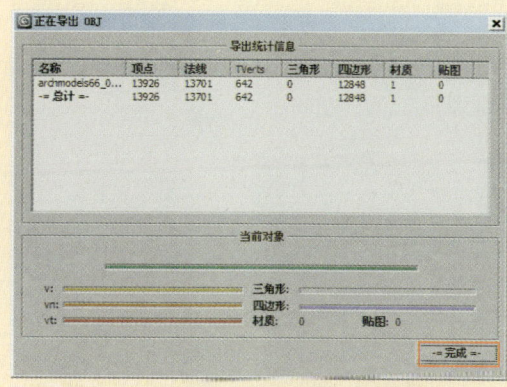

图2-26 导出界面

4 此时看到已经导出了【02.OBJ】文件,如图2-27所示。

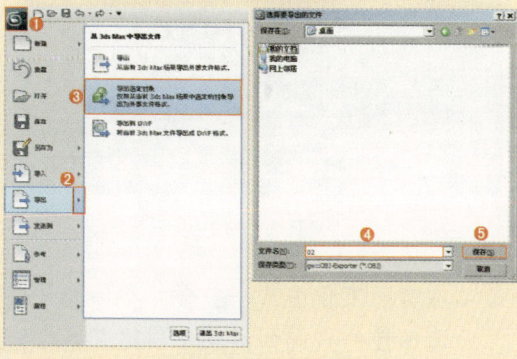

图2-25 导出对象

图2-27 导出的文件

实战演练003——合并场景文件

场景文件	场景文件\第2章\03(1).max和03(2).max	案例文件	最终文件\第2章\实战演练003\合并场景文件.max
视频教学	视频\第2章\合并场景文件.flv	视频长度	1分02秒
难易指数	★☆☆☆☆		

合并文件就是将外部的文件合并到当前场景中。在合并的过程中可以根据需要选择要合并的几何体、图形、灯光、摄影机等。

27

1. 打开本书配套光盘中的【场景文件\第2章\03（1）.max】文件，如图2-28所示。

2. 单击界面左上角的软件图标，在弹出的下拉菜单中单击【导入】按钮后面的按钮，并在右侧的列表中单击【合并】选项，接着在弹出的对话框中选择本书配套光盘中的【场景文件\第2章\03（2）.max】文件，最后单击【打开】按钮，如图2-29所示。

的文件类型，这里选择全部文件，然后单击【确定】按钮，如图2-30所示，合并文件后的效果如图2-31所示。

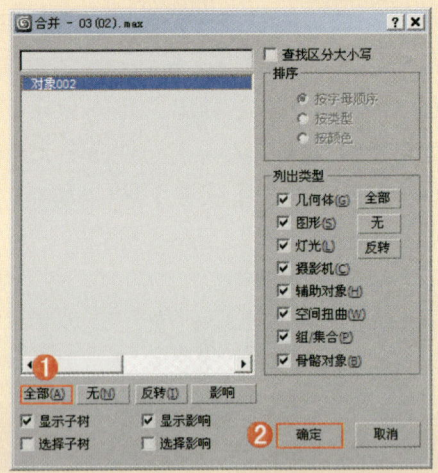

图2-30　合并界面

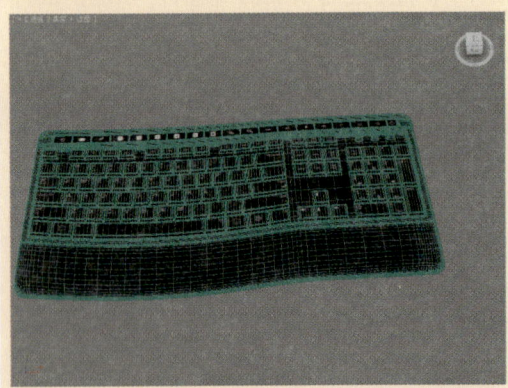

图2-28　场景文件

图2-31　合并之后

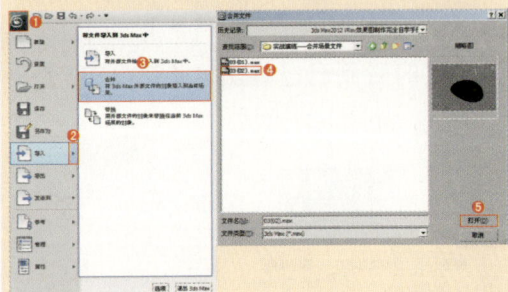

图2-29　合并文件

3. 执行上一步骤后，系统会弹出【合并】对话框，可以从中选择需要合并

提示：在实际工作中，一般合并文件都是有选择性的。比如场景中创建好了灯光和摄影机，可以不将灯光和摄影机合并进来，只需要在【合并】对话框中取消对其选中即可。

实战演练004——使用过滤器选择场景中的几何体

场景文件	场景文件\第2章\04.max	案例文件	最终文件\第2章\实战演练004\使用过滤器选择场景中的几何体.max
视频教学	视频\第2章\使用过滤器选择场景中的几何体.flv	视频长度	1分08秒
难易指数	★☆☆☆☆		

在较大的场景中，物体的类型可能会非常多，这时要想选择处于隐藏位置的物体就会很困难，而使用【过滤器】过滤掉不需要选择的对象后，选择相应的物体就很方便了。

3ds Max基本操作 | 第2章

① 打开本书配套光盘中的【场景文件\第2章\04.max】文件，从视图中可以观察到本场景包含两个茶壶几何体和一盏灯光和一个星形图形，如图2-32所示。

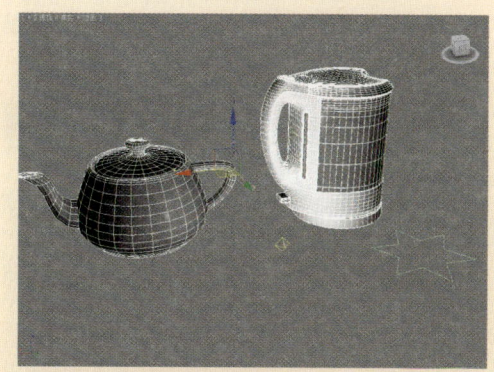

图2-34 选择效果

③ 如果要选择灯光，可以在【主工具栏】中的【过滤器】 全部 ▼ 下拉列表中选择【L-灯光】选项，如图2-35所示，然后使用【选择并移动】工具 框选视图中的所有对象，框选完毕后可以发现只选择了灯光，而茶壶几何体和图形并没有被选中，如图2-36所示。

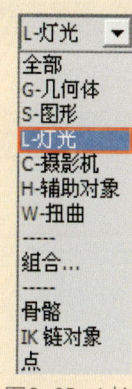

图2-35 过滤器选择

图2-32 场景文件

② 如果要选择两个茶壶几何体，可以在【主工具栏】中的【过滤器】 全部 ▼ 下拉列表中选择【G-几何体】选项，如图2-33所示，然后使用【选择并移动】工具 框选视图中的所有对象，框选完毕后可以发现只选择了两个茶壶几何体，而灯光和图形并没有被选中，如图2-34所示。

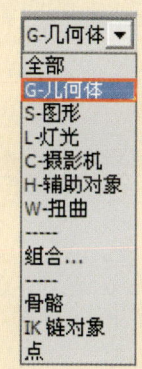

图2-33 过滤器选择

图2-36 选择效果

实战演练005——使用【套索选择区域】工具选择对象

场景文件	场景文件\第2章\05.max	案例文件	最终文件\第2章\实战演练005\使用【套索选择区域】工具选择对象.max
视频教学	视频\第2章\使用【套索选择区域】工具选择对象.flv	视频长度	1分12秒
难易指数	★★☆☆☆		

本例将使用【套索选择区域】工具选择场景中的对象。

29

① 打开本书配套光盘中的【场景文件\第2章\05.max】文件，如图2-37所示。

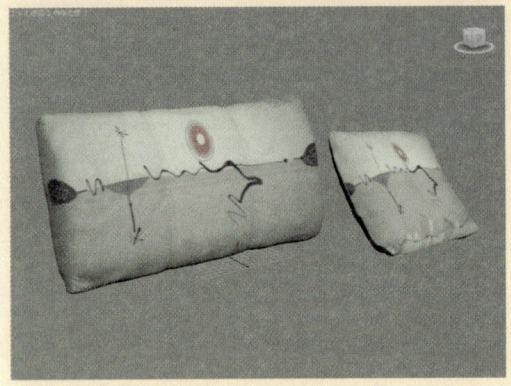

图2-37 场景文件

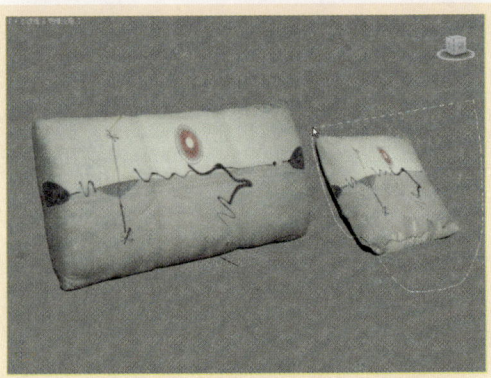

图2-38 套索选择

② 在【主工具栏】中单击【套索选择区域】按钮，然后在视图中绘制一个形状区域，将右侧的抱枕模型框选在其中，如图2-38所示，这样就选中了右侧的抱枕模型，如图2-39所示。

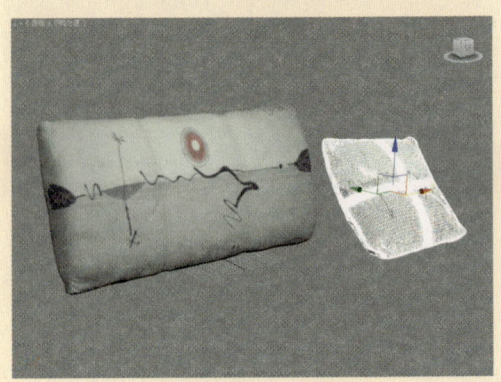

图2-39 物体选择

实战演练006——使用【选择并移动】工具移动物体的位置

场景文件	场景文件\第2章\06.max	案例文件	最终文件\第2章\实战演练006\使用【选择并移动】工具移动物体的位置.max
视频教学	视频\第2章\使用【选择并移动】工具移动物体的位置.flv	视频长度	2分12秒
难易指数	★☆☆☆☆		

本例使用【选择并移动】工具调整场景中各个物体的位置。

① 打开本书配套光盘中的【场景文件\第2章\06.max】文件，如图2-40所示。

② 选择网球拍【组002】模型，在【主工具栏】中的单击【选择并移动】按钮，然后沿X轴向左侧进行适当的移动，如图2-41所示。

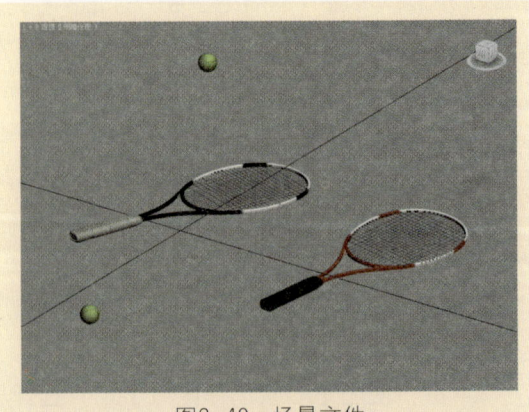

图2-40 场景文件

3ds Max基本操作 第2章

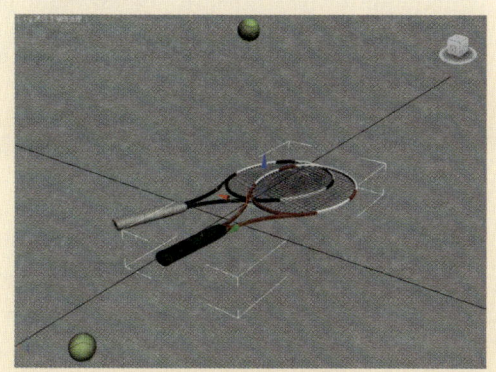

图2-41 选择并移动

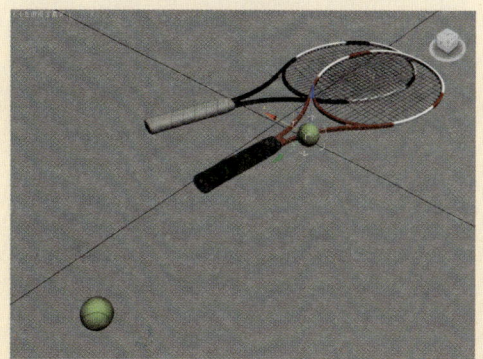

图2-42 移动效果

③ 选择网球【球001】模型,在【主工具栏】中的单击【选择并移动】按钮，然后沿Z轴向下进行适当的移动,如图2-42所示。

④ 选择网球【球002】模型,在【主工具栏】中的单击【选择并移动】按钮，然后沿Y轴向右侧进行适当的移动,如图2-43所示。

图2-43 移动效果

实战演练007——使用【选择并缩放】工具调整镜子的厚度

场景文件	场景文件\第2章\07.max	案例文件	最终文件\第2章\实战演练007\使用【选择并缩放】工具调整镜子的厚度.max
视频教学	视频\第2章\使用【选择并缩放】工具调整镜子的厚度.flv	视频长序	1分37秒
难易指数	★★★☆☆		

本例将使用【选择并缩放】工具调节镜子的厚度,熟练掌握该工具的使用。

① 打开本书配套光盘中的【场景文件\第2章\07.max】文件,如图2-44所示。

图2-44 场景文件

② 在【主工具栏】中单击【选择并均匀缩放】按钮，然后将视图切换到

【前】视图,如图2-45所示,沿Y轴正方向进行缩放,完成后的效果如图2-46所示。

③ 此时镜子的效果如图2-47所示。

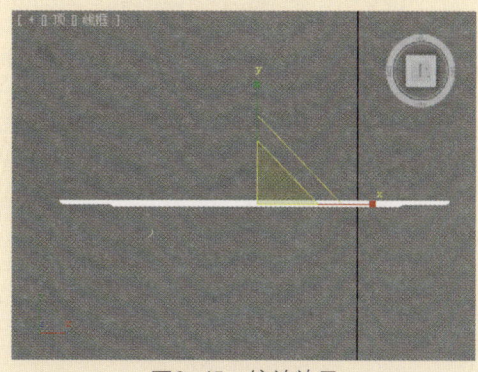

图2-45 缩放效果

31

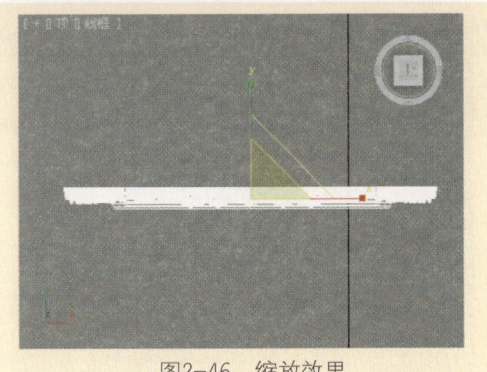
图2-46　缩放效果

图2-47　最终效果

> **提示**　同样【选择并缩放】工具也可以设定一个精确的缩放比例因子，具体操作方法就是在相应的工具上单击鼠标右键，然后在弹出的【缩放变换输入】对话框中输入相应的缩放比例数值即可，如图2-48所示。

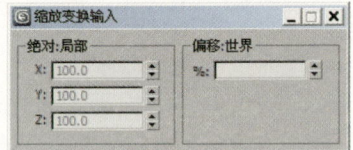
图2-48　缩放变换输入

实战演练008——使用【镜像】工具制作壁灯

场景文件	场景文件\第2章\08.max	案例文件	最终文件\第2章\实战演练008\使用【镜像】工具制作壁灯.max
视频教学	视频\第2章\使用【镜像】工具制作壁灯.flv	视频长度	1分20秒
难易指数	★☆☆☆☆		

本例使用【镜像】工具准确地制作出另外一个壁灯。

1 打开本书配套光盘中的【场景文件\第2章\08.max】文件，可以观察到场景中有一个壁灯模型，如图2-49所示。

2 选中相框模型，然后在【主工具栏】中单击【镜像】按钮，接着在弹出的【镜像】对话框设置【镜像轴】为X、【偏移】值为900mm，设置【克隆当前选择】为【复制】方式，最后单击【确定】按钮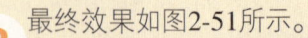，具体参数设置如图2-50所示。

3 最终效果如图2-51所示。

图2-49　场景文件

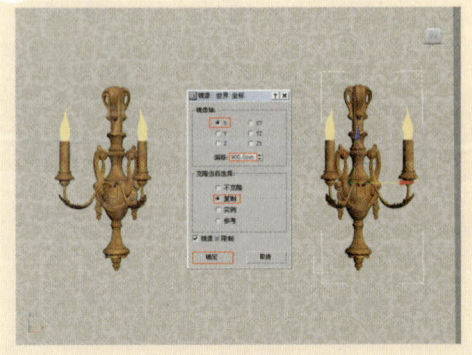
图2-50　镜像设置

图2-51　最终效果

第3章 基础建模技术

- 建模的基本常识
- 认识扩展基本体
- 认识复合对象
- 认识标准基本体
- 建筑构件建模
- 认识VRay

3.1 初识建模

3.1.1 建模是什么

通俗来讲，3ds Max建模就是通过三维制作软件和虚拟三维空间构建出具有三维数据的模型，即建立模型的过程。常用建模方法分为：几何体建模、复合对象建模、样条线建模、修改器建模、网格建模、NURBS建模、多边形建模等。图3-1所示为优秀的效果图建模作品。

图3-1 优秀的效果图建模作品

3.1.2 建模常用方法

建模的方法很多，常用的有几何体建模、复合对象建模、样条线建模、修改器建模、网格建模、NURBS建模、多边形建模等。

1. 几何体建模

几何体建模是3ds Max中自带的标准基本体、扩展基本体等模型，可以使用这些模型进行创建，并将其参数进行合理的设置，最后调整模型的位置即可。图3-2所示为使用几何体建模方式制作的创意台灯模型。

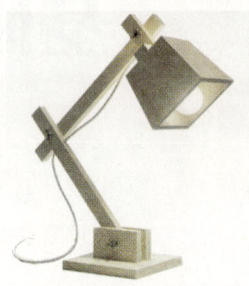

图3-2 几何体建模制作的台灯模型

2. 复合对象建模

复合对象建模是一种特殊的建模方法，使用复合对象可以快速制作出很多模型效果。复合对象包括【变形】工具 变形 、【散布】工具 散布 、【一致】工具 一致 、【连接】工具 连接 、【水滴网格】工具 水滴网格 、【图形合并】工具 图形合并 、【布尔】工具 布尔 、【地形】工具 地形 、【放样】工具 放样 、【网格化】工具 网格化 、【ProBoolean】工具 ProBoolean 和【ProCutter】工具 ProCutter ，如图3-3所示。

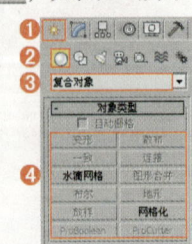

图3-3 复合对象建模工具

使用【放样】工具 放样 可以制作出顶棚石膏线模型,如图3-4所示。

图3-4 【放样】工具制作石膏线模型

使用【图形合并】工具 图形合并 可以制作出欧式边几表面的纹饰效果,如图3-5所示。

图3-5 【图形合并】工具制作纹饰效果

3. 样条线建模

使用【样条线】可以快速绘制复杂的图形,利用该图形可以将其修改为三维的模型,并可以使用绘制图形添加修改器,将其快速转化为复杂的模型效果。图3-6所示为使用样条线建模制作的椅子模型。

图3-6 样条线建模制作椅子模型

4. 修改器建模

3ds Max【修改器】的种类很多,使用修改器建模可以快速修改模型的整体效果,以达到所需要的模型效果。图3-7所示为使用修改器建模制作的花瓶模型。

图3-7 修改器建模制作花瓶模型

5. 网格建模

【网格建模】与多边形建模方法类似,是一种比较高级的建模方法。它主要包括【顶点】、【边】、【面】、【多边形】和【元素】5种级别,并通过分别调整某级别的参数等,来达到调节模型的效果。图3-8所示为使用网格建模制作的椅子模型。

图3-8 网格建模制作椅子模型

6. NURBS建模

【NURBS】是一种非常优秀的建模方式,高级三维软件中都支持这种建模方式。NURBS能够比传统的网格建模方式更好地控制物体表面的曲线度,从而创建出更逼真、生动的造型。图3-9所示为使用NURBS建模制作的瓷器模型。

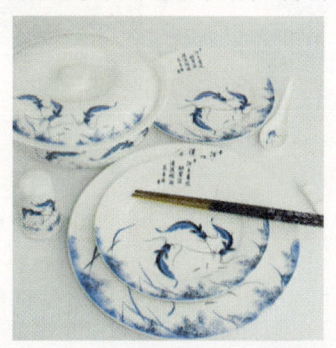

图3-9 NURBS建模制作瓷器模型

7. 多边形建模

【多边形建模】是最常用的建模方式之一，主要包括【顶点】、【边】、【边界】、【多边形】和【元素】5个层级级别，参数比较多，因此可以制作出多种模型效果。也是后面章节中重点介绍的一种建模类型。图3-10所示为使用多边形建模制作的沙发模型。

图3-10　多边形建模制作沙发模型

3.1.3 建模的前期准备工作

在正式建模之前，可以做一些准备工作，如参考模型图片、设置单位、选择合适的建模方法等，充分做好建模前的准备，将会提高模型制作的速度和准确性。

1．参考模型图片

在使用3ds Max进行建模时，有多种使用参考图的方法，可以直接导入参考图，也可以在外部打开参考图。

（1）在【前】视图中导入参考图

选择菜单栏中的【视图】|【视口背景】|【视口背景】命令，如图3-11所示。此时可以单击【文件】按钮，加载一张图像，并选中【匹配位图】和【锁定缩放/平移】复选框，最后单击【确定】按钮。弹出的对话框如图3-12所示。

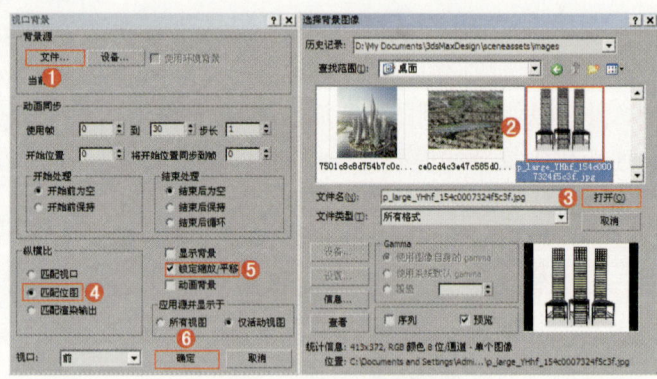

图3-11　选择视图　　　　　　　　　图3-12　加载位图

此时会看到参考图已经导入到前视图中了，如图3-13所示。

（2）外部打开参考图

使用外部打开参考图之前可以选择合适的看图软件，如ACDSee。此时双击要打开的图像，并在打开的图像上，选择【工具】|【选项】|【查看窗口】命令，并在【选项】对话框中选中【总在最上】复选框，最后单击【确定】按钮，如图3-14所示。

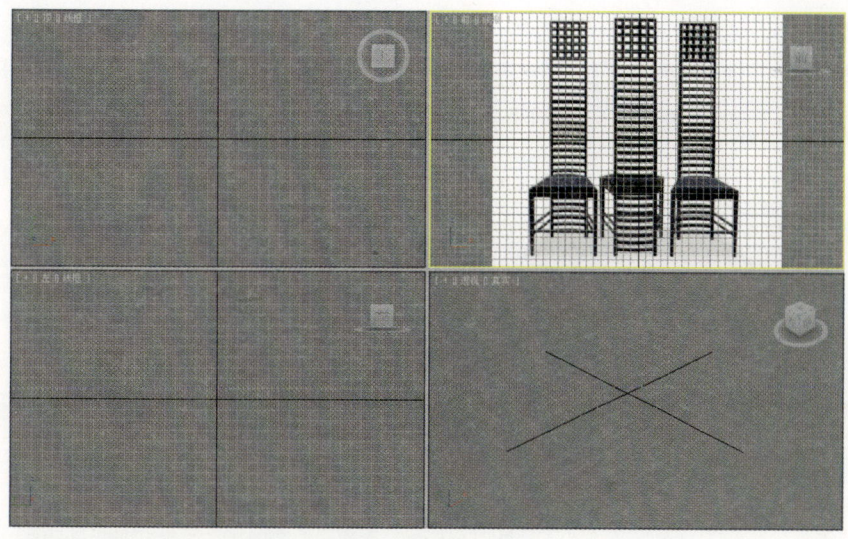

图3-13　参考图的导入

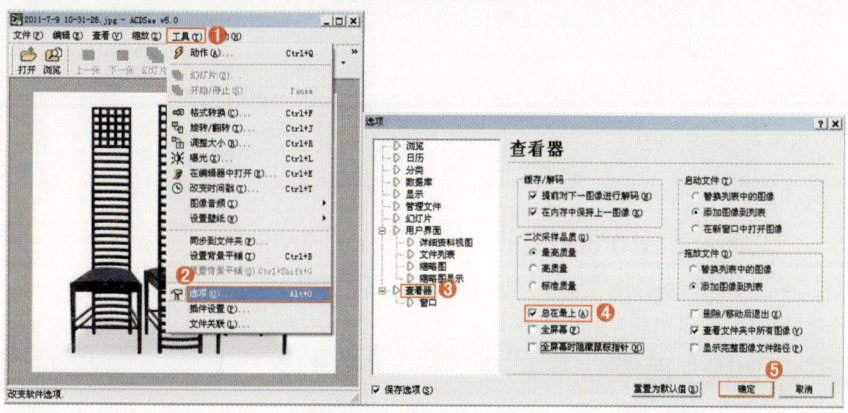

图3-14　参考图设置

此时图像将显示在最上层，如图3-15所示。

图3-15　显示在最上层

2. 设置单位

选择菜单栏中的【自定义】|【单位设置】命令，此时将弹出【单位设置】对话框，将【系统单位比例】和【显示单位比例】设置为【毫米】，如图3-16所示。

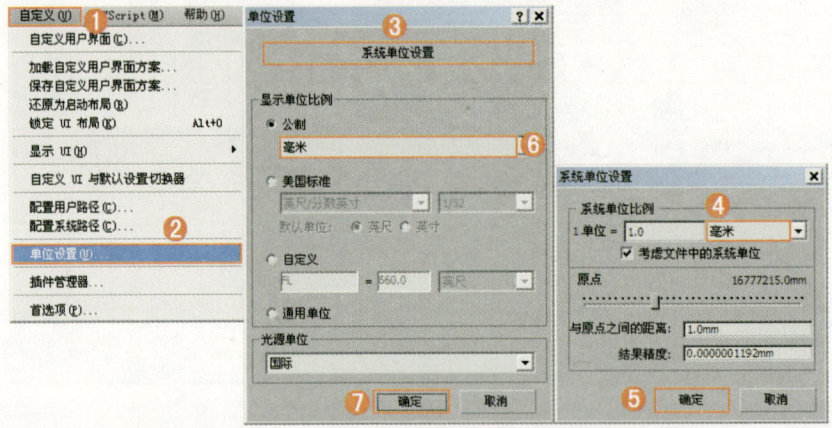

图3-16　单位设置

> 一般来说，制作室内的模型时，单位可以设置为毫米（mm）；而制作室外的大型场景时，单位可以设置为米（m）。但这也不是固定的，应根据场景大小、要求等确定。

3. 选择合适的建模方法

建模方式有多种，在制作模型之前，首先要分析模型的特点，及适合使用哪种建模方法进行制作，然后再进行制作，这样会极大地提高工作效率。

3.1.4　初识【创建】面板

【创建】面板（如图3-17所示）将所创建的对象分为7个类别。每一个类别有自己的按钮。一个类别内可能包含几个不同的对象子类别。使用下拉列表可以选择对象子类别，每一类对象都有自己的按钮。

【创建】面板提供的对象类别如下所列。

- 几何体：是场景的可渲染几何体。其中包括多种类型，也是这章的学习重点。
- 形状：是样条线或 NURBS 曲线。其中包括多种类型，也是这章的学习重点。
- 灯光：可以照亮场景，并且可以增加其逼真感。灯光种类很多，可模拟现实世界中不同类型的灯光。
- 摄影机：摄影机对象提供场景的视图，可以对摄影机位置设置动画。
- 辅助对象：有助于构建场景。
- 空间扭曲对象：空间扭曲在围绕其他对象的空间中产生各种不同的扭曲效果。
- 系统：将对象、控制器和层次组合在一起，提供与某种行为关联的几何体。

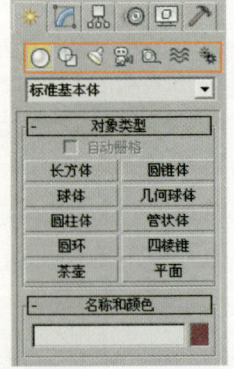

图3-17　【创建】面板

在建模中常用的两个类型是【几何体】和【图形】，如图3-18所示。

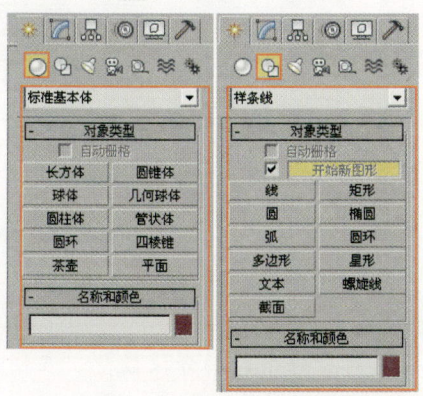

图3-18 【几何体】和【形状】面板

单击【创建】|【几何体】|【标准基本体】|【茶壶】按钮，并在视图中单击鼠标左键拖曳，此时可以创建出一个茶壶模型，如图3-19所示。

图3-19 创建茶壶模型

> **提示** 由此可见，创建一个长方体模型需要4个步骤，这也代表了4个级别，分别是【创建】|【几何体】|【标准基本体】|【茶壶】，了解这些后，只需记住这4个级别就会快速找到需要进行创建的对象。

3.2 标准基本体

熟悉的几何基本体在现实世界中就是像水皮球、管道、长方体、圆环和圆锥形冰淇淋杯这样的对象。在3ds Max Design 中，可以使用单个基本体对很多这样的对象建模。还可以将基本体结合到更复杂的对象中，并使用修改器进一步进行优化。图3-20所示为标准基本体制作的作品。

图3-20 标准基本体制作的作品

【标准基本体】包含10种对象类型，分别是【长方体】、【圆锥体】、【球体】、【几何球体】、【圆柱体】、【管状体】、【圆环】、【四棱锥】、【茶壶】和【平面】，如图3-21所示。

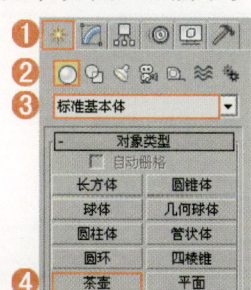

图3-21 标准基本体

3.2.1 长方体

【长方体】是最常用的基本体。使用长方体可以制作长度、宽度、高度不同的长方体。长方体的参数比较简单,包括【长度】、【高度】、【宽度】以及相对应的【分段】,如图3-22所示。

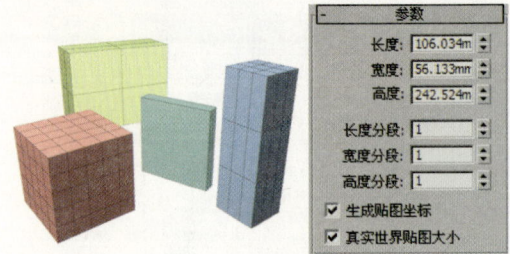

图3-22 【长方体】参数

- 长度、宽度、高度:设置长方体对象的长度、宽度和高度,默认值为 0,0,0。
- 长度分段、宽度分段、高度分段:设置沿着对象每个轴的分段数量。在创建前后设置均可。
- 生成贴图坐标:生成将贴图材质应用于长方体的坐标,默认设置为启用。
- 真实世界贴图大小:控制应用于该对象的纹理贴图材质所使用的缩放方法。

使用长方体可以快速创建出很多简易的模型,如书桌等,如图3-23所示。

 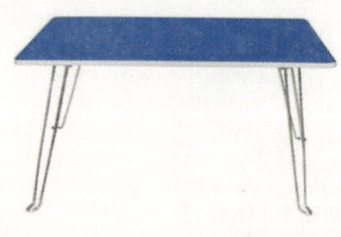

图3-23 长方体书桌

▶ 实战演练009——制作简约书架

📁 案例文件	最终文件\第3章\实战演练009\制作简约书架.max	🎬 视频教学	视频\第3章\制作简约书架.flv
🎞 视频长度	1分49秒	⚡ 难易指数	★★☆☆☆

本例就来学习使用标准基本体下的【长方体】来完成模型的制作,最终渲染和线框效果如图3-24所示。

图3-24 最终渲染和线框效果

① 启动3ds Max 2012中文版,选择菜单栏中的【自定义】|【单位设置】命令,此时将弹出【单位设置】对话框,将【显示单位比例】和【系统单位比例】设置为【毫米】,如图3-25所示。

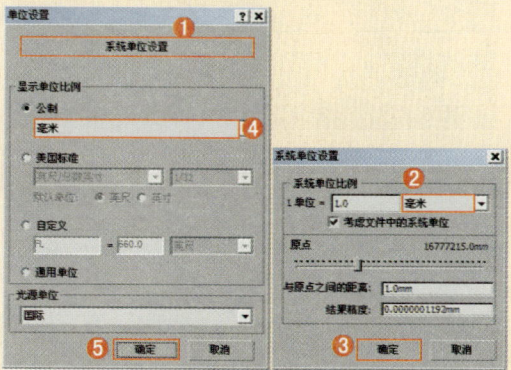

图3-25 设置单位

② 单击【创建】|【几何体】|【长方体】 长方体 按钮,在【顶】视图中创建一个长方体,并修改参数,如图3-26所示。

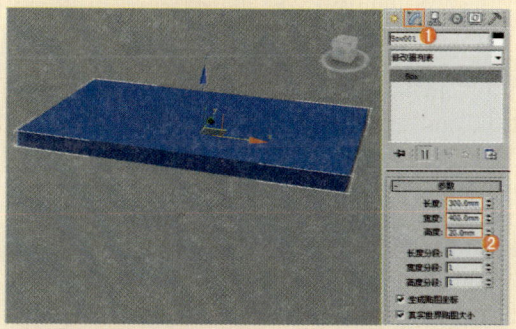

图3-26 修改长方体参数

③ 激活【顶】视图,继续使用【长方体】工具创建,并修改其参数如图3-27所示,接着在视图中用主工具栏中的【选择并移动】工具将长方体拖曳到如图3-28所示的位置。

④ 激活【前】视图,确认上一步创建的长方体处于选择的状态,按住Shift键,用鼠标左键对长方体进行移动复制,释放鼠标会弹出【克隆选项】对话框,如图3-29所示。

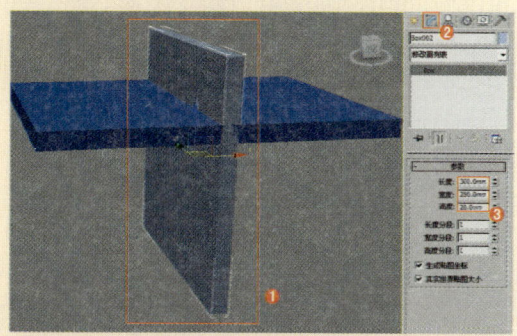

图3-27 修改参数

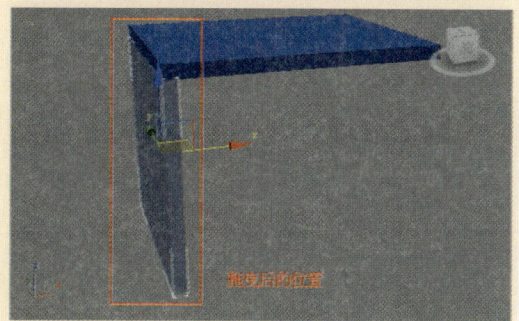

图3-28 拖曳后的位置

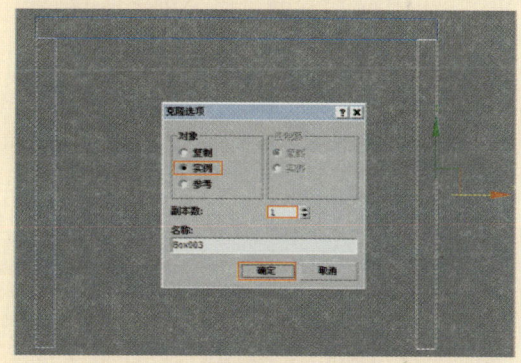

图3-29 复制长方体

⑤ 激活【顶】视图,继续使用【长方体】工具创建,接着用主工具栏中的【选择并移动】工具将长方体拖曳到如图3-30所示的位置。

⑥ 激活【前】视图,确认上一步创建的长方体处于选择的状态,按住Shift键,用鼠标左键对长方体进行移动复制一份,如图3-31所示。

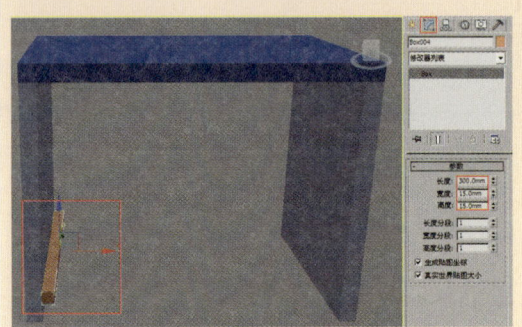

图3-30 修改参数和拖曳后的位置

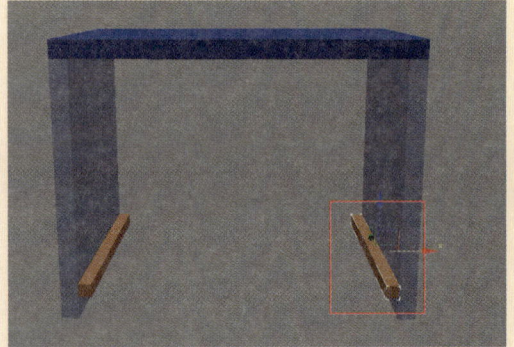

图3-31 复制长方体

7 按Ctrl+A组合键,选择创建所有的模型,选择菜单栏中的【组】|【成组】命令,如图3-32所示。

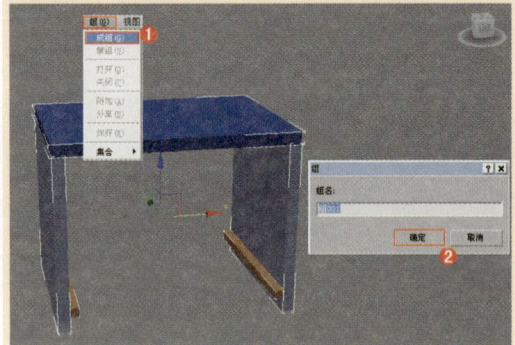

图3-32 成组

8 用前面的方法创建长方体,制作出创意书架其他部分,具体的参数不再详细介绍,位置如图3-33所示。

9 激活【前】视图,继续创建一个长方体,修改其参数,如图3-34所示。

图3-33 复制长方体

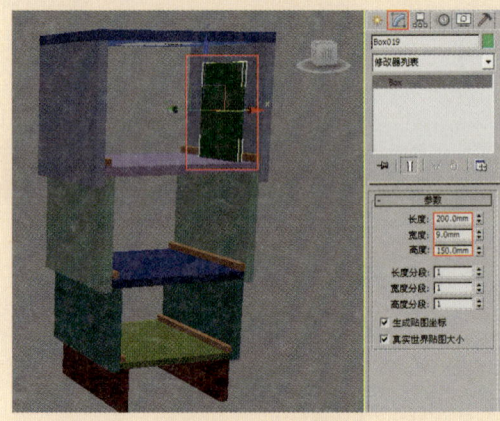

图3-34 修改参数

10 激活【前】视图,使用【选择并旋转】工具将上一步创建的长方体旋转15°,如图3-35所示的位置。

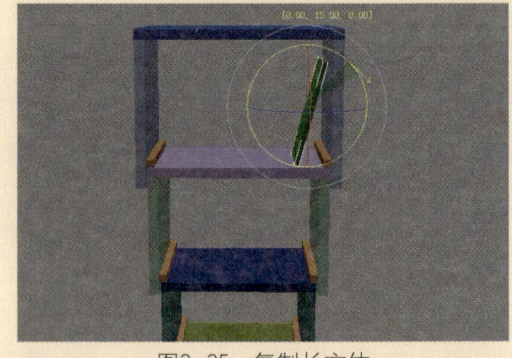

图3-35 复制长方体

提示:在主工具栏中打开【角度捕捉切换】工具,并在按钮上单击鼠标右键,在弹出的【栅格和捕捉设置】对话框中调节参数,如图3-36所示。

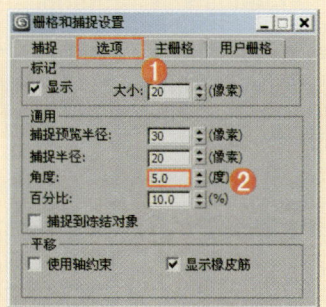

图3-36 修改参数

⑪ 继续使用【长方体】工具创建书模型,最终模型效果如图3-37所示。

图3-37 书架模型效果

3.2.2 球体

【球体】可以制作完整的球体、半球体或球体的其他部分。还可以围绕球体的垂直轴对其进行【切片】修改。如图3-38所示。

- 半径:指定球体的半径。
- 分段:设置球体多边形分段的数目。
- 平滑:混合球体的面,从而在渲染视图中创建平滑的外观。
- 半球:过分增大该值将【切断】球体,如果从底部开始,将创建部分球体。

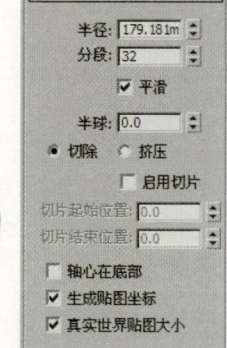

图3-38 【球体】参数

- 切除:通过在半球断开时将球体中的顶点和面【切除】来减少它们的数量。默认设置为启用。
- 挤压:保持原始球体中的顶点数和面数,将几何体向着球体的顶部【挤压】,直到体积越来越小。
- 启用切片:使用【从】和【到】切换可创建部分球体。
- 切片起始位置、切片结束位置:设置起始角度、停止角度。
- 轴心在底部:将球体沿着其局部Z轴向上移动,以便轴点位于其底部。

3.2.3 圆柱体

【圆柱体】可以创建完整或部分圆柱体,可以围绕其主轴进行【切片】修改,如图3-39所示。

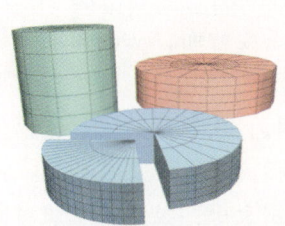
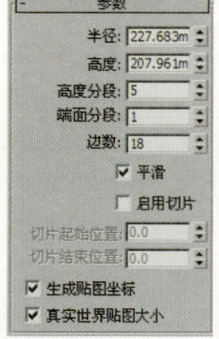

图3-39 【圆柱体】参数

- 半径：设置圆柱体的半径。
- 高度：设置沿着中心轴的维度。负数值将在构造平面下面创建圆柱体。
- 高度分段：设置沿着圆柱体主轴的分段数量。
- 端面分段：设置围绕圆柱体顶部和底部中心的同心分段数量。
- 边数：设置圆柱体周围的边数。
- 平滑：将圆柱体的各个面混合在一起，从而在渲染视图中创建平滑的外观。

> 提示：由于每个标准基本体的参数中都会有重复的参数选项，而且这些参数的含义基本一样，如启用切片、切片起始位置、切片结束位置、生成贴图坐标、真实世界贴图大小等。这里将不再进行重复介绍。

3.2.4 圆环

【圆环】可以创建一个圆环或具有圆形横截面的环，可以将平滑选项与旋转和扭曲设置组合使用，以创建复杂的变体，如图3-40所示。

- 半径1：设置从环形的中心到横截面圆形的中心的距离。这是环形环的半径。
- 半径2：设置横截面圆形的半径。每当创建环形时就会替换该值。默认设置为10。
- 旋转、扭曲：设置旋转、扭曲的度数。
- 分段：设置围绕环形的分段数目。
- 边数：设置环形横截面圆形的边数。

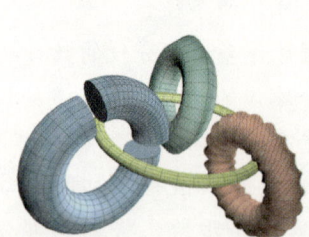
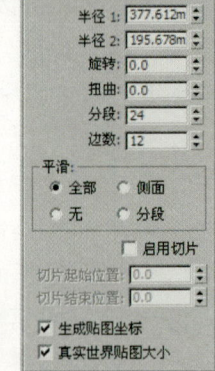

图3-40 【圆环】参数

3.2.5 茶壶

【茶壶】可生成一个茶壶形状。可以选择一次制作整个茶壶（默认设置）或一部分茶壶，如图3-41所示。

- 半径：设置茶壶的半径。
- 分段：设置茶壶或其单独部件的分段数。
- 平滑：混合茶壶的面，从而在渲染视图中创建平滑的外观。
- 生成贴图坐标：生成将贴图材质应用于茶壶的坐标。默认设置为启用。
- 真实世界贴图大小：控制用于该对象的纹理贴图材质所使用的缩放方法。

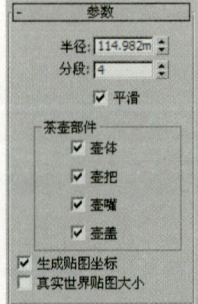

图3-41 【茶壶】参数

3.2.6 圆锥体

【圆锥体】可以产生直立或倒立的完整或部分圆形圆锥体，如图3-42所示。

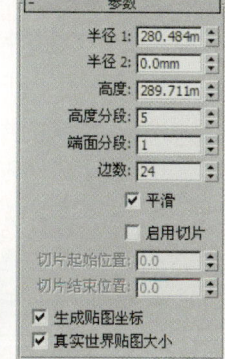

- 半径1、半径2：设置圆锥体的第一个半径和第二个半径。两个半径的最小值都是 0.0。如果输入负值，则3ds Max Design 会将其转换为 0.0。可以组合这些设置以创建直立或倒立的尖顶圆锥体和平顶圆锥体。
- 高度：设置沿着中心轴的维度。负值将在构造平面下面创建圆锥体。
- 高度分段、端面分段：设置沿着圆锥体主轴的分段数、围绕圆锥体顶部和底部中心的同心分段数。
- 边数：设置圆锥体周围边数。
- 平滑：混合圆锥体的面，从而在渲染视图中创建平滑的外观。
- 启用切片：启用【切片】功能。默认设置为禁用状态。创建切片后，如果禁用【启用切片】，则将重新显示完整的圆锥体。
- 切片起始位置，切片结束位置：设置从局部x轴的零点开始围绕局部z轴的度数。
- 生成贴图坐标：生成将贴图材质用于圆锥体的坐标。默认设置为启用。
- 真实世界贴图大小：控制用于该对象的纹理贴图材质所使用的缩放方法。

图3-42 【圆锥体】参数

3.2.7 几何球体

【几何球体】可以创建3类规则多面体制作球体和半球，如图3-43所示。

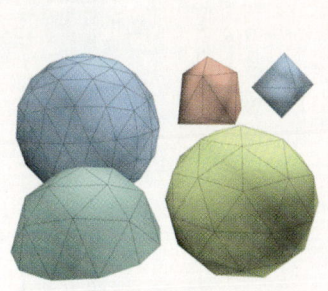
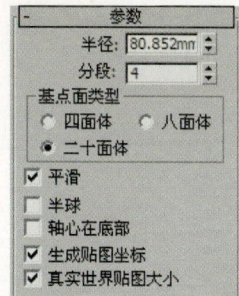

图3-43 【几何球体】参数

- 半径：设置几何球体的大小。
- 分段：设置几何球体中的总面数。
- 平滑：将平滑组应用于球体的曲面。
- 半球：创建半个球体。

3.2.8 管状体

【管状体】可以创建圆形和棱柱管道。管状体类似于中空的圆柱体，如图3-44所示。

- 半径1、半径2、：较大的设置将指定管状体的外部半径，而较小的设置则指定内部半径。
- 高度：设置沿着中心轴的维度。负数值将在构造平面下创建管状体。
- 高度分段：设置沿着管状体主轴的分段数量。
- 端面分段：设置围绕管状体顶部和底部中心的同心分段数量。
- 边数：设置管状体周围边数。

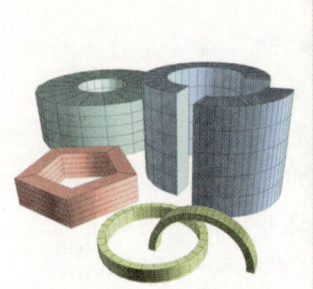
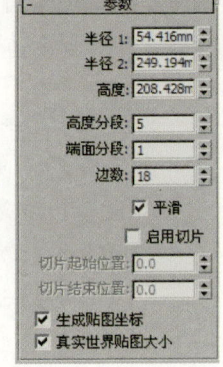

图3-44 【管状体】参数

实战演练010——制作简约落地灯

📁 案例文件	最终文件\第3章\实战演练010\制作简约落地灯.max	🎬 视频教学	视频\第3章\制作简约落地灯.flv
🎞 视频长度	2分39秒	⚠ 难易指数	★★☆☆☆

本例就来学习使用标准基本体下的【管状体】来完成模型的制作，最终渲染和线框效果如图3-45所示。

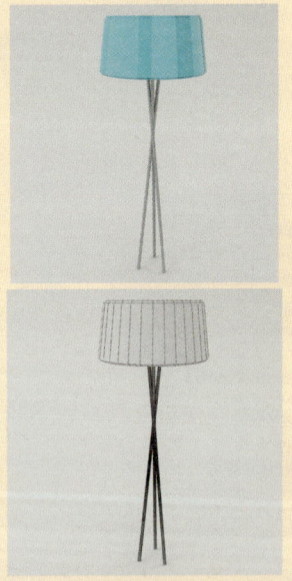

图3-45 最终渲染和线框效果

1 启动3ds Max 2012中文版，选择菜单栏中的【自定义】|【单位设置】命令，此时将弹出【单位设置】对话框，将【显示单位比例】和【系统单位比例】设置为【毫米】，如图3-46所示。

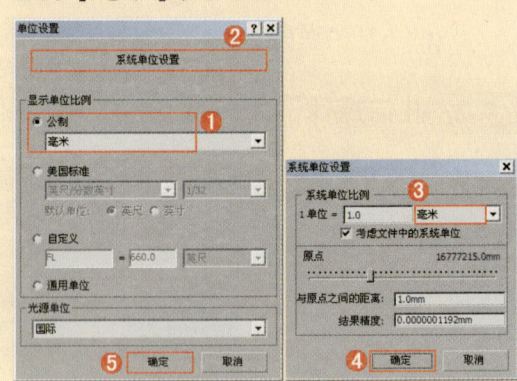

图3-46 单位设置

2 单击【创建】|【几何体】|【标准基本体】|【管状体】 按钮，在【顶】视图中创建一个管状体，修改参数，设置【半径1】为400.0mm，【半径2】为405.0mm，【高度】为370.0mm，【边数】为32，如图3-47所示。

基础建模技术 第3章

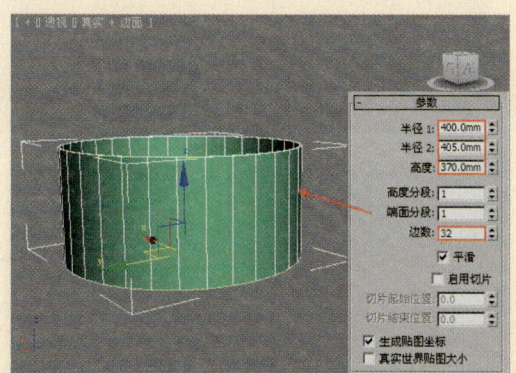

图3-47 创建管状体参数

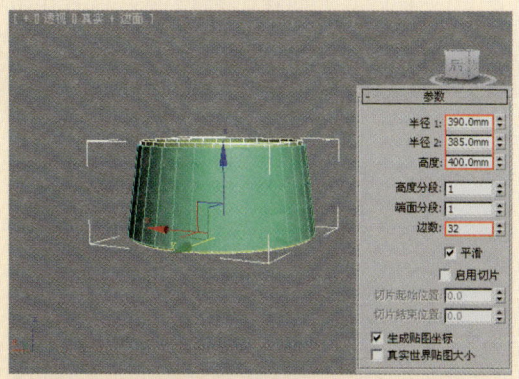

图3-49 参数修改

③ 进入【修改】面板，为上一步创建的管状体加载【FFD2×2×2】修改器，选择【控制点】级别，在【前】视图框选上方的点，使用【选择并均匀缩放】工具向x轴反方向移动一定的距离，如图3-48所示。

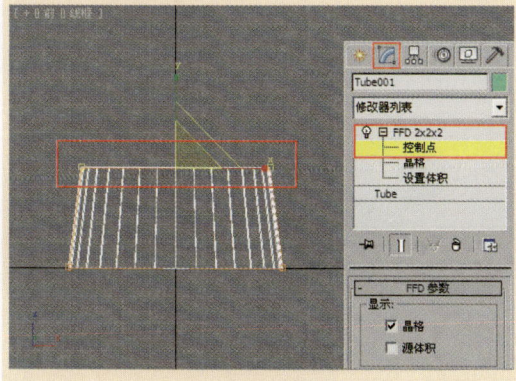

图3-48 加载FFD2×2×2

④ 将上一步创建的管状体在原位复制。修改参数，设置【半径1】为390.0mm，【半径2】为385.0mm，【高度】为400.0mm，【边数】为32，如图3-49所示。

⑤ 在【顶】视图创建【圆柱体】 圆柱体 ，修改参数，设置【半径】为120.0mm，【高度】为80.0mm，【高度分段】为1，【边数】为32，如图3-50所示。

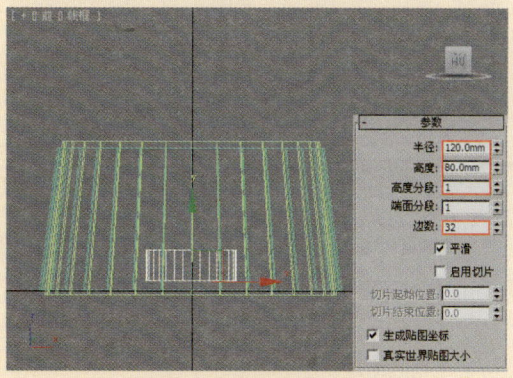

图3-50 【圆柱体】参数

⑥ 继续在【顶】视图创建【圆柱体】 圆柱体 ，作为灯柱。修改参数，设置【半径】为12.0mm，【高度】为-1700.0mm，【高度分段】为1，【边数】为32，并使用【选择并旋转】工具将其旋转一定的角度，如图3-51所示。

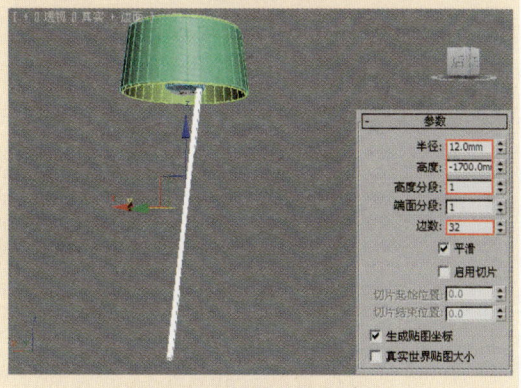

图3-51 调整位置与参数

47

7 选择上一步创建的圆柱体，按住Shift键，然后使用【选择并旋转】工具 并结合【角度捕捉】工具 将其旋转复制两个，具体效果如图3-52所示。

8 最终灯饰建模效果如图3-53所示。

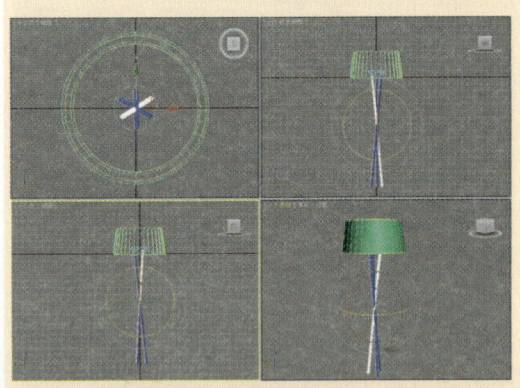
图3-52 复制圆柱体

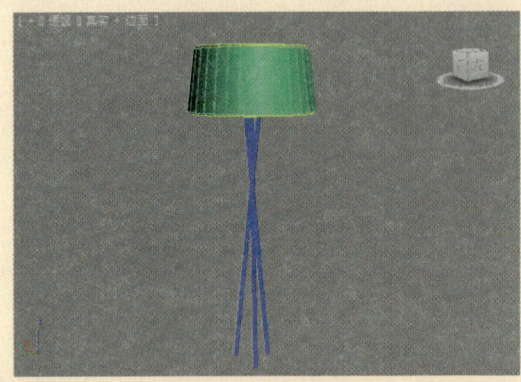
图3-53 最终效果

3.2.9 四棱锥

【四棱锥】可以创建方形或矩形底部和三角形侧面，如图3-54所示。

- 宽度、深度和高度：设置四棱锥对应面的维度。
- 宽度/深度/高度分段：设置四棱锥对应面的分段数。

 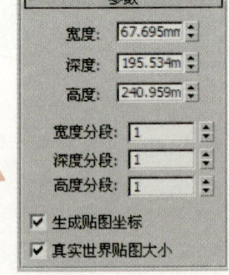

图3-54 【四棱锥】参数

3.2.10 平面

【平面】可以创建平面多边形网格，可在渲染时无限放大，如图3-55所示。

- 长度、宽度：设置平面对象的长度和宽度。
- 长度分段、宽度分段：设置沿着对象每个轴的分段数量。
- 渲染倍增缩放：指定长度和宽度在渲染时的倍增因子。将从中心向外执行缩放。
- 渲染倍增密度：指定长度和宽度分段数在渲染时的倍增因子。

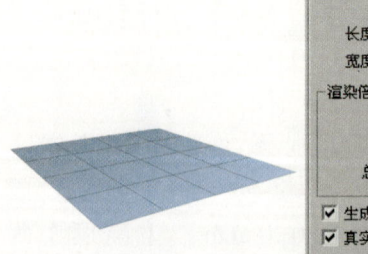 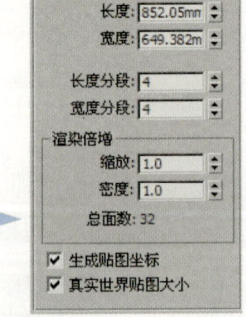

图3-55 【平面】参数

实战演练011——制作简约台灯

案例文件	最终文件\第3章\实战演练011\制作简约台灯.max	视频教学	视频\第3章\制作简约台灯.flv
视频长度	2分03秒	难易指数	★★☆☆☆

① 本例就来学习使用【长方体】/【球体】/【管状体】/【圆环】工具，【选择并旋转】/【选择并缩放】/【选择并移动】工具来完成模型的制作，最终渲染和线框效果如图3-56所示。

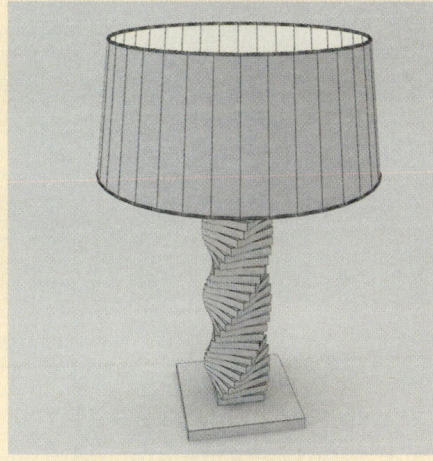

图3-56 最终渲染和线框效果

① 启动3ds Max 2012中文版，选择菜单栏中的【自定义】|【单位设置】命令，此时将弹出【单位设置】对话框，将【显示单位比例】和【系统单位比例】设置为【毫米】，如图3-57所示。

② 单击【创建】|【几何体】|【长方体】按钮，在【顶】视图中创建一个长方体，接着在【修改】面板下设置【长度】为90.0mm，【宽度】为90.0mm，【高度】为9.0mm，如图3-58所示。

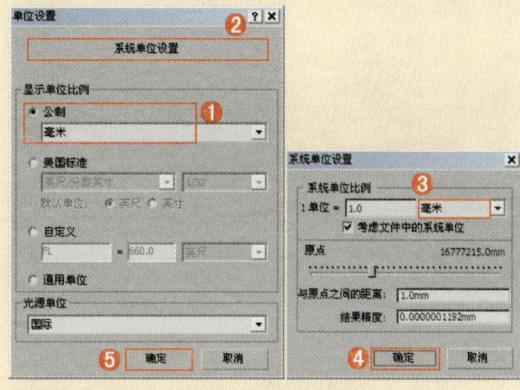

图3-57 单位设置

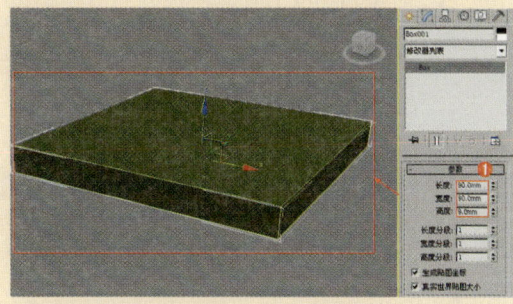

图3-58 长方体创建

③ 在【顶】视图中创建一个长方体，接着在【修改】面板下设置【长度】为40.0mm，【宽度】为40.0mm，【高度】为6.0mm，如图3-59所示。

④ 使用【选择并旋转】工具将上一步创建的长方体旋转复制一份，接着使用【选择并移动】工具将长方体拖曳到如图3-60所示的位置。

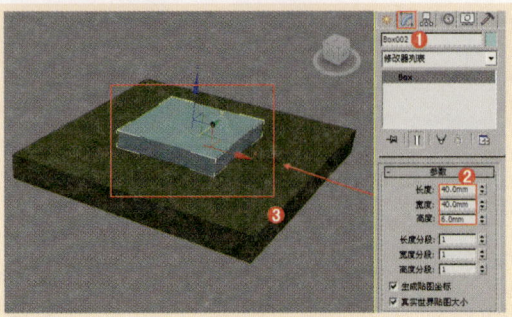

图3-59 长方体创建图

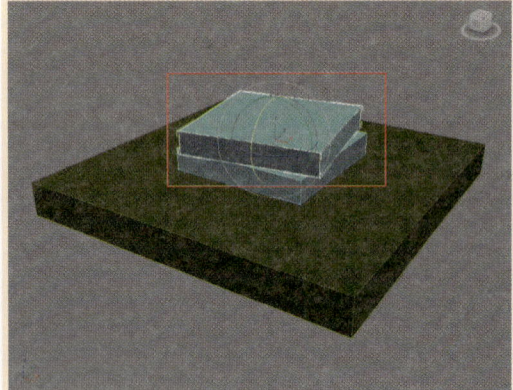

图3-60 复制长方体

5 继续使用【选择并移动】 工具和【选择并旋转】 工具创建,此时场景效果如图3-61所示。

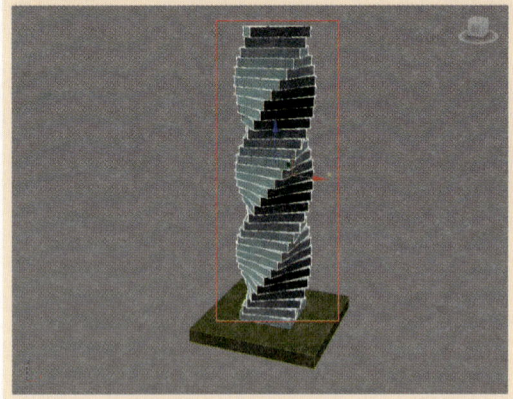

图3-61 场景效果图

6 单击【创建】 |【几何体】 |【球体】 按钮,在【顶】视图中创建,然后在【修改】面板下展开【参数】卷展栏,设置【半径】为12.0mm,【分段】为32,如图3-62所示。

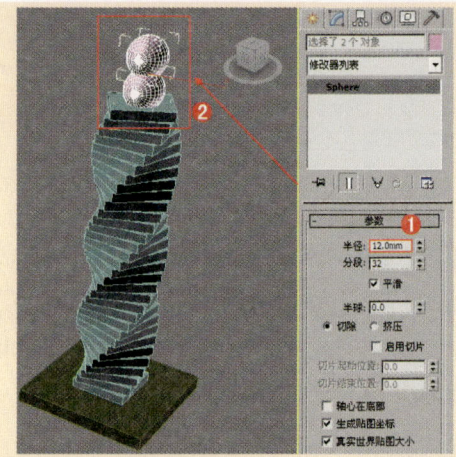

图3-62 创建球体

7 单击【创建】 |【几何体】 |【管状体】 按钮,在【顶】视图中创建,接着在【修改】面板下展开【参数】,设置【半径1】为100.0mm,【半径2】为99.0mm,【高度】为90.0mm,【高度分段】为1,【端面分段】为1,【边数】为36,如图3-63所示。

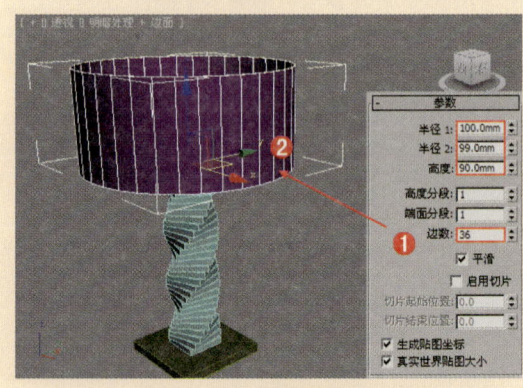

图3-63 管状体创建

8 选择刚创建的管状体接着在【修改】面板下加载【FFD2×2×2】命令修改器,并使用【选择并均匀缩放】工具调节控制点,调节后的效果如图3-64所示。

9 单击【创建】 |【几何体】 |【圆环】 按钮,在【顶】视图中创建,接着在【修改】面板下展开【参数】,设置【半径1】为99.0mm,【半径2】为1.0mm,【旋转】为0.0,【扭曲】

为0.0,【分段】为36,【边数】为12,如图3-65所示。

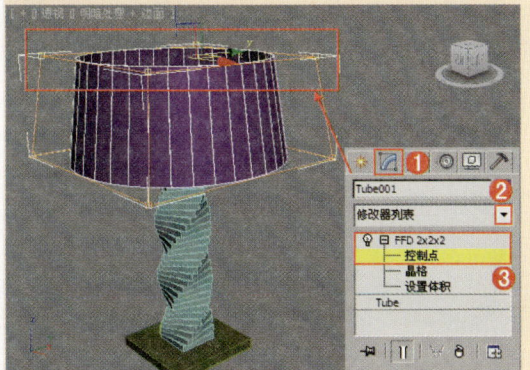

图3-64 调整管状体

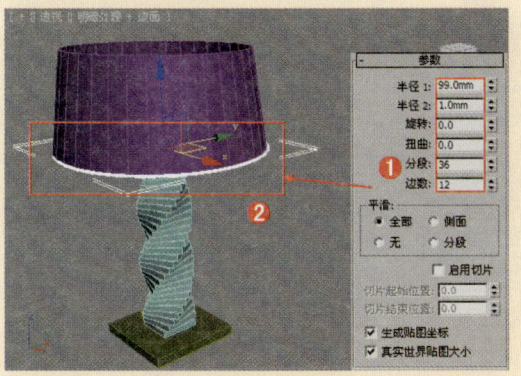

图3-65 圆环创建

10 在【顶】视图中创建,接着在【修改】面板下展开【参数】,设置【半径1】为86.0mm,【半径2】为

1.0mm,【旋转】为0.0,【扭曲】为0.0,【分段】为36,【边数】为12,如图3-66所示。

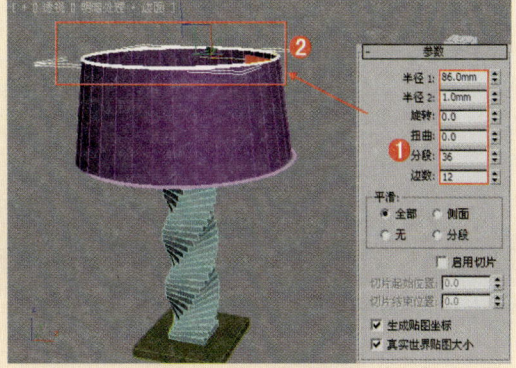

图3-66 圆环参数设置

11 最终模型效果如图3-67所示。

图3-67 最终模型

3.3 扩展基本体

扩展基本体是3ds Max Design复杂基本体的集合。其中包括13种对象类型,分别是【异面体】、【环形结】、【切角长方体】、【切角圆柱体】、【油罐】、【胶囊】、【纺锤】、【L-Ext】、【球棱柱】、【C-Ext】、【环形波】、【棱柱】、【软管】,如图3-68所示。

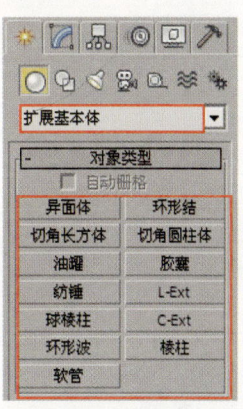

图3-68 【扩展基本体】面板

3.3.1 切角长方体

【切角长方体】可以创建具有倒角或圆形边的长方体，如图3-69所示。

- 圆角：用来控制切角长方体边上的圆角效果。
- 圆角分段：设置长方体圆角边时的分段数。

提示：【切角长方体】的参数比【长方体】增加了【圆角】参数，因此使用【切角长方体】同样可以创建出长方体，可以对比一下设置【圆角】为0.0mm和设置【圆角】为20.0mm的效果，如图3-70所示。

图3-69 【切角长方体】参数

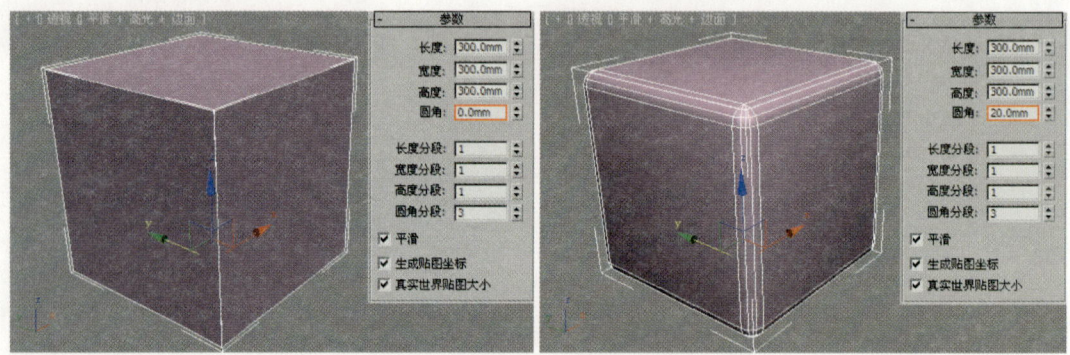

图3-70 圆角参数对比效果

3.3.2 切角圆柱体

【切角圆柱体】可以创建具有倒角或圆形封口边的圆柱体，如图3-71所示。

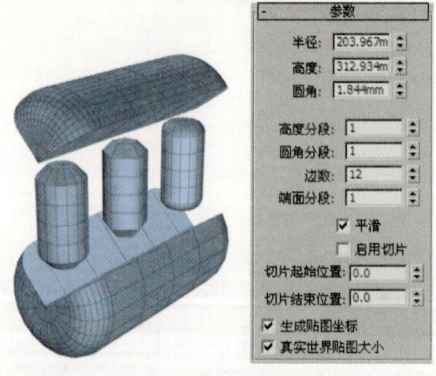

图3-71 【切角圆柱体】参数

- 圆角：斜切切角圆柱体的顶部和底部封口边。
- 圆角分段：设置圆柱体圆角边时的分段数。

3.3.3 L-Ext和C-Ext

【L-Ext】可以创建挤出的L形对象，如图3-72所示。

- 侧面/前面长度：指定L每个【脚】的长度。
- 侧面/前面宽度：指定L每个【脚】的宽度。
- 高度：指定对象的高度。
- 侧面/前面分段：指定该对象特定【脚】的分段数。
- 宽度/高度分段：指定整个宽度和高度的分段数。

【C-Ext】可以创建挤出的C形对象，如图3-73所示。

- 背面/侧面/前面长度：指定3个侧面的每一个长度。
- 背面/侧面/前面宽度：指定3个侧面的每一个宽度。
- 高度：指定对象的总体高度。
- 背面/侧面/前面分段：指定对象特定侧面的分段数。
- 宽度/高度分段：设置该分段以指定对象的整个宽度和高度的分段数。

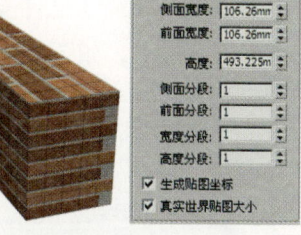

图3-72 【L-Ext】参数

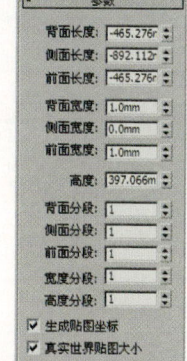

图3-73 【C-Ext】参数

▶ **实战演练012——制作室内户型结构**

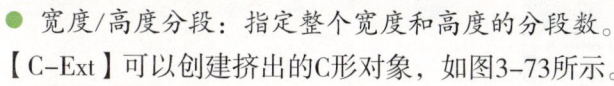

案例文件	最终文件\第3章\实战演练012制作室内户型结构.max	视频教学	视频\第3章\制作室内户型结构
视频长度	2分16秒	难易指数	★★☆☆☆

本例就来学习使用【L-Ext】和【C-Ext】完成模型的制作，最终渲染和线框效果如图3-74所示。

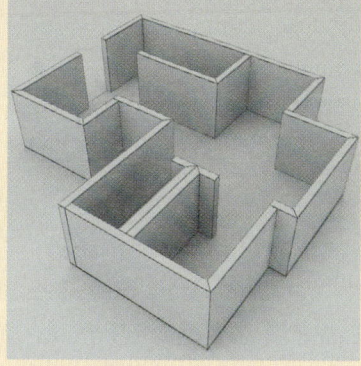

图3-74 最终渲染和线框效果使用

① 启动3ds Max 2012中文版，选择菜单栏中的【自定义】|【单位设置】命令，此时将弹出【单位设置】对话框，将【显示单位比例】和【系统单位比例】设置为【毫米】，如图3-75所示。

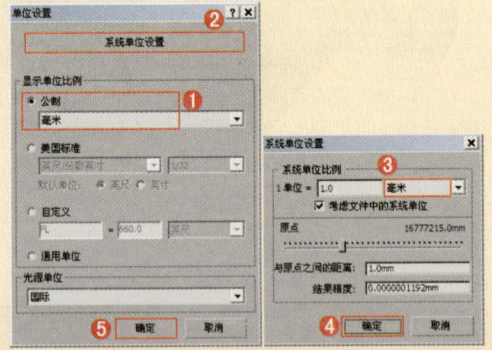

图3-75 单位设置图

② 单击【创建】|【几何体】|【扩展基本体】|【C-Ext】 C-Ext 按钮，在【顶】视图中创建一个C-Ext，修改参数，设置【背面长度】为3000.0mm，【侧面长度】为10000.0mm，【前面长度】为3000.0mm，【背面宽度】为300.0mm，【侧面宽度】为300.0mm，【前面宽度】为300.0mm，【高度】为2800.0mm，如图3-76所示。

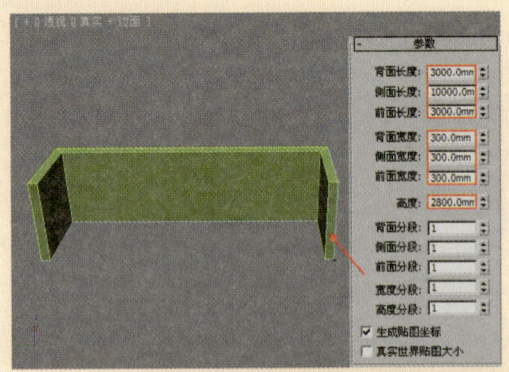

图3-76 扩展基本体创建

③ 接着在【顶】视图创建一个L-Ext，修改参数，设置【侧面长度】为2800.0mm，【前面长度】为-4300.0mm，【侧面宽度】为300.0mm，【前面宽度】为300.0mm，【高度】为2800.0mm，如图3-77所示。

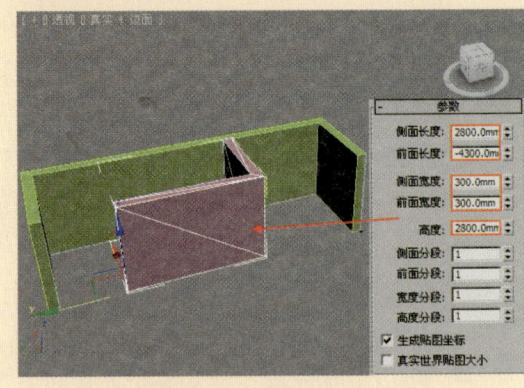

图3-77 扩展基本体创建图

④ 选择创建的C-Ext，使用【选择并移动】工具 移动复制1个，然后使用【选择并旋转】工具 旋转90度，放置在图3-78所示的位置，修改参数，设置【背面长度】为3000.0mm，【侧面长度】为5000.0mm，【前面长度】为1000.0mm，【背面宽度】为300.0mm，【侧面宽度】为300.0mm，【前面宽度】为300.0mm，【高度】为2800.0mm。如图3-78所示。

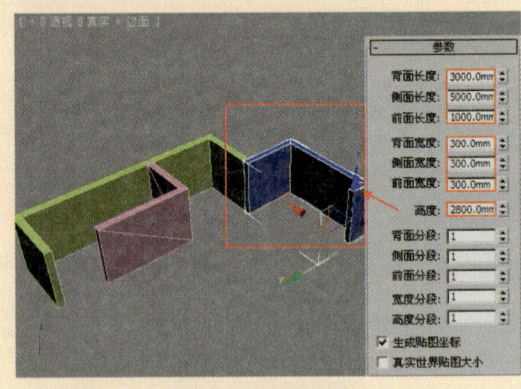

图3-78 参数设置

⑤ 使用同样的方法制作剩余的墙体，适当的时候可以结合【选择并移动】工具 和【选择并旋转】工具 ，以及【镜像】工具 来制作，已达到想要的效果，如图3-79所示。

6 激活【顶】视图,单击【创建面板】｜【图形】｜【线】 线 按钮所制作的墙体的外围轮廓进行绘制(为了方便绘图可以打开【捕捉开关】 ,将光标捕捉到顶点)。继续进行绘制,如图3-80所示。

7 确认创建的图形处于选择的状态,在【修改器列表】中添加一个【挤出】命令,并设置【数量】为100.0mm,如图3-81所示。

8 最终室内户型建模效果如图3-82所示。

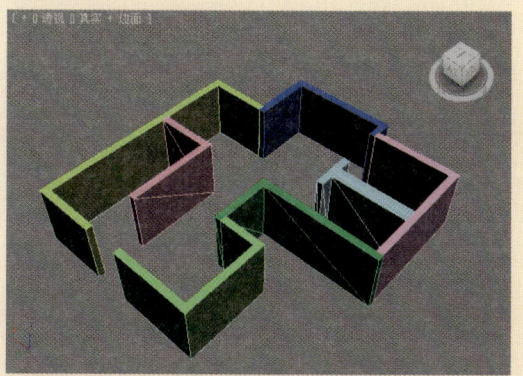

图3-79 整体效果

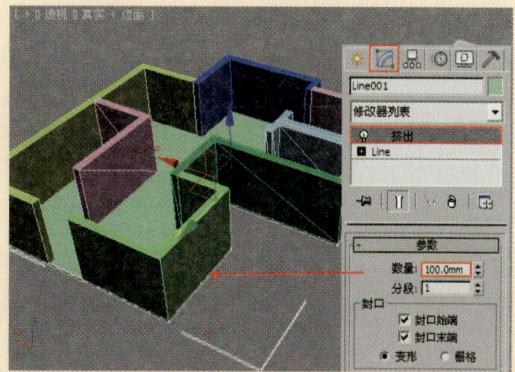

图3-81 挤出设置

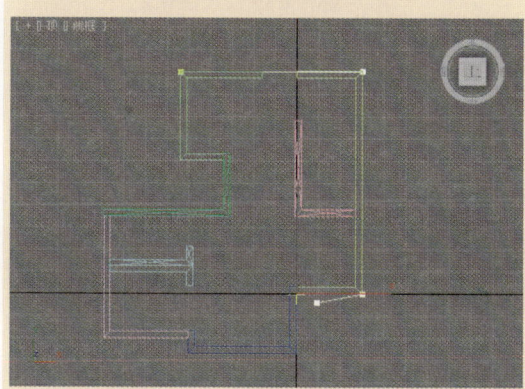

图3-80 【顶】视图线绘制

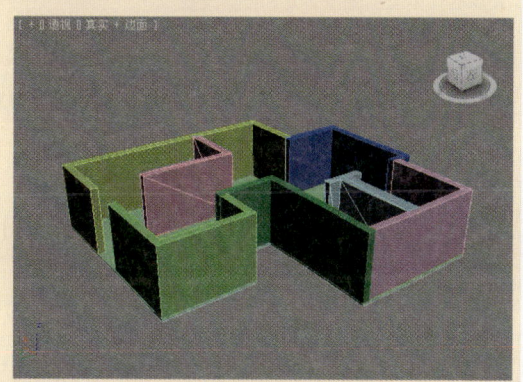

图3-82 最终效果

实战演练013——制作简约沙发

案例文件	最终文件\第3章\实战演练013\制作简约沙发.max	视频教学	视频\第3章\制作简约沙发
视频长度	2分34秒	难易指数	★★☆☆☆

本例就来学习使用【切角长方体】完成模型的制作,最终渲染和线框效果如图3-83所示。

1 启动3ds Max 2012中文版,选择菜单栏中的【自定义】｜【单位设置】命令,此时将弹出【单位设置】对话框,将

图3-83 最终渲染和线框效果使用

【显示单位比例】和【系统单位比例】设置为【毫米】,如图3-84所示。

② 单击【创建】|【几何体】|【扩展基本体】|【切角长方体】 切角长方体 按钮,在【顶】视图中创建一个切角长方体,修改参数,设置【长度】为330.0mm,【宽度】为200.0mm,【高度】为70.0mm,【圆角】为20.0mm,【圆角分段】为4,如图3-85所示。

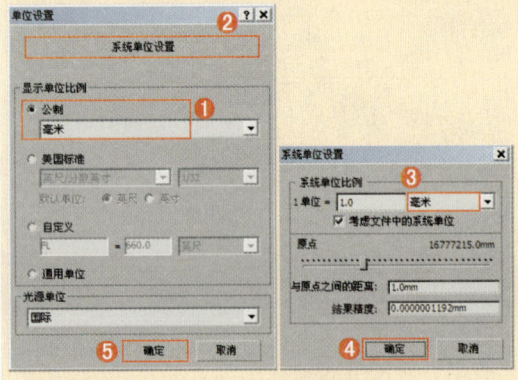

图3-84 单位设置　　　　　　　图3-85 扩展基本体创建

③ 继续创建一个【切角长方体】,进入【修改】面板,设置【长度】为330.0mm,【宽度】为200.0mm,【高度】为60.0mm,【圆角】为10.0mm,【圆角分段】为5,如图3-86所示。

④ 激活【顶】视图,使用【切角长方体】工具创建,作为简约沙发的沙发腿部分,并调节其参数,设置【长度】为25.0mm,【宽度】为30.0mm,【高度】为85.0mm,如图3-87所示。

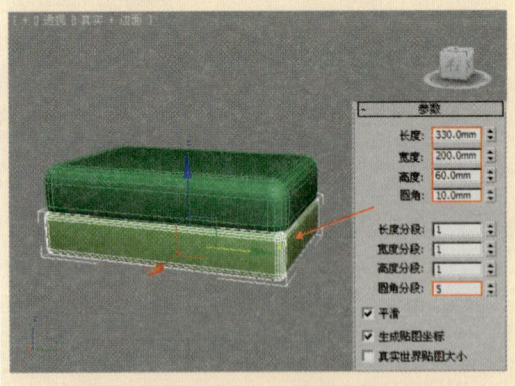 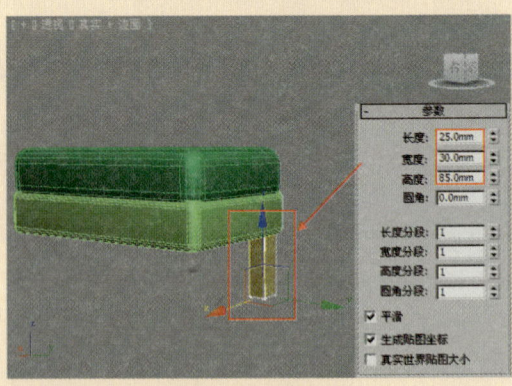

图3-86 切角长方体参数设置　　　　图3-87 沙发腿创建

⑤ 激活【顶】视图,确认上一步创建的切角长方体处于选择状态,按住Shift键,并使用【选择并移动】 工具移动复制三份,如图3-88所示。

⑥ 最终建模效果如图3-89所示。

基础建模技术 第3章

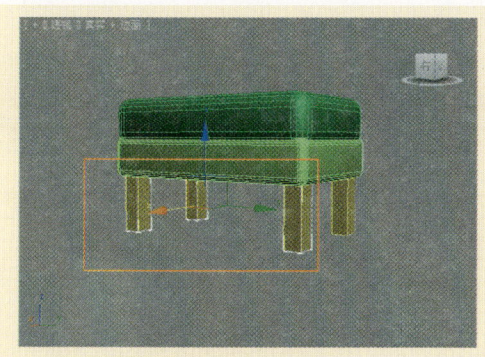

图3-88 复制沙发腿

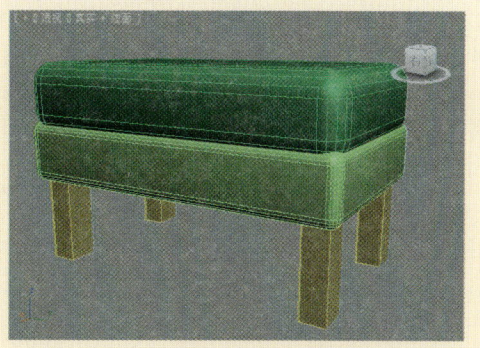

图3-89 最终建模效果

3.4 建筑构件建模

3ds Max Design提供了建筑对象的阵列，可用作构建家庭、企业和类似项目的模型块。这些对象包括：【AEC扩展】对象（墙、栏杆和植物）、楼梯、门、窗。

3.4.1 楼梯

【楼梯】在3ds Max 2012提供了4种内置的参数化楼梯模型，分别是【L型楼梯】、【U型楼梯】、【直线楼梯】和【螺旋楼梯】，如图3-90所示。以上4种楼梯都包括【参数】卷展栏、【支撑梁】卷展栏、【栏杆】卷展栏和【侧弦】卷展栏，而【螺旋楼梯】还包括【中柱】卷展栏，如图3-91所示。

【L型楼梯】、【U型楼梯】、【直线楼梯】和【螺旋楼梯】的参数设置，如图3-92所示。

图3-90 【楼梯】　　图3-91 【楼梯】卷展栏

1. 参数

- 类型：该选项组主要用于设置楼梯的类型，包括以下3种类型。
  - ◆ 开放式：创建一个开放式的梯级竖板楼梯。
  - ◆ 封闭式：创建一个封闭式的梯级竖板楼梯。

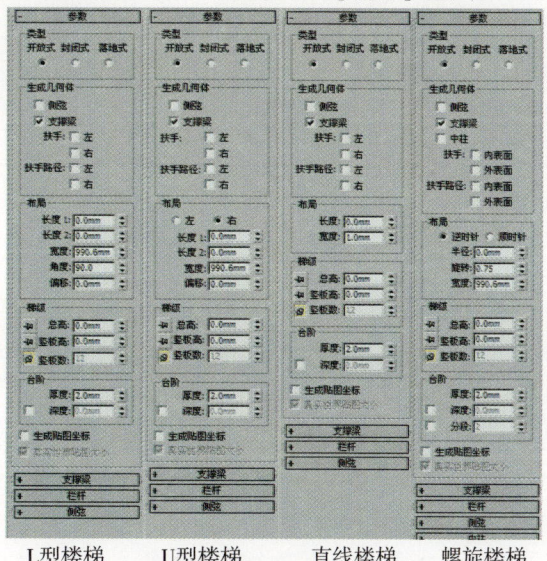

L型楼梯　　U型楼梯　　直线楼梯　　螺旋楼梯

图3-92 四种楼梯的参数

- ◆ 落地式：创建一个带有封闭式梯级竖板和两侧具有封闭式侧弦的楼梯。
- 生成几何体：该选项组中的参数主要用来设置楼梯生成哪种几何体。
  - ◆ 侧弦：沿楼梯梯级的端点创建侧弦。
  - ◆ 支撑梁：在梯级下创建一个倾斜的切口梁，该梁支撑着台阶。
  - ◆ 扶手：创建左扶手和右扶手。
- 布局：该选项组中的参数主要用于设置楼梯的布局参数。
- 长度1：设置第1段楼梯的长度。
- 长度2：设置第2段楼梯的长度。
- 宽度：设置楼梯的宽度，包括台阶和平台。
- 角度：设置平台与第2段楼梯之间的角度，范围从-90°~90°。
- 偏移：设置平台与第2段楼梯之间的距离。
  - ◆ 梯级：该选项组中的参数主要用于设置楼梯的梯级参数。
- 总高：设置楼梯级的高度。
- 竖板高：设置梯级竖板的高度。
- 竖板数：设置梯级竖板的数量（梯级竖板总是比台阶多一个，隐式梯级竖板位于上板和楼梯顶部的台阶之间）。

> **提示** 当调整这3个选项中的其中两个时，必须锁定剩下的一个选项，而要锁定该选项，可以单击该选项前面的 按钮。

- 台阶：该选项组中的参数主要用于设置楼梯的台阶参数。
  - ◆ 厚度：设置台阶的厚度。
  - ◆ 深度：设置台阶的深度。
  - ◆ 生成贴图坐标：对楼梯应用默认的贴图坐标。
  - ◆ 真实世界贴图大小：控制应用于对象的纹理贴图材质所使用的缩放方法。

2．支撑梁

- 深度：设置支撑梁离地面的深度。
- 宽度：设置支撑梁的宽度。
- 【支撑梁间距】按钮：设置支撑梁的间距。单击该按钮可以打开【支撑梁间距】对话框，在该对话框中可设置支撑梁的一些参数。
- 从地面开始：控制支撑梁是从地面开始，还是与第1个梯级竖板的开始平齐，或是否将支撑梁延伸到地面以下。

> **提示** 【支撑梁】卷展栏中的参数只有在【生成几何体】选项组中启用【支撑梁】功能时才可用。

3．栏杆

- 高度：设置栏杆离台阶的高度。
- 偏移：设置栏杆离台阶端点的偏移量。
- 分段：设置栏杆中的分段数目。值越高，栏杆越平滑。
- 半径：设置栏杆的厚度。

> **提示** 【栏杆】卷展栏中的参数只有在【生成几何体】选项组中启用【扶手】功能时才可用。

4．侧弦

- 深度：设置侧弦离地板的深度。
- 宽度：设置侧弦的宽度。
- 偏移：设置地板与侧弦的垂直距离。

- 从地面开始：控制侧弦是从地面开始，还是与第1个梯级竖板的开始平齐，或是否将侧弦延伸到地面以下。

> 提示：【侧弦】卷展栏中的参数只有在【生成几何体】选项组中启用【侧弦】功能时才可用。

3.4.2 门

3ds Max 2012中提供了3种内置的门模型，分别是【枢轴门】、【推拉门】和【折叠门】，如图3-93所示。【枢轴门】是在一侧装有铰链的门；【推拉门】有一半是固定的，另一半可以推拉；【折叠门】的铰链装在中间以及侧端，就像壁橱门一样。这3种门在参数上大部分都是相同的，下面先对它们相同的参数进行介绍，如图3-94所示。

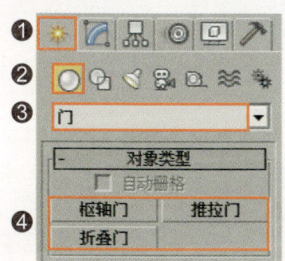

图3-93 门面板

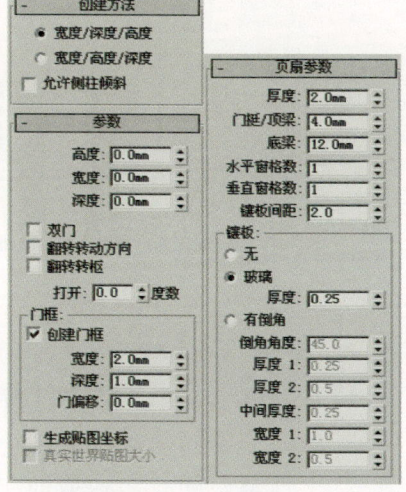

图3-94 门参数面板

- 宽度/深度/高度：首先创建门的宽度，然后创建门的深度，接着创建门的高度。
- 宽度/高度/深度：首先创建门的宽度，然后创建门的高度，接着创建门的深度。

> 提示：所有门都有高度、宽度和深度，所以在创建之前要先选择创建的顺序。

- 高度：设置门的总体高度。
- 宽度：设置门的总体宽度。
- 深度：设置门的总体深度。
- 打开：使用【枢轴门】时，指定以角度为单位的门打开的程度；使用【推拉门】和【折叠门】时，指定门打开的百分比。
- 门框：该选项组用于控制是否创建门框，以及设置门框的宽度和深度。
  - ◆ 创建门框：控制是否创建门框。
  - ◆ 宽度：设置门框与墙平行方向的宽度（启用【创建门框】选项时才可用）。
  - ◆ 深度：设置门框从墙投影的深度（启用【创建门框】选项时才可用）。
  - ◆ 门偏移：设置门相对于门框的位置，该值可以为正，也可以为负（启用【创建门框】选项时才可用）。
- 生成贴图坐标：为门指定贴图坐标。
- 真实世界贴图大小：控制用于对象纹理贴图材质所使用的缩放方法。
- 厚度：设置门的厚度。
- 门挺/顶梁：设置顶部和两侧镶板框的宽度。
- 底梁：设置门脚处的镶板框的宽度。
- 水平窗格数：设置镶板沿水平轴划

分的数量。
- 垂直窗格数：设置镶板沿垂直轴划分的数量。
- 镶板间距：设置镶板之间的间隔宽度。
- 镶板：指定在门中创建镶板的方式。
  - 无：不创建镶板。
  - 玻璃：创建不带倒角的玻璃镶板。
  - 厚度：设置玻璃镶板的厚度。
  - 有倒角：选中该单选按钮可以创建具有倒角的镶板。
  - 倒角角度：指定门的外部平面和镶板平面之间的倒角角度。
  - 厚度1：设置镶板的外部厚度。
  - 厚度2：设置倒角从起始处的厚度。
  - 中间厚度：设置镶板内的面部分的厚度。
  - 宽度1：设置倒角从起始处的宽度。
  - 宽度2：设置镶板内的面部分的宽度。

> 提示：门参数除了这些公共参数外，每种类型的门还有一些细微的差别，下面依次介绍。

1. 枢轴门

【枢轴门】只在一侧用铰链进行连接，也可以制作成为双门，双门具有两个门元素，每个元素在其外边缘处用铰链进行连接，【枢轴门】包含3个特定的参数，参数和效果如图3-95所示。

图3-95 【枢轴门】

- 双门：制作一个双门。
- 翻转转动方向：更改门转动的方向。
- 翻转转枢：在与门面相对的位置上放置门转枢（不能用于双门）。

2. 推拉门

【推拉门】可以左右滑动，就像火车在轨道上前后移动一样。推拉门有两个门元素，一个保持固定，另一个可以左右滑动，推拉门包含两个特定的参数，参数和效果如图3-96所示。

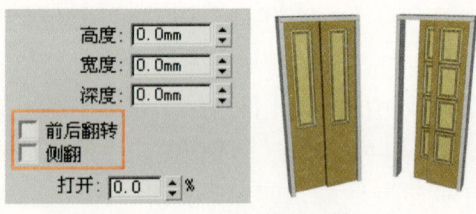

图3-96 【推拉门】

- 前后翻转：指定哪个门位于最前面。
- 侧翻：指定哪个门保持固定。

3. 折叠门

【折叠门】就是可以折叠起来的门，在门的中间和侧面有一个转枢装置，如果是双门的话，就有4个转枢装置，【折叠门】包含3个特定的参数，参数和效果如图3-97所示。

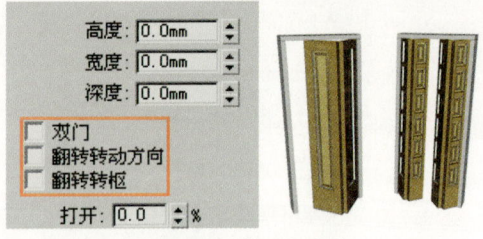

图3-97 【折叠门】

- 双门：制作一个双门。
- 翻转转动方向：翻转门的转动方向。
- 翻转转枢：翻转侧面的转枢装置（该选项不能用于双门）。

3.4.3 窗

3ds Max 2012中提供了6种内置的窗户模型,分别为【遮篷式窗】、【平开窗】、【固定窗】、【旋开窗】、【伸出式窗】、【推拉窗】,使用这些内置的窗户模型可以快速创建出所需要的窗户,如图3-98所示。

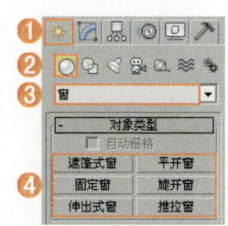

图3-98 窗界面

【遮篷式窗】有一扇通过铰链与其顶部相连的窗框,如图3-99所示。【平开窗】有一到两扇像门一样的窗框,它们可以向内或向外转动,如图3-100所示。【固定窗】是固定的,不能打开,如图3-101所示。

图3-99 【遮篷式窗】

图3-100 【平开窗】

图3-101 【固定窗】

【旋开窗】的轴垂直或水平位于其窗框的中心,如图3-102所示。【伸出式窗】有三扇窗框,其中两扇窗框打开时像反向的遮篷,如图3-103所示。【推拉窗】有两扇窗框,其中一扇窗框可以沿着垂直或水平方向滑动,如图3-104所示。

图3-102 【旋开窗】

图3-103 【伸出式窗】

图3-104 【推拉窗】

这6种窗户的参数基本类似,参数如图3-105所示。

- 高度:设置窗户的总体高度。
- 宽度:设置窗户的总体宽度。
- 深度:设置窗户的总体深度。

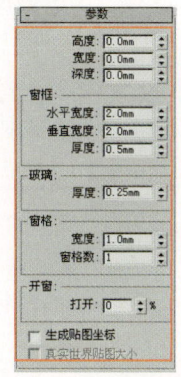

图3-105 窗户参数

- 窗框:控制窗框的宽度和深度。
  - 水平宽度:设置窗口框架在水平方向的宽度(顶部和底部)。
  - 垂直宽度:设置窗口框架在垂直方向的宽度(两侧)。
  - 厚度:设置框架的厚度。
- 玻璃:用来指定玻璃的厚度等参数。
  - 厚度:指定玻璃的厚度。

3.4.4 墙

【墙】对象由3个子对象构成,这些对象类型可以在【修改】面板中进行修改。编辑墙的方法和样条线比较类似,可以分别对墙本身,以及其顶点、分段和轮廓进行调整。

创建墙模型的方法比较简单,首先将【几何体】类型切换为【AEC扩展】类型,然后单击【墙】按钮 墙 ，接着在"顶"视图中拖曳光标即可创建一个墙体，如图3-106所示。墙的参数设置如图3-107所示。

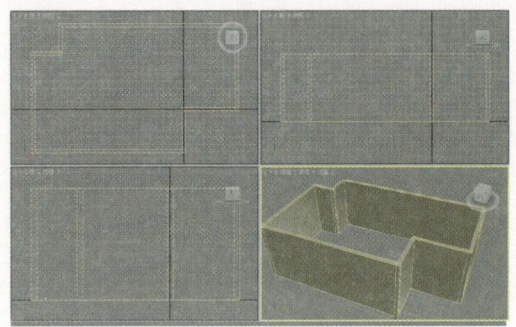

图3-106 墙体的创建

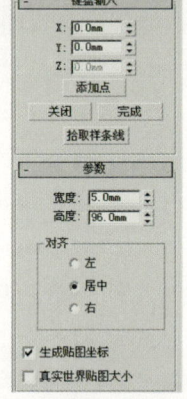

图3-107 【墙】的参数

- X/Y/Z：设置墙分段在活动构造平面中的起点的x/y/z轴坐标值。
- 添加点：根据输入的x/y/z轴坐标值来添加点。
- 关闭：结束墙对象的创建，并在最后一个分段的端点与第一个分段的起点之间创建分段，以形成闭合的墙。
- 完成：结束墙对象的创建，使之呈端点开放状态。
- 拾取样条线：单击该按钮可以拾取场景中的样条线，并将其作为墙对象的路径。
- 宽度/高度：设置墙的厚度/高度，其范围为0.01~100 mm。
- 对齐：该选项组指定墙的对齐方式，共有以下3种。
    - 左：根据墙基线的左侧边进行对齐。如果启用了【栅格捕捉】功能，则墙基线的左侧边将捕捉到栅格线。
    - 居中：根据墙基线的中心进行对齐。如果启用了【栅格捕捉】功能，则墙基线的中心将捕捉到栅格线。
    - 右：根据墙基线的右侧边进行对齐。如果启用了【栅格捕捉】功能，则墙基线的右侧边将捕捉到栅格线。
- 生成贴图坐标：为墙对象应用贴图坐标。
- 真实世界贴图大小：控制应用于对象的纹理贴图材质所使用的缩放方法。

3.4.5 栏杆

【栏杆】对象的组件包括栏杆、立柱和栅栏。栅栏包括支柱（栏杆）或实体填充材质，如玻璃或木条。图3-108所示为栏杆制作的模型。

图3-108 栏杆模型

栏杆的创建方法比较简单，首先将【几何体】类型切换为【AEC扩展】类型，然后单击【栏杆】按钮，接着在视图中拖曳光标即可创建出栏杆，如图3-109所示。栏杆的参数分为【栏杆】、【立柱】和【栅栏】3个卷展栏，如图3-110所示。

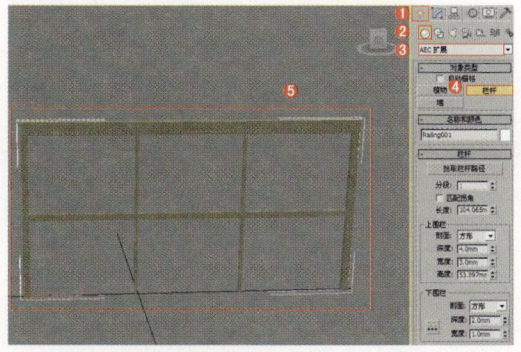

图3-109　创建栏杆

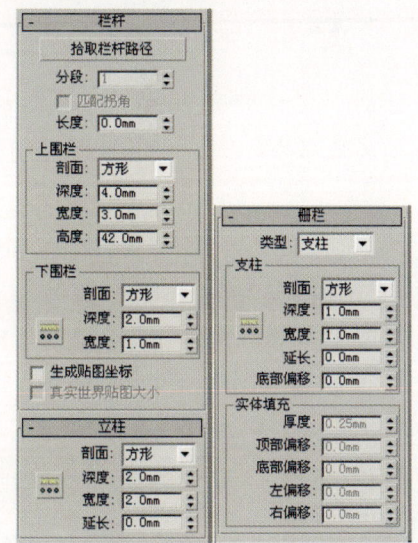

图3-110　【栏杆】参数

1. 栏杆

- 拾取栏杆路径：单击该按钮可以拾取视图中的样条线来作为栏杆的路径。
- 分段：设置栏杆对象的分段数（只有使用栏杆路径时才能使用该选项）。
- 匹配拐角：在栏杆中放置拐角，以匹配栏杆路径的拐角。
- 长度：设置栏杆的长度。
- 上围栏：该选项组用于设置栏杆上围栏部分的相关参数。
  ◆ 剖面：指定上栏杆的横截面形状。
  ◆ 深度：设置上栏杆的深度。
  ◆ 宽度：设置上栏杆的宽度。
  ◆ 高度：设置上栏杆的高度。
- 下围栏：该选项组用于设置栏杆下围栏部分的相关参数。
  ◆ 剖面：指定下栏杆的横截面形状。
  ◆ 深度：设置下栏杆的深度。
  ◆ 宽度：设置下栏杆的宽度。
- 【下围栏间距】按钮：设置下围栏之间的间距。单击该按钮可以打开【立柱间距】对话框，在该对话框中可设置下栏杆间距的一些参数。
- 生成贴图坐标：为栏杆对象分配贴图坐标。
- 真实世界贴图大小：控制用于对象的纹理贴图材质所使用的缩放方法。

2. 立柱

- 剖面：指定立柱的横截面形状。
- 深度：设置立柱的深度。
- 宽度：设置立柱的宽度。
- 延长：设置立柱在上栏杆底部的延长量。
- 【立柱间距】按钮：设置立柱的间距。单击该按钮可以打开【立柱间距】对话框，在该对话框中可设置立柱间距的一些参数。

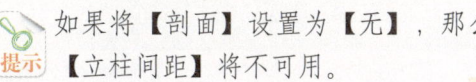 如果将【剖面】设置为【无】，那么【立柱间距】将不可用。

3. 栅栏

- 类型：指定立柱之间的栅栏类型，有【无】、【支柱】和【实体填充】3个选项，如图3-111所示。
- 支柱：该选项组中的参数只有当栅栏类型设置为【支柱】类型时才可用。
  - 剖面：设置支柱的横截面形状，有【方形】和【圆形】两个选项。
  - 深度：设置支柱的深度。
  - 宽度：设置支柱的宽度。
  - 延长：设置支柱在上栏杆底部的延长量。
  - 底部偏移：设置支柱与栏杆底部的偏移量。
  - 【支柱间距】按钮：设置支柱的间距。单击该按钮可以打开【立柱间距】对话框，在该对话框中可设置支柱间距的一些参数。
- 实体填充：该选项组中的参数只有当栅栏类型设置为【实体填充】类型时才可用。
  - 厚度：设置实体填充的厚度。
  - 顶部偏移：设置实体填充与上栏杆底部的偏移量。
  - 底偏移：设置实体填充与栏杆底部的偏移量。
  - 左偏移：设置实体填充与相邻左侧立柱之间的偏移量。
  - 右偏移：设置实体填充与相邻右侧立柱之间的偏移量。

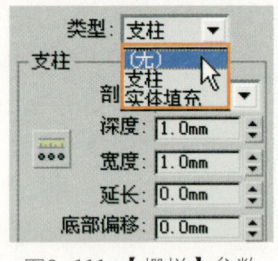

图3-111 【栅栏】参数

3.4.6 植物

使用【植物】工具 可以快速地创建出系统内置的植物模型。植物的创建方法很简单，首先将【几何体】类型切换为【AEC扩展】类型，然后单击【植物】按钮，接着在【收藏的植物】卷展栏中选择树种，最后在视图中拖曳光标就可以创建出相应的植物，如图3-112所示。【植物】参数如图3-113所示。

图3-112 植物的创建

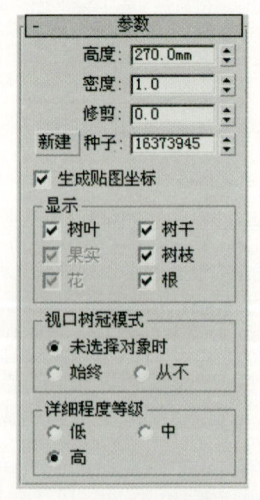

图3-113 【植物】的参数

- 高度：控制植物的近似高度，这个高度不一定是实际高度，它只是一个近似值。
- 密度：控制植物叶子和花朵的数量。值为1表示植物具有完整的叶子和花朵；值为5表示植物具有1/2的叶子和花朵；值为0表示植物没有叶子和花朵。
- 修剪：只适用于具有树枝的植物，可以用来删除与构造平面平行的不可见平面下的树枝。值为0表示不进行修剪；值为1表示尽可能修剪植物上的所有树枝。

> 提示：3ds Max从植物上修剪植物取决于植物的种类，如果是树干，则永不进行修剪。

- 新建：显示当前植物的随机变体，其旁边是【种子】的显示数值。
- 生成贴图坐标：对植物应用默认的贴图坐标。
- 显示：该选项组中的参数主要用来控制植物的树叶、果实、花、树干、树枝和根的显示情况，选中相应选项后，与其对应的对象就会在视图中显示出来。
- 视口树冠模式：该选项组用于设置树冠在视口中的显示模式。
  - 未选择对象时：当没有选择任何对象时以树冠模式显示植物。
  - 始终：始终以树冠模式显示植物。
  - 从不：从不以树冠模式显示植物，但是会显示植物的所有特性。

> 提示：为了节省计算机的资源，使在对植物操作时比较流畅，可以选中【未选择

对象时】或【始终】单选按钮，计算机配置较高的情况下可以选中【从不】单选按钮，如图3-114所示。

图3-114　细节参数

- 详细程度等级：该选项组中的参数用于设置植物的渲染细腻程度。
  - 低：这种级别用来渲染植物的树冠。
  - 中：这种级别用来渲染减少了面的植物。
  - 高：这种级别用来渲染植物的所有面。

3.4.7 AEC物体综合运用

【AEC扩展】专门用在建筑、工程和构造等领域，使用【AEC扩展】对象可以提高创建场景的效率。【AEC扩展】对象包括【植物】、【栏杆】和【墙】3种类型，如图3-115所示。

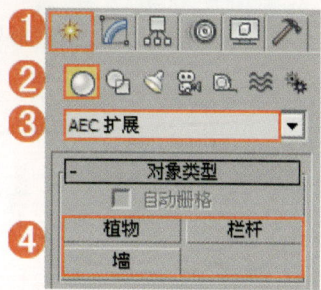

图3-115　【AEC扩展】

实战演练014——AEC物体的综合运用

场景文件	场景文件\第3章\01.max
视频教学	视频\第3章\AEC物体的综合运用.flv
难易指数	★★☆☆☆
案例文件	最终文件\第3章\实战演练014\AEC物体的综合运用.max
视频长度	2分25秒

本例就来学习内置几何体建模下的【植物】工具来完成模型的制作，最终渲染和线框效果如图3-116所示。

图3-116 最终渲染和线框效果

① 打开本书配套光盘中的【场景文件\第3章\01.max】文件，如图3-117所示。

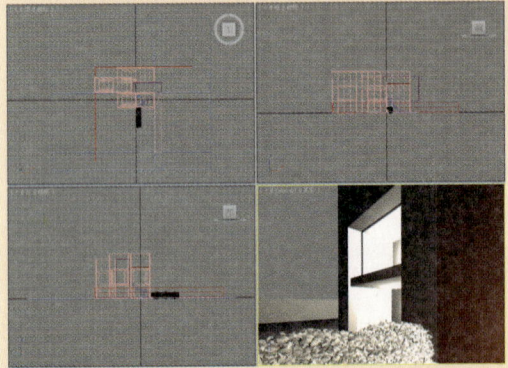

图3-117 场景文件

② 单击【创建】|【几何体】|【AEC扩展】|【植物】按钮，接着在【收藏的植物】卷展栏下选择【苏格兰松树】，如图3-118所示。

③ 在场景中单击进行创建，然后进入【修改】面板，在【参数】卷展栏下设置【高度】为5000.0mm，如图3-119所示。

图3-118 植物创建

图3-119 树参数设置

④ 选择上一步创建的【苏格兰松树】，移动复制一个放置在前方，复制的时候选中【实例】单选按钮，如图3-120所示。

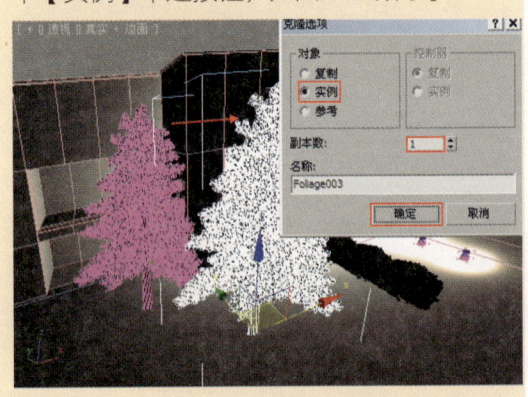

图3-120 复制并移动

⑤ 模型最终效果如图3-121所示。

图3-121 最终模型效果

实战演练015——制作楼梯

案例文件	最终文件\第3章\实战演练015\制作楼梯.max	视频教学	视频\第3章\制作楼梯.flv
视频长度	2分49秒	难易指数	★★☆☆☆

本例就来学习内置几何体建模下的【直线楼梯】工具、【螺旋楼梯】工具、【L型楼梯】工具来完成模型的制作,最终渲染和线框效果如图3-122所示。

图3-122 最终渲染和线框效果

1 启动3ds Max 2012中文版,选择菜单栏中的【自定义】|【单位设置】命令,此时将弹出【单位设置】对话框,将【显示单位比例】和【系统单位比例】设置为【毫米】,如图3-123所示。

2 单击【创建】|【几何体】|【楼梯】|【直线楼梯】 直线楼梯 按钮,在【顶】视图中拖曳创建,如图3-124所示。

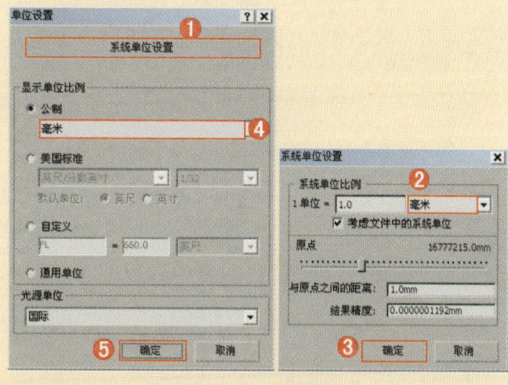

图3-123 单位设置

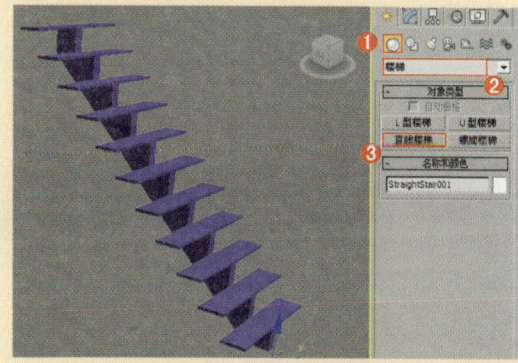

图3-124 创建直线楼梯

3 确认直线楼梯处于选择状态,在【修改】面板下设置【类型】为【开放式】,选中【支撑梁】复选框,接着在【布局】选项组下设置【长度】为2400.0mm,【宽度】为1000.0mm,在【梯级】选项组下设置【总高】为2400.0mm,【竖板高】为200.0mm,【台阶】选项组下设置【厚度】为20.0mm,最后设置【支撑梁】的【深度】为200.0mm,【宽度】为80.0mm,如图3-125所示。

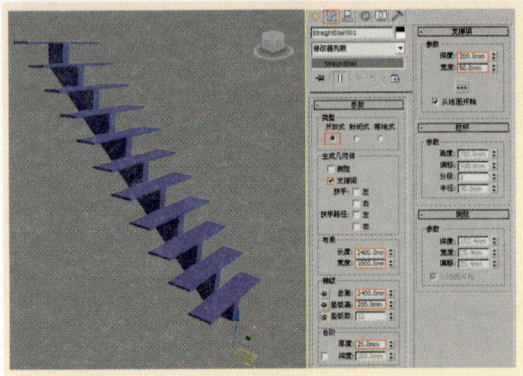

图3-125 修改直线楼梯参数

【顶】视图中拖曳创建，在【修改】面板下设置【类型】为【开放式】，在【生成几何体】选项组下选中【支撑梁】复选框；在【布局】选项组下设置【长度1】为1400.0mm，【长度2】为650.0mm，【宽度】为800.0mm，【角度】为-90.0，【偏移】为30.0mm；在【梯级】选项组下设置【总高】为2400.0mm，【竖板高】为200.0mm，【台阶】的厚度为20.0mm，最后设置【支撑梁】的【深度】为130.0mm，【宽度】为100.0mm，如图3-127所示。

④ 单击【创建】｜【几何体】｜【楼梯】｜【螺旋楼梯】 螺旋楼梯 按钮，在【顶】视图中拖曳创建，在【修改】面板下设置【类型】为【开放式】；在【生成几何体】下选中【支撑梁】和【中柱】复选框；在【布局】选项组下设置【半径】为700.0mm，【旋转】为1.0，【宽度】为650.0mm；在【梯级】选项组下设置【总高】为2400.0mm，【竖板高】为200.0mm，【台阶】的【厚度】为20.0mm，最后设置【支撑梁】的【深度】为200.0mm，【宽度】为80.0mm，如图3-126所示。

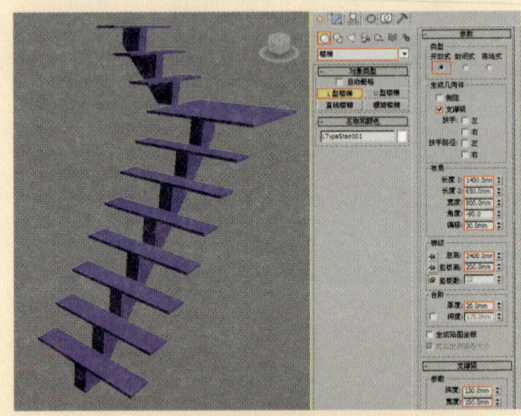

图3-127 修改L型楼梯参数

⑥ 此时场景效果，如图3-128所示。

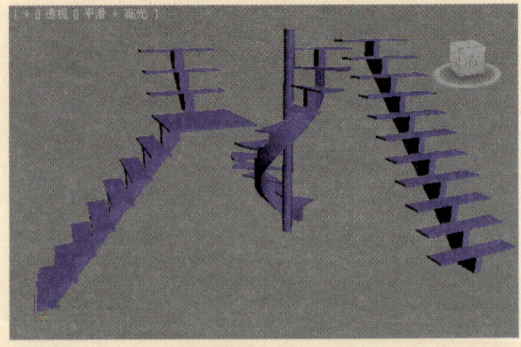

图3-128 场景效果

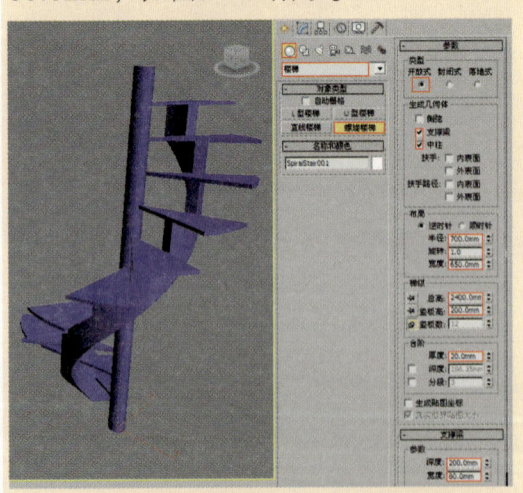

图3-126 创建螺旋楼梯以及修改参数

⑤ 单击【创建】｜【几何体】｜【楼梯】｜【L型楼梯】 L型楼梯 按钮，在

提示：这些楼梯的参数较多，但是这几种类型的楼梯有很多相同的地方，因此调节起来也会相对容易一些。

⑦ 单击 【导入】|【合并】 命令，弹出【合并文件】对话框，从中找到本书配套光盘中的【场景文件\第3章\02.max】，如图3-129所示。

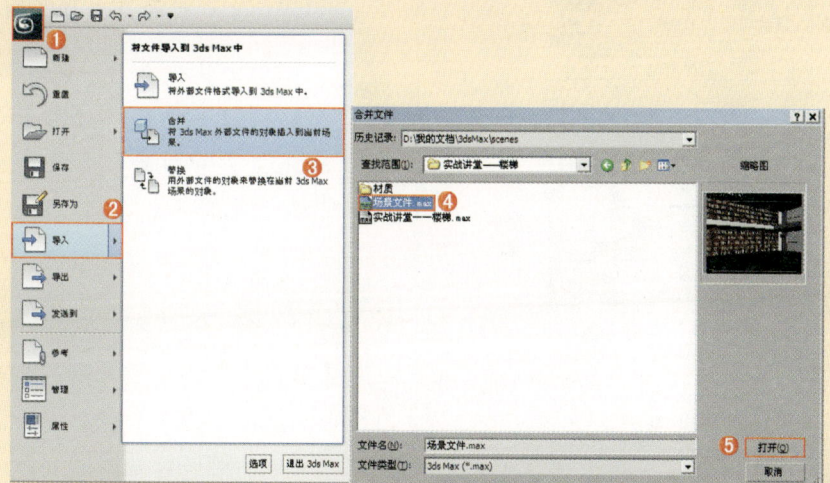

图3-129 合并模型

⑧ 在【合并-场景文件.max】对话框中单击【全部】按钮，在【列出类型】选项组下取消选中【灯光】和【摄影机】复选框，如图3-130所示。

⑨ 此时场景效果如图3-131所示。

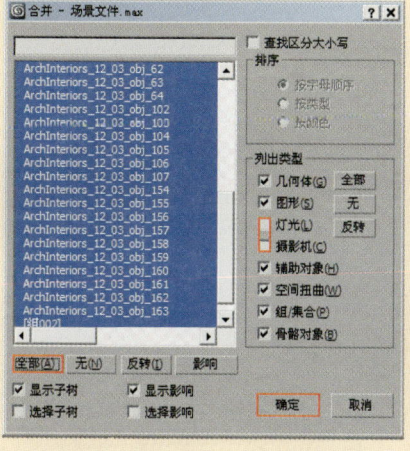

图3-130 修改合并选项

图3-131 场景效果

3.5 复合对象

【复合对象】通常将两个或多个现有对象组合成单个对象，并可以非常快速地制作出很多特殊的模型，若使用其他建模方法可能会花费更多的时间。【复合对象】包含12种类型，分别是【变形】、【散布】、【一致】、【连接】、【水滴网格】、【图形合并】、【布尔】、【地形】、【放样】、【网格化】、【ProBoolean】和【ProCutter】，如图3-132所示。

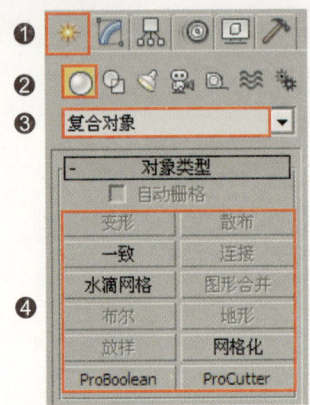

图3-132 复合对象类型

- 变形：可以通过两个或多个物体间的形状来制作动画。
- 一致：可以将一个物体的顶点投射到另一个物体上，使被投射的物体产生变形。
- 水滴网格：是一种实体球，它将近距离的水滴网格融合到一起，用来模拟液体。
- 布尔：运用布尔运算方法对物体进行运算。
- 放样：可以将二维的图形转化为三维物体。
- 散布：可以将对象散布在对象的表面，也可以将对象散布在指定的物体上。
- 连接：可以将两个物体连接成一个物体，同时也可以通过参数来控制这个物体的形状。
- 图形合并：可以将二维造型融合到三维网格物体上，还可以通过不同的参数来切掉三维网格物体的内部或外部对象。
- 地形：可以将一个或多个二维图形变成一个平面。
- 网格化：一般情况下都配合粒子系统一起使用。
- ProBoolean：可以将大量功能添加到传统的3ds Max布尔对象中。
- ProCutter：可以执行特殊的布尔运算，主要目的是分裂或细分体积。

> **提示** 在效果图制作中，最常用到的是【布尔】、【放样】、【图形合并】3种复合物体类型，因此下面将重点介绍这3种类型。

3.5.1 放样

【放样】对象是沿着第三个轴挤出的二维图形。从两个或多个现有样条线对象中创建放样对象。这些样条线之一会作为路径。其余的样条线会作为放样对象的横截面或图形。沿着路径排列图形时 3ds Max Design 会在图形之间生成曲面。【放样】是一种特殊的建模方法，能快速创建出多种模型，如画框、石膏线、吊顶、踢脚线等，其参数设置面板如图3-133所示。

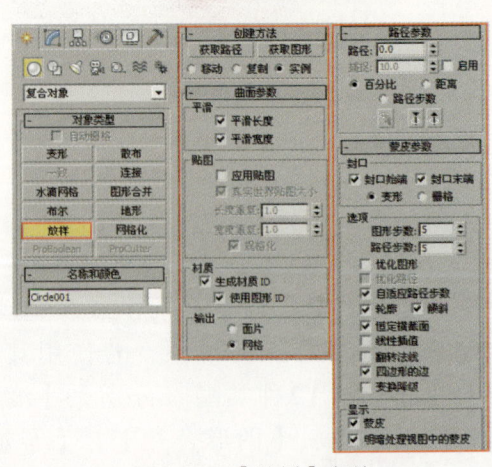

图3-133 【放样】参数

【放样】建模是3ds Max的一种很强大的建模方法,在【放样】建模中可以对放样对象进行变形编辑,包括【缩放】、【旋转】、【倾斜】、【倒角】和【拟合】。

实战演练016——制作欧式镜子

案例文件	最终文件\第3章\实战演练016\制作欧式镜子.max	视频教学	视频\第3章\制作欧式镜子
视频长度	2分51秒	难易指数	★★☆☆☆

本例就来学习使用【放样】完成模型的制作,最终渲染和线框效果如图3-134所示。

图3-134 最终渲染和线框效果

1 启动3ds Max 2012中文版,选择菜单栏中的【自定义】|【单位设置】命令,此时将弹出【单位设置】对话框,将【显示单位比例】和【系统单位比例】设置为【毫米】,如图3-135所示。

2 单击【创建】|【图形】|【椭圆】 椭圆 按钮,在【前】视图中创建一个椭圆,修改参数,设置【长度】为300.0mm,【宽度】为150.0mm,如图3-136所示。

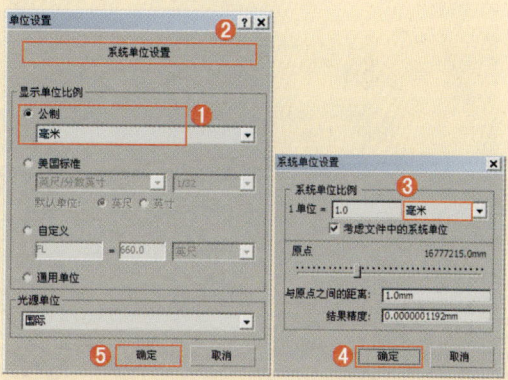

图3-135 单位设置

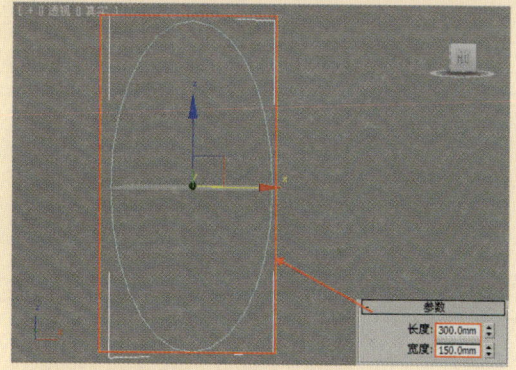

图3-136 椭圆创建

3 在【前】视图使用【线】 线 工具绘制如图3-137所示的图形,并将其命名为截面。

4 选中上一步创建的截面,选择【复合对象】下的【放样】 放样 工具,再单击【获取图形】 获取图形 按钮,接着在

71

场景中单击【椭圆】，如图3-138所示。

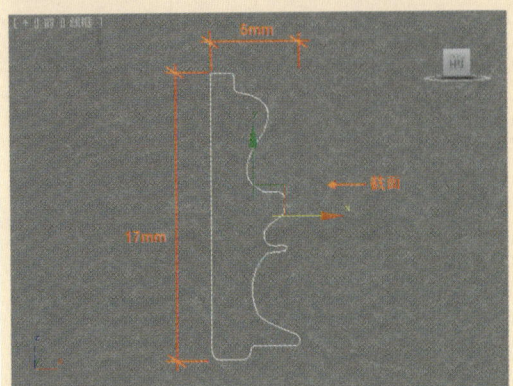

图3-137 截面绘制

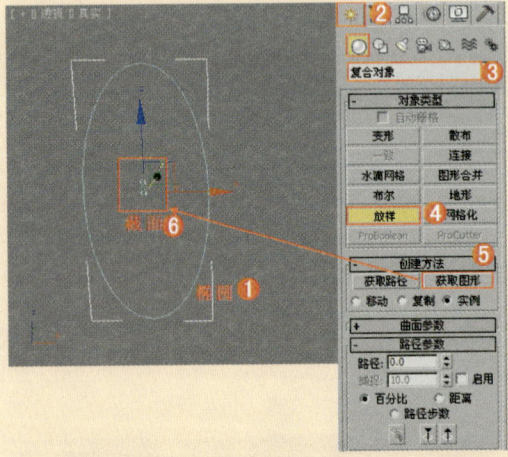

图3-138 选择【放样】命令

5 选择【放样】命令后的模型效果如图3-139所示。

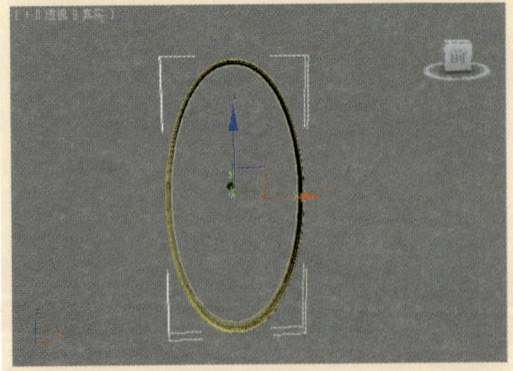

图3-139 放样效果

6 进入【修改】面板，展开【蒙皮参数】卷展栏，在【选项】选项组下设置【图形步数】为6，【路径步数】为20，如图3-140所示。

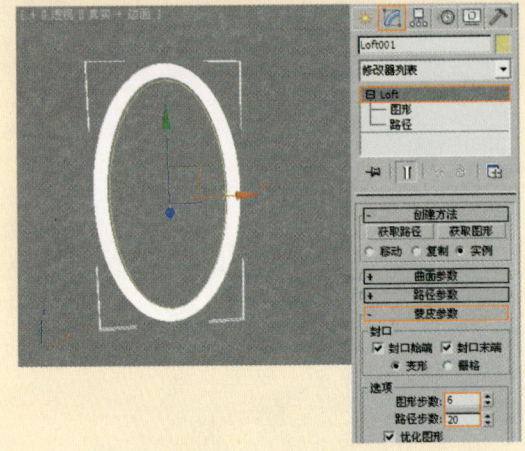

图3-140 蒙皮设置

7 进入【修改】面板，并进入【放样】的【图形】层级，使用【选择并旋转】工具沿z轴旋转90度，如图3-141所示。使用【选择并均匀缩放】工具沿x轴缩放一定距离用来增加镜框的宽度，如图3-142所示。

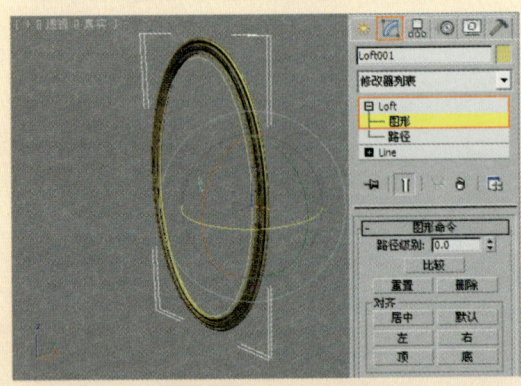

图3-141 选择并旋转

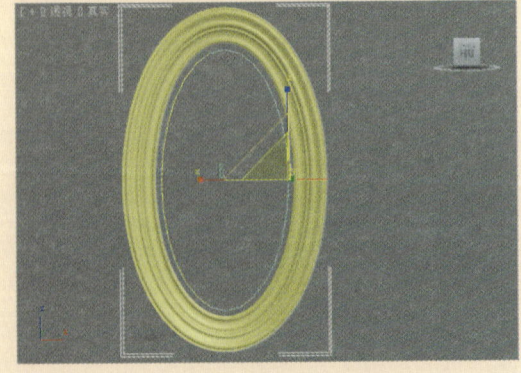

图3-142 选择并均匀缩放

❽ 选择开始创建的椭圆，进入【修改】面板，为椭圆加载【挤出】修改器，设置【数量】为3.0mm，接着使用【选择并均匀缩放】工具沿X轴将模型进行适当缩放，如图3-143所示。

❾ 最终模型效果如图3-144所示。

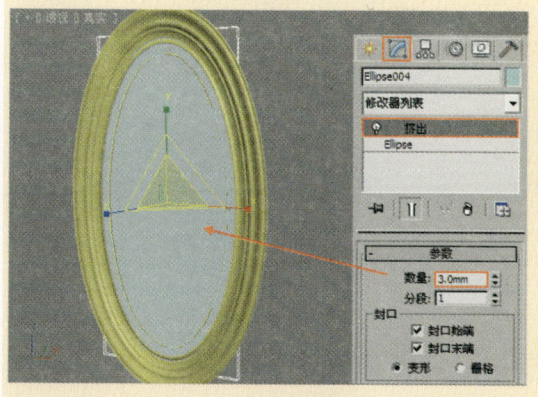

图3-143　挤出设置

图3-144　最终模型

3.5.2 散布

散布是复合对象的一种形式，即将所选的源对象散布为阵列，或散布到分布对象的表面，如图3-145所示。

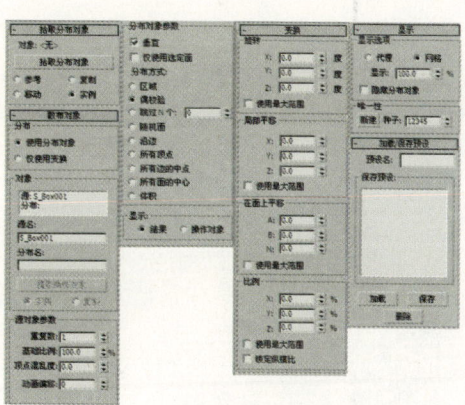

图3-145　【散布】参数

3.5.3 图形合并

【图形合并】可以创建包含网格对象和一个或多个图形的复合对象。这些图形嵌入在网格中（将更改边与面的模式），或从网格中消失。可以快速制作出物体表面带有花纹的效果，如图3-146所示。参数面板如图3-147所示。

图3-146　花纹效果图

- 拾取图形：单击该按钮，然后单击要嵌入网格对象中的图形。
- 参考/复制/移动/实例：指定如何将图形传输到复合对象中。
- 【操作对象】列表框：在复合对象中列出所有操作对象。
- 删除图形：从复合对象中删除选中图形。

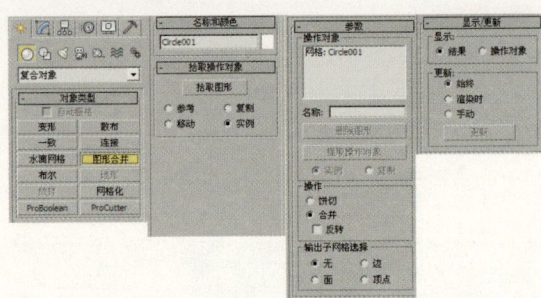

图3-147　参数面板

- 提取操作对象：提取选中操作对象的副本或实例。在列表窗中选择操作对象使此按钮可用。
- 实例/复制：指定如何提取操作对象。可以作为实例或副本进行提取。
- 饼切：切去网格对象曲面外部的图形。
- 合并：将图形与网格对象曲面合并。
- 反转：反转【饼切】或【合并】效果。
- 更新：当选中除【始终】之外的任一单选按钮时更新显示。

实战演练017——制作现代创意椅子

案例文件	最终文件\第3章\实战演练017\制作现代创意椅子.max	视频教学	视频\第3章\制作现代创意椅子
视频长度	3分59秒	难易指数	★★☆☆☆

本例就来学习使用【图形合并】完成模型的制作，最终渲染和线框效果如图3-148所示。

图3-148　最终渲染和线框效果

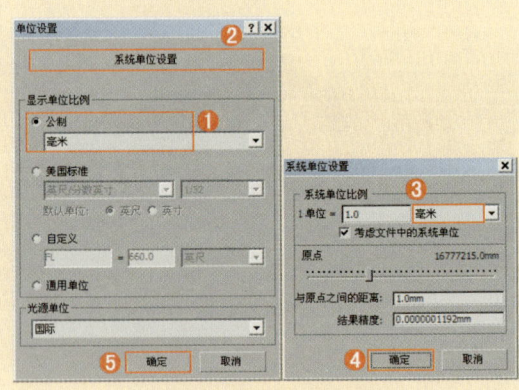

图3-149　单位设置

① 启动3ds Max 2012中文版，选择菜单栏中的【自定义】|【单位设置】命令，此时将弹出【单位设置】对话框，将【显示单位比例】和【系统单位比例】设置为【毫米】，如图3-149所示。

② 单击【创建】|【几何体】|【长方体】 长方体 按钮，在【顶】视图中创建一个长方体，修改参数，设置【长度】为300.0mm，【宽度】为300.0mm，【高度】为12.0mm，【长度分段】为1，【宽度分段】为2，【高度分段】为1，如图3-150所示。

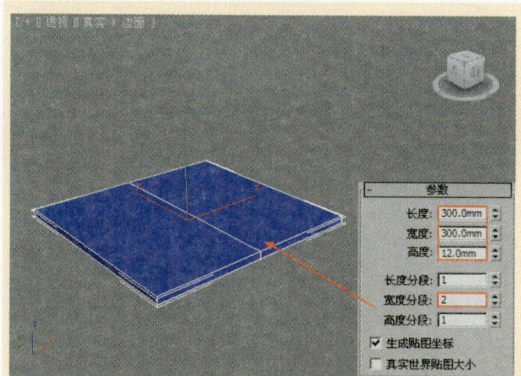

图3-150 长方体创建

③ 进入【修改】面板，为上一步创建的长方体加载【编辑多边形】修改器，如图3-151所示。在【顶点】级别下选择下图所示的点，然后在【前】视图中调节其位置，调节后的效果如图3-152所示。

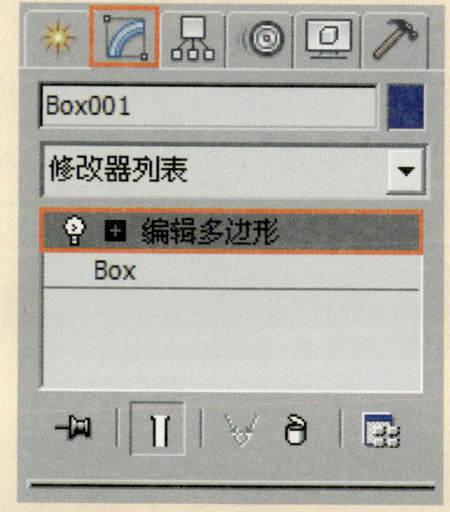

图3-151 转化编辑多边形

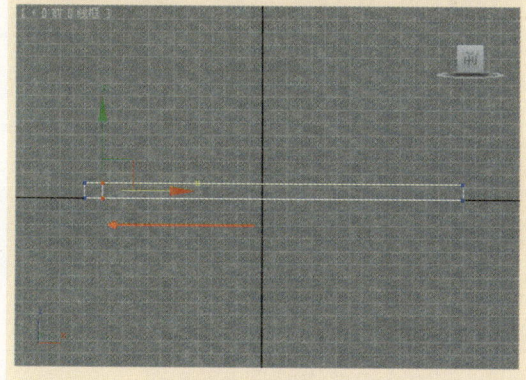

图3-152 调节点

④ 在【多边形】级别下选择如图3-153所示的多边形，单击【挤出】按钮后的设置按钮，并设置【挤出数值】为320.0mm，如图3-154所示。

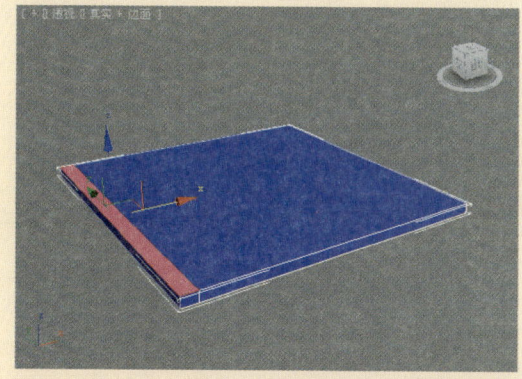

图3-153 选择多边形

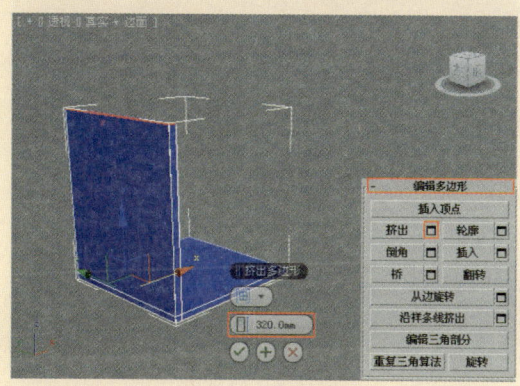

图3-154 挤出设置

⑤ 在【边】级别下选择如图3-155所示的边，单击【连接】按钮后的设置按钮，并设置【分段】为1，如图3-156所示。

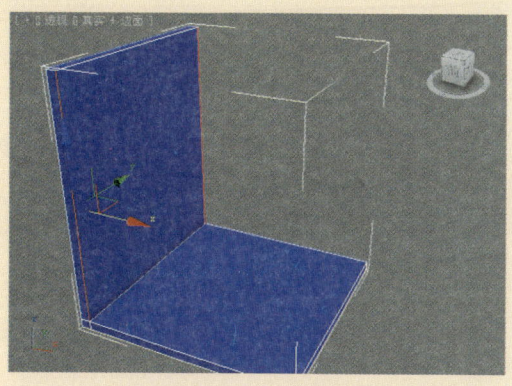

图3-155 选择边

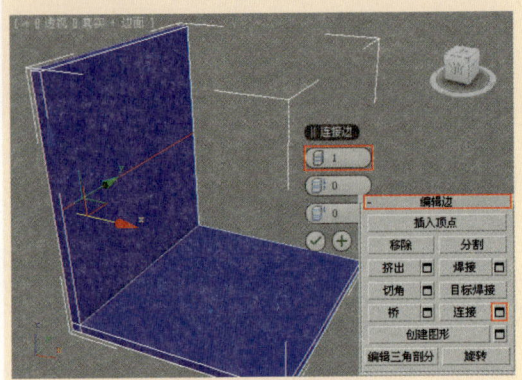

图3-156　连接设置

6 在【顶点】级别下选择下图所示的点，然后在【前】视图中调节其位置，调节后的效果如图3-157所示。

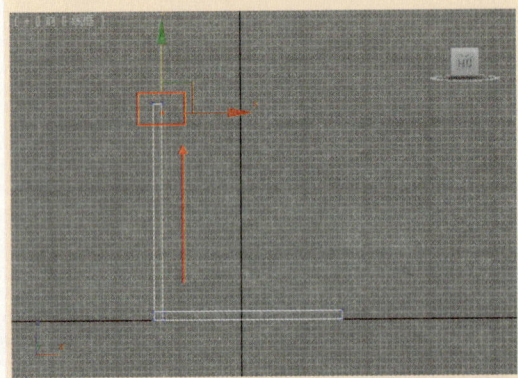

图3-157　选择点

7 在【多边形】级别下选择如图3-158所示的多边形，单击【挤出】按钮后的设置按钮，并设置【挤出数值】为285.0mm，如图3-159所示。

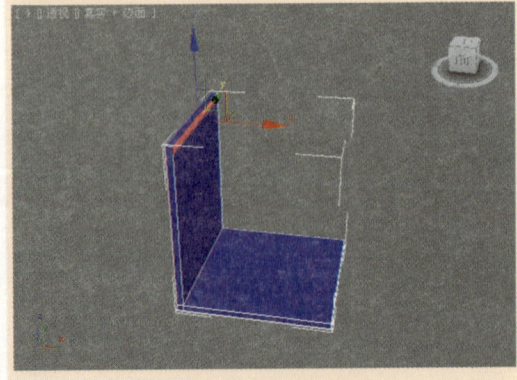

图3-158　选择多边形

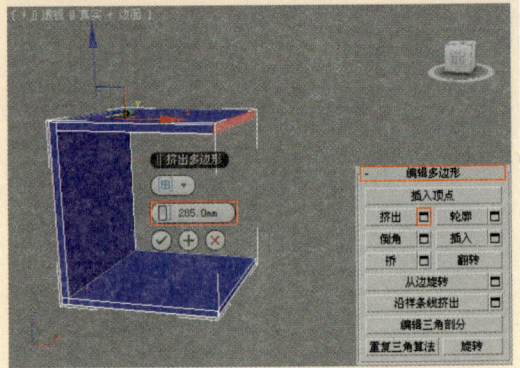

图3-159　挤出设置

8 在【边】级别下选择如图3-160所示的边，单击【连接】按钮后的设置按钮，并设置【分段】为1，如图3-161所示。

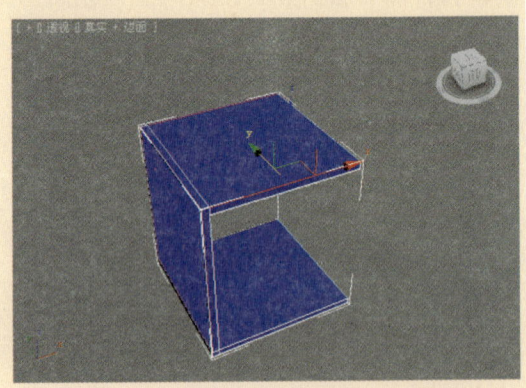

图3-160　选择边

图3-161　连接设置

9 在【顶点】级别下选择如图3-162所示的点，并进行调节。

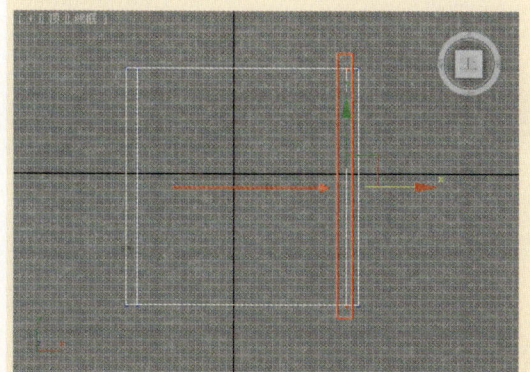

图3-162 选择点

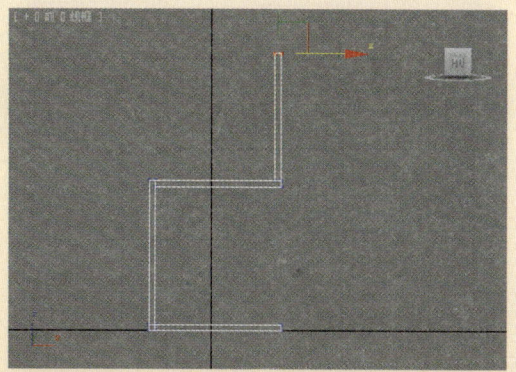

图3-165 选择点

10 在【多边形】级别■下选择如图3-163所示的多边形，单击【挤出】按钮后的设置按钮■，并设置【挤出数值】为280.0mm，如图3-164所示。

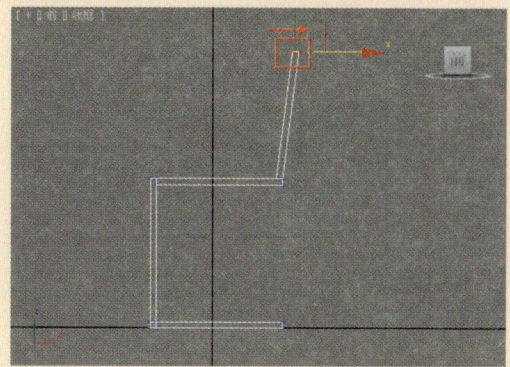

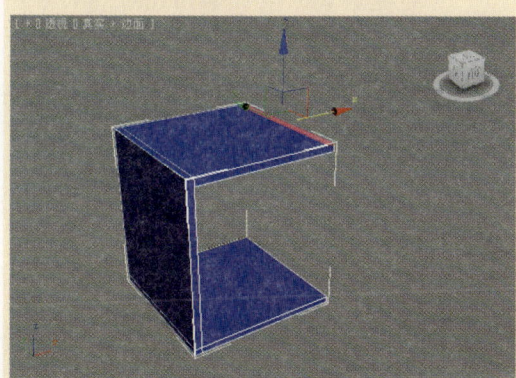

图3-163 选择多边形

图3-166 调节点的位置

12 椅子模型最终效果如图3-167所示。

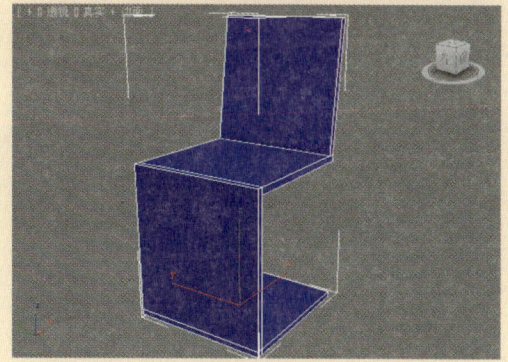

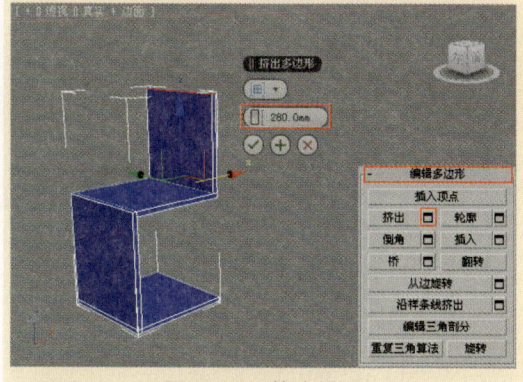

图3-164 挤出设置

图3-167 最终模型

11 在【顶点】级别■下选择如图3-165所示的点，然后在【前】视图中调节其位置，调节后的效果如图3-166所示。

13 单击【创建】■|【图形】■|【样条线】|【文本】 ■ 按钮，在【左】视图创建文字。修改参数，设置【文本】为【Eray】，【字体】为【Verdana Bold】，【字号】为180.0mm。利用【选择并移动】工具移动到椅子的前方，如图3-168所示。

77

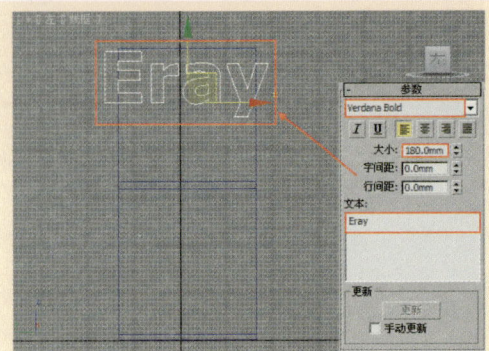

图3-168 文本创建

14 接着使用同样的方法创建其他的文字,并摆放至合适的位置,再选择所用的文字模型,单击鼠标右键将文字模型转化为【可编辑样条线】,选择其中的一个文字模型,单击【附加多个】按钮,并在弹出的对话框中将所有的文字模型选中,如图3-169所示。

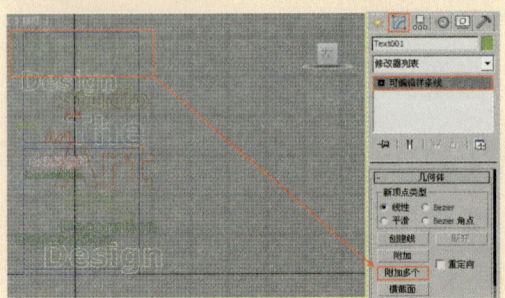

图3-169 选中文字模型

15 选择椅子模型,单击【复合对象】中的【图形合并】工具,接着单击【拾取图形】 按钮拾取文字图形,效果如图3-170所示。

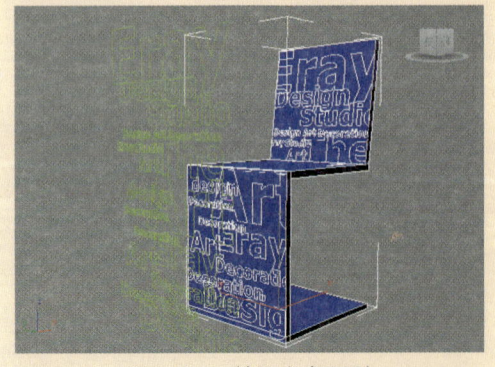

图3-170 拾取文字图形

16 在【多边形】级别下选择如图3-171所示的多边形。

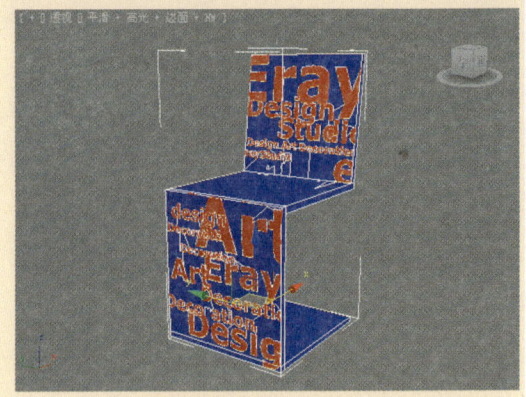

图3-171 选择多边形

17 对选择的面单击【挤出】按钮后的设置按钮,并设置【挤出数值】为-3.0mm,如图3-172所示。

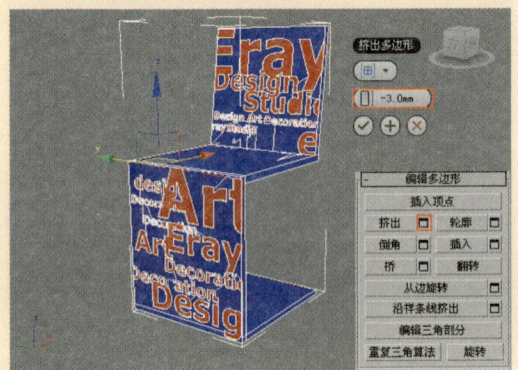

图3-172 挤出设置

18 最终模型效果如图3-173所示。

图3-173 最终模型

3.5.4 布尔和ProBoolean

【布尔】是通过对两个以上的物体进行并集、差集、交集运算，从而得到新的物体形态。系统提供了5种布尔运算方式，分别是【并集】、【交集】、【差集（A-B）】、【差集（B-A）】和【切割】。

单击【布尔】按钮 布尔 可以展开【布尔】的参数设置面板，如图3-174所示。

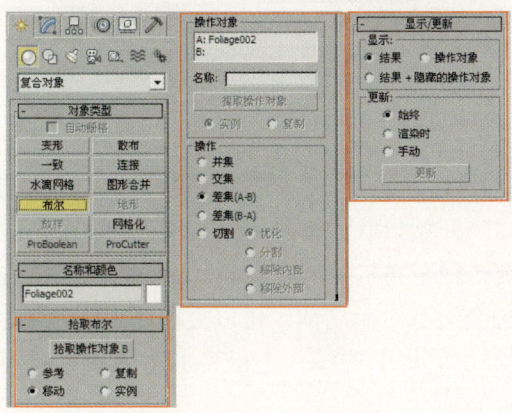

图3-174 【布尔】参数

- 拾取操作对象B：单击该按钮可以在场景中选择另一个运算物体来完成【布尔】运算。以下4个选项用来控制运算对象B的属性，必须在拾取运算对象B之前确定采用哪种类型
  - ◆ 参考：将原始对象的参考复制品作为运算对象B，若在以后改变原始对象，同时也会改变布尔物体中的运算对象B，但改变运算对象B时，不会改变原始对象。
  - ◆ 复制：复制一个原始对象作为运算对象B，而不改变原始对象（当原始对象还要用在其他地方时采用这种方式）。
  - ◆ 移动：将原始对象直接作为运算对象B，而原始对象本身不再存在（当原始对象无其他用途时采用这种方式）。
  - ◆ 实例：将原始对象的关联复制品作为运算对象B，若在以后对两者的任意一个对象进行修改时都会影响另一个。
- 操作对象：主要用来显示当前运算对象的名称。
- 操作：该选项组用于指定采用何种方式来进行【布尔】运算，共有以下5种。
  - ◆ 并集：将两个对象合并，相交的部分将被删除，运算完成后两个物体将合并为一个物体。
  - ◆ 交集：将两个对象相交的部分保留下来，删除不相交的部分。
  - ◆ 差集（A-B）：在A物体中减去与B物体重合的部分。
  - ◆ 差集（B-A）：在B物体中减去与A物体重合的部分。
  - ◆ 切割：用B物体切除A物体，但不在A物体上添加B物体的任何部分，共有【优化】、【分割】、【移除内部】和【移除外部】4个选项。【优化】是在A物体上沿着B物体与A物体相交的面来增加顶点和边数，以优化A物体的表面；【分割】是在B物体上切割A物体的部分边缘，并且会增加一排顶点，利用这种方法可以根据其他物体的外形将一个物体分成两部分；【移除内部】是删除A物体在B物体内部的所有片段面；【移除外部】是删除A物体在B物体外部的所有片段面。

- 显示：该选项组中的参数用来决定是否在视图中显示【布尔】运算的结果。
- 更新：该选项组中的参数用来决定何时进行重新计算并显示【布尔】运算的结果。
  - 始终：每一次操作后都立即显示【布尔】运算的结果。
  - 渲染时：只有在最后渲染时才重新计算更新效果。
  - 手动：选中该单选按钮可以激活下面的【更新】按钮 。
  - 更新：当需要观察更新效果时，可以单击该按钮，系统将会重新进行计算。

> 提示：在使用【布尔】时，一定要注意操作步骤，因为【布尔】极易出现错误，而且一旦执行【布尔】操作，将对模型修改非常不利，因此不推荐经常使用【布尔】。若需要使用【布尔】时，需将模型制作到一定精度，并确定模型不再修改时再进行操作。同时【布尔】与【ProBoolean（超级布尔）】十分类似，而且【ProBoolean（超级布尔）】的布线要比【布尔】好很多，这里不再重复介绍。

【ProBoolean】将大量功能添加到传统的 3ds Max Design 布尔对象中，可以多次使用该功能。ProBoolean 还可以自动将布尔结果细分为四边形面，这有助于将网格平滑和涡轮平滑。

单击【ProBoolean】按钮 可以展开【ProBoolean】的参数设置面板，如图3-175所示。

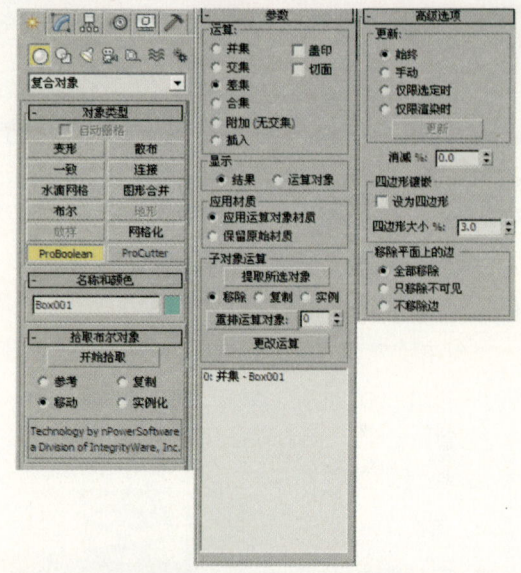

图3-175　ProBoolean参数

开始拾取：单击此选项，然后依次单击要传输至布尔对象的每个运算对象。在拾取每个运算对象之前，可以更改【参考/复制/移动/实例】选择、【运算】选项和【应用材质】选择。

- 参考：布尔运算使用所拾取的运算对象的参考来参考，这样，在合并到布尔对象中后，对象仍然存在。将来修改原来拾取的对象时，也会修改布尔运算。
- 复制：布尔运算使用所拾取运算对象的一个副本。
- 移动：所拾取的运算对象成为布尔运算的一部分，不能再作为场景中的单独对象。
- 实例化：布尔运算会创建选定对象的一个实例。
- 【运算】组：这些设置确定布尔运算对象实际如何交互。
  - 并集：将两个或多个单独的实体组合到单个布尔对象中。
  - 交集：从原始对象之间的物理交集中创建一个【新】对象；移除

未相交的体积。
- ◆ 差集：从原始对象中移除选定对象的体积。
- ◆ 合集：将对象组合到单个对象中，而不移除任何几何体。在相交对象的位置创建新边。
- ◆ 附加（无交集）：将两个或多个单独的实体合并成单布尔型对象，而不更改各实体的拓扑。实质上，操作对象在整个合并成的对象内仍为单独的元素。
- ◆ 插入：先从第一个操作对象减去第二个操作对象的边界体积，然后再组合这两个对象。
- ◆ 切面：切割原始网格图形的面，只影响这些面。选定运算对象的面未添加到布尔结果中。
- ◆ 盖印：将图形轮廓（或相交边）打印到原始网格对象上。
- ◆ 显示：其中，结果只显示布尔运算而非单个运算对象的结果，运算对象显示定义布尔结果的运算对象。使用该模式编辑运算对象并修改结果。
- ◆ 应用材质：应用运算对象材质布尔运算产生的新面获取运算对象的材质。保留原始材质布尔运算产生的新面保留原始对象的材质。
- ●【子对象运算】组：这些函数对在层次视图列表中高亮显示的运算对象进行运算（参见下面）。
  - ◆ 提取所选对象：根据选择的单选按钮（移除、复制或实例化；参见下面），提取所选对象对在层次视图列表中高亮显示的运算对象应用运算。
  - ◆ 重排运算对象：在层次视图列表中更改高亮显示的运算对象的顺序。
  - ◆ 更改运算：为高亮显示的运算对象更改运算类型。
- ●【更新】组：这些选项确定在进行更改后，何时在布尔对象上执行更新。
  - ◆ 更新：对布尔对象应用更改。
  - ◆ 削减%：从布尔对象中的多边形上移除边从而减少多边形数目的边百分比。
  - ◆ 设为四边形：启用时，会将布尔对象的镶嵌从三角形改为四边形。
  - ◆ 四边形大小%：确定四边形的大小作为总体布尔对象长度的百分比。

实战演练018——制作现代椅子

| 案例文件 | 最终文件\第3章\实战演练018\制作现代椅子.max | 视频教学 | 视频\第3章\制作现代椅子 |
| 视频长度 | 3分15秒 | 难易指数 | ★★☆☆☆ |

本例就来学习使用【布尔】完成模型的制作，最终渲染和线框效果如图3-176所示。

1 启动3ds Max 2012中文版，选择菜单栏中的【自定义】|【单位设置】命令，此时将弹出【单位设置】对话框，将【显示单位比例】和【系统单位比例】设置为【毫米】，如图3-177所示。

2 单击【创建】|【图形】|【样条线】|【线】按钮，在【前】视图绘制如图3-178所示的形状。

图3-176 最终渲染和线框效果

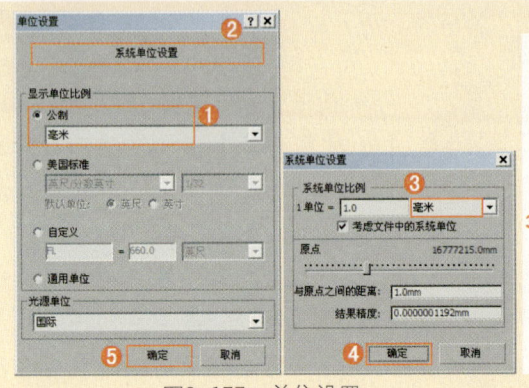

图3-177 单位设置　　　　　图3-178 样条线形状

3 进入【修改】面板，展开【渲染】卷展栏，分别选中【在渲染中启用】和【在视口中启用】复选框，激活【矩形】选项，设置【长度】为650.0mm，【宽度】为30.0mm，如图3-179所示。

4 激活【前】视图，继续单击【创建】｜【图形】｜【样条线】样条线｜【线】线 按钮，在【前】视图绘制如图3-180所示的形状。

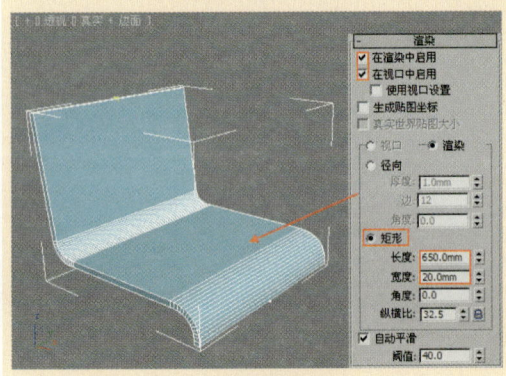
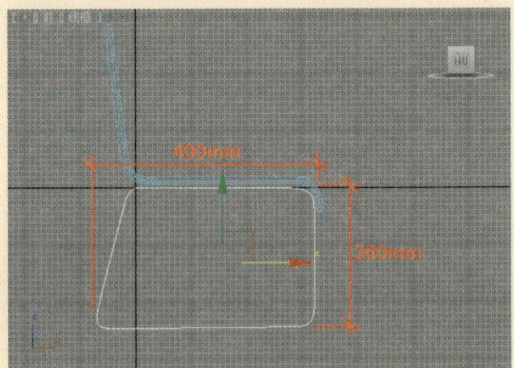

图3-179 参数设置　　　　　图3-180 样条线创建

5 进入【修改】面板，展开【渲染】卷展栏，分别选中【在渲染中启用】和【在视口中启用】复选框，激活【径向】选项，设置【厚度】为15.0mm，如图3-181所示。

6 选择上一步中创建的椅子腿，然后按住Shift键，并使用【选择并移动】工具进行复制，并设置【对象】为【实例】，最后单击【确定】按钮，如图3-182所示。

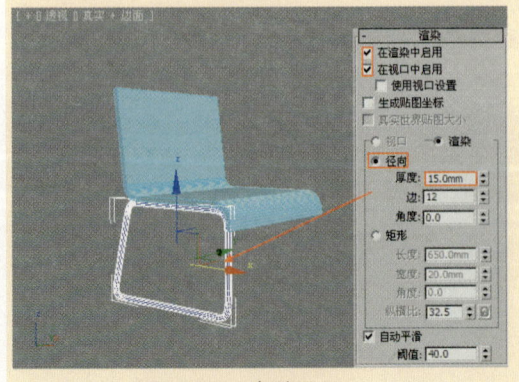
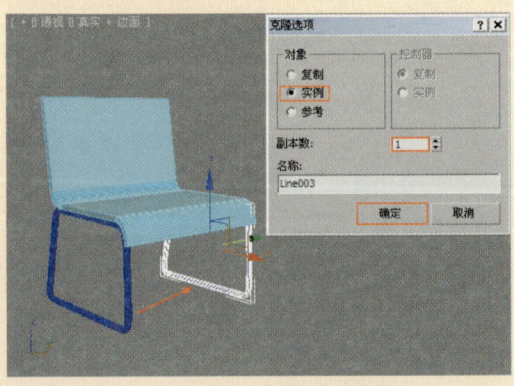

图3-181 参数设置　　　　　图3-182 复制样条线

7 接着在【前】视图创建长方体,然后进入【修改】面板,设置【长度】为85.0mm,【宽度】为8.0mm,【高度】为115.0mm,如图3-183所示。按住Shift键,移动复制47个,分别摆放在如图3-184所示的位置上。

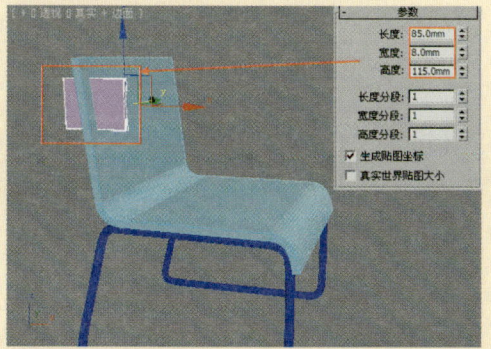

图3-183 长方体创建

图3-184 复制多个

8 选择上一步创建的全部的长方体,然后进入【实用程序】面板,单击【塌陷】按钮，接着单击【塌陷选定对象】按钮，如图3-185所示。

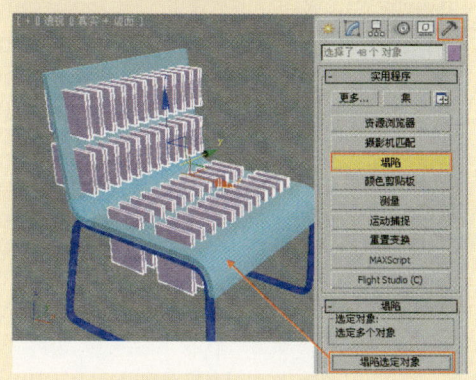

图3-185 塌陷

9 选中塌陷后的长方体模型,单击【复合对象】下的【布尔】按钮,接着设置【操作】为【差集(B-A)】,然后单击 拾取操作对象B (拾取操作对象B)按钮,最后在场景中单击拾取椅子靠背模型,如图3-186所示。布尔运算后的效果如图3-187所示。

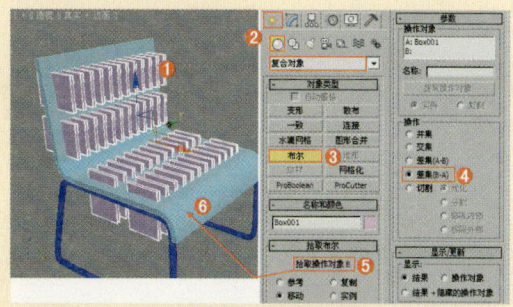

图3-186 布尔运算

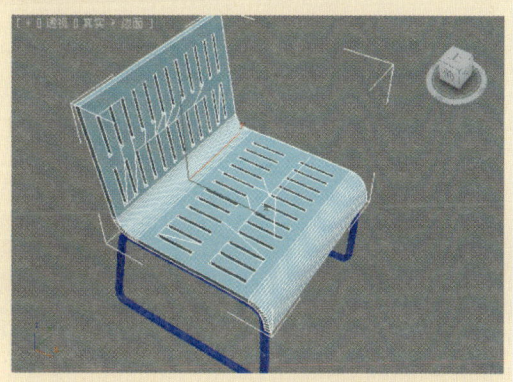

图3-187 布尔运算之后

10 最终模型效果如图3-188所示。

图3-188 最终效果

3.6 VRay

安装好VRay渲染器之后,在【创建】面板的几何体类型列表中就会出现VRay。VRay物体包括【VR_代理】、【VR_毛发】、【VR_平面】、【VR_球体】4种,如图3-189所示。

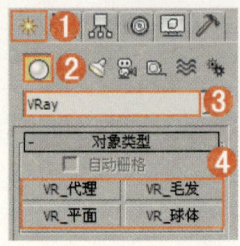

图3-189 VRay创建面板

> **技术专题——加载VRay渲染器**
>
> 按F10键打开【渲染设置】对话框,然后单击【公用】选项卡,展开【指定渲染器】卷展栏,接着单击第1个【选择渲染器】按钮,最后在弹出的对话框中选择渲染器为V-Ray Adv 2.10.01(本书的VRay渲染器均采用V-Ray Adv 2.10.01版本),如图3-190所示。

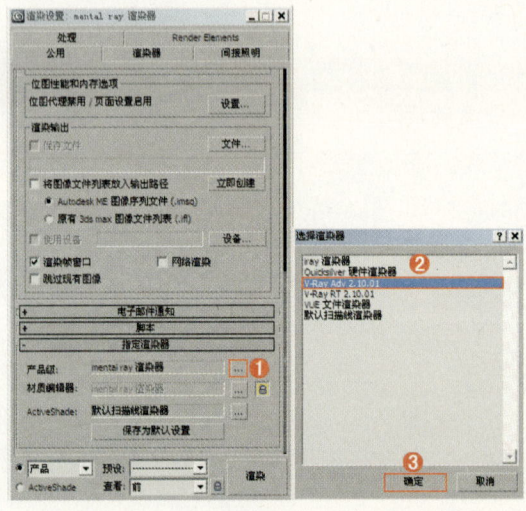

图3-190 VRay渲染器的设置

3.6.1 VR_代理

【VR_代理】物体在渲染时可以从硬盘中将文件(外部)导入到场景中的【VR_代理】网格内,场景中代理物体的网格是一个低面物体,可以节省大量的内存以及显示内存,一般在物体面数较多或重复较多时使用,其使用方法是在物体上单击鼠标右键,然后在弹出的菜单中选择【V-Ray网格导出】命令,接着在弹出的【VRay网格导出】对话框中进行相应设置即可(该对话框主要用来保存VRay网格代理物体的路径),如图3-191所示。

- 文件夹:代理物体所保存的路径。

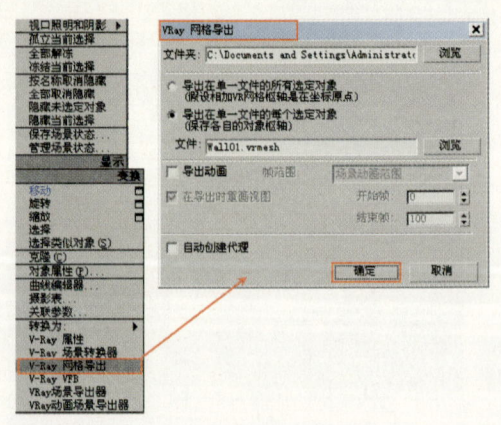

图3-191 【VR_代理】

- 导出在单一文件的所有选定对象：可以将多个物体合并成一个代理物体进行导出。
- 导出在单一文件的每个选定对象：可以为每个物体创建一个文件来进行导出。
- 自动创建代理：是否自动完成代理物体的创建和导入，源物体将被删除。如果没有选中该复选框，则需要增加一个步骤，就是在VRay物体中选择【VR_代理】物体，然后从网格文件中选择已导出的代理物体来实现代理物体的导入。

> 提示：使用【VR_代理】可以非常流畅地制作出超大场景，如楼群、树林等，非常方便。在3ds Max 2012版本中同时新增了【VRayScatter】，它同样可以快速制作大型场景。

实战演练019——会议室椅子

场景文件	场景文件\第3章\03.max	案例文件	最终文件\第3章\实战演练019\会议室椅子.max
视频教学	视频\第3章\会议室椅子.flv	视频长度	4分00秒
难易指数	★★☆☆☆		

本例就来学习使用【VR_代理】完成模型的制作，最终渲染和线框效果如图3-192所示。

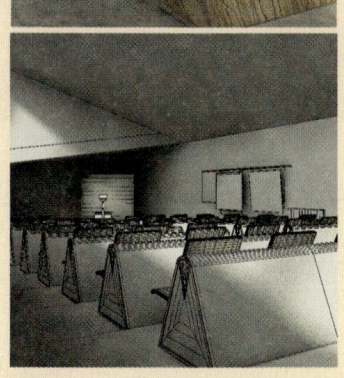

图3-192 最终渲染和线框效果

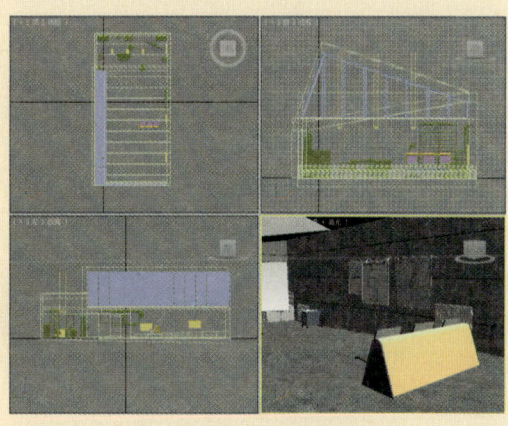

图3-193 打开场景文件

> 提示：导出的文件最好为多维子对象材质，这样当导入【VR_代理】后的模型就可以调节多维子对象材质去调节【VR_代理】后的材质，因为【VR_代理】是一个整体，如果想用不同的材质就必须在导出之前使用多维子对象材质。

① 双击打开本书配套光盘中的【场景文件\第3章\03.max】，此时场景效果如图3-193所示。

② 选择椅子模型，然后单击鼠标右键，并在弹出的菜单中选择【V-Ray网格导出】命令，如图3-194所示，接着在弹出的【VRay网格导出】对话框中单击【文件夹】选项后面的【浏览】按钮 ，为其设置一个合适的保存路径，再为其设置一

个名称，最后单击【确定】按钮，如图3-195所示，这时在前面设置的保存路径中就会出现一个格式为.vrmesh的代理文件，如图3-196所示。

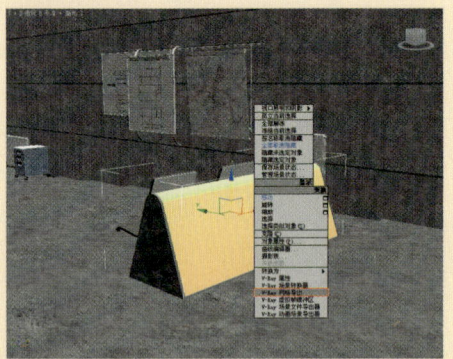

图3-194 执行【V-Ray网格】体导出

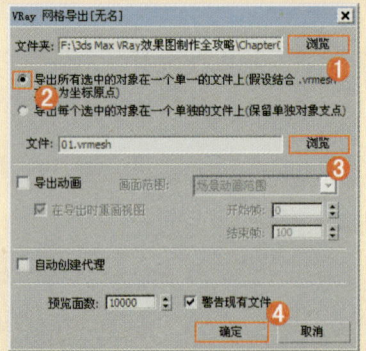

图3-195 VRay网格导出对话框

图3-196 网格文件

③ 设置【几何体类型】为VRay，然后单击【VR_代理】按钮，如图3-197所示。

④ 在【网格代理参数】卷展栏下单击【浏览】按钮，然后找到前面导出的【1.vrmesh】文件，如图3-198所示。

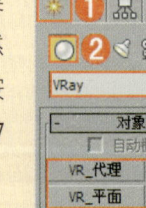

图3-197 VRay网格导出对话框

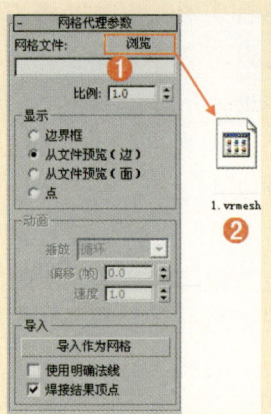

图3-198 网格文件

注意，必须是3ds Max安装了VRay渲染器后才有【VR_代理】工具。

⑤ 接着在视图中的合适位置单击鼠标左键，此时场景中就会出现椅子模型，如图3-199所示。使用复制功能复制一些代理物体，最终效果如图3-200所示。

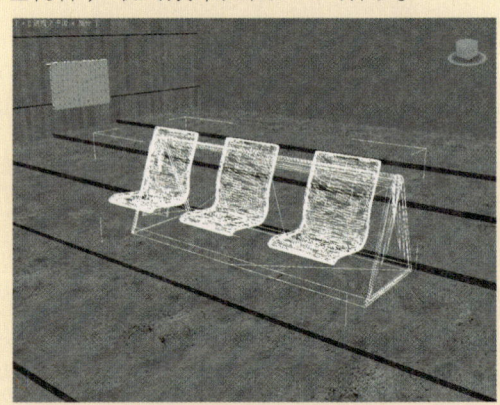

图3-199 创建VR_代理椅子

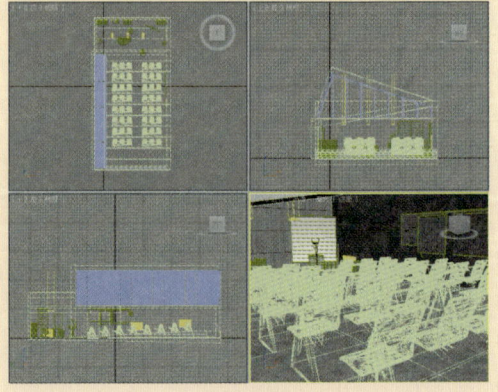

图3-200 复制VR_代理椅子

> 虽然场景中的相同或相似物体可以用【VR_代理】工具 VR_代理 来制作,但是不能过于夸张地进行复制,否则会增加渲染压力。

3.6.2 VR_毛发

【VR_毛发】可以用来模拟物体表面的毛发效果,一般用于制作地毯、皮草、毛巾、草地、动物毛发等,如图3-201所示,其参数设置面板如图3-202所示。

图3-201 地毯

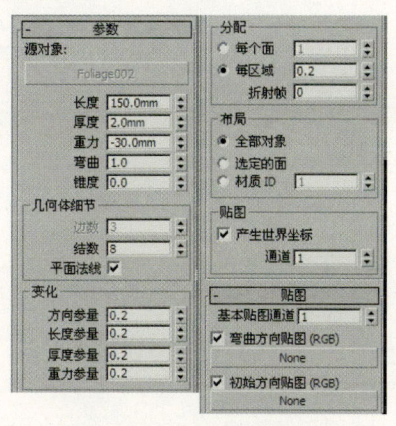

图3-202 【VR_毛发】参数

▶ 实战演练020——制作皮草

案例文件	最终文件\第3章\实战演练020\皮草.max	视频教学	视频\第3章\皮草.flv
视频长度	1分52秒	难易指数	★★☆☆☆

本例就来学习使用【VR_毛发】完成模型的制作,最终渲染和线框效果如图3-203所示。

图3-203 最终渲染和线框效果

1 启动3ds Max 2012中文版,单击 【打开】 【打开】 命令,并弹出【打开文件】对话框,从中找到本书配套光盘中【场景文件\第3章\04.max】,如图3-204所示。此时打开场景的效果如图3-205所示。

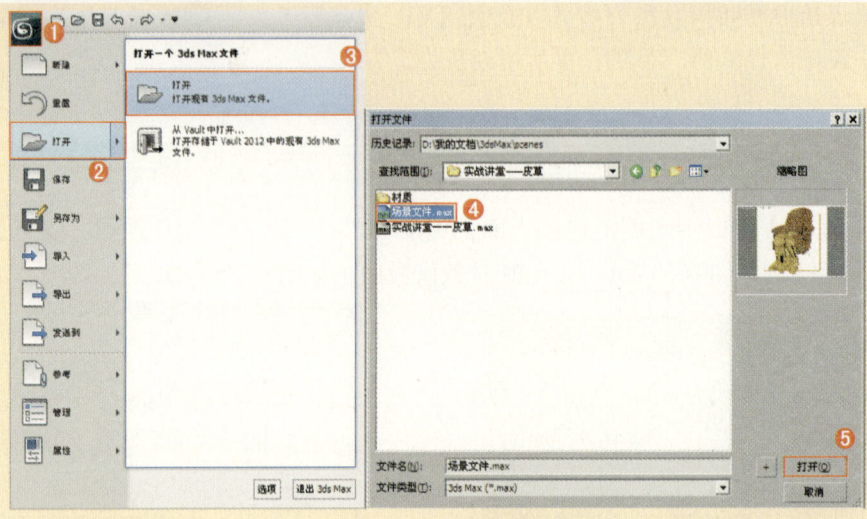

图3-204 打开文件

② 确定沙发上的皮草模型处于选择的状态,单击【创建】※|【几何体】○|【VRay】|【VR_毛发】按钮,创建VR_毛发,如图3-206所示。

③ 在【修改】面板下展开【参数】卷展栏,设置【长度】为8.0mm,【厚度】为0.04mm,【重力】为-3.0mm,【弯曲】为1.0,在【分配】选项组下选中【每个面】单选按钮并设置【数值】为10,如图3-207所示。

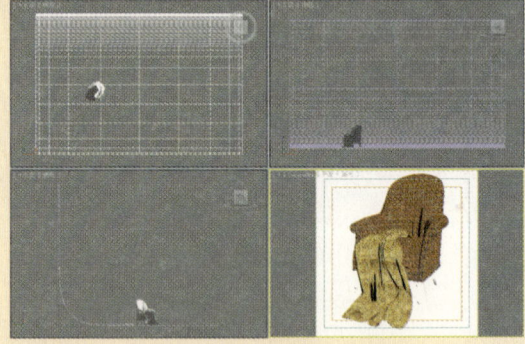

图3-205 场景效果

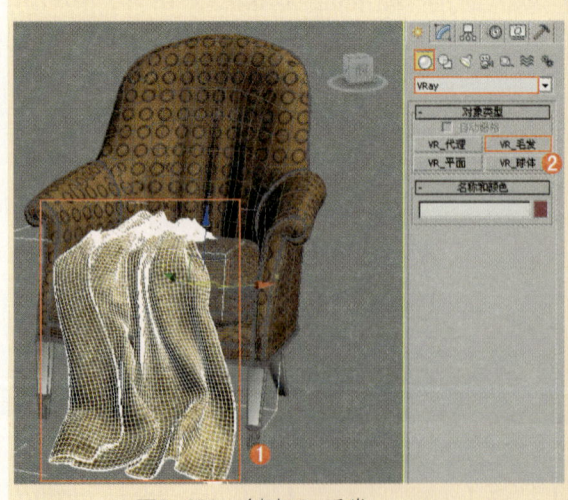

图3-206 创建VR_毛发

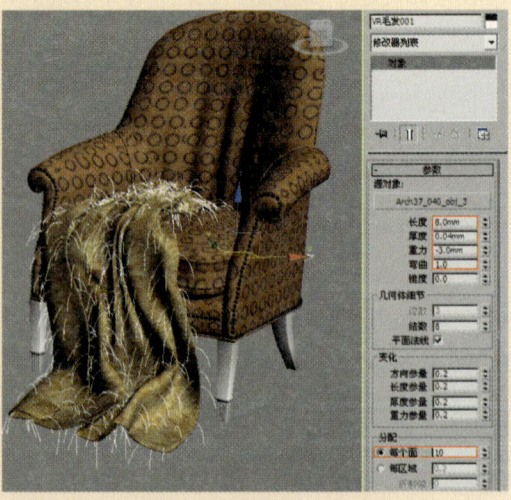

图3-207 修改VR_毛发的参数

提示 VR_毛发能够模拟真实的毛发效果,但使用VR_毛发时渲染速度会相对较慢一些。

3.6.3 VR_平面

【VR_平面】可以用来模拟无限长、无限宽的平面。没有任何参数,如图3-208所示。

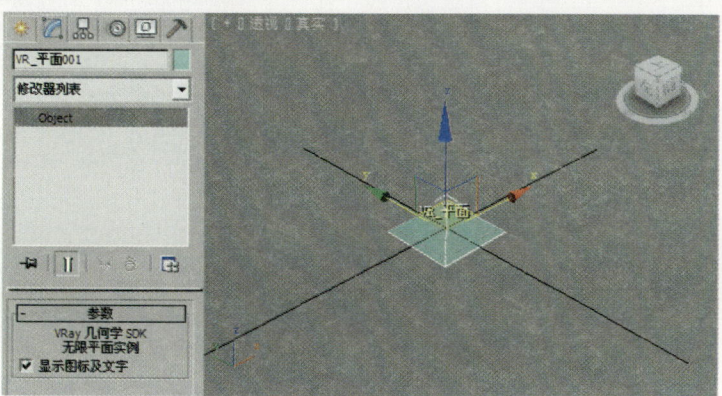

图3-208 【VR_平面】

3.6.4 VR_球体

【VR_球体】可以模拟球体的效果,并且可以设置半径的数值,如图3-209所示。

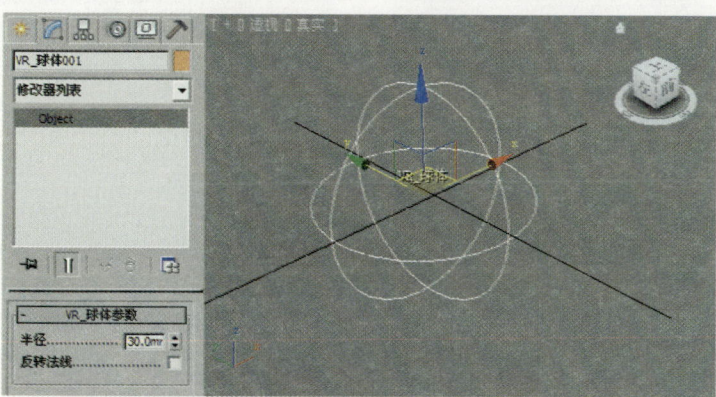

图3-209 【VR_球体】

如图3-210所示,可以将【VR_球体】渲染出来。

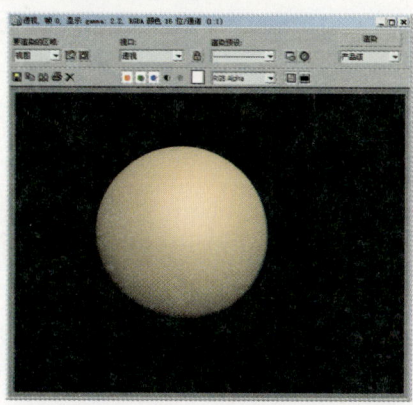

图3-210 渲染效果

3.7 课后作业

创意茶几的最终渲染和线框效果如图3-211所示。

 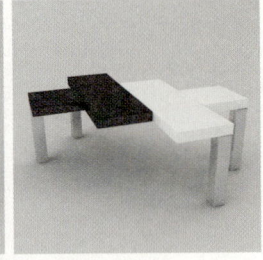

图3-211 最终渲染和线框效果

创意茶几的模型制作步骤主要有以下几个。

（1）使用【切角长方体】工具制作一个切角长方体，如图3-212所示。

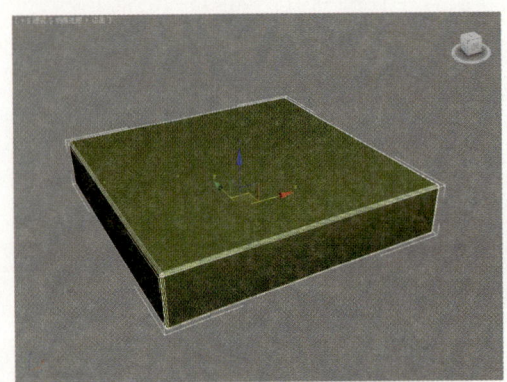

图3-212 切角长方体创建

（2）复制制作出剩余7个切角长方体，如图3-213所示。

图3-213 复制并移动

（3）使用【切角长方体】工具制作一个切角长方体，如图3-214所示。

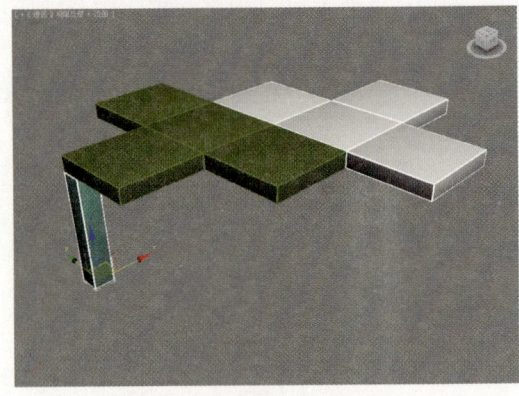

图3-214 切角长方体创建

（4）复制制作出剩余3个切角长方体，如图3-215所示。

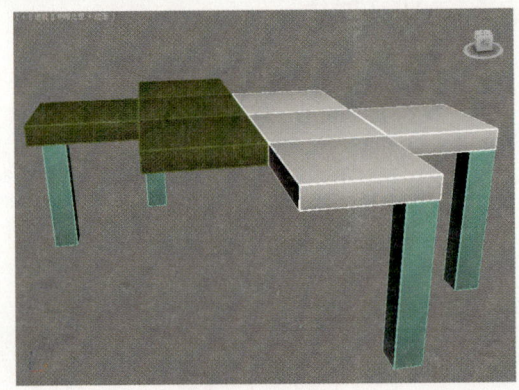

图3-215 复制并移动

课后练习——椅子

椅子的最终渲染和线框效果如图3-216所示。

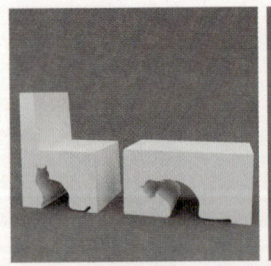 

图3-216 最终渲染和线框效果

椅子的模型制作步骤主要有以下几个。

（1）使用【线】工具和【挤出】修改器制作一个椅子，如图3-217所示。

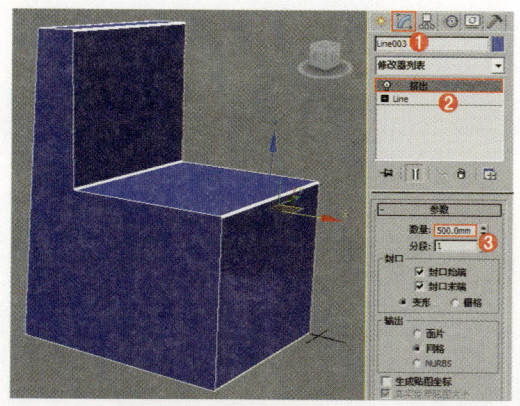

图3-217 线和挤出制作

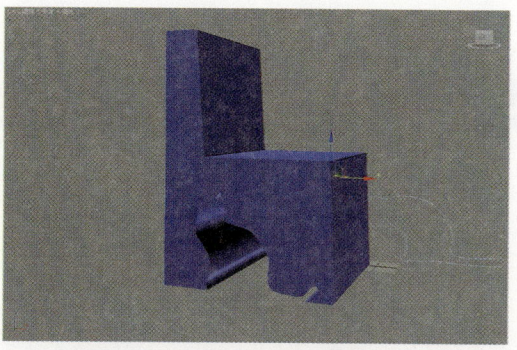

图3-219 布尔运算

（2）使用【线】工具和【挤出】修改器制作一个动物模型，并将其放置到与椅子穿插的位置，如图3-218所示。

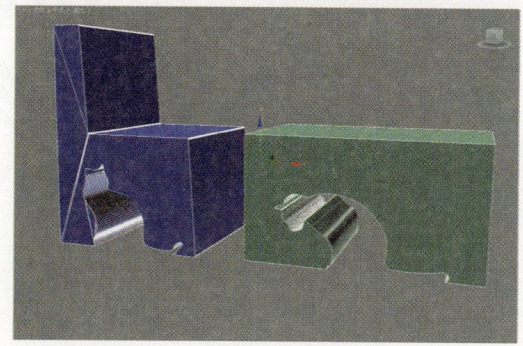

图3-220 最终效果

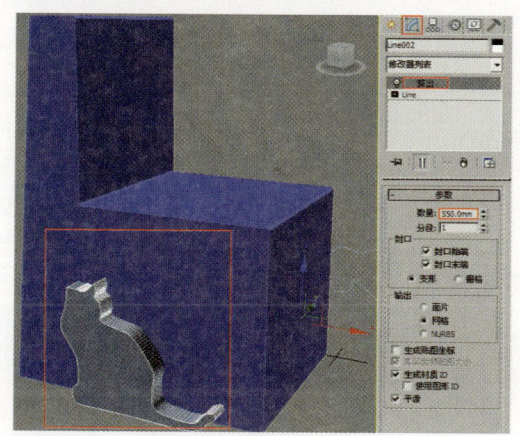

图3-218 线和挤出制作

（3）执行【布尔】操作，制作出椅子镂空的效果。如图3-219所示。

（4）同样的方法制作出剩余的一个部分，如图3-220所示。

3.8 本章小结

本章介绍了基础建模技术，主要包括标准基本体、扩展基本体、建筑构件建模、复合对象、VRay等知识。熟练掌握本章的知识后，可以快速创建出非常多的模型，在效果图建模中应用非常广泛。

第4章
二维图形建模技术

- 认识样条线
- 认识扩展样条线
- 掌握二维图形的编辑与修改

4.1 初识二维图形

二维图形由一个或多个【样条线】组成，而样条线又是由点组成的。只需要调整点的参数及样条线的参数就可以生成复杂的二维模型，利用这些二维模型可以快速生产三维模型。图4-1所示为使用二维图形建模技术制作的模型。

图4-1 二维技术模型

4.2 样条线

在【命令】面板中单击【图形】按钮，这里有11种样条线，分别是【线】、【矩形】、【圆】、【椭圆】、【弧】、【圆环】、【多边形】、【星形】、【文本】、【螺旋线】和【截面】，如图4-2所示。

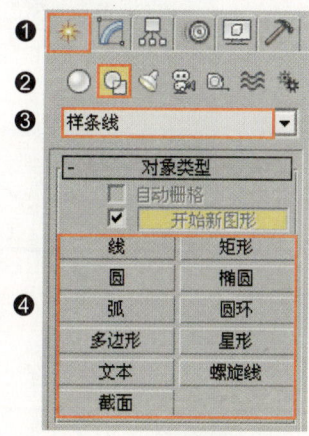

图4-2 样条线面板

提示：样条线的应用非常广泛，其建模速度也相当快。在3ds Max中制作三维字体时，可以直接使用【文本】工具 文本 输入文字，然后将其转换为三维模型，同时还可以导入AI矢量图形来生成三维物体。选择相应的样条线类型后，在视图中拖曳光标就可以创建出相应的样条线，如图4-3所示。

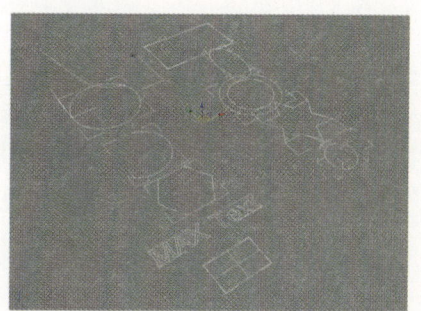

图4-3 创建出的样条线

4.2.1 线

【线】的点的方式有4种，分别为【Bezier角点】、【Bezier】、【角点】和【平滑】。【线】的参数包括【名称和颜色】、【渲染】、【插值】、【键盘输入】和【创建方法】5个卷展栏，如图4-4所示。

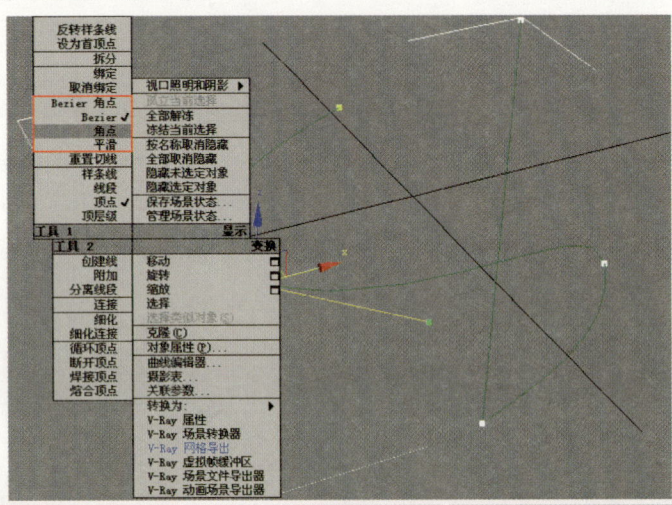

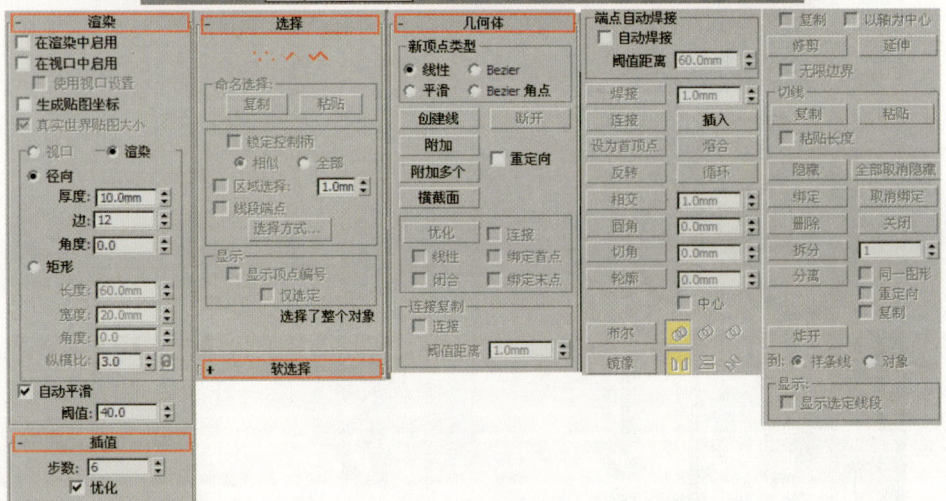

图4-4 【线】的参数

1. 渲染

- 在渲染中启用：选中该复选框才能渲染出样条线；若不选中将不能渲染出样条线。
- 在视口中启用：选中该复选框后，线条会以网格的形式显示在视图中。
- 使用视口设置：选中此复选框时该选项才可用，它主要用于设置不同的渲染参数。
- 生成贴图坐标：控制是否应用贴图坐标。
- 真实世界贴图大小：控制用于对象的纹理贴图材质所使用的缩放方法。
- 视口/渲染：当启用【在视口中启用】选项时，图形将显示在视口中；当同时启用【在视口中启用】选项和【渲染】选项时，图形在视口中和渲染中都可以显示出来。

- ◆ 径向：将3D网格显示为圆柱形对象，其参数包含【厚度】、【边数】和【角度】3个。【厚度】选项用于指定视口或渲染样条线网格的直径，其默认值为1，范围为0~100；【边】选项用于在视口或渲染器中为样条线网格设置边数或面数（例如值为4表示一个方形横截面）；【角度】选项用于调整视口或渲染器中的横截面的旋转位置。
- ◆ 矩形：将3D网格显示为矩形对象，其参数包含【长度】、【宽度】、【角度】和【纵横比】4个。【长度】选项用于设置沿局部y轴的横截面大小；【宽度】选项用于设置沿局部x轴的横截面大小；【角度】选项用于调整视口或渲染器中的横截面的旋转位置；【纵横比】选项用于设置矩形横截面的纵横比。
- 自动平滑：选中该复选框可激活下面的【阈值】选项，调整【阈值】可以自动平滑样条线。

2. 插值
- 步数：手动设置每条样条线的步数。
- 优化：选中该复选框后，可以从样条线的直线线段中删除不需要的步数。
- 自适应：选中该复选框后，系统会自适应设置每条样条线的步数，以生成平滑的曲线。

3. 选择
- 顶点：定义点和曲线切线。
- 分段：连接顶点。
- 样条线：一个或多个相连线段的组合。
- 复制：将命名选择放置到复制缓冲区。

- 粘贴：从复制缓冲区中粘贴命名选择。
- 锁定控制柄：通常，每次只能变换一个顶点的切线控制柄，即使选择了多个顶点。
- 相似：拖动传入向量的控制柄时，所选顶点的所有传入向量将同时移动。
- 全部：移动的任何控制柄将影响选择中的所有控制柄，无论它们是否已断裂。
- 区域选择：允许自动选择所单击顶点的特定半径中的所有顶点。
- 线段端点：通过单击线段选择顶点。
- 选择方式：选择所选样条线或线段上的顶点。
- 显示顶点编号：选中此复选框后，3ds Max Design 将在任何子对象层级的所选样条线的顶点旁边显示顶点编号。
- 仅选定：选中此复选框后，仅在所选顶点旁边显示顶点编号。

4. 软选择
- 使用软选择：在可编辑对象或【编辑】修改器的子对象层级上影响【移动】、【旋转】和【缩放】功能的操作。
- 边距离：启用该选项后，将软选择限制到指定的面数，该选择在进行选择的区域和软选择的最大范围之间。
- 影响背面：启用该选项后，那些法线方向与选定子对象平均法线方向相反的、取消选择的面就会受到软选择的影响。
- 衰减：用以定义影响区域的距离，它是用当前单位表示的从中心到球体的边的距离。
- 收缩：沿着垂直轴提高并降低曲线的顶点。

- 膨胀：沿着垂直轴展开和收缩曲线。
- 着色面切换：显示颜色渐变，它与软选择范围内面上的软选择权重相对应。
- 锁定软选择：锁定软选择，以防止对按程序的选择进行更改。

5．几何体

- 创建线：向所选对象添加更多样条线。
- 断开：在选定的一个或多个顶点拆分样条线。
- 附加：将场景中的其他样条线附加到所选样条线。
- 附加多个：单击此按钮可以显示【附加多个】对话框，它包含场景中所有其他图形的列表。
- 横截面：在横截面形状外面创建样条线框架。
- 优化：允许添加顶点，而不更改样条线的曲率值。
- 连接：选中此复选框，通过连接新顶点创建一个新的样条线子对象。
- 自动焊接：选中此复选框后，会自动焊接在一定阈值距离范围内的顶点。
- 阈值距离：阈值距离微调器是一个近似设置，用于控制在自动焊接顶点之前，两个顶点接近的程度。
- 焊接：将两个端点顶点或同一样条线中的两个相邻顶点转化为一个顶点。
- 连接：连接两个端点顶点以生成一个线性线段，而无论端点顶点的切线值是多少。

- 设为首顶点：指定所选形状中的哪个顶点是第一个顶点。
- 熔合：将所有选定顶点移至它们的平均中心位置。
- 相交：在属于同一个样条线对象的两个样条线的相交处添加顶点。
- 圆角：允许在线段会合的地方设置圆角，添加新的控制点。
- 切角：允许使用【切角】功能设置形状角部的倒角。
- 复制：单击此按钮，然后选择一个控制柄。此操作将把所选控制柄切线复制到缓冲区。
- 粘贴：单击此复选框此按钮，然后单击一个控制柄。此操作将把控制柄切线粘贴到所选顶点。
- 粘贴长度：选中此复选框后，还会复制控制柄长度。
- 隐藏：隐藏所选顶点和任何相连的线段。选择一个或多个顶点，然后单击【隐藏】按钮。
- 全部取消隐藏：显示任何隐藏的子对象。
- 绑定：允许创建绑定顶点。
- 取消绑定：允许断开绑定顶点与所附加线段的连接。
- 删除：删除所选的一个或多个顶点，以及与每个要删除的顶点相连的那条线段。
- 显示选定线段：选中此复选框后，顶点子对象层级的任何所选线段将高亮显示为红色。

实战演练021——制作创意椅子

案例文件	最终文件\第4章\实战演练021\制作创意椅子.max	视频教学	视频\第4章\制作创意椅子.flv
视频长度	1分26秒	难易指数	★★☆☆☆

本例就来学习使用【线】完成模型的制作，最终渲染和线框效果如图4-5所示。

二维图形建模技术 第4章

图4-5 最终渲染和线框效果

① 启动3ds Max 2012中文版，选择菜单栏中的【自定义】|【单位设置】命令，此时将弹出【单位设置】对话框，将【显示单位比例】和【系统单位比例】设置为【毫米】，如图4-6所示。

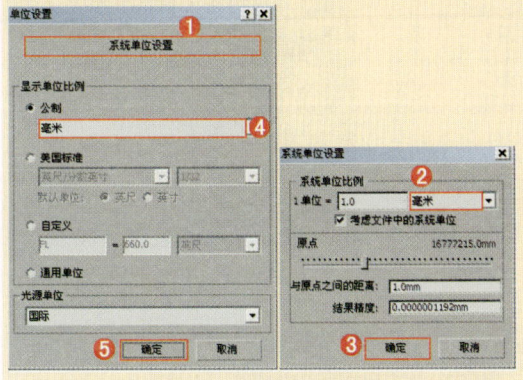

图4-6 单位设置

② 单击【创建】|【图形】|【样条线】|【线】按钮，在【前】视图中绘制如图4-7所示的形状。

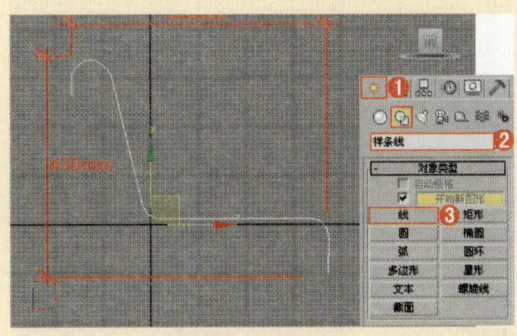

图4-7 线创建

③ 选择上一步创建的【线】，进入【修改】面板，展开【渲染】卷展栏，分别选中【在渲染中启用】和【在视口中启用】复选框，选中【矩形】单选按钮，设置【长度】为650.0mm，【宽度】为20.0mm，如图4-8所示。

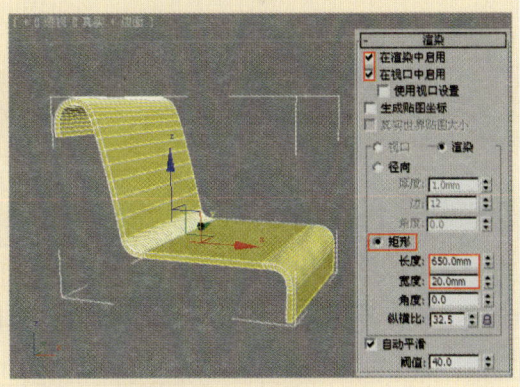

图4-8 【线】参数设置

④ 继续在【前】视图使用【线】绘制图形。图形形状如图4-9所示。

⑤ 进入【修改】面板，展开【渲染】卷展栏，分别选中【在渲染中启用】和【在视口中启用】复选框，选中【径向】单选按钮，设置【厚度】为22.0mm，如图4-10所示。

97

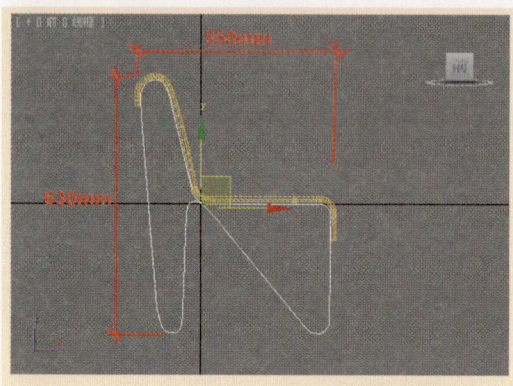

图4-9 【线】创建

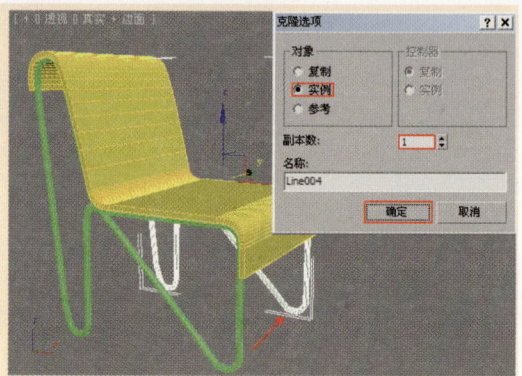

图4-11 复制并移动

最终模型效果如图4-12所示。

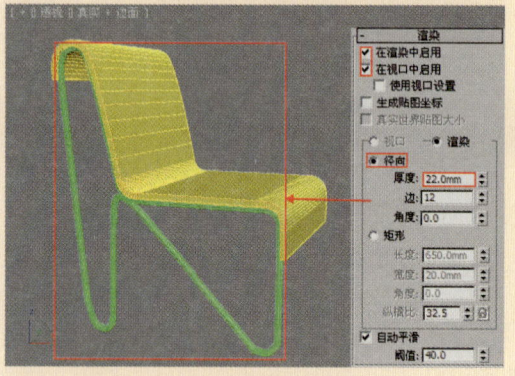

图4-10 线参数设置

图4-12 最终模型效果

⑥ 选择线，使用【选择并移动】工具移动复制一个到椅子的另一面，如图4-11所示。

4.2.2 圆

使用圆来创建由4个顶点组成的闭合圆形样条线。【圆】的参数包括【渲染】、【插值】和【参数】3个卷展栏，如图4-13所示。

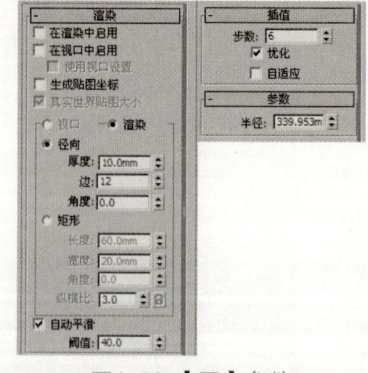

图4-13 【圆】参数

实战演练022——制作现代时钟

案例文件	最终文件\第4章\实战演练022\制作现代时钟.max	视频教学	视频\第4章\制作现代时钟.flv
视频长度	2分19秒	难易指数	★★☆☆☆

本例就来学习使用【圆】完成模型的制作,最终渲染和线框效果如图4-14所示。

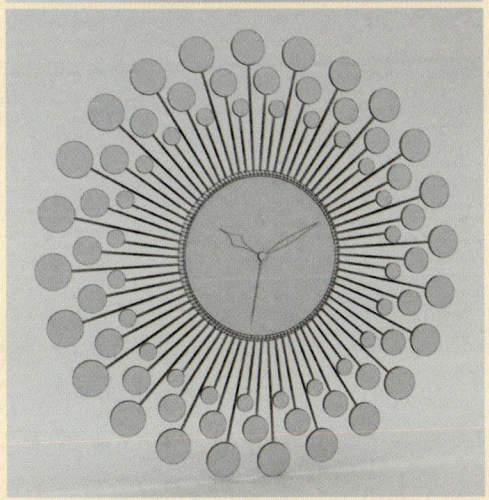

图4-14 最终渲染和线框效果

1 启动3ds Max 2012中文版,选择菜单栏中的【自定义】|【单位设置】命令,此时将弹出【单位设置】对话框,将【显示单位比例】和【系统单位比例】设置为【毫米】,如图4-15所示。

2 单击【创建】|【图形】|【样条线】|【样条线】|【圆】按钮,在【前】视图中创建一个矩形,进入【修改】面板修改参数,设置【半径】为200.0mm,如图4-16所示。

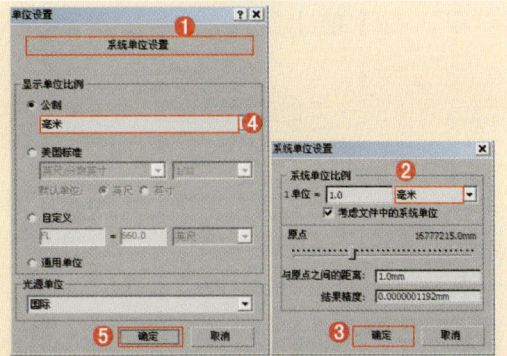

图4-15 单位设置

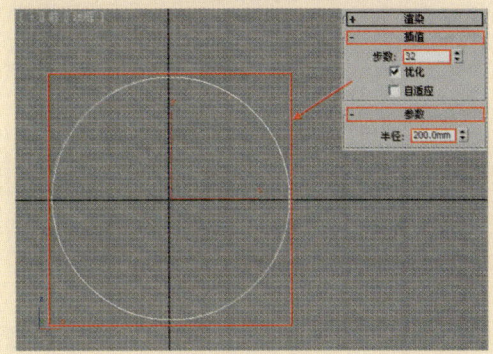

图4-16 圆创建

3 选择上一步创建的【圆】,进入【修改】面板,为其加载【倒角】修改器,展开【倒角值】卷展栏,在【级别1】选项组下设置【高度】为30.0mm,【轮廓】为-20.0mm,选中【级别2】复选框,设置【高度】为-9.5mm,【轮廓】为-10.0mm,如图4-17所示。

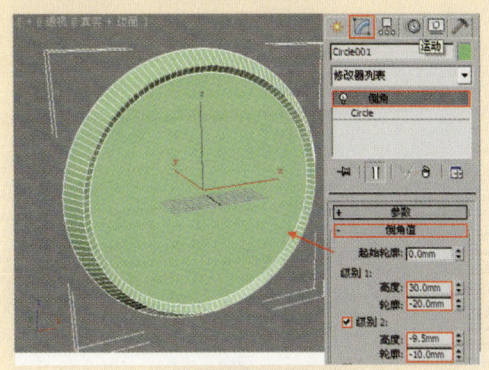

图4-17 【圆】参数设置

4 单击【创建】|【图形】|【样条线】|【样条线】|【线】

按钮，在【前】视图中绘制如图4-18所示的3条线。

⑤ 选择上一步创建的线，进入【修改】面板，展开【渲染】卷展栏，选中【在渲染中启用】和【在视口中启用】复选框，选中【径向】单选按钮，设置【厚度】为10.0mm，如图4-19所示。

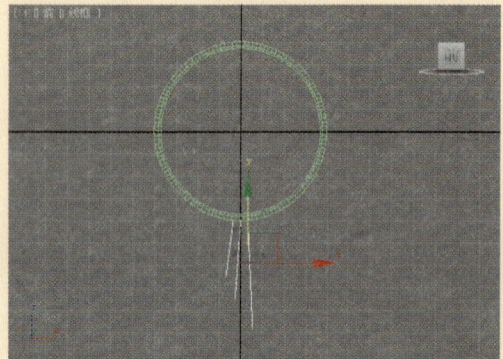

图4-18 线创建

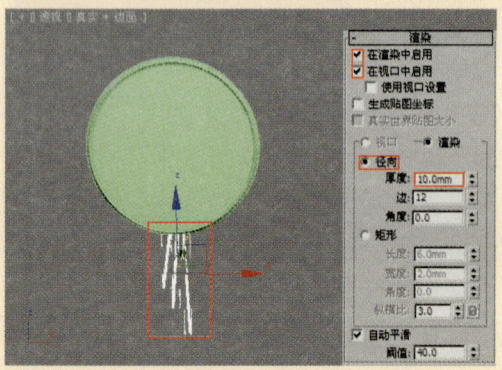

图4-19 线参数设置

⑥ 继续创建【圆】，改变【半径】大小，分别摆放在如图4-20所示的位置。

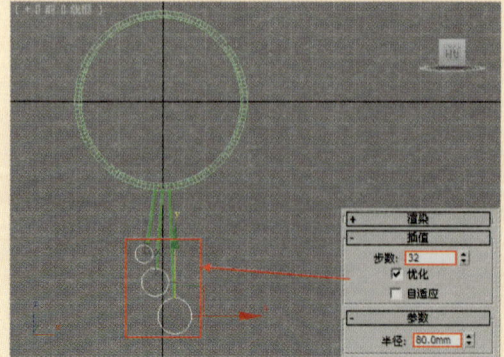

图4-20 圆参数设置

⑦ 选择上一步创建的圆，进入【修改】面板，为其加载【挤出】修改器，设置【数量】为10.0mm，如图4-21所示。

⑧ 选择创建的【圆】和【线】，单击【菜单栏】上的【组】按钮，选择【成组】选项，将时钟装饰成组，如图4-22所示。

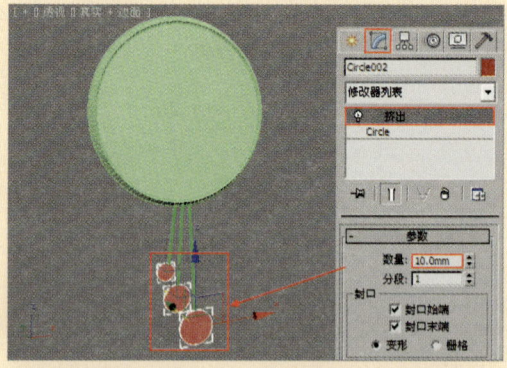

图4-21 挤出设置

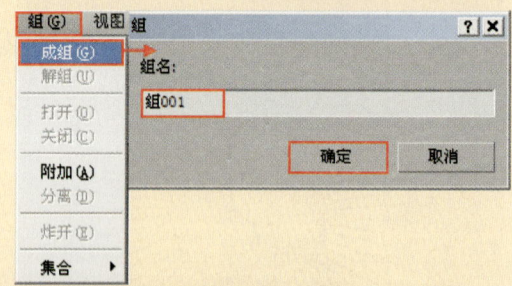

图4-22 成组

⑨ 进入【层次面板】，单击【轴】按钮，展开【调整轴】卷展栏，单击【仅影响轴】按钮，此时坐标轴会变成图4-23所示的状态，将时钟装饰的中心轴移动到时钟面的中心。

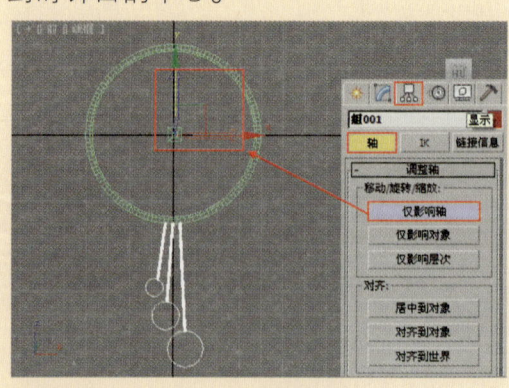

图4-23 轴设置

⑩ 保持选择的时钟装饰不变，使用【选择并旋转】工具，旋转复制23个在时钟周围，如图4-24所示。

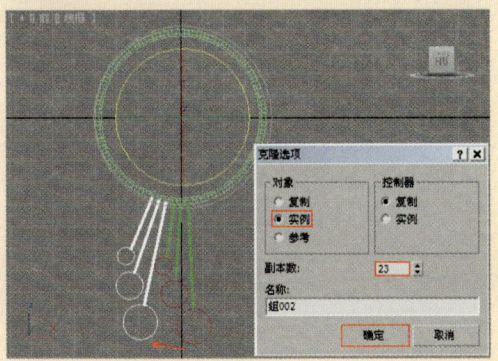

图4-24 旋转并复制

⑪ 复制之后的效果如图4-25所示。

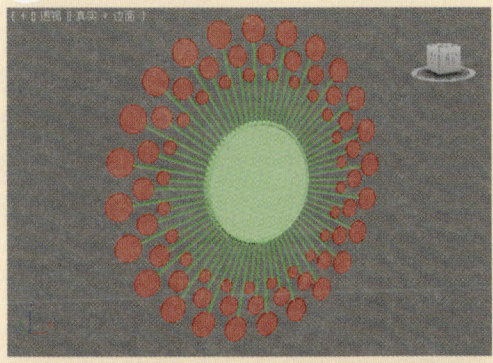

图4-25 整体效果

⑫ 接着使用线在【前】视图绘制形态在时钟的钟面上，如图4-26所示。

⑬ 选择上一步绘制的线，为其加载【挤出】修改器，设置【数量】为5.0mm，如图4-27所示。

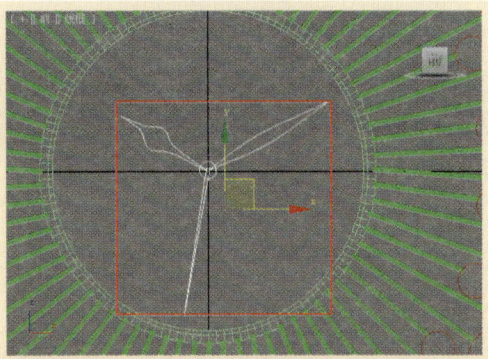

图4-26 指针绘制

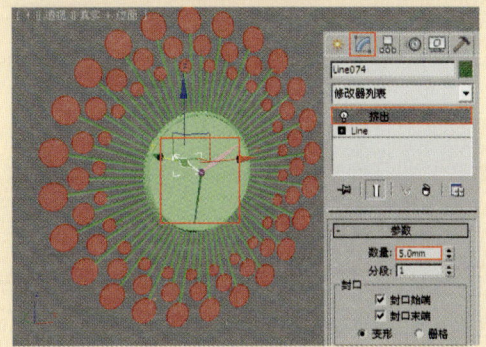

图4-27 挤出设置

⑭ 最终建模效果如图4-28所示。

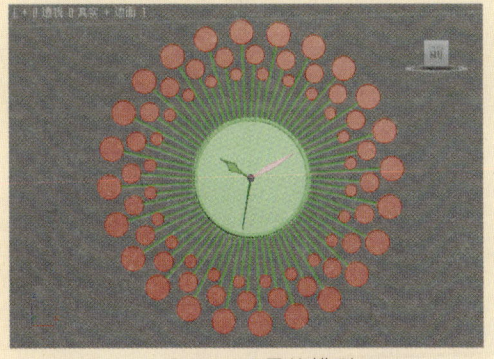

图4-28 最终模型

4.2.3 弧

使用【弧】来创建由4个顶点组成的打开和闭合圆形弧形。【弧形】的参数包括【渲染】、【插值】和【参数】3个卷展栏，如图4-29所示。

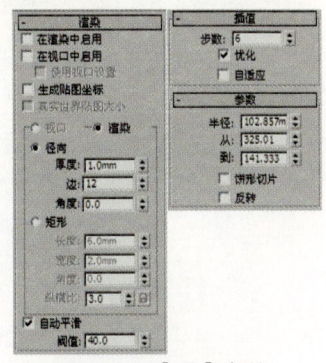

图4-29 【弧】参数

4.2.4 多边形

使用【多边形】可创建具有任意面数或顶点数 (N) 的闭合平面或圆形样条线。【多边形】的参数包括【渲染】、【插值】和【参数】3个卷展栏,如图4-30所示。

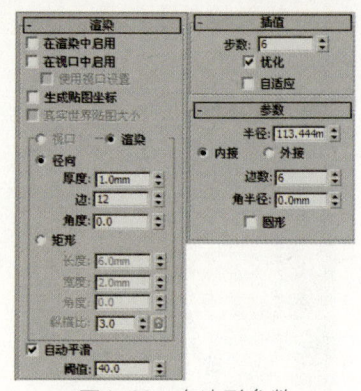

图4-30 多边形参数

实战演练023——制作创意茶几

案例文件	最终文件\第4章\实战演练023\制作创意茶几.max	视频教学	视频\第4章\制作创意茶几.flv
视频长度	1分17秒	难易指数	★★☆☆☆

本例就来学习使用【多边形】完成模型的制作,最终渲染和线框效果如图4-31所示。

图4-31 最终渲染和线框效果

01 启动3ds Max 2012中文版,选择菜单栏中的【自定义】|【单位设置】命令,此时将弹出【单位设置】对话框,将【显示单位比例】和【系统单位比例】设置为【毫米】,如图4-32所示。

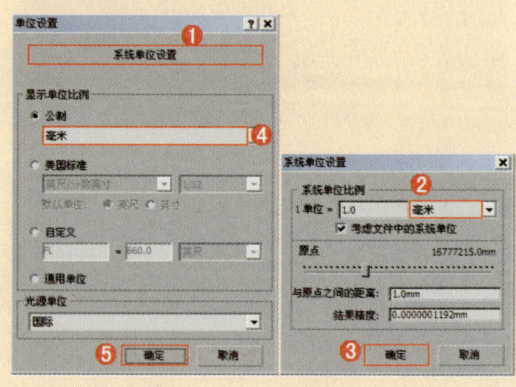

图4-32 设置单位

02 单击【创建】|【图形】|【样条线】|【多边形】按钮,在【顶】视图中创建一个多边形,进入【修改】面板修改参数,设置【半径】为50.0mm,如图4-33所示。

03 选择上一步创建的【多边形】,为其加载【挤出】修改器,设置【数量】

为10.0mm，如图4-34所示。

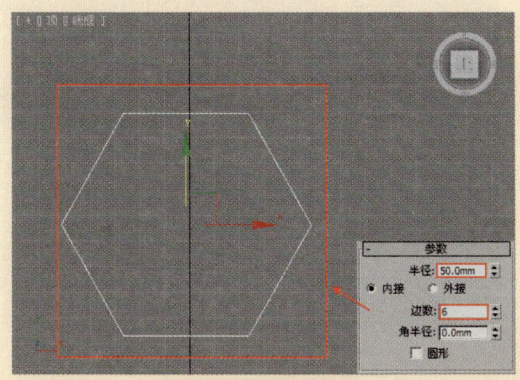
图4-33 修改参数

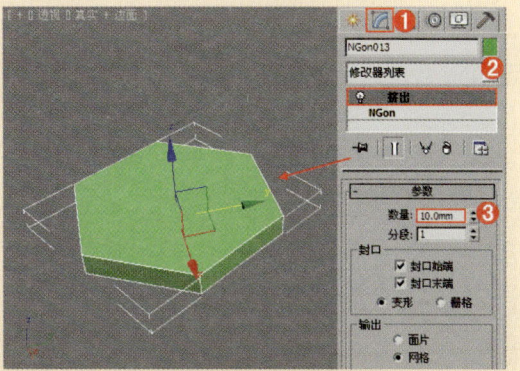
图4-34 挤出设置

04 激活【顶】视图，确认上一步创建的切角长方体处于选择的状态，按住Shift键，用鼠标左键对切角长方体进行移动复制，释放鼠标会弹出【克隆选项】对话框，如图4-35所示。

05 继续使用【选择并移动】工具移动复制，此时场景效果如图4-36所示。

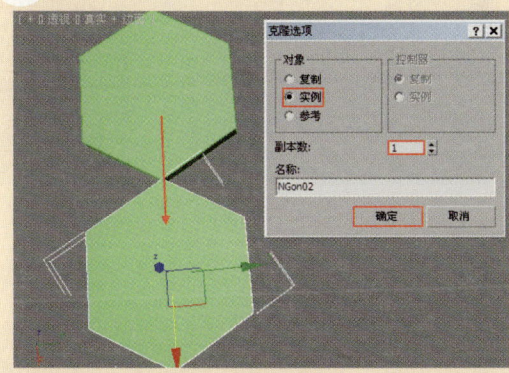
图4-35 复制并移动

图4-36 位置摆放

06 选择场景中的切角长方体，在【修改器列表】中单击 按钮，并在弹出的【对象颜色】对话框中选择白色，如图4-37所示。

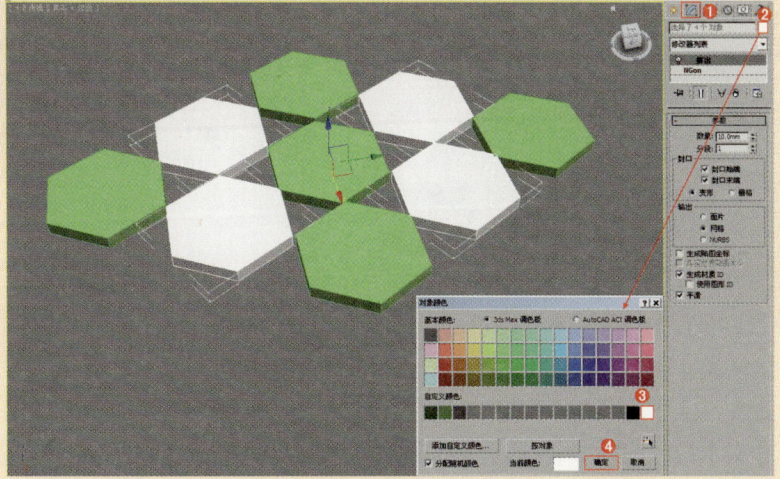
图4-37 颜色设置

103

07 激活【顶】视图使用【多边形】工具创建，作为创意茶几桌腿部分，并调节其参数，如图4-38所示。

图4-39 复制桌腿

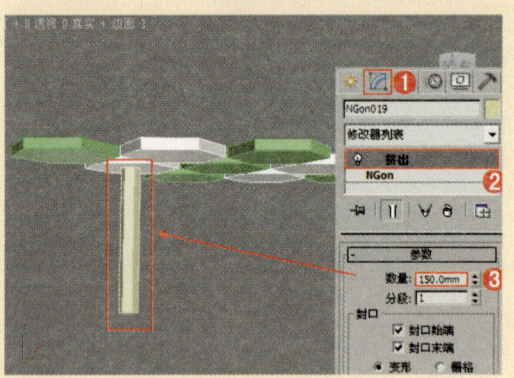

图4-38 茶几桌腿创建

08 激活【顶】视图，确认上一步创建的切角长方体处于选择状态，使用【选择并移动】⊕工具移动复制3份，如图4-39所示。

09 最终模型效果如图4-40所示。

图4-40 最终效果

4.2.5 文本

使用【文本】可以快速创建文本图形的样条线，并且可以更改字体类型和字体大小，如图4-41所示，其参数设置面板如图4-42所示。

图4-41 文本创建

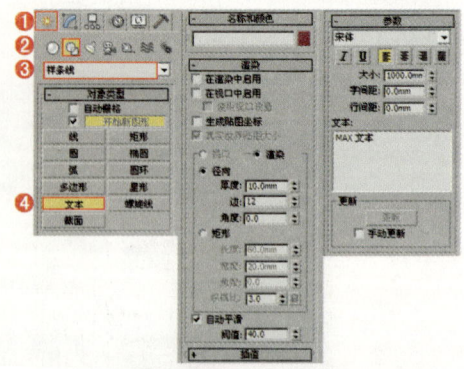

图4-42 文本参数

- 【斜体样式】按钮 *I* ：单击该按钮可以将文件切换为斜体文本。
- 【下画线样式】按钮 U ：单击该按钮可以将文本切换为下画线文本。
- 【左对齐】按钮 ：单击该按钮可将以文本对齐到边界框的左侧。
- 【居中】按钮 ：单击该按钮可将文本对齐到边界框的中心。

- 【右对齐】按钮：单击该按钮可以将文本对齐到边界框的右侧。
- 【对正】按钮：分隔所有文本行以填充边界框的范围。
- 大小：设置文本高度，其默认值为100mm。
- 字间距：设置文字间的间距。
- 行间距：调整字行间的间距（只对多行文本起作用）。
- 文本：在此可输入文本，若要输入多行文本，可以按Enter键切换到下一行。
- 【更新】按钮：单击该按钮可以将文本编辑框中修改的文字显示在视图中。
- 【手动更新】：选中该复选框可以激活上面的【更新】按钮。

> 提示：剩下的几种样条线类型与【线】和【文本】的使用方法基本相同，这里不再介绍。

实战演练024——制作创意文字挂钩

案例文件	最终文件\第4章\实战演练024\制作创意文字挂钩.max	视频教学	视频\第4章\制作创意文字挂钩.flv
视频长度	1分41秒	难易指数	★★☆☆☆

本例就来学习使用【文本】完成模型的制作，最终渲染和线框效果如图4-43所示。

图4-43 最终渲染和线框效果

① 启动3ds Max 2012中文版，选择菜单栏中的【自定义】|【单位设置】命令，此时将弹出【单位设置】对话框，将【显示单位比例】和【系统单位比例】设置为【毫米】，如图4-44所示。

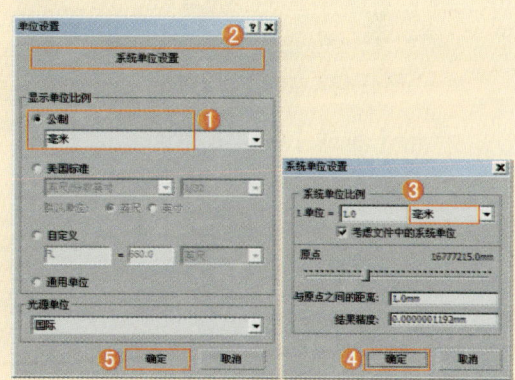

图4-44 设置单位

② 单击【创建】|【图形】|【文本】按钮，在【前】视图中单击创建文本。进入【修改】面板，设置【字体】为【Verdana】，【大小】为280.0mm，【字间距】为-40.0mm，【文本】为【ErayDesignStudio】，如图4-45所示。

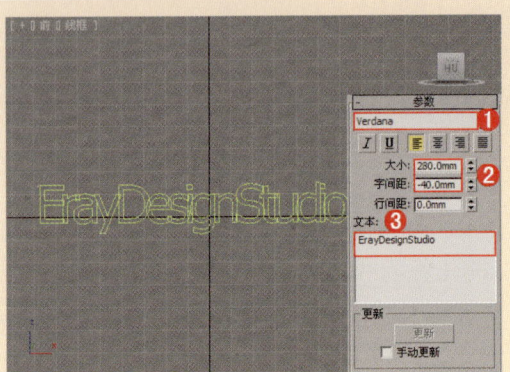

图4-45　绘制形状线

3 选择上一步创建的文本，为其加载【挤出】修改器，设置【数量】为10.0mm，如图4-46所示。

图4-46　执行【挤出】命令

4 单击【创建】｜【图形】｜【文本】按钮，在【左】视图中单击创建文本。进入【修改】面板，设置【字体】为黑体，【大小】为200.0mm，【文本】为J，如图4-47所示。

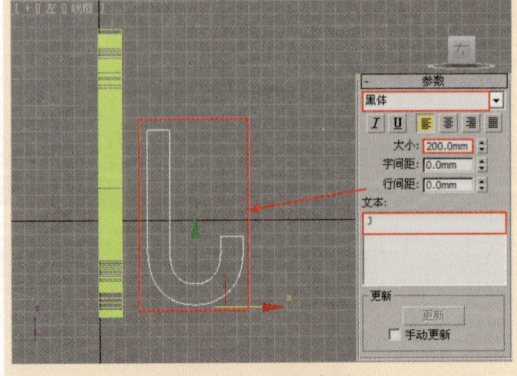

图4-47　文本参数

5 选择上一步创建的文本，为其加载【挤出】修改器，设置【数量】为21.0mm，如图4-48所示。

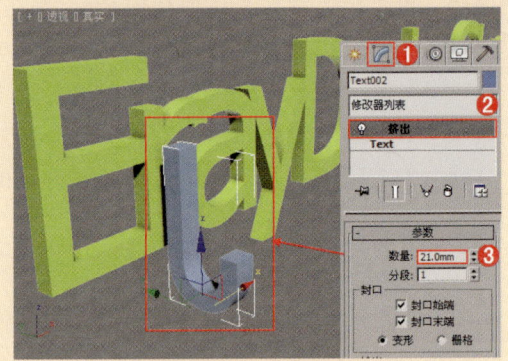

图4-48　执行【挤出】命令

6 使用【选择并移动】工具将Text002移动复制3个，并摆放在如图4-49所示的位置。

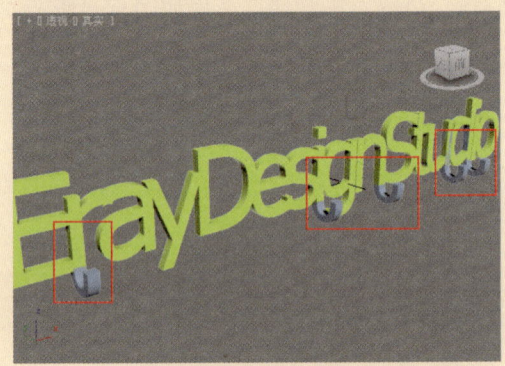

图4-49　复制文本

7 选择场景中的文本，在【修改器列表】中将【对象颜色】更改为同一颜色，最终模型效果如图4-50所示。

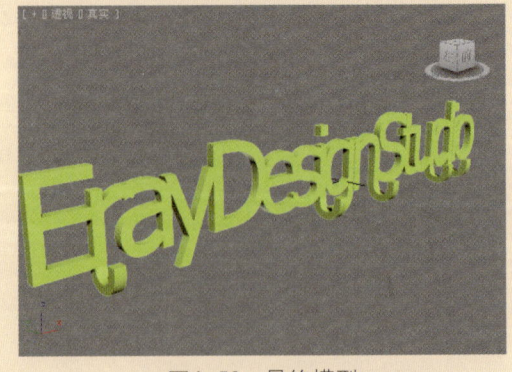

图4-50　最终模型

4.2.6 矩形

使用【矩形】可以创建方形和矩形样条线。【矩形】的参数包括【渲染】、【插值】和【参数】3个卷展栏，如图4-51所示。

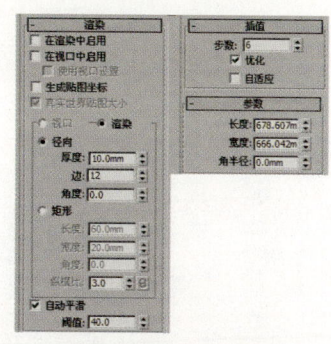

图4-51 【矩形】参数

实战演练025——制作创意柜子

案例文件	最终文件\第4章\实战演练025\制作创意柜子.max	视频教学	视频\第4章\制作创意柜子.flv
视频长度	1分33秒	难易指数	★★☆☆☆

本例就来学习使用【矩形】完成模型的制作，最终渲染和线框效果如图4-52所示。

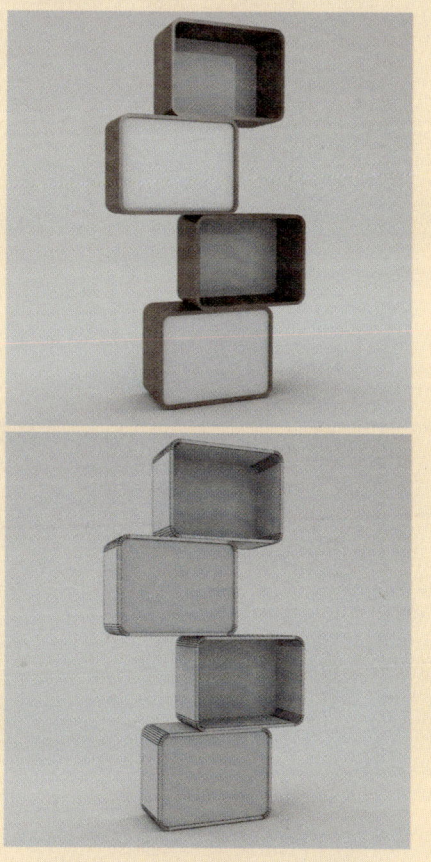

图4-52 最终渲染和线框效果

① 启动3ds Max 2012中文版，选择菜单栏中的【自定义】|【单位设置】命令，此时将弹出【单位设置】对话框，将【显示单位比例】和【系统单位比例】设置为【毫米】，如图4-53所示。

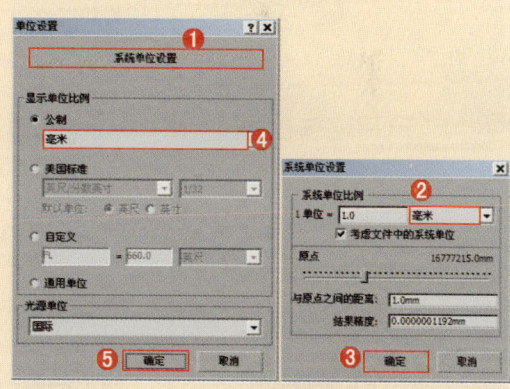

图4-53 单位设置

② 单击【创建】|【图形】|【样条线】|【矩形】按钮，在【前】视图中创建一个矩形，进入【修改】面板修改参数，设置【长度】为300.0mm，【宽度】为400.0mm，【角半径】为30.0mm，如图4-54所示。

③ 选择上一步创建的【矩形】，进入【修改】面板，展开【渲染】卷展

栏，分别选中【在渲染中启用】和【在视口中启用】复选框，选中【矩形】单选按钮，设置【长度】为200.0mm，【宽度】为12.0mm，如图4-55所示。

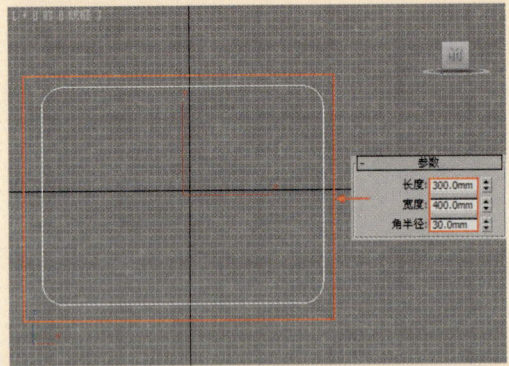

图4-54 矩形创建

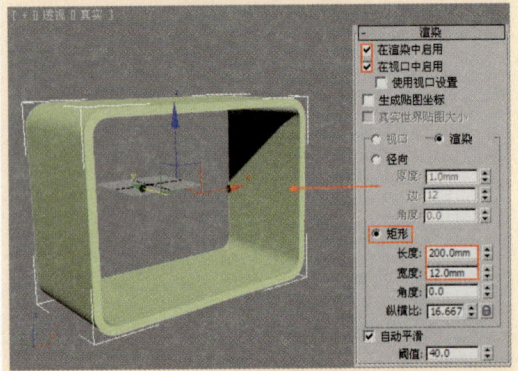

图4-55 【矩形】参数

4 再次创建一个与上面等大的矩形，如图4-56所示。

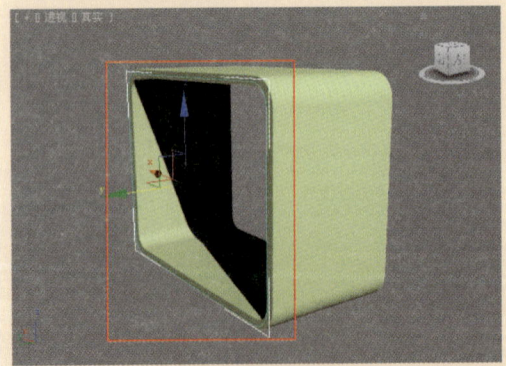

图4-56 矩形创建

5 为上一步创建的【矩形】加载【挤出】修改器，设置【数量】为5.0mm，如图4-57所示。

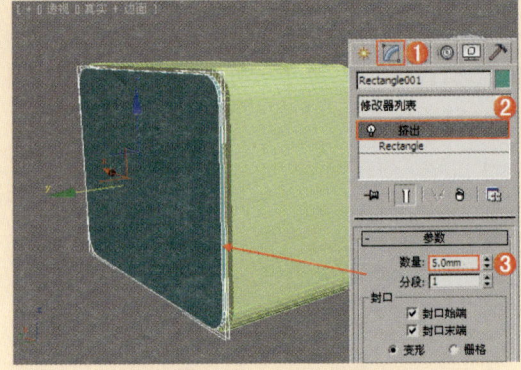

图4-57 执行【挤出】命令

6 将两个【矩形】框选，按住Shift键，使用【选择并移动】工具移动复制1个，如图4-58所示。

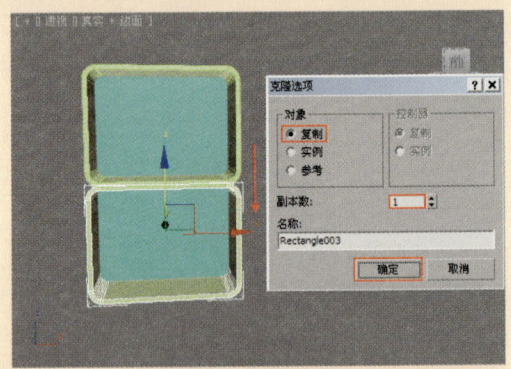

图4-58 复制矩形

7 选择下面柜子后面作为挡板的【矩形】，移动复制一个放置到柜子前方作为柜门，如图4-59所示。

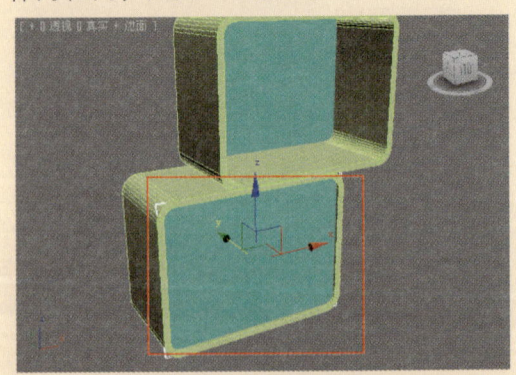

图4-59 复制矩形

8 选择所有的矩形沿z轴复制1个，并使用【选择并移动】工具调节位置，如图4-60所示。　　　　　　　　　　❾ 最终模型效果如图4-61所示。

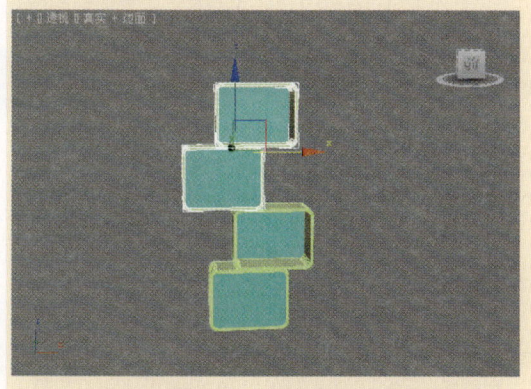

图4-60　复制矩形

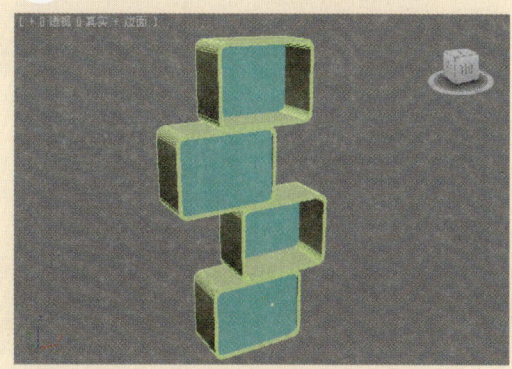

图4-61　最终效果

4.2.7　星形

　　使用【星形】可以创建具有很多点的闭合星形样条线。星形样条线使用两个半径来设置外点和内谷之间的距离。【星形】的参数包括【渲染】、【插值】和【参数】3个卷展栏，如图4-62所示。

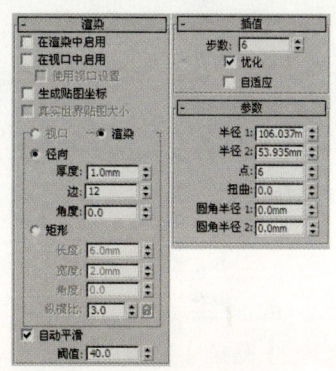

图4-62　【星形】参数

实战演练026——制作创意吊灯

案例文件	最终文件\第4章\实战演练026\制作创意吊灯.max	视频教学	视频\第4章\制作创意吊灯.flv
视频长度	1分10秒	难易指数	★★☆☆☆

　　本例就来学习使用【星形】完成模型的制作，最终渲染和线框效果如图4-63所示。

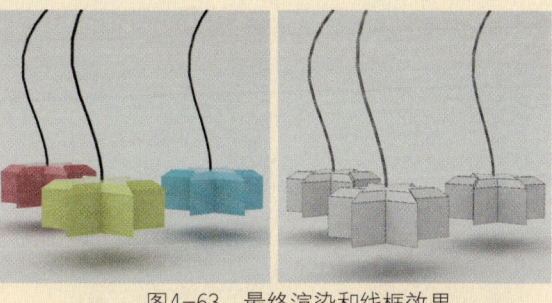

图4-63　最终渲染和线框效果

❶ 启动3ds Max 2012中文版，选择菜单栏中的【自定义】|【单位设置】命令，此时将弹出【单位设置】对话框，将【显示单位比例】和【系统单位比例】设置为【毫米】，如图4-64所示。

❷ 单击【创建】❋【图形】❍【线】　　　按钮，在【顶】视图中绘制如图4-65所示的线。进入【修改】面板，设置【半径1】为150.0mm，【半径2】为79.0mm，【点】为6，如图4-65所示。

109

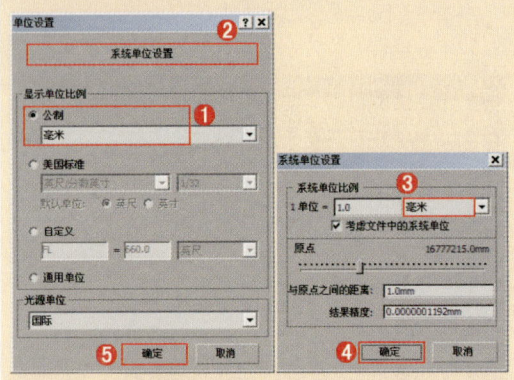

图4-64 设置单位

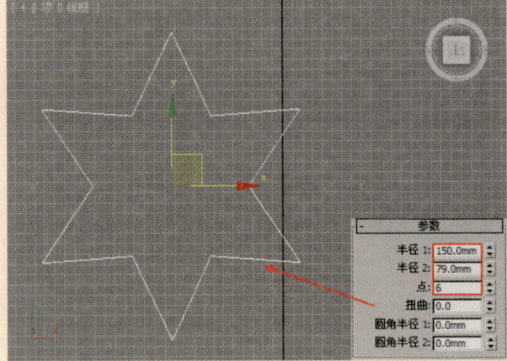

图4-65 绘制形状线

③ 选择上一步创建的星形,为其加载【倒角】修改器,展开【倒角值】卷展栏,设置【起始轮廓】为3.5mm,【级别1】选项组下设置【高度】为105.0mm,选中【级别2】复选框,在【级别2】选项组下设置【高度】为23.0mm,【轮廓】为-15.0mm,如图4-66所示。

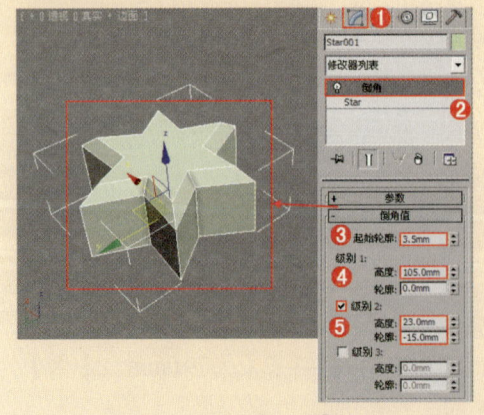

图4-66 执行【挤出】命令

④ 单击【创建】【图形】【线】线按钮,在【前】视图绘制如图4-67所示的线。

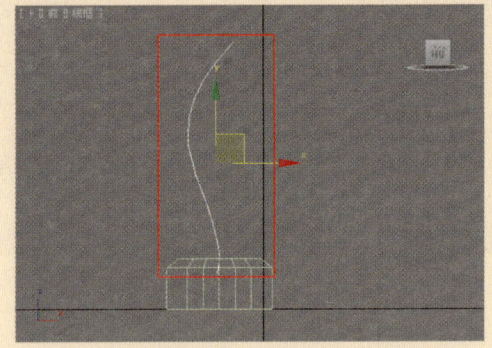

图4-67 创建灯线

⑤ 进入【修改】面板,展开【渲染】卷展栏,分别选中【在渲染中启用】和【在视口中启用】复选框,选中【径向】单选按钮,设置【厚度】为8.0mm,如图4-68所示。

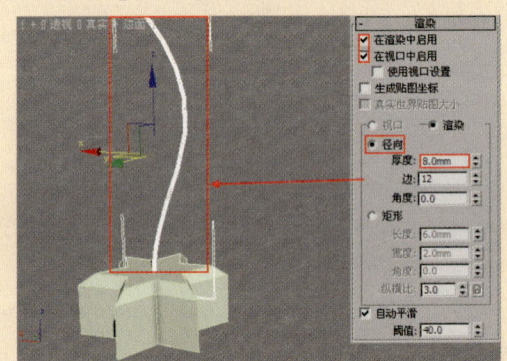

图4-68 线参数

⑥ 使用【选择并移动】工具将所有模型的位置调整好,完成后的效果如图4-69所示。

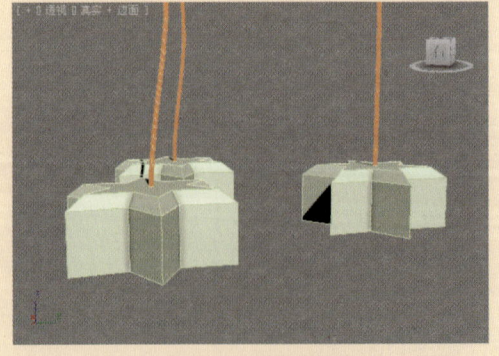

图4-69 最终效果

4.2.8 螺旋线

使用【螺旋线】可创建开口平面或 3D 螺旋线或螺旋。【螺旋线】的参数包括【渲染】和【参数】两个卷展栏,如图4-70所示。

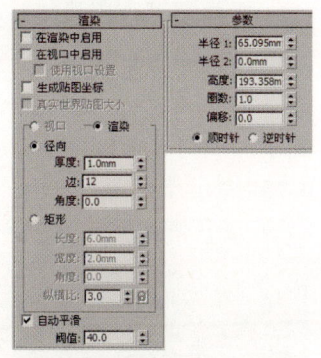

图4-70 【螺旋线】参数

实战演练027——制作螺旋线装饰造型

案例文件	最终文件\第4章\实战演练027\制作螺旋线装饰造型.max	视频教学	视频\第4章\制作螺旋线装饰造型.flv
视频长度	1分24秒	难易指数	★★☆☆☆

本例就来学习使用【螺旋线】完成模型的制作,最终渲染和线框效果如图4-71所示。

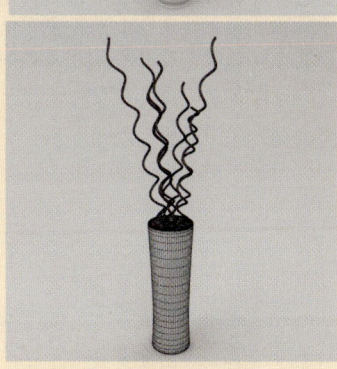

图4-71 最终渲染和线框效果

① 打开本书配套光盘中的【场景文件/第4章/01.max】文件,如图4-72所示。

② 单击【创建】|【图形】|【样条线】|【螺旋线】

按钮,在【顶】视图中创建一条螺旋线。进入【修改】面板,设置【半径1】为20.0mm,【半径2】为9.0mm,【高度】为700.0mm,【圈数】为12.0,【偏移】为-0.05,如图4-73所示。

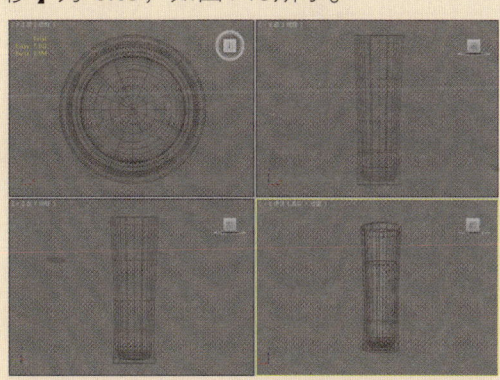

图4-72 场景文件

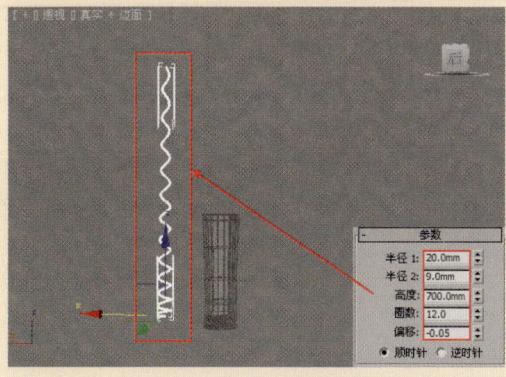

图4-73 螺旋线创建

3 选择上一步创建的螺旋线,使用【选择并移动】工具将其移动至花瓶模型的内部,如图4-74所示。进入【修改】面板,为其加载【弯曲】修改器,在【弯曲】选项组下设置【角度】为-23.5,如图4-75所示。

4 使用【选择并移动】工具复制模型多个,并使用【选择并旋转】工具改变其方向,如图4-76所示。

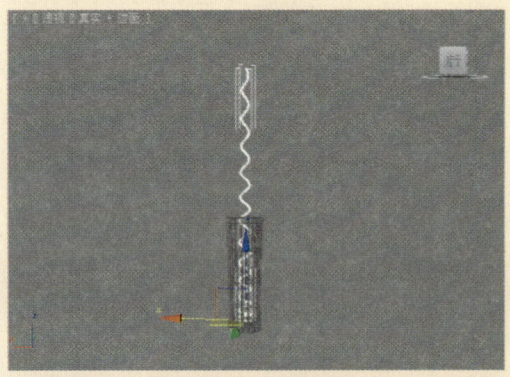

图4-74 创建螺旋线

图4-76 复制螺旋线

5 最终建模效果如图4-77所示。

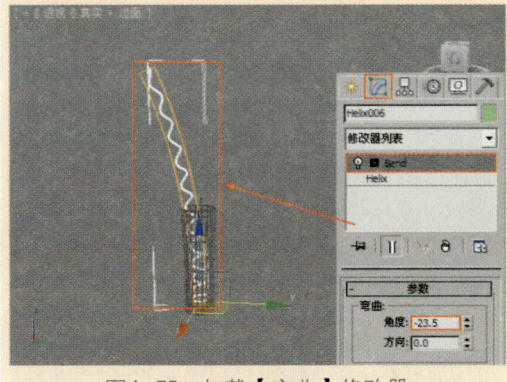

图4-75 加载【弯曲】修改器

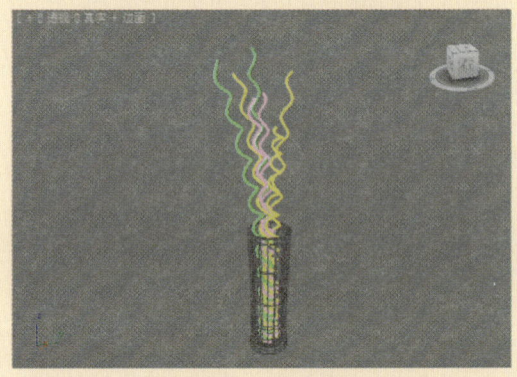

图4-77 最终效果

4.3 扩展样条线

【扩展样条线】共有5种类型,分别是【墙矩形】、【通道】、【角度】、【T形】和【宽法兰】,如图4-78所示。随机创建的几个扩展样条线如图4-79所示。

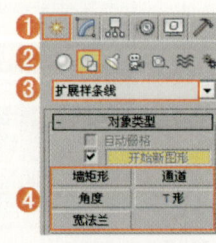

图4-78 【扩展样条线】面板

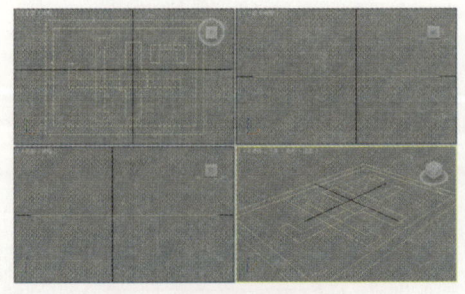

图4-79 随机扩展样条线创建

> 【扩展样条线】的创建方法和参数设置比较简单,与【样条线】的使用方法基本相同,因此这里就不再介绍。二维图形建模中还有一个【NURBS曲线】建模方法,这一部分内容将在后面的实例中进行介绍。

4.3.1 墙矩形

使用【墙矩形】可以通过两个同心矩形创建封闭的形状。每个矩形都由四个顶点组成。【墙矩形】的参数包括【渲染】、【插值】和【参数】3个卷展栏,如图4-80所示。

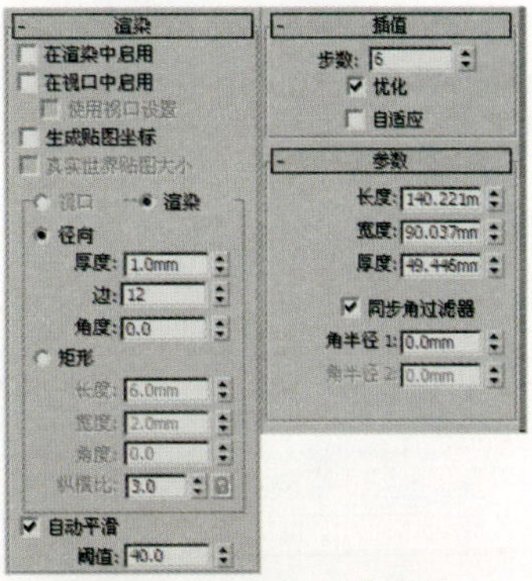

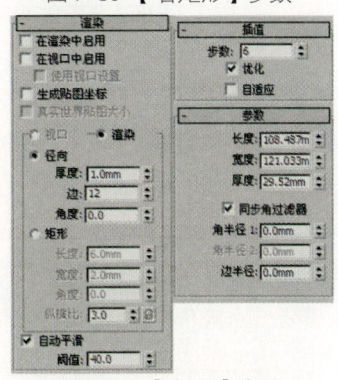

图4-80 【墙矩形】参数

4.3.2 角度

使用【角度】创建一个闭合的形状为"L"的样条线。【角度】的参数包括【渲染】、【插值】和【参数】3个卷展栏,如图4-81所示。

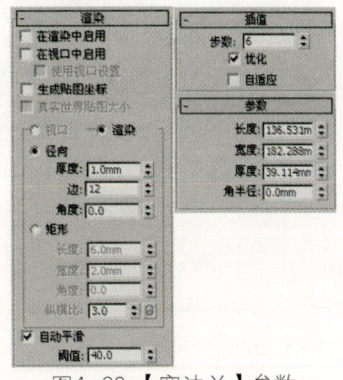

图4-81 【角度】参数

4.3.3 宽法兰

使用【宽法兰】创建一个闭合的形状为"I"的样条线。【宽法兰】的参数包括【渲染】、【插值】和【参数】3个卷展栏,如图4-82所示。

图4-82 【宽法兰】参数

实战演练028——创建宽法兰

案例文件	最终文件\第4章\实战演练028\创建宽法兰.max	视频教学	视频\第4章\创建宽法兰.flv
视频长度	1分05秒	难易指数	★★☆☆☆

本例就来学习使用【宽法兰】完成模型的制作,最终渲染和线框效果如图4-83所示。

1 启动3ds Max 2012中文版,选择菜单栏中的【自定义】|【单位设置】命令,此时将弹出【单位设置】对话框,将【显示单位比例】和【系统单位比例】设置为【毫米】,如图4-84所示。

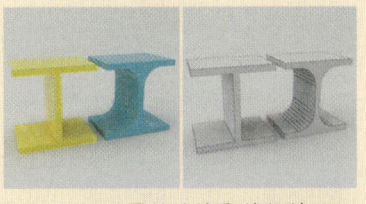

图4-83 最终渲染和线框效果

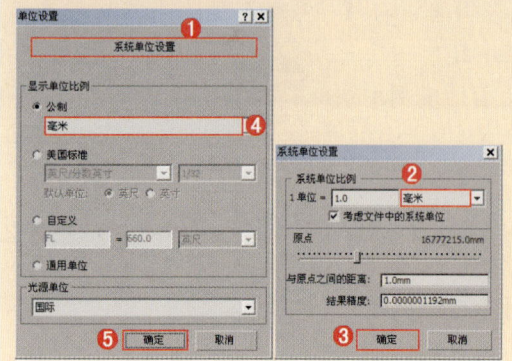

图4-84 单位设置

2 单击【创建】|【图形】|【样条线】|【样条线】|【宽法兰】|宽法兰 按钮,在【前】视图中创建一个宽法兰,进入【修改】面板修改参数,设置【长度】为200.0mm,【宽度】为200.0mm,【厚度】为15mm,如图4-85所示。

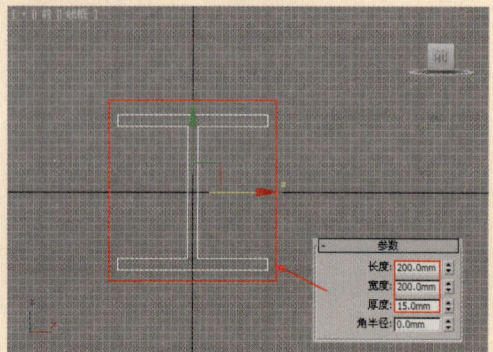

图4-85 宽法兰创建

3 接着为上一步创建的【宽法兰】加载【挤出】修改器,设置【数量】为150.0mm,如图4-86所示。

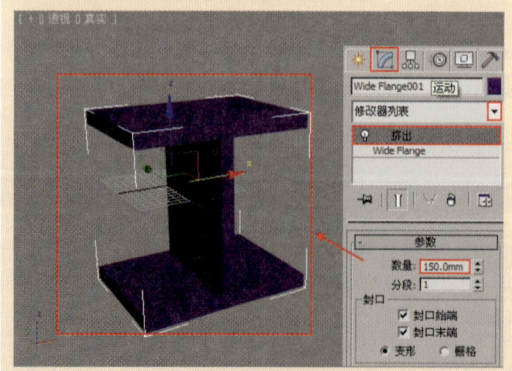

图4-86 加载挤出修改器

4 继续在【前】视图创建【宽法兰】,修改参数,设置【长度】为200.0mm,【宽度】为200.0mm,【厚度】为15.0mm,【角半径】为50.0mm,如图4-87所示。

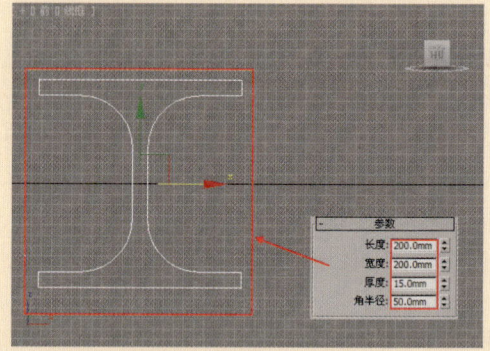

图4-87 宽法兰参数

5 为上一步创建的【宽法兰】加载【挤出】修改器,设置【数量】为150.0mm,如图4-88所示。

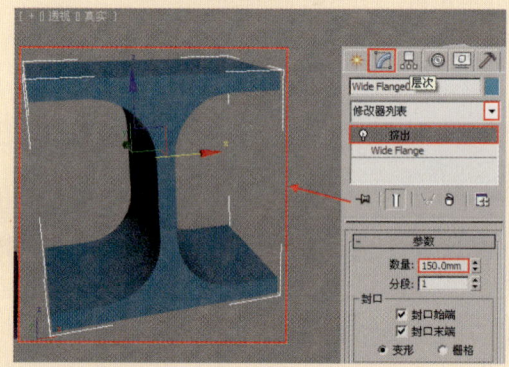

图4-88 加载【挤出】修改器

6 最终模型效果如图4-89所示。

图4-89 最终模型

4.3.4 通道

使用【通道】创建一个闭合的形状为"C"的样条线。【通道】的参数包括【渲染】、【插值】和【参数】3个卷展栏，如图4-90所示。

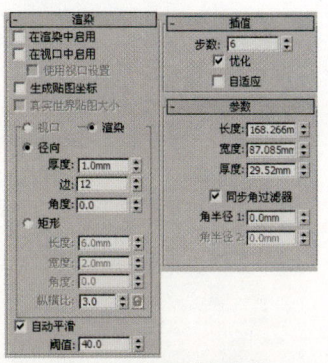

图4-90 【通道】参数

4.3.5 T形

使用【T形】创建一个闭合的形状为"T"的样条线。【T形】的参数包括【渲染】、【插值】和【参数】3个卷展栏，如图4-91所示。

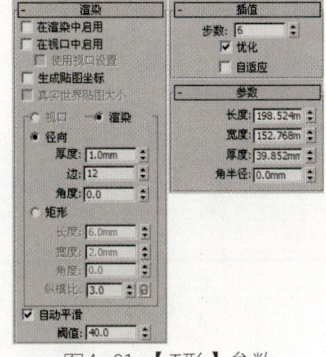

图4-91 【T形】参数

实战演练029——创建通道

案例文件	最终文件\第4章\实战演练029\创建通道.max	视频教学	视频\第4章\创建通道.flv
视频长度	0分49秒	难易指数	★★☆☆☆

1 本例就来学习使用【通道】完成模型的制作，最终渲染和线框效果如图4-92所示。启动3ds Max 2012中文版，选择菜单栏中的【自定义】|【单位设置】命令，此时将弹出

图4-92 最终渲染和线框效果

【单位设置】对话框，将【显示单位比例】和【系统单位比例】设置为【毫米】，如图4-93所示。

2 单击【创建】|【图形】|【样条线】|【通道】按钮，在【前】视图中创建一个通道，进入【修改】面板修改参数，设置【长度】为150.0mm，【宽度】为125.0mm，【厚度】为20.0mm，如图4-94所示。

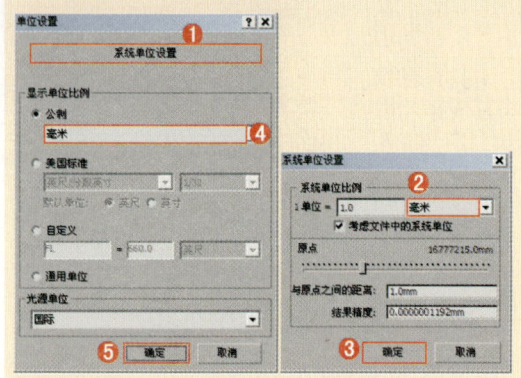

图4-93 单位设置

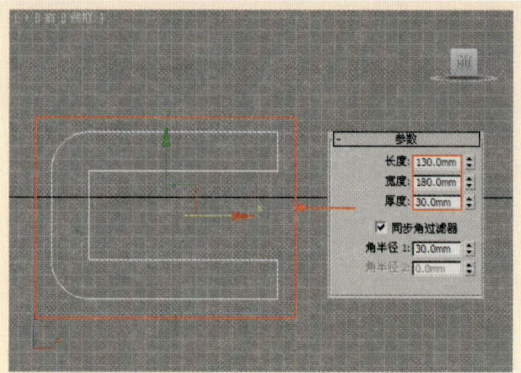

图4-96 通道参数

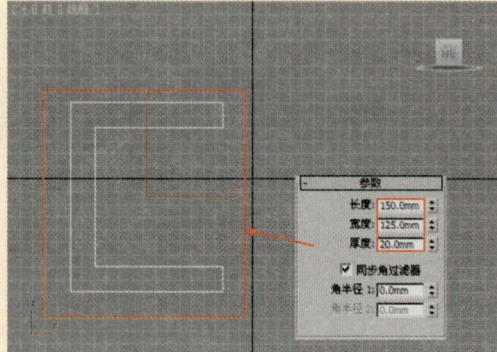

图4-94 通道创建

③ 为上一步创建的【通道】加载【挤出】修改器，设置【数量】为100.0mm，如图4-95所示。

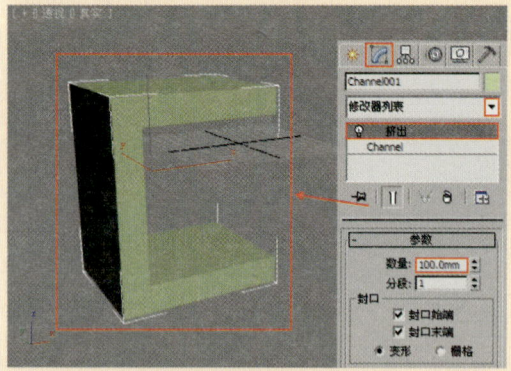

图4-95 加载【挤出】修改器

④ 继续在【前】视图创建【通道】，修改参数，设置【长度】为130.0mm，【宽度】为180.0mm，【厚度】为30.0mm，【角半径1】为30.0mm，如图4-96所示。

⑤ 为上一步创建的【通道】加载【挤出】修改器，设置【数量】为100.0mm，如图4-97所示。

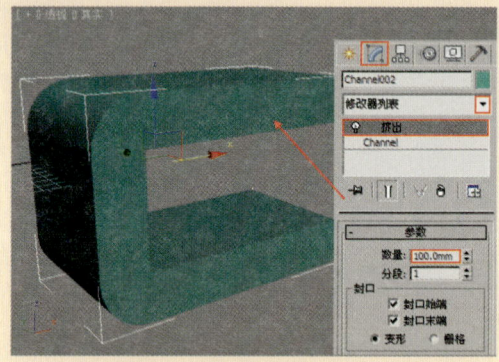

图4-97 加载【挤出】修改器

⑥ 继续创建【通道】，修改参数，设置【长度】为150.0mm，【宽度】为150.0mm，【厚度】为50.0mm，选中【同步角过滤器】复选框，设置【角半径1】为30.0mm，【角半径2】为20.0mm，如图4-98所示。

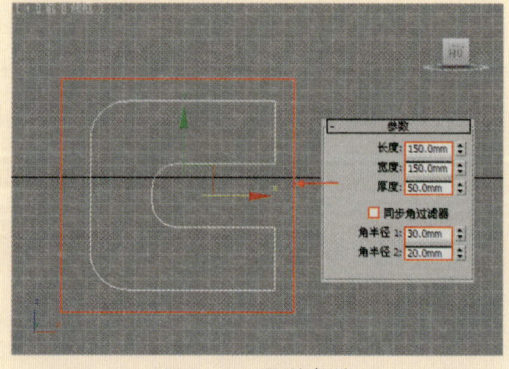

图4-98 通道参数

7 为上一步创建的【通道】加载【挤出】修改器,设置【数量】100.0mm,如图4-99所示。

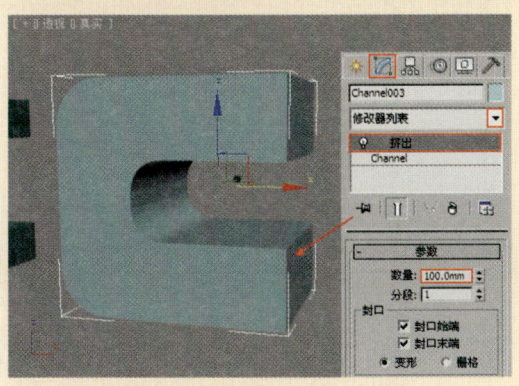

图4-99 加载【挤出】修改器

8 最终模型效果如图4-100所示。

图4-100 最终效果

实战演练030——制作书架

📁 案例文件	最终文件\第4章\实战演练030\制作书架.max	🎬 视频教学	视频\第4章\制作书架.flv
🎬 视频长度	1分04秒	🛡 难易指数	★★☆☆☆

本例就来学习使用【扩展样条线】完成模型的制作,最终渲染和线框效果如图4-101所示。

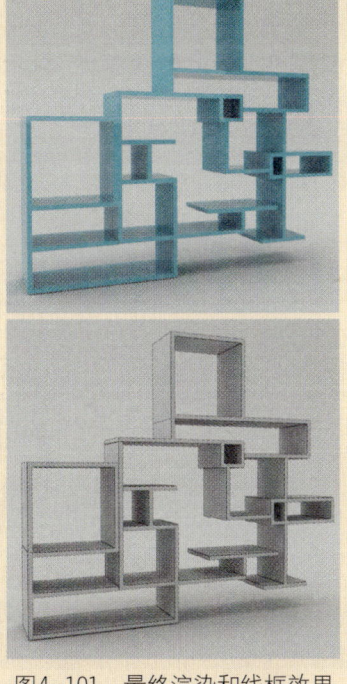

图4-101 最终渲染和线框效果

1 启动3ds Max 2012中文版,选择菜单栏中的【自定义】|【单位设置】命令,此时将弹出【单位设置】对话框,将【显示单位比例】和【系统单位比例】设置为【毫米】,如图4-102所示。

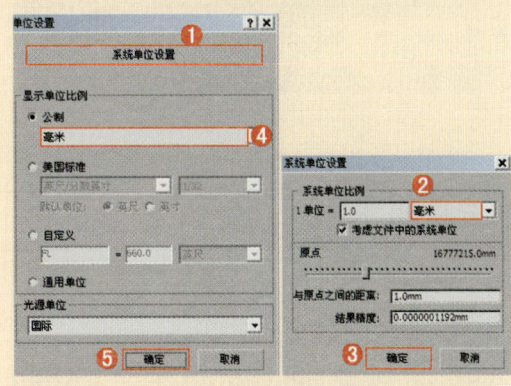

图4-102 单位设置

2 单击【创建】|【图形】|【样条线】|【墙矩形】按钮,在【前】视图中创建一个矩形,进入【修改】面板修改参数,设置【长度】为300.0mm,【宽度】为300.0mm,【角半

径】为15.0mm，如图4-103所示。

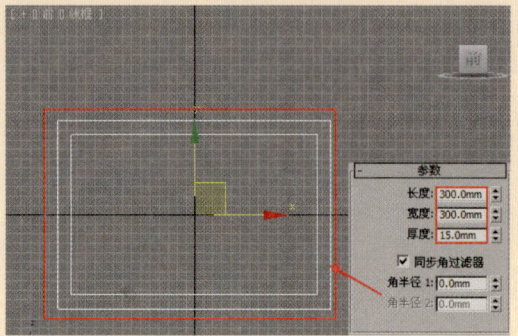

图4-103　墙矩形创建

③ 接着【墙矩形】左下角创建T形，进入【修改】面板，设置【长度】为150.0mm，【宽度】为400.0mm，【厚度】为15.0mm，如图4-104所示。为T形加载【挤出】修改器，设置【数量】为200.0mm，如图4-105所示。

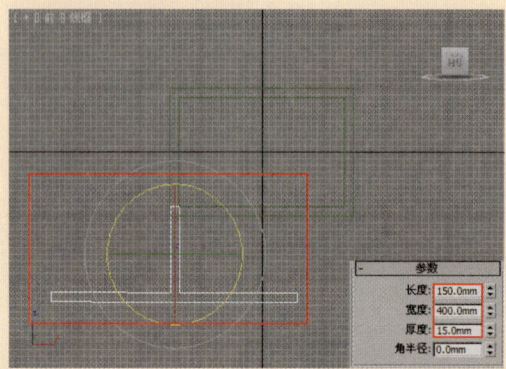

图4-104　T形创建

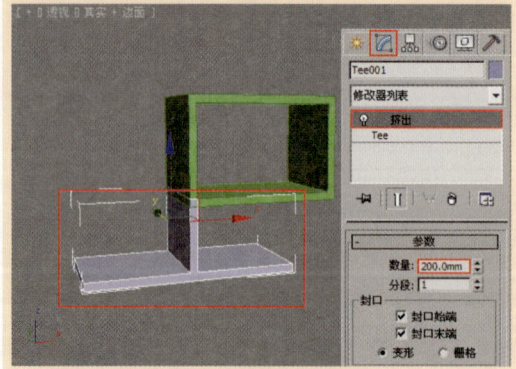

图4-105　加载【挤出】修改器

④ 继续使用【扩展样条线】下的工具创建，并使用【选择并移动】工具调

节各个模型的位置，模型效果如图4-106所示（适当的时候可以结合【选择并旋转】和【镜像】等工具）。

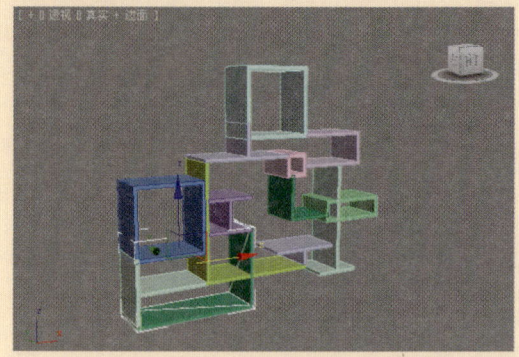

图4-106　扩展样条线创建

⑤ 接着创建【平面】在模型的后面作为墙面，进入【修改】面板，设置【长度】为2000.0mm，【宽度】为2000.0mm，【长度分段】为1，【宽度分段】为1，如图4-107所示。

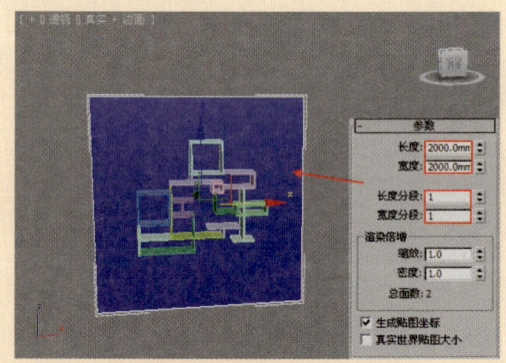

图4-107　平面创建

⑥ 最终模型效果如图4-108所示。

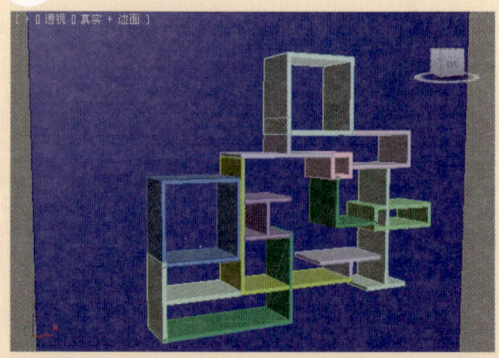

图4-108　最终效果

二维图形建模技术 第4章

4.4 二维图形的编辑与修改

▶ 实战演练031——制作躺椅

案例文件	最终文件\第4章\实战演练031\制作躺椅.max	视频教学	视频\第4章\制作躺椅.flv
视频长度	1分30秒	难易指数	★★☆☆☆

本例就来学习使用【线】完成模型的制作，最终渲染和线框效果如图4-109所示。

图4-109 最终渲染和线框效果

1 启动3ds Max 2012中文版，选择菜单栏中的【自定义】|【单位设置】命令，此时将弹出【单位设置】对话框，将【显示单位比例】和【系统单位比例】设置为【毫米】，如图4-110所示。

2 单击【创建】| ※ |【图形】| ○ |【样条线】|样条线 ▼ |【矩形】| 矩形 按钮，在【前】视图中创建矩形，进入【修改】面板，设置【长度】为350.0mm，【宽度】为1000.0mm，如图4-111所示。

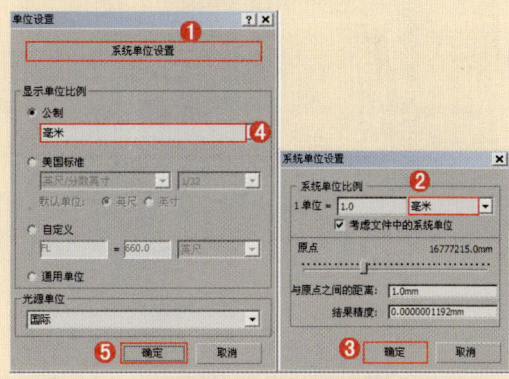

图4-110 单位设置

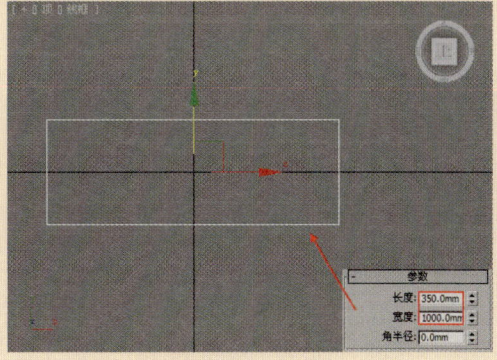

图4-111 矩形创建

3 选择上一步创建的【矩形】，单击鼠标右键在弹出的快捷菜单中选择【转换为可编辑样条线】命令，如图4-112所示。进入【修改】面板，展开【几何体】卷展栏，单击【优化】按钮，在如图4-113所示的位置加点。

119

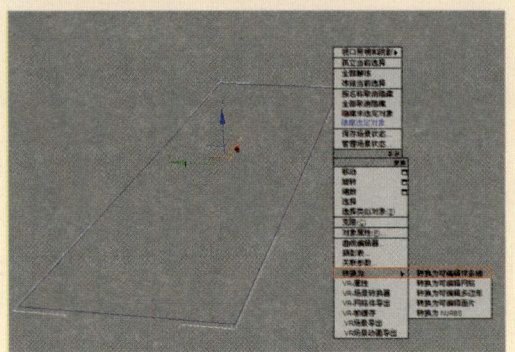

图4-112 转换可编辑样条线

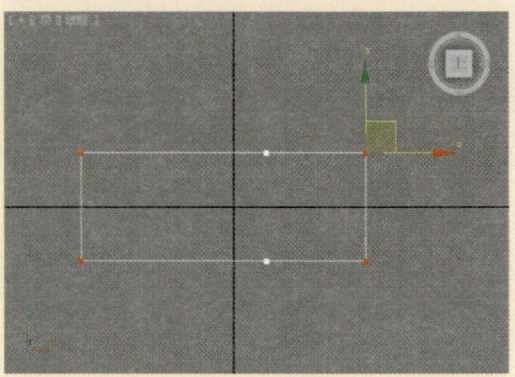

图4-115 修改点

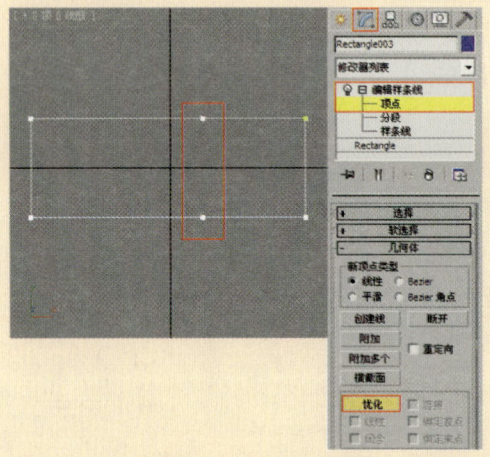

图4-113 加载优化

④ 在各个视图中调节点的位置,具体形状如图4-114所示。

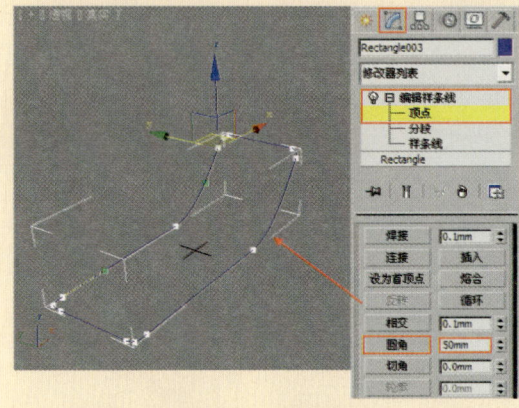

图4-116 圆角参数

⑥ 选择【矩形】,展开【渲染】卷展栏,分别选中【在渲染中启用】和【在视口中启用】复选框,选中【矩形】单选按钮,设置【长度】为25.0mm,【宽度】为25.0mm,如图4-117所示。

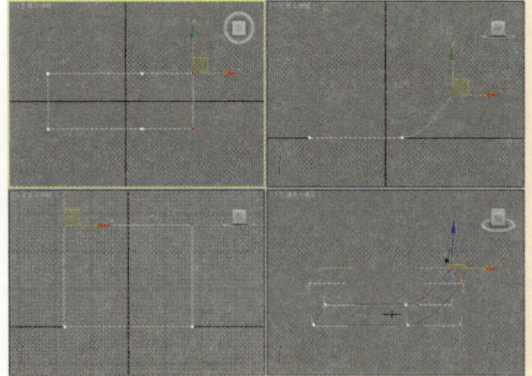

图4-114 样条线形状

⑤ 选择如图4-115所示的点进入【修改】面板,在【圆角】后面的数据框内输入50mm,然后按回车键,如图4-116所示。

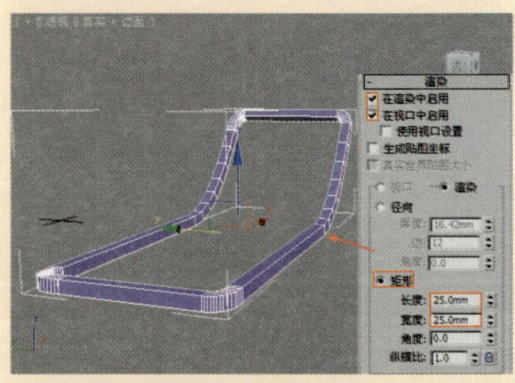

图4-117 【矩形】参数

⑦ 接着使用【线】工具在【前】视图绘制如图4-118所示的形状。

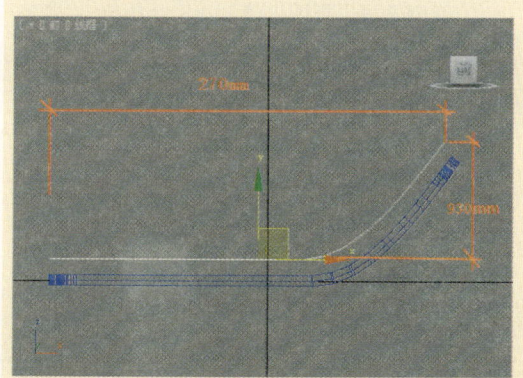

图4-118 线创建

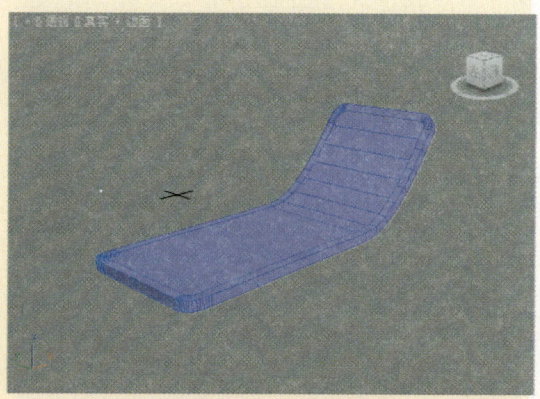

图4-121 椅面模型

8 为上一步创建的线加载【挤出】修改器,设置【数量】为13.0mm,如图4-119所示。接着为加载【壳】修改器,设置【内部量】为340.0mm,如图4-120所示。

10 在【顶】视图继续绘制【矩形】,修改参数,设置【长度】为350.0mm,【宽的】为1200.0mm,如图4-122所示。

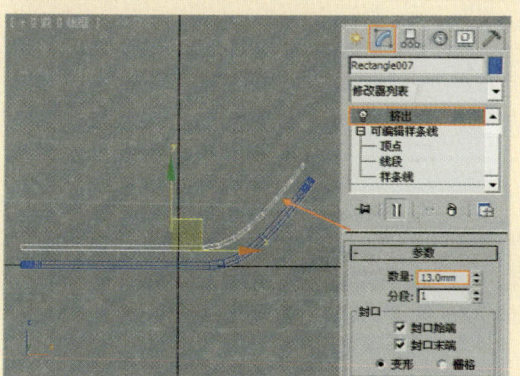

图4-119 加载【挤出】修改器

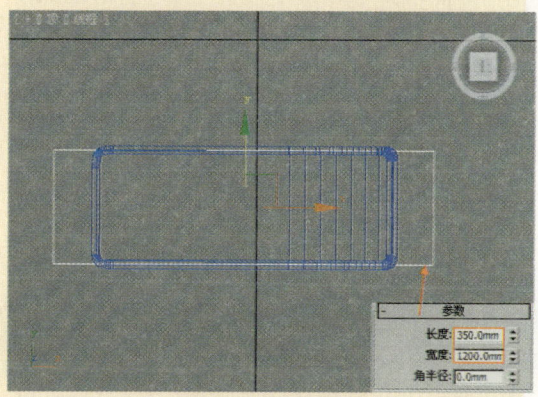

图4-122 矩形创建

11 选择上一步创建的【矩形】,单击鼠标右键,从弹出的快捷菜单中选择【转换为可编辑样条线】命令。进入【修改】面板,展开【几何体】卷展栏,单击【优化】按钮,在如图4-123所示的位置加点。

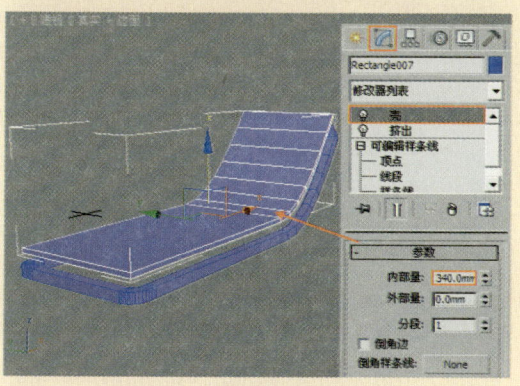

图4-120 加载【壳】修改器

9 椅子面的模型效果如图4-121所示。

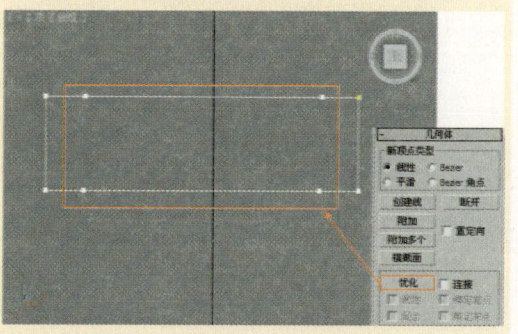

图4-123 优化加点

12 在【前】视图调节点的位置，如图4-124所示。

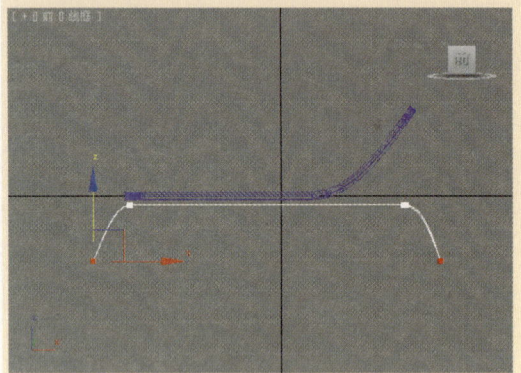

图4-124 调节点位置

13 选择下图所示的点进入【修改】面板，在【圆角】后面的数据框内输入50.0mm，然后按回车键，如图所4-125示。

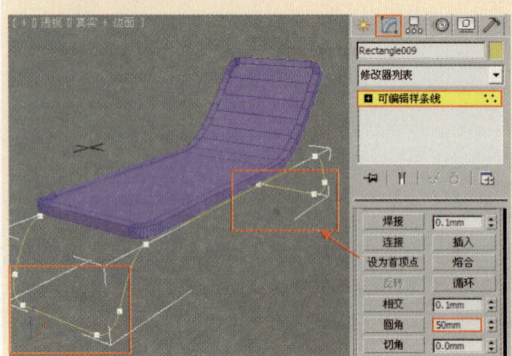

图4-125 【圆角】参数

14 进入【修改】面板，展开【渲染】卷展栏，选中【在渲染中启用】和【在视口中启用】复选框，选中【径向】单选按钮，设置【厚度】为17.0mm，如图4-126所示。

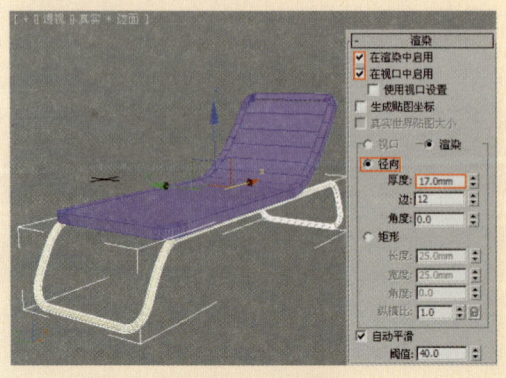

图4-126 线参数

15 继续绘制【矩形】，修改参数，设置【长度】为200.0mm，【宽度】为325.0mm，【角半径】为20.0mm，如图4-127所示。

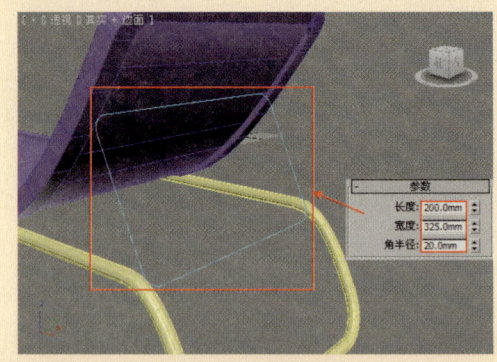

图4-127 矩形创建

16 展开【渲染】卷展栏，选中【在渲染中启用】和【在视口中启用】复选框，选中【径向】单选按钮，设置【厚度】为17.0mm，如图4-128所示。

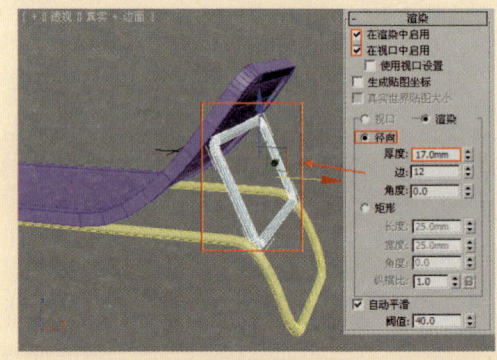

图4-128 矩形参数

17 最终建模效果如图4-129所示。

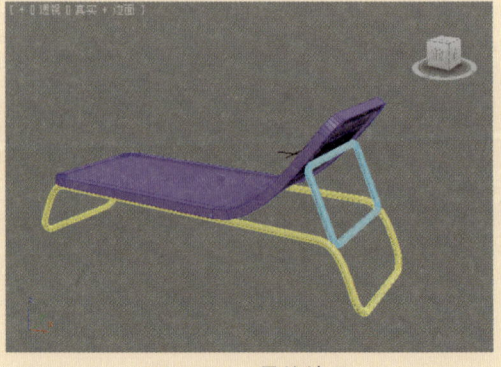

图4-129 最终效果

4.5 课后作业

中式台灯的最终渲染和线框效果如图4-130所示。

图4-130 最终渲染和线框效果

中式台灯的模型制作步骤主要有以下几个。

（1）使用【长方体】工具制作一个长方体，如图4-131所示。

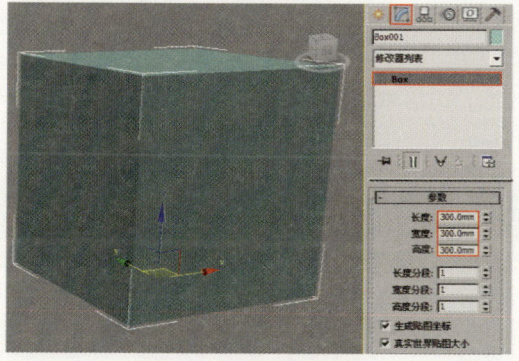

图4-131 长方体创建

（2）使用【线】工具制作台灯一侧的线形结构，如图4-132所示。

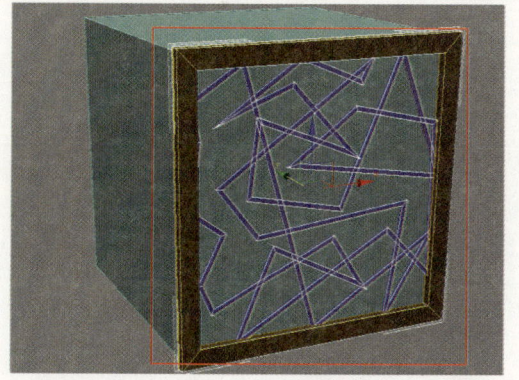

图4-132 线创建

（3）将一侧的线进行复制，制作出一个完整的台灯模型，如图4-133所示。

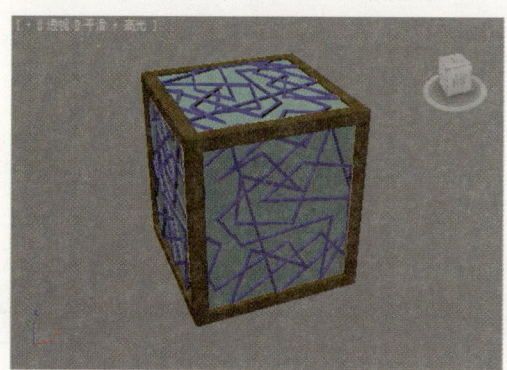

图4-133 整体创建

（4）同样的方法制作出剩余的台灯模型，如图4-134所示。

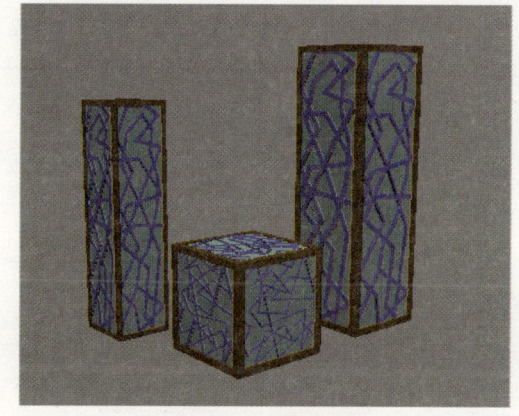

图4-134 最终效果

4.6 本章小结

本章相对来说比较简单，主要是对二维图形的创建、编辑方法的掌握的介绍。通过本章案例的学习，可以达到能够使用二维图形进行建模，并判断哪些模型更适合使用二维图形建模。也为后面高级建模的学习起到铺垫的作用。

第5章
修改器建模技术

- 修改器的基本常识
- 常用修改器使用方法的掌握

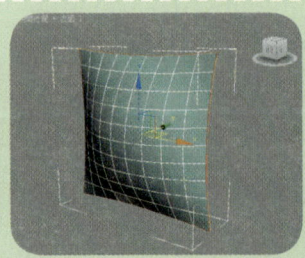

5.1 初识修改器

【修改】面板是3ds Max很重要的一个组成部分,而修改器堆栈则是【修改】面板的【灵魂】。所谓【修改器】,就是可以对模型进行编辑,改变其几何形状及属性的命令。图5-1所示为使用修改器建模技术制作的模型。

图5-1 修改器建模效果

1. 修改器堆栈工具按钮

进入【修改】面板,可以观察到修改器堆栈中的相关按钮,如图5-2所示。

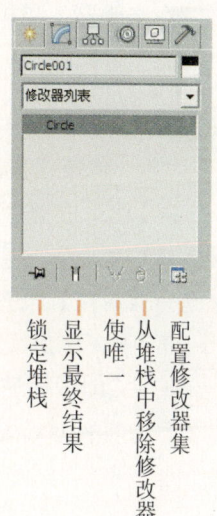

- 【锁定堆栈】按钮 ：单击该按钮可以将堆栈和【修改】面板的所有控件锁定到选定对象的堆栈中。即使在选择了视图中的另一个对象之后,也可以继续对锁定堆栈的对象进行编辑。
- 【显示最终结果开/关切换】按钮 ：单击该按钮后,会在选定的对象上显示整个堆栈的效果。
- 【使唯一】按钮 ：单击该按钮可以将关联的对象修改成独立对象,这样可以对选择集中的对象单独进行编辑(只有在场景中拥有选择集的时候该按钮才可用)。
- 【从堆栈中移除修改器】按钮 ：若堆栈中存在修改器,单击该按钮可以删除当前修改器,并清除该修改器引发的所有更改。

图5-2 【修改】器面板

> 提示：如果想要删除某个修改器,不可在选中某个修改器后按Delete键,那样会删除对象本身。

- 【配置修改器集】按钮 ：单击该按钮可弹出一个菜单,该菜单中的命令主要用于配置在【修改】面板中如何显示和选择修改器。

2. 修改器的排序

修改器的排列顺序非常重要,先加入的修改器位于修改器堆栈的底部,后加入的修改器位于修改器堆栈的顶部，不同的顺序对同一物体起到的效果是不一样的。图5-3所示为调换修改器顺序后出现的不同效果。

图5-3 修改器顺序后的效果

在修改器堆栈中，如果要同时选择多个修改器，可以先选中一个修改器，然后按住Ctrl键的同时加选其他修改器，如果按住Shift键则可以选中一个范围内的修改器。

3．编辑修改器

在修改器上单击鼠标右键会弹出一个修改器堆栈菜单，这个菜单中的命令可以用来编辑修改器，如图5-4所示。

从修改器堆栈菜单中可以看出修改器可以复制到另外的物体上，其操作方法有以下两种。

第1种：在修改器上单击鼠标右键，然后在弹出的菜单中选择【复制】命令，接着在另外的物体上单击鼠标右键，并在弹出的菜单中选择【粘贴】命令。

第2种：使用鼠标左键将修改器拖曳到视图中的某一物体上。

按住Ctrl键的同时将修改器拖曳到其他对象上时，可以将这个修改器作为实例进行粘贴，也就相当于关联复制；按住Shift键的同时将修改器拖曳到其他对象上时，可以将源对象中的修改器剪切到其他对象上。

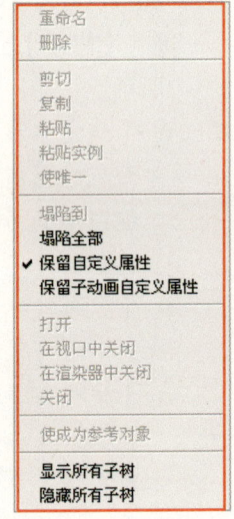

图5-4 修改堆栈菜单

4．塌陷修改器堆栈

塌陷修改器堆栈可以将物体转换为可编辑网格物体，塌陷后会删除其中所有的修改器，这样不但简化了对象，而且还能节约内存。塌陷修改器之后不能对修改器的参数进行调整，但是可以将修改器的历史恢复到默认值。

塌陷修改器有两种方式，分别是【塌陷到】和【塌陷全部】。使用【塌陷到】命令可以塌陷到当前选定的修改器以及该修改器下面的所有修改器，而处于该修改器上部的所有修改器不会被塌陷；使用【塌陷全部】命令可以塌陷整个修改器堆栈中的所有修改器，并使对象变成可编辑网格对象。如图5-5所示。

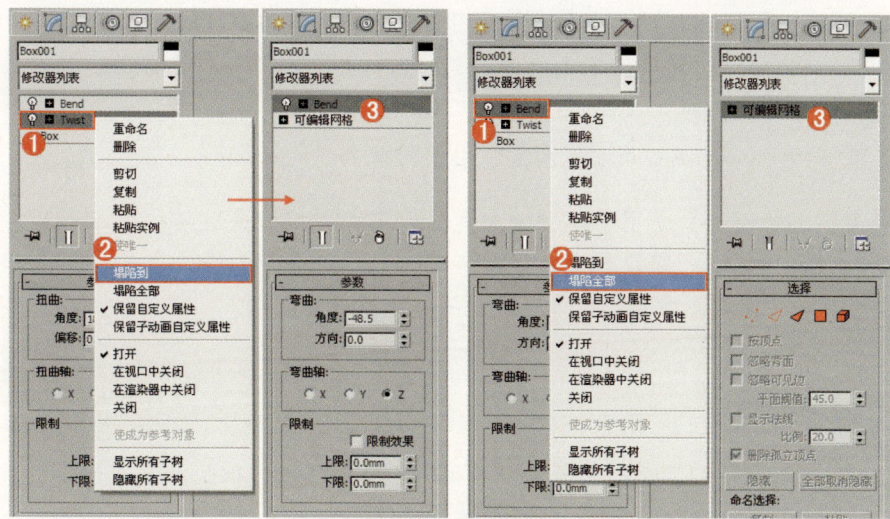

图5-5 塌陷修改器

5.1.1 修改器的种类

修改器有很多种，并被放置在3种不同类型的修改器集合中，分别是【选择修改器】、【世界空间修改器】和【对象空间修改器】，如图5-6所示。

1. 选择修改器

- 网格选择：可以选择网格子对象。
- 面片选择：选择面片子对象，之后可以对面片子对象应用其他修改器。
- 多边形选择：选择多边形子对象，之后可以对其应用其他修改器。
- 体积选择：可以从一个对象或从多个对象的体积内选择所有子对象。

2. 世界空间修改器

- Hair和Fur（WSM）：用于为物体添加毛发。
- 点缓存（WSM）：使用该修改器可以将修改器动画存储到磁盘中，然后使用磁盘文件中的信息来播放动画。
- 路径变形（WSM）：可以根据图形、样条线或NURBS曲线路径将对象进行变形。
- 面片变形（WSM）：可以根据面片将对象进行变形。
- 曲面变形（WSM）：其工作方式与【路径变形（WSM）】修改器的相同，只是它使用NURBS点或CV曲面来进行变形。
- 曲面贴图（WSM）：将贴图指定给NURBS曲面，并将其投射到修改的对象上。
- 摄影机贴图（WSM）：使用摄影机将UVW贴图坐标应用于对象。

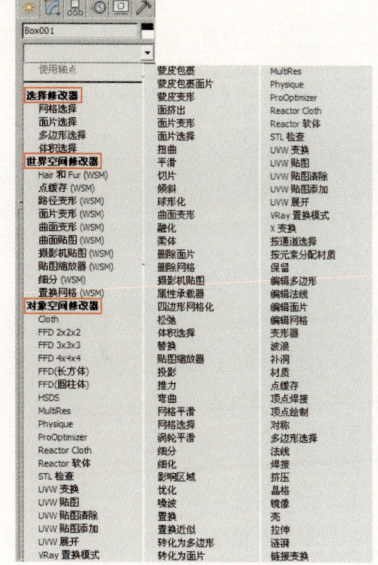

图5-6 修改器种类

- 贴图缩放器（WSM）：用于调整贴图的大小并保持贴图的比例。
- 细分（WSM）：提供用于光能传递创建网格的一种算法，光能传递的对象要尽可能接近等边三角形。
- 置换网格（WSM）：用于查看置换贴图的效果。

【对象空间修改器】是用于单独对象的修改器，使用的是对象的局部坐标系，因此当移动对象的时候，修改器也会跟着移动。这个集合中的修改器非常多，也是需要重点介绍的部分，在下面的内容中将对常用的修改器进行介绍。

5.1.2 修改器的应用

使用修改器可以塑形和编辑对象。它们可以更改对象的几何形状及其属性，并可以产生很多效果，如扭曲、拉伸、弯曲、平滑等。

5.2 常用修改器

5.2.1 【挤出】修改器

【挤出】修改器将深度添加到图形中，并使其成为一个参数对象，如图5-7所示。

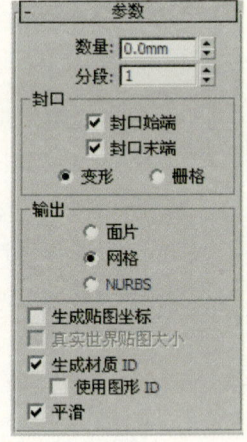

- 数量：设置挤出的深度。
- 分段：指定将要在挤出对象中创建线段的数目。
- 封口始端：在挤出对象始端生成一个平面。
- 封口末端：在挤出对象末端生成一个平面。
- 变形：以可预测、可重复的方式排列封口面，这是创建变形目标所必需的操作。渐进封口可以产生细长的面，而不像栅格封口那样需要渲染或变形。
- 栅格：在图形边界上的方形修剪栅格中安排封口面。
- 面片：产生一个可以折叠到面片对象中的对象，参见编辑堆栈。
- 网格：产生一个可以折叠到网格对象中的对象，参见编辑堆栈。

图5-7 【挤出】参数

- NURBS：产生一个可以折叠到NURBS对象中的对象，参见编辑堆栈。
- 生成贴图坐标：将贴图坐标应用到挤出对象中。
- 真实世界贴图大小：控制应用于该对象的纹理贴图材质所使用的缩放方法。默认设置为禁用状态。
- 生成材质ID：将不同的材质ID指定给挤出对象侧面与封口。
- 使用图形ID：将材质ID指定给在挤出产生的样条线中的线段，或指定给在NURBS挤出产生的曲线子对象。
- 平滑：将平滑应用于挤出图形。

实战演练032——制作创意台灯

案例文件	最终文件\第5章\实战演练032\制作创意台灯.max	视频教学	视频\第5章\制作创意台灯.flv
视频长度	1分33秒	难易指数	★★☆☆☆

本例就来学习使用【挤出】修改器完成模型的制作，最终渲染和线框效果如图5-8所示。

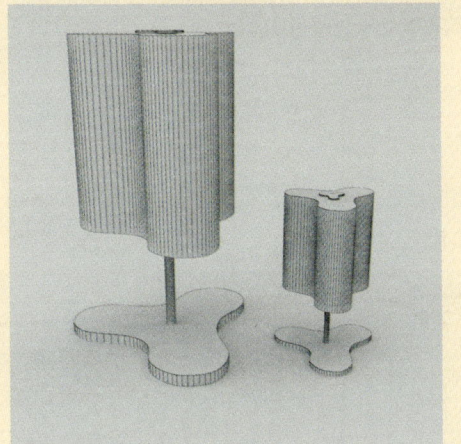

图5-8 最终渲染和线框效果使用

① 启动3ds Max 2012中文版，选择菜单栏中的【自定义】|【单位设置】命令，此时将弹出【单位设置】对话框，将【显示单位比例】和【系统单位比例】设置为【毫米】，如图5-9所示。

② 单击【创建】|【图形】|【线】|【线】按钮，在【顶】视图中绘制如图5-10所示的线。

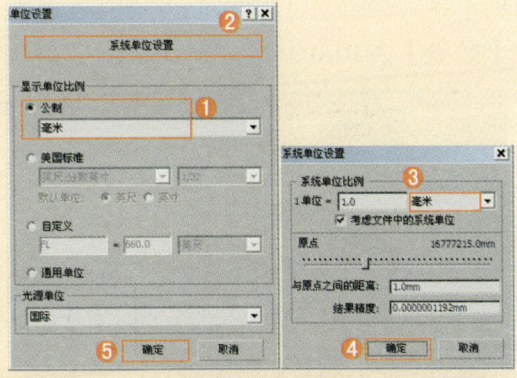

图5-9 设置单位

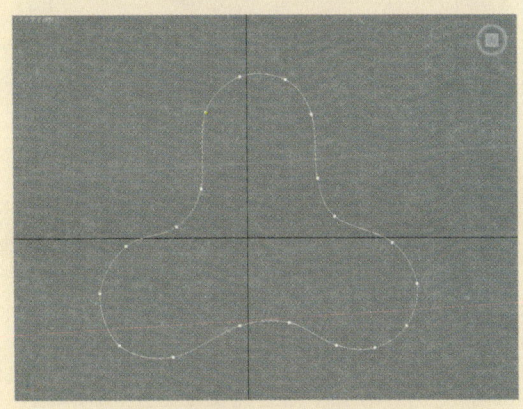

图5-10 绘制形状线

③ 进入【修改】面板，选择并加载【挤出】命令，在【参数】选项组下设置【数量】为200.0mm。如图5-11所示。

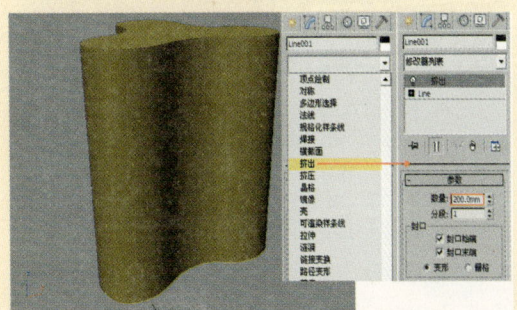

图5-11 执行【挤出】命令

129

④ 将【挤出】修改器暂时关闭，选中形状线，按住Shift结合【选择并移动】工具，复制一条形状线。使用【选择并均匀】缩放工具将其放大并向下移动一段距离，再次对其执行【挤出】命令，并在【参数】选项组下设置【数量】为10.0mm，如图5-12所示。

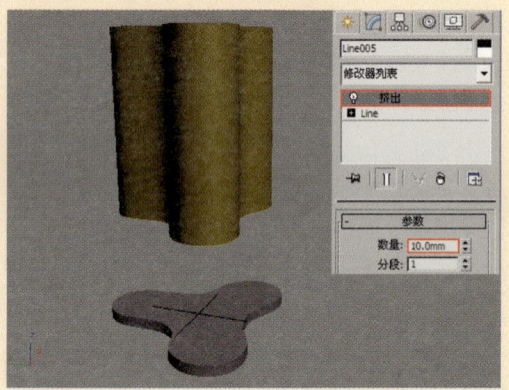

图5-12 创建灯座

⑤ 继续使用【挤出】命令修改器制作灯罩上方的模型，在【修改】面板下展开【参数】卷展栏，设置【挤出数量】为8.0mm，放置在灯罩上方。具体放置位置如图5-13所示。

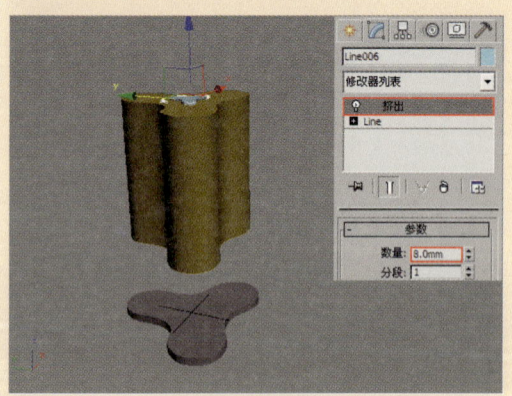

图5-13 创建装饰

⑥ 同样方法，单击【创建】|【图形】|【圆】按钮，在【顶】视图绘制一个正圆，设置【半径】为6.0mm，如图5-14所示。

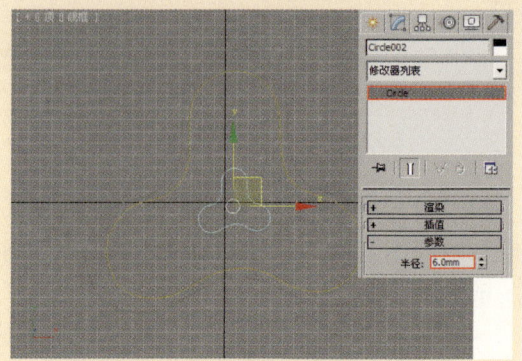

图5-14 创建支架形状线

⑦ 选中上一步创建的圆图形，对其执行【挤出】命令，并在【参数】选项组下设置【数量】为200.0mm，如图5-15所示。

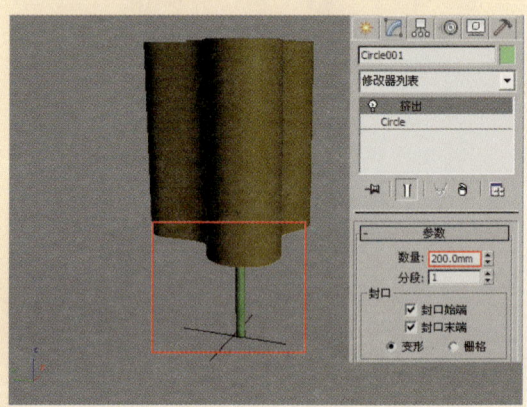

图5-15 执行【挤出】命令

⑧ 使用【选择并移动】工具将所有模型的位置调整好，完成后的效果如图5-16所示。

图5-16 完成后的效果图

5.2.2 【倒角】修改器

【倒角】修改器将图形挤出为3D对象并在边缘应用平或圆的倒角。【倒角】参数如图5-17所示。

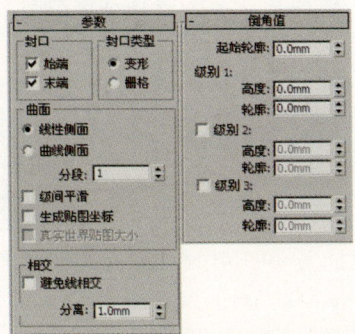

图5-17 【倒角】参数

- 始端：用对象的最低局部z值（底部）对末端进行封口。禁用此项后，底部为打开状态。
- 末端：用对象的最高局部z值（底部）对末端进行封口。
- 变形：为变形创建适合的封口曲面。
- 栅格：在栅格图案中创建封口曲面。封装类型的变形和渲染要比渐进变形封装效果好。
- 线性侧面：选中单选按钮后，级别之间会沿着一条直线进行分段插补。
- 曲线侧面：选中单选按钮后，级别之间会沿着一条Bezier曲线进行分段插补。
- 分段：在每个级别之间设置中级分段的数量。
- 级间平滑：控制是否将平滑组应用于倒角对象侧面。封口会使用与侧面不同的平滑组。
- 生成贴图坐标：启用此项后，将贴图坐标用于倒角对象。
- 真实世界贴图大小：控制用于该对象的纹理贴图材质所使用的缩放方法。
- 避免线相交：防止轮廓彼此相交。它通过在轮廓中插入额外的顶点并用一条平直的线段覆盖锐角来实现。
- 分离：设置边之间所保持的距离，最小值为0.01。
- 起始轮廓：设置轮廓从原始图形的偏移距离。非零设置会改变原始图形的大小。
- 级别1：包含两个参数，它们表示起始级别的改变。
- 高度：设置级别1在起始级别之上的距离。
- 轮廓：设置级别1的轮廓到起始轮廓的偏移距离。
- 级别2：在级别1之后添加一个级别。
- 高度：设置级别1上的距离。
- 轮廓：设置级别2的轮廓到级别1轮廓的偏移距离。
- 级别3：在前一级别之后添加一个级别。
- 高度：设置到前一级别之上的距离。
- 轮廓：设置级别3的轮廓到前一级别轮廓的偏移距离。

5.2.3 【车削】修改器

【车削】修改器可通过绕轴旋转一个图形或NURBS曲线来创建3D对象，参数如图5-18所示。

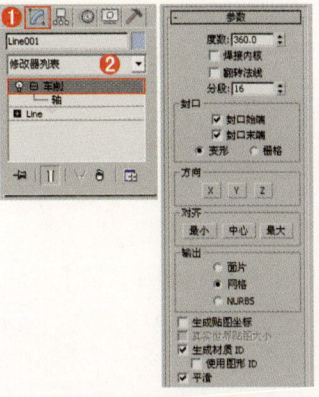

图5-18 【车削】参数

- 轴：在此子对象层级上，可以进行变换和设置绕轴旋转动画。
- 度数：确定对象绕轴旋转多少度（范围是0至360，默认值是360）。
- 焊接内核：通过将旋转轴中的顶点焊接来简化网格。如果要创建一个变形目标，则禁用此选项。
- 翻转法线：依赖图形上顶点的方向和旋转方向，旋转对象可能会内部外翻。选中【翻转法线】复选框来修正它。
- 分段：在起始点之间，确定在曲面上创建多少插补线段。此参数也可设置动画。默认值为16。
- 封口始端：封口设置的【度】小于360度的车削对象的始点，并形成闭合图形。
- 封口末端：封口设置的【度】小于360度的车削的对象终点，并形成闭合图形。
- 变形：按照创建变形目标所需的可预见且可重复的模式排列封口面。
- 栅格：在图形边界上的方形修剪栅格中安排封口面。
- X/Y/Z：相对对象轴点，设置轴的旋转方向。
- 最小/中心/最大：将旋转轴与图形的最小、中心或最大范围对齐。
- 面片：产生一个可以折叠到面片对象中的对象。
- 网格：产生一个可以折叠到网格对象中的对象。
- NURBS：产生一个可以折叠到NURBS对象中的对象。

实战演练033——水晶吊灯

案例文件	最终文件\第5章\实战演练033\水晶吊灯.max	视频教学	视频\第5章\水晶吊灯.flv
视频长度	2分33秒	难易指数	★★★★☆

本例就来学习使用【FFD2×2×2】、【车削】命令完成模型的制作，最终渲染和线框效果如图5-19所示。

图5-19　最终渲染和线框效果

1 启动3ds Max 2012中文版，选择菜单栏中的【自定义】|【单位设置】命令，此时将弹出【单位设置】对话框，将【显示单位比例】和【系统单位比例】设置为【毫米】，如图5-20所示。

2 单击【创建】|【图形】|【线】按钮，在【前】视图中绘制出水晶吊灯中间部分的剖面线，可以先绘制一个长方体作为尺寸参照，如图5-21所示。

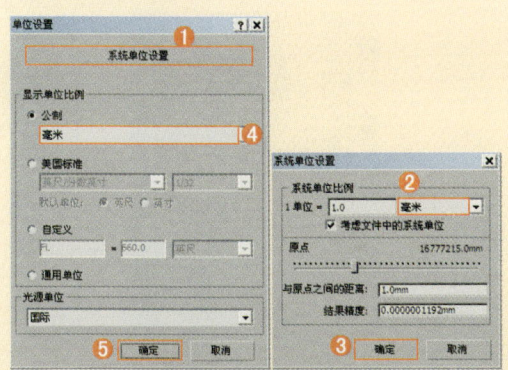

图5-20 设置单位

④ 单击【创建】|【图形】|【线】按钮,在【前】视图中绘制出水晶吊灯支架部分的剖面线,如图5-23所示。

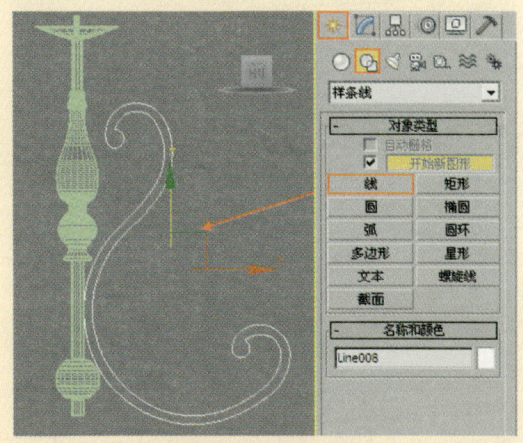

图5-23 绘制剖面线

> **提示** 提高【分段】数值后加载【车削】表面会更加圆滑。当制作非常精细模型时可以增大该数值。

⑤ 确认上一步创建的样条线处于选择的状态,然后在【修改器列表】下加载【挤出】命令,展开【参数】卷展栏,设置【数量】为8.0mm,如图5-24所示。

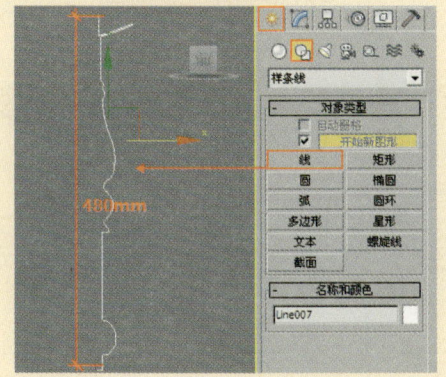

图5-21 绘制剖面线

③ 确认上一步创建的样条线处于选择的状态,然后在【修改器列表】下加载【车削】命令,展开【参数】卷展栏,设置【分段】为20,【方向】为【Y轴】,【对齐】方式为【最小】,如图5-22所示。

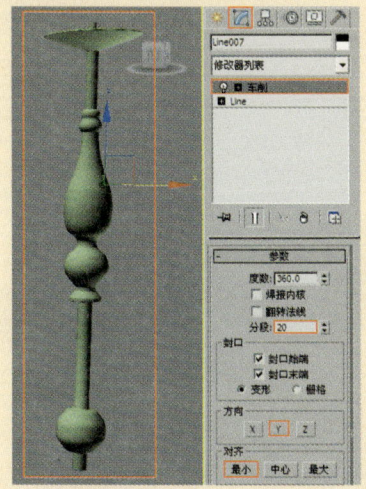

图5-22 添加车削命令

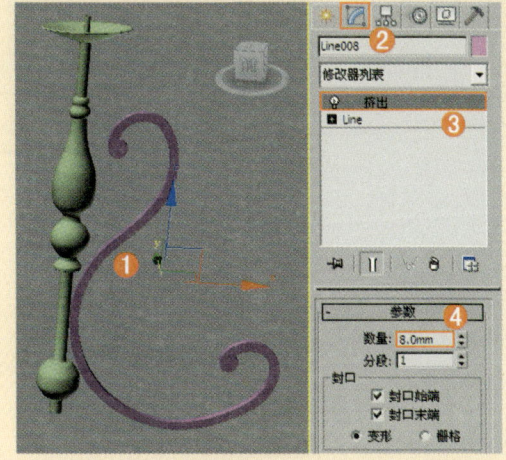

图5-24 添加【挤出】命令

⑥ 继续使用样条线加载【车削】命令创建灯座部分的模型,如图5-25所示。

133

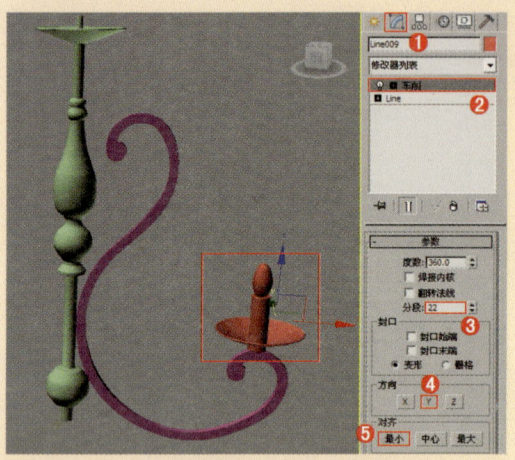

图5-25 加载【车削】命令

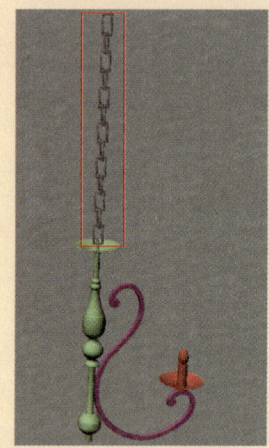

图5-27 复制矩形

7 单击【创建】｜【图形】｜【矩形】 矩形 按钮在【前】视图中创建，并设置其参数，然后展开【渲染】卷展栏，选中【在渲染中启用】和【在视口中启用】复选框，接着选中【径向】单选按钮，设置【厚度】为4.0mm，如图5-26所示。

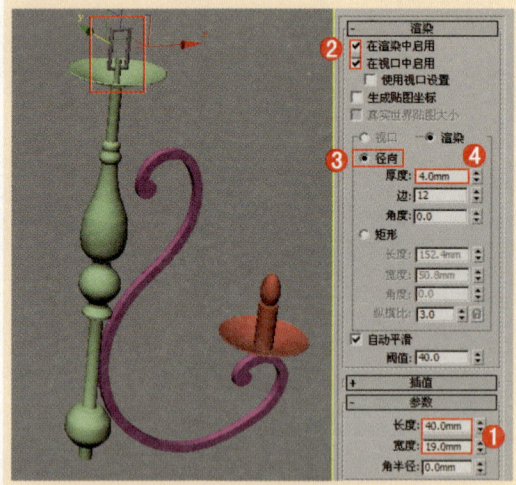

图5-26 创建矩形

8 使用【选择并移动】和【选择并旋转】工具复制上一步创建的模型，此时场景效果如图5-27所示。

9 使用【切角圆柱体】工具创建，并修改其具体的参数，此时场景效果如图5-28所示。

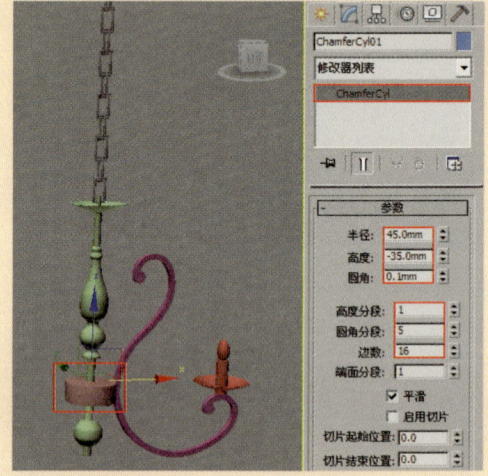

图5-28 创建切角圆柱体

10 使用【几何球体】工具在视图中创建，并在【修改】面板下修改其参数，如图5-29所示。

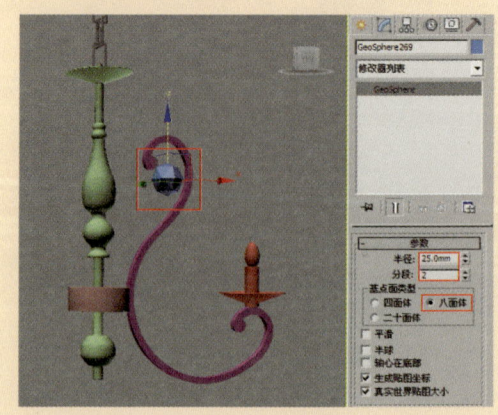

图5-29 复制矩形

⑪ 选择几何球体在【修改】面板下加载【FFD2×2×2】命令,并使用控制点进行调节,如图5-30所示。继续进行创建,此时场景效果如图5-31所示。

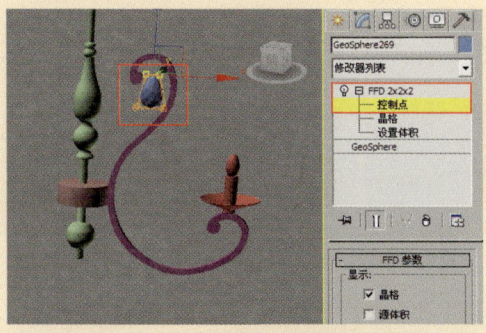

图5-30 创建切角圆柱体

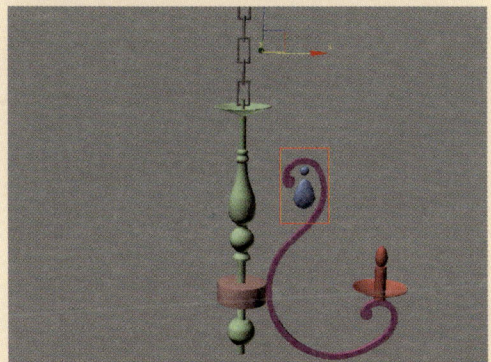

图5-31 复制矩形

⑫ 选择上一步创建的水晶吊灯装饰部分,并使用【选择并移动】工具将其复制,此时场景效果,如图5-32所示。选择如图5-33所示的模型并选择【组】|【成组】命令。

图5-32 复制装饰部分模型

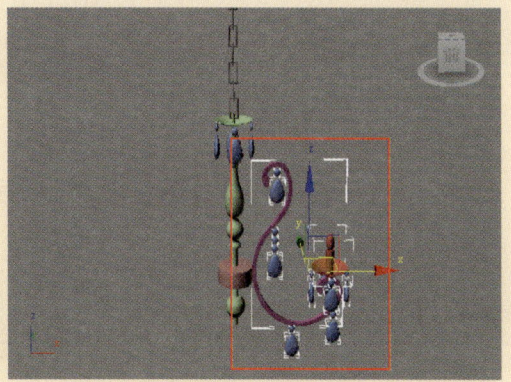

图5-33 选择模型

⑬ 单击【层级】|【轴】|【仅影响轴】按钮并将坐标轴移动到水晶吊灯的中间位置,如图5-34所示。

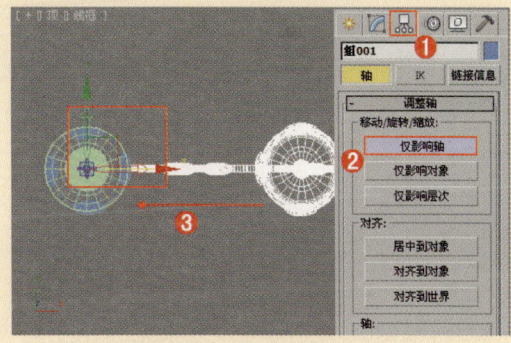

图5-34 指定轴的位置

⑭ 使用【选择并旋转】工具在【顶】视图中旋转复制,在弹出的【克隆选项】对话框中设置【对象】为【实例】,【副本数】为5,如图5-35所示。

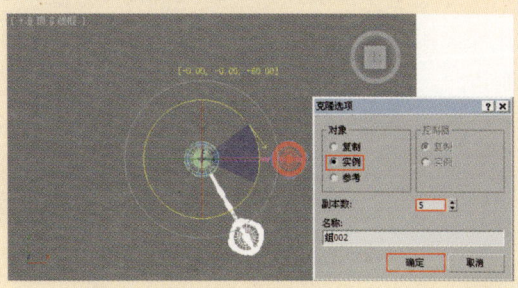

图5-35 旋转复制

提示 这里调整模型的坐标轴是下一步复制模型的前提。

15 复制后的场景效果，如图5-36所示。继续使用样条线和几何球体创建水晶灯装饰部分的模型，如图5-37所示。

16 将上一步创建的装饰部分模型旋转复制，最终水晶灯模型效果如图5-38所示。

图5-36　场景效果　　　　图5-37　创建装饰部分模型　　　　图5-38　最终模型效果

5.2.4 【弯曲】修改器

【弯曲】修改器允许当前选中对象围绕单独轴弯曲360度，在对象几何体中产生均匀弯曲。可以在任意3个轴上控制弯曲的角度和方向。也可以对几何体的一段限制弯曲。其参数设置面板如图5-39所示。

- 角度：设置围绕垂直于坐标轴方向的弯曲量。
- 方向：使弯曲物体的任意一端相互靠近。数值为负时，对象弯曲会与Gizmo中心相邻；数值为正时，对象弯曲会远离Gizmo中心；数值为0时，对象将进行均匀弯曲。
- X/Y/Z：指定弯曲所沿的坐标轴。
- 限制效果：对弯曲效果应用限制约束。
- 上限：设置弯曲效果的上限。
- 下限：设置弯曲效果的下限。

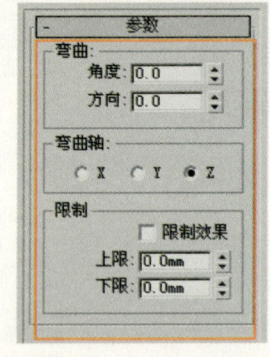

图5-39　【弯曲】参数

5.2.5 【扭曲】修改器

【扭曲】修改器在对象几何体中产生一个旋转效果。可以控制任意3个轴上扭曲的角度，并设置偏移来压缩扭曲相对于轴点的效果。也可以对几何体的一段限制扭曲。参数设置面板如图5-40所示。

- 角度：设置围绕垂直于坐标轴方向的扭曲量。
- 偏移：使扭曲物体的任意一端相互靠近。数值为负时，对象扭曲会与Gizmo中心相邻；数值为正时，对象扭曲会远离Gizmo中心；数值为0时，对象将进行均匀扭曲。
- X/Y/Z：指定扭曲所沿的坐标轴。
- 限制效果：对扭曲效果应用限制约束。
- 上限：设置扭曲效果的上限。
- 下限：设置扭曲效果的下限。

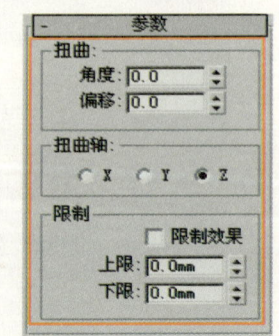

图5-40　【扭曲】参数

实战演练034——创意吊灯

案例文件	最终文件\第5章\实战演练034\创意吊灯.max	视频教学	视频\第5章\创意吊灯.flv
视频长度	2分37秒	难易指数	★★☆☆☆

本例就来学习使用【放样】命令、【扭曲】和【FFD2×2×2】命令完成模型的制作，最终渲染和线框效果如图5-41所示。

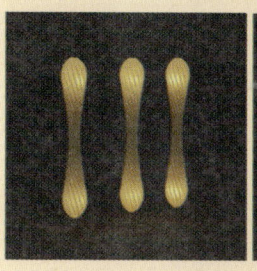 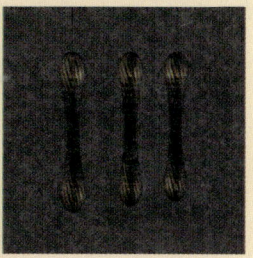

图5-41 最终渲染和线框效果

01 启动3ds Max 2012中文版，选择菜单栏中的【自定义】|【单位设置】命令，此时将弹出【单位设置】对话框，将【显示单位比例】和【系统单位比例】设置为【毫米】，如图5-42所示。

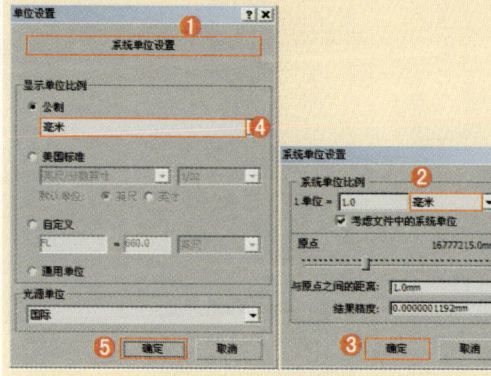

图5-42 设置单位

02 单击【创建】|【图形】|【星形】按钮，并在【顶】视图中创建，如图5-43所示。

03 确认上一步创建的星形处于选择状态，在【修改】面板下展开【参数】卷展栏，设置【半径1】为100.0mm，【半径2】为70.0mm，【点】为15，【扭曲】为0.0，【圆角半径1】为8.0mm，【圆角半径2】为5.0mm，如图5-44所示。

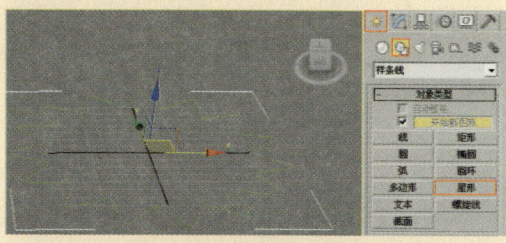

图5-43 创建星形

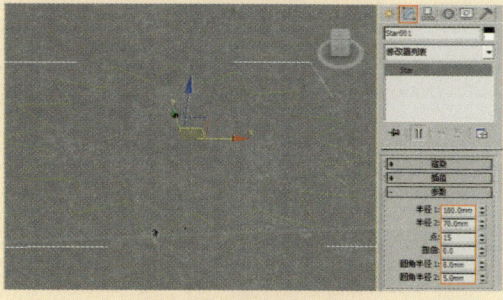

图5-44 修改星形参数

04 单击【创建】|【图形】|【线】按钮，在【前】视图中绘制出一条直线，可以先绘制一个长方体作为尺寸参照，如图5-45所示。

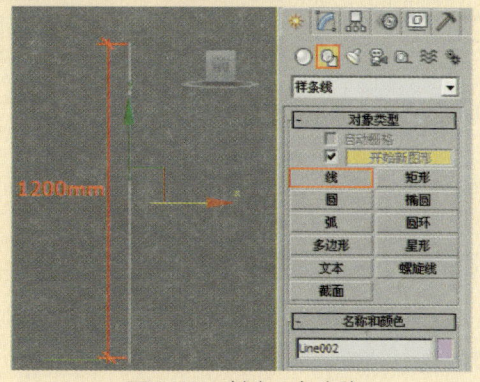

图5-45 创建一条直线

05 确认创建的直线处于选择的状态，单击【几何体】|【复合对象】

137

|【放样】 放样 |【获取图形】 获取图形 按钮并拾取场景中的星形,如图5-46所示。

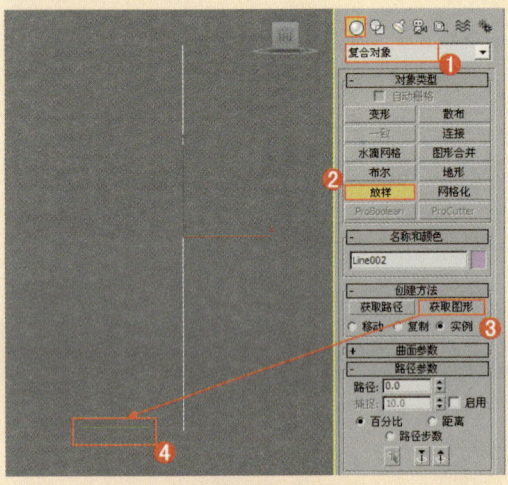

图5-46 放样命令

06 在【修改】面板下展开【蒙皮参数】卷展栏,设置【路径步数】为16;在【变形】卷展栏下单击【缩放】按钮 缩放 ,并在弹出的【缩放变形】对话框中调节其形状,如图5-47所示。

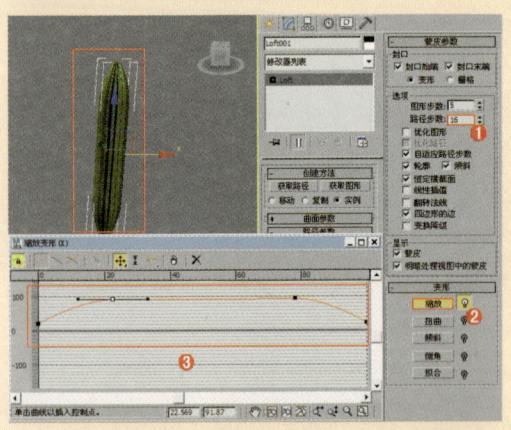

图5-47 修改放样后的参数

提示 设置很高的【路径步数】是为了下一步的操作,如果高度分段的数值很小,那么加载【扭曲】修改器以后也不会有明显的变化。

07 确认放样后的模型处于选择的状态,然后在【修改器列表】下加载【扭曲】命令,展开【参数】卷展栏,设置【角度】为180.0,如图5-48所示。

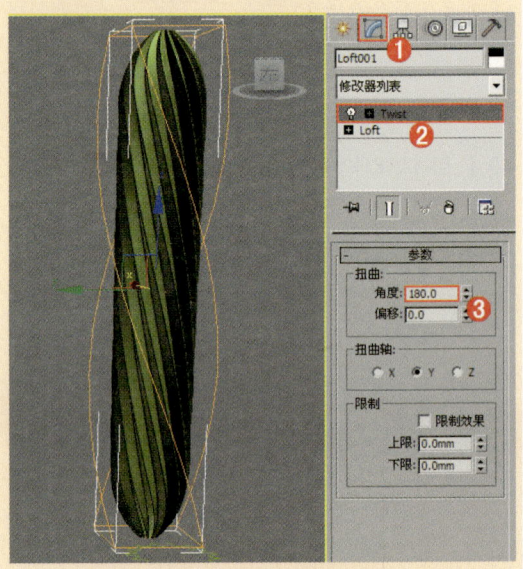

图5-48 加载【扭曲】命令

08 为模型加载【FFD2×2×2】命令,选择控制点,如图5-49所示。

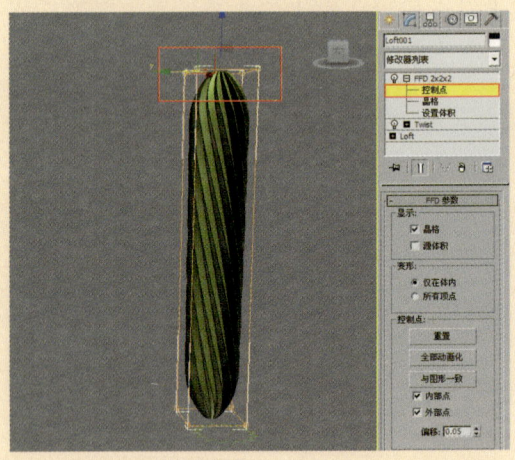

图5-49 加载FFD2×2×2

提示 这里扭曲的参数比较简单,在设置扭曲的度数时一定要先决定是哪个方向的轴。否则就不会创建出想要的模型效果。

09 选择上方的控制点,然后使用【选择并旋转】 工具将控制点旋转一定的角度,旋转后的效果如图5-50所示。

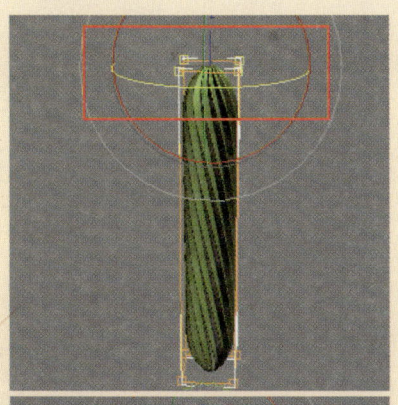

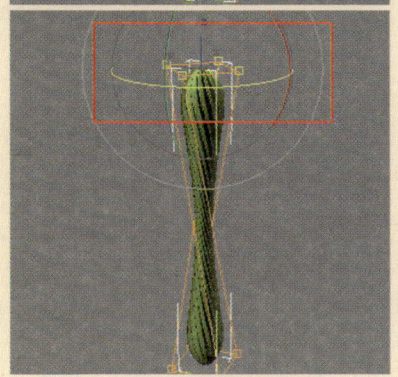

图5-50 旋转控制点

⑩ 使用【圆柱体】工具在【顶】视图中创建，然后修改其参数，如图5-51所示。

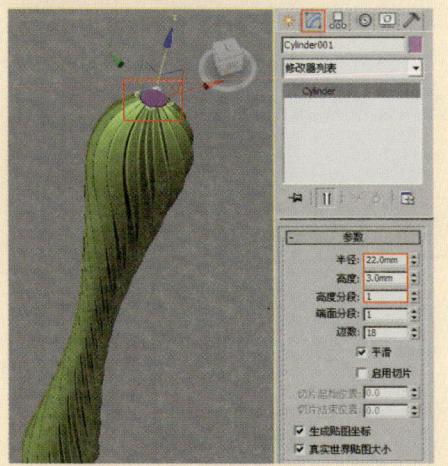

图5-51 创建圆柱体

⑪ 使用线可渲染功能创建吊灯上部分的模型，效果如图5-52所示。

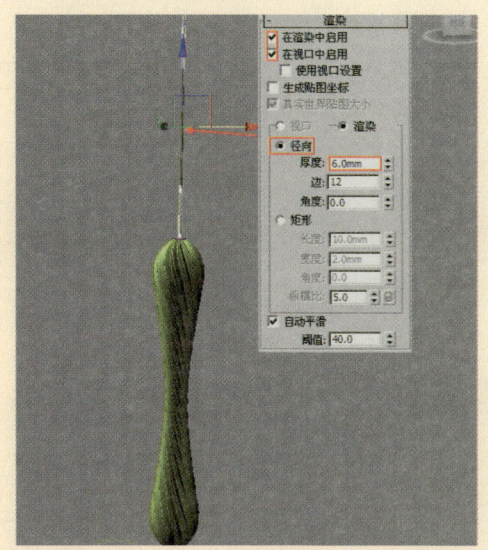

图5-52 创建线

⑫ 将场景中的模型使用【选择并移动】工具复制3份，此时创建的吊灯最终模型效果如图5-53所示。

图5-53 最终模型效果

5.2.6 【晶格】修改器

【晶格】修改器可以将图形的线段或边转化为圆柱形结构，并在顶点上产生可选择的关节多面体，常用来制作水晶灯、吊饰等水晶结构状物体，其参数设置面板如图5-54所示。

1. 几何体
- 应用于整个对象：将【晶格】修改器应用到对象的所有边或线段上。
- 仅来自顶点的节点：仅显示由原始网格顶点产生的关节（多面体）。
- 仅来自边的支柱：仅显示由原始网格线段产生的支柱（多面体）。
- 二者：显示支柱和关节。

2. 支柱
- 半径：指定结构半径。
- 分段：指定沿结构的分段数目。
- 边数：指定结构边界的边数目。
- 材质ID：指定用于结构的材质ID，使结构和关节具有不同的材质ID。
- 忽略隐藏边：仅生成可视边的结构。如果禁用该选项，将生成所有边的结构，包括不可见边。
- 末端封口：将末端封口用于结构。
- 平滑：将平滑用于结构。

3. 节点
- 基点面类型：指定用于关节的多面体类型，包括【四面体】、【八面体】和【二十面体】3种类型。
- 半径：设置关节的半径。
- 分段：指定关节中的分段数目。分段数越多，关节形状越接近球形。
- 材质ID：指定用于结构的材质ID。
- 平滑：将平滑用于关节。

4. 贴图坐标
- 无：不指定贴图。
- 重用现有坐标：将当前贴图指定给对象。
- 新建：将圆柱形贴图用于每个结构和关节。

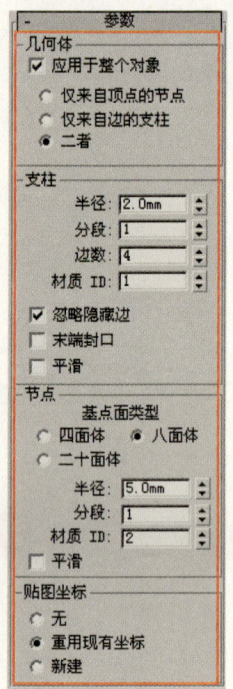

图5-54 【晶格】参数

> 提示：使用【晶格】修改器可以基于网格拓扑来创建可渲染的几何体结构，也可以用来渲染线框图。

实战演练035——制作水晶灯

案例文件	最终文件\第5章\实战演练035\制作水晶灯.max	视频教学	视频\第5章\制作水晶灯.flv
视频长度	2分22秒	难易指数	★★☆☆☆

本例就来学习使用【晶格】修改器命令完成模型的制作，最终渲染和线框效果如图5-55所示。

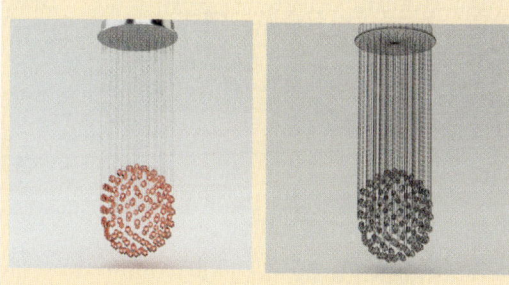

图5-55 最终渲染和线框效果

①启动3ds Max 2012中文版，选择菜单栏中的【自定义】|【单位设置】命令，此时将弹出【单位设置】对话框，将【显示单位比例】和【系统单位比例】设置为【毫米】，如图5-56所示。

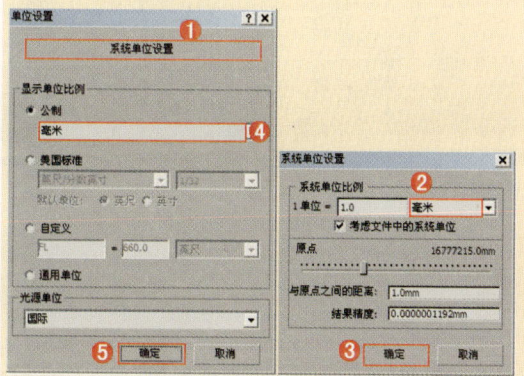

图5-56 单位设置

②单击【创建】 |【几何体】 |【扩展基本体】 |【扩展基本体】 |【切角圆柱体】 切角圆柱体 按钮，并在【顶】视图中创建，修改参数，设置【半径】为255.0mm，【高度】为80.0mm，如图5-57所示。

③继续创建【切角圆柱体】，修改参数，设置【半径】为280.0mm，【高度】为10.0mm，如图5-58所示。

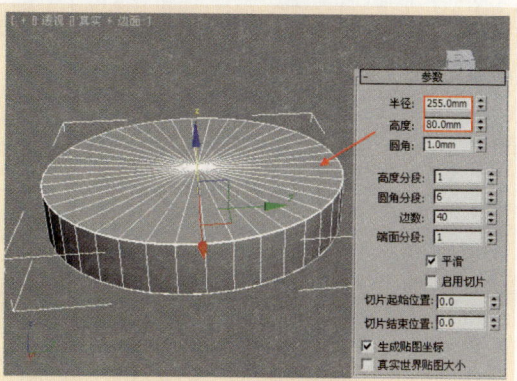

图5-57 切角圆柱体创建

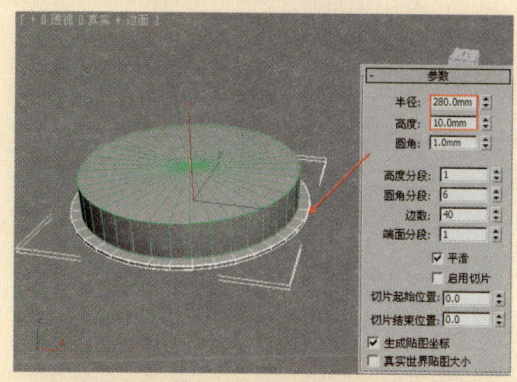

图5-58 单位设置

④使用【线】工具，绘制下图所示的线，进入【渲染】卷展栏，选中【在渲染中启用】和【在视口中启用】复选框，选中【径向】单选按钮，设置【厚度】为1.5mm，如图5-59所示。

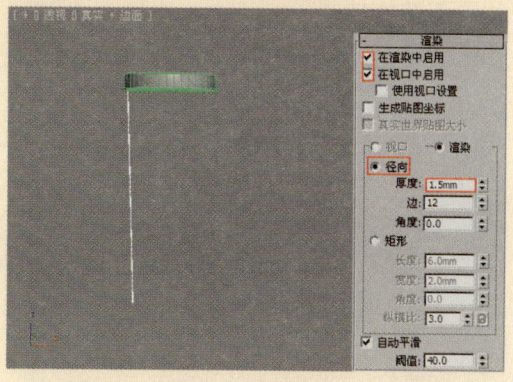

图5-59 线创建

⑤使用【选择并移动】工具复制多条线，排列成如图5-60所示的形状。

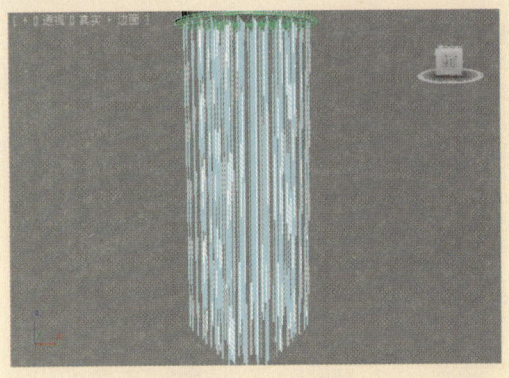

图5-60 单位设置

6 在【顶】视图创建【扩展基本体】下的【异面体】,如图5-61所示。

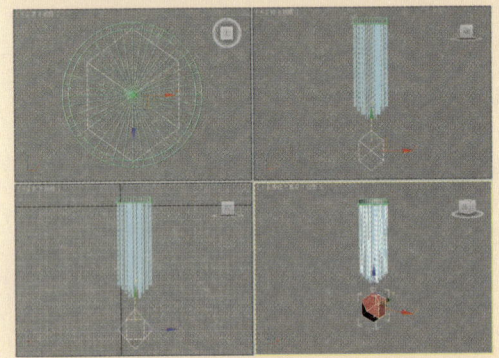

图5-61 异面体创建

7 为【异面体】加载【细化】修改器,设置【迭代次数】为2,如图5-62所示。接着为其加载【晶格】修改器,展开【参数】卷展栏,选中【仅来自顶点的节点】单选按钮,在【节点】选项组下设置【基点面类型】为二十面体,设置【半径】为28.0mm,如图5-63所示。

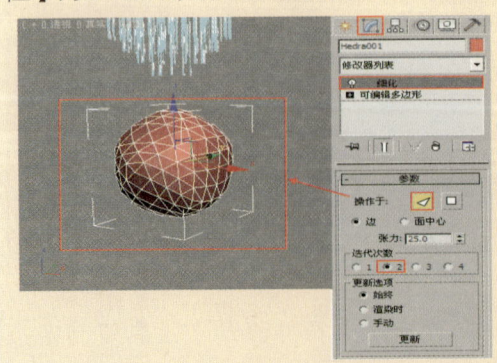

图5-62 加载【细化】修改器

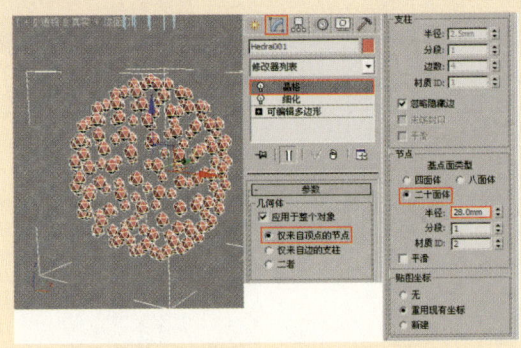

图5-63 加载【晶格】修改器

8 使用【选择并移动】工具将【异面体】放置在灯线的下方,放置位置如图5-64所示。

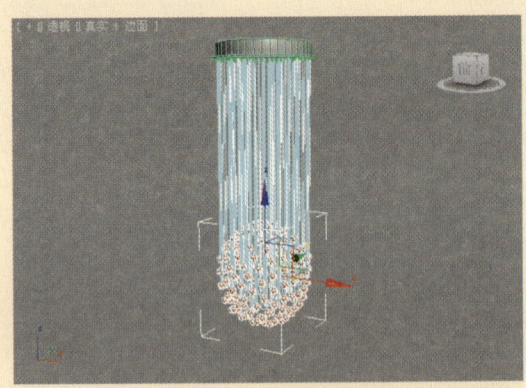

图5-64 异面体位置

9 最终模型效果如图5-65所示。

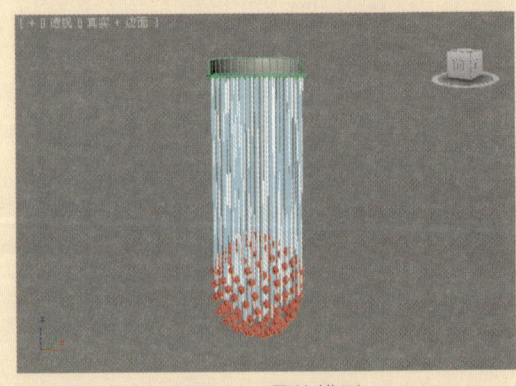

图5-65 最终模型

5.2.7 【FFD】修改器

FFD就是自由变形修改器。这种修改器使用晶格框围住选中的几何体，然后通过调整晶格的控制点来改变封闭几何体的形状，其参数设置面板如图5-66所示。

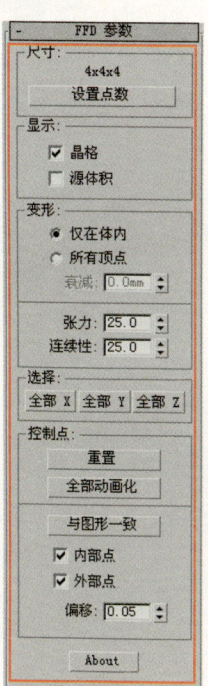

图5-66 【FFD】修改器参数

1. 尺寸
   - 尺寸：显示晶格中当前的控制点数目，例如4×4×4。
   - 设置点数：显示一个对话框，其中包含3个标为【长度】、【宽度】和【高度】的微调器以及【确定】/【取消】按钮。

2. 显示
   - 晶格：将绘制连接控制点的线条以形成栅格。
   - 源体积：选中该复选框可以将控制点和晶格以未修改的状态显示出来。

3. 变形
   - 仅在体内：只有位于源体积内的顶点会变形。
   - 所有顶点：所有顶点都会变形。
   - 衰减：决定FFD的效果减为0时离晶格的距离。
   - 张力/连续性：调整变形样条线的张力和连续性。

4. 选择
   - 【全部X/全部Y/全部Z】按钮：选中由这3个按钮指定的轴向的所有控制点。

5. 控制点
   - 【重置】按钮：将所有控制点恢复到原始位置。
   - 【全部动画化】按钮：单击该按钮可以将控制器指定给所有的控制点，使它们在轨迹视图中可见。
   - 【与图形一致】按钮：在对象中心控制点位置之间沿直线方向来延长线条，可以将每一个FFD控制点移到修改对象的交叉点上。
   - 内部点：仅控制受【与图形一致】影响的对象内部的点。
   - 外部点：仅控制受【与图形一致】影响的对象外部的点。
   - 偏移：设置控制点偏移对象曲面的距离。
   - About按钮：显示版权和许可信息。

实战演练036——制作抱枕

案例文件	最终文件\第5章\实战演练036\制作抱枕.max	视频教学	视频\第5章\制作抱枕.flv
视频长度	2分06秒	难易指数	★★☆☆☆

本例就来学习使用【FFD修改器】完成模型的制作，最终渲染和线框效果如图5-67所示。

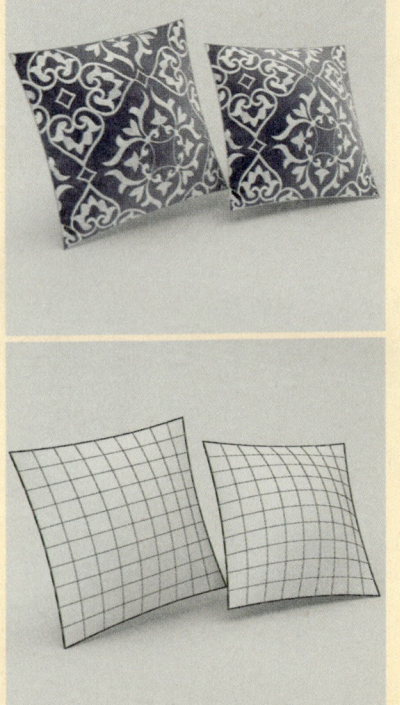

图5-67　最终渲染和线框效果

① 启动3ds Max 2012中文版，选择菜单栏中的【自定义】|【单位设置】命令，此时将弹出【单位设置】对话框，将【显示单位比例】和【系统单位比例】设置为【毫米】，如图5-68所示。

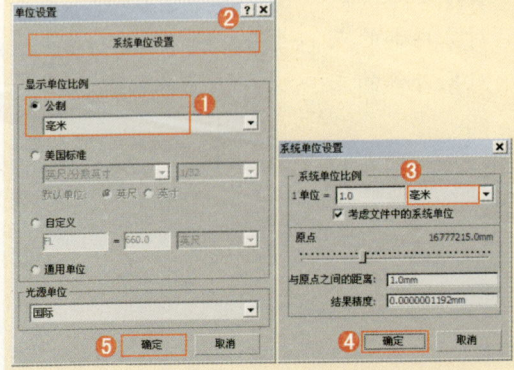

图5-68　单位设置

② 单击【创建】|【几何体】|【标准基本体】|【长方体】按钮，在【顶】视图中创建一个长方体，进入【修改】面板修改参数，设置【长度】为100.0mm，【宽度】为100.0mm，【高度】为2.0mm，【长度分段】为10，【宽度分段】为9，【高度分段】为1，如图5-69所示。

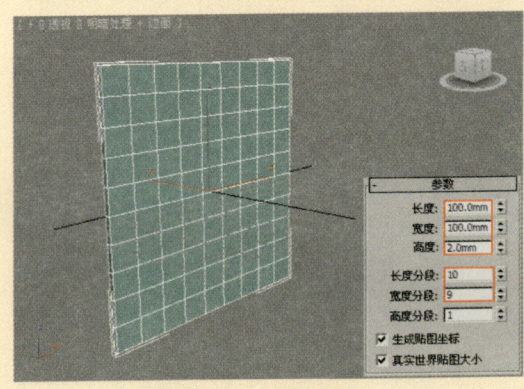

图5-69　长方体创建

③ 进入【修改】面板，选择并加载【FFD4×4×4】命令，并进入【控制点】级别，如图5-70所示。

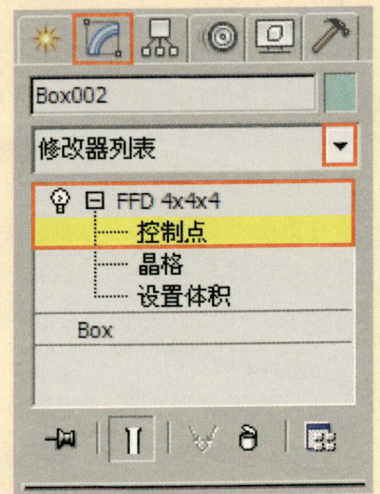

图5-70　加载【FFD4×4×4】修改器

④ 选择位于中间的四个点在视图中调节其位置，具体调节如图5-71所示。

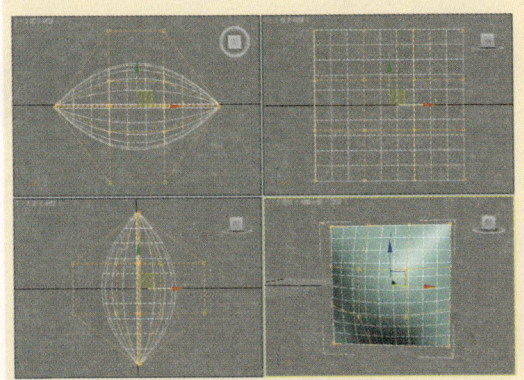

图5-71 调节控制点

⑤ 选择四周的控制点继续调节点的位置，如图5-72所示。

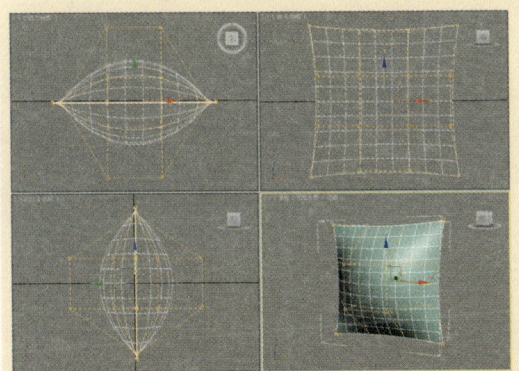

图5-72 调节控制点

⑥ 选择长方体，然后将其转换为可编辑多边形，接着在边级别下选择如图5-73所示的边，然后单击【创建图形】按钮 创建图形 ，并设置【图形类型】为线性，如图5-74所示。

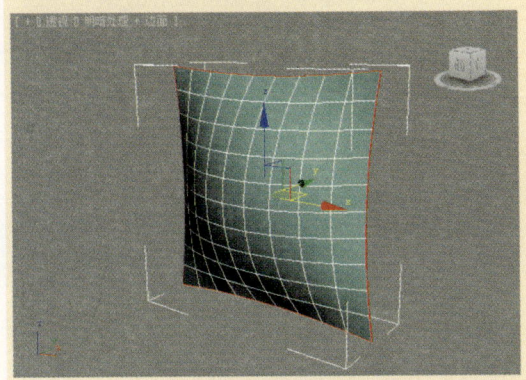

图5-73 选择边级别

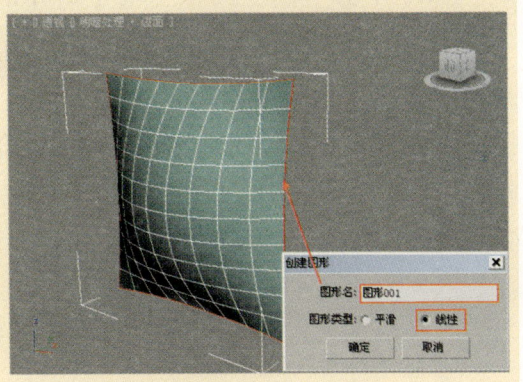

图5-74 创建图形

⑦ 选择上一步创建的图形，展开【渲染】卷展栏，选中【在渲染中启用】和【在视口中启用】复选框，选中【径向】单选按钮，设置【厚度】为0.7mm，如图5-75所示。

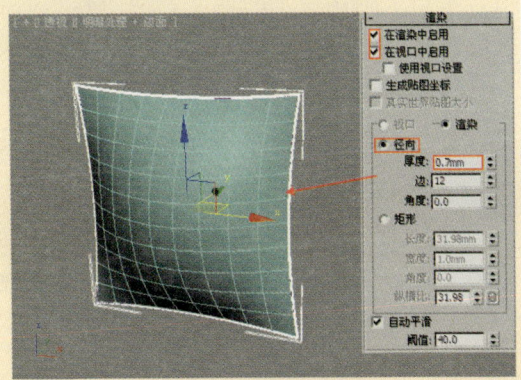

图5-75 参数设置

⑧ 最终模型效果如图5-76所示。

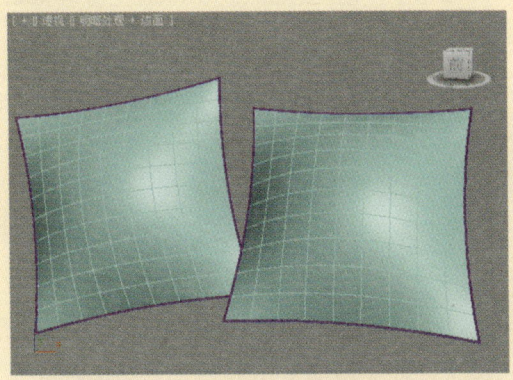

图5-76 最终效果

5.2.8 【平滑】、【网格平滑】、【涡轮平滑】修改器

【平滑】修改器主要包括【平滑】修改器、【网格平滑】修改器和【涡轮平滑】修改器。这3个修改器都可以用来平滑几何体，但是在平滑效果和可调性上有所差别。对于相同物体来说，【平滑】修改器的参数比较简单，但是平滑的程度不高；【网格平滑】修改器与【涡轮平滑】修改器使用方法比较相似，但是后者能够更快并更有效率地利用内存。

- 【平滑】修改器：基于相邻面的角提供自动平滑，可以将新的平滑效果应用到对象上。
- 【网格平滑】修改器：使用后会使对象的角和边变得圆滑，变圆滑后的角和边就像被锉平或刨平一样。
- 【涡轮平滑】修改器：是一种使用高分辨率模式来提高性能的极端优化平滑算法，可以极大提升高精度模型的平滑效果。

5.2.9 【噪波】修改器

【噪波】修改器可以使对象表面的顶点进行随机变动，从而让表面变得起伏不规则，常用于制作复杂的地形、地面和水面效果，并且【噪波】修改器可以应用在任何类型的对象上，其参数设置面板如图5-77所示。

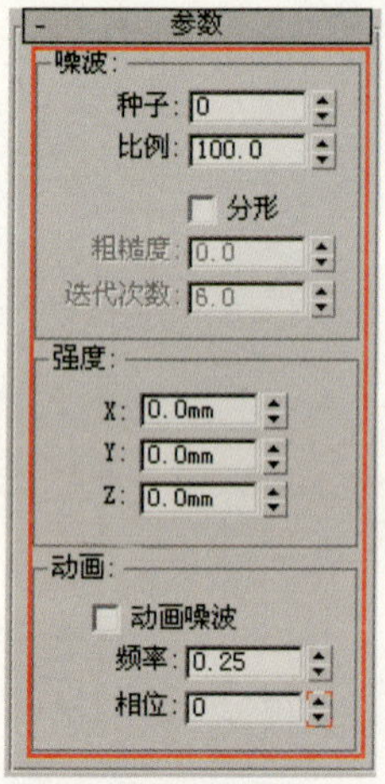

1. 噪波

- 种子：从设置的数值中生成一个随机起始点。该参数在创建地形时非常有用，因为每种设置都可以生成不同的效果。
- 比例：设置噪波影响（不是强度）的大小。较大的值可以产生平滑的噪波，较小的值可以产生锯齿非常严重的噪波。
- 分形：控制是否产生分形效果。
- 粗糙度：决定分形变化的程度。
- 迭代次数：控制【分形】功能所使用的迭代数目。

2. 强度

- X/Y/Z：设置噪波在x/y/z坐标轴上的强度（至少为其中一个坐标轴输入强度数值）。

3. 动画

- 动画噪波：调节噪波和强度参数的组合效果。
- 频率：调节噪波效果的速度。较高的频率可以使噪波振动得更快；较低的频率可以产生较为平滑或更温和的噪波。
- 相位：移动基本波形的开始点和结束点。

图5-77 【噪波】参数

5.2.10 【优化】修改器

【优化】修改器可以减少对象的面和顶点的数目，其参数设置面板如图5-78所示。

图5-80 优化之后效果

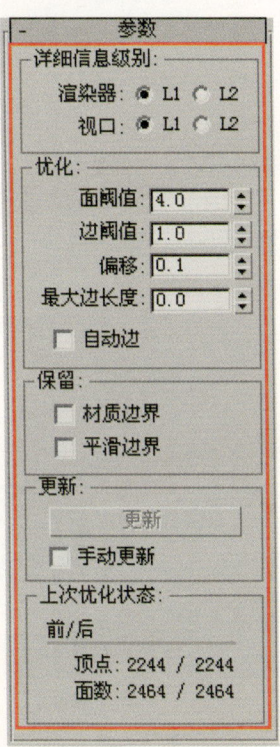

图5-78 【优化】参数

优化之前的效果如图5-79所示。

图5-79 优化之前效果

优化之后的效果，如图5-80所示。

1．详细信息级别
- 渲染器：设置默认扫描线渲染器的显示级别。
- 视口：同时为视口和渲染器设置优化级别。

2．优化
- 面阈值：设置用于决定哪些面会塌陷的阈值角度。
- 边阈值：为开放边（只绑定了一个面的边）设置不同的阈值角度。
- 偏移：帮助减少优化过程中产生的三角形，从而避免模型产生错误。
- 最大边长度：指定边的最大长度。
- 自动边：控制是否启用任何开放边。

3．保留
- 材质边界：保留跨越材质边界的面塌陷。
- 平滑边界：优化对象并保持平滑效果。

4．更新
- 【更新】按钮 ：单击该按钮可以使用当前优化设置来更新视图。
- 手动更新：开启该选项后才能使用上面的【更新】功能。

综合演练037——制作复古灯饰

案例文件	最终文件\第5章\实战演练037\制作复古灯饰.max	视频教学	视频\第5章\制作复古灯饰.flv
视频长度	3分23秒	难易指数	★★☆☆☆

本例就来学习使用【车削】修改器和【扭曲】修改器完成模型的制作,最终渲染和线框效果如图5-81所示。

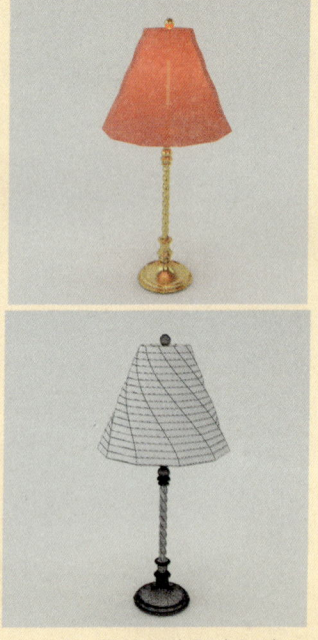

图5-81 最终渲染和线框效果

1 启动3ds Max 2012中文版,选择菜单栏中的【自定义】|【单位设置】命令,此时将弹出【单位设置】对话框,将【显示单位比例】和【系统单位比例】设置为【毫米】,如图5-82所示。

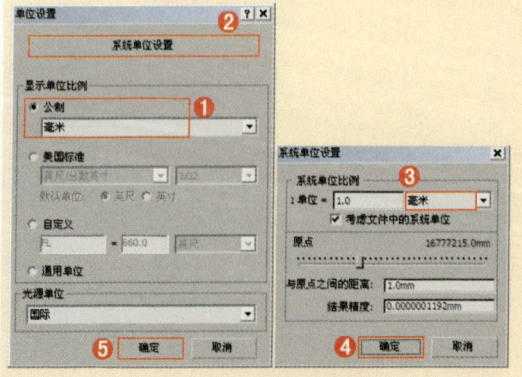

图5-82 单位设置

2 单击【创建】|【图形】|【线】按钮,在【前】视图中绘制如图5-83所示的线。

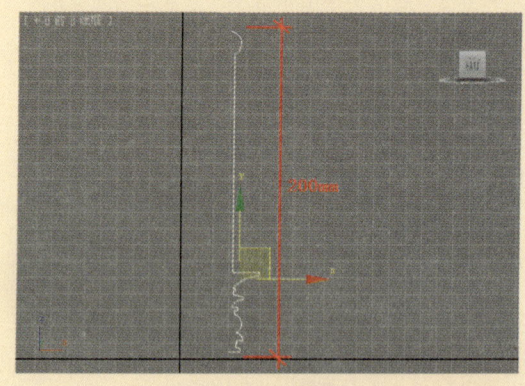

图5-83 线创建

3 进入【修改】面板,对其加载【车削】修改器,并在【方向】选项组下单击【Y】按钮,在【对齐】选项组下单击【最小】按钮,如图5-84所示。

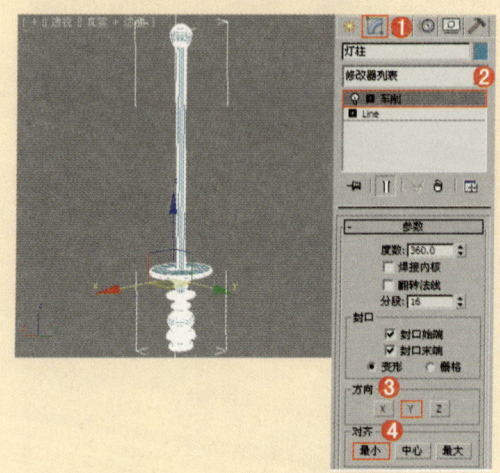

图5-84 加载车削修改器

4 接着使用【标准基本体】下的【圆柱体】工具在【顶】视图创建一个圆柱体,进入【修改】面板修改参数,设置【半径】为5.5mm,【高度】为-120.0mm,【高度分段】为60,【边数】为4,如图5-85所示。

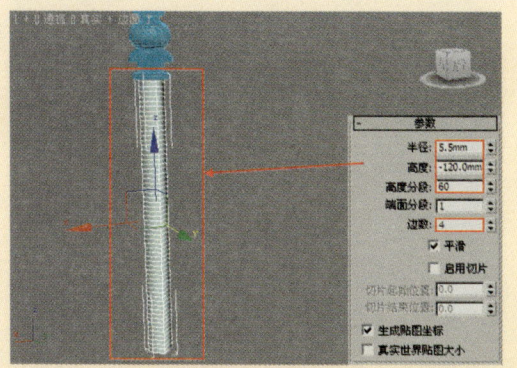

图5-85　创建圆柱体

5 为圆柱体加载【扭曲】修改器，在【扭曲】选项组下设置【角度】为830.0，如图5-86所示。

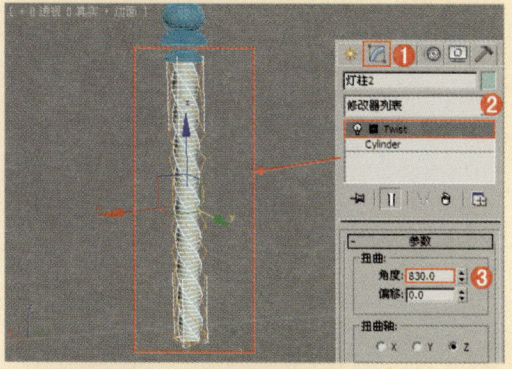

图5-86　加载扭曲修改器

6 接着为圆柱体加载【平滑】修改器，选中【自动平滑】复选框，如图5-87所示。

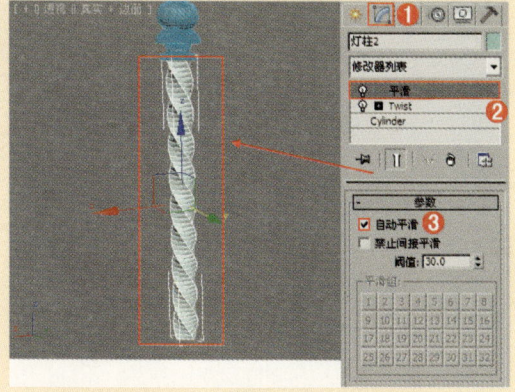

图5-87　加载平滑修改器

7 为了达到理想的效果，需要在修改器堆栈中调整修改器的位置。单击【平

滑】修改器向下拖曳至【Twist（扭曲）】修改器的下方，如图5-88所示。

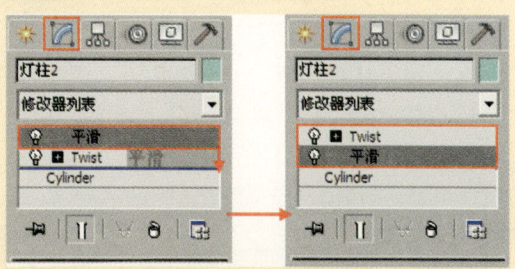

图5-88　执行挤出命令

8 继续在【前】视图使用【线】工具绘制图形，如图5-89所示。

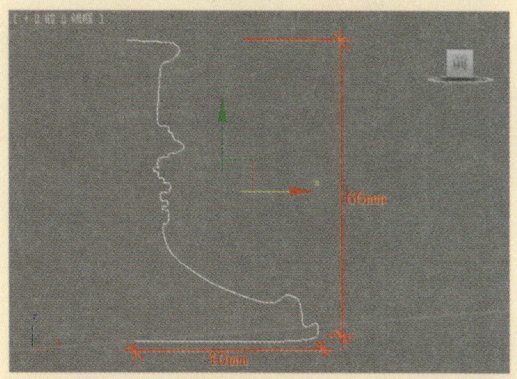

图5-89　完成后的效果图

9 为绘制的图形加载【车削】修改器，并在【方向】选项组下单击【Y】按钮，在【对齐】选项组下单击【最小】按钮，如图5-90所示。

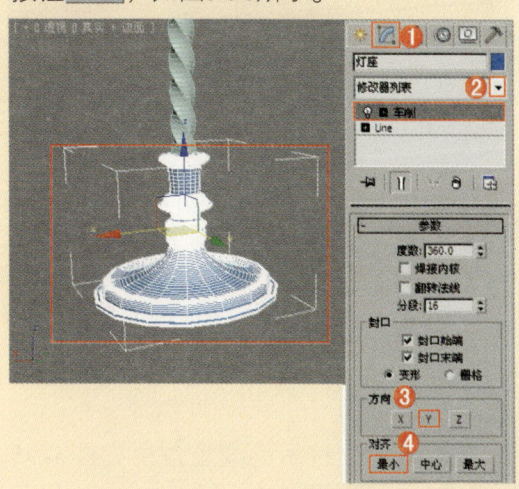

图5-90　加载【车削】修改器

10 下面制作灯罩，在【顶】视图创建【圆柱体】，进入【修改】面板修改参数，设置【半径】为74.0mm，【高度】为130.0mm，【高度分段】为17，【边数】为11，如图5-91所示。

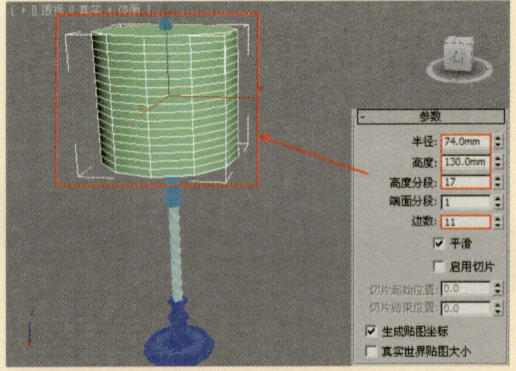

图5-91 创建圆柱体

11 为灯罩加载【扭曲】修改器，在【扭曲】选项组下设置【角度】为96.0，【偏移】为62.0，如图5-92所示。

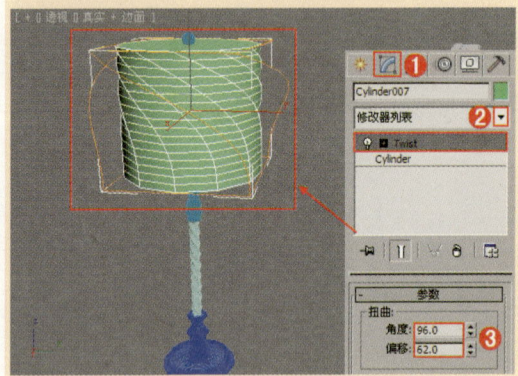

图5-92 加载【扭曲】修改器

12 接着为灯罩加载【平滑】修改器，在【参数】卷展栏下选中【自动平滑】复选框，如图5-93所示。

13 在【修改器堆栈】中调换【平滑】修改器和【Twist（扭曲）】修改器的位置，如图5-94所示。

14 调节完堆栈后的模型效果如图5-95所示。

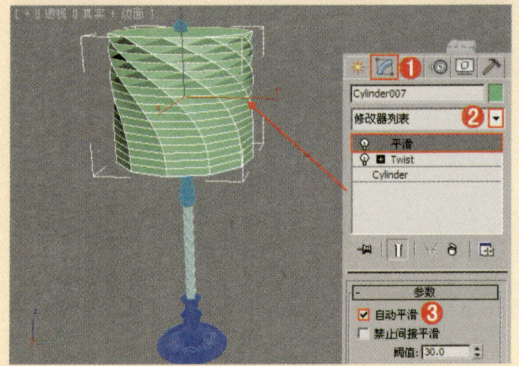

图5-93 加载【平滑】修改器

图5-94 调换【平滑】和【扭曲】修改器

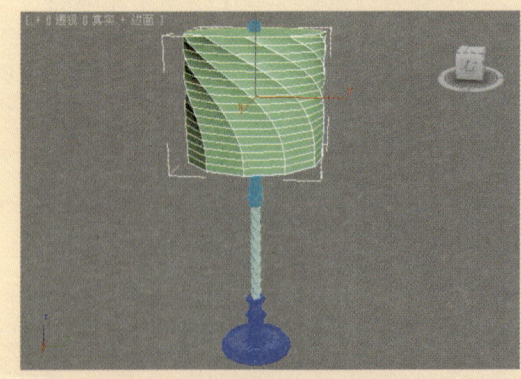

图5-95 堆栈之后模型效果

15 为灯罩模型加载【编辑多边形】修改器，进入多边形级别选择如图5-96所示的多边形，按Delete键删除选择的多边形，如图5-97所示。

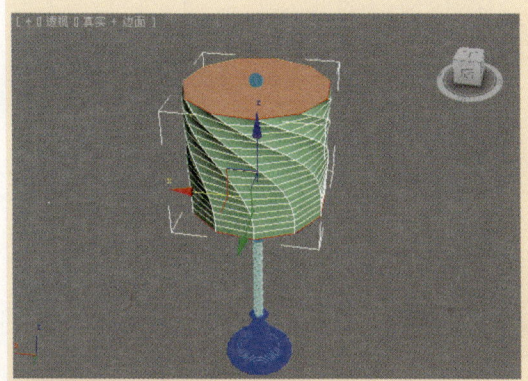

图5-96　加载可编辑多边形修改器

图5-97　删除所选多边形

16 继续为灯罩模型加载【FFD3×3×3】修改器,进入【控制点】级别,按照如图5-98所示调节控制点的位置,如图5-99所示。

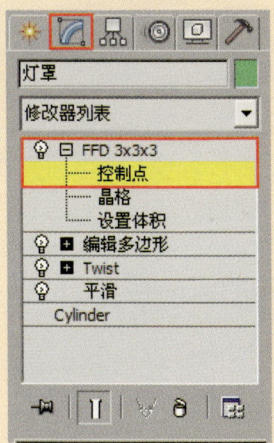

图5-98　加载【FFD3×3×3】修改器

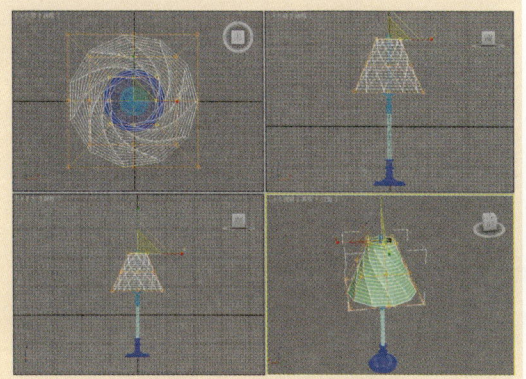

图5-99　调节控制点

17 最后为灯罩模型加载【壳】修改器,在【参数】卷展栏下设置【内部量】为5.0mm,如图5-100所示。

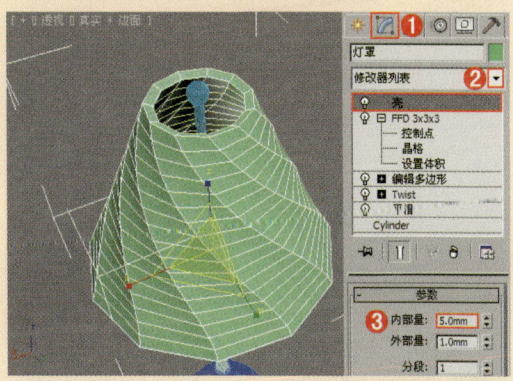

图5-100　加载【壳】修改器

18 最终复古灯饰模型效果如图5-101所示。

图5-101　最终效果

5.3 课后作业

水龙头的最终渲染和线框效果如图5-102所示。

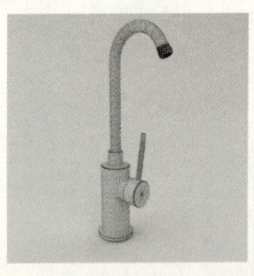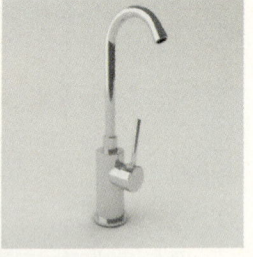

图5-102　最终渲染和线框效果

水龙头模型的制作步骤主要有以下几个。

（1）使用【切角圆柱体】工具制作一个切角圆柱体，如图5-103所示。

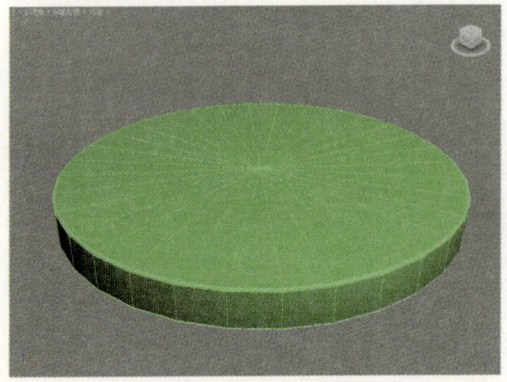

图5-103　创建切角圆柱体

（2）再次使用【切角圆柱体】工具制作多个切角圆柱体，如图5-104所示。

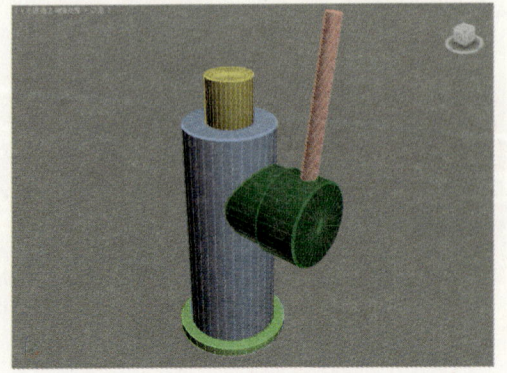

图5-104　创建切角圆柱体

（3）使用【管状体】工具制作多个管状体，如图5-105所示。

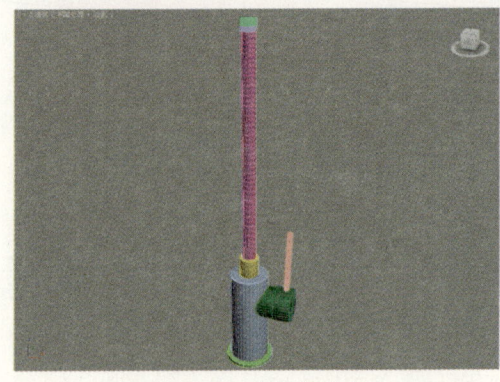

图5-105　创建管状体

（4）使用【弯曲】修改器制作出弯曲效果，如图5-106所示。

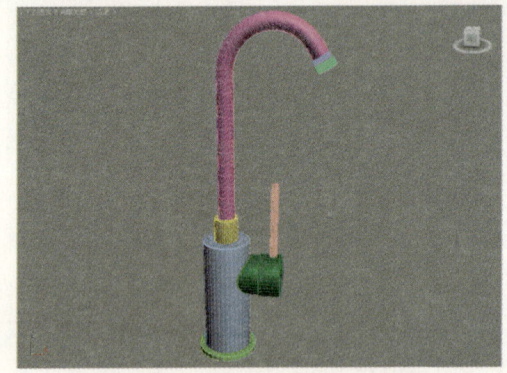

图5-106　加载【弯曲】修改器

5.4 本章小结

通过对本章的学习，需要熟练掌握各种修改器的使用方法，并且可以准确判断哪些模型适合使用修改器建模进行制作，而且能够快速利用各种修改器制作出模型。

第6章
高级建模技术

- 认识高级建模
- 掌握编辑多边形工具
- 掌握石墨建模工具
- 掌握NURBS高级建模

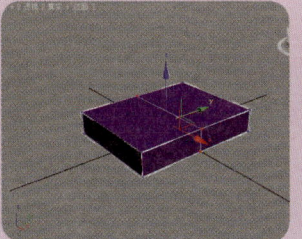
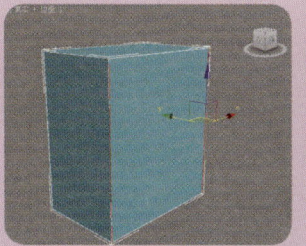

6.1 认识高级建模

多边形建模是当前最流行的建模方式之一。多边形建模方法在编辑上更加灵活,对硬件的要求也很低,其建模思路与网格建模的思路很接近,其不同点在于网格建模只能编辑三角面,而多边形建模对面数没有要求,多用于室内外设计、游戏动画设计、工业设计等方面。图6-1所示为多边形建模的优秀作品。

图6-1 多边形建模效果图

6.2 编辑多边形

当物体变成可编辑多边形对象后,可以观察到可编辑多边形对象有【顶点】、【边】、【边界】、【多边形】和【元素】5种子对象。多边形参数设置面板包括6个卷展栏,分别是【选择】卷展栏、【软选择】卷展栏、【编辑几何体】卷展栏、【细分曲面】卷展栏、【细分置换】卷展栏和【绘制变形】卷展栏,如图6-2所示。

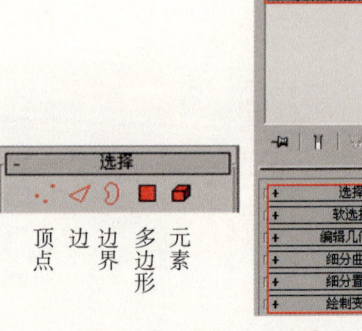

图6-2 【可编辑多边形】参数

6.2.1 选择卷展栏

【选择】卷展栏中的参数主要用来选择对象和子对象,如图6-3所示。

- 【顶点】/【边】/【边界】/【多边形】/【元素】:单击该按钮可以进入可编辑多边形对象的【顶点】/【边】/【边界】/【多边形】/【元素】次物体级别,在该级别下可以选择【顶点】/【边】/【边界】/【多边形】/【元素】,并可以进行编辑。

- 按顶点:除了【顶点】级别外,该选项可以在其他4种级别中使用。选中该复选框后,只有选择所用的顶点

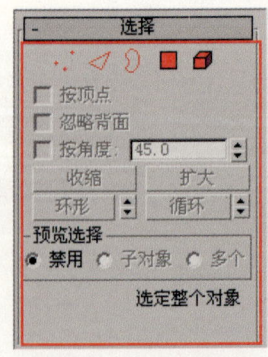

图6-3 【选择】卷展栏

才能选择子对象。

- 忽略背面：选中该复选框后，只能选中法线指向当前视图的子对象。
- 按角度：选中该复选框后，可以根据面的转折度数来选择子对象。
- 【收缩】 收缩 ：单击该按钮可以在原始选择范围中向内减少一圈对象。
- 【扩大】 扩大 ：与【收缩】相反，单击该按钮可以在原始选择范围中向外增加一圈对象。
- 【环形】 环形 ：该按钮只能在【边】和【边界】级别中使用。在选中一部分子对象后单击该按钮可以自动选择平行于源对象的其他子对象。
- 【循环】 循环 ：该按钮只能在【边】和【边界】级别中使用。在选中一部分子对象后单击该按钮可自动选择与源对象在同一曲线上的其他子对象。
- 预览选择：选择对象之前，通过这里的选项可以预览光标滑过位置的子对象，有【禁用】、【子对象】和【多个】3个选项可供选择。

6.2.2 【顶点】次物体级

【顶点】是空间中的点：它们定义组成多边形对象的其他子对象（边和多边形）的结构。移动或编辑顶点时，也会影响连接的几何体。顶点也可以独立存在；这些孤立顶点可以用来构建其他几何体，但在渲染时，它们是不可见的。在【可编辑多边形（顶点）】子对象层级上，可以选择单个或多个顶点，并且使用标准方法移动它们。【编辑顶点】卷展栏如图6-4所示。

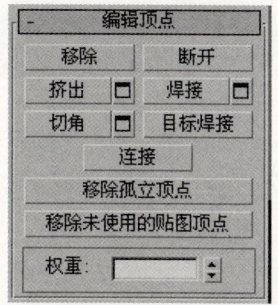

图6-4 【顶点】参数

- 移除：使用该选项，可以将选择的顶点进行移除。快捷键是 Backspace。
- 断开：在与选定顶点相连的每个多边形上，都创建一个新顶点，这可以使多边形的转角相互分开，不再连接原来的顶点。
- 挤出：可以手动挤出顶点，方法是在视口中直接操作。
- 挤出设置按钮：打开【挤出顶点】助手，以便通过交互式操作执行挤出。
- 焊接：对【焊接】助手中指定的公差范围内选定的连续顶点进行合并。
- 焊接设置按钮：打开【焊接顶点】助手以便指定焊接阈值。
- 切角：单击此按钮，然后在活动对象中拖动顶点。
- 切角设置按钮：打开【切角】助手，以便通过交互式操作对顶点进行切角处理，以及切换【打开】选项。
- 目标焊接：可以选择一个顶点，并将它焊接到相邻目标顶点。
- 连接：在选中的顶点对之间创建新的边。
- 移除孤立顶点：将不属于任何多边形的所有顶点删除。
- 移除未使用的贴图顶点：某些建模

操作会留下未使用的（孤立）贴图顶点，它们会显示在【展开UVW】编辑器中，但是不能用于贴图。

- 权重：设置选定顶点的权重。供NURMS细分选项和【网格平滑】修改器使用。

6.2.3 【边】次物体级

【边】是连接两个顶点的直线，它可以形成多边形的边。边不能由两个以上多边形共享。在【可编辑多边形边】子对象层级，可以选择一个和多个边，然后使用标准方法对其进行变换。【编辑边】卷展栏如图6-5所示。

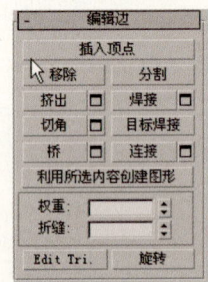

图6-5 【边】参数

- 插入顶点：用于手动细分可视的边。
- 移除：删除选定边并组合使用这些边的多边形。
- 分割：沿着选定边分割网格。
- 挤出：直接在视口操作时，可以手动挤出边。
- 挤出设置按钮：打开【挤出边】助手，以便通过交互式操作执行挤出。
- 焊接：对【焊接】助手中指定的阈值范围内的选定边进行合并。
- 焊接设置按钮：打开【焊接边】助手以便指定焊接阈值。
- 切角：单击该按钮，然后拖动活动对象中的边。要采用数字方式对边进行切角处理，则单击【切角设置】按钮，然后更改【切角量】值。
- 切角设置按钮：打开【切角】助手，以便通过交互式操作对边进行切角处理，以及切换【打开】选项。
- 目标焊接：用于选择边并将其焊接到目标边。将光标放在边上时，光标会变为+形状。单击并移动鼠标会出现一条虚线，虚线的一端是顶点，另一端是箭头光标。将光标放在其他边上，如果光标再次显示为+形状，则单击鼠标。此时，第一条边将会移动到第二条边的位置，从而将这两条边焊接在一起。
- 桥：使用多边形的"桥"连接对象的边。桥只连接边界边；也就是只在一侧有多边形的边。
- 桥设置按钮：打开【跨越边】助手，以便通过交互式操作在边对之间添加多边形。
- 连接：使用当前的【连接边】设置在选定边对之间创建新边。
- 连接设置按钮：打开【连接边】助手，以便预览【连接】效果，指定该操作创建的边分段数，以及设置新边的边距和放置。
- 利用所选内容创建图形：选择一个或多个边后，单击该按钮，以便通过选定的边创建样条线形状。此时，将会显示【创建样条线】对话框，用于命名形状，并将其设置为【平滑】或【线性】。新形状的枢轴位于多边形对象的中心。
- 权重：设置选定边的权重。
- 折缝：指定对选定边或边执行的折缝操作量。

- Edit Tiv：用于修改绘制内边或对角线时多边形细分为三角形的方式。
- 旋转：用于通过单击对角线修改多边形细分为三角形的方式。

6.2.4 【边界】次物体级

【边界】是网格的线性部分，通常可以描述为孔洞的边缘。它通常是多边形仅位于一面时的边序列。在【可编辑多边形边界】子对象层级，可以选择一个和多个边界，然后使用标准方法对其进行变换。【编辑边界】卷展栏如图6-6所示。

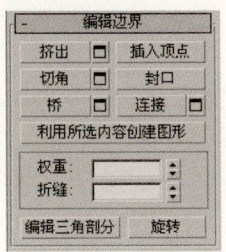

图6-6 【边界】参数

- 挤出：通过直接在视口中操作对边界进行手动挤出处理。单击此按钮，然后垂直拖动任何边界，以便将其挤出。
- 挤出设置按钮：打开【挤出边】助手，以便通过交互式操作执行挤出。
- 插入顶点：用于手动细分边界边。
- 切角：单击该按钮，然后拖动活动对象中的边界。不需要先选中该边界。
- 切角设置按钮：打开【切角边】助手，以便通过交互式操作对边界进行切角处理，以及切换【打开】选项。
- 封口：使用单个多边形封住整个边界环。
- 桥：用【桥】多边形连接对象上的边界对。
- 桥设置按钮：打开【桥】助手，以便通过交互式操作连接边界对。

- 连接：在选定边界边对之间创建新边。这些边可以通过其中点相连。
- 连接设置按钮：用于预览【连接】效果，并指定执行该操作时创建的边分段数。要增加新边周围的网格分辨率，应增加【连接边分段】设置。
- 利用所选内容创建图形：选择一个或多个边后，单击该按钮，以便通过选定的边创建样条线形状。此时，将会显示【创建样条线】对话框，用于命名形状，并将其设置为【平滑】或【线性】。新形状的枢轴位于多边形对象的中心。
- 权重：设置选定边界的权重。
- 折缝：指定对选定边界或边界执行的折缝操作量。
- 编辑三角剖分：用于修改绘制内边或对角线时多边形细分为三角形的方式。
- 旋转：用于通过单击对角线修改多边形细分为三角形的方式。

6.2.5 【多边形】/【元素】次物体级

【多边形】是通过曲面连接的三条或多条边的封闭序列。多边形提供了可渲染的可编辑多边形对象曲面。在【可编辑多边形】子对象层级，可以选择一个或多个多边形，还可以使用标准方法对其进行变换。【编辑多边形】卷展栏，如图6-7所示。

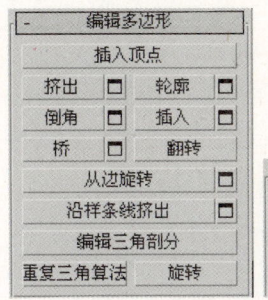 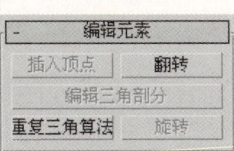

图6-7 【编辑多边形】卷展栏

- 插入顶点：用于手动细分多边形。即使处于元素子对象层级，同样适用于多边形。
- 挤出：直接在视口中操作时，可以执行手动挤出操作。单击此按钮，然后垂直拖动任何多边形，以便将其挤出。
- 挤出设置按钮：打开【挤出多边形】助手，以便通过交互式操作执行挤出。
- 轮廓：用于增加或减少每组连续选定多边形的外边。
- 轮廓设置按钮：打开【多边形加轮廓】助手，以便通过数值设置执行加轮廓操作。
- 倒角：通过直接在视口中操作执行手动倒角操作。
- 倒角设置按钮：打开【倒角】助手，以便通过交互式操作执行倒角处理。
- 插入：执行没有高度的倒角操作，即在选定多边形的平面内执行该操作。
- 插入设置按钮：打开【插入】助手，以便通过交互式操作插入多边形。
- 桥：使用多边形的【桥】连接对象上的两个多边形或选定多边形。
- 桥设置按钮：打开【跨越多边形】助手，以便通过交互式操作连接选定的多边形对。
- 翻转：反转选定多边形的法线方向，从而使其面向操作者。
- 从边旋转：通过在视口中直接操作执行手动旋转。选择多边形，并单击该按钮，然后沿着垂直方向拖动任何边，以便旋转选定多边形。
- 从边旋转设置按钮：打开【从边旋转】助手，以便通过交互式操纵旋转多边形。
- 沿样条线挤出：沿样条线挤出当前的选定内容。
- 沿样条线挤出设置按钮：打开【沿样条线挤出】助手，以便通过交互式操纵沿样条线挤出。
- 编辑三角剖分：可以通过绘制内边修改多边形细分为三角形的方式。
- 重复三角算法：允许3ds Max Design对多边形或当前选定的多边形自动执行最佳的三角剖分操作。
- 旋转：用于通过单击对角线修改多边形细分为三角形的方式。激活【旋转】时，对角线可以在线框和边面视图中显示为虚线。

6.2.6 【编辑几何体】次物体级

【编辑几何体】卷展栏中提供了多种用于更改多边形的工具，这些工具在所有子对象级别下都可用，如图6-8所示。

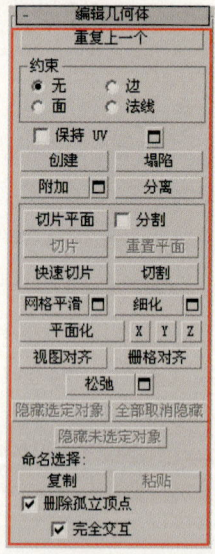

图6-8 【编辑几何体】参数

- 【重复上一个】按钮：单击该按钮可以重复使用上一次使用的命令。

- 约束：使用现有的几何体来约束子对象的变换效果，共有【无】、【边】、【面】和【法线】4种方式可供选择。
- 保持UV：选中该复选框后，可以在编辑子对象的同时不影响该对象的UV贴图。
- 【创建】按钮 创建 ：创建新的几何体。
- 【塌陷】按钮 塌陷 ：这个工具类似于【焊接】工具，但是不需要设置【阈值】参数就可以直接塌陷在一起。
- 【附加】按钮 附加 ：使用该工具可以将场景中的其他对象附加到选定的可编辑多边形中。
- 【分离】按钮 分离 ：将选定的子对象作为单独的对象或元素分离出来。
- 【切片平面】按钮 切片平面 ：使用该工具可以沿某一平面分开网格对象。
- 分割：选中该复选框后，可以通过【快速切片】工具和【切割】工具在划分边的位置处创建出两个顶点集合。
- 【切片】按钮 切片 ：使用该工具可以在切片平面位置处执行切割操作。
- 【重置平面】按钮 重置平面 ：将执行过【切片】的平面恢复到之前的状态。
- 【快速切片】按钮 快速切片 ：可以将对象进行快速切片，切片线沿着对象表面，所以可以更加准确地进行切片。
- 【切割】按钮 切割 ：可以在一个或多个多边形上创建出新的边。
- 【网格平滑】按钮 网格平滑 ：使选定的对象产生平滑效果。
- 【细化】按钮 细化 ：增加局部网格的密度，从而方便处理对象的细节。
- 【平面化】按钮 平面化 ：强制所有选定的子对象成为共面。
- 【视图对齐】按钮 视图对齐 ：使对象中的所有顶点与活动视图所在的平面对齐。
- 【栅格对齐】按钮 栅格对齐 ：使选定对象中的所有顶点与活动视图所在的平面对齐。
- 【松弛】按钮 松弛 ：使当前选定的对象产生松弛现象。
- 【隐藏选定对象】按钮 隐藏选定对象 ：隐藏所选定的子对象。
- 【全部取消隐藏】按钮 全部取消隐藏 ：将所有的隐藏对象还原为可见对象。
- 【隐藏未选定对象】按钮 隐藏未选定对象 ：隐藏未选定的任何子对象。
- 【命名选择】：用于复制和粘贴子对象的命名选择集。
- 【删除孤立顶点】：选中该复选框后，选择连续子对象时会删除孤立顶点。
- 【完全交互】：选中该复选框后，如果更改数值设置，将直接在视图中显示最终的结果。

> 提示 3ds Max 2012编辑多边形的部分面板发生了变化。例如使用【多边形】级别，并进行【挤出】操作，之前的版本都会弹出【长方形】的参数面板，而3ds Max 2012版本会弹出更小的菜单，如图6-9所示。

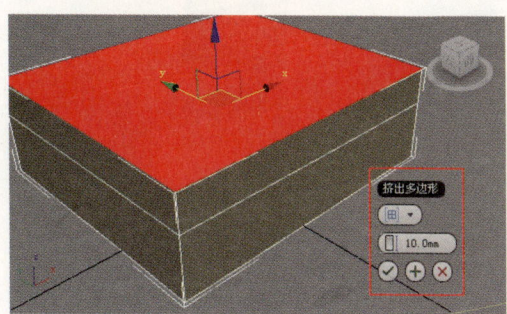

图6-9　3ds Max 2012　参数面板

6.2.7 【细分曲面】次物体级

【细分曲面】卷展栏中的参数可以将细分应用于多边形对象，以便于对分辨率较低的【框架】网格进行操作，同时还可以查看更为平滑的细分结果，其参数设置面板如图6-10所示。

- 平滑结果：对所有的多边形应用相同的平滑组。
- 使用NURMS细分：通过NURMS方法应用平滑效果。
- 等值线显示：选中该复选框后，只显示等值线。
- 显示框架：在修改或细分之前，切换可编辑多边形对象的两种颜色线框的显示方式。
- 显示：包含【迭代次数】和【平滑度】两个选项。
  - ◆ 迭代次数：用于控制平滑多边形对象时所用的迭代次数。
  - ◆ 平滑度：用于控制多边形的平滑程度。
- 渲染：用于控制渲染时的迭代次数与平滑度。
- 分隔方式：包括【平滑组】与【材质】两个选项。
- 更新选项：设置手动更新细分效果或在渲染时更新细分效果。

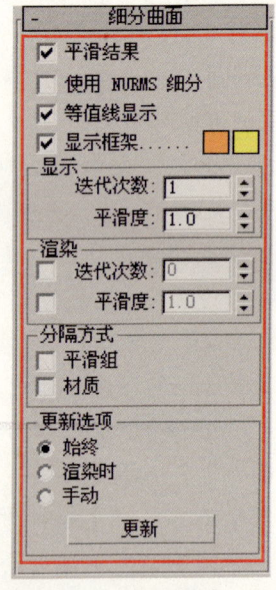

图6-10 【细分曲面】参数

实战演练038——餐椅

案例文件	最终文件\第6章\实战演练038\餐椅.max	视频教学	视频\第6章\餐椅.flv
视频长度	2分13秒	难易指数	★★★☆☆

本例就来学习使用【多边形建模】完成模型的制作，最终渲染和线框效果如图6-11所示。

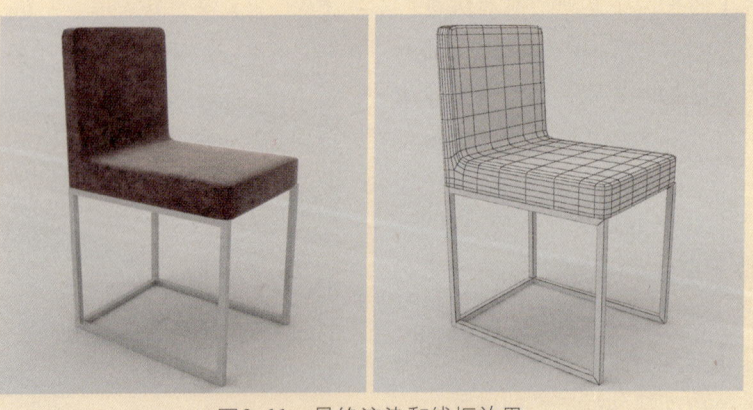

图6-11 最终渲染和线框效果

① 启动3ds Max 2012中文版，选择菜单栏中的【自定义】|【单位设置】命令，此时将弹出【单位设置】对话框，将【显示单位比例】和【系统单位比例】设置为【毫米】，如图6-12所示。

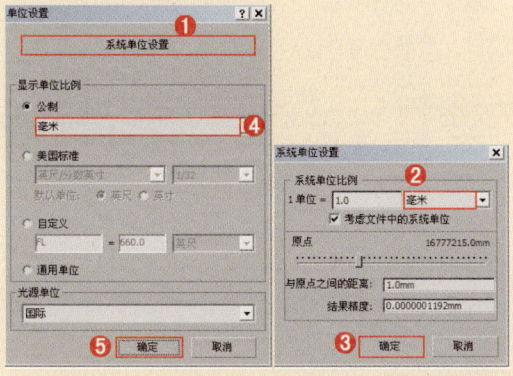

图6-12 单位设置

② 单击【创建】|【几何体】|【标准基本体】 标准基本体 |【长方体】 长方体 按钮，在【顶】视图中创建一个长方体，进入【修改】面板修改参数，设置【长度】为580.0mm，【宽度】为440.0mm，【高度】为100.0mm，【长度分段】为2，【宽度分段】为1，【高度分段】为1，如图6-13所示。

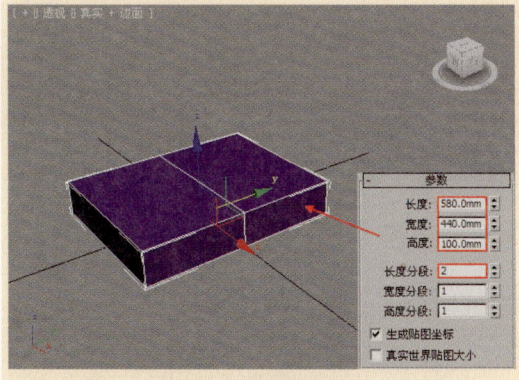

图6-13 创建长方体

③ 选择刚创建的长方体，然后将其转换为可编辑多边形，接着在顶点级别 下选择图6-14所示的点，然后使用【选择并移动】工具按图6-15所示调节点的位置。

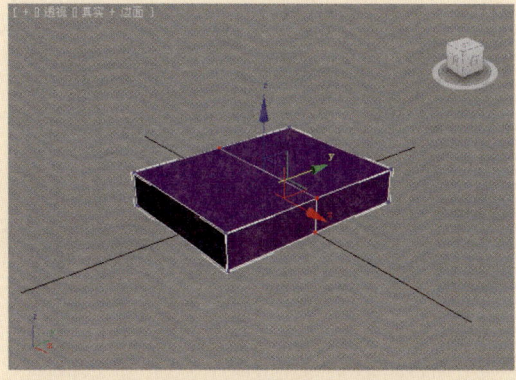

图6-14 选择顶点

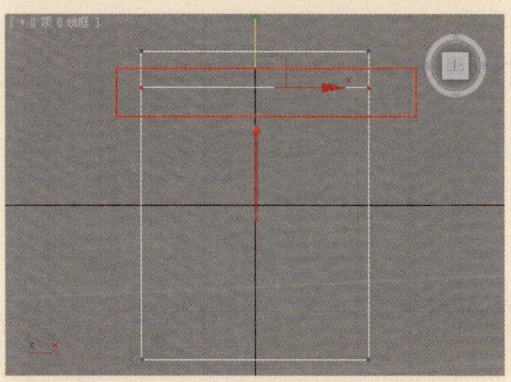

图6-15 移动位置

④ 接着在多边形级别 下选择图6-16所示的多边形，然后单击【挤出】按钮 挤出 后面的【设置】按钮 ，并设置【挤出数量】为370.0mm，如图6-17所示。

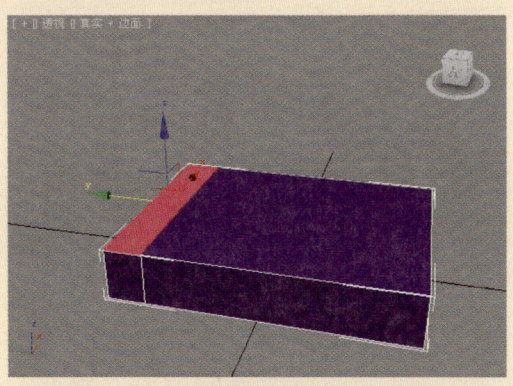

图6-16 选择多边形

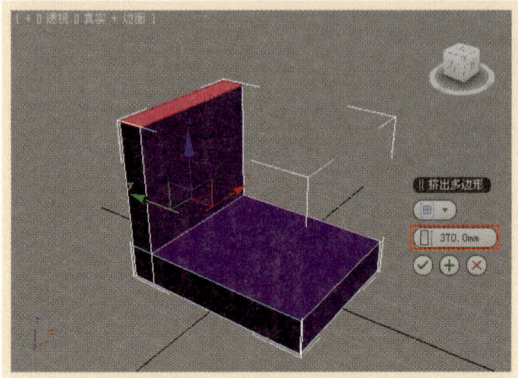

图6-17 【挤出】参数

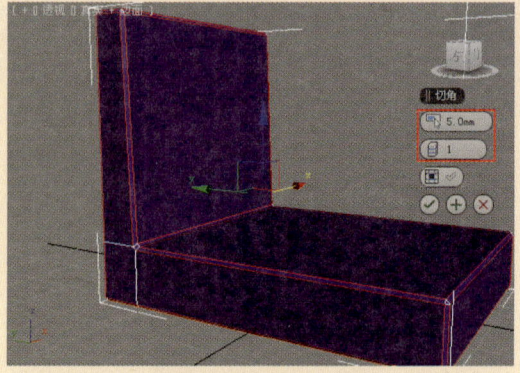

图6-20 【切角】参数

5 接着在顶点级别下选择图6-18所示的点，然后使用【选择并移动】工具调节点的位置。

7 为其加载【网格平滑】修改器，并设置【迭代次数】为2，如图6-21所示。

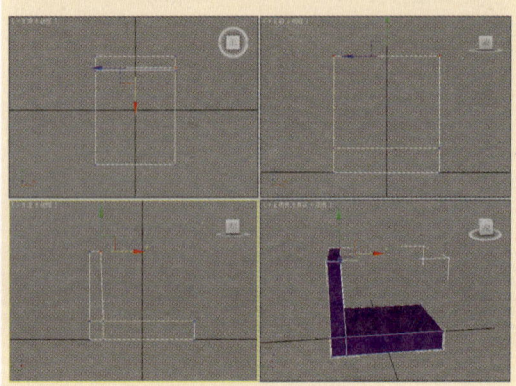

图6-18 顶点调节

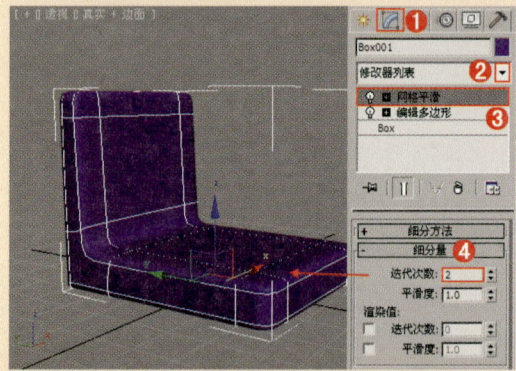

图6-21 加载【网格平滑】修改器

6 进入边级别选择图6-19所示的边，然后单击【切角】按钮后面的【设置】按钮，并设置【边切角量】为5.0mm，【连接边分段】为1mm，如图6-20所示。

8 使用【样条线】下的【矩形】工具在【左】视图绘制矩形，设置【长度】为450.0mm，【宽度】为550.0mm，如图6-22所示。

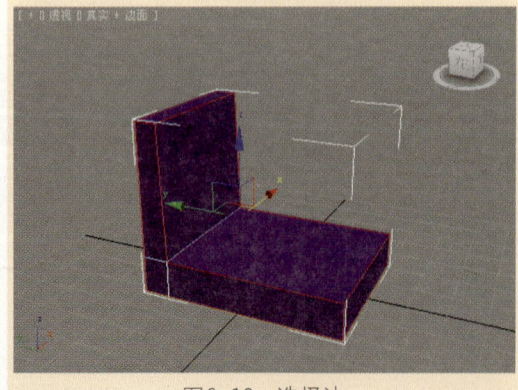

图6-19 选择边

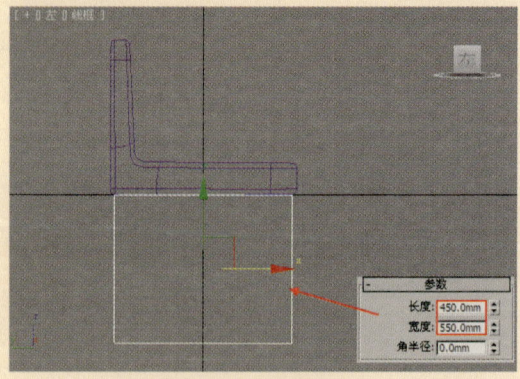

图6-22 矩形创建

9 进入【修改】面板，展开【渲染】卷展栏，选中【在渲染中启用】和【在视口中启用】复选框,选中【矩形】单选按钮,设置【长度】为20.0mm,【宽度】为20.0mm,如图6-23所示。

为20.0mm,如图6-26所示。

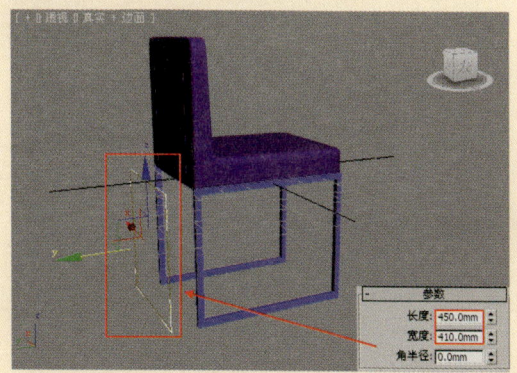

图6-25 选择边

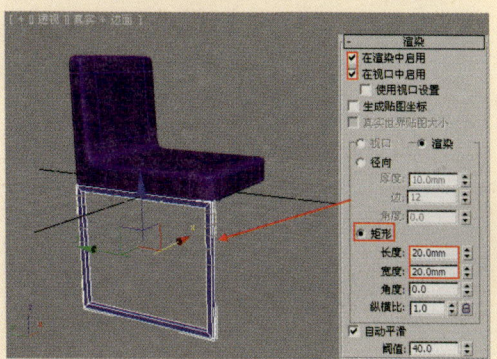

图6-23 【矩形】参数

10 选择椅子腿,单击【镜像】按钮,设置【镜像轴】为X,【偏移】为410.0mm,【克隆当前选择】为【复制】,最后单击【确定】按钮,如图6-24所示。

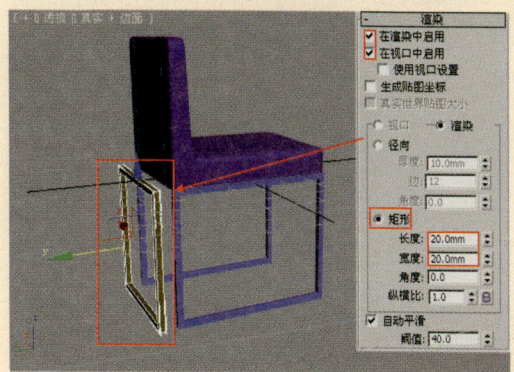

图6-26 【渲染】卷展栏

13 最终模型效果如图6-27所示。

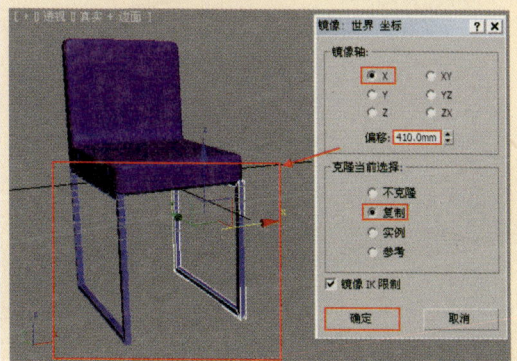

图6-24 镜像椅子腿

11 在椅子后面再次绘制【矩形】,设置【矩形】参数【长度】为450.0mm,【宽度】为410.0mm,如图6-25所示。

12 进入【修改】面板,展开【渲染】卷展栏,选中【在渲染中启用】和【在视口中启用】复选框,选中【矩形】单选按钮,设置【长度】为20.0mm,【宽度】

图6-27 最终模型效果

实战演练039——新古典餐椅

案例文件	最终文件\第6章\实战演练039\新古典餐椅.max	视频教学	视频\第6章\新古典餐椅.flv
视频长度	4分20秒	难易指数	★★☆☆

本例就来学习使用【多边形建模】完成模型的制作，最终渲染和线框效果如图6-28所示。

图6-28　最终渲染和线框效果使用

1 启动3ds Max 2012中文版，选择菜单栏中的【自定义】|【单位设置】命令，此时将弹出【单位设置】对话框，将【显示单位比例】和【系统单位比例】设置为【毫米】，如图6-29所示。

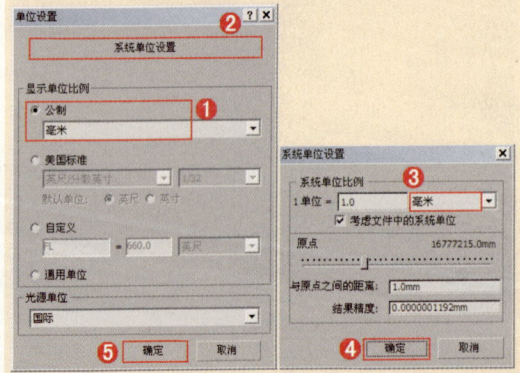

图6-29　单位设置

2 单击【创建】|【几何体】|【扩展基本体】|【切角长方体】按钮，在【顶】视图中创建一个切角长方体，然后在【参数】卷展栏下设置【长度】为580.0mm、【宽度】为540.0mm、【高度】为120.0mm，【圆角】为15.0mm，【长度分段】为4，【宽度分段】为4，【高度分段】为2，【圆角分段】为3，如6-30所示。

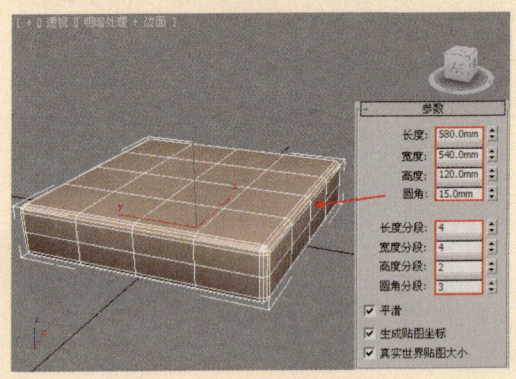

图6-30　切角长方体创建

3 为上一步创建的切角长方体加载【FFD3×3×3】修改器，并进入【控制点】级别调节形状，如图6-31所示。

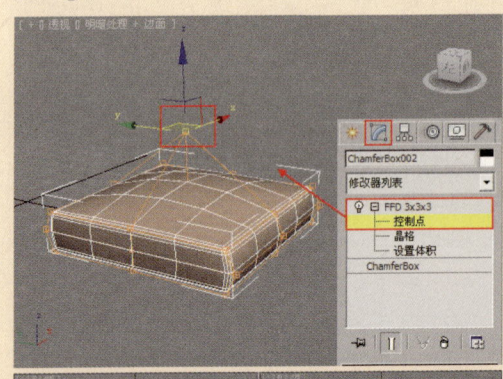

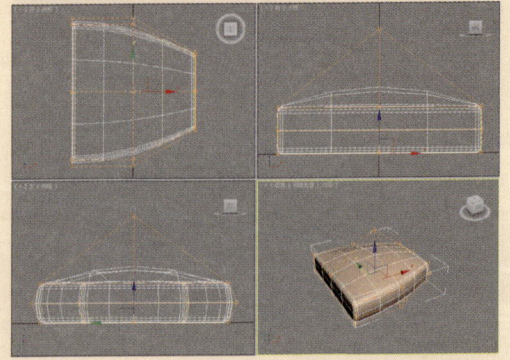

图6-31　加载【FFD3×3×3】修改器

④ 继续创建【切角长方体】,然后在【参数】卷展栏下设置【长度】为800.0mm、【宽度】为400.0mm、【高度】为100.0mm,【圆角】为20.0mm,【长度分段】为6,【宽度分段】为4,【高度分段】为2,【圆角分段】为3,如图6-32所示。

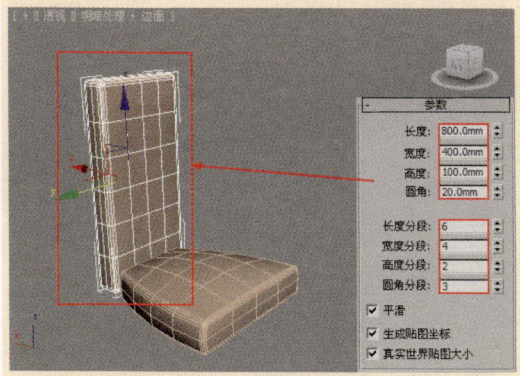

图6-32 切角长方体创建

⑤ 为上一步创建的切角长方体加载【FFD(长方体)】修改器,展开【FFD参数】卷展栏,单击【设置点数】按钮,在弹出的【设置FFD尺寸】对话框中设置【长度】、【宽度】、【高度】均为5,最后单击【确定】按钮,如图6-33所示。

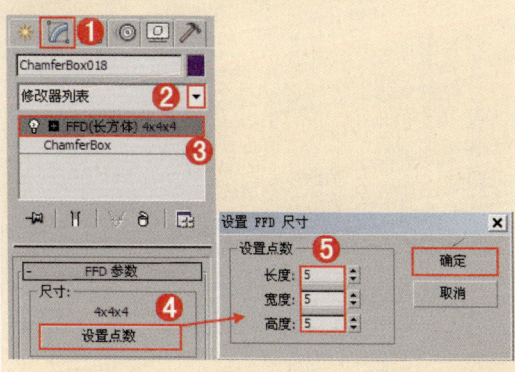

图6-33 【FFD】修改器参数

⑥ 进入【FFD(长方体)】修改器的【控制点】级别,结合各个视图细致地调节椅背的形状,如图6-34所示。椅背最终模型效果如图6-35所示。

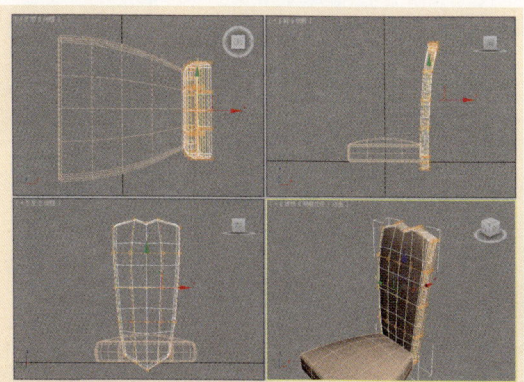

图6-34 控制点修改

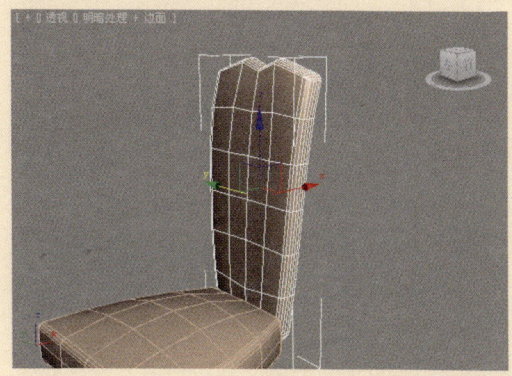

图6-35 模型效果

⑦ 在【左】视图使用【样条线】下的【线】工具绘制如图6-36所示的形状。

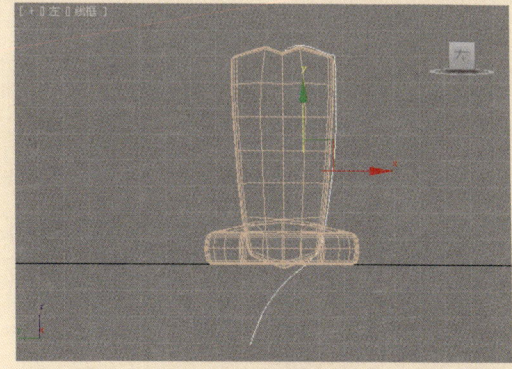

图6-36 创建线

⑧ 进入【修改】面板,展开【渲染】卷展栏,选中【在渲染中启用】和【在视口中启用】复选框,选中【矩形】单选按钮,设置【长度】为200.0mm,【宽度】为150.0mm,如图6-37所示。

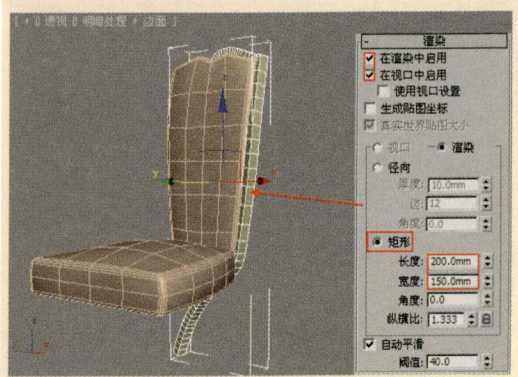

图6-37 【渲染】参数

9 将上一步创建的形状转化为【可编辑多边形】，进入边级别选择所有的边，然后单击【切角】按钮后面的【设置】按钮，并设置【切角数量】为10.0mm，【分段】为2，如图6-38所示。

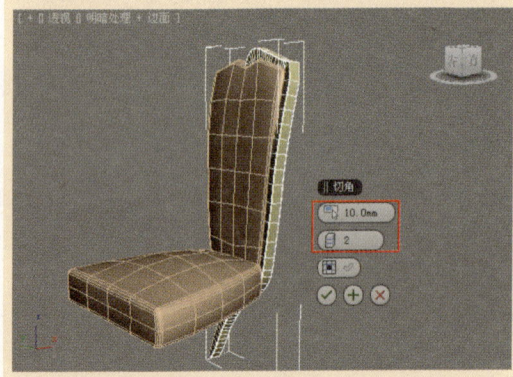

图6-38 选择边并切角

10 进入【修改】面板，为其加载【网格平滑】修改器，设置【迭代次数】为2，如图6-39所示。

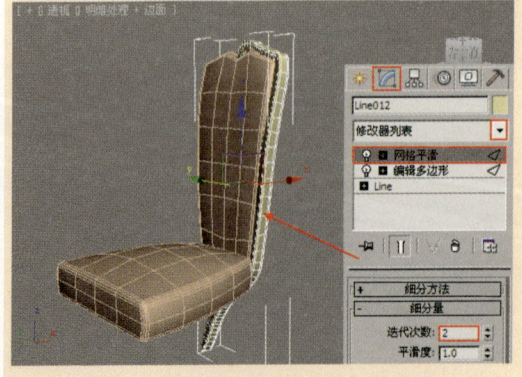

图6-39 加载【网格平滑】修改器

11 保持选择不变，单击【镜像】按钮，设置【镜像轴】为Y，【偏移】为150.0mm，【克隆当前选择】为【复制】，最后单击【确定】按钮，如图6-40所示。

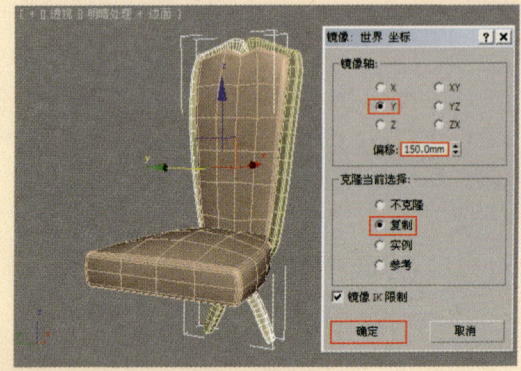

图6-40 镜像参数

12 下面创建前面的椅子腿，使用【长方体】工具在场景中创建一个长方体，然后在【参数】卷展栏下设置【长度】为50.0mm、【宽度】为50.0mm、【高度】为320.0mm，【长度分段】为1，【宽度分段】为1，【高度分段】为8，如图6-41所示。

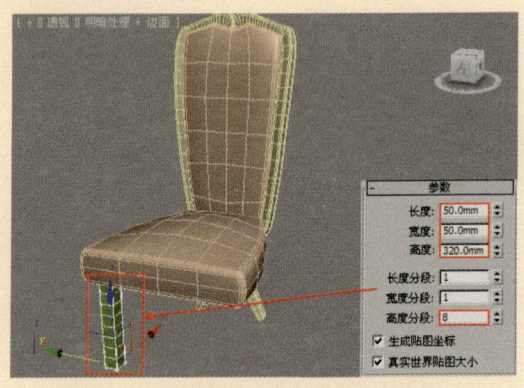

图6-41 椅子腿创建

13 将上一步创建的长方体转化为【可编辑多边形】，进入点级别，按照图6-42所示的调节点的位置。

14 为椅子腿模型加载【网格平滑】修改器，并设置【迭代次数】为2，如图6-43所示。

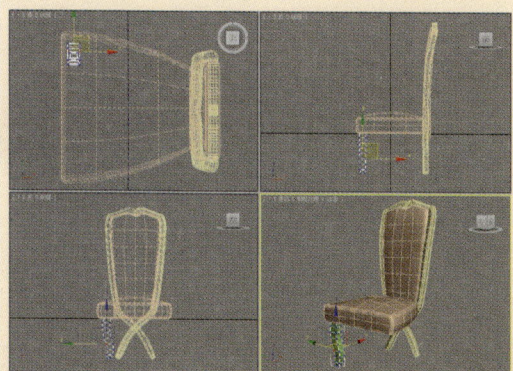

图6-42 调节点位置

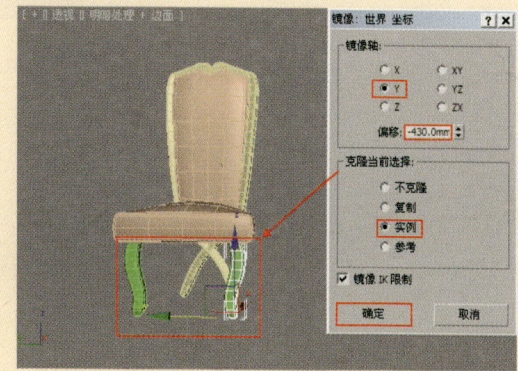

【实例】，最后单击【确定】按钮，如图6-44所示。

图6-44 镜像椅子腿

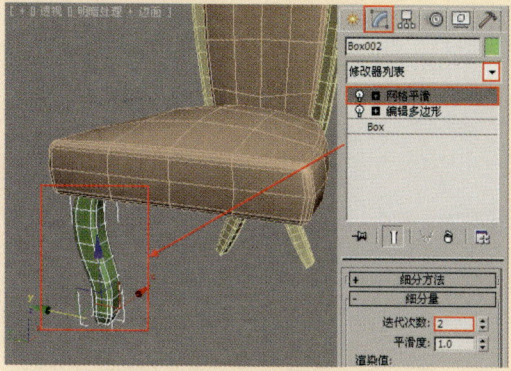

图6-43 加载【网格平滑】修改器

⑮ 保持选择椅子腿不变，单击【镜像】按钮，设置【镜像轴】为Y，【偏移】为-430.0mm，【克隆当前选择】为

⑯ 最终模型效果如图6-45所示。

图6-45 最终模型效果

实战演练040——斗柜

📁 案例文件	最终文件\第6章\实战演练040\斗柜.max	🎬 视频教学	视频\第6章\斗柜.flv
🎬 视频长度	3分20秒	⭐ 难易指数	★★★☆☆

本例就来学习使用【多边形建模】完成模型的制作，最终渲染和线框效果如图6-46所示。

① 启动3ds Max 2012中文版，选择菜单栏中的【自定义】|【单位设置】命令，此时将弹出【单位设置】对话框，将【显示单

图6-46 最终渲染和线框效果

位比例】和【系统单位比例】设置为【毫米】，如图6-47所示。

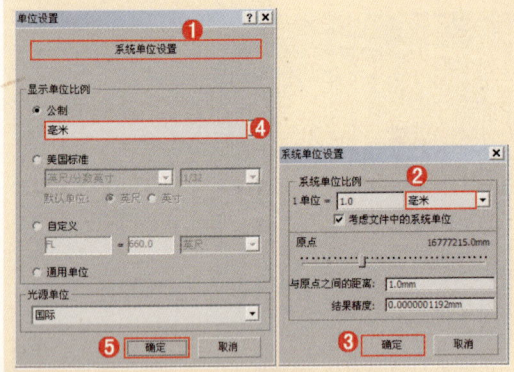

图6-47 单位设置

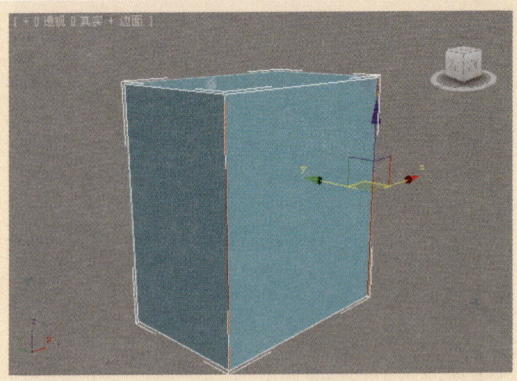

图6-49 选择边

2 单击【创建】|【几何体】|【标准基本体】|【长方体】按钮，在【顶】视图中创建一个长方体，进入【修改】面板修改参数，设置【长度】为450.0mm，【宽度】为700.0mm，【高度】为780.0mm，【长度分段】为1，【宽度分段】为1，【高度分段】为1，如图6-48所示。

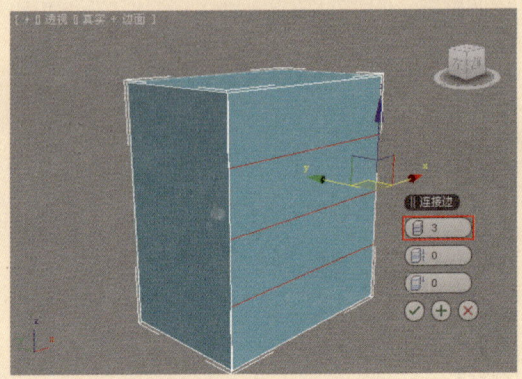

图6-50 连接参数

4 接着在多边形级别下选择如图6-51所示的多边形，然后单击【连接】按钮后面的【设置】按钮，并设置【插入方式】为按多边形，【插入数量】为40.0mm，如图6-52所示。

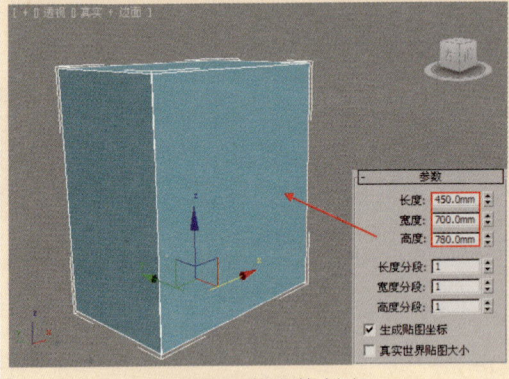

图6-48 长方体创建

3 选择刚创建长方体，然后将其转换为可编辑多边形，接着在边级别下选择如图6-49所示的边，然后单击【连接】按钮后面的【设置】按钮，并设置【连接分段】为3mm，如图6-50所示。

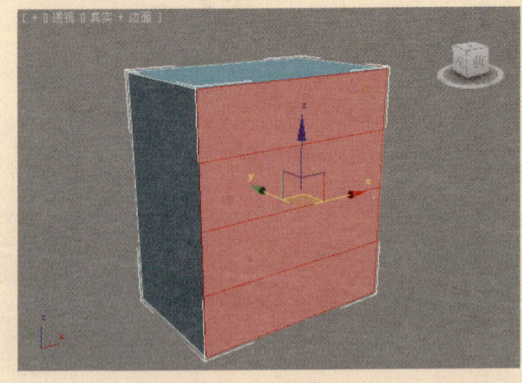

图6-51 选择多边形

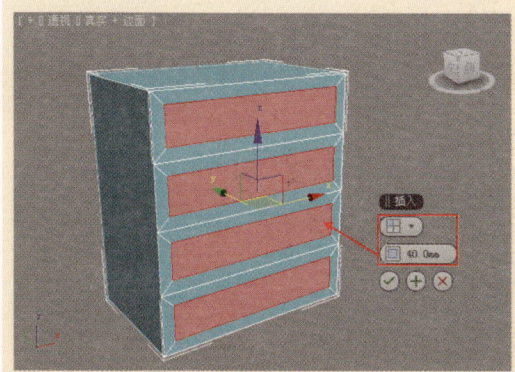

图6-52 【插入】参数

⑤ 保持选择的多边形不变,然后单击【倒角】按钮 后面的【设置】按钮,并设置【挤出数量】为-5.0mm,【轮廓量】为-3.0mm,如图6-53所示。

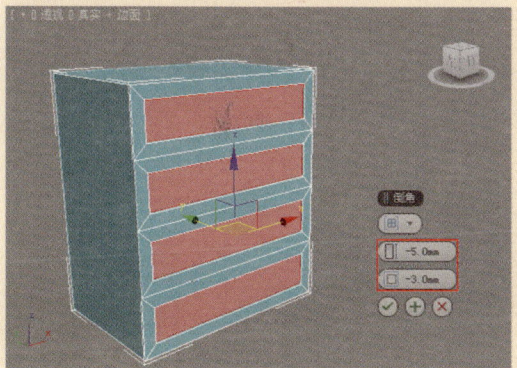

图6-53 【倒角】参数

⑥ 接着再次单击【倒角】按钮 后面的【设置】按钮,并设置【挤出数量】为-5.0mm,【轮廓量】为1.0mm,如图6-54所示。

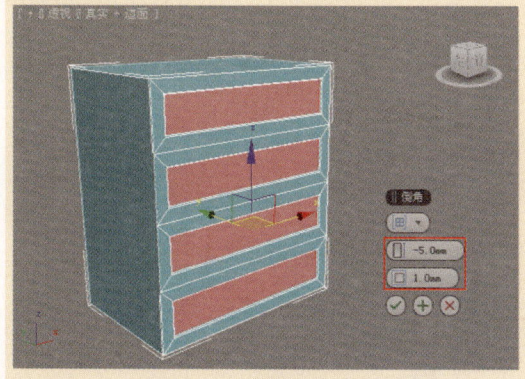

图6-54 【倒角】参数

⑦ 再次单击【倒角】按钮 后面的【设置】按钮,并设置【挤出数量】为-1.5mm,【轮廓量】为-3.0mm,如图6-55所示。

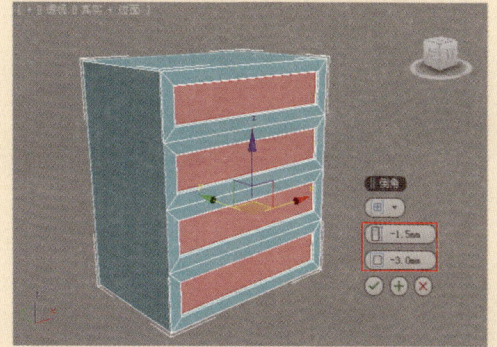

图6-55 【倒角】参数

⑧ 执行3次倒角之后的模型效果如图6-56所示。

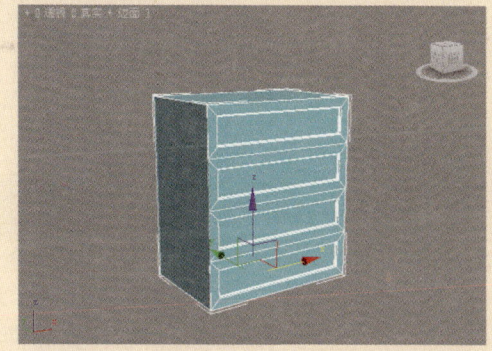

图6-56 模型效果

⑨ 接着在边级别 下选择如图6-57所示的边,然后单击【切角】按钮 后面的【设置】按钮,并设置【切角数量】为2.0mm,【分段】为3mm,如图6-58所示。

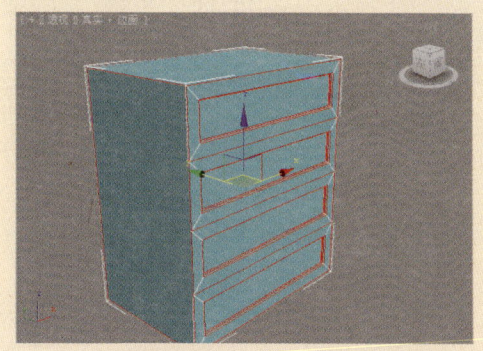

图6-57 选择边

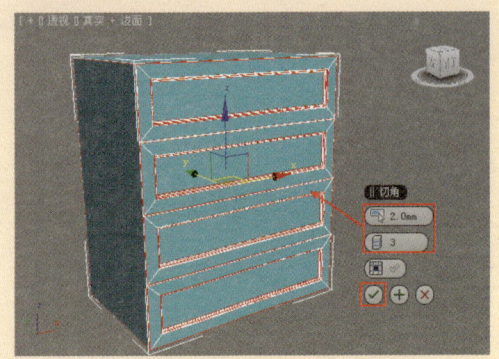

图6-58 【切角】参数

10 在长方体上方创建一个长方体，进入【修改】面板，设置【长度】为480.0mm，【宽度】为720.0mm，【高度】为5.0mm，如图6-59所示。

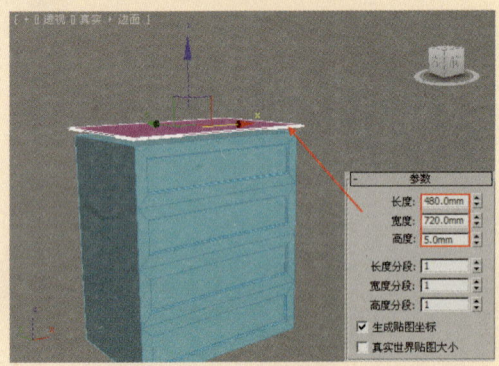

图6-59 创建长方体

11 选择刚创建的长方体，然后将其转换为可编辑多边形，接着在多边形级别■下选择如图6-60所示的多边形。

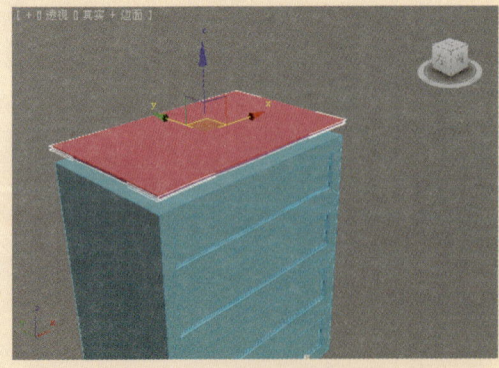

图6-60 选择多边形

12 单击【倒角】按钮 倒角 后面的【设置】按钮■，并设置【挤出数量】为15.0mm，【轮廓量】为-10.0mm，如图6-61所示。继续单击【设置】按钮■，并设置【挤出数量】为5.0mm，【轮廓量】为-0.5mm，如图6-62所示。

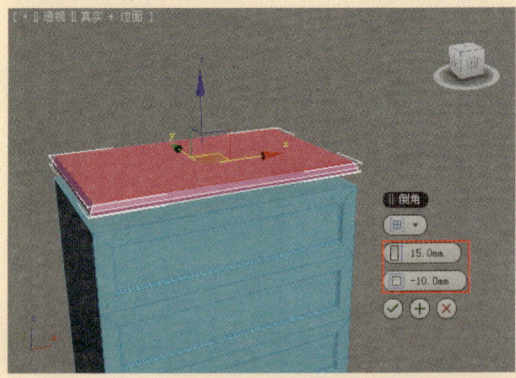

图6-61 选择边

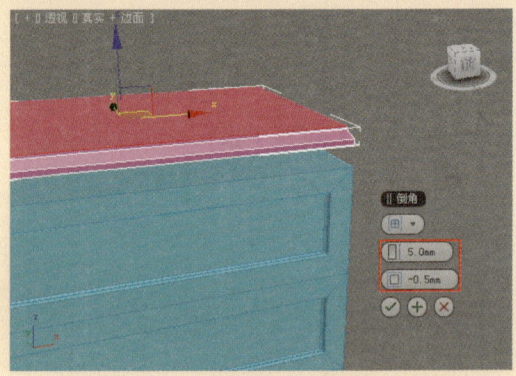

图6-62 使用连接命令

13 再次单击【倒角】按钮 倒角 后面的【设置】按钮■，并设置【挤出数量】为2.0mm，【轮廓量】为-1.5mm，如图6-63所示。

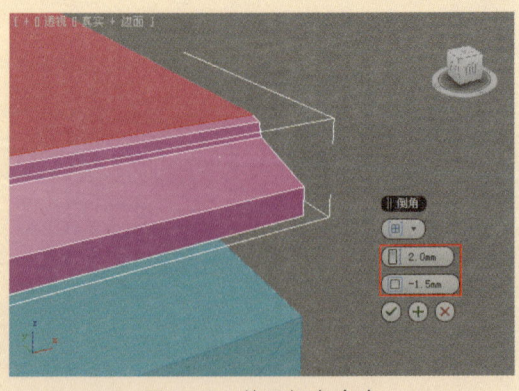

图6-63 使用切角命令

14 选择如图6-64所示的多边形。

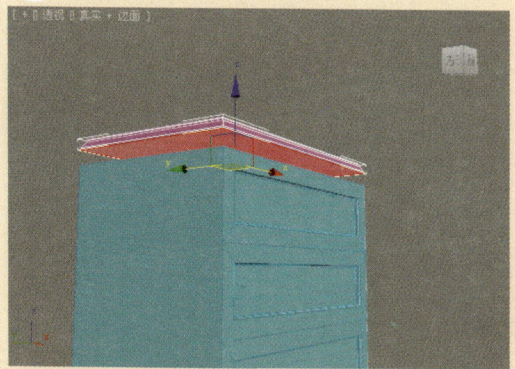

图6-64 选择多边形

15 再次执行与上面方法相同的3次倒角操作。

16 接着在边级别下选择如图6-65所示边，然后单击【切角】按钮后面的【设置】按钮，并设置【切角数量】为1.5mm，【分段】为3mm，如图6-66所示。

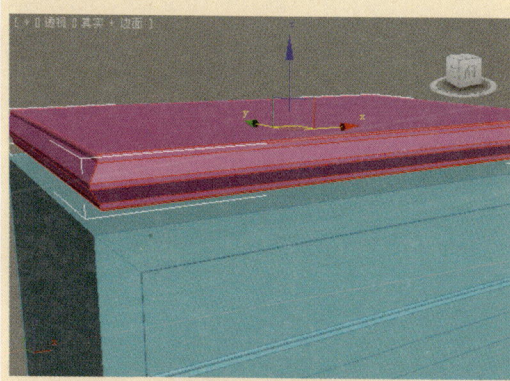

图6-65 选择边

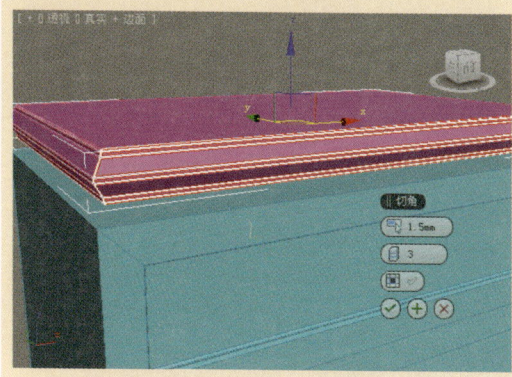

图6-66 【切角】参数

17 选择制作好的长方体，使用【选择并移动】工具复制到柜子下方，如图6-67所示。

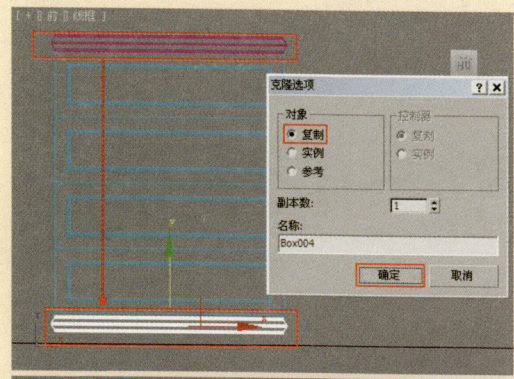

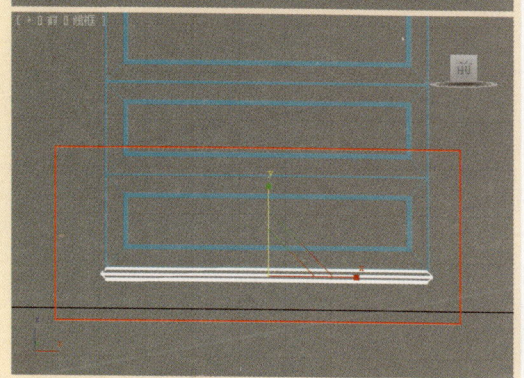

图6-67 移动位置

18 继续创建一个长方体，设置【长度】为450.0mm，【宽度】为700.0mm，【高度】为30.0mm，如图6-68所示。

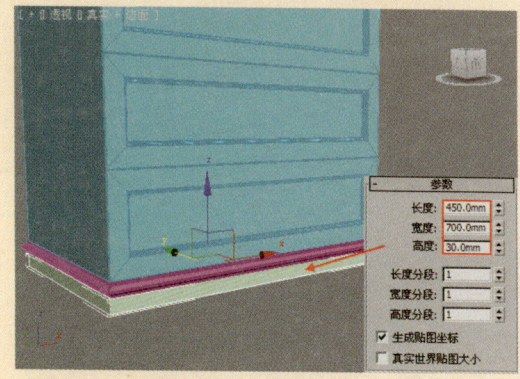

图6-68 创建长方体

19 使用【样条线】线下的【线】工具在【前】视图绘制如图6-69所示的形状。

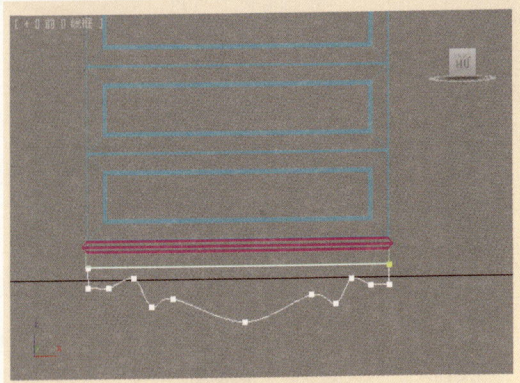

图6-69　创建线

20 为上一步创建的图形加载【挤出】修改器，设置【挤出数量】为10mm，如图6-70所示。

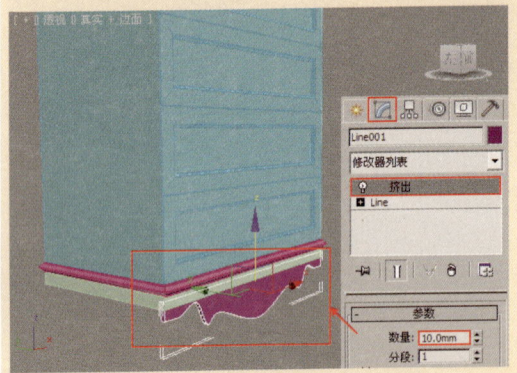

图6-70　添加【挤出】修改器

21 下面制作柜子腿，创建长方体，设置【长度】为10.0mm，【宽度】为

45.0mm，【高度】为45.0mm，使用【选择并移动】工具复制3个放置在柜子的下面，如图6-71所示。

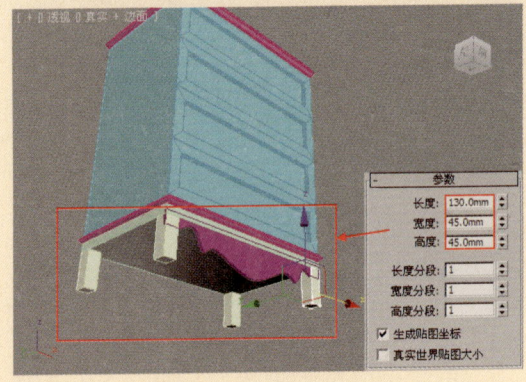

图6-71　制作柜子腿

22 最终建模效果如图6-72所示。

图6-72　最终建模效果

实战演练041——双人沙发

📁 案例文件	最终文件\第6章\实战演练041\双人沙发.max	🎬 视频教学	视频\第6章\双人沙发.flv
🎞 视频长度	2分36秒	⚠ 难易指数	★★★☆☆

1 本例就来学习使用【多边形建模】完成模型的制作，最终渲染和线框效果如图6-73所示。

启动3ds Max 2012中文版，选择菜单栏中的【自定义】|【单位设置】命令，此时将弹出【单位设置】对话框，将【显示单位比例】和【系统单位比例】设

图6-73　最终渲染和线框效果

置为【毫米】，如图6-74所示。

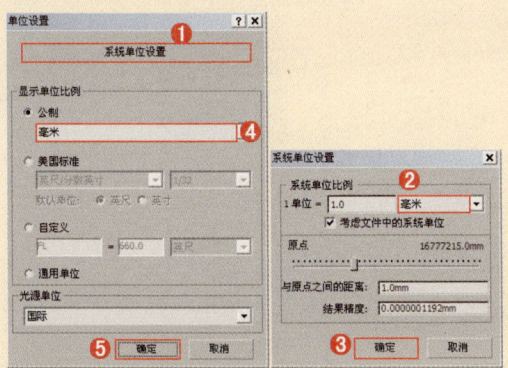

图6-74 单位设置

② 单击【创建】｜【几何体】｜【扩展基本体】｜【切角长方体】按钮，在【顶】视图中创建一个切角长方体，进入【修改】面板修改参数，设置【长度】为1000.0mm，【宽度】为2000.0mm，【高度】为250.0mm，【圆角】为23.0mm，【长度分段】为1，【宽度分段】为1，【高度分段】为1，【圆角分段】为4，如图6-75所示。

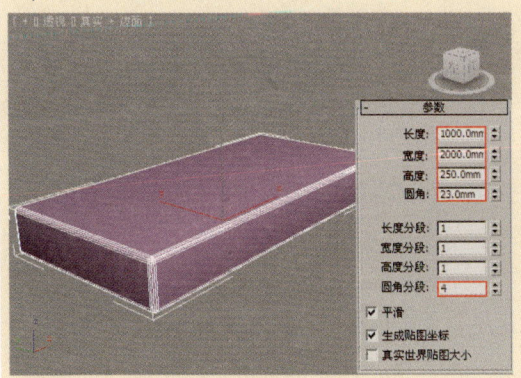

图6-75 创建切角长方体

③ 继续创建【切角长方体】作为沙发扶手，进入【修改】面板修改参数，设置【长度】为1000.0mm，【宽度】为330.0mm，【高度】1000.0mm，【圆角】为40.0mm，【长度分段】为1，【宽度分段】为1，【高度分段】为1，【圆角分段】为4，如图6-76所示。

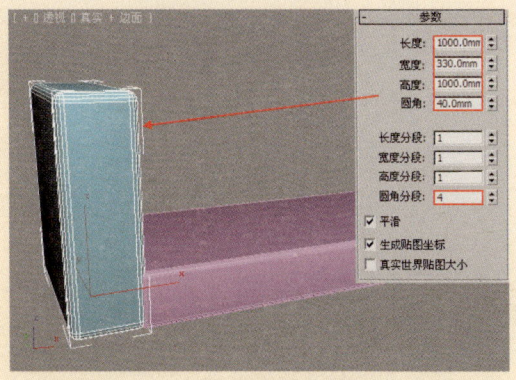

图6-76 创建切角长方体

④ 选择刚创建的切角长方体，然后将其转换为可编辑多边形，接着在边级别下选择如图6-77所示的边。

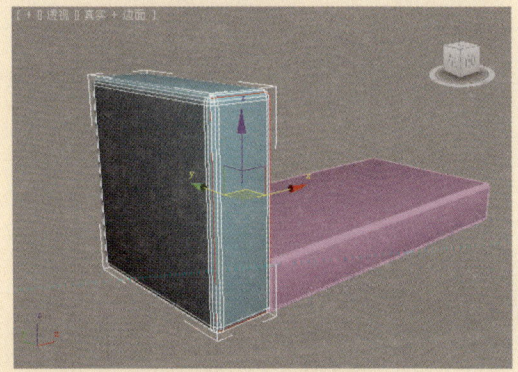

图6-77 选择边

⑤ 单击【创建图形】按钮后面的【设置】按钮，弹出【创建图形】对话框，设置【图形名】为图形001，【图形类型】为【平滑】，最后单击【确定】按钮，如图6-78所示。

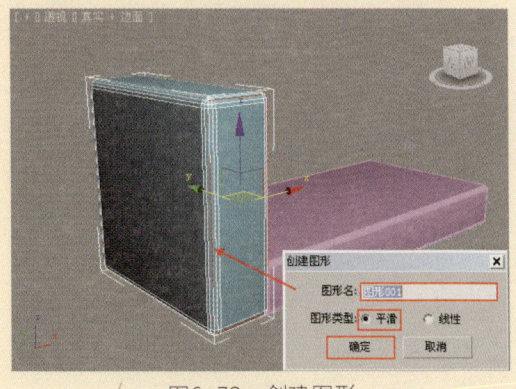

图6-78 创建图形

6 选择上一步创建的图形001，进入【修改】面板，展开【渲染】卷展栏，选中【在渲染中启用】和【在视口中启用】复选框，选中【径向】单选按钮，设置【厚度】为5.0mm，如图6-79所示。

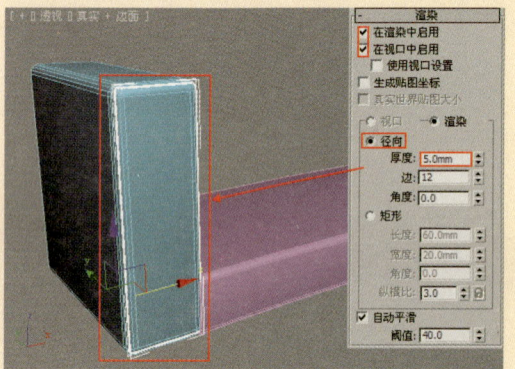

图6-79 【渲染】参数

7 选择制作好的沙发扶手模型，单击【镜像】按钮，设置【镜像轴】为X，【偏移】为2300.0mm，【克隆当前选择】为【实例】，如图6-80所示。

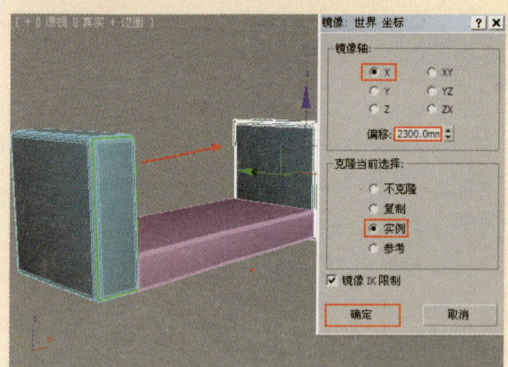

图6-80 镜像沙发扶手

8 继续创建【切角长方体】用来制作沙发靠背，进入【修改】面板修改参数，设置【长度】为700.0mm，【宽度】为1000.0mm，【高度】300.0mm，【圆角】为50.0mm，【长度分段】为4，【宽度分段】为4，【高度分段】为1，【圆角分段】为5，如图6-81所示。

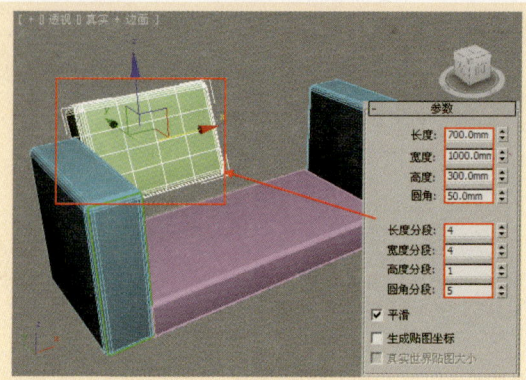

图6-81 创建切角长方体

9 为上一步创建的切角长方体加载【FFD4×4×4】修改器，如图6-82所示，进入【控制点】级别，按照图6-83所示调节控制点的形状。

图6-82 加载【FFD4×4×4】修改器

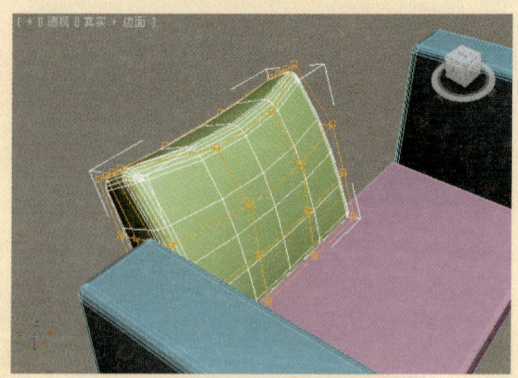

图6-83 调节控制点

10 下面制作沙发坐垫，继续创建切角长方体，进入【修改】面板修改参数，设置【长度】为1000.0mm，【宽度】为

1000.0mm，【高度】300.0mm，【圆角】为50.0mm，【长度分段】为4，【宽度分段】为4，【高度分段】为3，【圆角分段】为5，如图6-84所示。

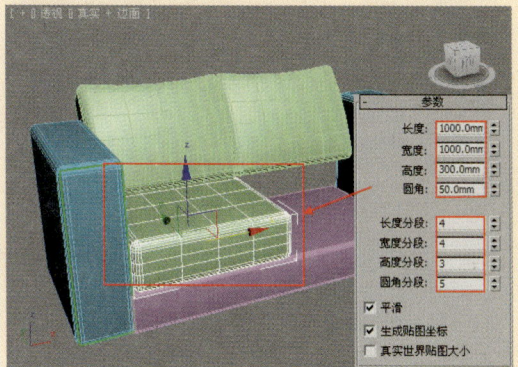

图6-84 创建切角长方体

⑪ 接着为其加载【FFD4×4×4】修改器，进入【控制点】级别，在各个视图调节控制点的位置，如图6-85所示。

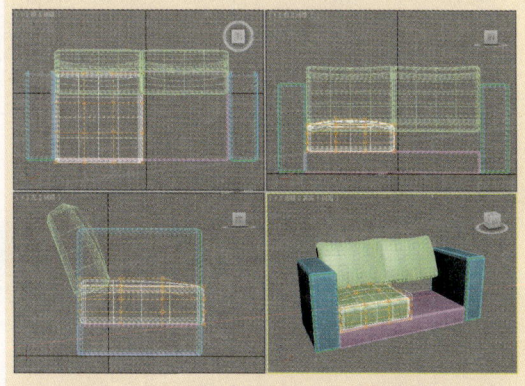

图6-85 加载【FFD4×4×4】修改器

⑫ 将上面创建的切角长方体转换为可编辑的多边形，展开【绘制变形】卷展栏，单击【推/拉】按钮 推/拉 ，设置【推/拉值】为50.0mm，【笔刷大小】为50.0mm，【笔刷强度】为0.5，接着在切角长方体上进行推拉，效果如图6-86所示。

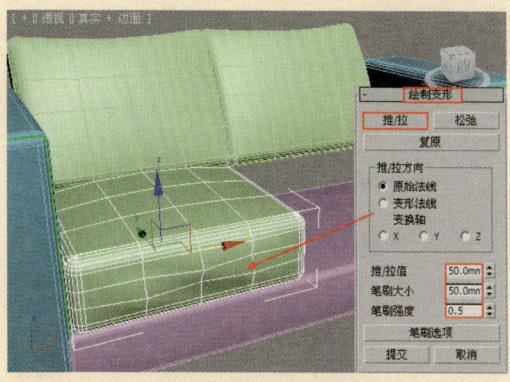

图6-86 绘制变形

⑬ 最终模型效果如图6-87所示。

图6-87 最终模型效果

实战演练042——床头柜

案例文件	最终文件\第6章\实战演练042\床头柜.max	视频教学	视频\第6章\床头柜.flv
视频长度	2分37秒	难易指数	★★☆☆☆

本例就来学习使用【多边形建模】完成模型的制作，最终渲染和线框效果如图6-88所示。

① 启动3ds Max 2012中文版，选择菜单栏中的【自定义】|【单位设置】命令，此时将弹出【单位设置】对话框，将【显

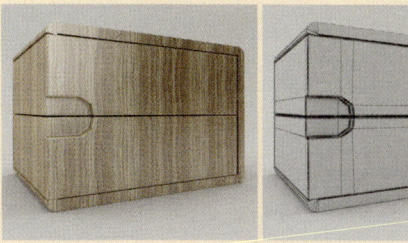

图6-88 最终渲染和线框效果

示单位比例】和【系统单位比例】设置为【毫米】,如图6-89所示。

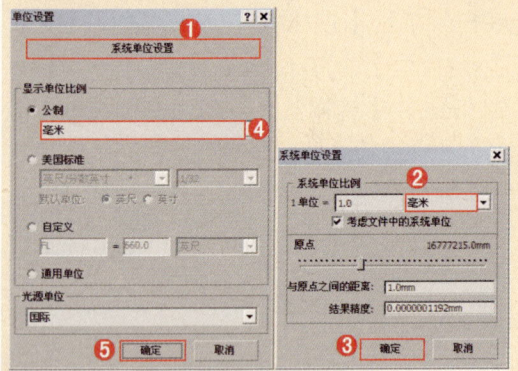

图6-89 单位设置

图6-91 选择多边形

② 单击【创建】|【几何体】|【扩展基本体】|【切角长方体】按钮,在【顶】视图中创建一个切角长方体,进入【修改】面板修改参数,设置【长度】为600.0mm,【宽度】为500.0mm,【高度】为400.0mm,【圆角】为25.0mm,【长度分段】为1,【宽度分段】为1,【高度分段】为1,【圆角分段】为5,如图6-90所示。

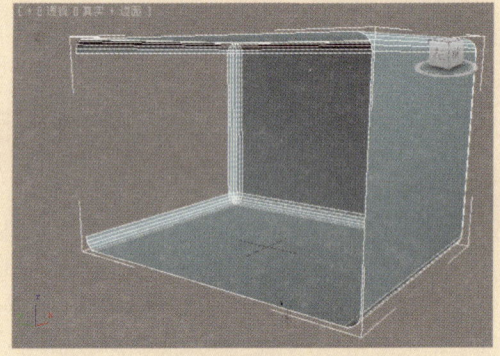

图6-92 删除多边形

④ 回到【切角长方体】的物体级别,进入【修改】面板,为其加载【壳】修改器,设置【内部量】为25.0mm,如图6-93所示。

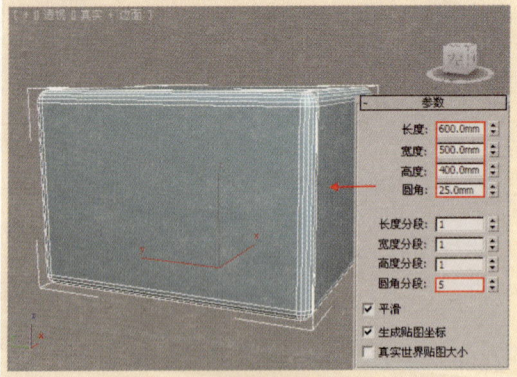

图6-90 创建切角长方体

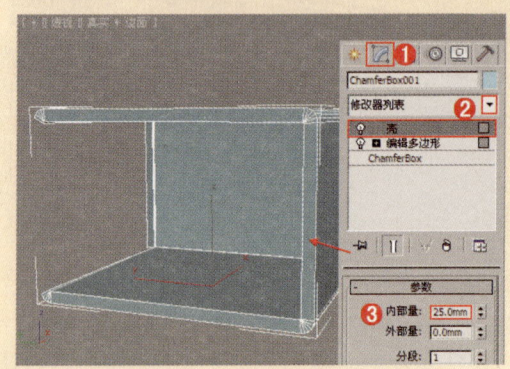

图6-93 加载壳修改器

③ 选择刚创建的长方体,然后将其转换为可编辑多边形,接着在多边形级别下选择如图6-91所示的多边形,按Delete删除,如图6-92所示。

⑤ 接着创建【标准基本体】下的【长方体】,进入【修改】面板修改参数,设置【长度】为565.0mm,【宽度】为430.0mm,【高度】为165.0mm,【长度分段】为3,【宽度分段】为1,【高度分

段】为2，如图6-94所示。

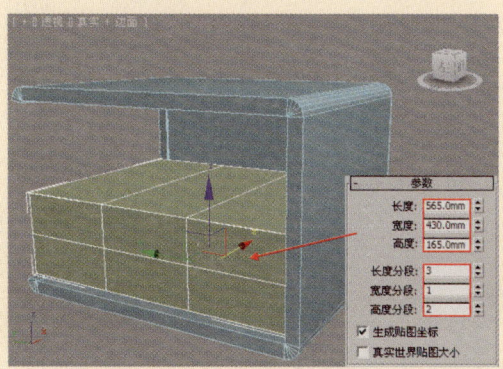

图6-94 创建长方体

6 选择刚创建长方体，然后将其转换为可编辑多边形，接着在顶点级别下选择顶点，然后在各个视图调节点的位置，如图6-95所示。

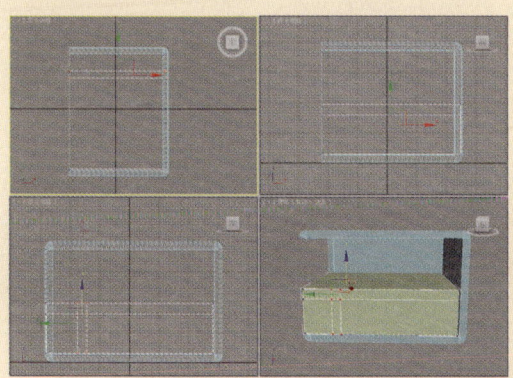

图6-95 选择点并调节

7 接着在多边形级别下选择多边形，然后单击【挤出】按钮后面的【设置】按钮，并设置【挤出数量】为20.0mm，如图6-96所示。

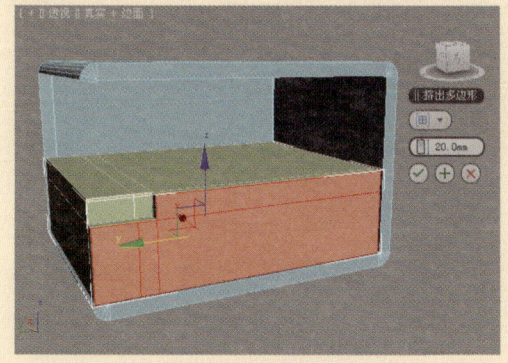

图6-96 选择多边形并挤出

8 切换到顶点级别下，按照图6-97所示调节点的位置。

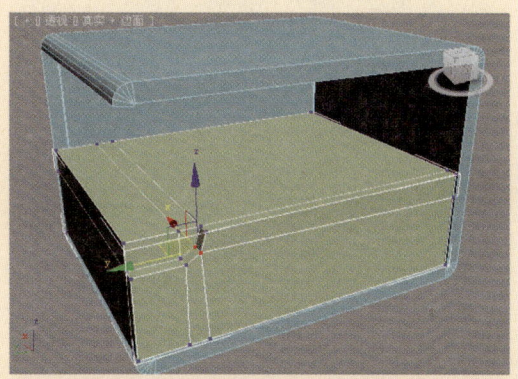

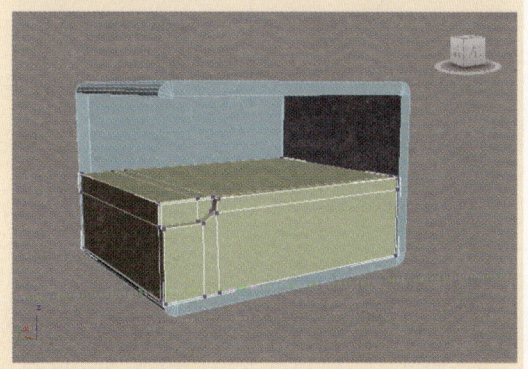

图6-97 调节点位置

9 进入边级别，在边级别下选择如图6-98所示的边，然后单击【切角】按钮后面的【设置】按钮，并设置【切角数量】为3.0mm，【分段】为5mm，如图6-99所示。

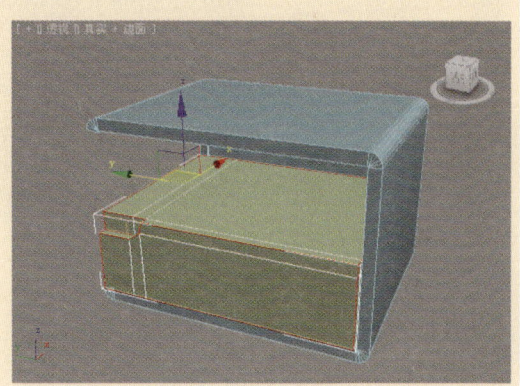

图6-98 选择边

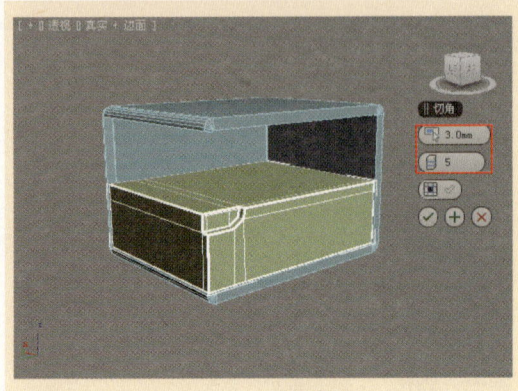

图6-99 切角参数

分。最终模型效果如图6-100所示。

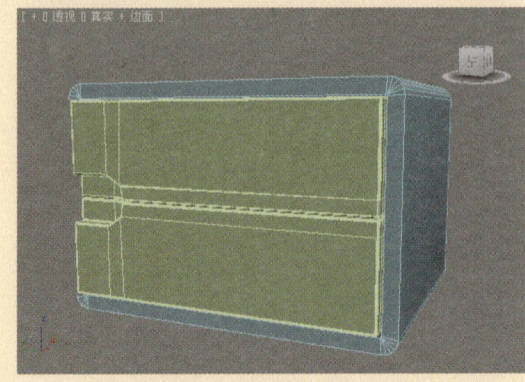

图6-100 最终模型效果

10 使用【镜像】工具，将制作好的床头柜抽屉模型镜像复制出另外一个部

▶ 实战演练043——多人沙发

📁 案例文件	最终文件\第6章\实战演练043\多人沙发.max	🎬 视频教学	视频\第6章\多人沙发.flv
🎬 视频长度	4分10秒	❗ 难易指数	★★★☆☆

本例就来学习使用【创建图形】、【绘制变形】、【切角】工具、【涡轮平滑】、【细化】、【FFD3×3×3】修改器、【选择并移动】工具完成模型的制作，最终渲染和线框效果如图6-101所示。

沙发模型建模流程如图6-102所示。

图6-101 最终渲染和线框效果

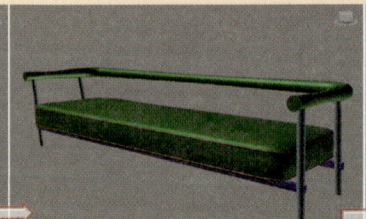

图6-102 建模流程

1. 创建沙发坐垫模型

1 启动3ds Max 2012中文版，选择菜单栏中的【自定义】|【单位设置】命令，此时将弹出【单位设置】对话框，将【显示单位比例】和【系统单位比例】设置为【毫米】，如图6-103所示。

② 单击【创建】|【几何体】|【长方体】 长方体 按钮，在【顶】视图中创建一个长方体，修改参数，如图6-104所示。

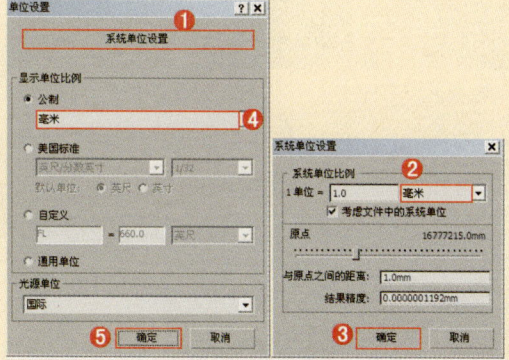

图6-103 设置单位

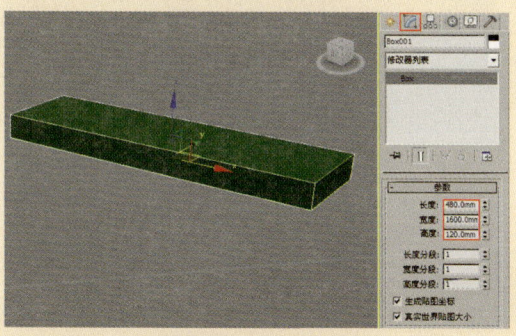

图6-104 修改参数

③ 选择长方体，然后单击鼠标右键并在弹出的菜单中选择【转换为】|【转换为可编辑多边形】命令，将其转换为可编辑多边形，如图6-105所示。

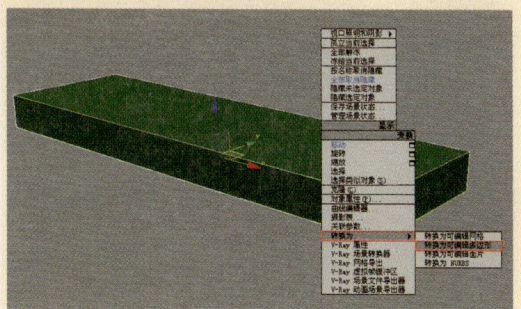

图6-105 转换为可编辑多边形

④ 按2键，进入 （边）级别，选择如图6-106所示的边。

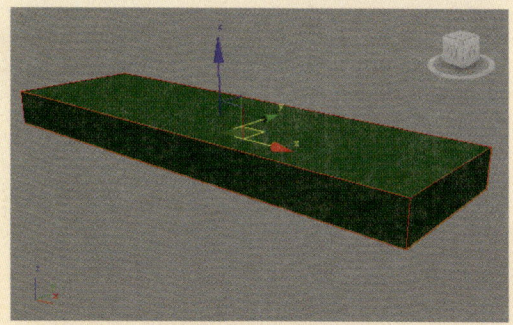

图6-106 选择边

⑤ 保持选择的边不变，然后选择【切角】命令，并设置【数量】为7.0mm，如图6-107所示。

图6-107 【切角】命令

⑥ 确认切角后的长方体处于选择状态，在【修改器列表】下添加【涡轮平滑】命令，并设置【迭代次数】为3，如图6-108所示。

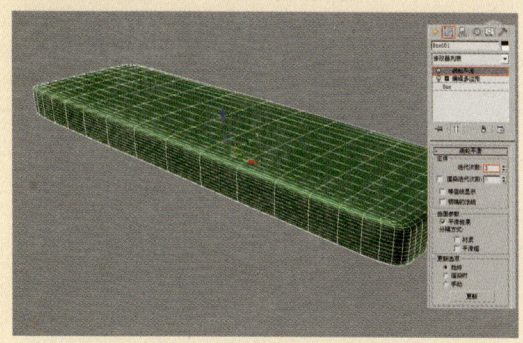

图6-108 添加【涡轮平滑】命令

提示 相同的切角数量分段数越大切角处越平滑，如图6-109所示为从左至右分段越来越多的效果。

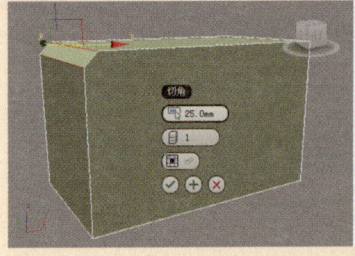 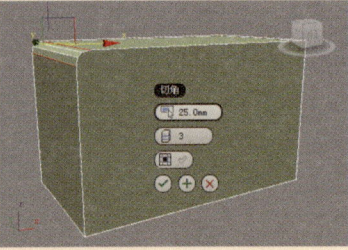 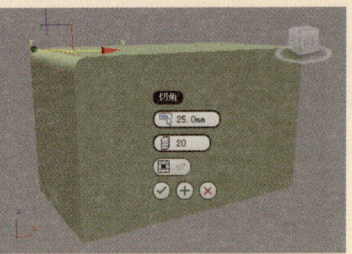

图6-109 切角效果图

⑦ 再次将长方体转换为可编辑多边形,如图6-110所示。展开【绘制变形】卷展栏,单击执行【推/拉】按钮,并设置一定的数值进行绘制变形,如图6-111所示。

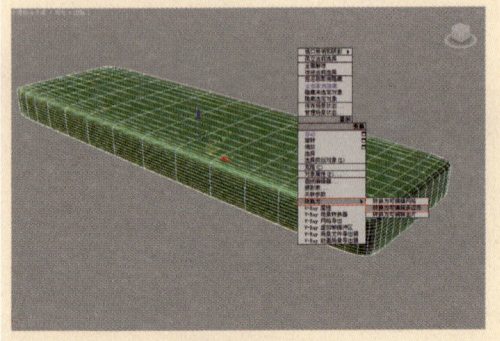 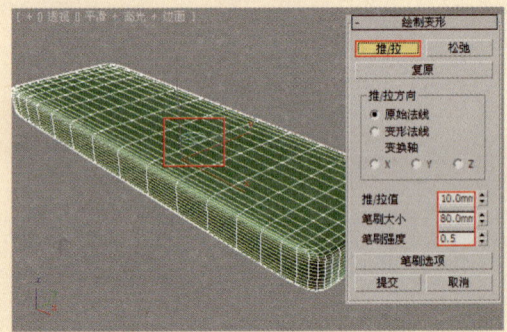

图6-110 转换为多边形　　　　图6-111 【绘制变形】卷展栏

提示　【绘制变形】卷展栏可以对物体上的子对象进行推、拉操作,或者在对象曲面上拖曳光标来影响顶点。在对象层级中,"绘制变形"可以影响选定对象中的所有顶点;在子对象层级中,"绘制变形"仅影响所选定的顶点。

⑧ 此时绘制变形后的效果如图6-112所示。按2键,进入 ▱（边）命令,选择如图6-113所示的边。

 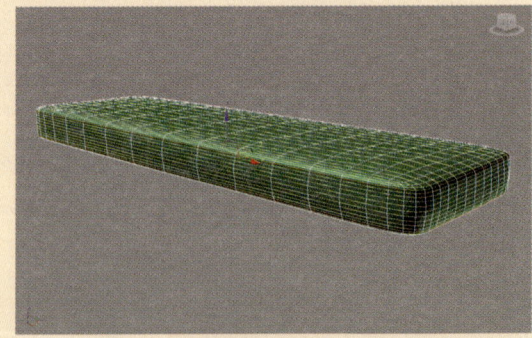

图6-112 绘制变形后的效果　　　　图6-113 选择边

⑨ 保持选择的边不变,然后选择【创建图形】工具,并在弹出的【创建图形】对话框中,设置【图形类型】为【线性】,最后单击【确定】按钮,如图6-114所示。

⑩ 激活透视图选择上一步创建的线,然后在【修改】面板下展开【渲染】卷展栏,选中【在渲染中启用】和【在视口中启用】复选框,接着选中【径向】单选按钮,设置【厚度】为5.0mm,如图6-115所示。

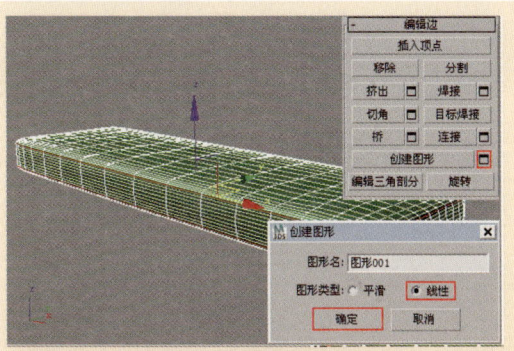

图6-114 创建图形命令

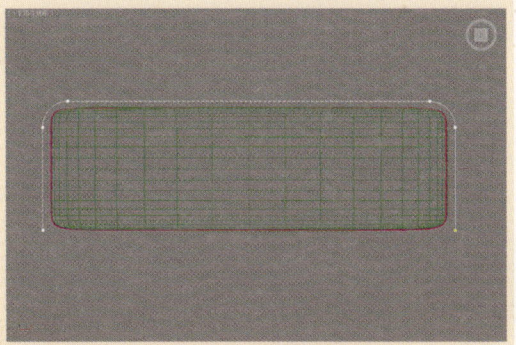

图6-117 创建样条线

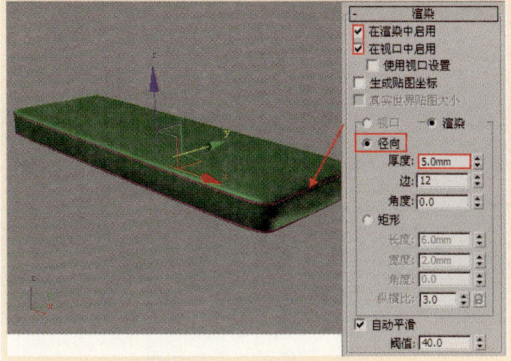

图6-115 样条线可渲染

⑪ 沙发坐垫部分模型效果如图6-116所示。

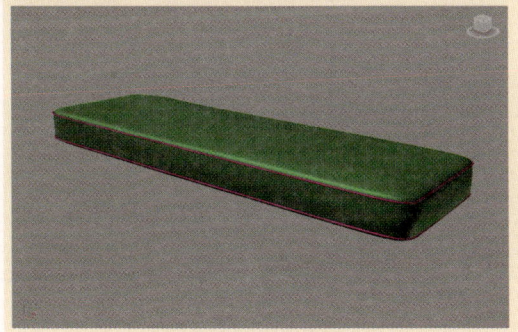

图6-116 沙发垫模型效果

2. 创建沙发支架模型

① 使用【线】工具在【顶】视图中创建，样条线的尺寸可以根据沙发坐垫进行绘制调节，如图6-117所示。接着使用【圆】工具在【前】视图中绘制，并设置【半径】为26.0mm，如图6-118所示。

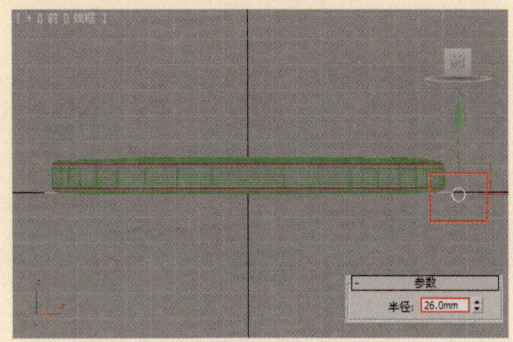

图6-118 创建圆图形

② 激活【透】视图，确认圆处于选择状态，然后选择【放样】命令，单击【获取路径】按钮，并拾取场景中的样条线，如图6-119所示。

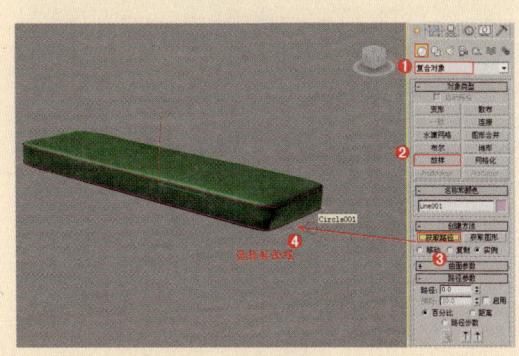

图6-119 执行【放样】命令

③ 选择放样后的模型，然后在【修改】面板下展开【变形】卷展栏，选择【缩放】命令，并在弹出的【缩放变形】面板中调节为图6-120所示的样式。

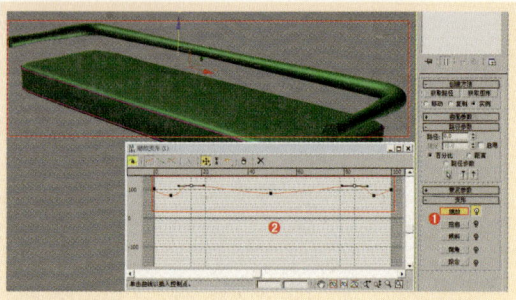

图6-120 执行【缩放】命令

4 使用【圆柱体】工具在【顶】视图中创建，并调节其参数，如图6-121所示。在【修改器列表】下加载【FFD2×2×2】命令，并调节控制点的位置，调节后的效果如图6-122所示。

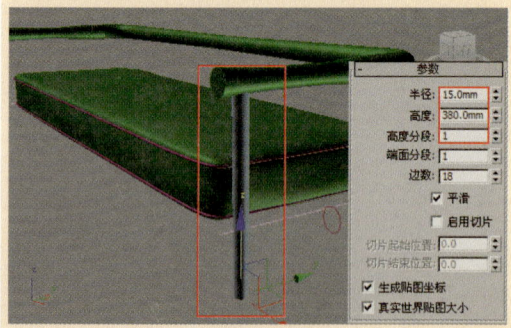

图6-121 创建圆柱体

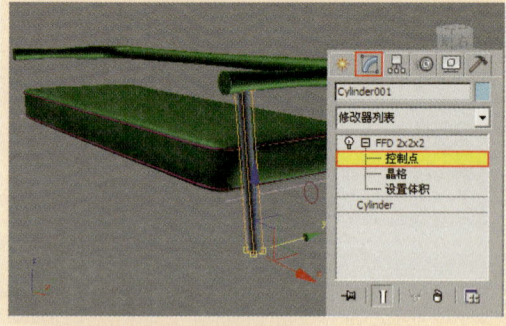

图6-122 添加【FFD2×2×2】

5 使用【选择并移动】工具将沙发支架部分的模型复制几份，此时场景效果如图6-123所示。接着使用【切角长方体】在【顶】视图中创建，并修改其参数，如图6-124所示。

图6-123 此时场景效果

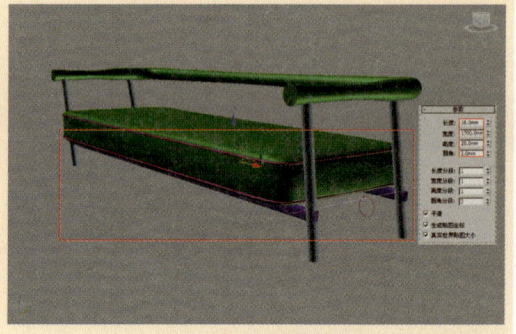

图6-124 切角长方体

6 此时沙发支架模型如图6-125所示。

图6-125 此时模型效果

3．创建沙发抱枕部分模型

1 使用【长方体】工具在视图中创建，并修改参数，如图6-126所示。选择长方体然后在【修改器列表】下加载【FFD3×3×3】，并调节控制点，如图6-127所示。

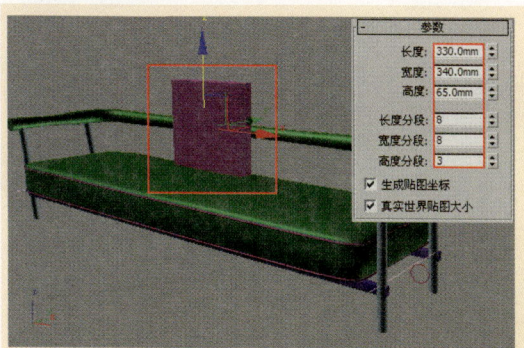

图6-126 创建长方体

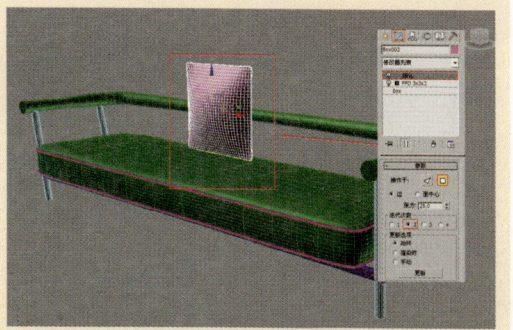

图6-128 添加【细化】命令

图6-127 添加【FFD3×3×3】

图6-129 添加【FFD3×3×3】

最终模型效果如图6-130所示。

2 激活【透】视图,在【修改器列表】下添加【细化】命令,展开【参数】卷展栏,设置【操作于】为四边形,设置【迭代次数】为2,如图6-128所示。

3 继续使用【FFD3×3×3】命令修改器进行创建,此时场景效果如图6-129所示。

图6-130 最终模型

实战演练044——橱柜

案例文件	最终文件\第6章\实战演练044\橱柜.max	视频教学	视频\第6章\橱柜.flv
视频长度	5分53秒	难易指数	★★★★☆

本例就来学习使用多边形建模下的【倒角】、【插入】、【切角】、【连接】、【软选择】等工具以及【倒角剖面】命令修改器完成模型的制作,最终渲染和线框效果如图6-131所示。

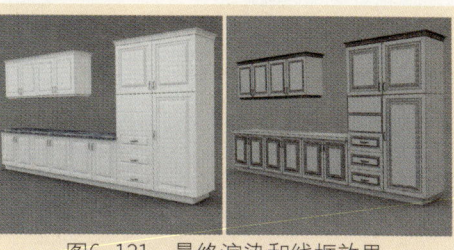

图6-131 最终渲染和线框效果

橱柜建模流程如图6-132所示。

图6-132 建模流程图

1. 创建矮柜部分的模型

① 启动3ds Max 2012中文版，选择菜单栏中的【自定义】|【单位设置】命令，此时将弹出【单位设置】对话框，将【显示单位比例】和【系统单位比例】设置为【毫米】，如图6-133所示。

② 单击【创建】|【几何体】|【长方体】 长方体 按钮，在【顶】视图中创建一个长方体，修改参数，如图6-134所示。

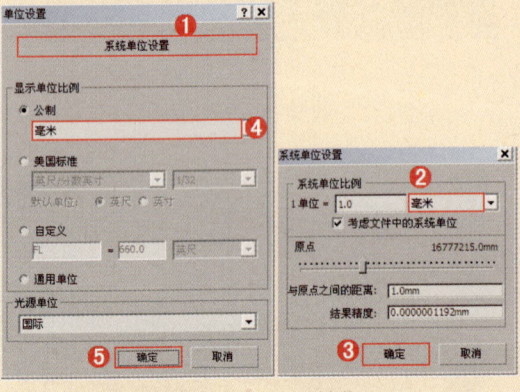

图6-133 设置单位　　　图6-134 修改长方体参数

③ 确认长方体处于选择的状态，单击鼠标右键并在弹出的菜单中选择【转换为】|【转换为可编辑多边形】命令，将其转换为可编辑多边形，如图6-135所示。

> 提示：将对象转换为可编辑多边形还可以在【修改器列表】下添加【编辑多边形】命令，同样能将其转换为可编辑多边形，如图6-136所示。

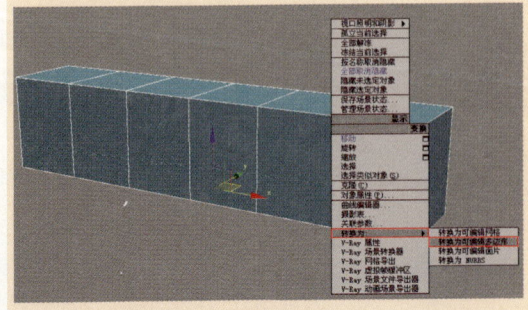
图6-135 转换为多边形

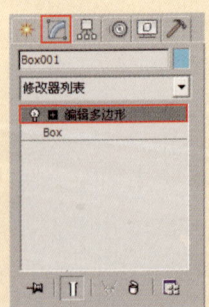
图6-136 加载【编辑多边形】命令

4 按4键,进入 ▣(多边形)子物体层级,在【透】视图中选择如图6-137所示的多边形,然后选择【插入】命令,并设置【插入类型】为【按多边形】,【数量】为50.0mm,如图6-138所示。

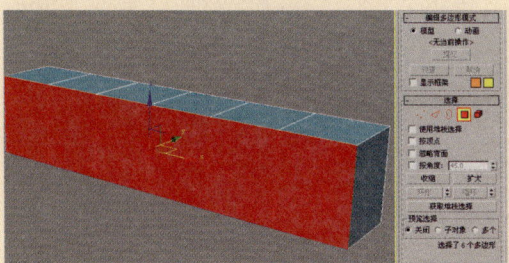

图6-137 选择多边形

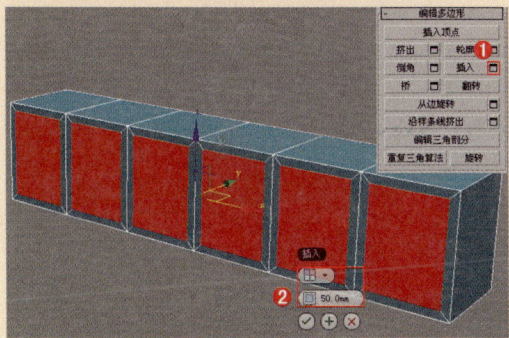

图6-138 使用插入工具

5 保持选择的多边形不变,然后选择【倒角】命令,并设置【倒角高度】为-8.0mm,【轮廓高度】为-8.0mm,如图6-139所示。接着选择【插入】命令设置一定的插入数量,如图6-140所示。

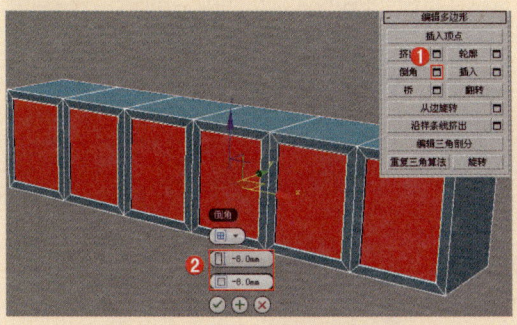

图6-139 使用【倒角】工具

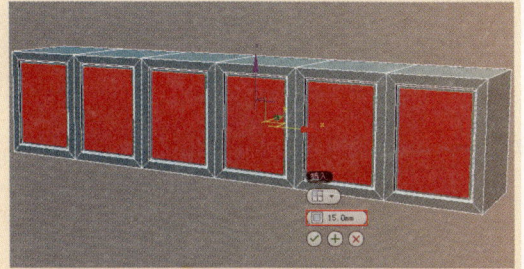

图6-140 使用【插入】工具

6 继续选择【倒角】命令,如图6-141所示。此时场景效果如图6-142所示。

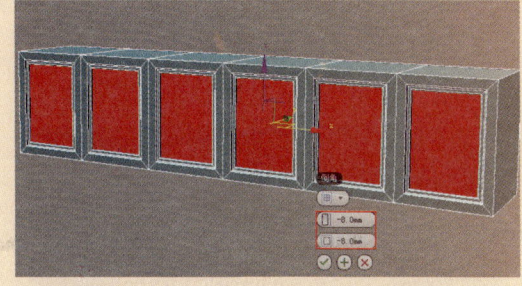

图6-141 使用【倒角】工具

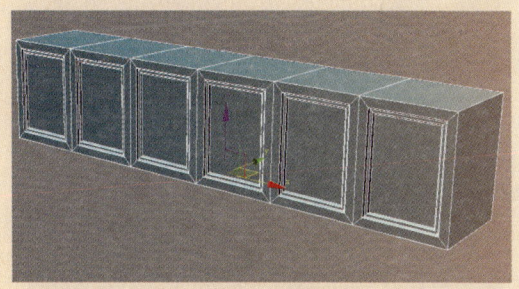

图6-142 场景效果

7 再使用【倒角】命令将多边形挤出一定的数值,此时效果如图6-143所示。

图6-143 使用【倒角】工具

8 按2键，进入◢（边）命令，选择如图6-144所示的边。

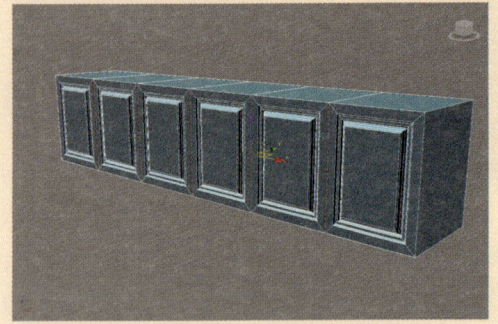

图6-144 选择边

9 保持选择的边不变，然后选择【切角】命令，并设置【数量】为4.0mm，如图6-145所示。

图6-145 使用【切角】工具

10 按4键，进入■（多边形）子物体层级，在透视图中选择如图6-146所示的多边形。接着选择【挤出】命令，并设置【数量】为-50.0mm，如图6-147所示。

图6-146 选择多边形

图6-147 执行挤出工具

11 按2键，进入◢（边）命令，选择如图6-148所示的边。接着选择【切角】命令，设置【切角数量】为1.5mm，【分段】为3，如图6-149所示。

图6-148 使用【倒角】工具

图6-149 选择边

12 此时场景效果如图6-150所示。使用【切角长方体】在【顶】视图中创建，并在【修改】面板下修改其参数，如图6-151所示。

图6-150 使用【倒角】工具

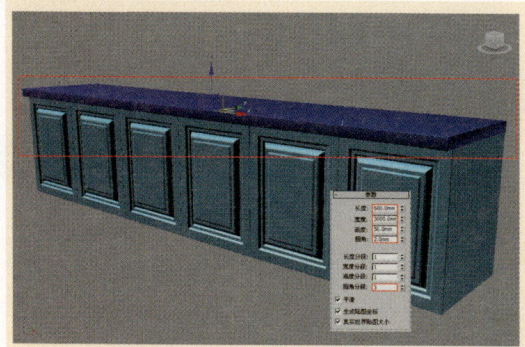

图6-151 选择边

2. 创建高柜部分的模型

① 使用【长方体】在【顶】视图中创建，然后在【修改】面板下调节其参数，如图6-152所示。

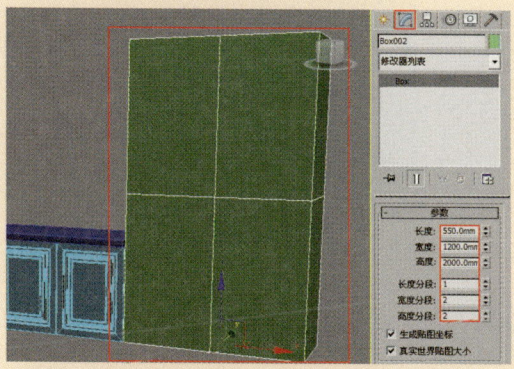

图6-152 使用【倒角】工具

② 将长方体转换为可编辑多边形，按2键，进入（边）命令，在【透】视图中选择如图6-153所示的边。并使用【选择并移动】工具进行调节。

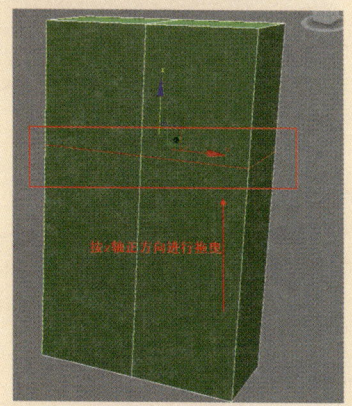

图6-153 选择边

③ 按4键，进入（多边形）子物体层级，在【透】视图中选择如图6-154所示的多边形。保持选择的多边形不变，然后选择【插入】命令，如图6-155所示。

图6-154 选择多边形

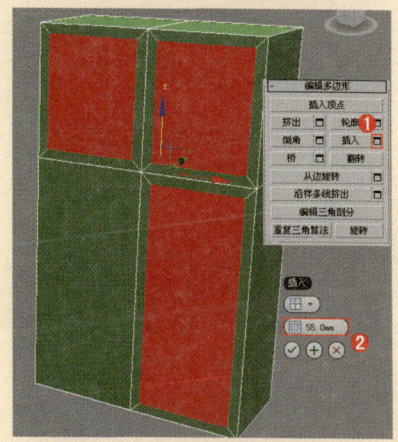

图6-155 选择【插入】命令

④ 使用【插入】和【倒角】命令进行创建，具体的制作方法不再详述，如图6-156所示。此时场景效果如图6-157所示。

图6-156 高柜效果

图6-157 场景效果

⑤ 按2键，进入☑（边）命令，在【透】视图中选择如图6-158所示的边。接着使用【连接】工具，并设置【分段】为4，如图6-159所示。

图6-160 选择边

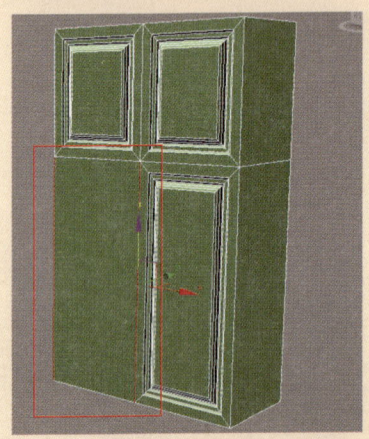

图6-158 选择边

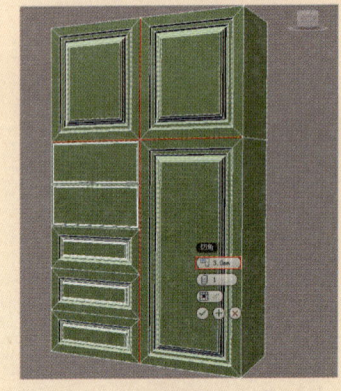

图6-161 添加【切角】命令

⑦ 按2键，进入☑（边）命令，在【透】视图中选择如图6-162所示的边。然后使用【切角】工具，并设置【数量】为1.0mm，【分段】为2，如图6-163所示。

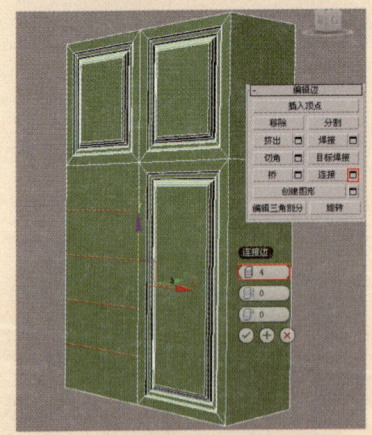

图6-159 【连接】命令

⑥ 按2键，进入☑（边）命令，在【透】视图中选择如图6-160所示的边。然后使用【切角】工具，并设置【数量】为3.0mm，如图6-161所示。

图6-162 选择边

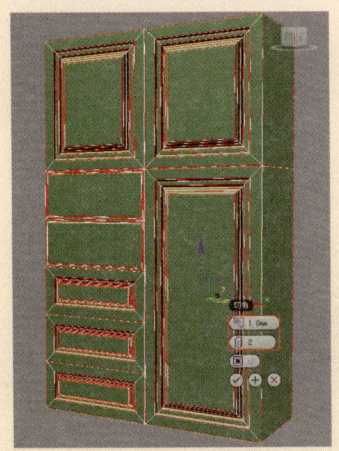

图6-163 添加【切角】命令

8 此时场景效果如图6-164所示。

图6-164 场景效果

9 使用【线】工具在【前】视图中绘制出橱柜上方的剖面,接着使用【矩形】在【顶】视图中绘制矩形,如图6-165所示。

图6-165 绘制矩形

提示 【倒角剖面】修改器使用另一个图形路径作为"倒角截剖面"来挤出一个图形。这里可以继续使用【倒角】来进行创建,但是可能会比较麻烦一些。

10 选择矩形,然后在【修改】面板下加载【倒角剖面】命令,接着单击【拾取剖面】 按钮拾取剖面,如图6-166所示。

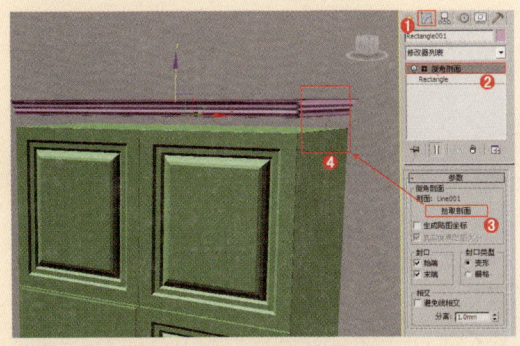

图6-166 添加【倒角剖面】

11 使用【切角长方体】在【顶】视图中创建,将其作为橱柜最低部分的模型,在【修改】面板下调整其参数,如图6-167所示。

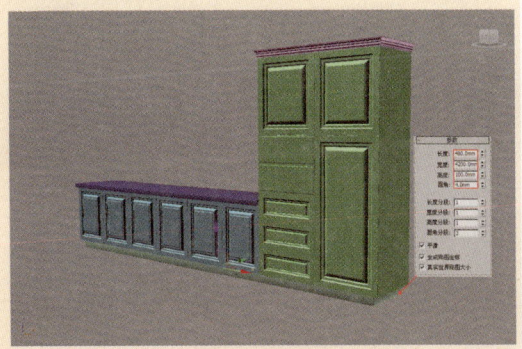

图6-167 创建切角长方体

12 此时高柜模型部分效果如图6-168所示。

图6-168 场景效果

3.创建吊柜部分的模型

1 使用【长方体】工具创建吊柜部分模型，并在【修改】面板下调整其参数，如图6-169所示。

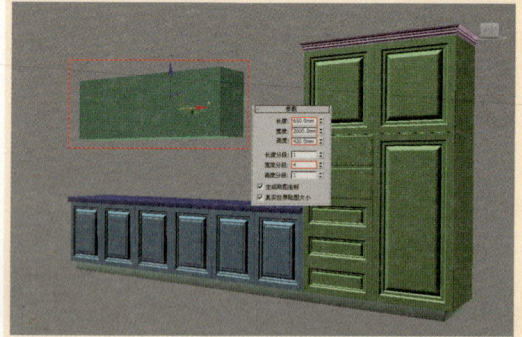

图6-169　创建长方体

2 选择上一步创建的长方体，然后将其转换为可编辑多边形，接着使用【插入】和【倒角】工具进行创建，具体的制作方法这里就不再详述，如图6-170所示。

图6-170　编辑多边形操作

3 接着使用线并加载【倒角剖面】命令创建吊柜剩余部分的模型，此时场景效果如图6-171所示。

图6-171　创建长方体

4 使用样条线的可渲染命令创建把手部分模型，并在【修改】面板下选中【在渲染中启用】和【在视口中启用】复选框，接着选中【径向】单选按钮，设置一定的厚度，如图6-172所示。

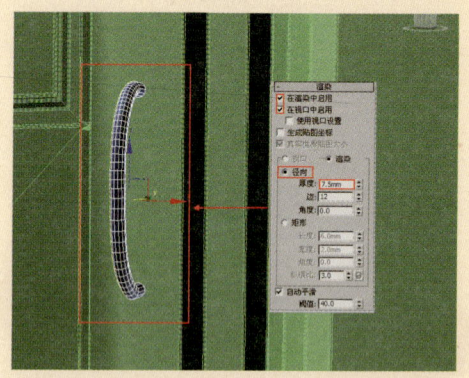

图6-172　编辑多边形操作

5 将样条线转换为可编辑多边形，然后调节其大体的形状，调节后的效果如图6-173所示。

图6-173　使用多边形调节点

6 将把手部分模型复制几份并将其拖曳到合适的位置。橱柜的最终模型效果如图6-174所示。

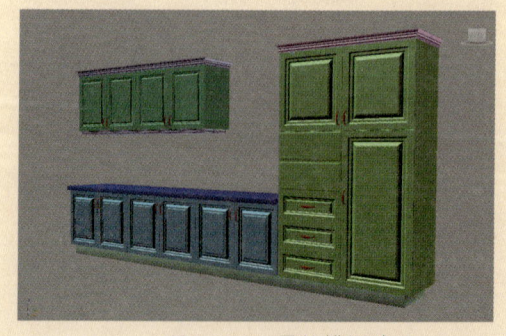

图6-174　最终模型效果

> 提示：在调节点时可以选中【使用软选择】复选框，这样调节会更加方便，如图6-175所示。

6.3 石墨建模工具

石墨建模工具集（又称为建模功能区），是一种用于编辑多边形对象的综合工具集。它具有基于下文的自定义界面，该界面提供了完全特定于建模任务的所有工具（且仅提供此类工具）；它仅在需要使用时可以随时调用，从而最大限度地减少了屏幕上杂乱的现实问题。

> 提示：如果3ds Max 2012界面中没有显示石墨工具，可通过选择【自定义】|【显示UI】|【显示功能区】命令，重新启用石墨工具。

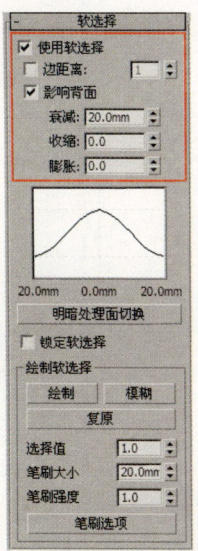

图6-175 使用软选择参数

石墨工具采用工具栏形式，可通过水平或垂直配置模式浮动或停靠。工具栏中包含4个选项卡，分别为【石墨建模】工具、【自由形式】、【选择】、【对象绘制】，如图6-176所示。

图6-176 石墨工具栏

6.3.1 【多边形建模】面板

【多边形建模】工具栏如图6-177所示。

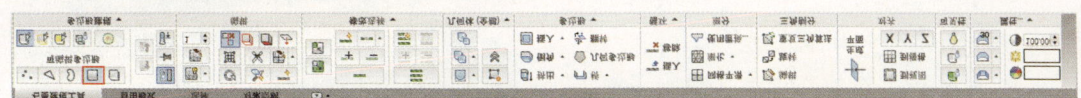

图6-177 【多边形建模】工具栏

6.3.2 【修改选择】面板

【修改选择】面板中提供了用于调整对象的多种工具，如图6-178所示。

- 【增长】按钮 ：朝所有可用方向外侧扩展选择区域。
- 【收缩】按钮 ：通过取消选择最外部的子对象来缩小子对象的选择区域。
- 【循环】按钮 ：根据当前选择的子对象来选择一个或多个循环。
  - 【在圆柱体末端循环】按钮 ：沿圆柱体的顶边和底边选择顶点和边循环。

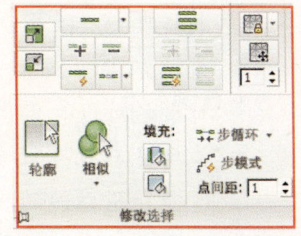

图6-178 【修改选择】面板

- 【增长循环】按钮：根据当前选择的子对象来增长循环。
- 【收缩循环】按钮：通过从末端移除子对象来减小选定循环的范围。
- 【循环模式】按钮：如果选择该选项，则选择子对象时也会自动选择关联循环。
- 【点循环】按钮：选择有间距的循环。
  - ◆ 【点循环圆柱体】按钮：选择环绕圆柱体顶边和底边的非连续循环中的边或顶点。
- 【环】按钮：根据当前选择的子对象来选择一个或多个环。
- 【增长环】按钮：分步扩大一个或多个边环，只能用在【边】和【边界】级别中。
- 【收缩环】按钮：通过从末端移除边来减小选定边循环的范围，不适用于圆形环，只能用在【边】和【边界】级别中。
- 【环模式】按钮：选择该选项时，系统会自动选择环。
- 【点环】按钮：基于当前选择，选择有间距的边环。
- 【轮廓】按钮：选择当前子对象的边界，并取消选择其余部分。
- 【相似】按钮：根据选定的子对象特性来选择其他类似的元素。
- 【填充】按钮：选择两个选定子对象之间的所有子对象。
- 【填充孔洞】按钮：选择由轮廓选择和轮廓内的独立选择指定的闭合区域中的所有子对象。
- 【步循环】按钮：在同一循环上的两个选定子对象之间选择循环。
- 【StepLoop最长距离】按钮：使用最长距离在同一循环中的两个选定子对象之间选择循环。
- 【步模式】按钮：使用【步模式】来分步选择循环。
- 点间距：指定用【点循环】选择循环中的子对象之间的间距范围，或用【点环】选择的环中边之间的间距范围。

6.3.3 【编辑】面板

【编辑】面板中提供了用于修改多边形对象的各种工具，如图6-179所示。

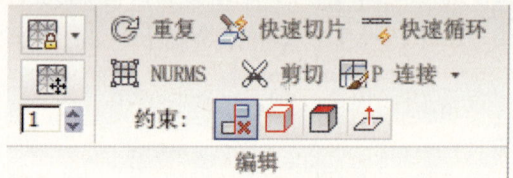

图6-179 【编辑】面板

- 【保留UV】按钮：选择该选项后，可以编辑子对象，而不影响对象的UV贴图，如图6-180所示。

原图　　禁用"保持UV"时　　启用"保持UV"时
图6-180 启用与禁用【保留UV】时的效果对比

- 【扭曲】按钮：选择该选项后，可以通过鼠标操作来扭曲UV，如图6-181所示。

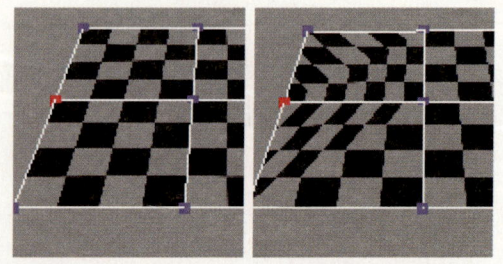

图6-181 拖动顶点以调整UV

- 【重复上一个】按钮：重复最近使用的命令。

> 提示：【重复上一个】工具 不会重复执行所有操作，例如不能重复变换。使用该工具时，若要确定重复选择哪个命令，可以将光标指向该按钮，在弹出的工具提示上会显示可重复执行的操作名称。

- 【快速切片】按钮：可以将对象快速切片，单击右键可以停止切片操作。

> 提示：在对象层级中，使用【快速切片】工具会影响整个对象。

- 【快速循环】按钮：通过单击来放置边循环。按住Shift键的同时单击可以插入边循环，并调整新循环以匹配周围的曲面流。
- 【使用NURMS】按钮：通过NURMS方法应用平滑并打开【使用NURMS】面板。
- 【剪切】按钮：用于创建一个多边形到另一个多边形的边，或在多边形内创建边。
- 【绘制连接】按钮：选择该选项后，可以交互的方式绘制边和顶点之间的连接线。
- 设置流：选择该选项时，可以使用【绘制连接】工具自动重新定位新边，以适合周围网格内的图形。
- 【约束】按钮：可以使用现有的几何体来约束子对象的变换。

6.3.4 【几何体（全部）】面板

【几何体（全部）】面板中提供了编辑几何体的工具，如图6-182所示。

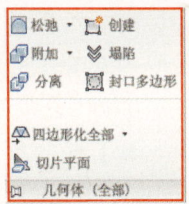

图6-182 【几何体（全部）】面板

- 【松弛】按钮：使用该工具可以将松弛效果应用于当前选定的对象。
  - 【松弛设置】按钮：打开【松弛】对话框，在对话框中可以设置松弛的相关参数。
- 【创建】按钮：创建新的几何体。
- 【附加】按钮：用于将场景中的其他对象附加到选定的多边形对象。
  - 【从列表中附加】按钮：打开【附加列表】对话框，在对话框中可以将场景中的其他对象附加到选定对象。
- 【塌陷】按钮：通过将其顶点与选择中心的顶点焊接起来，使连续选定的子对象组产生塌陷效果，如图6-183所示。

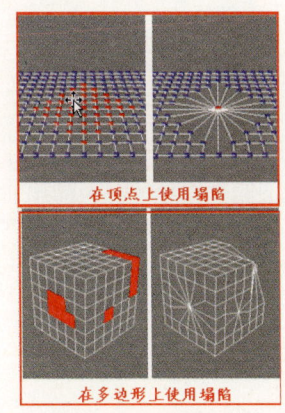

图6-183 塌陷对象

- 【分离】按钮：将选定的子对象和附加到子对象的多边形作为单独的对象或元素分离出来。
- 【封口多边形】按钮：从顶点或边选择创建一个多边形并选择该多

边形。
- 【四边形化全部】按钮：一组用于将三角形转化为四边形的工具。
- 【切片平面】按钮：为切片平面创建Gizmo，可以定位和旋转它来指定切片位置。

> 提示：在【多边形】或【元素】级别中，使用【切片平面】工具只能影响选定的多边形。如果要对整个对象执行切片操作，可以在其他子对象级别或对象级别中使用【切片平面】工具。

6.3.5 【子对象】面板

在不同的子对象级别中，子对象面板的显示状态也不一样。下面依次介绍各个子对象的面板。

（1）【顶点】面板中提供了编辑顶点的相应工具，如图6-184所示。

图6-184 【顶点】面板

- 【挤出】按钮：使用该工具可以对选中的顶点进行挤出。
  - 【挤出设置】按钮：打开【挤出顶点】对话框，在该对话框中可以设置挤出顶点的相关参数。

> 提示：按住Shift键的同时单击【挤出】按钮也可以打开【挤出顶点】对话框。

- 【切角】按钮：使用该工具可以对当前所选的顶点进行【切角】操作。
  - 【切角设置】按钮：打开【切角顶点】对话框，在该对话框中可以设置切角顶点的相关参数。
- 【焊接】按钮：对阈值范围内选中的顶点进行合并。
  - 【焊接设置】按钮：打开【焊接顶点】对话框，在该对话框中可以设置【焊接预置】参数。
- 【移除】按钮：删除选中的顶点。
- 【断开】按钮：在与选定顶点相连的每个多边形上创建一个新顶点，使多边形的转角相互分开。
- 【目标焊接】按钮：可以选择一个顶点，并将它焊接到相邻目标顶点。
- 权重：设置选定顶点的权重。
- 【删除孤立顶点】按钮：删除不属于任何多边形的所有顶点。
- 【移除未使用的贴图顶点】按钮：自动删除某些建模操作留下的未使用过的孤立贴图顶点。

（2）【边】面板中提供了对【边】进行操作的相关工具，如图6-185所示。

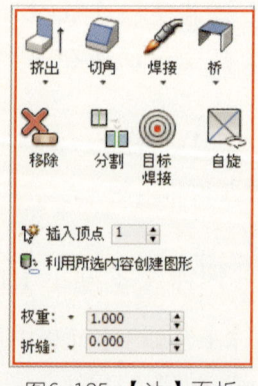

图6-185 【边】面板

- 【挤出】按钮：对边进行挤出。
  ◆ 【挤出设置】按钮：打开【挤出边】对话框，在该对话框中可以设置挤出边的相关参数。
- 【切角】按钮：对边进行切角。
  ◆ 【切角设置】按钮：打开【切角边】对话框，在该对话框中可以设置切角边的相关参数。
- 【焊接】按钮：对阈值范围内选中的边进行合并。
  ◆ 【焊接设置】按钮：打开【焊接边】对话框，在该对话框中可以设置【焊接预置】参数。
- 【桥】按钮：连接多边形对象的边。
  ◆ 【桥设置】按钮：打开【跨越边界】对话框，在该对话框中可以设置桥接边的相关参数。
- 【移除】按钮：删除选定的边。
- 【分割】按钮：沿着选定的边分割网格。
- 【目标焊接】按钮：用于选择边并将其焊接到目标边。
- 【自旋】按钮：旋转多边形中的一个或多个选定边，从而更改方向。
- 【插入顶点】按钮：在选定的边内插入顶点。
- 【利用所选内容创建图形】按钮：选择一个或多个边后，单击该按钮可以创建一个新图形。
- 权重：设置选定边的权重，以供NURMS进行细分或供【网格平滑】修改器使用。
- 折缝：对选定的边指定折缝操作量。

（3）【边界】面板中提供了对【边界】进行操作的相关工具，如图6-186所示。

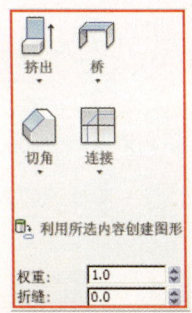

图6-186 【边界】面板

- 【挤出】按钮：对边界挤出操作。
  ◆ 【挤出设置】按钮：打开【挤出边】对话框，在该对话框中可以设置挤出边界的相关参数。
- 【桥】按钮：连接多边形对象上的边界。
  ◆ 【桥设置】按钮：打开【跨越边界】对话框，在该对话框中可以设置桥接边界的相关参数。
- 【切角】按钮：对边界进行切角操作。
  ◆ 【切角设置】按钮：打开【切角边】对话框，在该对话框中可以设置切角边的相关参数。
- 【连接】按钮：在选定的边界之间创建新边。
  ◆ 【连接设置】按钮：打开【连接边】对话框，在该对话框中可以设置连接边界的相关参数。
- 【利用所选内容创建图形】按钮：选择一个或多个边界后，单击该按钮可以创建一个新图形。
- 权重：设置选定边界的权重。
- 折缝：对选定的边界指定折缝操作量。

（4）【多边形】面板中提供了对多边形进行操作的相关工具，如图6-187所示。

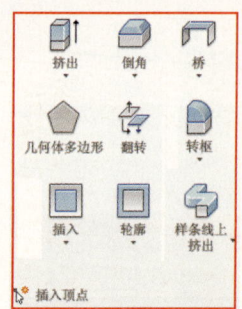

图6-187 【多边形】面板

- 【挤出】按钮：对多边形进行挤出操作。
    ◆ 【挤出设置】按钮：打开【挤出多边形】对话框，在该对话框中可以设置挤出多边形的相关参数。
- 【倒角】按钮：对多边形进行倒角操作。
    ◆ 【倒角设置】按钮：打开【倒角多边形】对话框，在该对话框中可以设置倒角多边形的相关参数。
- 【桥】：连接对象上的两个多边形或选定多边形。
    ◆ 【桥设置】按钮：打开【跨越多边形】对话框，在该对话框中可以设置桥接多边形的相关参数。
- 【几何多边形】按钮：解开多边形并对顶点进行组织，以形成完美的几何形状。
- 【翻转】按钮：反转选定多边形的法线方向。
- 【转枢】按钮：对多边形进行旋转操作。
    ◆ 【转枢设置】按钮：打开【从边旋转多边形】对话框，在该对话框中可以设置从边旋转多边形的相关参数。

- 【插入】按钮：对多边形进行插入操作。
    ◆ 【插入设置】按钮：打开【插入多边形】对话框，在该对话框中可以设置插入多边形的相关参数。
- 【轮廓】按钮：用于增加或减小每组连续的选定多边形的外边。
    ◆ 【轮廓设置】按钮：打开【多边形加轮廓】对话框，在该对话框中可以设置【轮廓量】参数。
- 【样条线上挤出】按钮：沿样条线挤出当前的选定内容。
    ◆ 【样条线上挤出设置】按钮：打开【沿样条线挤出多边形】对话框，在该对话框中可以拾取样条线的路径以及其他相关参数。
- 【插入顶点】按钮：手动在多边形上插入顶点，以细分多边形。

（5）【元素】面板中提供了对元素进行操作的相关工具，如图6-188所示。

图6-188 【元素】面板

- 【翻转】按钮：反转选定多边形的法线方向。
- 【插入顶点】按钮：手动在多边形元素上插入顶点，以细分多边形。

6.3.6 【循环】面板

【循环】面板的工具和参数主要用于处理边循环，如图6-189所示。

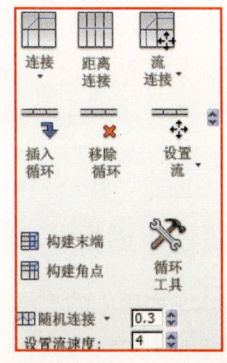

图6-189 【循环】面板

- 【连接】按钮：在选中的对象之间创建新边。
  - 【连接设置】按钮：打开【连接边】对话框，只有在【边】级别下才可用。
- 【距离连接】按钮：在跨越一定距离和其他拓扑的顶点与边之间创建边循环。
- 【流连接】按钮：跨越一个或多个边环来连接选定边。
  - 自动环：选择该选项并使用【流连接】工具后，系统会自动创建完全边循环。
- 【插入循环】按钮：根据当前子对象选择创建一个或多个边循环。
- 【移除循环】按钮：称除当前子对象层级处的循环，并自动删除所有剩余顶点。
- 【设置流】按钮：调整选定边以适合周围网格的图形。
  - 自动循环：选择该选项后，使用【设置流】工具可以自动为选定的边选择循环。
- 【构建末端】按钮：根据选择的顶点或边来构建四边形。
- 【构建角点】按钮：根据选择的顶点或边来构建四边形的角点，以翻转边循环。

- 【循环工具】按钮：打开【循环工具】对话框，该对话框中包含用于调整循环的相关工具。
- 【随机连接】按钮：连接选定的边，并随机定位所创建的边。
  - 自动循环：选择该选项后，那么应用【随机连接】可以使循环尽可能完整。
- 设置流速度：调整选定边的流的速度。

6.3.7 【细分】面板

【细分】面板中的工具可以用来增加网格数量，如图6-190所示。

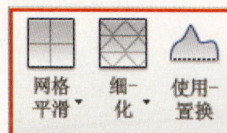

图6-190 【细分】面板

- 【网格平滑】按钮：将对象进行网格平滑处理。
  - 【网格平滑设置】按钮：打开【网格平滑选择】对话框，在该对话框中可以指定平滑的应用方式。
- 【细化】按钮：对所有多边形进行细化操作。
  - 【细化设置】按钮：打开【细化选择】对话框，在该对话框中可以指定细化的方式。
- 【使用置换】按钮：打开【置换】面板，在该面板中可以为置换指定细分网格的方式。

6.3.8 【三角剖分】面板

【三角剖分】面板中提供了用于将多边形细分为三角形的一些方式，如图6-191所示。

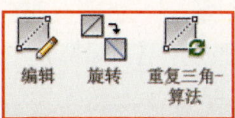

图6-191 【三角剖分】面板

- 【编辑】按钮：在修改内边或对角线时，将多边形细分为三角形的方式。
- 【旋转】按钮：通过单击对角线将多边形细分为三角形。
- 【重复三角算法】按钮：对当前选定的多边形自动执行最佳的三角剖分操作。

6.3.9 【对齐】面板

【对齐】面板可以用在对象级别及所有子对象级别中，如图6-192所示。

图6-192 【对齐】面板

- 【生成平面】按钮：强制所有选定的子对象成为共面。
- 【到视图】按钮：使对象中的所有顶点与活动视图所在的平面对齐。
- 【到栅格】按钮：使选定对象中的所有顶点与活动视图所在的平面对齐。
- X按钮/Y按钮/Z按钮：平面化选定的所有子对象，并使该平面与对象的局部坐标系中的相应平面对齐。

6.3.10 【可见性】面板

使用【可见性】面板中的工具可以隐藏和取消隐藏对象，如图6-193所示。

图6-193 【可见性】面板

- 【隐藏当前选择】按钮：隐藏当前选定的对象。
- 【隐藏未选定对象】按钮：隐藏未选定的对象。
- 【全部取消隐藏】按钮：将隐藏的对象恢复为可见。

6.3.11 【属性】面板

使用【属性】面板中的工具可以调整网格平滑、顶点颜色和材质ID，如图6-194所示。

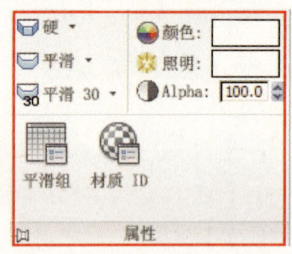

图6-194 【属性】面板

- 【硬】按钮：对整个模型禁用平滑。
  - 【选定硬的】按钮：对选定的多边形禁用平滑。
- 【平滑】按钮：对整个对象使用平滑。
  - 【平滑选定项】按钮：对选定的多边形使用平滑。
- 【平滑30】按钮：对整个对象使用适度平滑。
  - 【已选定平滑30】按钮：对选定的多边形使用适度平滑。
- 【颜色】按钮：设置选定顶点或多边形的颜色。
- 【照明】按钮：设置选定顶点或多边形的照明颜色。
- Alpha按钮：为选定的顶点或多边形分配 Alpha值。
- 【平滑组】按钮：打开用于处理平滑组的对话框。
- 【材质ID】按钮：打开用于设置材质ID、按ID和子材质名称选择的【材质ID】对话框。

实战演练045——木质椅子

案例文件	最终文件\第6章\实战演练045\木质椅子.max	视频教学	视频\第6章\木质椅子.flv
视频长度	3分10秒	难易指数	★★★☆☆

本例就来学习使用石墨建模下的【切角】、【挤出】工具完成模型的制作，最终渲染和线框效果如图6-195所示。

图6-195　最终渲染和线框效果

1 启动3ds Max 2012中文版，选择菜单栏中的【自定义】|【单位设置】命令，此时将弹出【单位设置】对话框，将【显示单位比例】和【系统单位比例】设置为【毫米】，如图6-196所示。

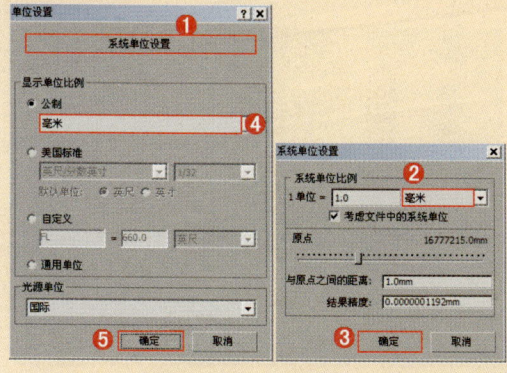

图6-196　设置单位

2 单击【创建】｜【几何体】｜【长方体】按钮，在【顶】视图中创建一个长方体，修改参数，如图6-197所示。

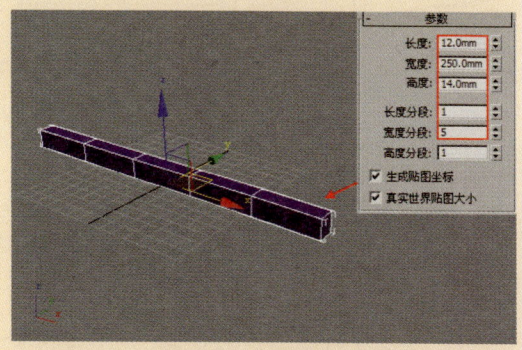

图6-197　修改参数

3 在主工具栏上单击【石墨】工具，选择上一步创建的长方体，然后在【石墨建模工具】选项卡下选择【转化为多边形】命令，将长方体转换为可编辑多边形，如图6-198所示。按1键，进入【顶点】级别并调节点的位置，调节后的效果如图6-199所示。

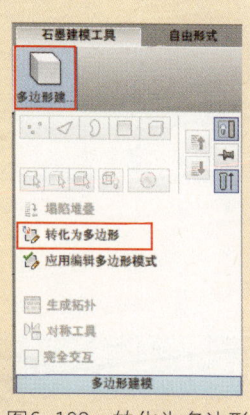

图6-198　转化为多边形

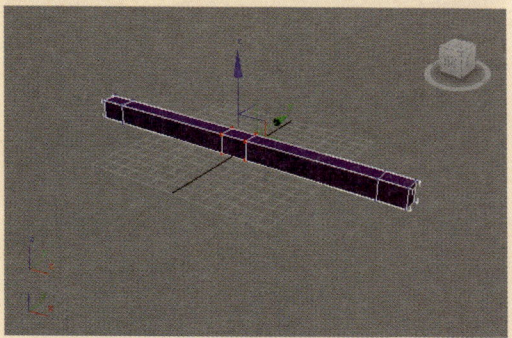

图6-199　调节顶点的位置

提示 为模型加载【编辑多边形】修改器也会出现编辑多边形的相应卷展栏。这些卷展栏下的参数和工具与【石墨建模工具】选项卡下的参数和工具大体类似，如图6-200所示。

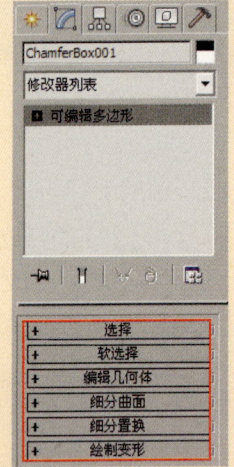

图6-200 可【编辑多边形】选项卡

4 使用【选择并旋转】工具将长方体旋转一定的角度，此时场景效果如图6-201所示。

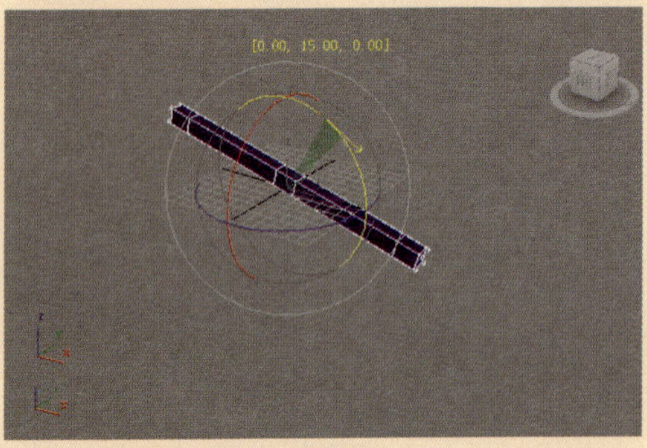

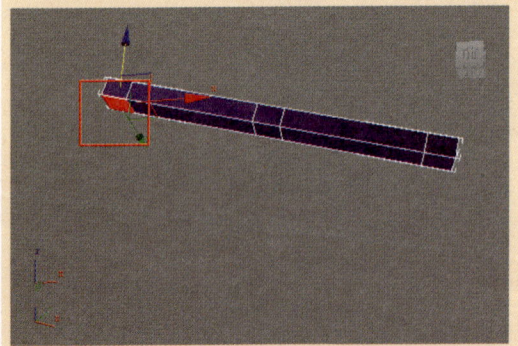

图6-201 旋转角度

5 按4键，进入【多边形】级别选择如图6-202所示的多边形。

图6-202 选择多边形

6 保持选择的多边形不变，然后在【石墨建模工具】下选择【挤出】命令，接着设置【挤出高度】为90.0mm，如图6-203所示。使用【选择并移动】工具将多边形拖曳，调整后的效果如图6-204所示。

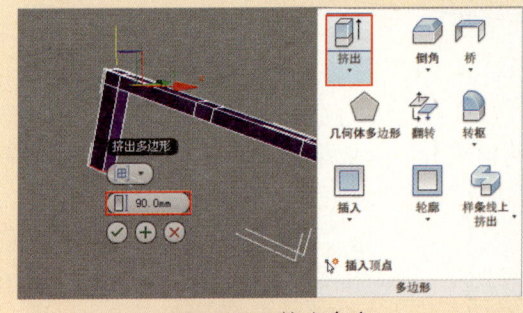

图6-203 挤出命令

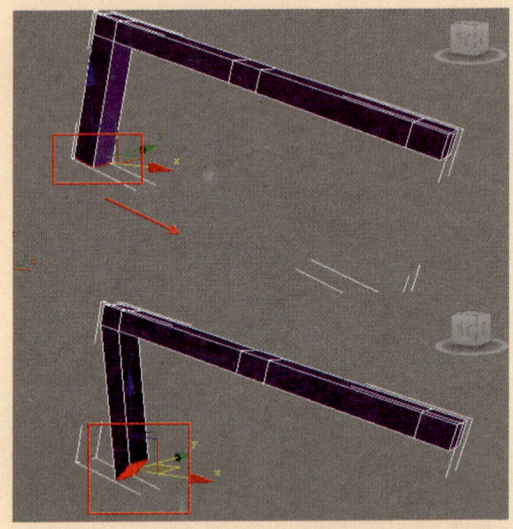

图6-204 拖曳多边形

7 再次选择【挤出】命令，并设置【挤出数量】为60.0mm，如图6-205所示。按4键，进入【多边形】级别选择如图6-206所示的多边形。

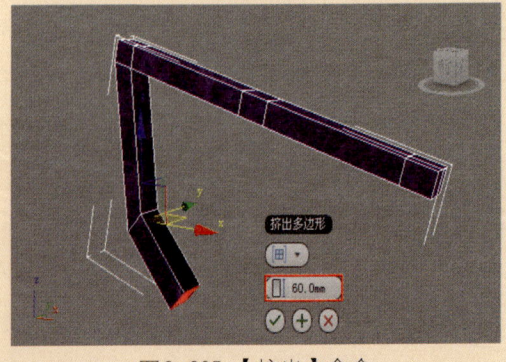

图6-205 【挤出】命令

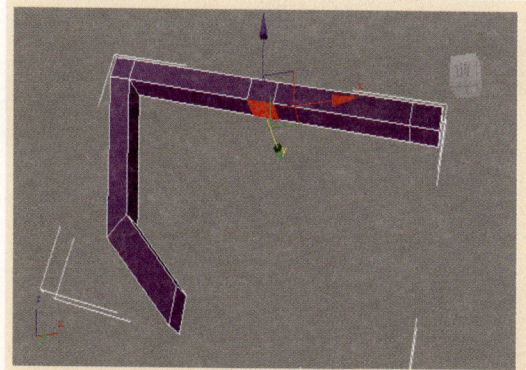

图6-206 选择多边形

⑧ 再次选择【挤出】命令,并设置【挤出数量】为115.0mm,如图6-207所示,继续进行创建,此时场景效果如图6-208所示。

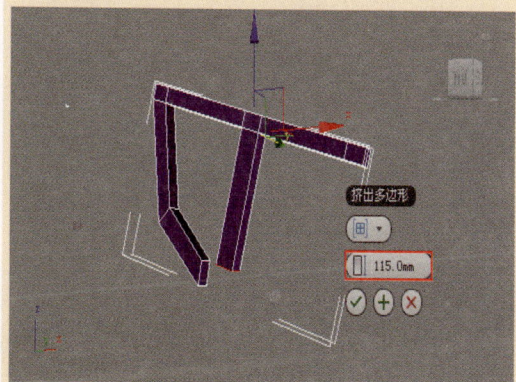

图6-207 【挤出】命令

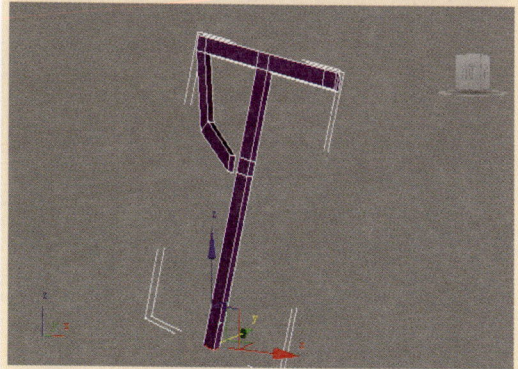

图6-208 场景效果

⑨ 进入【顶点】级别并调节点的位置,调节后的效果如图6-209所示。在多边形级别下继续使用【挤出】工具进行创建,此时场景效果如图6-210所示。

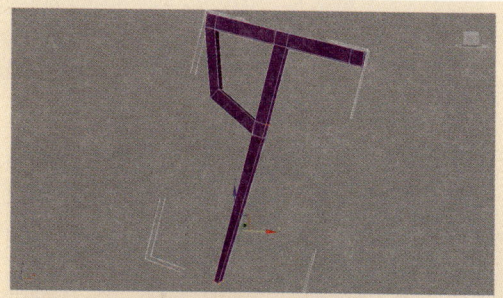

图6-209 调节点

图6-210 场景效果

⑩ 按2键,进入 ◢ (边) 级别选择如图6-211所示的边。保持选择的边不变,然后在石墨工具下选择【切角】命令并设置【数量】为1.5mm,【分段】为3,如图6-212所示。

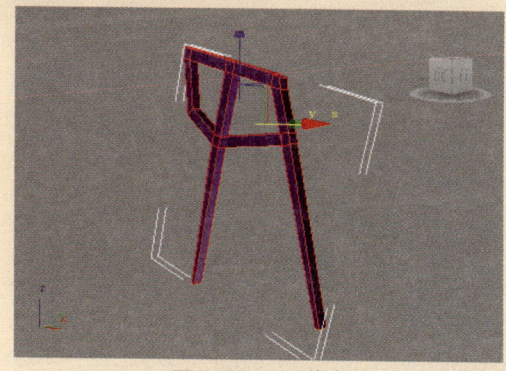

图6-211 调节点

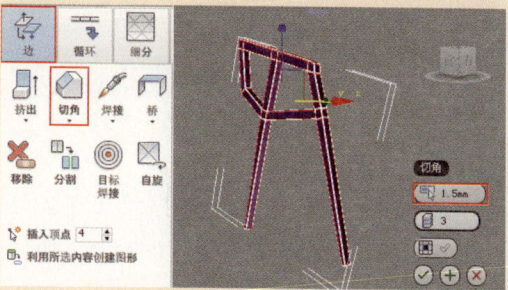

图6-212 场景效果

11 此时切角后的效果如图6-213所示。复制一份，此时场景效果如图6-214所示。

图6-213 调节点

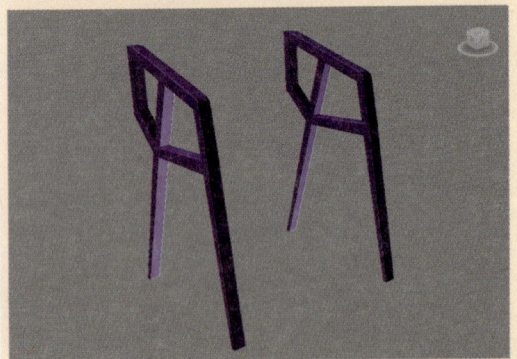

图6-214 复制一份

12 使用【长方体】工具在视图中创建，然后在【修改】面板下调节其参数，如图6-215所示。

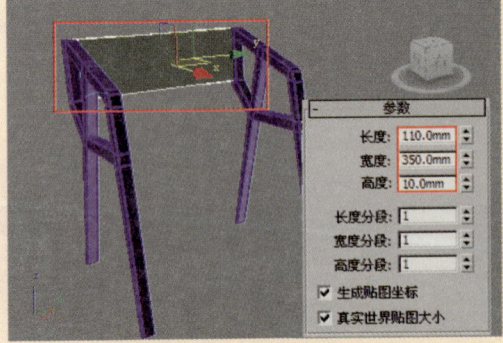

图6-215 创建长方体

13 使用【石墨】工具将其转换为可编辑多边形，然后按2键，进入 （边）级别选择如图6-216所示的边。

图6-216 复制一份

> 提示：按2键，进入 （边）级别选择边的时候，可以使用Ctrl+A组合键选择所有的边。也可以框选所有的边，同样可以选择所有的边。

14 保持对边选择不变，然后选择【切角】命令，设置【切角数量】为1.0mm，【分段】为3，如图6-217所示。

图6-217 使用【切角】命令

15 使用同样的方法创建长方体然后使用【石墨建模】工具进行创建，最终模型效果如图6-218所示。

图6-218 最终模型

实战演练046——柜子

案例文件	最终文件\第6章\实战演练046\柜子.max	视频教学	视频\第6章\柜子.flv
视频长度	5分15秒	难易指数	★★★★☆

本例就来学习使用【石墨建模】下的【切角】、【挤出】、【插入】、【连接】工具完成模型的制作，最终渲染和线框效果如图6-219所示。

图6-219 最终渲染和线框效果

1 启动3ds Max 2012中文版，选择菜单栏中的【自定义】|【单位设置】命令，此时将弹出【单位设置】对话框，将【显示单位比例】和【系统单位比例】设置为【毫米】，如图6-220所示。

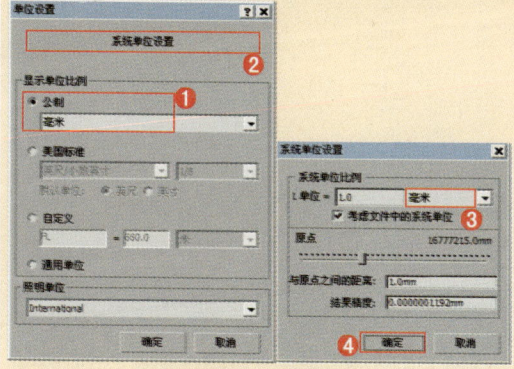

图6-220 设置单位

2 单击【创建】|【几何体】|【长方体】按钮，在【顶】视图中创建一个长方体，修改参数，如图6-221所示。

3 选择刚创建长方体，然后在【石墨建模】工具下选择【转化为多边形】命

令，将其转化为可编辑多边形，如图6-222所示。按1键，进入【顶点】级别并调节点的位置，调节后的效果如图6-223所示。

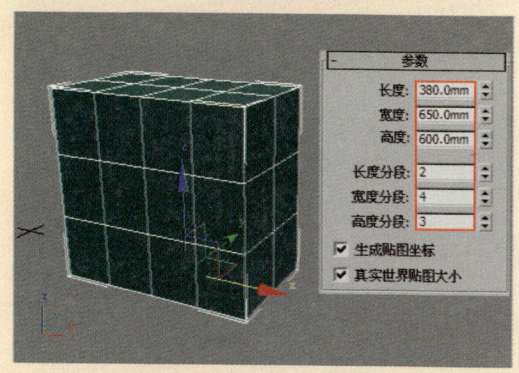

图6-221 修改参数

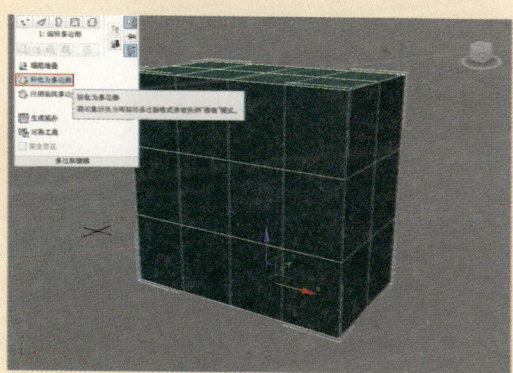

图6-222 转换为多边形

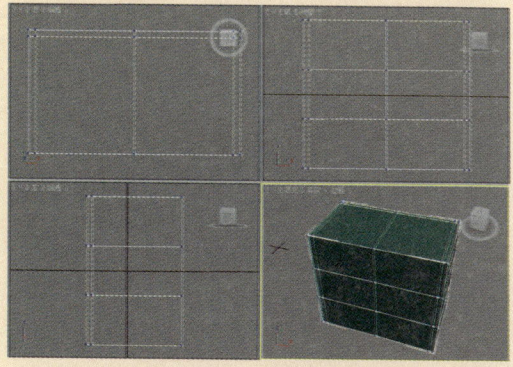

图6-223 调节点的位置

④ 按2键，进入【边】级别选择如图6-224所示的边。在【石墨建模】工具下使用【连接】工具，然后设置【分段】为1，【滑块】为75，如图6-225所示。

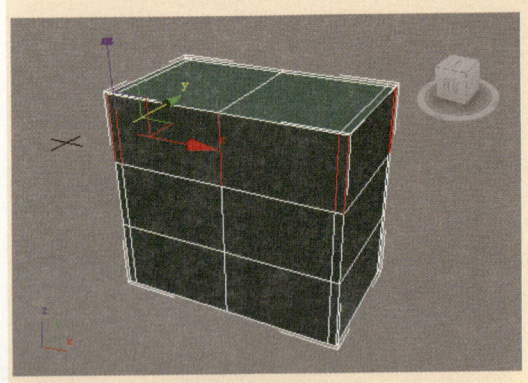
图6-224　选择边

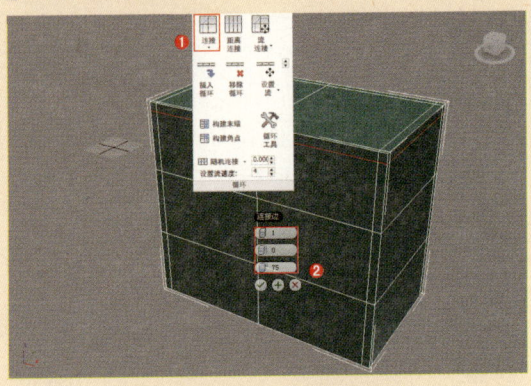
图6-225　使用【连接】命令

提示　在【石墨建模工具】工具栏中单击【最小化为面板标题】按钮，如图6-226所示，再次单击"最小化为面板标题"按钮，该工具栏会变成选项卡工具栏，如图6-227所示。

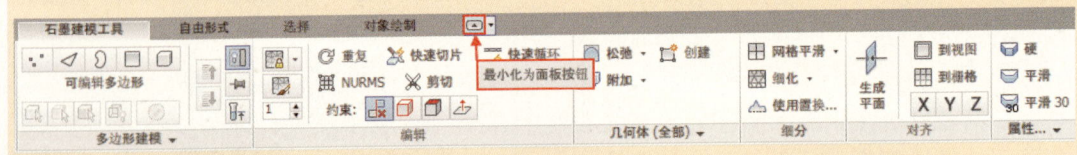
图6-226　最小化为面板标题

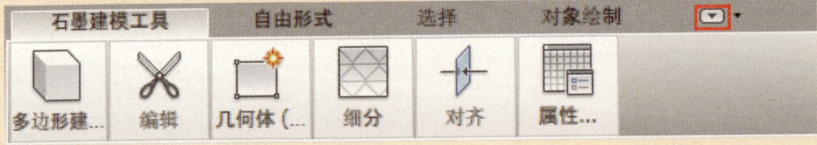
图6-227　最小化的工具栏

⑤ 使用【连接】工具创建出如图6-228所示的边。按4键，进入【多边形】级别选择如图6-229所示的多边形。

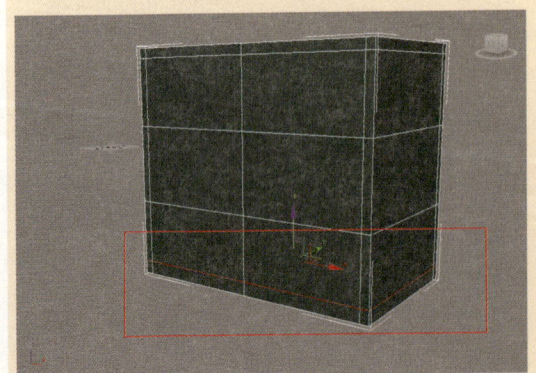
图6-228　使用【连接】命令

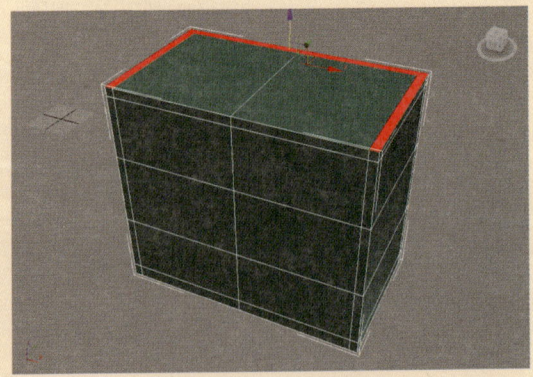
图6-229　选择多边形

高级建模技术 第6章

6 保持对多边形的选择不变,然后在【石墨建模】工具下使用【挤出】命令,如图6-230所示。设置【挤出数量】为25.0mm,如图6-231所示。

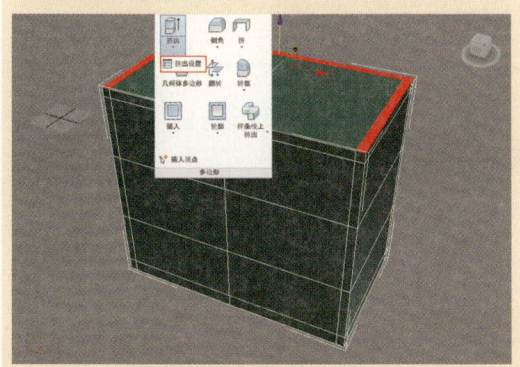

图6-230 使用【挤出】命令

图6-231 设置挤出数量

7 按4键,进入【多边形】级别选择如图6-232所示的多边形。并使用【挤出】命令,设置【挤出数量】为25.0mm,如图6-233所示。

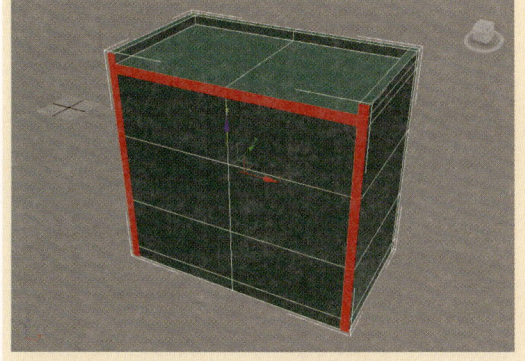

图6-232 选择多边形

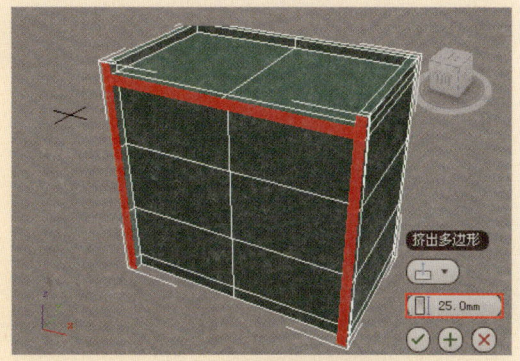

图6-233 设置挤出数量

8 按4键,进入【多边形】级别选择如图6-234所示的多边形,然后使用【插入】命令,设置【插入类型】为按多边形,【插入数量】为5.0mm,如图6-235所示。

图6-234 选择多边形

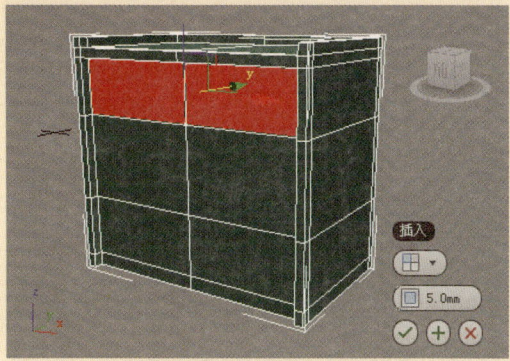

图6-235 选择【插入】命令

> **提示** 在单击【挤出设置】按钮以后会弹出【挤出】对话框,同样在按住Shift键的同时单击【挤出】按钮也可以打开【挤出】对话框。

9 选择【挤出】命令,并设置一定的数值,如图6-236所示。选择【插入】命令创建出如图6-237所示的多边形。

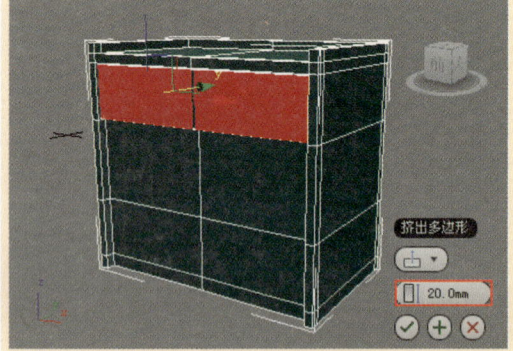

图6-236 选择【挤出】命令

图6-237 选择【插入】命令

10 选择【挤出】命令,并设置一定的数值,如图6-238所示。按2键,进入【边】级别选择如图6-239所示的边。

图6-238 选择【挤出】命令

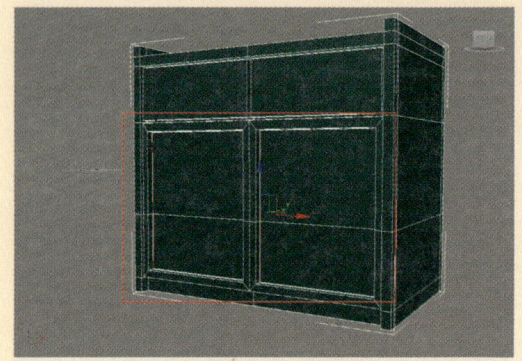

图6-239 选择边

提示:在选择【连接】命令前一定要选择清楚边,确定选择的边在同一个平面上,否则创建不出相应的段值。

11 保持选择的边不变,然后选择【连接】命令,设置【分段】为11,如图6-240所示。按4键,进入【多边形】级别选择如图6-241所示的多边形。

图6-240 选择【连接】命令

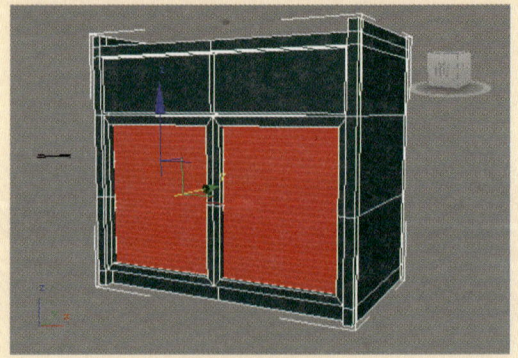

图6-241 选择【插入】命令

12 选择【插入】命令,设置一定的插入数值,如图6-242所示。保持选择的多边形不变，然后使用【选择并旋转】工具将选择的多边形旋转一定的角度，此时场景效果如图6-243所示。

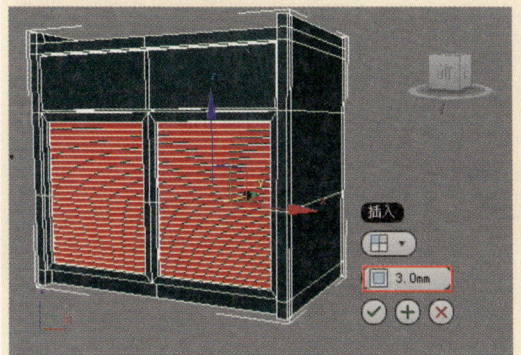

图6-242 选择【插入】命令

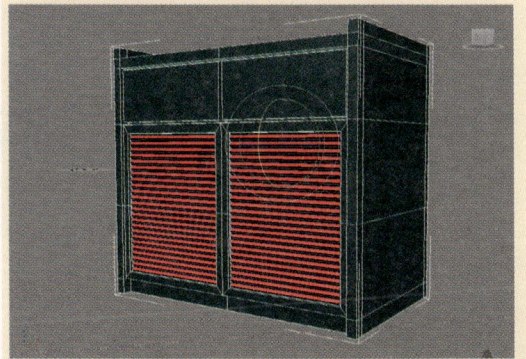

图6-243 旋转多边形

13 按2键，进入【边】级别选择如图6-244所示的边。然后在【石墨建模】工具下面选择【切角】命令，设置【切角数量】为1.0mm，【分段】为4，如图6-245所示。

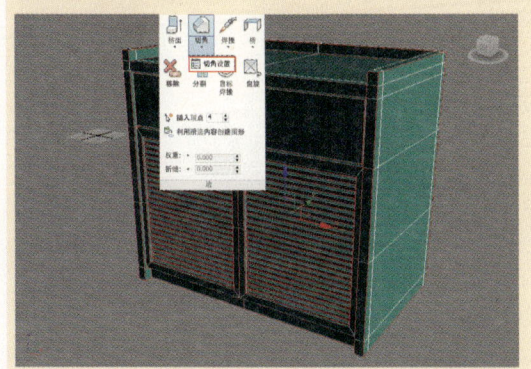

图6-244 选择边

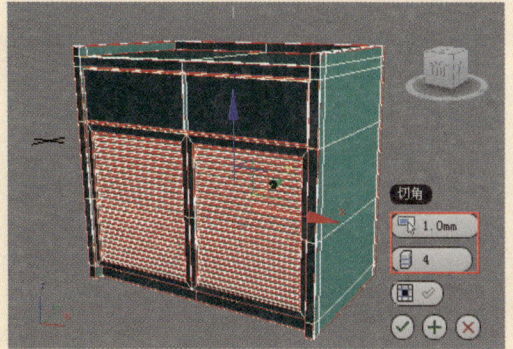

图6-245 选择【切角】命令

14 按1键，进入【顶点】级别选择如图6-246所示的点，并调节点的位置，调节后的效果如图6-247所示。

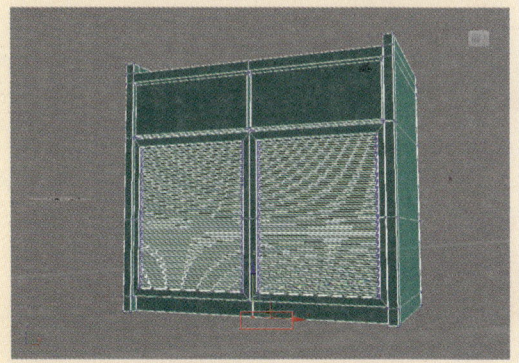

图6-246 选择顶点

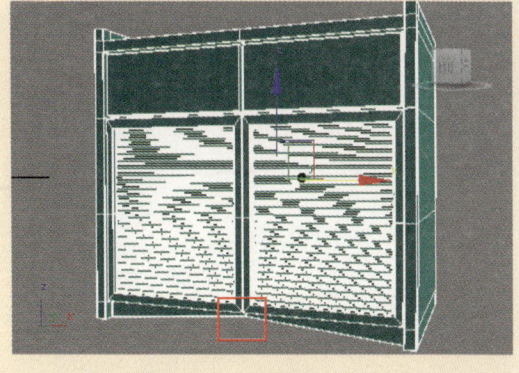

图6-247 调节点的位置

15 使用【切角圆柱体】、【圆环】、【球体】创建柜子把手的模型，模型效果如图6-248所示。最终模型效果如图6-249所示。

图6-248 把手模型效果

图6-249 最终效果

 6.4 NURBS高级建模

6.4.1 初识NURBS建模

与图形对象一样，NURBS 模型可以是多个 NURBS 子对象的集合。NURBS 模型中的父对象是 NURBS 曲面或 NURBS 曲线。子对象可以是此处列出的任何对象。将 NURBS 曲线转化为 NURBS 曲面（无需更改其名称）时，除非向其添加一个曲面子对象，否则它将保留"图形"对象。

6.4.2 NURBS对象类型

NURBS对象包含【NURBS曲面】和【NURBS曲线】两种，如图6-250所示。

1. NURBS曲面

【NURBS曲面】包含【点曲面】和【CV曲面】两种，如图6-251所示。

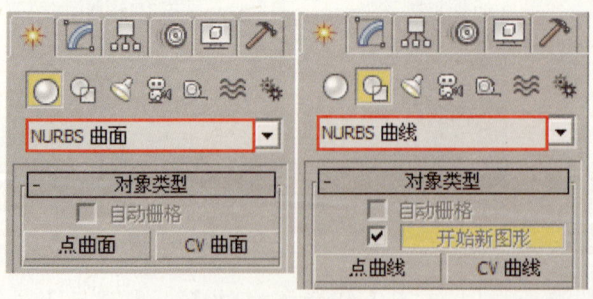
图6-250 NURBS对象

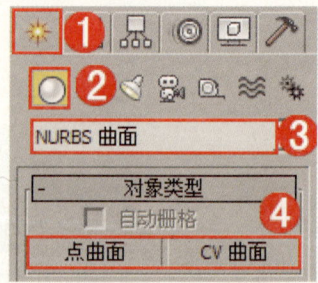
图6-251 NURBS曲面

（1）点曲面

【点曲面】由点来控制模型的形状，每个点始终位于曲面的表面上，如图6-252所示。

图6-252 点曲面

（2）CV曲面

【CV曲面】由控制顶点（CV）来控制模型的形状，CV形成围绕曲面的控制晶格，而不是位于曲面上，如图6-253所示。

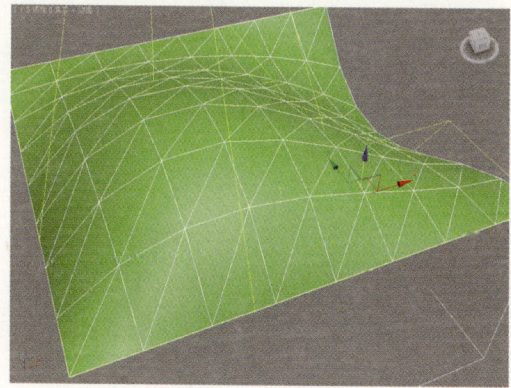

图6-253 CV曲面

2. NURBS曲线

NURBS曲线包含【点曲线】和【CV曲线】两种，如图6-254所示。

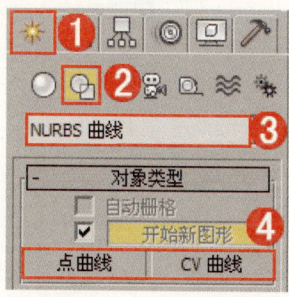

图6-254 NURBS曲线

（1）点曲线

【点曲线】由点来控制曲线的形状，每个点始终位于曲线上，如图6-255所示。

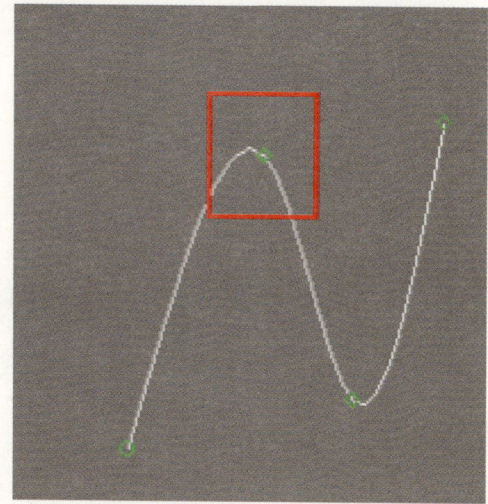

图6-255 点曲线

（2）CV曲线

【CV曲线】由控制顶点（CV）来控制曲线的形状，这些控制顶点不必位于曲线上，如图6-256所示。

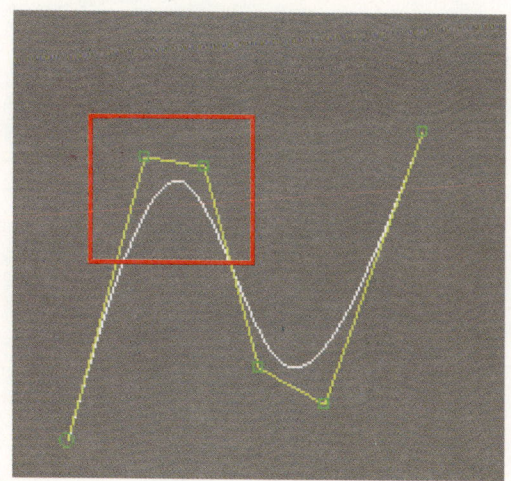

图6-256 CV曲线

6.4.3 创建NURBS对象

如果要创建NURBS曲面，可以将几何体类型切换为【NURBS曲面】，然后使用【点曲面】工具 点曲面 和【CV曲面】工具 CV曲面 即可创建出相应的曲面对象；如果要创建NURBS曲线，可以将图形类型切换为【NURBS曲线】，然后使用【点曲线】工具 和【CV曲线】工具 即可创建出相应的曲线对象。

6.4.4 转换NURBS对象

NURBS对象可以直接创建出来，也可以通过转换的方法将对象转换为NURBS对象。将对象转换为NURBS对象的方法主要有以下3种。

第1种：选择对象，然后单击鼠标右键，在弹出的快捷菜单中选择【转换为】|【转换为NURBS】命令，如图6-257所示。

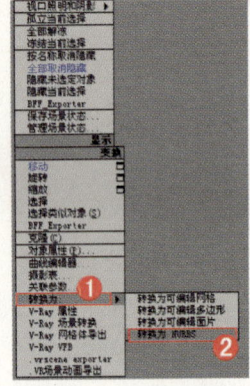

图6-257 选择【转化为NURBS】命令

第2种：选择对象，然后进入【修改】面板，接着在修改器堆栈中的对象上单击鼠标右键，然后在弹出的菜单中选择【NURBS】命令，如图6-258所示。

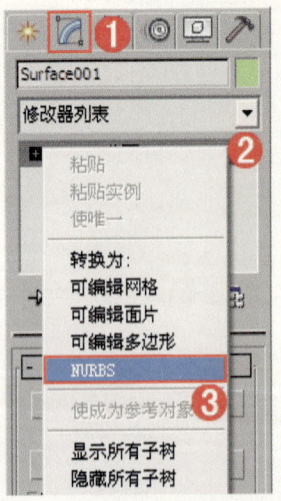

图6-258 选择【NURBS】命令

第3种：为对象加载【挤出】或【车削】修改器，然后设置【输出】为【NURBS】，如图6-259所示。

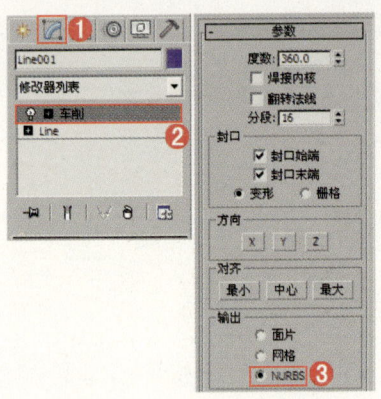

图6-259 输出为【NURBS】

6.4.5 编辑NURBS对象

在NURBS对象的参数设置面板中共有7个卷展栏（以NURBS曲面对象为例），分别是【常规】、【显示线参数】、【曲面近似】、【曲线近似】、【创建点】、【创建曲线】和【创建曲面】卷展栏，如图6-260所示。

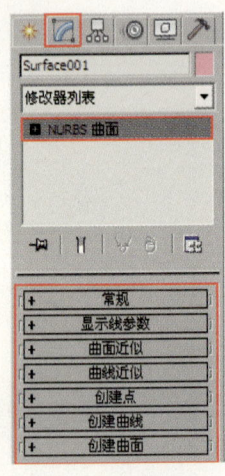

图6-260 【NURBS曲面】对象参数

1．常规

【常规】卷展栏中包含【附加】工具、【导入】工具、【曲面显示】方式以及【NURBS】工具箱，如图6-261所示。

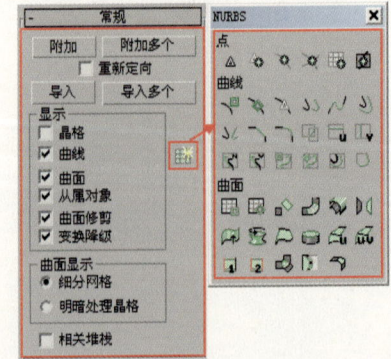

图6-261 【常规】卷展栏

210

2. 显示线参数

【显示线参数】卷展栏下的参数主要用来指定显示NURBS曲面所用的【U向线数】和【V向线数】数值，如图6-262所示。

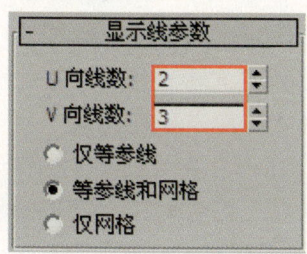

图6-262 【显示线参数】卷展栏

3. 曲面近似

【曲面近似】卷展栏下的参数主要用于控制视图和渲染器的曲面细分，可以根据不同的需要来选择【高】、【中】、【低】3种不同的细分预设，如图6-263所示。

4. 曲线近似

【曲线近似】卷展栏与【曲面近似】卷展栏相似，主要用于控制曲线的步数及曲线细分的级别，如图6-264所示。

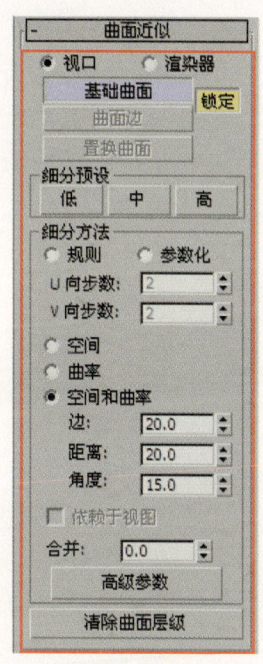

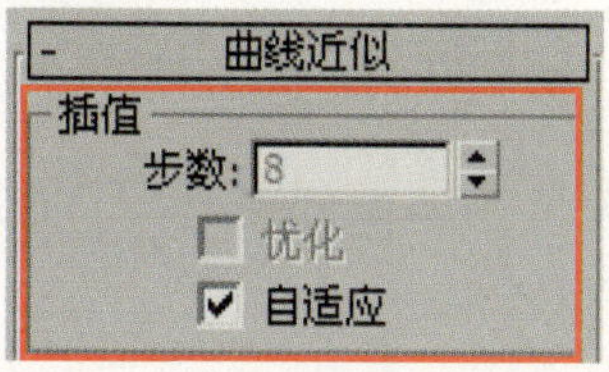

图6-263 【曲面近似】卷展栏

图6-264 【曲线近似】卷展栏

5. 创建点/曲线/曲面

【创建点】、【创建曲线】和【创建曲面】卷展栏中的工具与【NURBS工具箱】中的工具相对应，主要用来创建点、曲线和曲面对象，如图6-265所示。

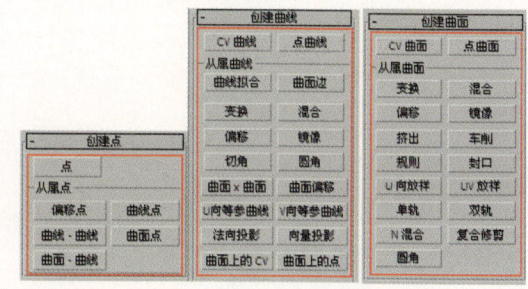

图6-265 点/曲线/面卷展栏

6.4.6 NURBS工具箱

在【常规】卷展栏下单击【NURBS创建工具箱】按钮，打开【NURBS】工具箱，如图6-266所示。【NURBS工具箱】中包含用于创建NURBS对象的所有工具，主要分为3个功能区，分别是【点】功能区、【曲线】功能区和【曲面】功能区。

图6-266 NURBS工具箱

1. 点

- 【创建点】按钮：创建单独的点。
- 【创建偏移点】按钮：根据一个偏移量创建一个点。
- 【创建曲线点】：创建从属曲线上的点。
- 【创建曲线-曲线点】按钮：创建一个从属于【曲线-曲线】的相交点。
- 【创建曲面点】按钮：创建从属于曲面上的点。
- 【创建曲面-曲线点】：创建从属

于【曲面-曲线】的相交点。

2. 曲线

- 【创建CV曲线】按钮：创建一条独立的CV曲线子对象。
- 【创建点曲线】按钮：创建一条独立点曲线子对象。
- 【创建拟合曲线】按钮：创建一条从属的拟合曲线。
- 【创建变换曲线】按钮：创建一条从属的变换曲线。
- 【创建混合曲线】按钮：创建一条从属的混合曲线。
- 【创建偏移曲线】按钮：创建一条从属的偏移曲线。
- 【创建镜像曲线】按钮：创建一条从属的镜像曲线。
- 【创建切角曲线】按钮：创建一条从属的切角曲线。
- 【创建圆角曲线】按钮：创建一条从属的圆角曲线。
- 【创建曲面-曲面相交曲线】按钮：创建一条从属于【曲面-曲面】的相交曲线。
- 【创建U向等参曲线】按钮：创建一条从属的U向等参曲线。
- 【创建V向等参曲线】按钮：创建一条从属的V向等参曲线。
- 【创建法线投影曲线】按钮：创建一条从属于法线方向的投影曲线。
- 【创建向量投影曲线】按钮：创建一条从属于向量方向的投影曲线。
- 【创建曲面上的CV曲线】按钮：创建一条从属于曲面上的CV曲线。
- 【创建曲面上的点曲线】按钮：创建一条从属于曲面上的点曲线。
- 【创建曲面偏移曲线】按钮：创建一条从属于曲面上的偏移曲线。
- 【创建曲面边曲线】按钮：创建一条从属于曲面上的边曲线。

3. 曲面

- 【创建CV曲线】按钮：创建独立的CV曲面子对象。
- 【创建点曲面】按钮：创建独立的点曲面子对象。
- 【创建变换曲面】按钮：创建从属的变换曲面。
- 【创建混合曲面】按钮：创建从属的混合曲面。
- 【创建偏移曲面】按钮：创建从属的偏移曲面。
- 【创建镜像曲面】按钮：创建从属的镜像曲面。
- 【创建挤出曲面】按钮：创建从属的挤出曲面。
- 【创建车削曲面】按钮：创建从属的车削曲面。
- 【创建规则曲面】按钮：创建从属的规则曲面。
- 【创建封口曲面】按钮：创建从属的封口曲面。
- 【创建U向放样曲面】按钮：创建从属的U向放样曲面。
- 【创建UV放样曲面】按钮：创建从属的UV向放样曲面。
- 【创建单轨扫描】按钮：创建从属的单轨扫描曲面。
- 【创建双轨扫描】按钮：创建从属的双轨扫描曲面。
- 【创建多边混合曲面】按钮：创建从属的多边混合曲面。
- 【创建多重曲线修剪曲面】按钮：创建从属的多重曲线修剪曲面。
- 【创建圆角曲面】按钮：创建从属的圆角曲面。

6.5 课后作业

床的最终渲染和线框效果如图6-267所示。

图6-267 最终渲染和线框效果

床的模型制作步骤主要有以下几个。

（1）使用【长方体】工具制作一个长方体，如图6-268所示。

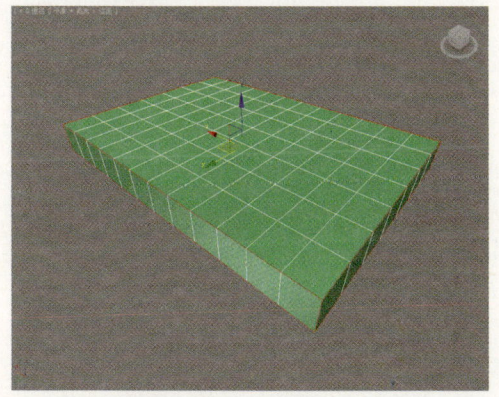

图6-268 创建长方体

（2）使用多边形建模的方法制作出床垫部分，如图6-269所示。

图6-269 床垫效果

（3）继续使用多边形建模的方法制作床单、抱枕等模型，如图6-270所示。

图6-270 床单、抱枕效果

（4）继续使用多边形建模的方法制作床头部分模型，整体效果如图6-271所示。

图6-271 整体效果

6.6 本章小结

多边形建模是建模中最重要的方法之一。基本上所有的模型都可以使用此方法制作出来，但是并不是所有的模型都适合使用该方法。该方法用到的工具非常多，因此熟练掌握常用的工具就显得非常重要了。精通多边形建模的方法，可以制作出非常复杂的模型效果。

第7章
效果图中的灯光设置

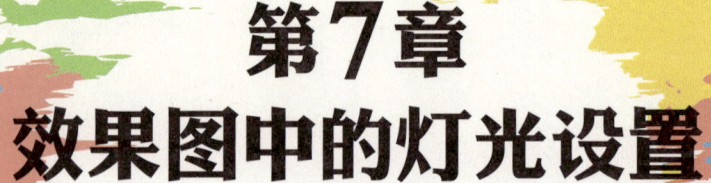

- 灯光的基本常识
- 光度学灯光的应用
- 标准灯光的应用
- VRay灯光的应用

7.1 初识灯光

7.1.1 灯光是什么

灯光是照亮世界必不可缺的元素，而合理的灯光可以模拟出多种气氛效果。在3ds Max灯光中，灯光主要分为：光度学灯光、标准灯光和VRay灯光。图7-1所示为优秀的效果图灯光作品。

图7-1 效果图灯光优秀作品

【光度学】、【标准】和【VRay】灯光的具体分类如图7-2所示。

图7-2 灯光面板

> **提示** 一般来说，3ds Max 2012的灯光只包括【光度学】灯光和【标准】灯光，只有在安装【VRay】渲染器后，才可以看到灯光类型中增加了【VRay】灯光选项。

7.1.2 为什么要设置灯光

灯光是3ds Max创作中非常重要的步骤，设置灯光的原因主要有以下6点。

- 要改进场景的照明。视口中的默认照明可能不够亮，或没有照到复杂对象的所有面上。创建灯光可以照亮场景，方便进行操作。
- 通过逼真的照明效果增强场景的真实感。照明指导提供使照明出现逼真的建议。
- 通过灯光投影阴影增强场景的真实感。各种类型的灯光都可以投影阴影。另外，可以选择性地控制对象投影或接收阴影。
- 要在场景中投影阴。各种类型的灯光都可以投影静态或设置动画的贴图。
- 要帮助在场景中建模如闪光灯的照明源。灯光对象不渲染，以便建模照明源，需要创建与光源相对应的几何体。使用自发光材质使几何体像发射灯光一样出现。
- 要使用制造商的IES、CIBSE或LTLI文件创建照明场景。通过基于制造商的光度学数据文件创建光度学灯光，可以形象化模型中商用的可用照明。通过尝试不同的设备，更改灯光强度和颜色温度，可以设置生成想要效果的照明系统。

7.1.3 灯光的设置步骤

1. 分析所需的灯光

当模型创建完成后，需要进行灯光的创建。通过对每种灯光的学习，可充分了解每种灯光的特性、优缺点等。创建完成的场景如图7-3所示。

图7-3 场景文件

2. 选择合适的灯光

此时可以挑选出几种需要使用的灯光,如【目标聚光灯】、【泛光灯】、【VR_光源】,如图7-4所示。

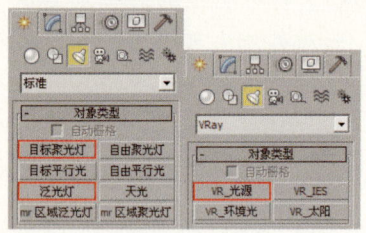

图7-4 所需灯光

3. 按照从主到次进行创建灯光

此时可以按照从主到次的关系进行创建灯光,这样既把握住了灯光的整体效果,又不失细节,如图7-5所示。最终效果如图7-6所示。

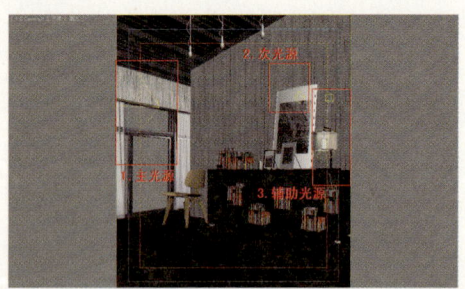

图7-5 光源位置

图7-6 最终效果

7.2 光度学灯光

在光度学下面一共包括3种类型,分别为【目标灯光】、【自由灯光】、【mr Sky门户】,如图7-7所示。

图7-7 光度学类型

7.2.1 目标灯光

【目标灯光】是具有可以用于指向灯光的目标子对象。图7-8所示为【目标灯光】制作的作品。

图7-8 目标灯光制作的作品

> **提示** 【目标灯光】在3ds Max灯光中是最常用的灯光类型之一,主要用来模拟室内外的光照效果。【光域网】、【射灯】等就是描述该灯光的。

在单击【目标灯光】进行创建时,会弹出【创建光度学灯光】对话框,此时直接单击【是】按钮即可,如图7-9所示。

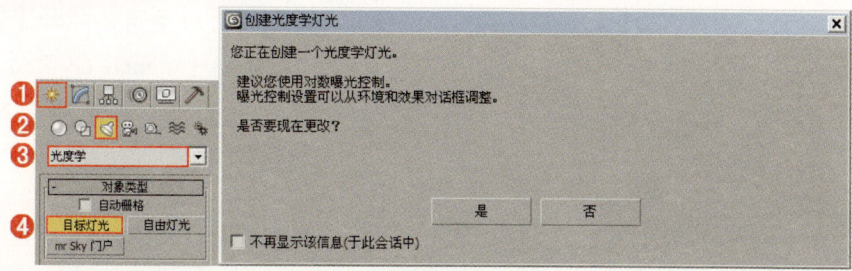

图7-9 目标灯光创建

【目标灯光】的参数包括8个卷展栏,分别为【模板】、【常规参数】、【强度/颜色/衰减】、【图形/区域阴影】、【光线跟踪阴影参数】、【大气和效果】、【高级效果】、【mental ray间接照明】,如图7-10所示。

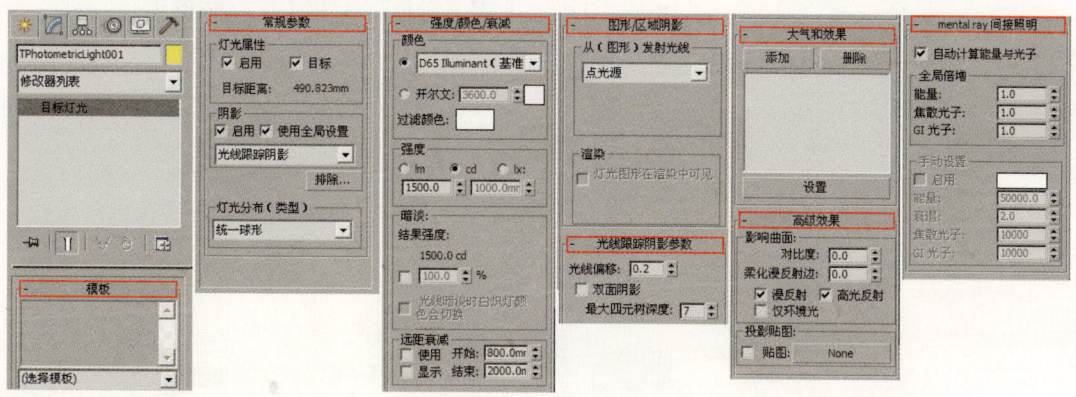

图7-10 目标灯光卷展栏

一般来说,【目标灯光】包括上面介绍的8个卷展栏,但是将其中某些类型进行切换时,相应的卷展栏也会发生变化,如图7-11所示。

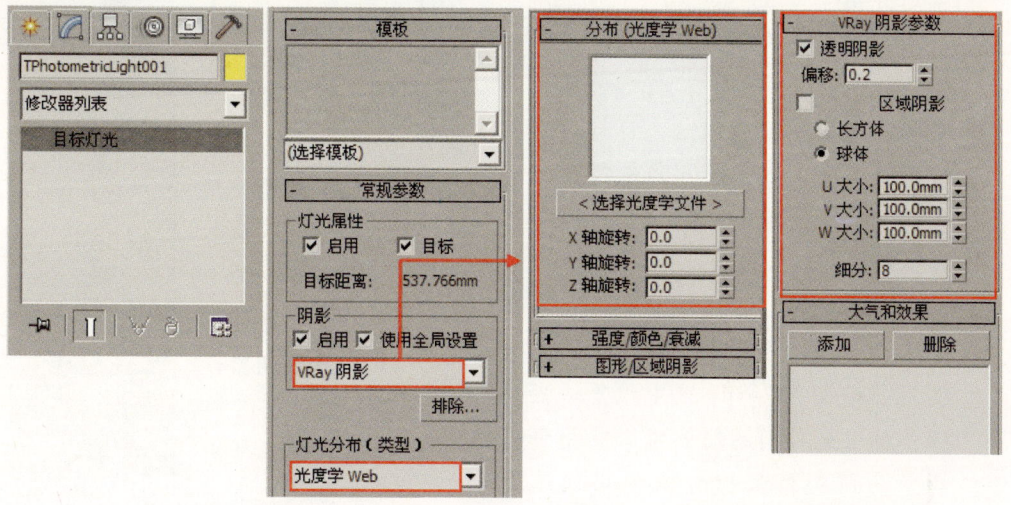

图7-11 变化的卷展栏

1.【模板】卷展栏

【模板】卷展栏包括【选择模板】选项，在这里可以选择合适的灯光模板类型，如图7-12所示。

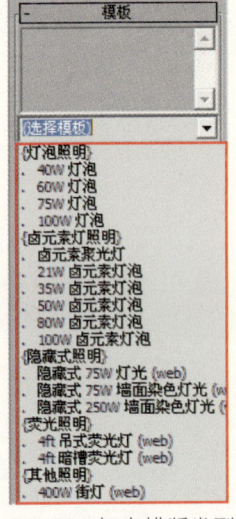

图7-12 灯光模版类型

选择模板：可以选择合适的灯光类型。

2.【常规参数】卷展栏

【常规参数】卷展栏下包括很多参数，如【灯光属性】、【阴影】、【灯光分布（类型）】，如图7-13所示。

（1）灯光属性

- 启用：控制是否开启灯光。
- 目标：选中该复选框后，目标灯光才有目标点。如果禁用该选项，目标灯光将变成自由灯光。
- 目标距离：用来显示目标的距离。

（2）阴影

- 启用：控制是否开启灯光的阴影效果。
- 使用全局设置：如果选中该复选框后，该灯光投射的阴影将影响整个场景的阴影效果；如果禁用该选项，则必须选择渲染器使用哪种方式来生成特定的灯光阴影。
- 阴影类型：设置渲染器渲染场景时使用的阴影类型，包括【高级光线跟踪】、【mental ray阴影贴图】、【区域阴影】、【阴影贴图】、【光线跟踪阴影】、VRayShadow和VRayShadowMap 7种类型。
- 【排除】按钮 排除... ：将选定的对象排除于灯光效果之外。

（3）灯光分布（类型）

灯光分布（类型）：设置灯光的分布类型，包含【光度学Web】、【聚光灯】、【统一漫反射】和【统一球形】4种类型。

提示：一般来说，为了得到较好的阴影效果，可以将【阴影】方式设置为【VRayShadow（VRay阴影）】。为了使用【光域网】文件，在【灯光分布（类型）】中，选择【光度学Web】选项。如图7-14所示。

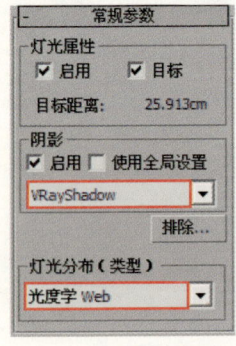

图7-14 阴影设置

3.【强度/颜色/衰减】卷展栏

【强度/颜色/衰减】卷展栏中可以修改灯光的颜色、强度等参数，如图7-15所示。

- 灯光：挑选公用灯光，以近似灯光的光谱特征。
- 开尔文：通过调整色温微调器设置灯光的颜色。
- 过滤颜色：使用颜色过滤器来模

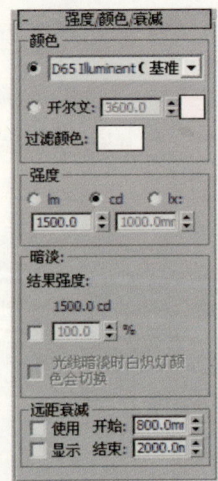

图7-15 【强度/颜色/衰减】卷展栏

拟置于光源上的过滤色效果。
- 强度：控制灯光的强弱程度。
- 结果强度：用于显示暗淡所产生的强度。
- 暗淡百分比：选中该复选框后，该值会指定用于降低灯光强度的【倍增】。
- 光线暗淡时白炽灯颜色会切换：选中该复选框后，灯光可以在暗淡时通过产生更多的黄色来模拟白炽灯。
- 使用：启用灯光的远距衰减。
- 显示：在视口中显示远距衰减的范围设置。
- 开始：设置灯光开始淡出的距离。
- 结束：设置灯光减为0时的距离。

4.【图形/区域阴影】卷展栏

【图形/区域阴影】卷展栏，如图7-16所示。

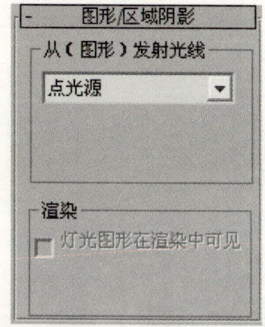

图7-16 【图形/区域阴影】卷展栏

- 从（图形）发射光线：选择阴影生成的图形类型，包括【点光源】、【线】、【矩形】、【圆形】、【球体】和【圆柱体】6种类型。
- 灯光图形在渲染中可见：选中该复选框后，如果灯光对象位于视野之内，那么灯光图形在渲染中会显示为自供照明（发光）的图形。

5.【分布（光度学Web）】卷展栏

【分布（光度学Web）】卷展栏，如图7-17所示。

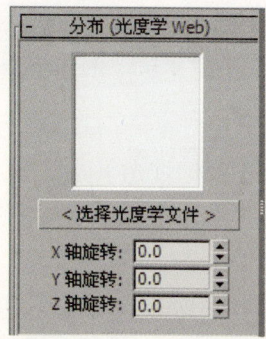

图7-17 【分布（光度学Web）】卷展栏

- 选择光度学文件：单击 <选择光度学文件> 按钮，可以加载.ies光域网文件。
- X/Y/Z轴旋转：可以设置X/Y/Z轴旋转的数值来控制灯光的方向。

6.【VRayShadow（VRay阴影）参数】卷展栏

【VRayShadow（VRay阴影）参数】卷展栏，如图7-18所示。

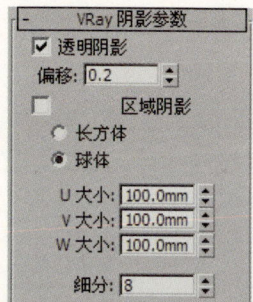

图7-18 【VRayShadow参数】卷展栏

- 透明阴影：控制透明物体的阴影，必须使用VRay材质并选择材质中的【影响阴影】才能产生效果。
- 偏移：控制阴影与物体的偏移距离，一般可保持默认值。
- 区域阴影：控制物体阴影效果，使用时会降低渲染速度，有长方体和球体两种模式。
- U/V/W大小：值越大阴影越模糊，并且还会产生杂点，降低渲染速度。
- 细分：该数值越大，阴影越细腻，噪点越少，渲染速度越慢。

提示：在这里只挑选了部分最为常用的参数进行了详细介绍，剩余的参数只需要了解即可。

根据对【目标灯光】的学习，总结出使用【灯目标光】创建射灯或光域网灯光的具体步骤，如下所述。

（1）创建灯光，并调节灯光的位置。如图7-19所示。

图7-19 调节灯光位置

（2）选择灯光，并单击修改。设置【阴影】方式为【VRayShadow】，设置【灯光分布（类型）】为【光度学Web】方式，最后在【分布（光度学）Web】下面添加一个.ies光域网文件，如图7-20所示。

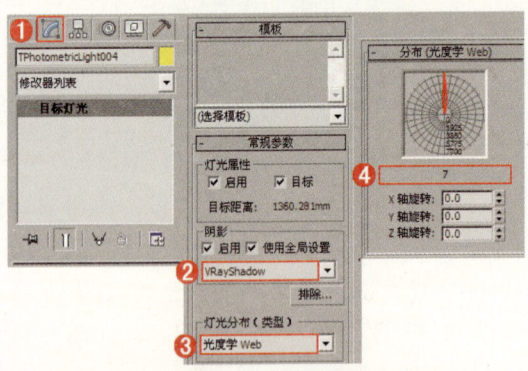

图7-20 灯光参数设置

（3）设置【过滤颜色】，并设置【强度】，然后选中【区域阴影】复选框，最后设置【U/V/W大小】和【细分】，如图7-21所示。

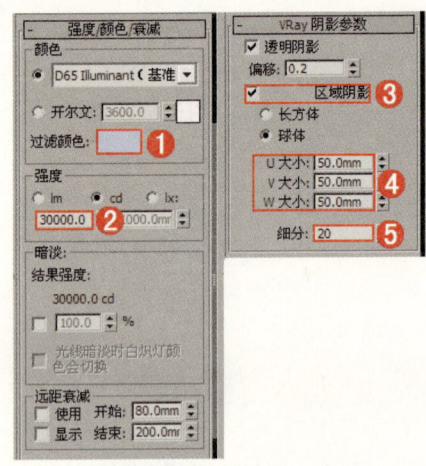

图7-21 灯光参数设置

（4）此时得到最终效果如图7-22所示。

图7-22 最终效果

实战演练047——休闲室夜晚落地灯

场景文件	场景文件\第7章\01.max	案例文件	最终文件\第7章\实战演练047休闲室夜晚落地灯.max
视频教学	视频\第7章\休闲室夜晚落地灯.flv	视频长度	3分36秒
难易指数	★★☆☆☆		

在这个休闲室中，使用两部分灯光照明来表现，一部分是落地灯的灯光，另一部分是壁炉和蜡烛处的灯光。最终渲染效果如图7-23所示。

效果图中的灯光设置 第7章

图7-23 最终渲染效果

1. 创建落地灯处的光源

① 打开本书配套光盘中的【场景文件\第7章\01.max】文件，此时场景效果如图7-24所示。

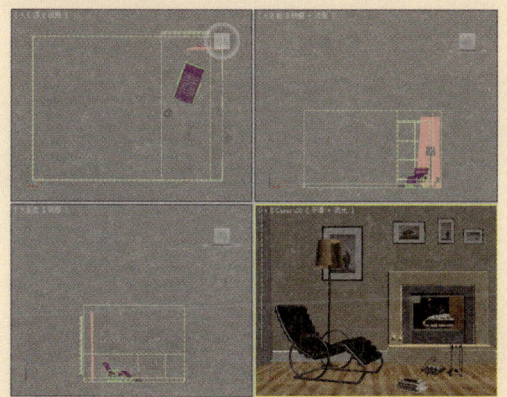

图7-24 场景效果

② 单击【创建】|【灯光】|【VRay】|【VR_光源】按钮，在【顶】视图中单击并拖曳鼠标，创建一盏VR_光源，位置如图7-25所示。

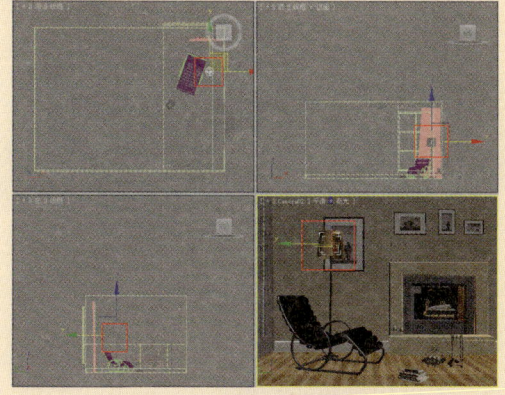

图7-25 VR_光源的位置

③ 在【基本】选项组下设置【类型】为球体。【颜色】为（红:237，绿:228，蓝:199），然后设置【倍增器】为40.0。【半径】为5.0mm。选中【不可见】复选框。最后设置【细分】为20，如图7-26所示。

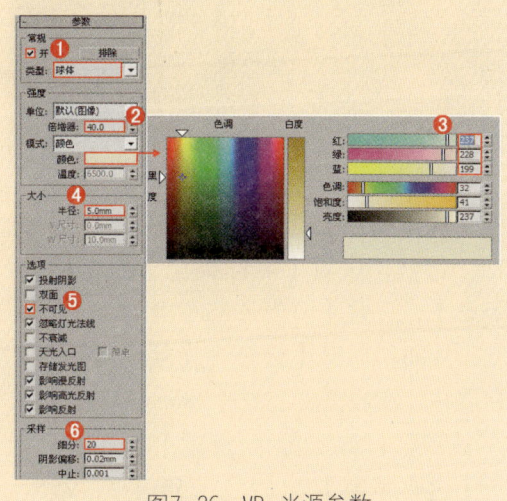

图7-26 VR_光源参数

④ 按Shift+Q组合键，快速渲染【摄影机】视图，其渲染的效果如图7-27所示。

图7-27 渲染的效果

通过上面的渲染效果来看，落地灯的光源效果还可以，但是四周没有任何光的效果。

2. 创建落地灯上方和下方处的光源

① 单击【创建】|【灯光】|【光度学】|【目标灯光】按钮，在【前】视图中创建1盏，然后将目标灯光的目标拖曳到灯罩的上方，具体的位置如图7-28所示。

221

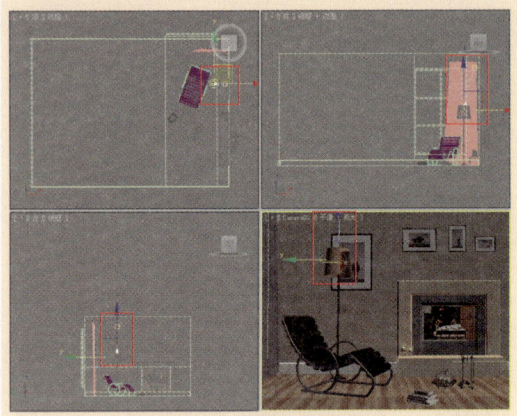

图7-28 灯光的位置

2 在【阴影】选项组下选中【启用】复选框，设置【阴影类型】为【VRay阴影】，设置【灯光分布（类型）】为光度学Web，展开【分布（光度学Web）】卷展栏，在通道上加载【28.ies】光域网文件。展开【强度/颜色/衰减】卷展栏，调节【过滤颜色】为（红：255，绿：255，蓝：255），设置【强度】为20，展开【VRayShadow（VRay阴影）参数】卷展栏，选中【区域阴影】复选框、设置U、V、W大小分别为30.0mm，如图7-29所示。

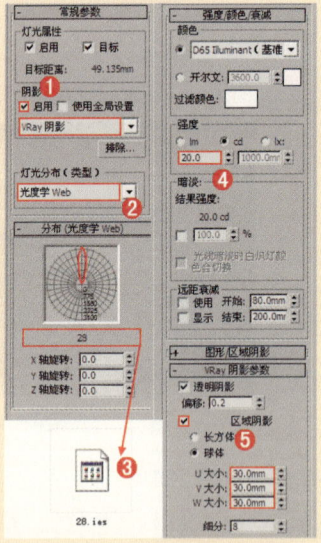

图7-29 目标灯光参数

> 这里一定要注意目标灯光的目标点的位置，目标点一定要放置在合适的位置才能达到最佳的效果，当然这些都需要不断测试渲染才能得到的。

3 继续使用【目标灯光】按钮【前】视图中创建，然后将目标灯光的目标拖曳到灯罩的下方，具体的位置如图7-30所示。接着修改灯光参数，设置【强度】为80，其他参数与上面创建的灯光一致，如图7-31所示。

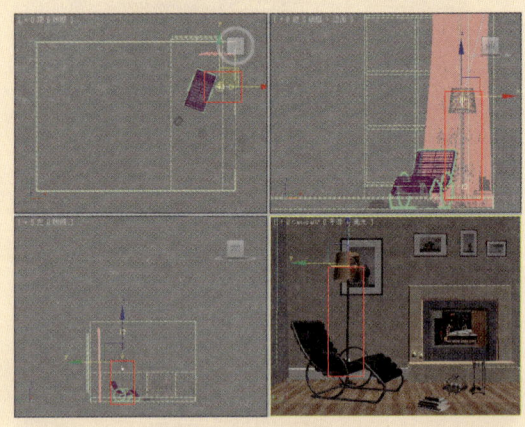

图7-30 灯光的位置

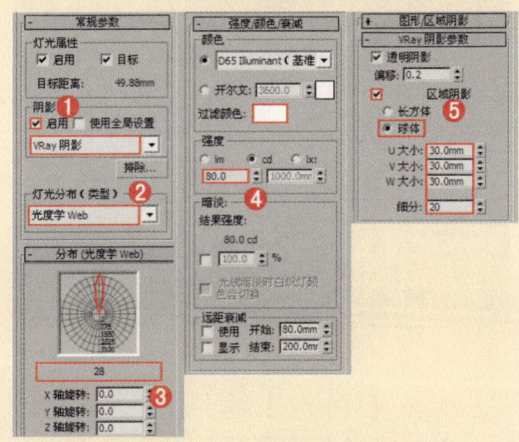

图7-31 目标灯光参数

4 按Shift+Q组合键，快速渲染【摄影机】视图，其渲染的效果如图7-32所示。

图7-32 渲染的效果

通过渲染的效果来看壁炉处并没有光源，下面创建此处的光源。

3. 创建壁炉处和蜡烛的灯光

① 使用VR_光源在【顶】视图中创建1盏,接着使用【选择并移动】工具复制一份,复制时采样【实例】复制,灯光的位置如图7-33所示。

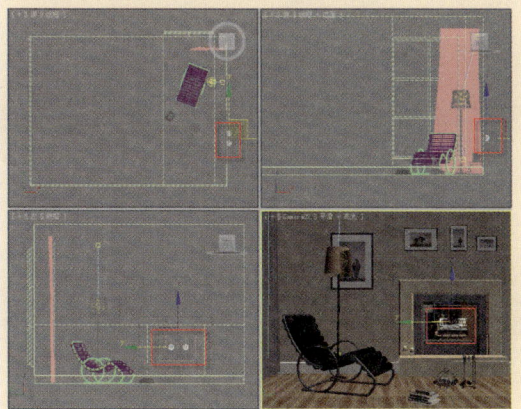

图7-33 灯光的位置

② 在【基本】选项组下设置【类型】为球体。设置【颜色】为(红:221,绿:111,蓝:26),然后设置【倍增器】为50.0,设置【半径】为2.0mm,选中【不可见】复选框,最后设置【细分】为15。如图7-34所示。

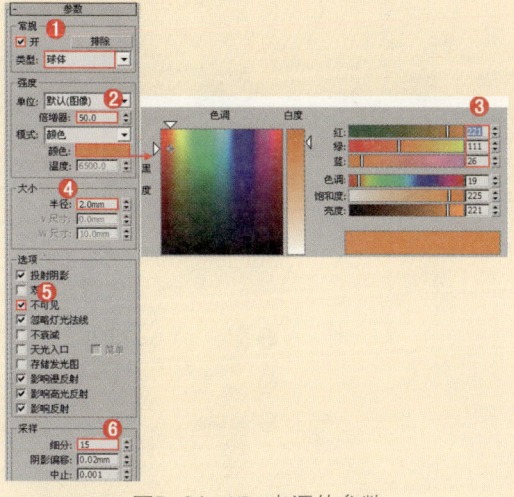

图7-34 VR_光源的参数

③ 创建2盏VR_光源,并放置在图7-35所示的蜡烛位置。接着设置【半径】为0.5mm,选中【不可见】复选框,【细分】为15,如图7-36所示。

图7-35 灯光的位置

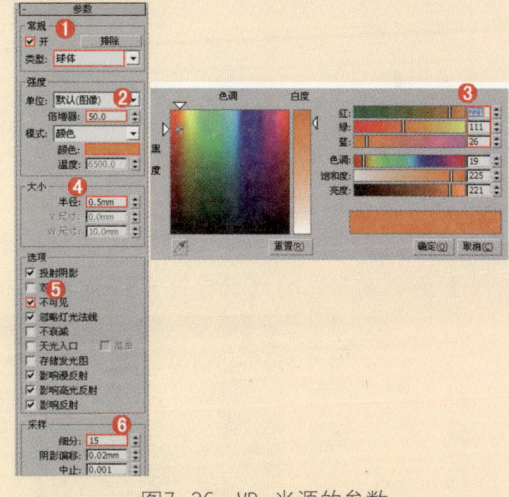

图7-36 VR_光源的参数

④ 按Shift+Q组合键,快速渲染【摄影机】视图,其渲染的效果如图7-37所示。

图7-37 渲染的效果

7.2.2 自由灯光

【自由灯光】没有目标点，可以与【目标灯光】快速转化，具体参数如图7-38所示。

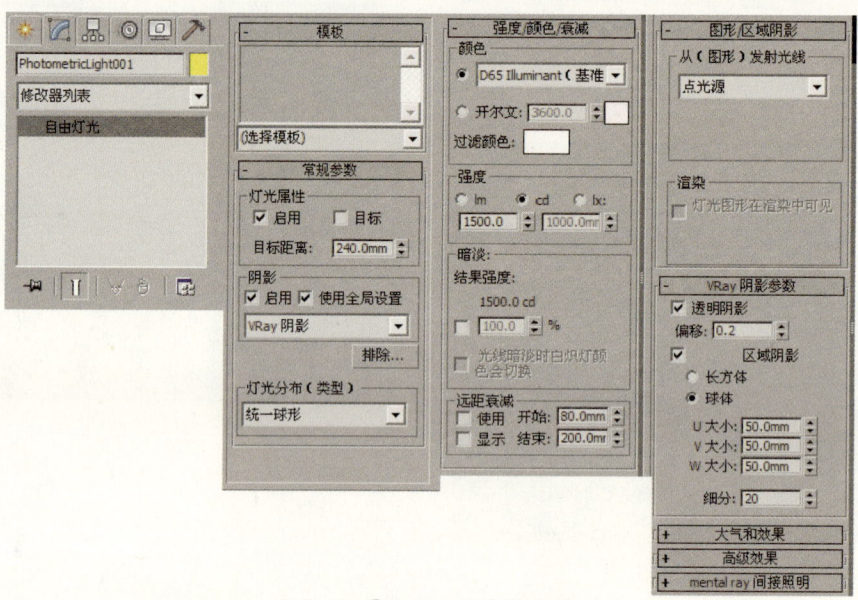

图7-38 【自由灯光】的参数

> 提示　而【自由灯光】的区别在于没有选中【目标】复选框。【自由灯光】的参数与【目标灯光】基本一致，这里就不重复进行介绍了。当选中【目标】复选框时，【自由灯光】会自动转化为【目标灯光】。如图7-39所示。

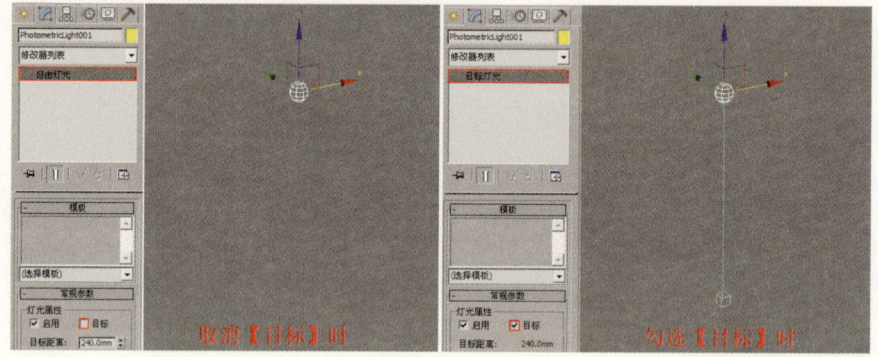

图7-39 选中【目标】复选框

7.3 标准灯光

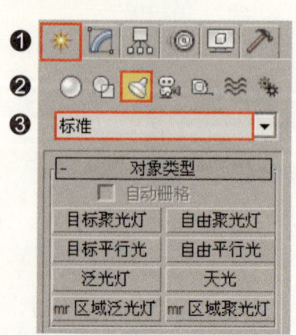

【标准】灯光包括8种类型，分别是【目标聚光灯】、【自由聚光灯】、【目标平行光】、【自由平行光】、【泛光灯】、【天光】、【mr区域泛光灯】和【mr区域聚光灯】，如图7-40所示。

图7-40 标准灯光

7.3.1 目标聚光灯

【目标聚光灯】像闪光灯一样投影聚焦的光束，这是在剧院中或桅灯下的聚光区。【目标聚光】灯使用目标对象指向【摄影机】，图7-41所示为【目标聚光灯】制作的作品。

图7-41 目标灯光效果图

> 提示：在3ds Max 2012中，使用灯光可以在视图中进行实时预览，这样可以看到基本的灯光和阴影的效果，如图7-42所示。

图7-42 实时预览

接着在视图左上角[+][透视][真实]处单击鼠标右键，然后在弹出的快捷菜单中取消【照明和阴影】下的【阴影】选项，如图7-43所示。此时阴影效果如图7-44所示。

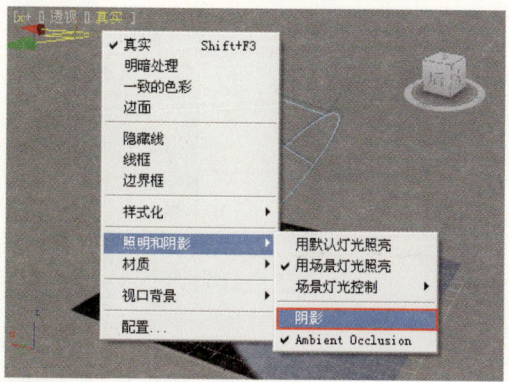

图7-43 选择阴影

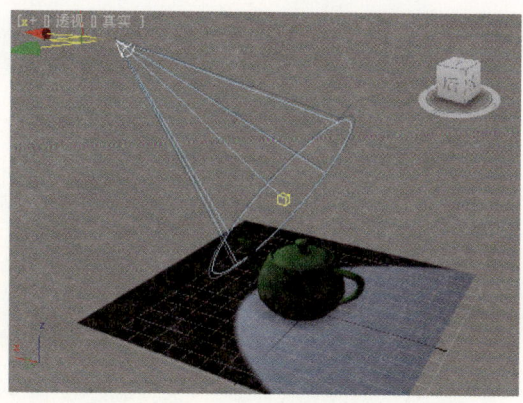

图7-44 阴影效果

最后在视图左上角[+][透视][真实]处单击鼠标右键，然后在弹出的快捷菜单中取消选择【照明和阴影】下的【Ambient Occlusion】选项，如图7-45所示。此时阴影效果如图7-46所示。

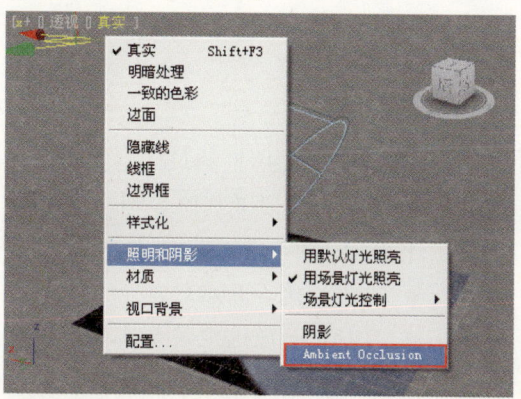

图7-45 选择Ambient Occlusion

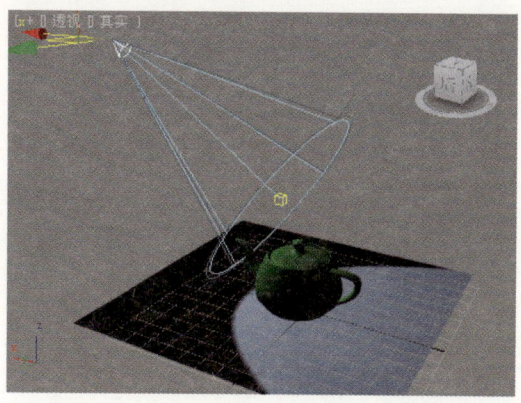

图7-46 阴影效果

【目标聚光灯】参数主要包括【常规参数】、【强度/颜色/衰减】、【聚光灯参数】、【高级效果】、【阴影参数】、【光线跟踪阴影参数】、【大气和效果】、【mental ray间接照明】。具体参数如图7-47所示。

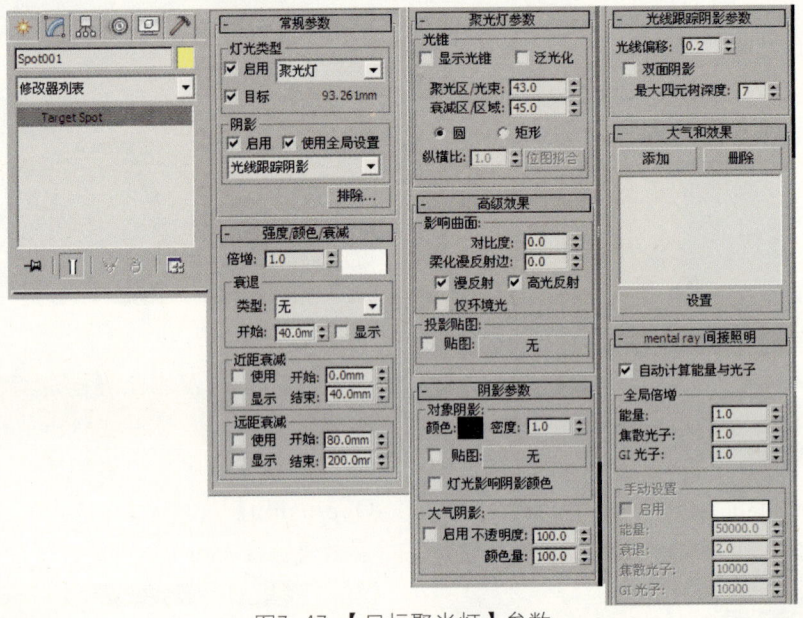

图7-47 【目标聚光灯】参数

1. 常规参数

【常规参数】卷展栏的具体参数如图7-48所示。

- 灯光类型：共有3种类型可供选择，分别是【聚光灯】、【平行光】和【泛光灯】。
  - 启用：是否开启灯光。
  - 目标：如果选中该复选框后，灯光将成为目标聚光灯；如果禁用该选项，灯光将变成自由聚光灯。
- 阴影：控制是否开启灯光阴影。
  - 使用全局设置：如果选中该复选框后，该灯光投射的阴影将影响整个场景的阴影效果。如果禁用该选项，则必须选择渲染器使用哪种方式来生成特定的灯光阴影。
  - 阴影类型：切换阴影的类型来得到不同的阴影效果。
  - 【排除】按钮 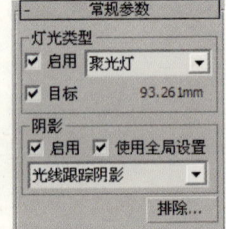：将选定的对象排除于灯光效果之外。

图7-48 【常规参数】卷展栏

2. 强度/颜色/衰减

【强度/颜色/衰减】卷展栏的具体参数如图7-49所示。

- 倍增：控制灯光的强弱程度。
- 颜色：用来设置灯光的颜色。
- 衰退：该选项组中的参数用来设置灯光衰退的类型和起始距离。
  - 类型：指定灯光的衰退方式。【无】为不衰退；【倒数】为反向衰退；【平方反比】是以平方反比的方式进行衰退。

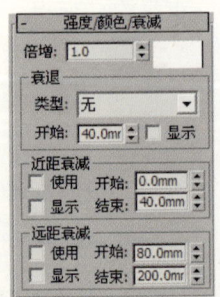

图7-49 【强度/颜色/衰减】卷展栏

> 提示：如果【平方反比】衰退方式使场景太暗，可以打开【环境和效果】对话框，然后在【全局照明】选项组下适当加大【级别】值来提高场景亮度。

- 开始：设置灯光开始衰退的距离。
- 显示：在视口中显示灯光衰退的效果。
- 近距衰减/远距衰减：该选项组用来设置灯光近距离衰退/远距离衰退的参数。
  - 使用：启用灯光近距离衰退/远距离衰退。
  - 显示：在视口中显示近距离衰退/远距离衰退的范围。
  - 开始：设置灯光开始淡出的距离。
  - 结束：设置灯光达到衰退最远处的距离。

3. 聚光灯参数

【聚光灯参数】卷展栏的具体参数如图7-50所示。

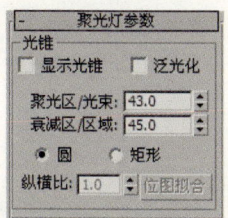

图7-50 【聚光灯参数】卷展栏

- 显示光锥：控制是否开启圆锥体显示效果。
- 泛光化：选中该复选框时，灯光将在各个方向投射光线。
- 聚光区/光束：用来调整灯光圆锥体的角度。
- 衰减区/区域：设置灯光衰减区的角度。
- 圆/矩形：指定聚光区和衰减区的形状。
- 纵横比：设置矩形光束的纵横比。
- 【位图拟合】按钮 位图拟合：若灯光的【光锥】设置为【矩形】，可以用该按钮来设置光锥的【纵横比】，以匹配特定的位图。

4. 高级效果

展开【高级效果】卷展栏，其具体参数如图7-51所示。

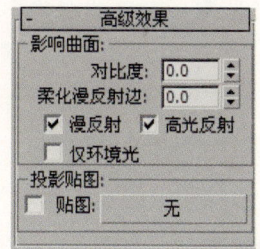

图7-51 【高级效果】卷展栏

- 对比度：调整漫反射区域和环境光区域的对比度。
- 柔化漫反射边：增加该选项的数值可以柔化曲面的漫反射区域和环境光区域的边缘。
- 漫反射：选中该复选框后，灯光将影响曲面的漫反射属性。
- 高光反射：选中该复选框后，灯光将影响曲面的高光属性。
- 仅环境光：选中该复选框后，灯光仅仅影响照明的环境光。
- 贴图：为阴影加载贴图。

5. 阴影参数

展开【阴影参数】卷展栏，其具体参数如图7-52所示。

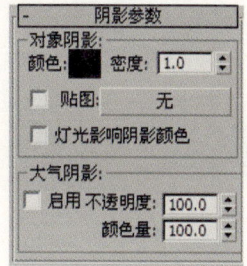

图7-52 【阴影参数】卷展栏

- 颜色：设置阴影的颜色，默认为黑色。
- 密度：设置阴影的密度。
- 贴图：为阴影指定贴图。

- 灯光影响阴影颜色：开启该选项后，灯光颜色将与阴影颜色混合在一起。
- 启用：启用该选项后，大气可以穿过灯光投射阴影。
- 不透明度：调节阴影的不透明度。
- 颜色量：调整颜色和阴影颜色的混合量。

6. 光线跟踪阴影参数

【光线跟踪阴影参数】卷展栏，具体参数如图7-53所示。

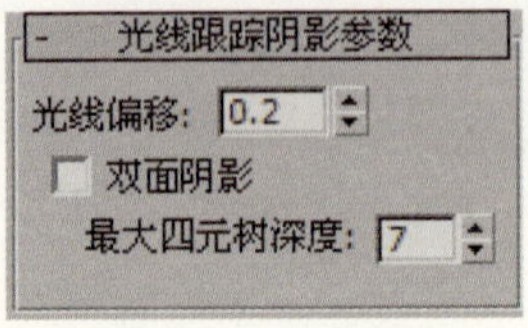

图7-53 【光线跟踪阴影参数】卷展栏

- 光线偏移：将阴影移向或移离投射阴影的对象。
- 双面阴影：启用该选项后，计算阴影时背面将不被忽略。
- 最大四元深度：使用光线跟踪器调整四元树的深度。

实战演练048——休息室灯光

场景文件	场景文件\第7章\02.max
视频教学	视频\第7章\休息室灯光.flv
难易指数	★★☆☆☆

案例文件	最终文件\第7章\实战演练048\休息室灯光.max
视频长度	2分26秒

在这个休息室场景中，使用两部分灯光照明来表现，一部分是落地灯的光源，另一部分是辅助光源的灯光，将其结合起来效果会比较丰富。最终渲染效果如图7-54所示。

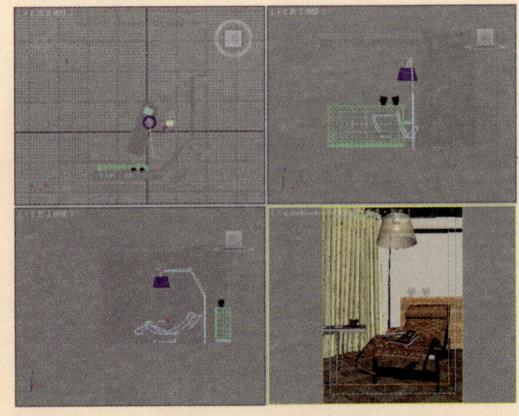

图7-55 场景效果

图7-54 最终渲染效果

2 单击【创建】 | 【灯光】 | 【目标聚光灯】 按钮，在【顶】视图中单击并拖曳鼠标，创建一盏目标聚光灯，并将其放置在灯罩中，具体位置如图7-56所示。

3 选择目标聚光灯，然后在【修改】面板下【阴影】选项组选中【启用】复选框，设置【阴影类型】为【VRay阴影】；展开【强度/颜色/衰减】卷展栏，设置【倍增】为4.0；在【远距衰减】选项

1. 创建落地灯的光源

1 打开本书配套光盘中的【场景文件\第7章\02.max】文件，此时场景效果如图7-55所示。

组下选中【使用】复选框,设置【结束】为100.0mm,【聚光区/光束】为70.0,【衰减区/区域】为124.0;展开【VRay阴影参数】卷展栏,选中【区域阴影】复选框,如图7-57所示。

⑤ 单击【创建】【灯光】【泛光灯】 泛光灯 按钮,在【顶】视图中单击并拖曳鼠标,创建一盏泛光灯放置在灯罩中,位置如图7-59所示。

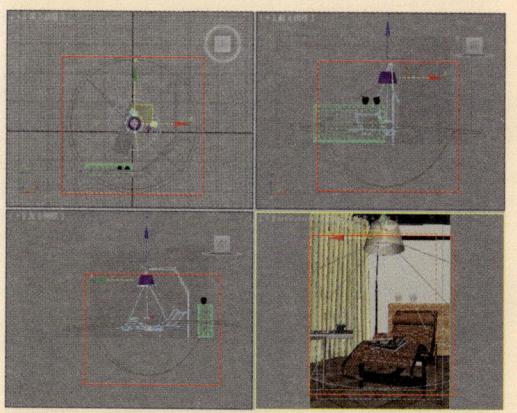

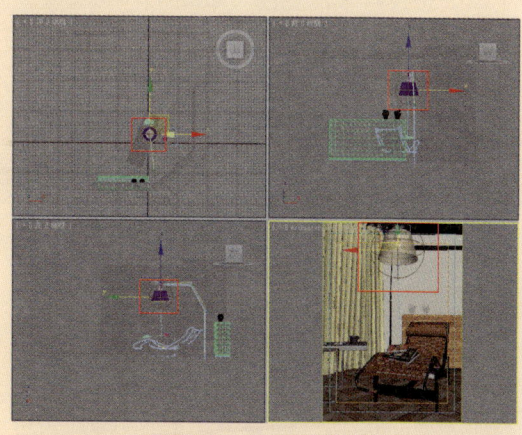

图7-59 泛光灯的位置

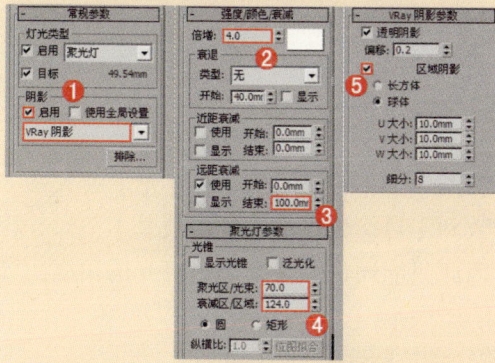

图7-56 目标聚光灯的位置

⑥ 选择泛光灯,然后在【修改】面板下展开【常规参数】卷展栏,在【阴影】选项组下选中【启用】复选框,设置【阴影类型】为【VRay阴影】;展开【强度/颜色/衰减】卷展栏,设置【倍增】为10.0;在【远距衰减】选项组下选中【使用】复选框,设置【结束】为12.0mm,如图7-60所示。

⑦ 按Shift+Q组合键,快速渲染【摄影机】视图,其渲染的效果如图7-61所示。

图7-57 目标聚光灯的参数

④ 按Shift+Q组合键,快速渲染【摄影机】视图,其渲染的效果如图7-58所示。

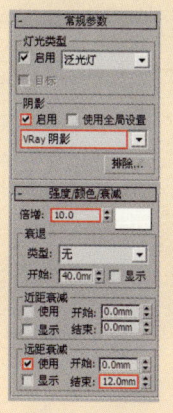 

图7-60 泛光灯的参数 图7-61 渲染的效果

图7-58 渲染的效果

通过上面渲染的效果来看,发现其他部分还比较昏暗,需要再次创建灯光。

2. 创建休息室辅助光源

① 单击【创建】|【灯光】|【泛光灯】 按钮，在【顶】视图中单击并拖曳鼠标，创建一盏泛光灯放置在室内昏暗的位置，并复制3盏灯光（复制时采用实例方式），具体位置如图7-62所示。

② 选择泛光灯，然后在【修改】面板下展开【强度/颜色/衰减】卷展栏，设置【倍增】为0.1，如图7-63所示。

③ 按Shift+Q组合键，快速渲染【摄影机】视图，其渲染的效果如图7-64所示。

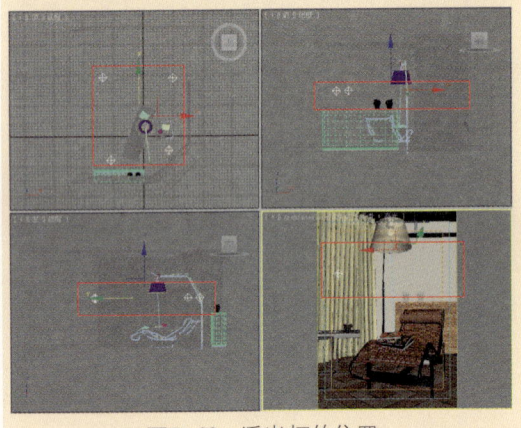
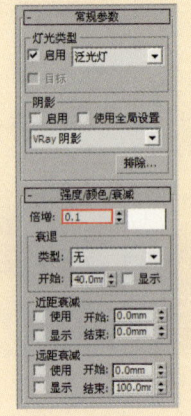
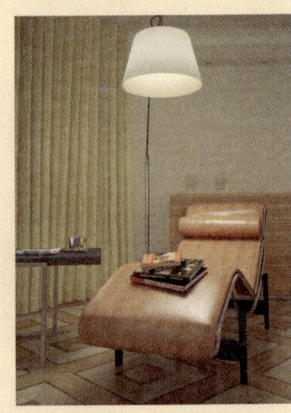

图7-62 泛光灯的位置　　图7-63 泛光灯的参数　　图7-64 渲染的效果

7.3.2 自由聚光灯

【自由聚光灯】和【目标聚光灯】的关系与【目标灯光】和【自由灯光】的关系一样，都是可以快速转化的，【自由聚光灯】的参数和【目标聚光灯】的参数基本一致，因此不再重复介绍。【自由聚光灯】没有目标点，因此只能通过旋转来调节灯光的角度，如图7-65所示。

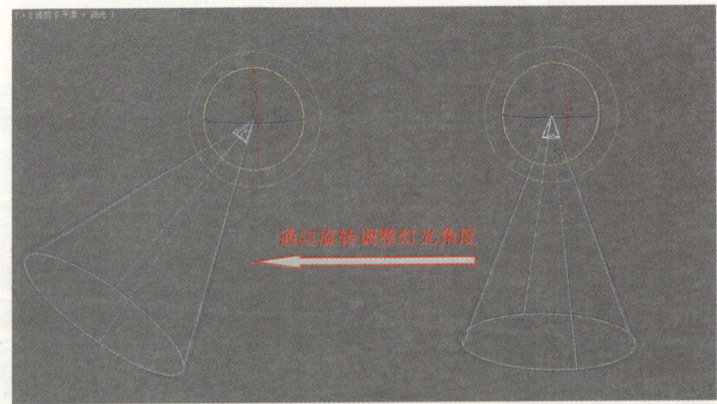

图7-65 自由聚光灯

7.3.3 目标平行光

【目标平行光】可以产生一个照射区域，主要用来模拟自然光线的照射效果，一般常用来制作日光等效果，如图7-66所示。

【目标平行光】的参数和【目标聚光灯】的参数基本一致，因此不再重复介绍。【目标平行光】的具体参数如图7-67所示。

图7-66　日光效果图

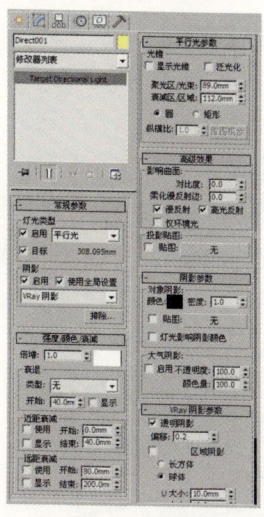

图7-67　目标平行光

实战演练049——室外阳光阴影效果

场景文件	场景文件\第7章\03.max	案例文件	最终文件\第7章\实战演练049\室外阳光阴影效果.max
视频教学	视频\第7章\室外阳光阴影效果.flv	视频长度	2分59秒
难易指数	★★☆☆☆		

在这个室外别墅场景中，使用两部分灯光照明来表现，一部分是太阳光的灯光，另一部分是天空光（VR_天空贴图）。最终渲染效果如图7-68所示。

图7-68　最终渲染效果

1. 创建太阳光的光源

① 打开本书配套光盘中的【场景文件\第7章\03.max】文件，此时场景效果如图7-69所示。

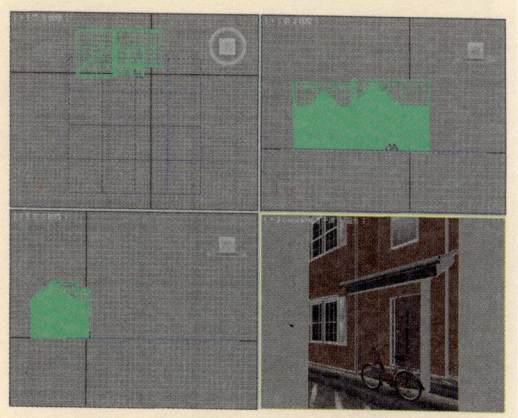

图7-69　场景效果

② 单击【创建】｜【灯光】｜【标准】｜【目标平行光】。

按钮，在【顶】视图中单击并拖曳鼠标，创建一盏VR_光源，位置如图7-70所示。

3. 选择刚创建的目标平行光，然后在【修改】面板下选中【启用】复选框，并设置【阴影类型】为【VRay阴影】，设置【倍增】为3.0；展开【平行光参数】卷展栏，设置【聚光区/光束】为1100.0mm，【衰减区/区域】为39000.0mm，最后设置U、V、W大小分别为254.0mm，如图7-71所示。

4. 按数字键8，打开【环境和效果】面板，在【环境贴图】下面的通道上加载【VR_天空】贴图，并将其拖曳到一个空白材质球上，然后选中【手动太阳节点】复选框，设置【太阳强度倍增】为0.04，【太阳大小倍增】为20.0，如图7-72所示。

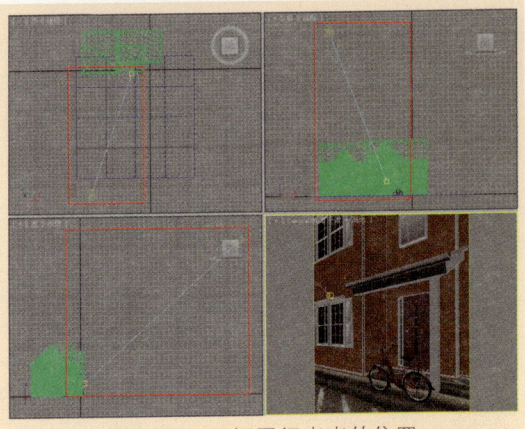

图7-70　目标平行光光的位置

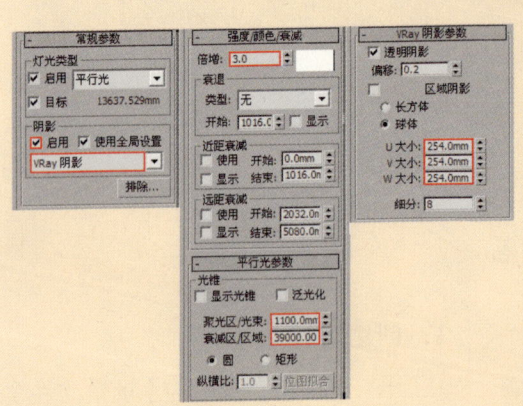

图7-71　目标平行光参数

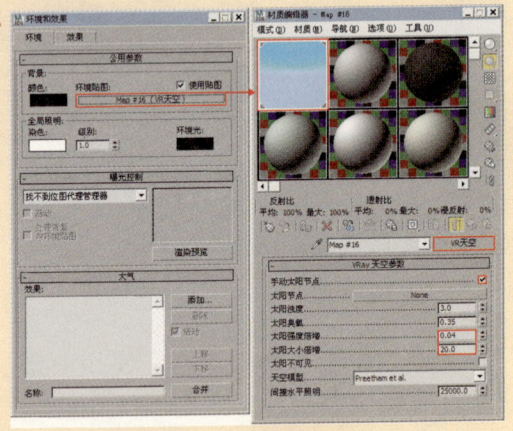

图7-72　加载VRay天空贴图

5. 按Shift+Q组合键，快速渲染【摄影机】视图，其渲染的效果如图7-73所示。

6. 在【修改】面板下展开【高级效果】卷展栏，选中【贴图】复选框，并在后面的通道上加载本书配套光盘中的"阴影贴图.jpg"，如图7-74所示。

图7-73　渲染效果

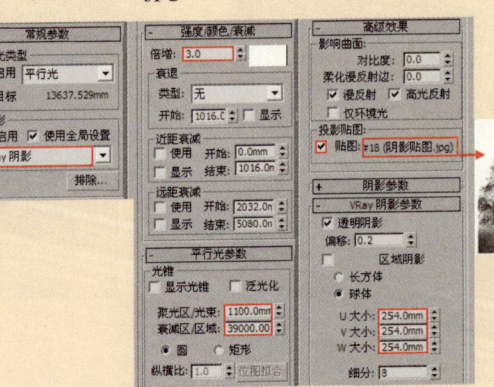

图7-74　目标平行光参数

> 提示 从图7-74渲染的效果来看并不是想要的,这样渲染出来的场的景太孤立,为了更好地融合整个场景,需要加载多个模型,但加载多个模型后渲染起来会消耗大量的时间,这里可以使用【投影贴图】的方法为目标平行光加载一个投影贴图,投影贴图可以在后期的软件中(Photoshop CS5)中根据需要进行调节。

7 按Shift+Q组合键,快速渲染【摄影机】视图,其渲染的效果如图7-75所示。

> 提示 从图7-75渲染的效果来看,发现别墅墙面上出现了大树的投影,这就是使用【投影贴图】后渲染出来的效果。

图7-75 渲染的效果

7.3.4 自由平行光

【自由平行光】能产生一个平行的照射区域,具体参数如图7-76所示。

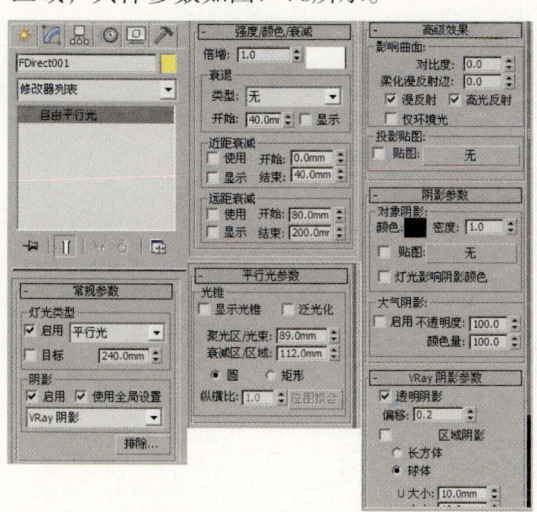

图7-76 自由平行光参数

7.3.5 泛光灯

【泛光灯】从单个光源向各个方向投影光线。泛光灯用于模拟点光源、辅助光源,效果如图7-77所示。

图7-77 泛光灯效果

【泛光灯】具体参数如图7-78所示。

7.3.6 天光

【天光】用于模拟天空光，可以整体增亮场景。当使用默认扫描线渲染器进行渲染时，天光与高级照明、光跟踪器或光能传递结合使用效果会更佳。图7-82所示为天光的原理图。

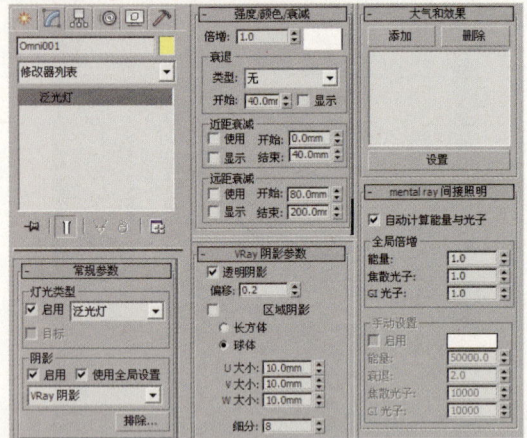

图7-78　泛光灯参数

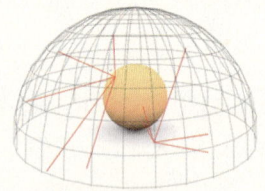

图7-82　天光原理

【天光】的具体参数如图7-83所示。

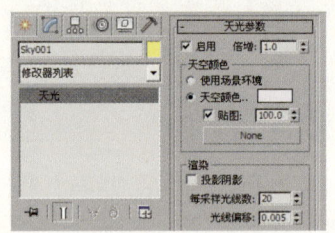

图7-83　天光参数

提示：通常情况下，需要设置【泛光灯】的照射范围，而在默认情况下进行渲染时，会发现整个场景都被照亮了，如图7-79所示。

图7-79　泛光灯范围

此时只需要选中【远距衰减】下的【使用】和【显示】复选框，并设置合适的【开始】和【结束】数值即可，如图7-80所示。此时的渲染效果如图7-81所示。

- 启用：是否开启天光。
- 倍增：控制天光的强弱程度。
- 使用场景环境：使用【环境与特效】对话框中设置的灯光颜色。
- 天空颜色：设置天光的颜色。
- 贴图：指定贴图来影响天光颜色。
- 投影阴影：控制天光是否投影阴影。
- 每采样光线数：计算落在场景中每个点的光子数目。
- 光线偏移：设置光线产生的偏移距离。

7.4　VRay灯光

在成功安装VRay渲染器后，在【创建】面板中就可以选择VRay灯光。VRay灯光包含4种类型，分别是【VR_光源】、

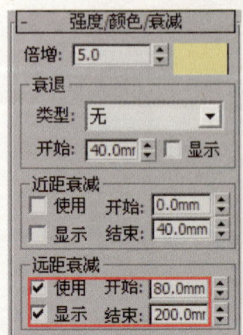

图7-80　远距衰减参数

图7-81　渲染效果

效果图中的灯光设置 第7章

【VR_IES】、【VR_环境光】、【VR_太阳】，如图7-84所示。

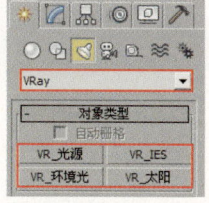

图7-84 Vray灯光

> 要想正常使用【VRay灯光】需要设置渲染器为VRay渲染器。具体设置方法如图7-85所示。

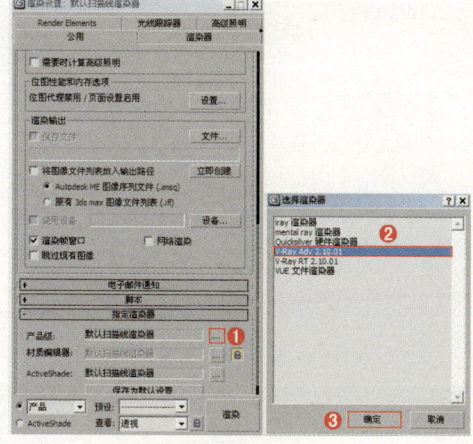

图7-85 设置面板

具体参数会在后面渲染章节中详细介绍，这里不做过多介绍。

7.4.1 VR_光源

【VR_光源】是最常用的灯光之一，参数比较简单，但是效果非常真实。一般用来模拟柔和的灯光、灯带、台灯灯光、补光灯。其具体参数如图7-86所示。

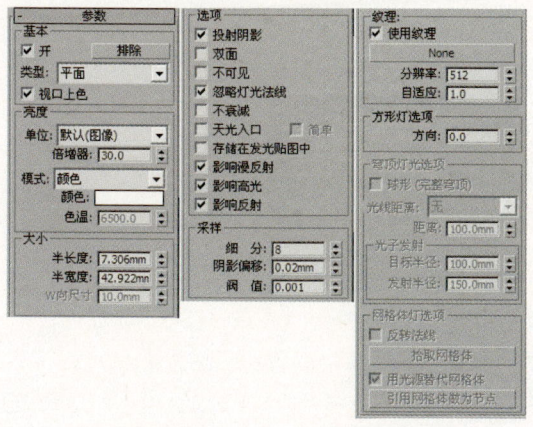

图7-86 VR_光源参数

1. 基本

- 开：控制是否开启VR_光源。
- 【排除】按钮：用来排除灯光对物体的影响。
- 类型：指定VR_光源的类型，共有【平面】、【穹顶】、【球体】和【网格】4种类型，如图7-87所示。

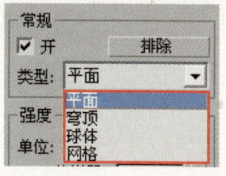

图7-87 VR_光源类型

◆ 平面：将VR_光源设置成平面形状。

◆ 穹顶：将VR_光源设置成边界盒形状。

◆ 球体：将VR_光源设置成穹顶状，类似于3ds Max的天光物体，光线来自于位于光源z轴的半球体状圆顶。

◆ 网格：是一种以网格为基础的灯光。

> 设置类型为【平面】时比较适合于室内灯带等光照效果，设置类型为【球体】时比较适合于灯罩内的光照效果，如图7-88所示。

图7-88 光源类型

235

2. 亮度

- 单位：指定VR_光源的发光单位，共有【默认（图像）】、【发光率（lm）】、【亮度（lm/m2/sr）】、【辐射功率（W）】和【辐射（W/m2/sr）】5种，如图7-89所示。

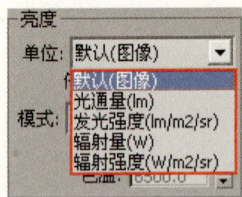

图7-89　单位类型

- ◆ 默认（图像）：VRay默认单位，依靠灯光的颜色和亮度来控制灯光的最后强弱，如果忽略曝光类型的因素，灯光色彩将是物体表面受光的最终色彩。
- ◆ 光通量（lm）：当选择这个单位时，灯光的亮度将和灯光的大小无关（100W的亮度大约等于1500LM）。
- ◆ 发光强度（lm/m2/sr）：当选择这个单位时，灯光的亮度和它的大小有关系。
- ◆ 辐射量（W）：当选择这个单位时，灯光的亮度和灯光的大小无关。注意，这里的瓦特和物理上的瓦特不一样，比如这里的100W大约等于物理上的2~3瓦特。
- ◆ 辐射强度（W/m2/sr）：当选择这个单位时，灯光的亮度和它的大小有关系。

- 颜色：指定灯光的颜色。
- 倍增器：设置灯光的强度。

3. 大小

- 半长度：设置灯光的长度。
- 半宽度：设置灯光的宽度。
- W向尺寸：当前这个参数还没有被激活。

4. 选项

- 投射阴影：控制是否对物体的光照产生阴影。
- 双面：用来控制灯光的双面都产生照明效果，对比效果如图7-90所示。

图7-90　双面发光对比效果

- 不可见：这个选项用来控制最终渲染时是否显示VR_光源的形状，对比效果如图7-91所示。

图7-91　VR_光源的不可见对比效果

- 忽略灯光法线：这个选项控制灯光的发射是否按照光源的法线进行发射。
- 不衰减：在物理世界中，所有的光线都是有衰减的。如果选中这个复选框，VRay将不计算灯光的衰减效果，对比效果如图7-92所示。

图7-92　不衰减对比效果

- 天光入口：这个选项是把VRay灯转换为天光，这时的VR_光源就变成了【间接照明（GI）】，失去了直接照明。当选中这个复选框时，【投射影阴影】、【双面】、【不可见】等参数将不可用，被VRay的天光参数所取代。

- 储存在发光贴图中：选中这个复选框，同时【间接照明（GI）】里的【首次反弹】引擎选择【发光贴图】时，VR_光源的光照信息将保存在【发光贴图】中。在渲染光子的时候将变得更慢，但是在渲染出图时，渲染速度会提高很多。当渲染完光子的时候，可以关闭或删除这个VR_光源，它对最后的渲染效果没有影响，因为它的光照信息已经保存在【发光贴图】中。
- 影响漫反射：这个选项决定灯光是否影响物体材质属性的漫反射。
- 影响高光：这个选项决定灯光是否影响物体材质属性的高光。
- 影响反射：选中该复选框时，灯光将对物体的反射区进行光照，物体可以将光源进行反射。

5. 采样

- 细分：该参数控制VR_光源的采样细分。数值越小，渲染杂点越多，渲染速度越快；数值越大，渲染杂点越少，渲染速度越慢。如图7-93所示。

图7-93 细分对比

- 阴影偏移：这个参数用来控制物体与阴影的偏移距离，较高的值会使阴影向灯光的方向偏移。对比效果如图7-94所示。

图7-94 阴影偏移对比

- 阈值：设置采样的最小阈值。

6. 纹理

- 使用纹理：控制是否用纹理贴图作为半球光源。
- None（无）：选择贴图通道。
- 分辨率：设置纹理贴图的分辨率，最高为2 048。

实战演练050——起居室壁炉灯光效果

场景文件	场景文件\第7章\04.max	案例文件	最终文件\第7章\实战演练050\起居室壁炉灯光效果.max
视频教学	视频\第7章\起居室壁炉灯光效果.flv		
难易指数	★★☆☆☆	视频长度	2分14秒

在这个休闲室场景中，使用两部分灯光照明来表现，一部分是壁炉处的灯光，另一部分是室内辅助灯光。最终渲染效果如图7-95所示。

图7-95 最终渲染效果

1. 创建壁炉前方处的光源

① 打开本书配套光盘中的【场景文件\第7章\04.max】文件，此时场景效果如图7-96所示。

② 单击【创建】｜【灯光】｜【VRay】 VRay ｜【VR_光源】 VR_光源 按钮，在【顶】视图中单击

并拖曳鼠标，创建一盏VR_光源，位置如图7-97所示。

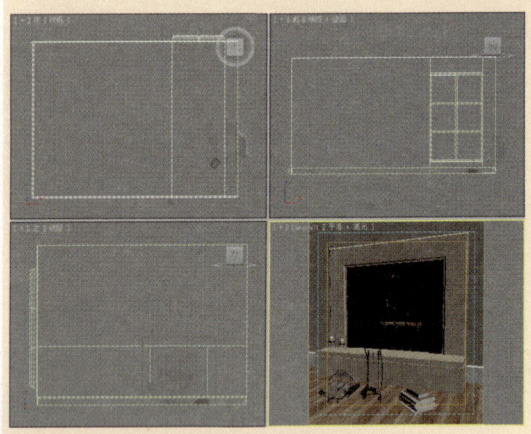

图7-96 场景效果

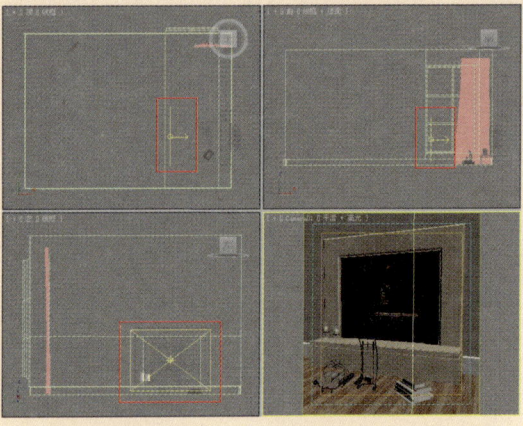

图7-97 VR_光源的位置

3 选择VR_光源，然后在【基本】选项组下设置【类型】为平面。设置【颜色】为（红:201，绿:215，蓝:250），设置【倍增器】为3.0。设置【1/2长】为24.0mm、【1/2宽】为32.0mm。选中【不可见】复选框，取消选中【影响反射】复选框。最后设置【细分】为15，如图7-98所示。

4 按Shift+Q组合键，快速渲染【摄影机】视图，其渲染的效果如图7-99所示。

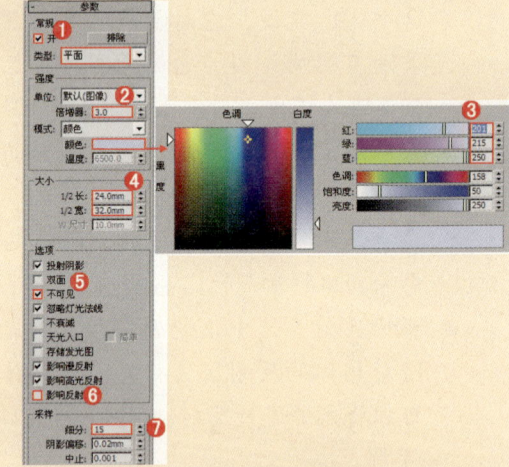

> **提示** 取消选中【影响反射】复选框以后，在场景中所有物体不会反射VR_光源，下

图7-98 VR_光源参数

图为VR_光源默认时的渲染效果，发现在大理石上面反射VR_光源。如图7-100所示。

图7-99 渲染的效果

图7-100 渲染的效果

2.创建壁炉处的灯光

1 继续使用【VR_光源】在【顶】视图中创建1盏，然后使用【选择并移动】工具复制3份，在复制时使用【实例】方式，具体的位置，如图7-101所示。

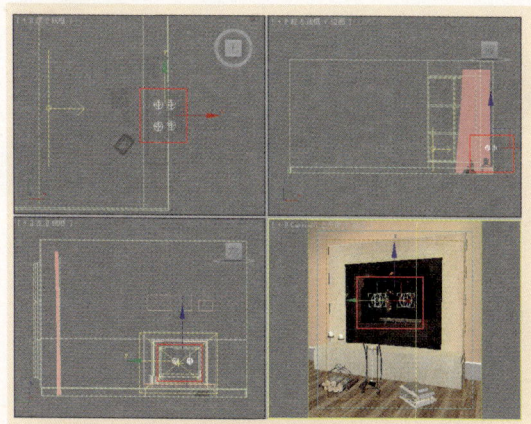

图7-101 VR_光源的位置

❷ 选择VR_光源,然后在【基本】选项组下设置【类型】为球体。设置【颜色】为(红:221,绿:111,蓝:26),设置【倍增器】为30.0mm。设置【半径】为2.5mm,选中【不可见】复选框。最后设置【细分】为15,如图7-102所示。

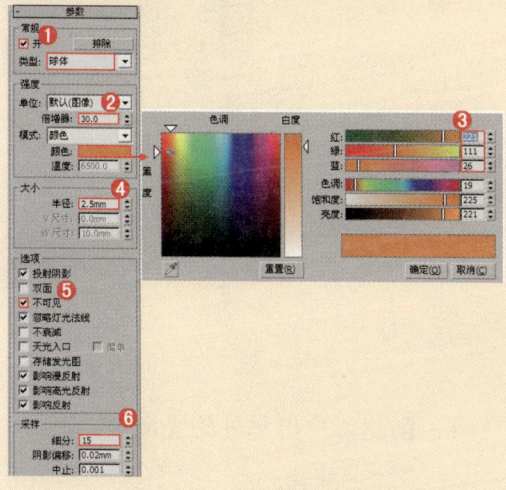

图7-102 VR_光源的参数

❸ 按Shift+Q组合键,快速渲染【摄影机】视图,其渲染的效果如图7-103所示。

❹ 继续使用 VR灯光 在【顶】视图中创建1盏,并使用【选择并移动】工具将其拖曳到壁炉处,具体位置

图7-103 渲染的效果

如图7-104所示。

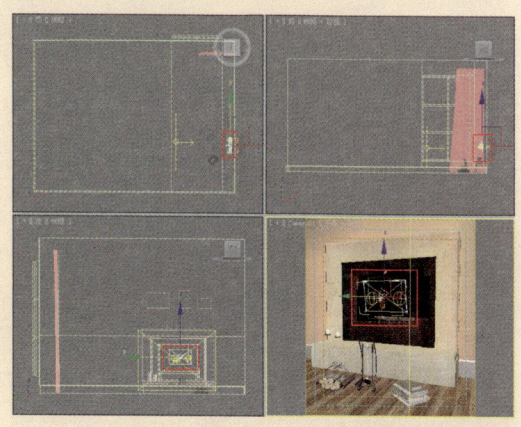

图7-104 VR_光源的位置

❺ 选择上一步创建的VR_光源,然后在【基本】选项组下设置【类型】为平面。设置【颜色】为(红:205,绿:77,蓝:4),设置【倍增器】为45.0。【1/2半长】为9.0mm,【1/2宽】为6.0mm。选中【不可见】复选框。最后设置【细分】为15。如图7-105所示。

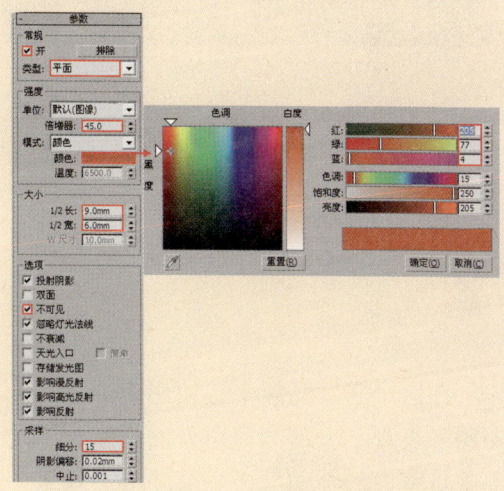

图7-105 VR_光源参数

❻ 按Shift+Q组合键,快速渲染【摄影机】视图,其渲染的效果如图7-106所示。

图7-106 渲染的效果

3. 创建壁炉处蜡烛的光源

① 继续使用【VR_光源】在【顶】视图中创建1盏，使用【选择并移动】工具复制1份，在复制时使用【实例】方式，具体位置如图7-107所示。选择VR_光源，在【基本】选项组下设置【类型】为球体。设置【颜色】为（红:221，绿:111，蓝:26），【倍增器】为50.0。设置【半径】为0.5mm，设置【细分】为15，如图7-108所示。

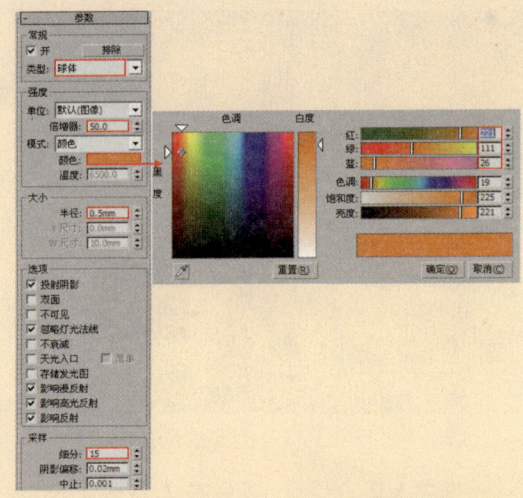

图7-108 VR_光源的参数

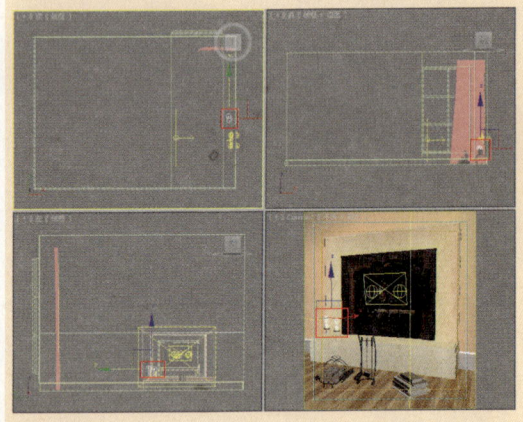

图7-107 VR_光源的位置

② 按Shift+Q组合键，快速渲染【摄影机】视图，其渲染的效果如图7-109所示。

图7-109 渲染的效果

实战演练051——客厅灯光白天效果

场景文件	场景文件\第7章\05.max	案例文件	最终文件\第7章\实战演练051\客厅灯光白天效果.max
视频教学	视频\第7章\客厅灯光白天效果.flv	视频长度	1分33秒
难易指数	★★☆☆☆		

在这个客厅场景中，使用两部分灯光照明来表现，一部分窗口处的灯光，另一部分是室内的辅助灯光。最终渲染效果如图7-110所示。

图7-110 最终渲染效果

1. 创建窗户出室外的光源

① 打开本书配套光盘中的【场景文件\第7章\05.max】文件，此时场景效果如图7-111所示。

② 单击【创建】｜【灯光】｜【VRay】 VRay ｜【VR_光源】 VR_光源 按钮，在【左】视图中单击并拖曳鼠标，创建一盏VR_光源，可以使用【选择并旋转】工具将VR_光源方向旋转（可以参照【顶】视图灯光的方向），位置如图7-112所示。

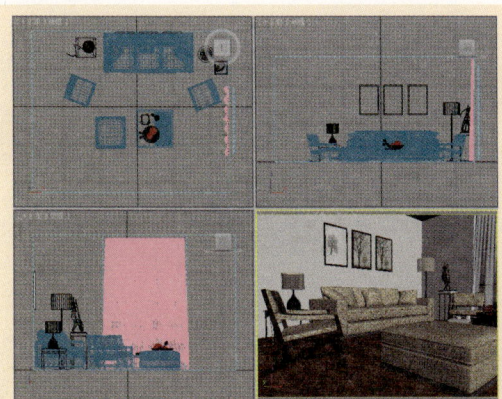

图7-111　场景效果

图7-112　VR_光源的位置

3 选择上一步创建的VR_光源，然后在【修改】面板下设置【类型】为平面，调节【颜色】为（红:153，绿:175，蓝:246），设置【倍增器】为40.0，【1/2长】为1200.0mm，【1/2宽】为980.0mm，最后设置【细分】为15。如图7-113所示。

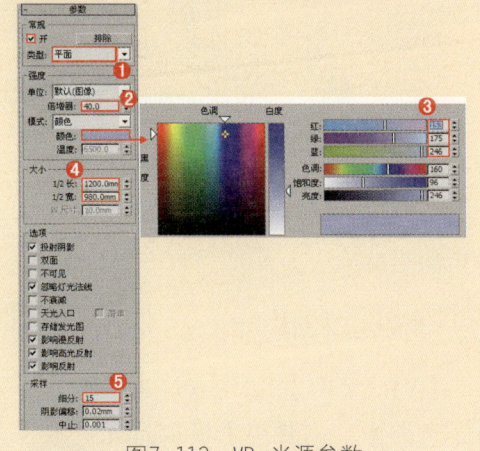

图7-113　VR_光源参数

4 打开【渲染器设置】面板，然后展开【Vray::环境】卷展栏，选中【开】复选框，调节颜色为（红：212，绿：219，蓝：251），设置【倍增器】为5.0，如图7-114所示。

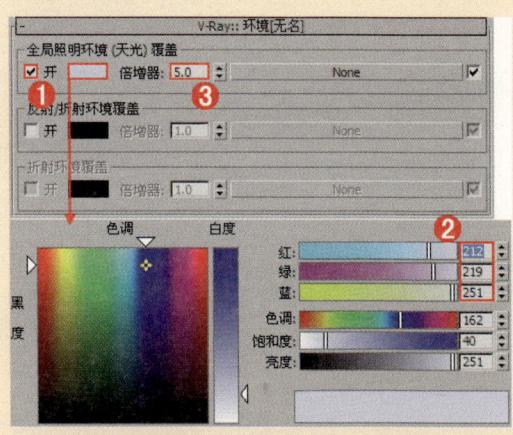

图7-114　开启【全局照明环境】

> 【渲染器设置】面板中的参数在以后的章节中会详细介绍，这里只根据本节所使用到的参数进行调节。

5 按Shift+Q组合键，快速渲染【摄影机】视图，其渲染的效果如图7-115所示。

图7-115　渲染的效果

通过上面的渲染效果来看，本场景中的整个效果不够理想，只是在窗口处灯光强度足够了，但是室内整体就暗淡下来，因此需要对室内进行辅助光源的设置。

2. 创建室内辅助光源

① 使用VR_光源，在【左】视图中创建，具体位置如图7-116所示。然后在【修改】面板下展开【参数】卷展栏，设置【类型】为平面，设置【倍增器】为1.0，调节【颜色】为（红:239，绿:242，蓝:253），【1/2长】为1 200.0mm，【1/2宽】为980.0mm，取消选中【不可见】复选框，最后设置【细分】为15。如图7-117所示。

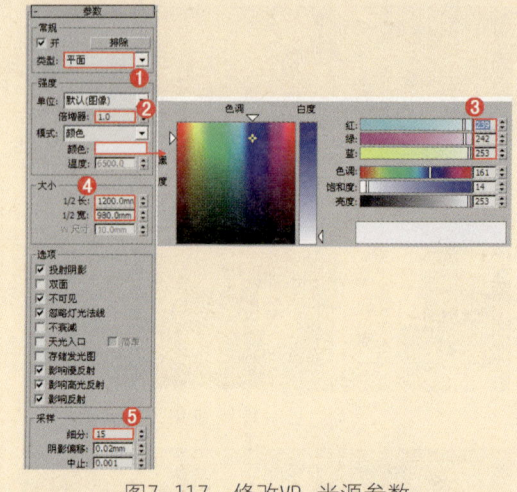

图7-117　修改VR_光源参数

② 按Shift+Q组合键，快速渲染【摄影机】视图，其渲染的效果如图7-118所示。

图7-118　渲染的效果

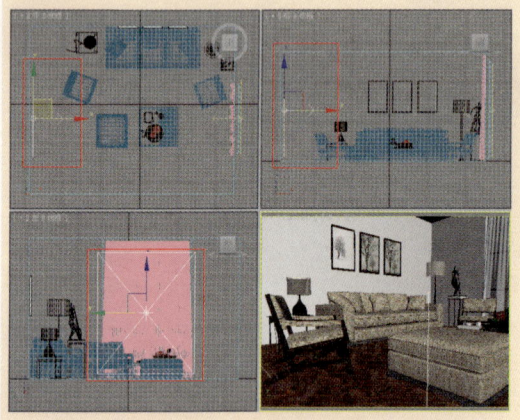

图7-116　VR_光源的位置

7.4.2 VR_IES

【VR_IES】是一个V型射线特定光源插件，可用来加载IES灯光；能使现实世界的光分布更加逼真(IES文件)。VR_IES和MAX光度学中的灯光类似，而专门优化的V型射线渲比通常的要快。其参数面板如图7-119所示。

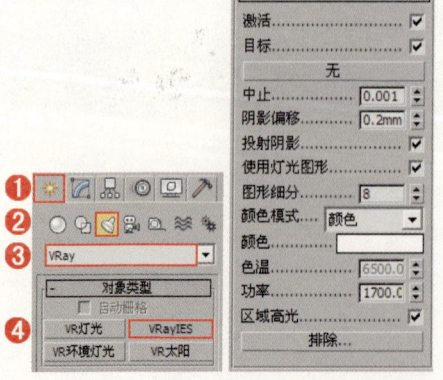

图7-119　VR_IES参数

7.4.3 VR_环境光

VR_环境光与【标准灯光】下的【天光】类似，主要用来控制整体环境的效果。其参数面板如图7-120所示。

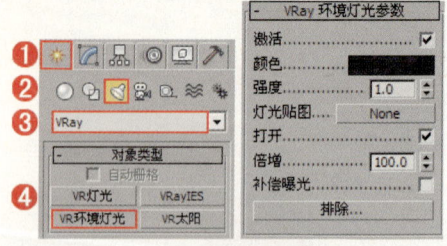

图7-120　VR_环境光参数

7.4.4 VR_太阳

【VR_太阳】是VRay灯光中非常重要的灯光类型，主要用来模拟日光的效果，参数较少、调节方便，但是效果非常逼真。在单击创建【VR_太阳】时会弹出【V_Ray Sun】对话框，此时单击【是】按钮即可。如图7-121所示。

图7-121 VR_天空环境贴图

【VR_太阳】具体参数如图7-122所示。

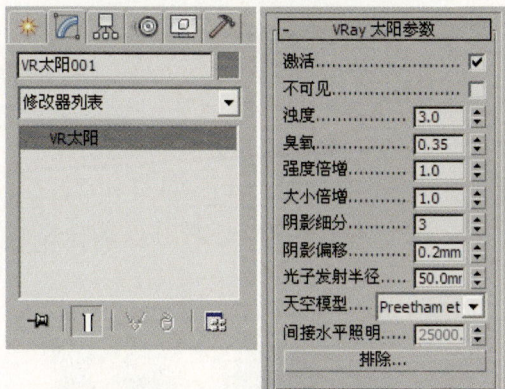

图7-122 VR_太阳参数

- 激活：控制灯光开启与关闭。
- 不可见：控制灯光的可见与不可见，对比效果如图7-123所示。

图7-123 选中【不可见】复选框和不选中的对比

- 浊度：控制空气中的清洁度，数值越大阳光就越显得暖和，一般情况下白天正午的数值为3到5，下午的为6到9，傍晚的可以为15，当然阳光的冷暖也和自身与地面的角度有关，角度越垂直越冷，角度越小越暖和。如图7-124所示。

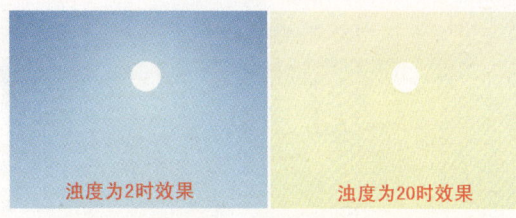

图7-124 浊度大小对比

- 臭氧：用来控制大气臭氧层的厚度，数值越大颜色越浅，数值越小颜色越深。如图7-125所示。

图7-125 臭氧大小对比

- 强度倍增：该数值用来控制灯光的强度，数值越大灯光越亮，数值越小灯光越暗。如图7-126所示。

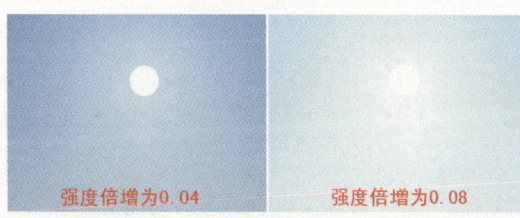

图7-126 强度倍增大小对比

- 大小倍增：该数值控制太阳的大小，数值越大太阳就越大，就会产生越虚的阴影效果。如图7-127所示。

图7-127 大小倍增对比

- 阴影细分：该数值控制阴影的细腻程度，数值越大阴影噪点越少，数值越小阴影噪点越多。如图7-128所示。

- 阴影偏移：该数值用来控制阴影的偏移位置。如图7-129所示。

阴影细分为3　　　　阴影细分为30　　　　阴影偏移为0.02　　　　阴影偏移为50

图7-128　阴影细分大小对比　　　　图7-129　阴影偏移大小对比

- 光子发射半径：用来控制光子发射的半径大小。

> **提示**　在【VR_太阳】中涉及一个知识点——【VR天空】贴图。在第一次创建【VR_太阳】时，会提醒是否添加VR天空环境贴图，如图7-130所示。

当单击【是】按钮时，改变【VR_太阳】中的参数时，【VR天空】的参数会自动跟随发生变化。此时按数字键8可以打开【环境和效果】控制面板，然后单击【VR天空】贴图拖曳到一个空白材质球上，并选中【实例】单选按钮，最后单击【确定】按钮。如图7-131所示。

此时可以选中【手动太阳节点】复选框，并设置相应的参数，此时可以单独控制【VR天空】的效果。如图7-132所示。

图7-130　【VR天空】环境贴图

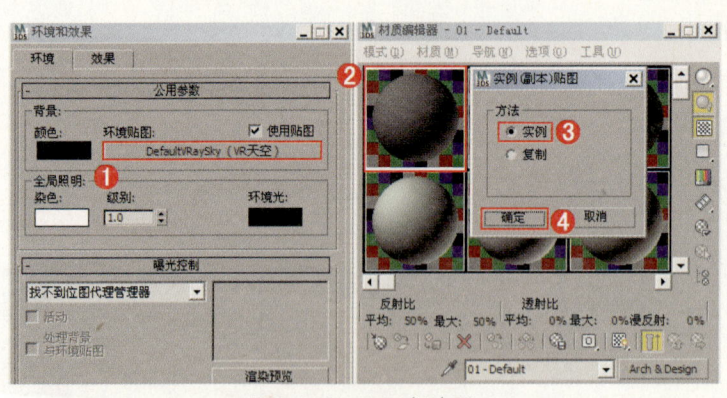

图7-131　VR天空贴图

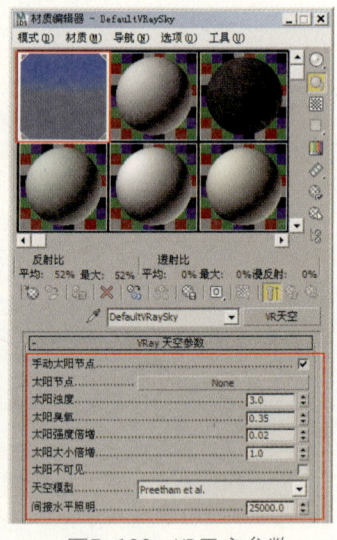

图7-132　VR天空参数

实战演练052——走廊处阳光效果

场景文件	场景文件\第7章\06.max	案例文件	最终文件\第7章\实战演练052\走廊处阳光效果.max
视频教学	视频\第7章\走廊处阳光效果.flv	视频长度	1分40秒
难易指数	★★☆☆☆		

在这个走廊场景中，使用【VR_太阳】制作灯光。最终渲染效果如图7-133所示。

① 打开本书配套光盘中的【场景文件\第7章\06.max】文件，此时场景效果如图7-134所示。

② 单击【创建】｜【灯光】｜【VRay】｜【VR_太阳】按钮，在【顶】视图中单击并拖曳鼠标，创建一盏VR_太阳，位置如图7-135所示。

图7-133 最终渲染效果

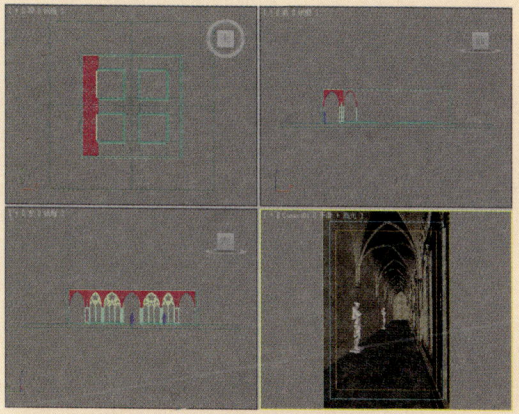

图7-134 场景效果

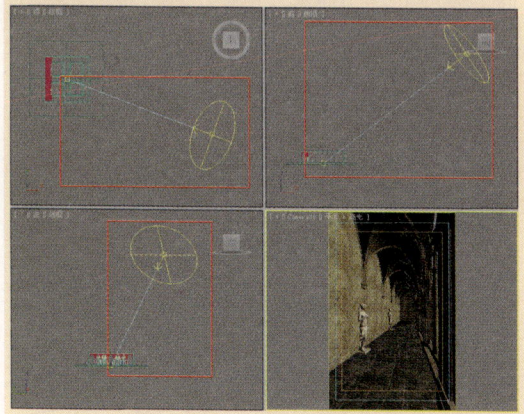

图7-135 VR_太阳灯光的位置

> 提示：在创建VR_太阳灯光时弹出一个对话框，单击【否】按钮。

③ 选择刚创建的VR_太阳灯光然后设置【强度倍增】为0.05，【大小倍增】为4.0，【阴影细分】为8，如图7-136所示。

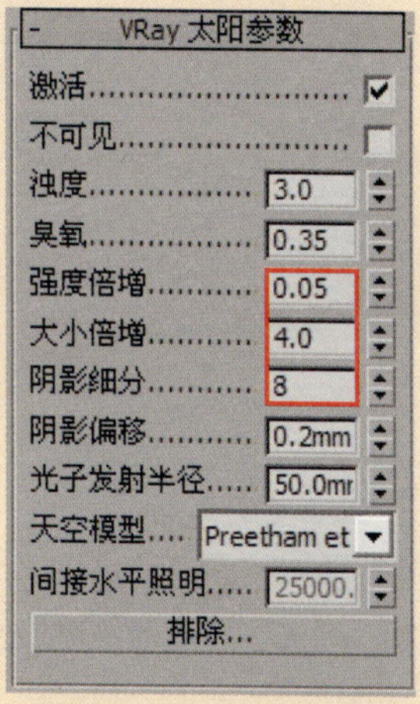

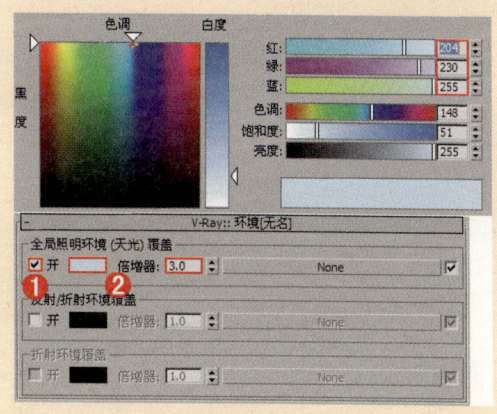

图7-136 VR_太阳参数

④ 此时按键盘上的F10键打开【渲染设置】面板，并展开【V-Ray::环境】卷展栏，选中【开】复选框，调节颜色为（红：204，绿：230，蓝：255），设置【倍增器】为3.0，如图7-137所示。

图7-137 全局照明环境（天光）

⑤ 按数字键8，打开【环境和效果】面板，并在【环境贴图】下面的通道上加载【环境贴图.jpg】，如图7-138所示。

⑥ 按Shift+Q组合键，快速渲染【摄影机】视图，其渲染的效果如图7-139所示。

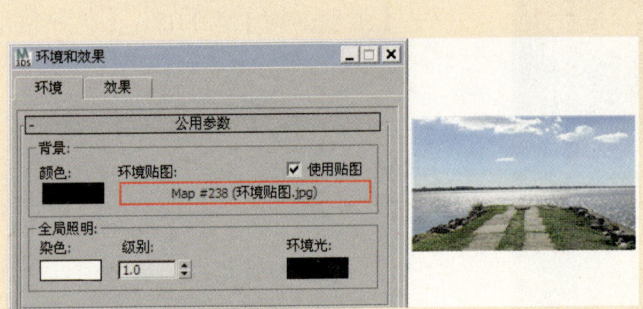
图7-138　加载环境贴图

图7-139　渲染的效果

7.5 灯光设置实例

▶ 实战演练053——灯光综合之餐厅

📁 场景文件	场景文件\第7章\07.max	🔍 案例文件	最终文件\第7章\实战演练053\灯光综合之餐厅.max
🎬 视频教学	视频\第7章\灯光综合之餐厅.flv	🎬 视频长度	1分20秒
⚠ 难易指数	★★★☆		

在这个餐厅场景中，使用两部分灯光照明来表现，一部分是VR_太阳的灯光，另一部分是窗口和餐厅内侧的辅助灯光。最终渲染效果如图7-140所示。

1. 创建VR_太阳灯光

① 打开本书配套光盘中的【场景文件\第7章\07.max】文件，此时场景效果如图7-141所示。

图7-140　最终渲染效果

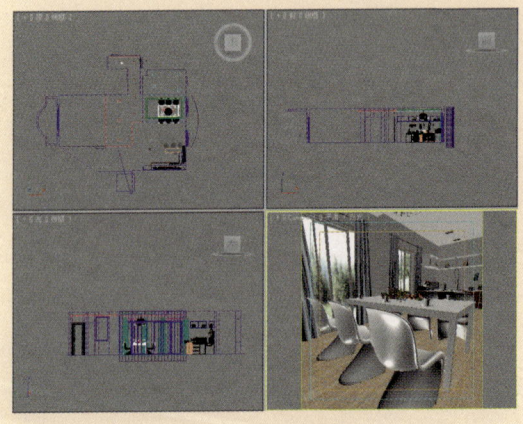
图7-141　场景效果

② 单击【创建】|【灯光】|【VRay】|【VR_太阳】按钮，在【顶】视图中单击

并拖曳鼠标,创建一盏VR_太阳,位置如图7-142所示。

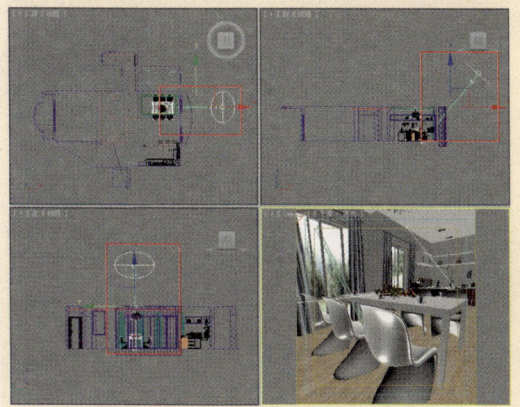

图7-142　VR_太阳灯光的位置

在创建VR_太阳灯光时弹出一个对话框,单击【是】按钮,如图7-143所示。

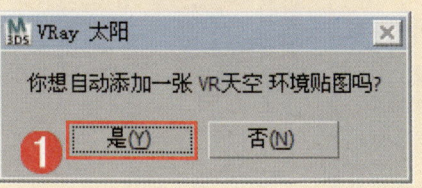

图7-143　【VR_太阳】对话框

按键盘上的F10键打开【渲染设置】面板,展开【V-Ray::环境】卷展栏,选中【开】复选框,调节颜色为(红:204,绿:230,蓝:255),设置【倍增器】为4.0,如图7-144所示。

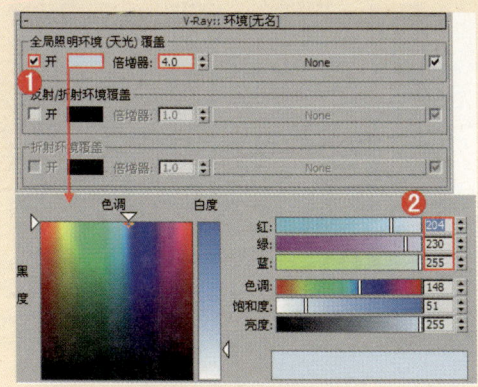

图7-144　全局照明环境(天光)

选择VR_太阳,然后展开【VRay太阳参数】卷展栏,设置【强度倍增】为

0.04,【大小倍增】为4.0,【阴影细分】为5,如图7-145所示。

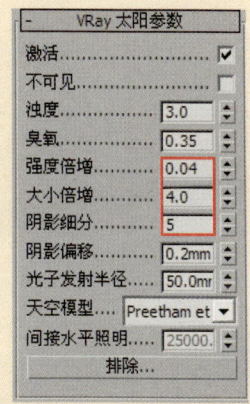

图7-145　VRay太阳的参数

按Shift+Q组合键,快速渲染【摄影机】视图,其渲染的效果如图7-146所示。

图7-146　渲染的效果

2．创建窗口处的灯光

单击【创建】　【灯光】　【VRay】　【VR_光源】按钮,在【左】视图中单击并拖曳鼠标,创建一盏VR_光源,位置如图7-147所示。

选择刚创建的VR_光源,然后在【基本】选项组下设置【类型】为平面,设置【倍增器】为8.0。【颜色】为

（红:150，绿:187，蓝:243），【1/2长】为820.0mm，【1/2宽】为1100.0mm，选中【不可见】复选框。最后设置【细分】为15。如图7-148所示。

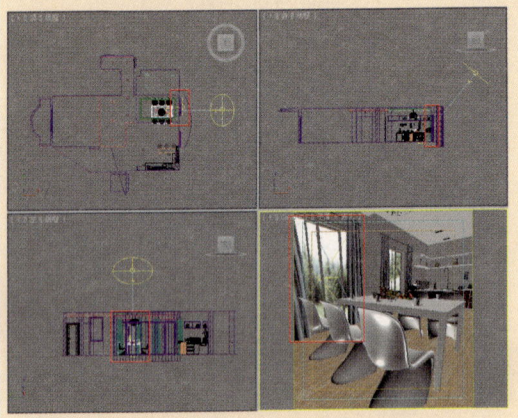

图7-147　VR_光源的位置

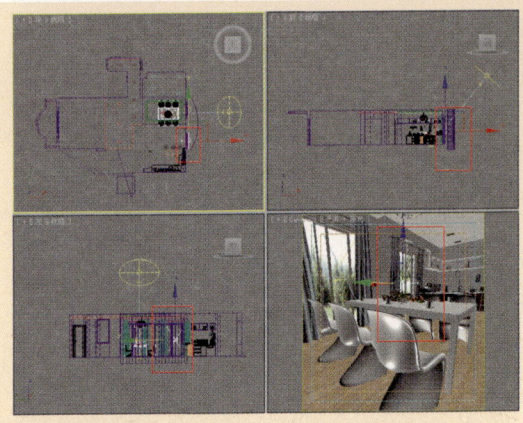

图7-149　VR_光源的位置

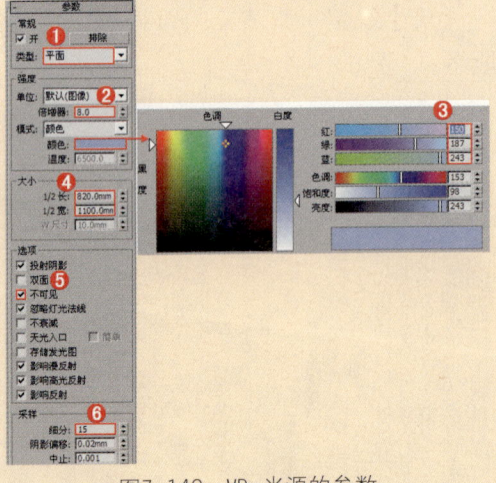

图7-148　VR_光源的参数

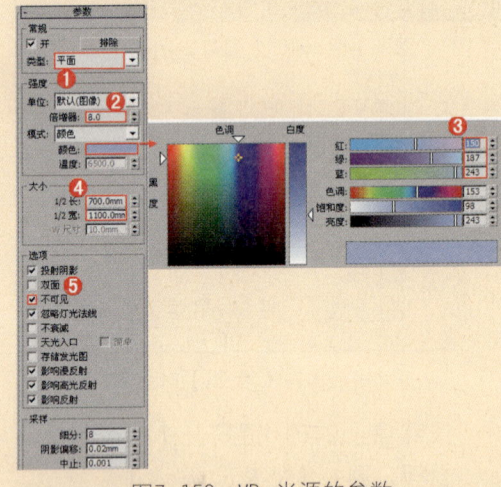

图7-150　VR_光源的参数

③ 继续使用VR_光源进行创建，具体的位置如图7-149所示。选择上一步创建的VR_光源并修改其参数，在【基本】选项组下设置【类型】为平面，设置【倍增器】为8.0。【颜色】为（红:150，绿:187，蓝:243），【1/2长】为700.0mm，【1/2宽】为1100.0mm。选中【不可见】复选框。如图7-150所示。

④ 按Shift+Q组合键，快速渲染【摄影机】视图，其渲染的效果如图7-151所示。

图7-151　渲染的效果

从渲染的图片中可以发现在室内椅子的暗部光线还是有些暗，需要再次增加灯光。

3. 创建室内辅助光源

① 继续使用VR_光源在【前】视图中创建，并将其拖曳到合适的位置，具体位置如图7-152所示。接着选择VR_光源在【基本】选项组下设置【类型】为平面，设置【倍增器】为3.0。【颜色】为（红:150，绿:187，蓝:243），【1/2长】为700.0mm，【1/2宽】为1100.0mm，选中【不可见】复选框。如图7-153所示。

② 按Shift+Q组合键，快速渲染【摄影机】视图，其渲染的效果如图7-154所示。

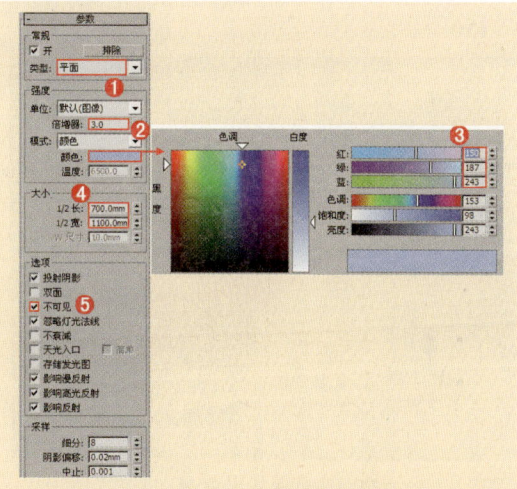

图7-153　VR_光源的参数

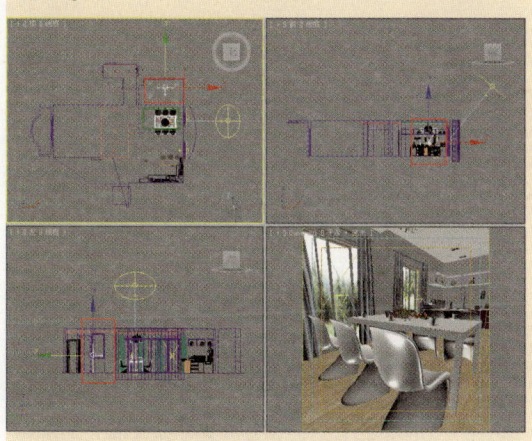

图7-152　VR_光源的位置

图7-154　渲染的效果

实战演练054——灯光综合之厨房

📁 场景文件	场景文件\第7章\08.max		📁 案例文件	最终文件\第7章\实战演练054\灯光综合之厨房.max
🎬 视频教学	视频\第7章\灯光综合之厨房.flv		🎬 视频长度	2分33秒
🛡 难易指数	★★★★☆			

在这个厨房场景中，使用两部分灯光照明来表现，一部分是筒灯的灯光，另一部分是橱柜下方和灯管处的光源。最终渲染效果，如图7-155所示。

1. 创建筒灯的光源

① 打开本书配套光盘中的【场景文件\第7章\08.max】文件，此时场景效果如图

图7-155　最终渲染效果

7-156所示。

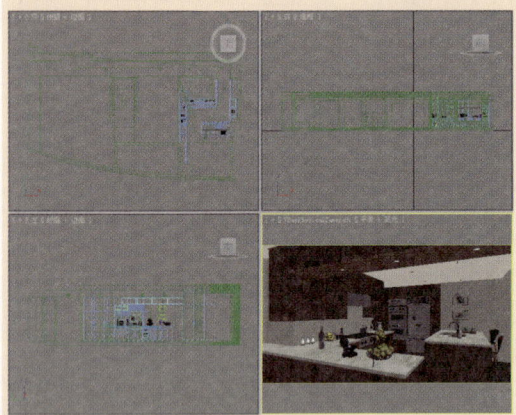

图7-156 场景效果

2 单击【创建】|【灯光】|【光度学】|【目标灯光】按钮，在【前】视图中单击并拖曳鼠标，创建一盏目标灯光，同时使用【选择并移动】工具复制3份（实例方式），并分别拖曳到合适的位置，如图7-157所示。

图7-157 VR_光源的位置

3 选择刚创建的目标灯光，然后在【阴影】选项组下选中【启用】复选框，设置【阴影类型】为【VRay阴影】，设置【灯光分布（类型）】为【光度学Web】；展开【分布（光度学Web）】卷展栏，在通道上加载【筒灯1.ies】光域网文件。展开【强度/颜色/衰减】卷展栏，调节【过滤颜色】为（红：255，绿：255，蓝：255），设置【强度】为8500.0；展开【VRay阴影参数】卷展栏，选中【区域阴影】复选框设置U、V、W大小分别为5.0cm，【细分】为20，如图7-158所示。

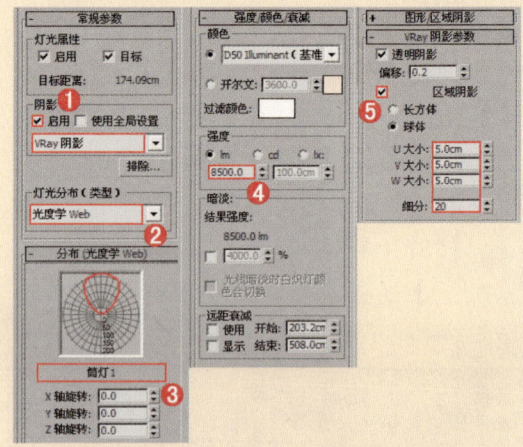

图7-158 目标灯光参数

4 按Shift+Q组合键，快速渲染【摄影机】视图，其渲染的效果如图7-159所示。

图7-159 渲染的效果

从渲染的效果来看厨房其他部分的亮度还是不够的，需要继续创建其他的筒灯灯光。

5 继续使用目标灯光在【前】视图中创建1盏灯光，并使用【选择并移动】工具复制14盏灯光，将其拖曳到合适的位置，如图7-160所示。

6 选择刚创建的目标灯光，然后在【阴影】选项组下选中【启用】复选框，设置【阴影类型】为【VRay阴影】，设置【灯光分布（类型）】为【光度学Web】；展开【分布（光度学Web）】卷展栏，在通道上加载【筒灯2.ies】光域网文件。展开【强度/颜色/衰减】卷展栏，设置【强度】为1500.0；展开【VRay阴影参数】卷展栏，选中【区域阴影】复选框设置U、V、W大小分别为3.0cm，【细分】为16，如图7-161所示。

2. 创建橱柜下的光源

① 单击【创建】【灯光】【VRay】【VR_光源】按钮，在【顶】视图中单击并拖曳鼠标，创建一盏VR_光源，并复制两盏灯光，具体的位置如图7-163所示。

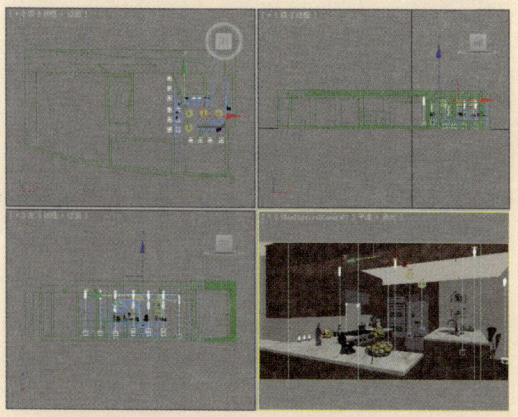

图7-160　目标灯光的位置

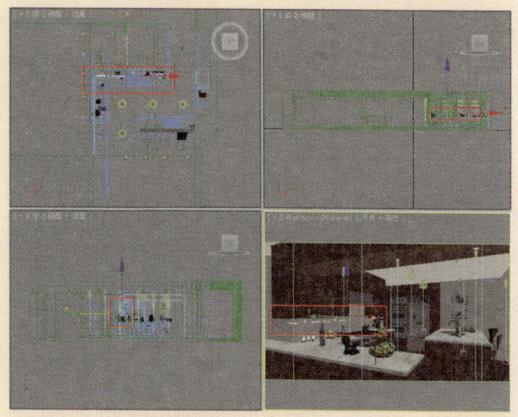

图7-163　VR_光源的位置

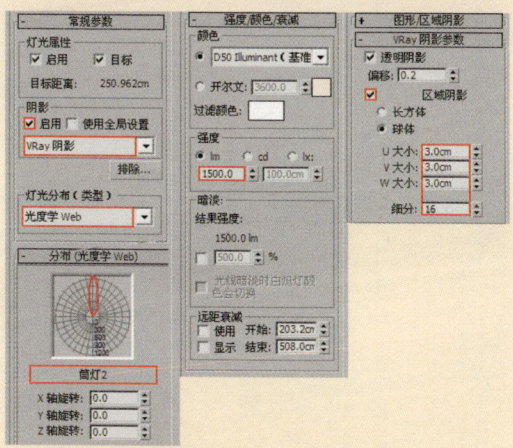

图7-161　目标灯光的参数

② 选择刚创建的VR_光源，然后在【基本】选项组下设置【类型】为平面，【颜色】为（红:255，绿:232，蓝:195），然后设置【倍增器】为20.0。【1/2长】为30.0cm，【1/2宽】为1.5cm，选中【不可见】复选框，最后设置【细分】为15。如图7-164所示。

⑦ 按Shift+Q组合键，快速渲染【摄影机】视图，其渲染的效果如图7-162所示。

图7-162　渲染的效果

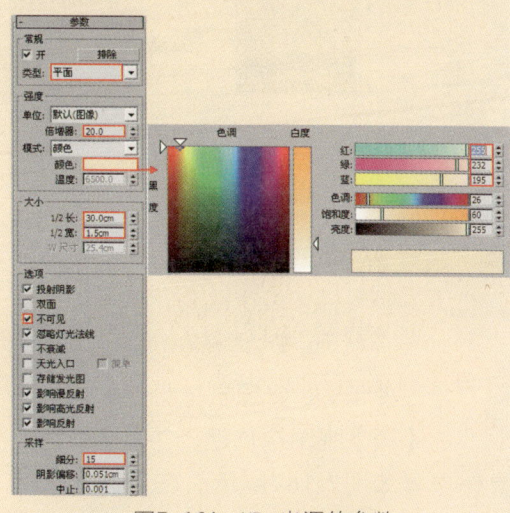

图7-164　VR_光源的参数

③ 继续使用VR_光源进行创建,在橱柜创建一盏灯光,位置如图7-165所示。在【基本】选项组下设置【类型】为平面,【单位】为辐射率(W),设置【倍增器】为6,【颜色】为(红:231,绿:149,蓝:43),【1/2长】为2.0cm,【1/2宽】为34.0cm,选中【不可见】复选框。最后设置【细分】为16。如图7-166所示。

绿:245,蓝:213),【1/2长】为43.0cm,【1/2宽】为3.0cm,选中【不可见】复选框。最后设置【细分】为16。如图7-168所示。

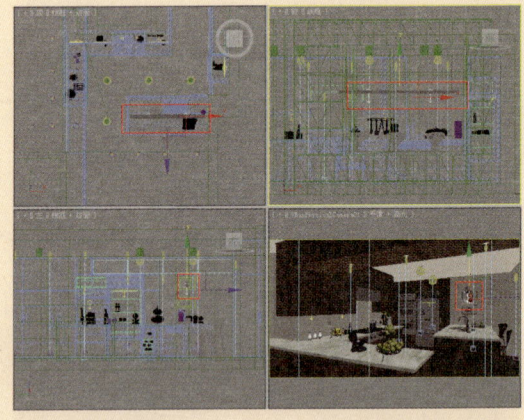

图7-167 VR_光源的位置

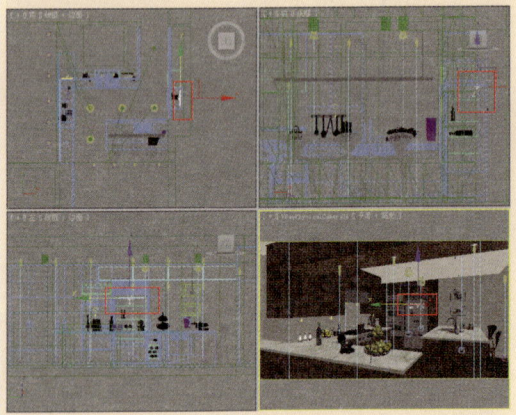

图7-165 VR_光源的位置

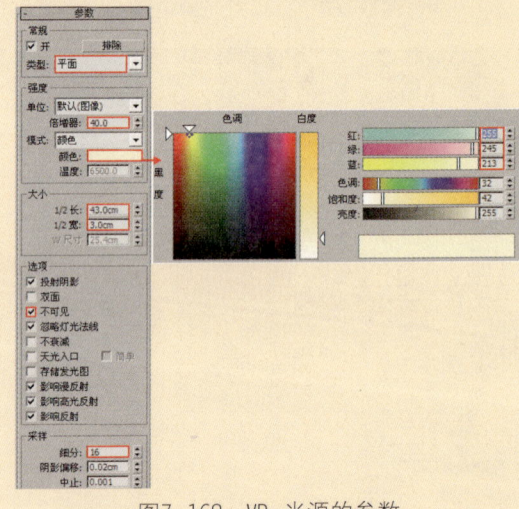

图7-168 VR_光源的参数

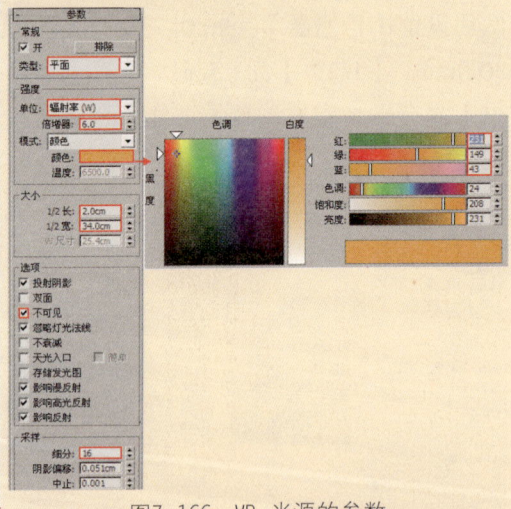

图7-166 VR_光源的参数

④ 最后使用VR_光源创建灯管的灯光,在【顶】视图中创建,并复制一盏,具体位置如图7-167所示。在【基本】选项组下设置【类型】为平面,设置【倍增器】为40.0,【颜色】为(红:255,

⑤ 按Shift+Q组合键,快速渲染【摄影机】视图,其渲染的效果如图7-169所示。

图7-169 渲染的效果

实战演练055——灯光综合之书房

场景文件	场景文件\第7章\09.max	案例文件	最终文件\第7章\实战演练055\灯光综合之书房.max
视频教学	视频\第7章\灯光综合之书房.flv	视频长度	3分00秒
难易指数	★★★☆☆		

① 在这个休闲室场景中，使用两部分灯光照明来表现，一部分是壁炉处的灯光，另一部分是室内辅助灯光。最终渲染效果如图7-170所示。

图7-170 最终渲染效果

1. 创建书房顶棚和夜光光源

① 打开本书配套光盘中的【场景文件\第7章\09.max】文件，此时场景效果如图7-171所示。

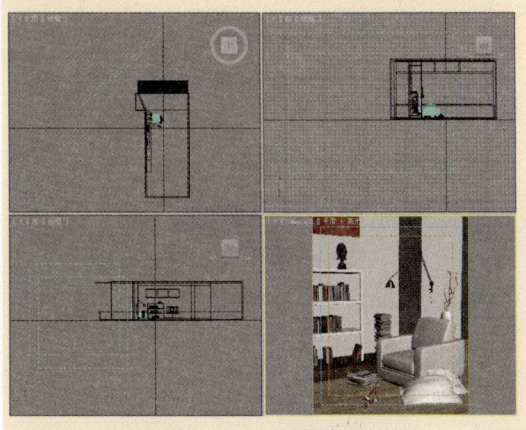

图7-171 场景效果

② 单击【创建】｜【灯光】｜【VRay】｜【VR_光源】按钮，在【顶】视图中单击并拖曳鼠标，创建一盏VR_光源，接着复制7盏灯光（复制时采取【实例】方式），位置如图7-172所示。

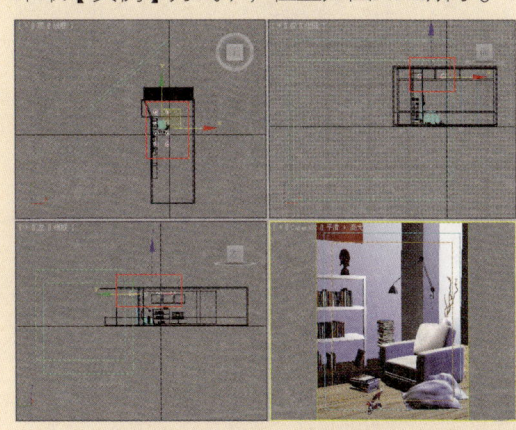

图7-172 VR_光源的位置

③ 选择上一步创建的VR_光源，然后在【修改】面板下设置【类型】为平面，设置【倍增器】为60.0，调节【颜色】为（红:251，绿:251，蓝:251），【1/2长】为3.0mm，【1/2宽】为3.0mm，选中【不可见】复选框。如图7-173所示。

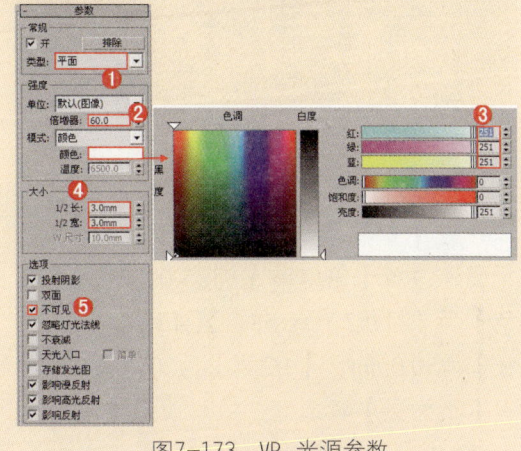

图7-173 VR_光源参数

④ 按Shift+Q组合键，快速渲染【摄影机】视图，其渲染的效果如图7-174所示。

图7-174 渲染的效果

⑤ 继续使用VR_光源在【顶】视图中单击并拖曳鼠标，创建一盏VR_光源，可以使用【选择并旋转】工具将VR_光源方向旋转（可以参照【前】视图灯光的方向），位置如图7-175所示。

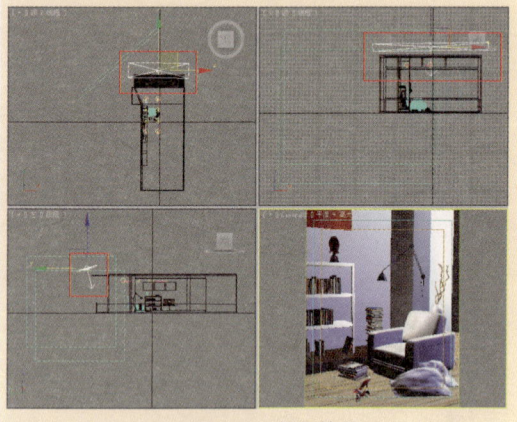

图7-175 VR_光源的位置

⑥ 选择上一步创建的VR_光源，然后在【修改】面板下设置【类型】为平面，设置【倍增器】为25.0，调节【颜色】为（红:52，绿:58，蓝:132），【1/2长】为50.0mm，【1/2宽】为200.0mm，选中【不可见】复选框，最后设置【细分】为15。如图7-176所示。

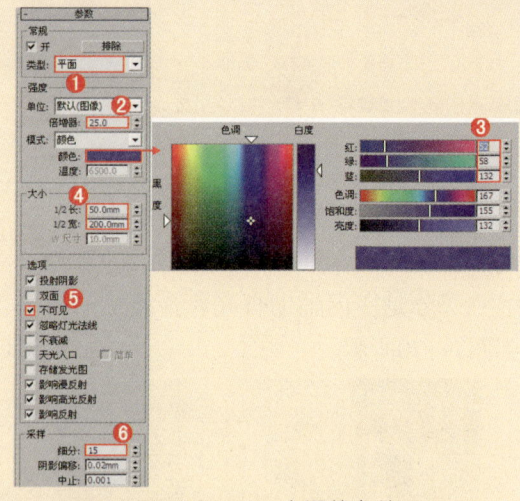

图7-176 VR_光源的参数

⑦ 按Shift+Q组合键，快速渲染【摄影机】视图，其渲染的效果如图7-177所示。

图7-177 渲染的效果

2. 创建落地灯的光源

① 使用VR_光源在【顶】视图中创建，然后将其拖曳到落地灯的灯罩下面，具体位置如图7-178所示。

② 选择上一步创建的VR_光源，然后在【修改】面板下设置【类型】为平面，设置【倍增器】为150.0，调节【颜色】为（红:194，绿:194，蓝:234），【1/2长】为3.0mm，【1/2宽】为3.0mm，选中【不可见】复选框，最后设置【细分】为20。如图7-179所示。

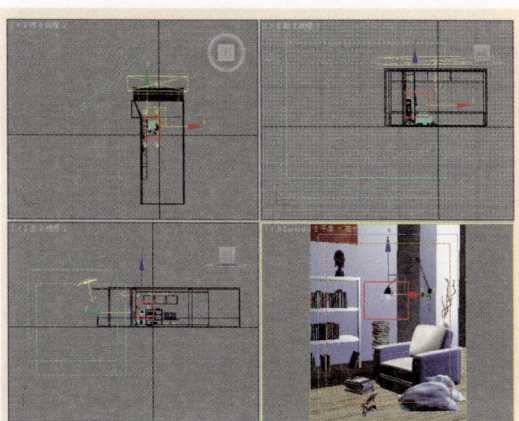

图7-178 VR_光源的位置

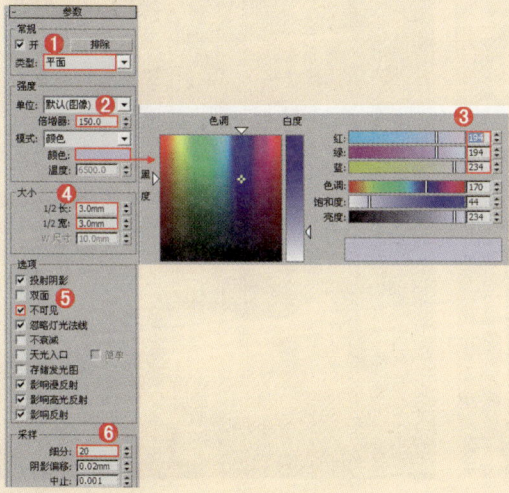

图7-179 VR_光源的参数

③ 使用VR_光源在【顶】视图中创建，然后将其拖曳到落地灯的灯罩下面，具体位置如图7-180所示。

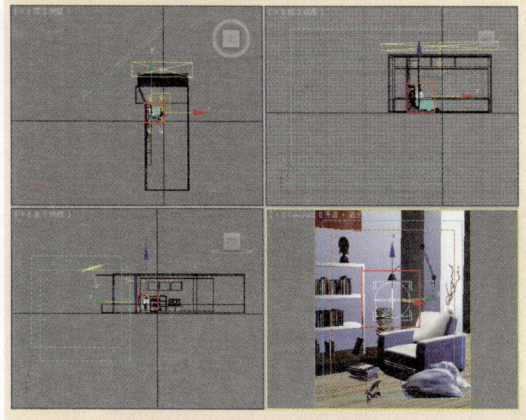

图7-180 VR_光源的位置

④ 选择上一步创建的VR_光源，然后在【修改】面板下设置【类型】为球体，设置【倍增器】为4.0，调节【颜色】为（红:243，绿:218，蓝:165），【半径】为14.0mm，选中【不可见】复选框，最后设置【细分】为20。如图7-181所示。

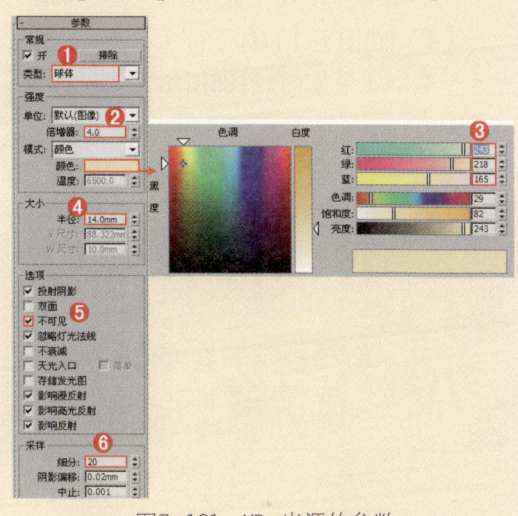

图7-181 VR_光源的参数

⑤ 按Shift+Q组合键，快速渲染【摄影机】视图，其渲染效果如图7-182所示。

图7-182 渲染的效果

7.6 课后作业

本案例主要使用【VR_光源】和【目标平行光】模拟正午太阳灯光效果。最终渲染效果如图7-183所示。

正午太阳灯光效果制作步骤主要有以下几个。

（1）使用1盏【目标平行光】模拟日光效果，如图7-184所示。渲染效果如图7-185所示。

图7-183　渲染的效果

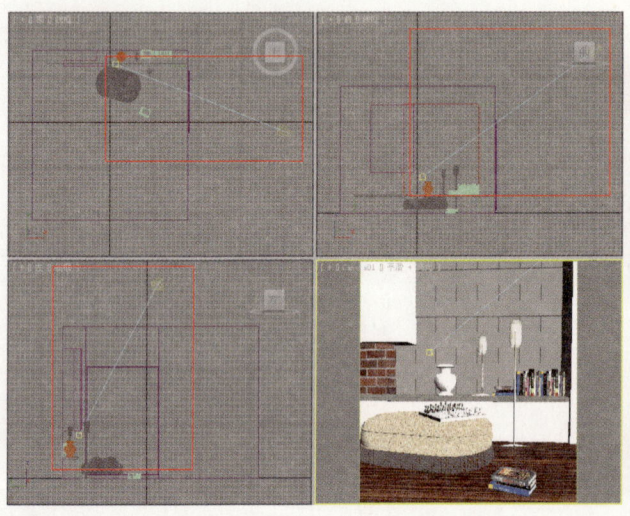

图7-184　灯光位置

图7-185　渲染效果

（2）使用2盏【VR_光源（平面）】模拟室内辅助光源效果，如图7-186所示。渲染效果如图7-187所示。

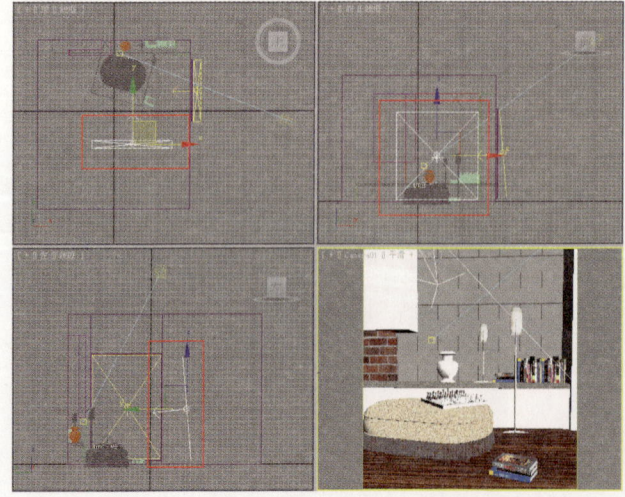

图7-186　灯光位置

图7-187　渲染效果

（3）使用2盏【VR_光源（球体）】模拟落地灯光源效果，如图7-188所示。渲染效果如图7-189所示。

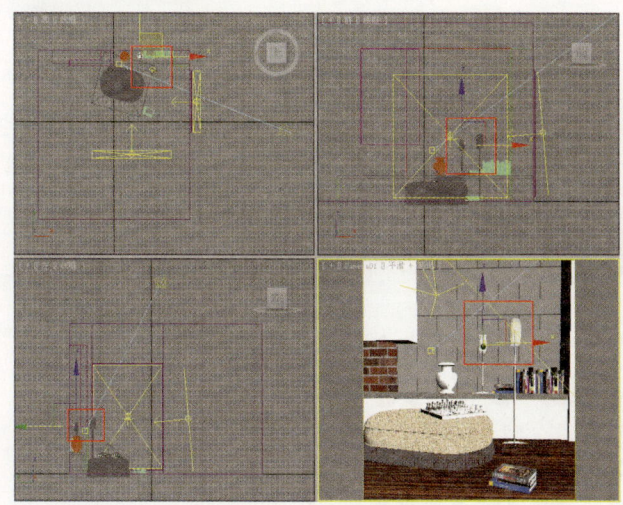

图7-188　灯光位置

图7-189　渲染效果

7.7 本章小结

本章主要介绍效果图制作中，常用灯光的制作。该章节内容较少，但是却是3ds Max中非常重要的章节，只有熟练掌握了灯光的设置方法，才可以将想象中的画面更真实地呈现出来。在本章中读者应重点学习【目标灯光】、【目标聚光灯】、【目标平行光】、【泛光灯】、【VR_光源】、【VR_太阳】等灯光。

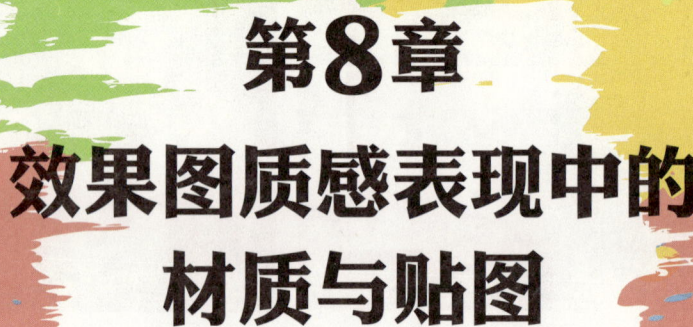

第8章
效果图质感表现中的材质与贴图

- 掌握常用材质的制作方法
- 掌握常用贴图的运用方法
- 效果图中的材质和贴图的运用

8.1 初识材质与贴图

材质和贴图是最容易混淆的两个概念。材质是一个物体的质地,而贴图则是一个物体的表面。比如说玻璃、金属,这就是指材质,而地板的纹理、理石的纹理、布纹的样式等是指贴图。简单地说,贴图是包含在材质里面的,比如说一个物体是大理石材质,则该大理石材质的花纹是黑色的贴图。

8.2 材质技术

8.2.1 初识材质

材质主要用于表现物体的颜色、质地、纹理、透明度和光泽等特性,依靠各种类型的材质可以制作出现实世界中的任何物体,如图8-1所示。

图8-1 效果图

8.2.2 材质编辑器

选择【渲染】|【材质编辑器】菜单命令,此时可以选择【精简材质编辑器】或【Slate材质编辑器】,如图8-2所示,或单击主工具栏中的【材质编辑器】按钮,或直接按快捷键M键,同样可以打开【材质编辑器】对话框。

此时的【精简材质编辑器】和【Slate材质编辑器】参数面板,如图8-3所示。

图8-2 打开材质编辑器

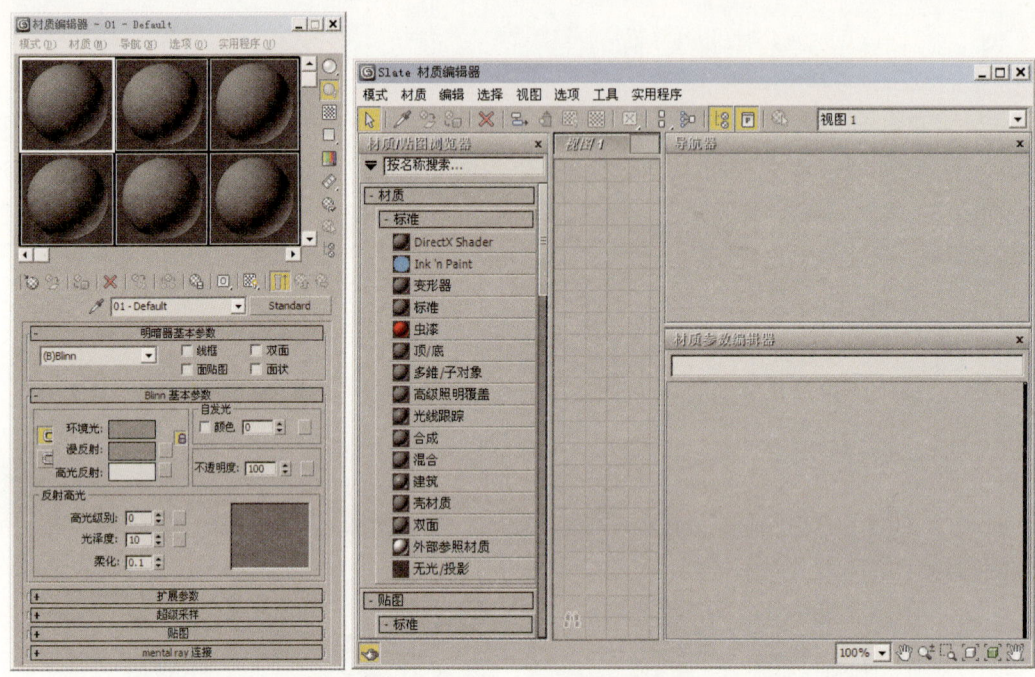

图8-3 【精简材质编辑器】和【Slate材质编辑器】参数面板

提示　【Slate材质编辑器】是新增的一个材质编辑器工具，对于3ds Max的老用户来说，该工具不太方便，因为【Slate材质编辑器】是一种【节点式】的调节方式，而之前版本中的材质编辑器都是【层级式】的调节方式。但是对于习惯节点式软件的用户，则非常方便，比较节点式的方式调节速度较快，设置较为灵活。

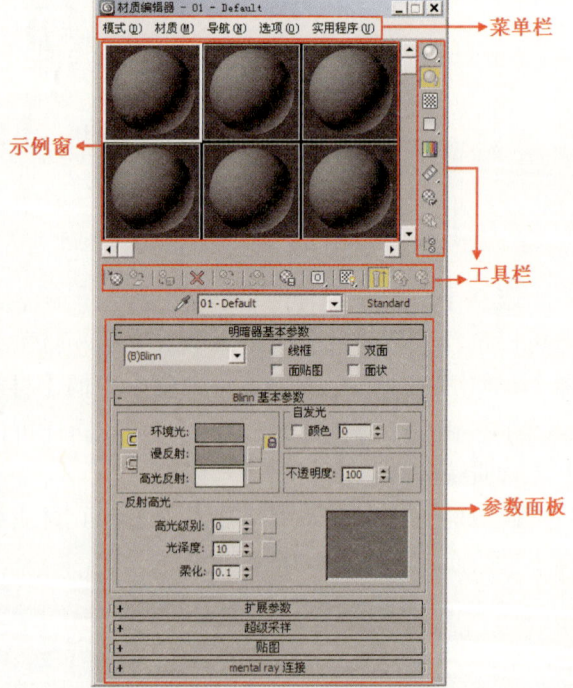

【精简材质编辑器】对话框大致分为4部分，最顶端为菜单栏，充满材质球的窗口为示例窗，其左侧和下部的两排按钮为工具栏，下面的大部分为参数面板，如图8-4所示。

图8-4 【精简材质编辑器】面板

1.【精简材质编辑器】菜单

（1）【模式】菜单

【模式】菜单是3ds Max新增的一个菜单，主要用于切换材质编辑器的方式。它包括【精简材质编辑器】和【Slate材质编辑器】两种，并且可以来回切换，如图8-5所示。

效果图质感表现中的材质与贴图 | 第8章

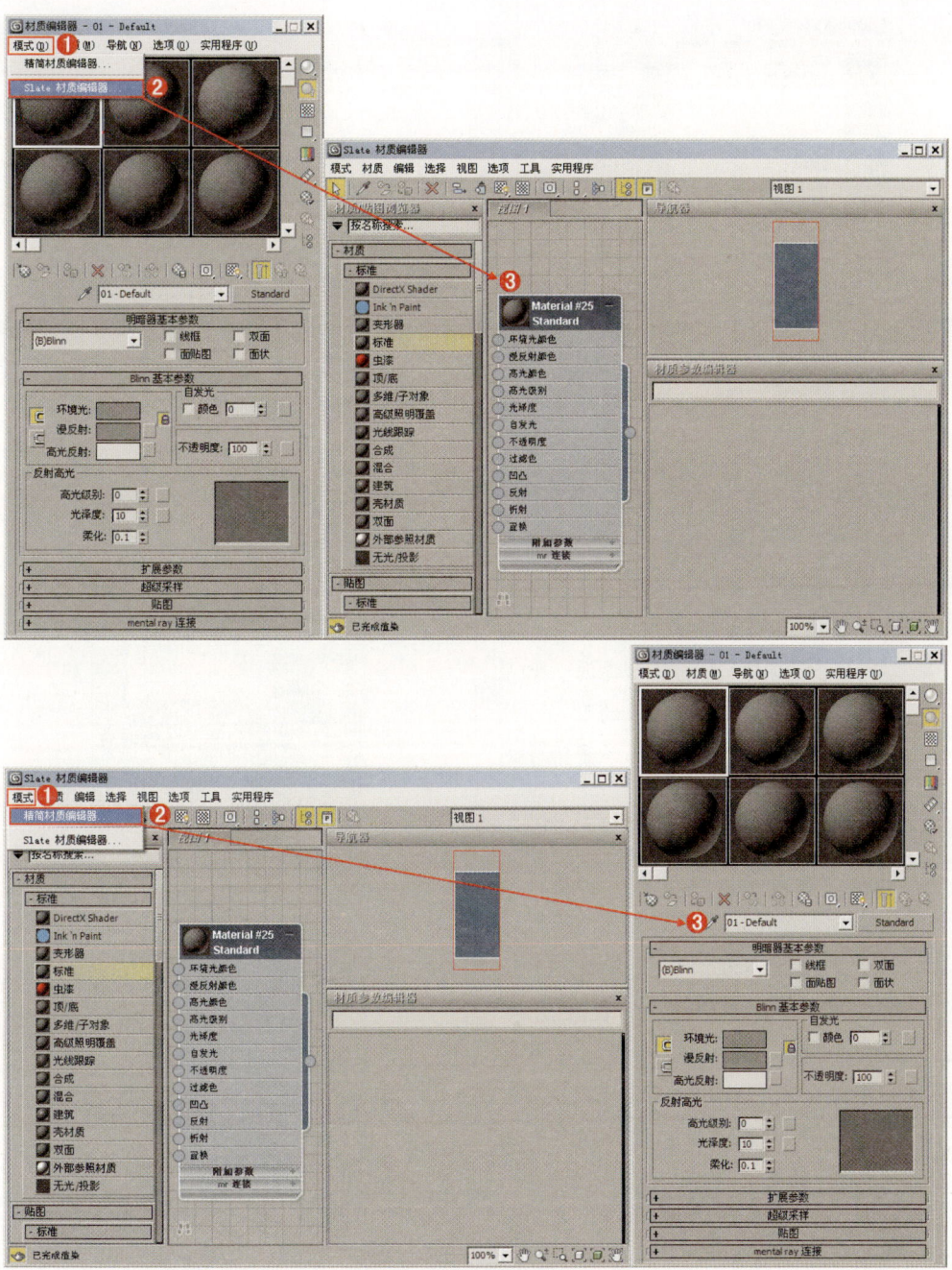

图8-5 材质编辑器切换

（2）【材质】菜单

展开【材质】菜单，如图8-6所示。

- 获取材质：选择该命令可打开【材质/贴图浏览器】面板，在该面板中可以选择材质或贴图。
- 从对象选取：选择该命令可以从场景对象中选择材质。
- 按材质选择：选择该命令可以基于【材质编辑器】对话框中的活动材质来选择对象。

261

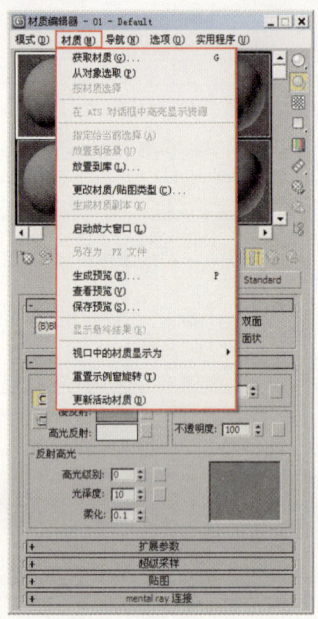

图8-6 【材质】菜单

- 在ATS对话框中高亮显示资源：如果材质使用的是已跟踪资源的贴图，则选择该命令可以打开【跟踪资源】对话框，同时资源会高亮显示。
- 指定给当前选择：选择该命令可将活动示例窗中的材质应用于场景中的选定对象。
- 放置到场景：在编辑完成材质后，选择该命令更新场景中的材质。
- 放置到库：选择该命令可将选定的材质添加到当前的库中。
- 更改材质/贴图类型：选择该命令更改材质/贴图的类型。
- 生成材质副本：通过复制自身的材质来生成材质副本。
- 启动放大窗口：将材质示例窗口放大并在一个单独的窗口中进行显示（双击材质球也可以放大窗口）。
- 另存为.FX文件：将材质另外存为.FX文件。
- 生成预览：使用动画贴图为场景添加运动，并生成预览。
- 查看预览：使用动画贴图为场景添加运动，并查看预览。
- 保存预览：使用动画贴图为场景添加运动，并保存预览。
- 显示最终结果：查看所在级别的材质。
- 视口中的材质显示为：选择该命令可在视图中显示物体表面的材质效果。
- 重置示例窗旋转：使活动的示例窗对象恢复到默认方向。
- 更新活动材质：更新示例窗中的活动材质。

（3）【导航】菜单

展开【导航】菜单，如图8-7所示。

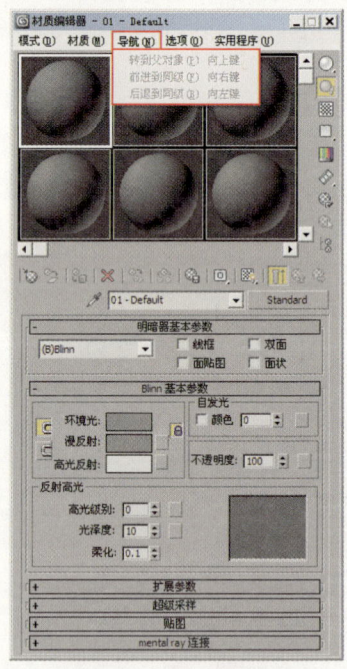

图8-7 【导航】菜单

- 转到父对象（P）向上键：在当前材质中向上移动一个层级。
- 前进到同级（F）向右键：移动到当前材质中相同层级的下一个贴图或材质。
- 后退到同级（B）向左键：与【前进到同级（F）向右键】命令类似，

只是导航到前一个同级贴图,而不是导航到后一个同级贴图。

(4)【选项】菜单

展开【选项】菜单,如图8-8所示。

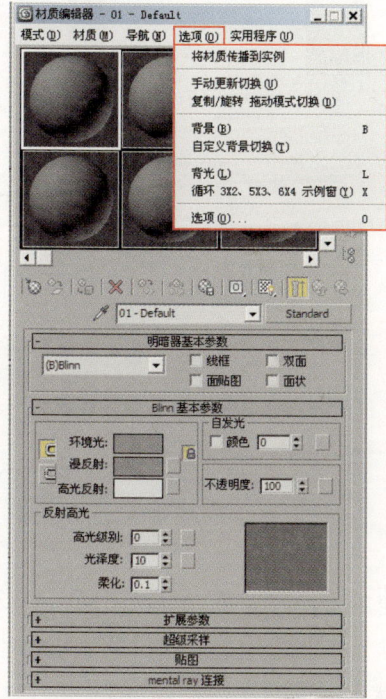

图8-8 【选项】菜单

- 将材质传播到实例:将指定的任何材质传播到场景对象中的所有实例。
- 手动更新切换:使用手动的方式进行更新切换。
- 复制/旋转拖动模式切换:切换复制/选择拖动的模式。
- 背景:将多颜色的方格背景添加到活动示例窗中。
- 自定义背景切换:如果已指定了自定义背景,该命令可切换背景的显示效果。
- 背光:将背光添加到活动示例窗中。
- 循环3×2、5×3、6×4示例窗:切换材质球显示的3种方式。
- 选项:打开【材质编辑器选项】对话框。

(5)【实用程序】菜单

展开【实用程序】菜单,如图8-9所示。

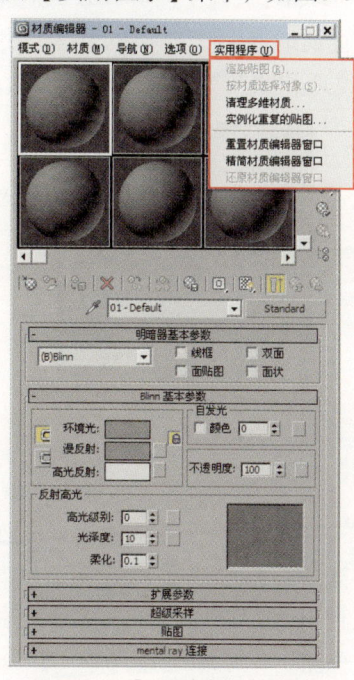

图8-9 【实用程序】菜单

- 渲染贴图:对贴图进行渲染。
- 按材质选择对象:可以基于【材质编辑器】对话框中的活动材质来选择对象。
- 清理多维材质:对【多维/子对象】材质进行分析,然后在场景中显示所有包含未分配任何材质ID的材质。
- 实例化重复的贴图:在整个场景中查找具有重复【位图】贴图的材质,并提供将其关联化的选项。
- 重置材质编辑器窗口:用默认的材质类型替换【材质编辑器】对话框中的所有材质。
- 精简材质编辑器窗口:将【材质编辑器】对话框中所有未使用的材质设置为默认类型。
- 还原材质编辑器窗口:利用缓冲区的内容还原编辑器的状态。

2. 材质球示例窗

材质球示例窗用来显示材质效果，它可以很直观地显示出材质的基本属性，如反光、纹理和凹凸等，如图8-10所示。

图8-10 材质球

> 提示：双击材质球后会弹出一个独立的材质球显示窗口，可以将该窗口进行放大或缩小来观察当前设置的材质，如图8-11所示，同时也可以在材质球上单击右键，然后在弹出的菜单中选择【放大】命令。

图8-11 放大材质球

材质球示例窗中一共有24个材质球，可以设置三种显示方式，但是无论哪种显示方式，材质球总数都为24个，如图8-12所示。

图8-12 材质球显示方式

在材质球上单击鼠标右键，可以调节多种参数，如图8-13所示。

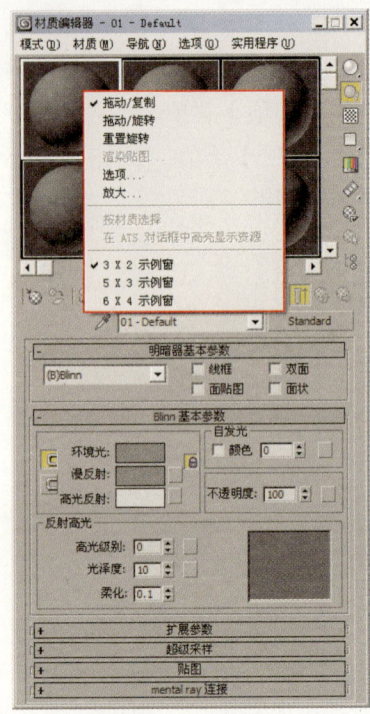

图8-13 调节参数

使用鼠标左键可以将材质球中的材质拖曳到场景中的物体上。当材质赋予物体后，材质球上会显示出4个缺角的符号，如图8-14所示。

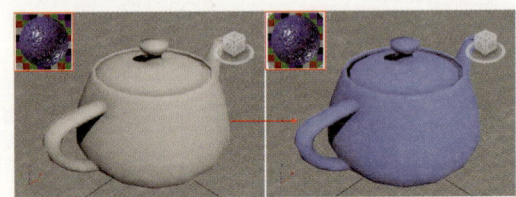

图8-14 材质赋予物体后的效果

> 提示：当示例窗中的材质指定给场景中的一个或多个曲面时，示例窗是【热】的。当使用【精简材质编辑器】调整热示例窗时，场景中的材质也会同时更改。

示例窗的拐角处表明材质是否是热材质。

没有三角形：场景中没有使用的材质。

轮廓为白色三角形：此材质是热的。换句话说，它已经在场景中实例化。在示例窗中对材质进行更改，也会更改场景中显示的材质。

实心白色三角形：材质不仅是热的，而且已经应用到当前选定的对象上。如图8-15所示。

图8-15 材质球显示

3. 工具栏

下面介绍【材质编辑器】对话框中的两排材质工具按钮，如图8-16所示。

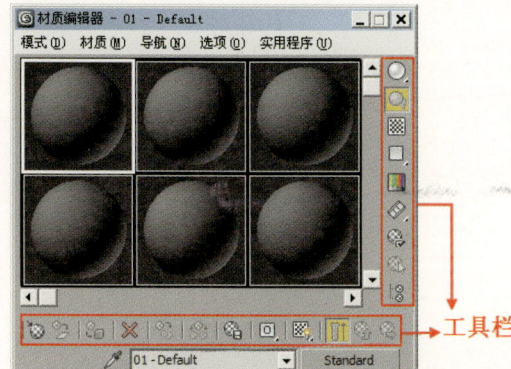

图8-16 【材质编辑器】工具栏

- 【获取材质】按钮：为选定的材质打开【材质/贴图浏览器】面板。
- 【将材质放入场景】按钮：在编辑好材质后，单击该按钮可更新已应用于对象的材质。
- 【将材质指定给选定对象】按钮：将材质赋予选定的对象。
- 【重置贴图/材质为默认设置】按钮：删除修改的所有属性，将材质属性恢复到默认值。
- 【生成材质副本】按钮：在选定的示例图中创建当前材质的副本。
- 【使唯一】按钮：将实例化的材质设置为独立的材质。
- 【放入库】按钮：重新命名材质，并将其保存到当前打开的库中。
- 【材质ID通道】按钮：为应用后期制作效果设置唯一的通道ID。
- 【视口中显示明暗处理材质】按钮：在视口的对象上显示2D材质贴图。
- 【显示最终结果】按钮：在实例图中显示材质以及应用的所有层次。
- 【转到父对象】按钮：将当前材质上移一级。
- 【转到下一个同级项】按钮：选定同一层级的下一贴图或材质。
- 【采样类型】按钮：控制示例窗显示的对象类型，默认为球体类型，还有圆柱体和立方体类型。
- 【背光】按钮：打开或关闭选定示例窗中的背景灯光。
- 【背景】按钮：在材质后面显示方格背景图像，在观察透明材质时非常有用。
- 【采样UV平铺】按钮：为示例窗中的贴图设置UV平铺显示。
- 【视频颜色检查】按钮：检查当前材质中NTSC和PAL制式不支持的颜色。
- 【生成预览】按钮：用于产生、浏览和保存材质预览渲染。
- 【选项】按钮：打开【材质编辑器选项】对话框，该对话框中包含启用材质动画、加载自定义背景、定义灯光亮度或颜色以及设置示例窗数目的一些参数。
- 【按材质选择】按钮：选定使用当前材质的所有对象。
- 【材质/贴图导航器】按钮：单击该按钮可以打开【材质/贴图导航器】对话框，在该对话框会显示当前材质的所有层级。

4．参数控制区

（1）明暗器基本参数

展开【明暗器基本参数】卷展栏，共有8种明暗器类型可以选择，还可以设置【线框】、【双面】、【面贴图】和【面状】等参数，如图8-17所示。

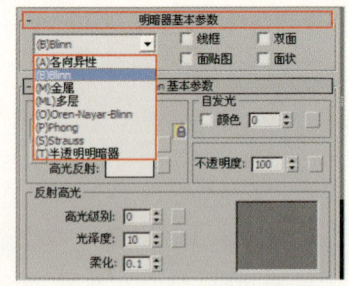

图8-17　【明暗器基本参数】卷展栏

- 明暗器列表：明暗器包含8种类型。
  - （A）各向异性：用于产生磨砂金属或头发的效果。可创建拉伸并成角的高光，而不是标准的圆形高光，如图8-18所示。

图8-18　各向异性效果

  - （B）Blinn：这种明暗器以光滑的方式渲染物体表面，它是最常用的一种明暗器，如图8-19所示。

图8-19　Blinn效果

  - （M）金属：这种明暗器适用于金属表面，能提供金属所需的强烈反光，如图8-20所示。

图8-20　金属效果

  - （ML）多层：【（ML）多层】明暗器与【（A）各向异性】明暗器很相似，但【（ML）多层】可以控制两个高亮区，因此【（ML）多层】明暗器拥有对材质更多的控制，第1高光反射层和第2高光反射层具有相同的参数控制，可以对这些参数使用不同的设置，如图8-21所示。

图8-21　多层效果

  - （O）Oren-Nayar-Blinn：这种明暗器适用于无光表面（如纤维或陶土），与（B）Blinn明暗器几乎相同，通过它附加的【漫反射级别】和【粗糙度】两个参数可以实现无光效果，如图8-22所示。

图8-22　Oren-Nayar-Blinn效果

- （P）Phong：这种明暗器可以平滑面与面之间的边缘，适用于具有强度很高的表面和具有圆形高光的表面，如图8-23所示。

图8-23　Phong效果

- （S）Strauss：这种明暗器适用于金属和非金属表面，与【（M）金属】明暗器十分相似，如图8-24所示。

图8-24　Strauss效果

- （T）半透明明暗器：这种明暗器与（B）Blinn明暗器类似，它与（B）Blinn明暗器比较，最大的区别在于能够设置半透明效果，使光线能够穿透这些半透明的物体，并且在穿过物体内部时离散，如图8-25所示。

图8-25　半透明明暗器效果

- 线框：以线框模式渲染材质，可以在扩展参数上设置线框的大小，如图8-26所示。

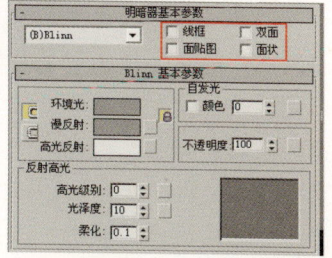

图8-26　线框参数

- 双面：将材质应用到选定的面，使材质成为双面。
- 面贴图：将材质应用到几何体的各个面。如果材质是贴图材质，则不需要贴图坐标，因为贴图会自动应用到对象的每一个面。
- 面状：使对象产生不光滑的明暗效果，把对象的每个面作为平面来渲染，可以用于制作加工过的钻石、宝石或任何带有硬边的表面。

（2）Blinn基本参数

下面以（B）Blinn明暗器来介绍明暗器的基本参数。展开【Blinn基本参数】卷展栏，这里可以设置【环境光】、【漫反射】、【高光反射】、【自发光】、【不透明度】、【高光级别】、【光泽度】和【柔化】等属性，如图8-27所示。

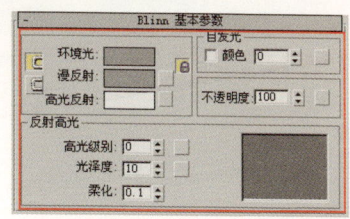

图8-27　Blinn基本参数

- 环境光：环境光用于模拟间接光，比如室外场景的大气光线，也可以用来模拟光能传递。
- 漫反射：【漫反射】是在光照条件较好的情况下（比如在太阳光和人工光直射的情况下），物体反射出来的颜色，又被称作物体的【固有色】，也就是物体本身的颜色。
- 高光反射：物体发光表面高亮显示部分的颜色。
- 自发光：使用【漫反射】颜色替换曲面上的任何阴影，从而创建出白炽效果。
- 不透明度：控制材质的不透明度。
- 高光级别：控制反射高光的强度。数值越大，反射强度越高。
- 光泽度：控制镜面高亮区域的大小，即反光区域的尺寸。数值越大，反光区域越小。
- 柔化：影响反光区和不反光区衔接的柔和度。0表示没有柔化；1表示应用最大量的柔化效果。

5．Slate材质编辑器

【Slate材质编辑器】是一个材质编辑器界面，它在设计和编辑材质时使用节点和关联以图形方式显示材质的结构。

Slate界面是具有多个元素的图形界面。最突出的特点包括：【材质/贴图浏览器】，可以在其中浏览材质、贴图和基础材质与贴图类型；当前活动视图，可以在其中组合材质和贴图；参数编辑器，可以在其中更改材质和贴图设置。图8-28所示为其参数面板。

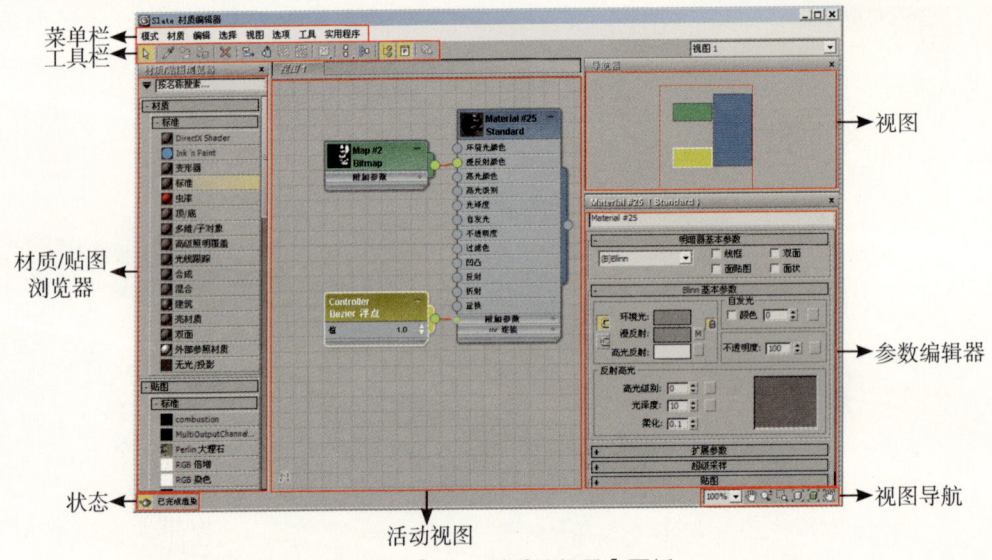

图8-28 【Slate材质编辑器】面板

> 提示：【Slate材质编辑器】的参数不再进行详细介绍，其参数与【精简材质编辑器】基本一致。

8.2.3 材质/贴图浏览器

【材质/贴图浏览器】菜单提供用于管理库、组和浏览器自身的多数选项。通过单击▼（【材质/贴图浏览器选项】）或在【材质/贴图浏览器选项】的一个空白部分单击鼠标右键，即可访问【材质/贴图浏览器选项】主菜单。在浏览器中组的标题栏上单击鼠标右键时，会显示该特定类型组的选项，如图8-29所示。

效果图质感表现中的材质与贴图 第8章

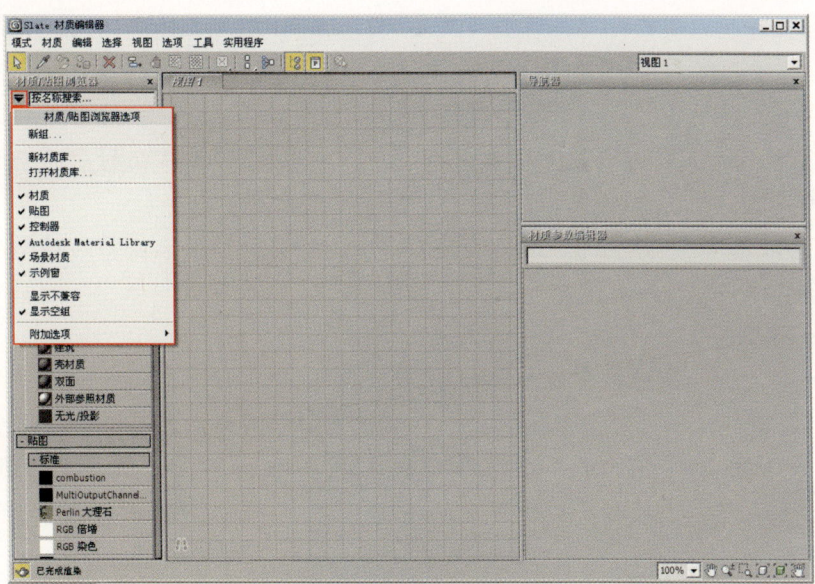

图8-29 材质/贴图浏览器

8.2.4 为模型指定材质

材质制作完成后,需要为模型指定材质后,在渲染时该模型才会被渲染出相应的材质。有多种方法可以为模型指定材质。

方法1:选择一个材质球,并设置完成材质,然后单击选择模型,最后单击【将材质指定给选定对象】按钮,此时为模型指定材质完毕。

方法2:选择一个材质球,并设置完成材质,然后用鼠标左键拖曳该材质球到模型上,并松开鼠标左键,此时为模型指定材质完毕。

方法3:选择一个材质球,并设置完成材质,然后单击选择模型,然后选择【材质】|【指定给当前选择】命令,此时为模型指定材质完毕。

> 提示:在制作完成模型后,一定要记住【为模型指定材质】,这也是新手学习材质部分时,最容易忽略的地方。

8.3 常用材质的制作

安装好VRay渲染器后,材质类型大致可以分为26种。单击 Arch & Design 按钮,然后在弹出的【材质/贴图浏览器】面板中可以观察到26种材质类型,如图8-30所示。

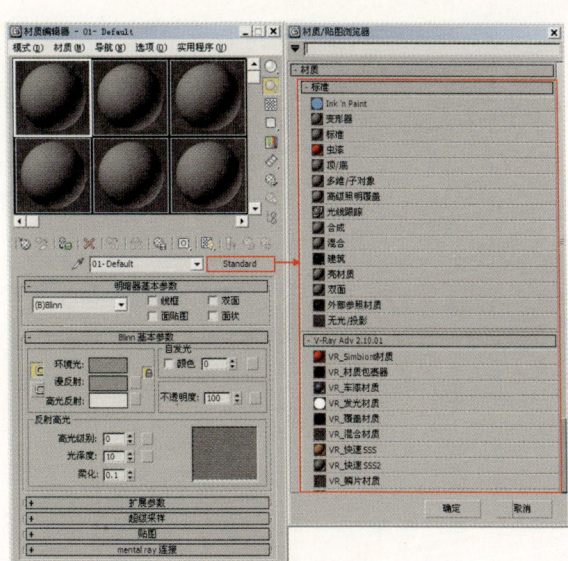

图8-30 材质类型

269

- 标准：系统默认的材质。
- VR材质：在VRay渲染器中是最常用的一种材质。
- VRay双面材质：可以设置物体前、后两面不同的材质。
- VRay灯光材质：可以指定给物体，并把物体当作光源来使用。
- VR_材质包裹器材质：主要用来控制材质的全局光照、焦散和物体的不可见等特殊属性。
- VRay混合材质：可以让多个材质以层的方式混合来模拟物理世界中的复杂材质。
- VRay快速SSS材质：用来计算次表面散射效果的材质。
- VRay替代材质：可以让用户更广范地去控制场景的色彩融合、反射、折射等。
- 合成：将多个不同的材质叠加在一起，包括一个基本材质和10个附加材质，通过添加排除和混合能够创造出复杂多样的物体材质，常用来制作动物和人体皮肤、生锈的金属以及复杂的岩石等物体。
- 混合：将两个不同的材质融合在一起，根据融合度的不同来控制两种材质的显示程度，可以利用这种特性来制作材质变形动画，也可以用来制作一些质感要求较高的物体，如打磨的大理石、上腊的地板。
- 建筑：主要用于表现建外观的材质。
- 壳材质：专门配合【渲染到贴图】命令一起使用，其作用是将【渲染到贴图】命令产生的贴图再贴回物体造型中。
- 双面：可以为物体内外或正反表面分别指定两种不同的材质，并且可以通过控制其彼此间的透明度来产生特殊效果，经常用在一些需要在双面显示不同材质的动画中，如纸牌和杯子等。
- 虫漆：用来控制两种材质混合的数量比例。
- 顶/底：为一个物体指定不同的材质，一个在顶端，另一个在底端，中间交互处可以产生过度效果，并且可以调节这两种材质的比例。
- 多维/子对象：将多个子材质应用到单个对象的子对象。
- Ink'n Paint：通常用于制作卡通效果。
- 变形器：配合【变形器】一起使用，能产生材质融合的变形动画效果。
- 无光/投影：主要作用是隐藏场景中的物体，渲染时也观察不到，不会对背景进行遮挡，但可遮挡其他物体，并且能产生自身投影和接受投影的效果。
- 高级照明覆盖：配合光能传递使用的一种材质，能很好地控制光能传递和物体之间的反射比。
- 光线跟踪：可以创建真实的反射和折射效果，并且支持雾、颜色浓度、半透明和荧光等效果。
- Lightscape材质：这种类型的材质主要用来为在Lightscape光能传递网格中使用的材质设置光能传递属性，该材质需要与Lightscape一起使用。
- 外部参照材质：参考外部对象或参考场景相关运用资料。
- DirectX Shader：该材质可以保存为fx文件，并且在启用了Directx3D显示驱动程序后才可用。

8.3.1 "标准"材质

"标准"材质类型为表面建模提供了非常直观的方式。在现实世界中，表面的外观取决于它如何反射光线。在 3ds Max Design 中，标准材质模拟表面的反射属性。如果不使用贴图，标准材质会为对象提供单一统一的颜色。图8-31所示为【标准】材质的基本参数设置面板。

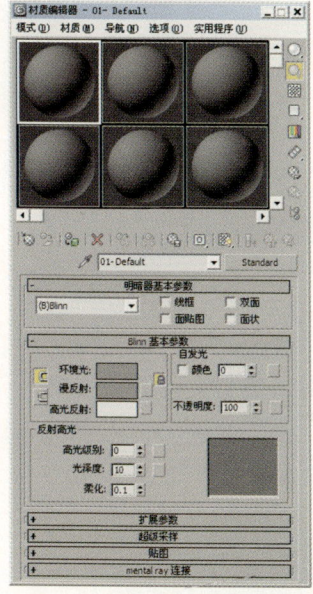

图8-31 "标准"材质参数面板

8.3.2 "顶/底"材质

"顶/底"材质可以为对象的顶部和底部指定两个不同的材质，常用来制作带有上下两种不同效果的材质，其参数设置面板如图8-32所示。

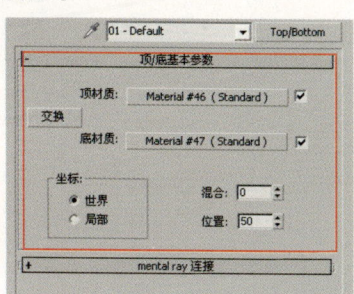

图8-32 "顶/底"材质参数面板

- 顶材质/底材质：设置顶部与底部材质。
- 交换：交换【顶材质】与【底材质】的位置。
- 世界：按照场景的世界坐标让各个面朝上或朝下。旋转对象时，顶面和底面之间的边界仍然保持不变。
- 局部：按照场景的局部坐标让各个面朝上或朝下。旋转对象时，材质将随着对象旋转。
- 混合：混合顶部子材质和底部子材质之间的边缘。
- 位置：设置两种材质在对象上划分的位置。

图8-33所示为使用"顶/底"材质制作的效果。

图8-33 "顶/底"材质制作的效果

8.3.3 "多维子/对象"材质

"多维子/对象"材质可以采用几何体的子对象级别分配不同的材质。其参数卷展栏如图8-34所示。

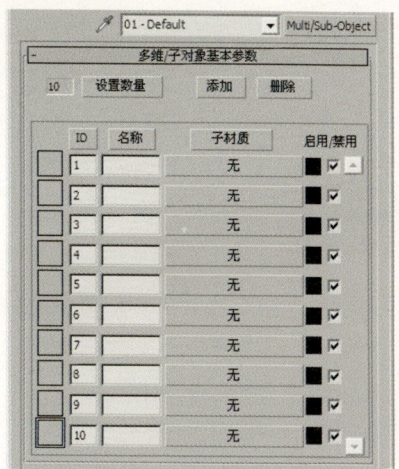

图8-34 【多维子/对象基本参数】卷展栏

实战演练056——沙发皮革材质

场景文件	场景文件\第8章\01.max
视频教学	视频\第8章\沙发皮革材质.flv
难易指数	★★★☆☆

案例文件	最终文件\第8章\实战演练056\沙发皮革材质.max
视频长度	2分31秒

在这个客厅场景中，主要有两种材质，一部分是沙发的材质，另一部分是地板和墙面的材质，如图8-35所示。

图8-35 最终渲染效果

① 打开本书配套光盘中的【场景文件\第8章\01.max】文件，此时场景效果如图8-36所示。

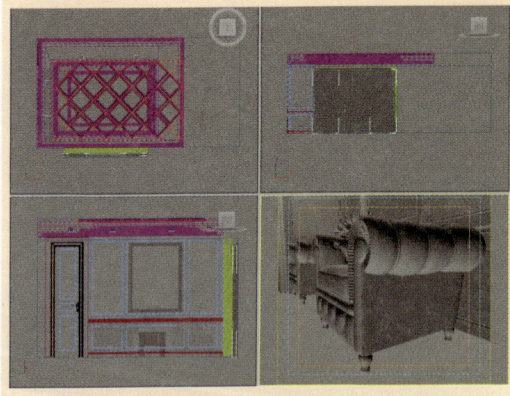

图8-36 场景效果

② 按M键，打开【材质编辑器】对话框，选择第一个材质球，单击【Standard】 Standard 按钮，在弹出的【材质/贴图浏览器】对话框中选择"多维/子对象"材质，如图8-37所示。

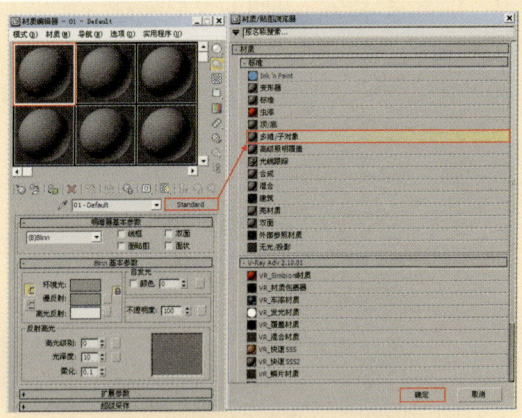

图8-37 选择"多维/子对象"材质

提示："多维/子对象"材质是一种较为常用的材质类型，使用该材质类型可以根据对象设置的材质ID，将不同的材质分配到对象的子对象级别。

③ 将材质命名为"沙发"，展开【多维/子对象基本参数】卷展栏，设置【设置数量】为2，这样子材质就设置为两个，如图8-38所示。

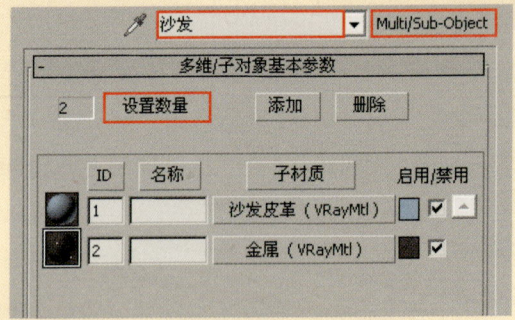

图8-38 【多维/子对象基本参数】卷展栏

④ 单击进入ID号为1的后面的通道上加载"VRayMtl"，并命名为"沙发皮革"；在【漫反射】选项组下并在后面的通道中加载"皮贴图.jpg"贴图文件，设

置【模糊】为0.01；在【反射】选项组下后面的通道上加载"衰减"程序贴图，设置【衰减类型】为"Fresnel"，最后设置【高光光泽度】为0.74，【反射光泽度】为0.75，【细分】为20，如图8-39所示。

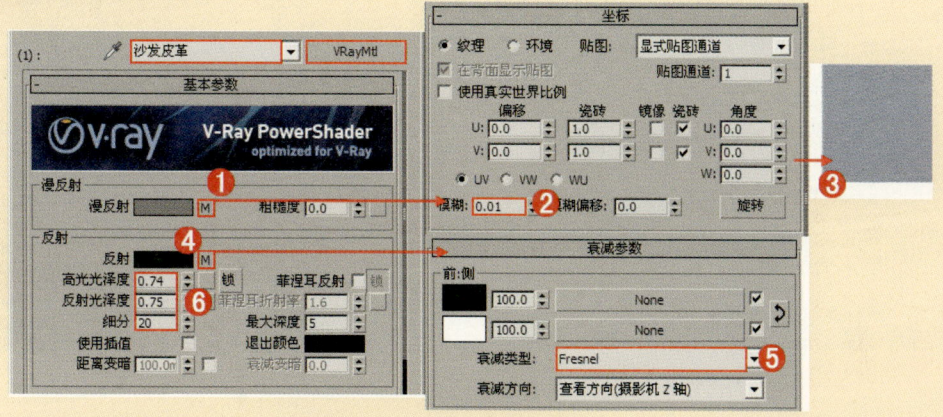

图8-39 沙发皮革材质制作

⑤ 展开【贴图】卷展栏，单击【漫反射】后面通道上的贴图文件并将其拖曳到凹凸的通道中，此时弹出【复制（实例）贴图】对话框，并选中【复制】单选按钮，如图8-40所示。最后设置【凹凸】数量为10.0，如图8-41所示。

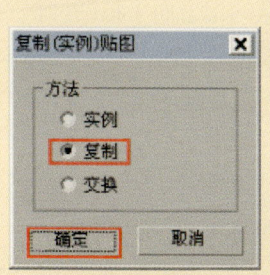

图8-40 【复制（实例）贴图】对话框

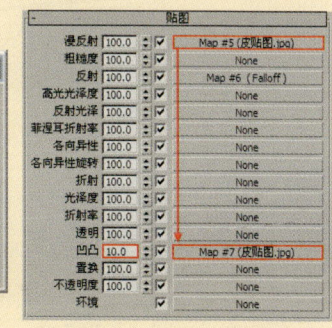

图8-41 【贴图】卷展栏

⑥ 单击进入ID号为2的后面的通道上加载"VRayMtl"，并命名为"金属"；在【漫反射】选项组下调节【漫反射】颜色为（红：162，绿：139，蓝：108）；接着在【反射】选项组下调节【反射】颜色为（红：205，绿：205，蓝：205），设置【高光光泽度】为0.89，【反射光泽度】为0.94，【细分】为20，如图8-42所示。

图8-42 金属材质的制作

7 将调制好的沙发材质赋给场景中的沙发的模型，如图8-43所示。

8 继续制作出剩余部分模型的材质，最后的渲染效果如图8-44所示。

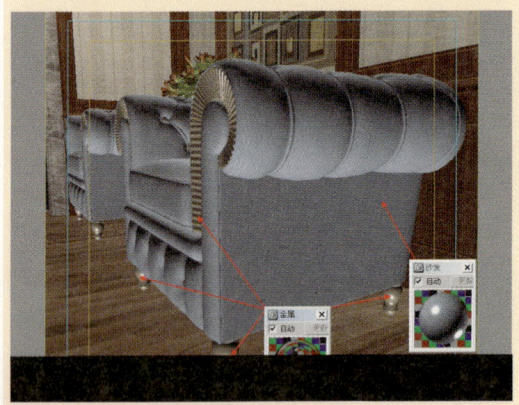

图8-43 将材质赋给沙发模型

图8-44 渲染的效果

8.3.4 "混合"材质

"混合"材质可以在模型的单个面上将两种材质通过一定的百分比进行混合，其材质参数设置卷展栏如图8-45所示。

- 材质1/材质2：可以在后面的材质通道中对两种材质进行设置。
- 遮罩：可以选择一张贴图作为遮罩，利用贴图图像的灰度值来决定两种材质的混合情况。
- 混合量：控制两种材质混合的百分比。如果使用【遮罩】材质通道，【混合量】选项将不起作用。

图8-45 【混合基本参数】卷展栏

- 交互式：用来选择哪种材质在视图中以实体着色方式进行交互式渲染，材质会显示在物体的表面。
- 混合曲线：用于控制【遮罩】贴图中的黑白色过渡区对材质造成的尖锐或柔和的程度。
- 使用曲线：控制是否使用混合曲线来调节混合效果。
- 上部：用于调节混合曲线的上部。
- 下部：用于调节混合曲线的下部。
- 墨水宽度：设置描边的宽度。
- 最小值：设置墨水宽度的最小像素值。
- 最大值：设置墨水宽度的最大像素值。
- 可变宽度：选择该选项后，可以使描边的宽度在最大值和最小值之间变化。
- 钳制：选择该选项后，可以使描边宽度的变化范围限制在最大值与最小值之间。
- 轮廓：选择该选项后，可以使物体外侧产生轮廓线。
- 重叠：当物体与自身的一部分相交迭时使用。
- 延伸重叠：与【重叠】类似，但多用在较远的表面上。
- 小组：用于勾画物体表面光滑组部分的边缘。
- 材质ID：用于勾画不同材质ID之间的边界。

实战演练057——陶瓷材质

场景文件	场景文件\第8章\02.max	案例文件	最终文件\第8章\实战演练057\陶瓷材质.max
视频教学	视频\第8章\陶瓷材质.flv	视频长度	4分15秒
难易指数	★★☆☆		

在这个休闲室场景中，主要有两种材质，一部分是陶瓷材质，另一部分是花纹陶瓷的材质，如图8-46所示。

1. 制作陶瓷1材质

① 打开本书配套光盘中的【场景文件\第8章\02.max】文件，此时场景效果如图8-47所示。

② 按M键，打开【材质编辑器】对话框，选择第一个材质球，单击【Standard】 Standard 按钮，在弹出的【材质/贴图浏览器】对话框中选择"VRayMtl"材质，如图8-48所示。

图8-46 最终渲染效果

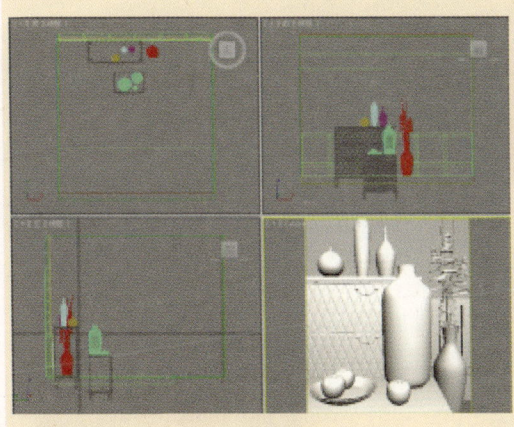

图8-47 场景效果

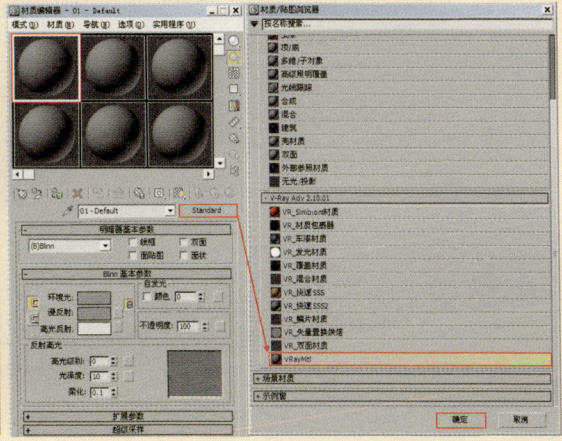

图8-48 选择"VRayMtl"材质

> 提示：在使用VRayMtl时首先要将渲染器设置为VRay渲染器，这样在【材质/贴图浏览器】对话框中才有VRay的材质。

③ 将材质命名为"陶瓷1"，设置【漫反射】颜色值为（红: 255、绿: 255、蓝: 255）；在【反射】选项组加载"衰减"程序贴图；并在【衰减参数】卷展栏下设置【衰减类型】为"Fresnel"；最后设置【反射光泽度】为0.95，【细分】为15，如图8-49所示。

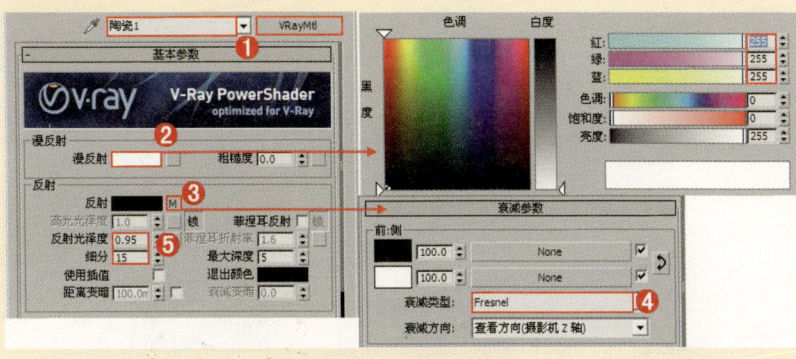

图8-49 VRayMtl参数

④ 将调制好的陶瓷1材质赋给场景中的陶瓷造型，如图8-50所示。

2．制作陶瓷2的材质

① 选择一个空白材质球，然后设置材质类型为"VRayMtl"材质，将材质命名为"陶瓷2"，设置【漫反射】颜色值为（红：204，绿：40，蓝：40）；在【反射】选项组下调节颜色为（红：255，绿：255，蓝：255），最后设置【反射光泽度】为0.98，【细分】为15，选中【菲涅耳反射】复选框，如图8-51所示。

图8-50　赋给陶瓷造型

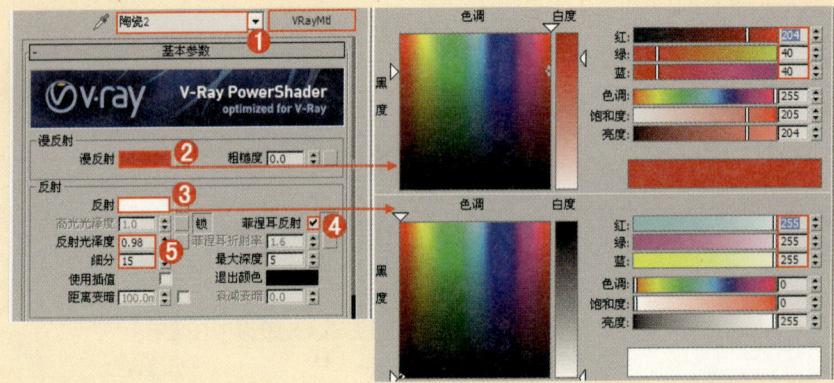

图8-51　VRayMtl参数

② 将调制好的陶瓷2材质赋给场景中的陶瓷造型，如图8-52所示。

3．制作陶瓷3的材质

① 选择一个空白材质球，然后设置材质类型为"VRayMtl"材质，将材质命名为"陶瓷3"；在【漫反射】选项组下的通道上加载"陶瓷3.jpg"贴图；在【反射】选项组下调节颜色为（红：255，绿：255，蓝：255），最后选中【菲涅耳反射】复选框，如图8-53所示。

图8-52　赋给陶瓷造型

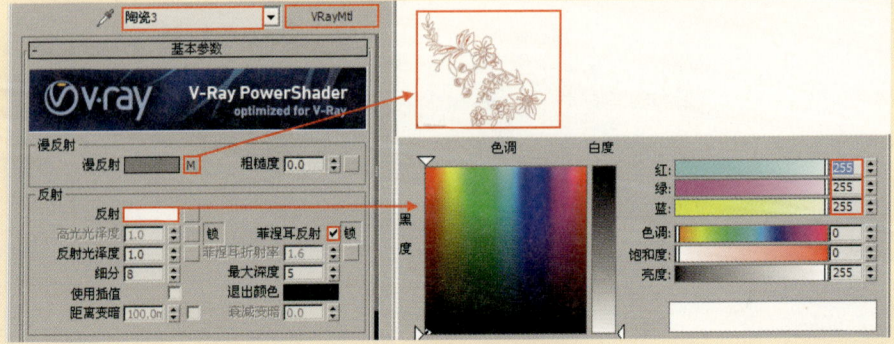

图8-53　VRayMtl参数

② 将调制好的陶瓷3材质赋给场景中的陶瓷造型，如图8-54所示。

4．制作花纹陶瓷的材质

① 按M键，打开【材质编辑器】对话框，选择第一个材质球，单击【标准材质】 Standard 按钮，在弹出的【材质/贴图浏览器】面板中选择"混合"材质，如图8-55所示。

图8-54 赋给陶瓷造型

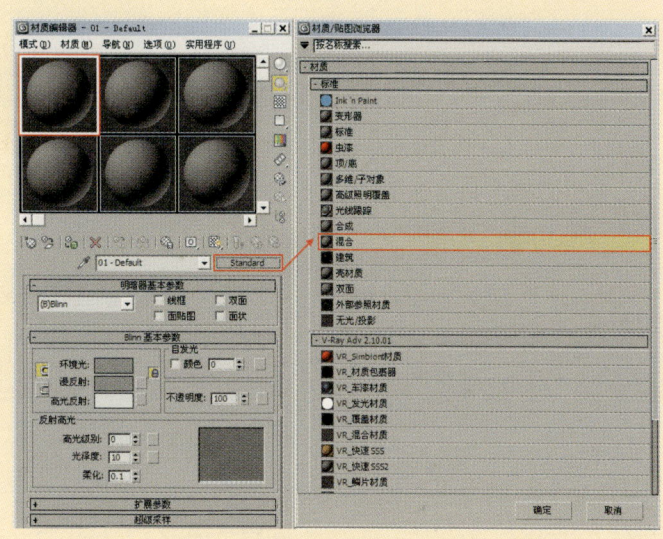

图8-55 选择"混合"材质

② 将材质命名为"花纹陶瓷1"，在【材质1】后面的通道上加载"VRayMtl"，调节【漫反射】颜色为（红：26，绿：100，蓝：8）；接着在【反射】选项组下调节颜色为（红：255，绿：255，蓝：255），设置【细分】为15，最后选中【菲涅耳反射】复选框，如图8-56所示。

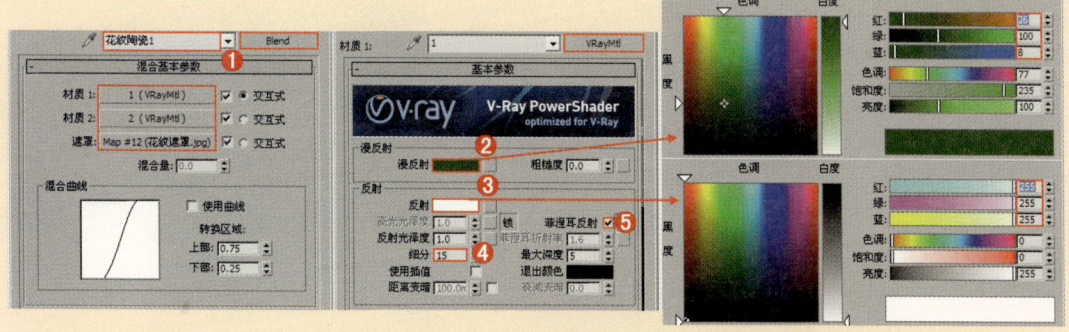

图8-56 VRayMtl1的参数

③ 展开【混合基本参数】卷展栏，在【材质2】后面的通道上加载"VRayMtl"，调节【漫反射】颜色为（红：255，绿：255，蓝：255）；接着在【反射】选项组下调节颜色为（红：255，绿：255，蓝：255），设置【细分】为15，最后选中【菲涅耳反射】复选框，如图8-57所示。

277

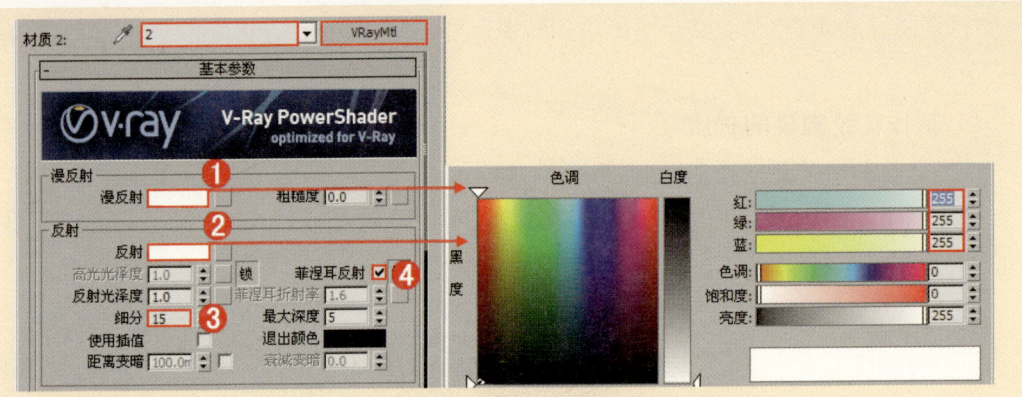

图8-57　VRayMtl参数

4　在【遮罩】后面的通道上加载"花纹遮罩.jpg"贴图，如图8-58所示。

提示　在遮罩通道上加载黑白贴图，贴图中黑色部分显示材质1，白色部分显示材质2，这样就可以调节出更复杂的材质。

5　将调制好的花纹陶瓷1材质赋给场景中的陶瓷造型，如图8-59所示。使用同样的方法创建出其他部分的材质，最终的渲染效果如图8-60所示。

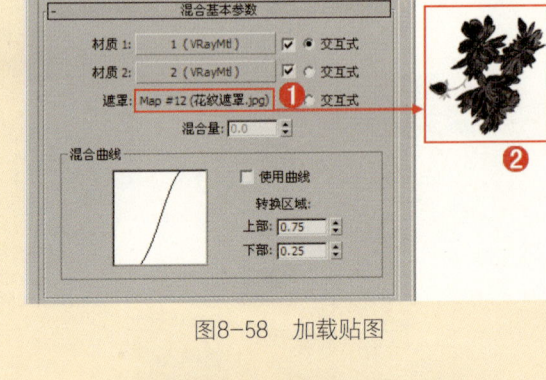

图8-58　加载贴图

图8-59　给模型赋予材质

图8-60　渲染的效果

8.3.5 "VRayMtl"材质

"VRayMtl"材质在VRay渲染器中是最常用的一种材质，可以通过它的贴图通道制作出真实的材质，比如反射、折射、模糊、凹凸、置换等，并且一个场景如果全部使用"VRayMtl"材质会比使用3ds Max的材质的渲染速度快很多。图8-61所示为VRayMtl材质的基本参数设置面板。

效果图质感表现中的材质与贴图 | 第8章

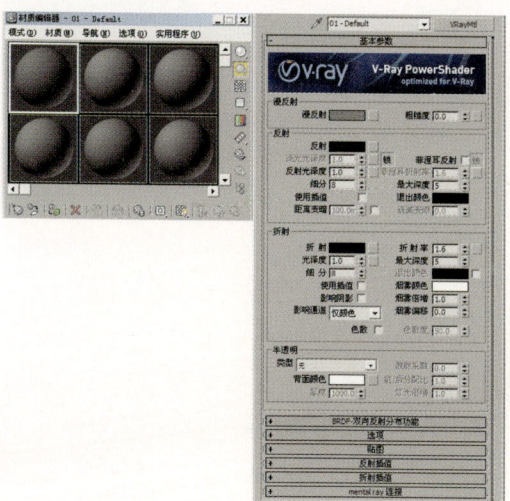

图8-61 VRayMtl材质参数面板

1. 漫反射

- 漫反射：物体的漫反射用来决定物体的表面颜色。通过单击它的色块，可以调整自身的颜色。单击右边的 ■ 按钮可以选择不同的贴图类型。
- 粗糙度：数值越大，粗糙效果越明显，可以用该选项来模拟绒布的效果。

> 提示：漫反射被称为固有色，用来控制物体的基本颜色，当在漫反射右边的 ■ 按钮添加贴图时，漫反射颜色将不再起作用。

2. 反射

- 反射：这里的反射是靠颜色的灰度来控制的，颜色越白反射越亮，越黑反射越弱；而这里选择的颜色则是反射出来的颜色，和反射的强度是分开计算的。单击旁边的 ■ 按钮，可以使用贴图的灰度控制反射的强弱。

> 提示：反射颜色用来控制反射的强弱，因此可以调节出与反射不一样的材质效果，如图8-62所示。

图8-62 反射颜色控制

- 高光光泽度：控制材质的高光大小，默认情况下和【反射光泽度】一起关联控制，可以通过单击旁边的按钮来解除锁定，从而可以单独调整高光的大小。
- 反射光泽度：通常也被称为【反射模糊】。物理世界中所有的物体都有反射光泽度，只是或多或少而已。默认值1表示没有模糊效果，而比较小的值表示模糊效果较强。单击右边的 ■ 按钮，可以通过贴图的灰度来控制反射模糊的强弱。
- 细分：用来控制【反射光泽度】的品质，较高的值可以取得较平滑的效果，而较低的值可以让模糊区域产生颗粒效果。注意，细分值越大，渲染速度越慢。
- 使用插值：当选中该复选框时，VRay能够使用类似于【发光贴图】的缓存方式来加快反射模糊的计算。

279

- 菲涅耳反射：选中该复选框后，反射强度会与物体的入射角度有关，入射角度越小，反射越强烈。当垂直入射时，反射强度最弱。同时，菲涅耳反射的效果也和下面的【菲涅耳折射率】有关。当【菲涅耳折射率】为0或100时，将产生完全反射；而当【菲涅耳折射率】从1变化到0时，反射越强；同样，当菲涅耳折射率从1变化到100时，反射也越强。
- 最大深度：反射的最大次数。反射次数越多，反射就越彻底，当然需要的渲染时间也越长。通常保持默认值5就比较合适了。
- 退出颜色：当物体的反射次数达到最大次数时就会停止计算反射，这时由于反射次数不够造成的反射区域的颜色就用退出色来代替。

3. 折射

- 折射：和反射的原理一样，颜色越白，物体越透明，进入物体内部产生折射的光线也就越多；颜色越黑，物体越不透明，产生折射的光线也就越少。单击右边的■按钮，可以通过贴图的灰度来控制折射的强弱。
- 光泽度：用来控制物体的折射模糊程度。值越小，模糊程度越明显；默认值1不产生折射模糊。单击右边的■按钮，可以通过贴图的灰度来控制折射模糊的强弱。
- 细分：用来控制折射模糊的品质，较高的值可以得到比较光滑的效果，但是渲染速度会变慢；而较低的值可以使模糊区域产生杂点，但是渲染速度会变快。

- 使用插值：当选中该复选框时，VRay能够使用类似于【发光贴图】的缓存方式来加快【光泽度】的计算。
- 影响阴影：这个选项用来控制透明物体产生的阴影。选中该复选框时，透明物体将产生真实的阴影。注意，这个选项仅对【VRay灯光】和【VRay阴影】有效。
- 影响通道：选择这个选项时，将会影响透明物体的Alpha通道效果。
- 折射率：设置透明物体的折射率。

> 提示：真空的折射率是1，水的折射率是1.33，玻璃的折射率是1.5，水晶的折射率是2，钻石的折射率是2.4，这些都是制作效果图常用的折射率。

- 最大深度：和反射中的最大深度原理一样，用来控制折射的最大次数。
- 退出颜色：当物体的折射次数达到最大次数时就会停止计算折射，这时由于折射次数不够造成的折射区域的颜色就用退出色来代替。
- 烟雾颜色：这个选项可以让光线通过透明物体后使光线变少，就像物理世界中的半透明物体一样。这个颜色值和物体的尺寸有关，厚的物体颜色需要设置淡一点才有效果。
- 烟雾倍增：可以理解为烟雾的浓度。值越大，雾越浓，光线穿透物体的能力越差。不推荐使用大于1的值。
- 烟雾偏移：控制烟雾的偏移，较低的值会使烟雾向摄影机的方向偏移。

4. 半透明

- 类型：半透明效果（也叫3S效果）的类型有3种，一种是【硬（腊）模型】，比如蜡烛；一种是【软（水）模型】，比如海水；还有一种是【混合模型】。

- 背面颜色：用来控制半透明效果的颜色。
- 厚度：用来控制光线在物体内部被追踪的深度，也可以理解为光线的最大穿透能力。较大的值，会使整个物体都被光线穿透；较小的值，可以使物体比较薄的地方产生半透明现象。
- 散射系数：物体内部的散射总量。0表示光线在所有方向被物体内部散射；1表示光线在一个方向被物体内部散射，而不考虑物体内部的曲面。
- 前/后分配比：控制光线在物体内部的散射方向。0表示光线沿着灯光发射的方向向前散射；1表示光线沿着灯光发射的方向向后散射；0.5表示这两种情况各占一半。
- 灯光倍增：光线穿透能力倍增值，值越大，散射效果越强。

5. BRDF

BRDF表示双向反射分布，主要用于控制物体表面的反射特性。当反射颜色不是黑色和【反射光泽度】不为1时，这个功能才有效果，其参数面板如图8-63所示。

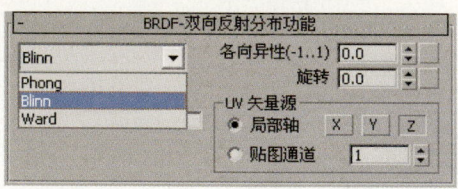

图8-63　BRDF参数面板

- 类型：VRayMtl提供了3种双向反射分布类型
  - ◆ Phong：高光区域最小。
  - ◆ Blinn：高光区域次之。
  - ◆ Ward：高光区域最大。
- 各向异性：控制高光区域的形状。
- 旋转：控制高光形状的角度。
- UV矢量源：控制高光形状的轴向，也可以通过贴图通道来设置。

> 提示　BRDF主要可以控制高光的形状和方向，常在金属、玻璃、陶瓷等制品中看到。图8-64所示为不同BRDF参数的对比效果。

图8-64　参数效果对比

6. 选项

展开【选项】卷展栏，如图8-65所示。

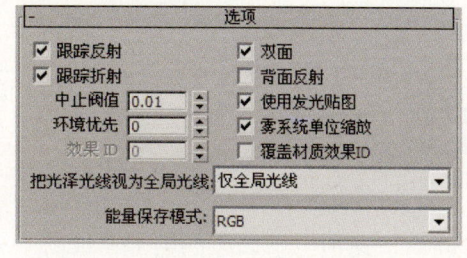

图8-65　【选项】卷展栏

- 跟踪反射：控制光线是否追踪反射。如果不选中该复选框，VRay将不渲染反射效果。

- 跟踪折射：控制光线是否追踪折射。如果不选中该复选框，VRay将不渲染折射效果。
- 双面：控制VRay渲染的面是否为双面。
- 背面反射：勾选该选项时，将强制VRay计算反射物体的背面产生反射效果。

> 提示：由于其他部分的参数在制作效果图的时候用得不多，所以这里就不详细讲解了。

实战演练058——镜子材质

场景文件	场景文件\第8章\03.max	案例文件	最终文件\第8章\实战演练058\镜子材质.max
视频教学	视频\第8章\镜子材质.flv	视频长度	1分45秒
难易指数	★★☆☆		

在这个健身场馆场景中，主要有两种材质：一种是镜子材质；另一种是运动器材和地板的材质，最终效果如图8-66所示。

① 打开本书配套光盘中的【场景文件\第8章\03.max】文件，此时场景效果如图8-67所示。

图8-66 最终渲染效果

图8-67 场景效果

② 按M键，打开【材质编辑器】对话框，选择第一个材质球，单击【Standard】 Standard 按钮，在弹出的【材质/贴图浏览器】对话框中选择"VrayMtl"材质，如图8-68所示。

③ 将材质命名为"镜子"，在【漫反射】选项组下调节颜色为（红：5，绿：5，蓝：5），接着在【反射】选项组下调节反射颜色为（红：227，绿：235，蓝：249），设置【细分】为20，如图8-69所示。

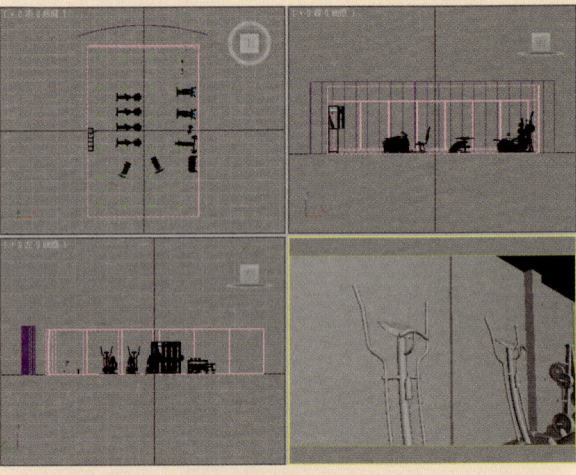
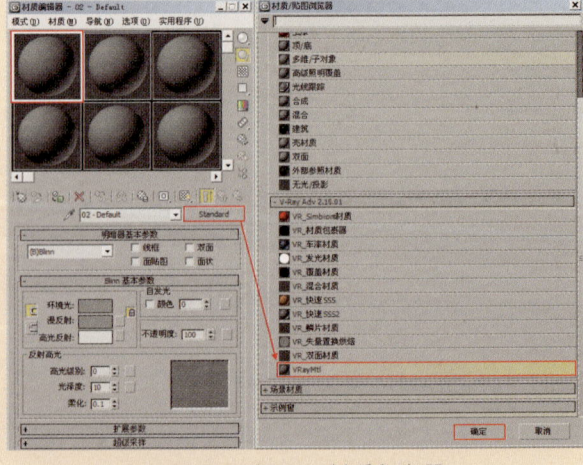

图8-68 选择VR_材质包裹器

图8-69 VRayMtl的参数

4 将调制好的镜子材质赋给场景中的镜子模型,如图8-70所示。

5 继续制作剩余部分模型的材质,最后的渲染效果如图8-71所示。

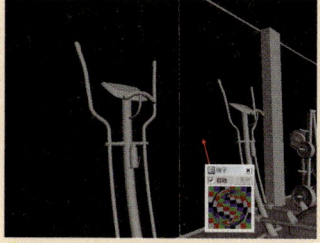

图8-70 将材质赋给镜子模型　　图8-71 渲染的效果

> 提示　使用VRayMtl制作镜子材质非常简单,而且渲染效果比较真实。在制作金属材质时也经常使用。

实战演练059——酒瓶和酒材质

场景文件	场景文件\第8章\04.max	案例文件	最终文件\第8章\实战演练059\酒瓶和酒材质.max
视频教学	视频\第8章\酒瓶和酒材质.flv	视频长度	3分57秒
难易指数	★★★☆☆		

在这个厨房场景中,主要有两种材质,一种是酒瓶和酒水的材质,另一种是墙面和台面材质,最终渲染效果如图8-72所示。

1 打开本书配套光盘中的【场景文件\第8章\04.max】文件,此时场景效果如图8-73所示。

图8-72 最终渲染效果

② 按M键，打开【材质编辑器】对话框，选择第一个材质球，单击【Standard】
Standard 按钮，在弹出的【材质/贴图浏览器】对话框中选择"VrayMtl"材质，如图8-74所示。

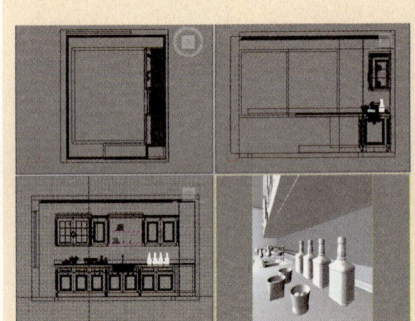

图8-73 场景效果　　　　　　　　　　　图8-74 选择VRayMtl

③ 将材质命名为"酒瓶"，在【漫反射】选项组下调节漫反射颜色为（红：67，绿：35，蓝：9）；在【反射】选项组后面的通道上加载【衰减】，设置【衰减类型】为垂直/平行；在【折射】选项组下调节折射颜色为（红：244，绿：244，蓝：244），设置【细分】为24，【最大深度】为10，调节【烟雾颜色】为（红：234，绿：181，蓝：29），【烟雾倍增】为0.4，选中【影响阴影】复选框，如图8-75所示。

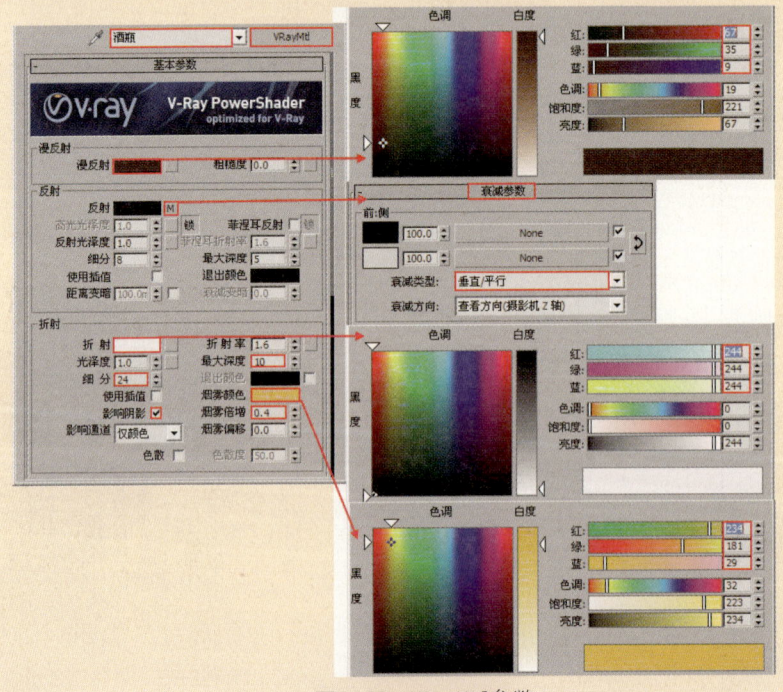

图8-75 VRayMtl参数

④ 展开【贴图】卷展栏，并在【凹凸】后面的通道上加载"酒瓶凹凸.jpg"贴图文件，设置【模糊】为0.5，最后设置【凹凸数量】为100.0，如图8-76所示。

⑤ 将调制好的酒瓶材质赋给场景中的酒瓶模型，如图8-77所示。

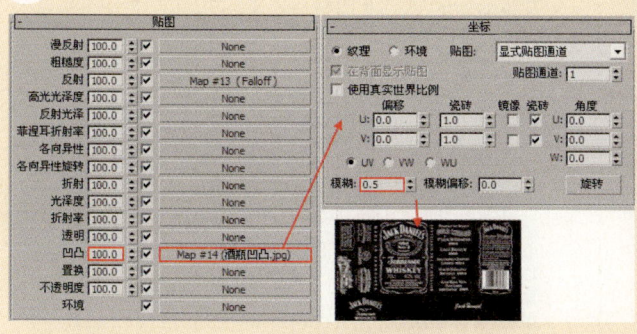

图8-76　加载酒瓶凹凸贴图

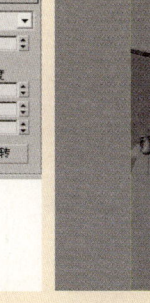

图8-77　将酒瓶材质赋给模型

下面制作酒杯的材质。

① 按M键，打开【材质编辑器】对话框，选择第一个材质球，单击【Standard】 Standard 按钮，在弹出的【材质/贴图浏览器】对话框中选择"多维/子对象"材质，如图8-78所示。

② 将材质命名为"沙发"，展开【多维/子对象基本参数】卷展栏，设置【设置数量】为3，并分别为其加载"VRayMtl"材质，如图8-79所示。

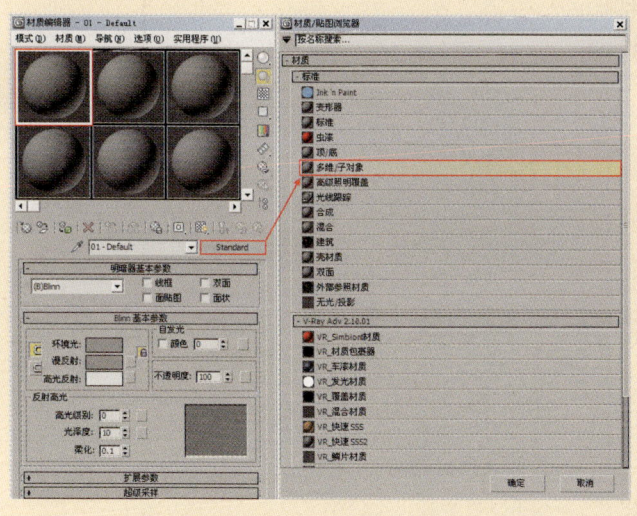

图8-78　选择多维/子对象材质

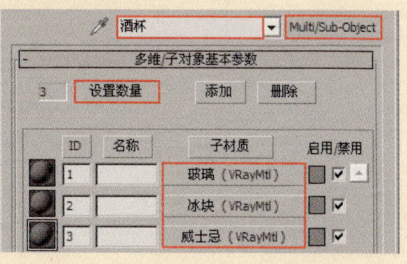

图8-79　【多维/子对象基本参数】卷展栏

③ 将材质命名为"玻璃"，在【漫反射】选项组下调节【漫反射】颜色为（红：128，绿：128，蓝：128）；在【反射】选项组后面的通道上加载衰减，设置【衰减类型】为"垂直/平行"；在【折射】选项组下调节【折射】颜色为（红：255，绿：255，蓝：255），设置【细分】为15，选中【影响阴影】复选框，如图8-80所示。

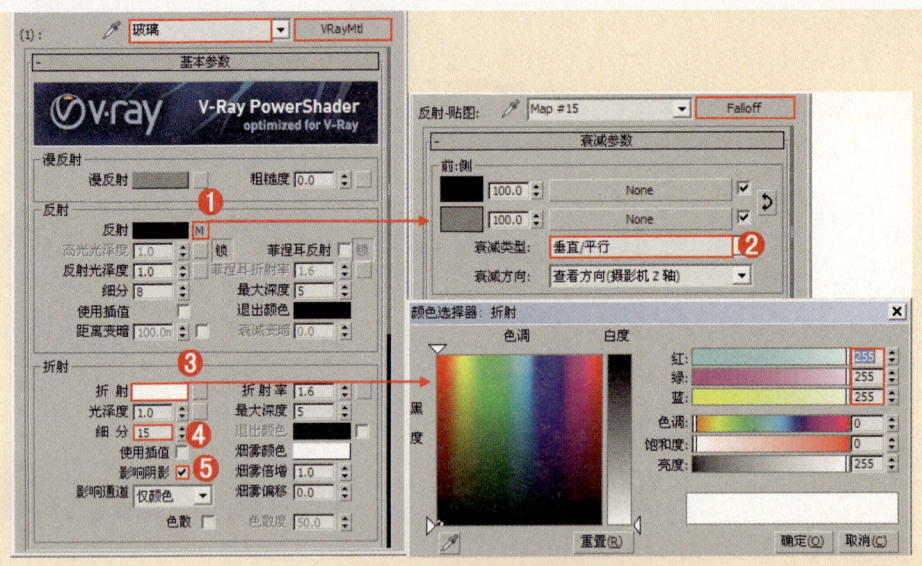

图8-80 玻璃材质参数

4 将材质命名为"冰块",在【漫反射】选项组下调节【漫反射】颜色为(红:128,绿:128,蓝:128);在【反射】选项组下调节【反射】颜色(红:39,绿:39,蓝:39);在【折射】选项组下调节【折射】颜色为(红:255,绿:255,蓝:255),设置【折射率】为1.25,选中【影响阴影】复选框,如图8-81所示。

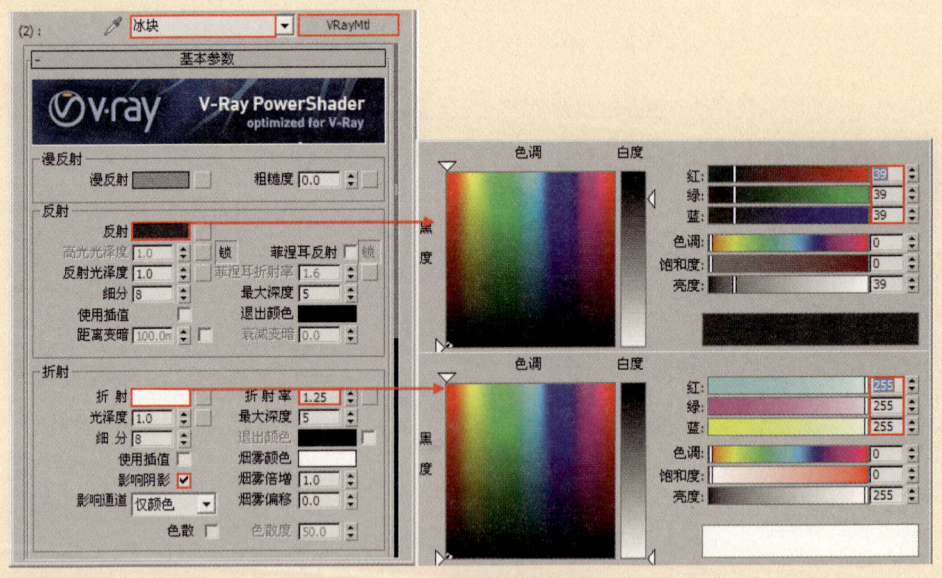

图8-81 冰块材质参数

5 将材质命名为"威士忌",在【漫反射】选项组下调节【漫反射】颜色为(红:67,绿:35,蓝:9);在【反射】选项组后面的通道上加载衰减,设置【衰减类型】为"垂直/平行";在【折射】选项组下调节【折射】颜色为(红:244,绿:244,蓝:244),设置【细分】为24,【最大深度】为10,调节【烟雾颜色】为(红:234,绿:181,蓝:29),【烟雾倍增】为0.4,选中【影响阴影】复选框,如图8-82所示。

效果图质感表现中的材质与贴图 第8章

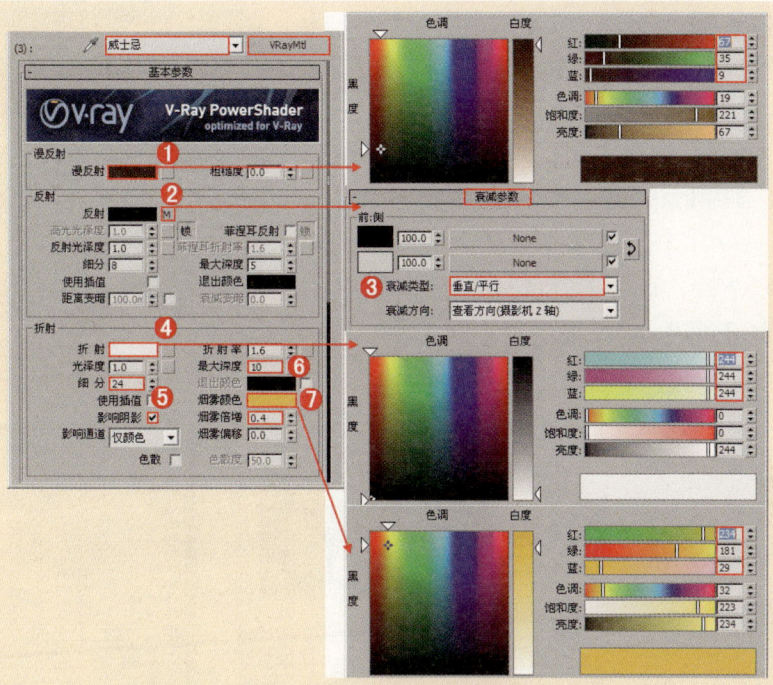

图8-82 威士忌材质参数

⑥ 将调制好的酒杯材质赋给场景中的酒杯模型，如图8-83所示。

> 提示：物体的材质非常影响渲染速度，带有反射的材质渲染速度比较慢，同时带有折射的材质渲染速度会更慢。

⑦ 继续制作剩余部分模型的材质，最后的渲染效果如图8-84所示。

图8-83 将酒杯材质赋给模型

图8-84 渲染的效果

实战演练060——食物材质

场景文件	场景文件\第8章\05.max	案例文件	最终文件\第8章\实战演练060\食物材质.max
视频教学	视频\第8章\食物材质.flv	视频长度	2分42秒
难易指数	★★★☆☆		

在这个餐桌一角场景中,主要有两种材质,一种是食物的材质,另一种是陶瓷和桌面的材质,最终渲染效果如图8-85所示。

① 打开本书配套光盘中的【场景文件\第8章\05.max】文件,此时场景效果如图8-86所示。

② 按M键,打开【材质编辑器】对话框,选择第一个材质球,单击【Standard】按钮,在弹出的【材质/贴图浏览器】对话框中选择"VRayMtl"材质,如图8-87所示。

图8-85 最终渲染效果

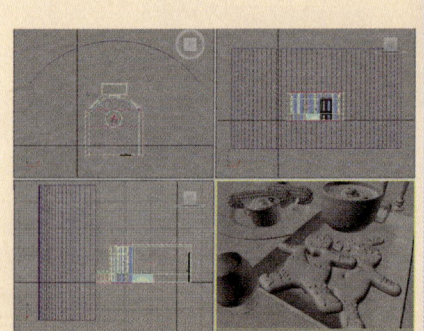

图8-86 场景效果

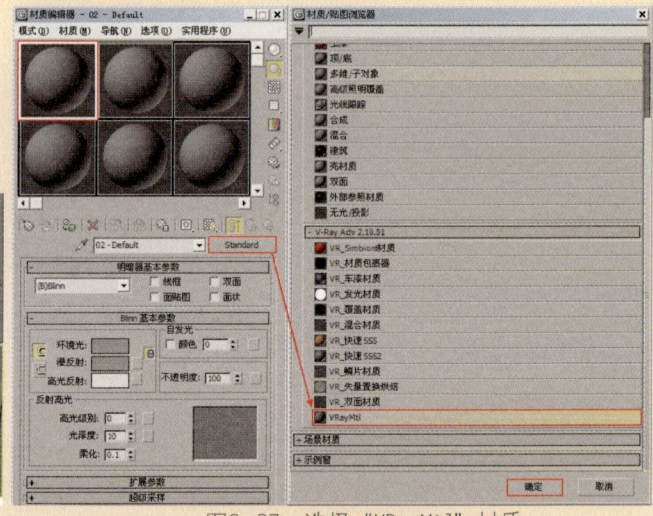

图8-87 选择"VRayMtl"材质

③ 将材质命名为"食物1",在【漫反射】选项组下加载"食物1.jpg"贴图文件,接着在【反射】选项组下调节【反射】颜色为(红:255,绿:255,蓝:255),设置【反射光泽度】为0.71,并在通道上加载"食物1黑白.jpg",选中【菲涅耳反射】复选框;在【折射】选项组下调节【折射】颜色为(红:20,绿:20,蓝:20),选中【影响阴影】复选框,在【半透明】选项组下设置【类型】为"混合模型",如图8-88所示。

④ 将调制好的食物1材质赋给场景中的食物部分模型,如图8-89所示。

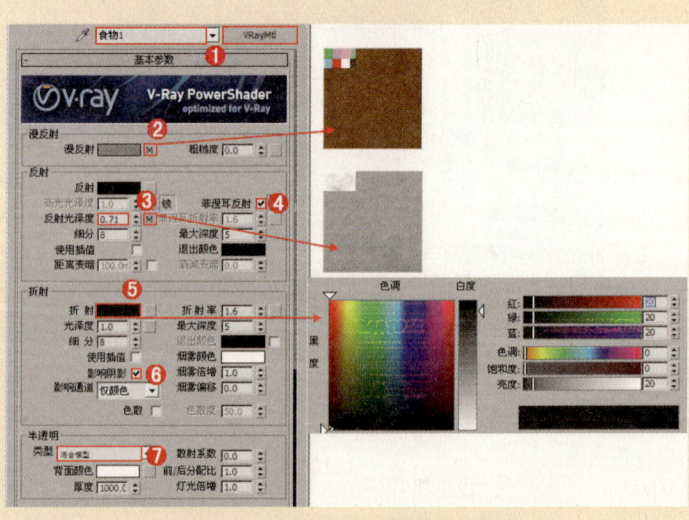

图8-88 食物1材质的制作参数

要想制作出非常真实的材质，需要严格把握物体的漫反射、发射、折射等信息，并进行合理的设置，反复测试，才会得到满意的效果。

下面制作冰淇淋的材质。

① 选择一个空白材质球，然后将材质类型设置为"VRayMtl"，将材质命名为"冰淇淋"。在【漫反射】选项组下加载"冰淇淋.jpg"贴图文件，接着在【反射】选项组下调节【反射】颜色为（红：203，绿：203，蓝：203），设置【反射光泽度】为0.78，选中【菲涅耳反射】复选框；在【折射】选项组下调节【折射】颜色为（红：60，绿：60，蓝：60），设置【光泽度】为0.6，【细分】为14，选中【影响阴影】复选框；在【半透明】选项组下设置【类型】为硬（蜡）模型，在背面颜色后面的通道上加载"冰淇淋凹凸.jpg"，如图8-90所示。

图8-89 将材质赋给场景模型

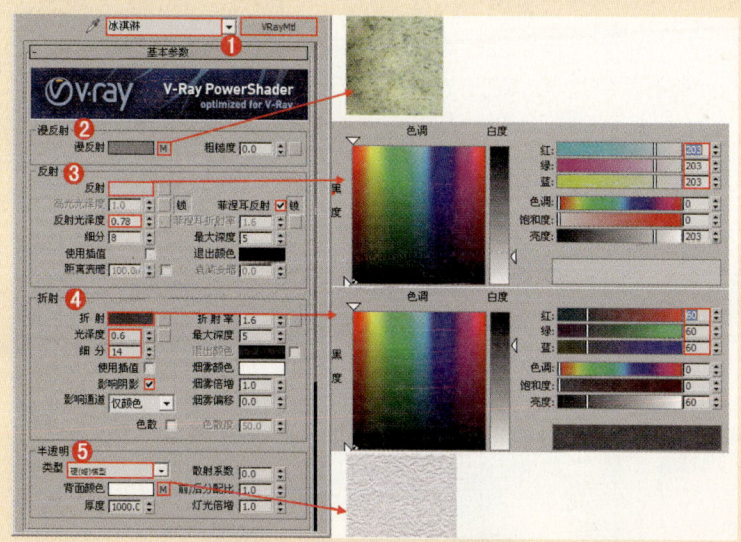

图8-90 冰淇淋材质的制作参数

② 将调制好的冰淇淋材质赋给场景中的冰淇淋部分模型，如图8-91所示。

③ 使用同样的方法创建出其他部分的材质，最终渲染效果如图8-92所示。

图8-91 将材质赋给场景模型

图8-92 最终渲染效果

8.3.6 VR_发光材质

"VR_发光材质"可以指定给物体，并把物体当作光源来使用，效果和3ds Max里的自发光效果类似，可以把它制作成材质光源，其参数面板如图8-93所示。

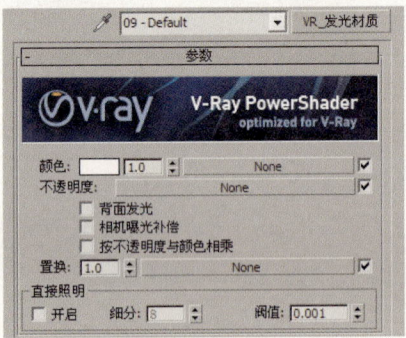

图8-93 VR_发光材质参数面板

- 颜色：材质光源的发光颜色，可以用贴图来控制颜色。
- 不透明度：用贴图来指定发光体的透明度。
- 背面发光：当选中该复选框时，可以让材质光源双面发光。

图8-94所示为【VR_发光材质】制作的效果。

图8-94 VR_发光材质制作的效果图

8.3.7 VR_材质包裹器

【VR_材质包裹器】主要用来控制材质的全局光照、焦散和物体的不可见等特殊属性。通过材质包裹器的设定，就可以控制所有赋予该材质物体的全局光照、焦散和不可见等属性，其参数面板如图8-95所示。

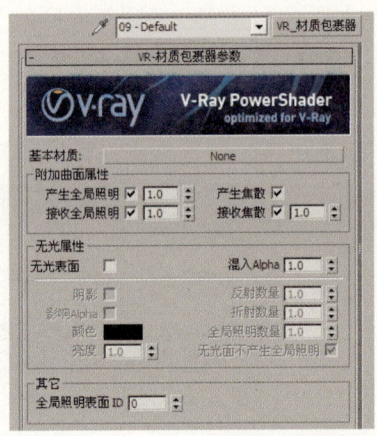

图8-95 【VR_材质包裹器参数】卷展栏

- 基本材质：用来设置【VR_材质包裹器】中使用的基础材质参数，此材质必须是VRay渲染器支持的材质类型。
- 附加曲面属性：这里的参数主要用来控制赋予材质包裹器物体的接受、产生GI属性以及接受、产生焦散属性。
  ◆ 产生全局照明：控制当前赋予材质包裹器的物体是否计算GI光照的产生，后面的数值框用来控制GI的倍增数量。
  ◆ 接受全局照明：控制当前赋予材质包裹器的物体是否计算GI光照的接受，后面的数值框用来控制GI的倍增数量。
  ◆ 产生焦散：控制当前赋予材质包裹器的物体是否产生焦散。
  ◆ 接受焦散：控制当前赋予材质包裹器的物体是否接受焦散，后面的数值框用于控制当前赋予材质包裹器的物体的焦散倍增值。

- 无光属性：目前VRay还没有独立的"不可见/阴影"材质，但【VR_材质包裹器】里的这个不可见选项可以模拟【不可见/阴影】材质效果。
- 无光表面：控制当前赋予材质包裹器的物体是否可见，选中该复选框后，物体将不可见。
- 混入Alpha：控制当前赋予材质包裹器的物体在Alpha通道的状态。1表示物体产生Alpha通道；0表示物体不产生Alpha通道；-1将表示会影响其他物体的Alpha通道。
- 阴影：控制当前赋予材质包裹器的物体是否产生阴影效果。选中该复选框后，物体将产生阴影。
- 影响Alpha：选中该复选框后，渲染出来的阴影将带Alpha通道。
- 颜色：用来设置赋予材质包裹器的物体产生的阴影颜色。
- 亮度：控制阴影的亮度。
- 反射数量：控制当前赋予材质包裹器的物体的反射数量。
- 折射数量：控制当前赋予材质包裹器的物体的折射数量。
- 全局照明数量：控制当前赋予材质包裹器的物体的间接照明总量。

实战演练061——相机材质

场景文件	场景文件\第8章\06.max	案例文件	最终文件\第8章\实战演练061\相机材质.max
视频教学	视频\第8章\相机材质.flv	视频长度	2分31秒
难易指数	★★★☆☆		

在这个产品设计场景中，主要有两种材质，一种是相机主体部分的材质，另一种是相机镜头和屏幕的材质，如图8-96所示。

图8-96 最终渲染效果

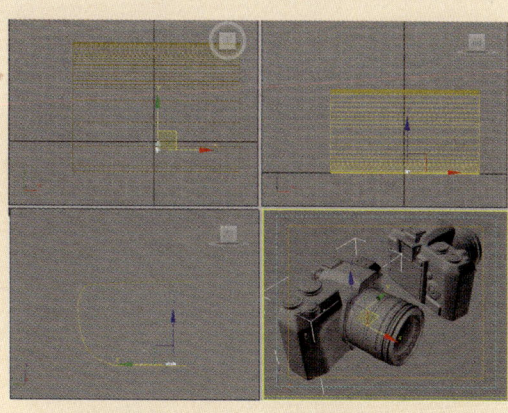

图8-97 场景效果

1 打开本书配套光盘中的【场景文件\第8章\06.max】文件，此时场景效果如图8-97所示。

2 按M键，打开【材质编辑器】对话框，选择第一个材质球，单击【Standard】按钮，在弹出的【材质/贴图浏览器】对话框中选择【VR_材质包裹器】材质，如图8-98所示。

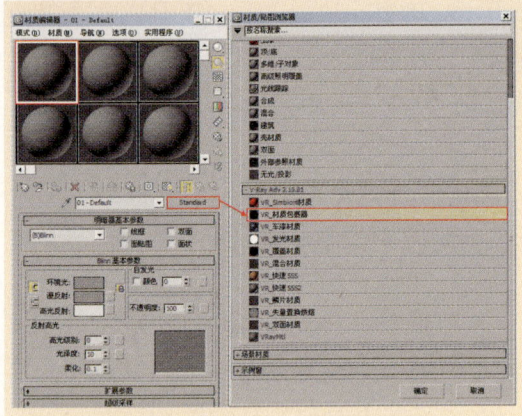

图8-98 选择【VR_材质包裹器】

> 【VR_材质包裹器】这两个值的含义，就是控制物体接受光线和反射光线的大小。接受值默认是1。假如想要这个物体多接收一些光线，想让这个材质亮一点的话就可以把这个值调高一点。而反射面就控制这个材质对场景反弹光线的大小。现实中的光也是一样的道理，当光线照射到场景中时，场景中的物体会接收一部分光线然后又反弹一部分光线到场景中。所以经常有人做图产生溢色时要用包裹器材质就是这个原因。把这个反设置降低一点，这个材质对场景中的反弹光线小了，溢色也就小了。想要这个材质反弹光线或照射场景更强一点，那么就要把值调高一点。

③ 将材质命名为"相机1"，展开【VR-材质包裹器参数】卷展栏，在【基本材质】后面的通道上加载"VRayMtl"，如图8-99所示。

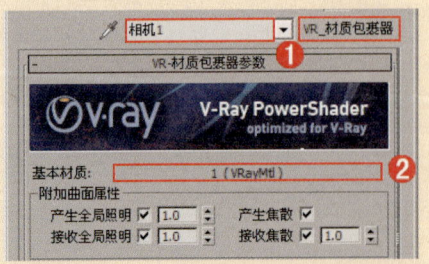

图8-99 【VR-材质包裹器参数】卷展栏

④ 单击进入【基本材质】通道中，在【漫反射】后面的通道上加载"相机01.jpg"贴图文件，在【反射】选项组下加载一个"相机反射.jpg"贴图，最后设置【反射光泽度】为0.68，【细分】为20，如图8-100所示。

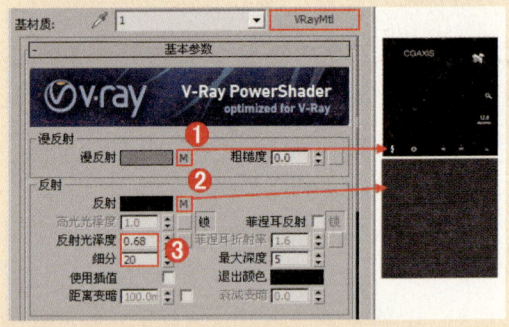

图8-100 VRayMtl参数

⑤ 展开【贴图】卷展栏，在【凹凸】后面的通道上加载"相机1凹凸.jpg"贴图文件，最后设置【凹凸】数值为10.0，如图8-101所示。

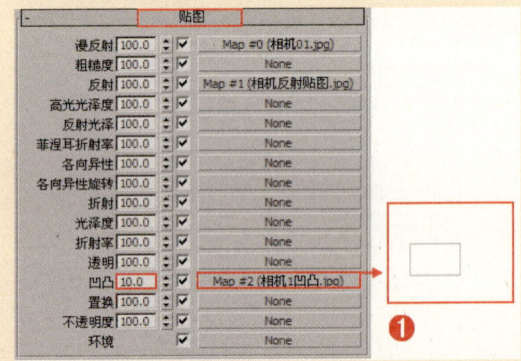

图8-101 加载贴图文件

⑥ 将调制好的相机1材质赋给场景中的相机一部分模型，如图8-102所示。

图8-102 将材质赋给模型

下面制作相机2的材质。

① 继续使用【VR-材质包裹器】制作，将其命名为"相机2"，展开【VR_材质包裹器参数】卷展栏，在【基本材质】后面的通道上加载"VRayMtl"，如图8-103所示。

② 单击进入【基本材质】后面的通道中，在【漫反射】选项组下调节【漫反射】颜色为（红：0，绿：0，蓝：0），接着在【反射】选项组下调节反射颜色为（红：44，绿：44，蓝：44），最后设置【反射光泽度】为0.68，【细分】为16，如图8-104所示。

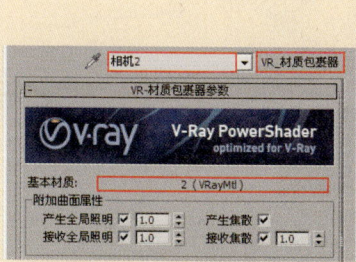
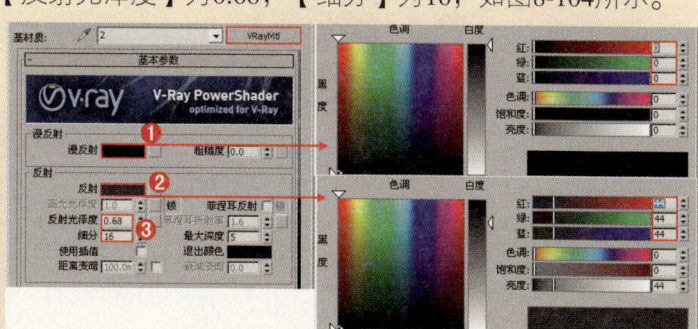

图8-103　VR_材质包裹器参数　　　　　图8-104　【VRayMtl】的参数

③ 展开【贴图】卷展栏，在【凹凸】后面的通道上加载"相机凹凸.jpg"贴图文件，最后设置【凹凸】数量为40.0，如图8-105所示。

④ 将调制好的相机2材质赋给场景中的相机一部分模型，如图8-106所示。

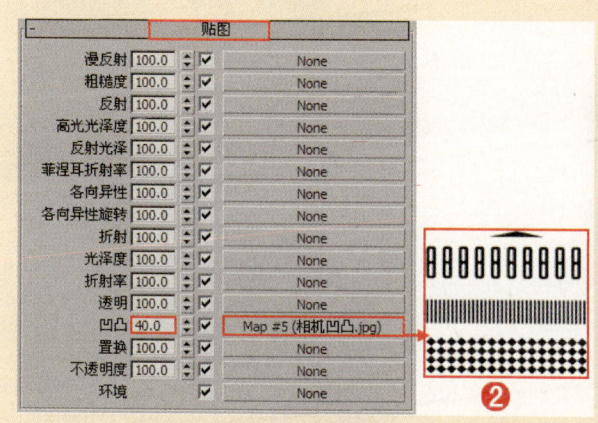

图8-105　加载贴图文件　　　　　图8-106　将材质赋给模型

使用VRayMtl制作相机屏幕材质。

① 选择一个空白材质球，将材质类型设置为"VRayMtl"，并命名为"相机屏幕"，在【漫反射】选项组后面的通道上加载"相机屏幕.jpg"贴图文件，在【反射】选项组下调节【反射】颜色为（红：27，绿：27，蓝：27），最后设置【反射光泽度】为0.95，【细分】为10，如图8-107所示。

② 将调制好的相机屏幕材质赋给场景中的相机一部分模型，如图8-108所示。

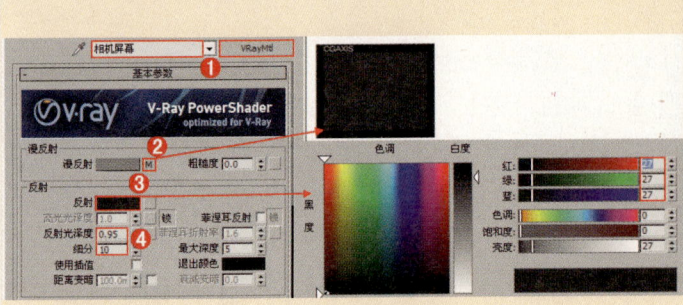

图8-107　VRayMtl参数　　　　图8-108　将材质赋给模型

最后制作相机镜头的材质。

1 将材质类型设置为"VRayMtl",并将其命名为"相机镜头",在【漫反射】选项组后面的通道上加载"相机镜头.jpg"贴图文件,接着在【反射】选项组下调节【反射】颜色为

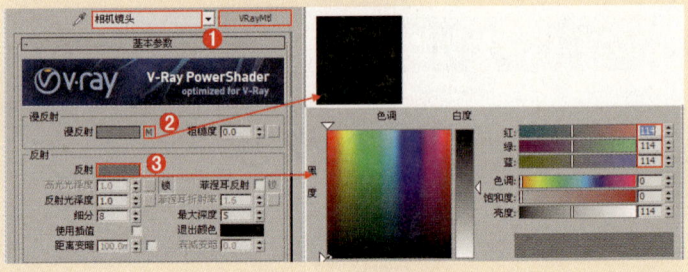

图8-109　VRayMtl参数

(红:114,绿:114,蓝:114),如图8-109所示。

2 将调制好的相机镜头材质赋给场景中的相机一部分模型,如图8-110所示。

3 继续制作剩余部分模型的材质,最后的渲染效果如图8-111所示。

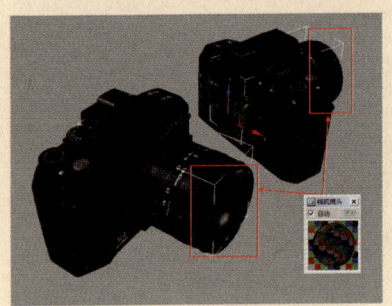

图8-110　将材质赋给模型　　　　图8-111　渲染的效果

8.4　贴图技术

8.4.1　初识贴图

使用贴图通常是为了改善材质的外观和真实感。也可以使用贴图创建环境或者创建灯光投射。贴图可以模拟纹理、应用的设计、反射、折射以及其他一些效果。与材质一起使用,贴图将为对象几何体添加一些细节而不会增加它的复杂度。图8-112所示为贴图的效果。

图8-112　贴图效果

8.4.2 贴图的分类

展开【贴图】卷展栏，这里有很多贴图通道，在这些通道中可以添加贴图来表现物体的属性，如图8-113所示。

随意单击一个通道，在弹出的【材质/贴图浏览器】面板中可以观察到很多贴图类型，主要包括【2D贴图】、【3D贴图】、【合成器】贴图、【颜色修改器】贴图以及【其他】贴图，【材质/贴图浏览器】面板如图8-114所示。

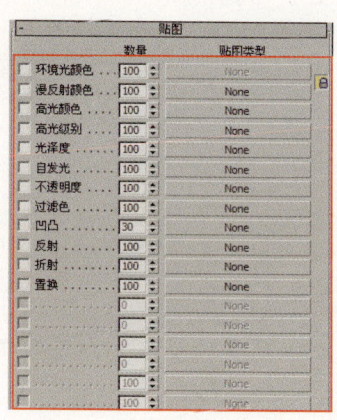

图8-113　【贴图】卷展栏

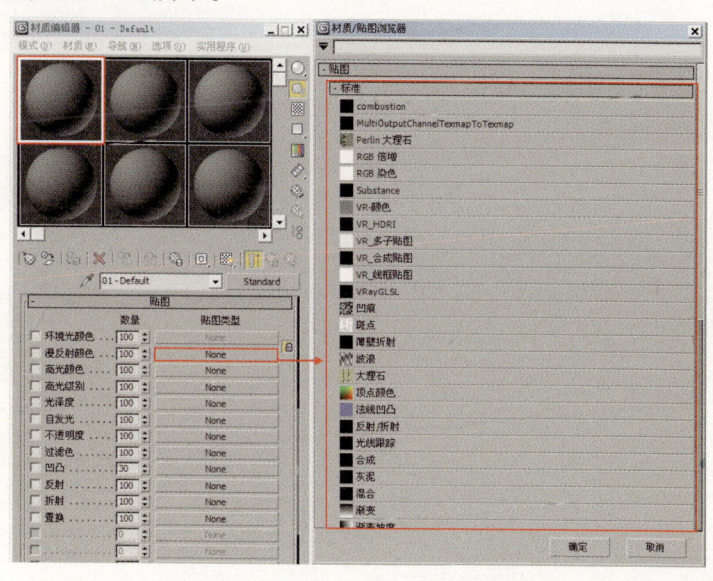

图8-114　【材质/贴图浏览器】面板

- 位图：通常在这里加载位图贴图。
- 合成：将多个贴图组合在一起。
- 大理石：产生岩石断层效果。
- 棋盘格：产生黑白交错的棋盘格图案。
- 渐变：使用3种颜色创建渐变图像。
- 渐变坡度：可以产生多色渐变效果。

- 漩涡：可以创建两种颜色的漩涡形图形。
- 细胞：可以模拟细胞形状的图案。
- 凹痕：可以作为凹凸贴图，产生一种风化和腐蚀的效果。
- 衰减：产生两色过渡效果。
- 噪波：通过两种颜色或贴图的随机混合，产生一种无序的杂点效果。
- 粒子年龄：专用于粒子系统，通常用来制作彩色粒子流动的效果。
- 粒子运动模糊：根据粒子速度产生模糊效果。
- Prelim大理石：通过两种颜色混合，产生类似于珍珠岩纹理的效果。
- 行星：产生类似于地球的效果。
- 烟雾：产生丝状、雾状或絮状等无序的纹理效果。
- 斑点：产生两色杂斑纹理效果。
- 波溅：产生类似于油彩飞溅的效果。
- 灰泥：用于制作腐蚀生锈的金属和物体破败的效果。
- 波浪：可创建波状的，类似于水纹的贴图效果。
- 木材：用于制作木头效果。
- 合成：可以将两个或两个以上的子材质叠加在一起。
- 遮罩：使用一张贴图作为遮罩。
- 混合：将两种贴图混合在一起，通常用来制作一些多个材质渐变融合或覆盖的效果。
- RGB相乘：主要配合"凹凸"贴图一起使用，允许将两种颜色或贴图的颜色进行相乘处理，从而增加图像的对比度。
- 输出：专门用来弥补某些无输出设置的贴图类型。
- 颜色修正：可以调节材质的色调、饱和度、亮度和对比度。
- RGB染色：通过3个颜色通道来调整贴图的色调。
- 顶点颜色：根据材质或原始顶点颜色来调整RGB或RGBA纹理。
- 每像素的摄影机贴图：将渲染后的图像作为物体的纹理贴图，以当前摄影机的方向贴在物体上，可以进行快速渲染。
- 平面镜：使共平面的表面产生类似于镜面反射的效果。
- 法线凹凸：可以改变曲面上的细节和外观。
- 光线跟踪：可模拟真实的完全反射与折射效果。
- 反射/折射：可产生反射与折射效果。
- 薄壁折射：配合折射贴图一起使用，能产生透镜变形的折射效果。
- VR_HDRI：可以翻译为高动态范围贴图，主要用来设置场景的环境贴图，即把HDRI当作光源来使用。
- VR_线框贴图：是一个非常简单的材质，效果和3ds Max里的线框材质类似。
- VR合成纹理：可以通过两个通道的贴图色度、灰度的不同来进行减、乘、除等操作。
- VR_天空：可以调节出场景背景环境天空的贴图效果。
- VR位图过滤器：是一个非常简单的程序贴图，它可以编辑贴图纹理的x、y轴向。
- VR污垢：贴图可以用来模拟真实物理世界中物体上的污垢效果。
- VR颜色：可以用来设定任何颜色。
- VR贴图：因为VRay不支持3ds Max

里的光线追踪贴图类型，所以在使用3ds Max标准材质时的反射和折射就用【VR贴图】来代替。

8.4.3 贴图的加载方法

贴图的加载方法主要有三种（以在【漫反射】通道上加载贴图为例）。

方法1：单击【漫反射】后面的通道，并双击【位图】，最后加载贴图，如图8-115所示。

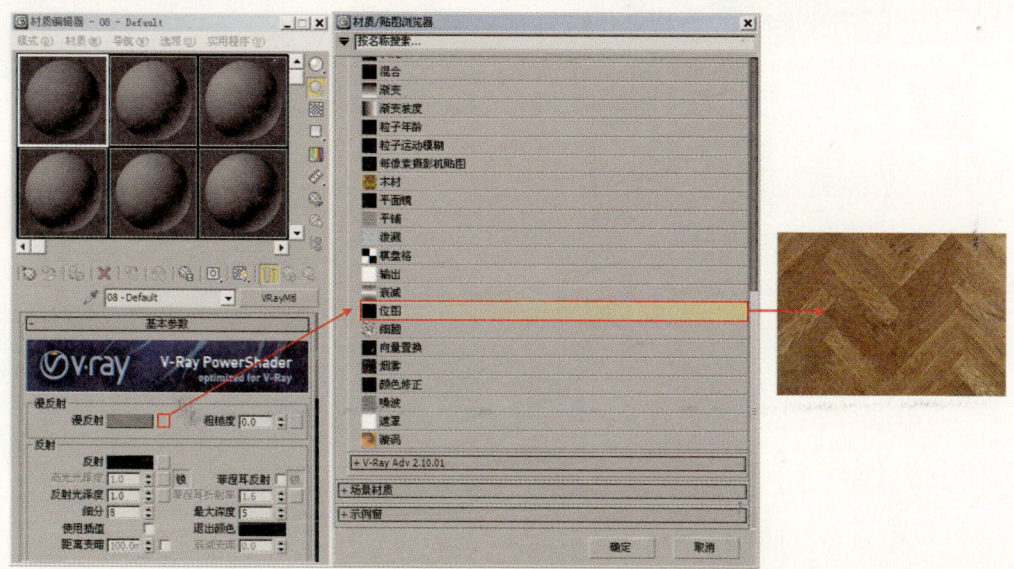

图8-115 加载位图

方法2：在【贴图】卷展栏中，单击【漫反射】后面的通道，并双击【位图】，最后加载贴图，如图8-116所示。

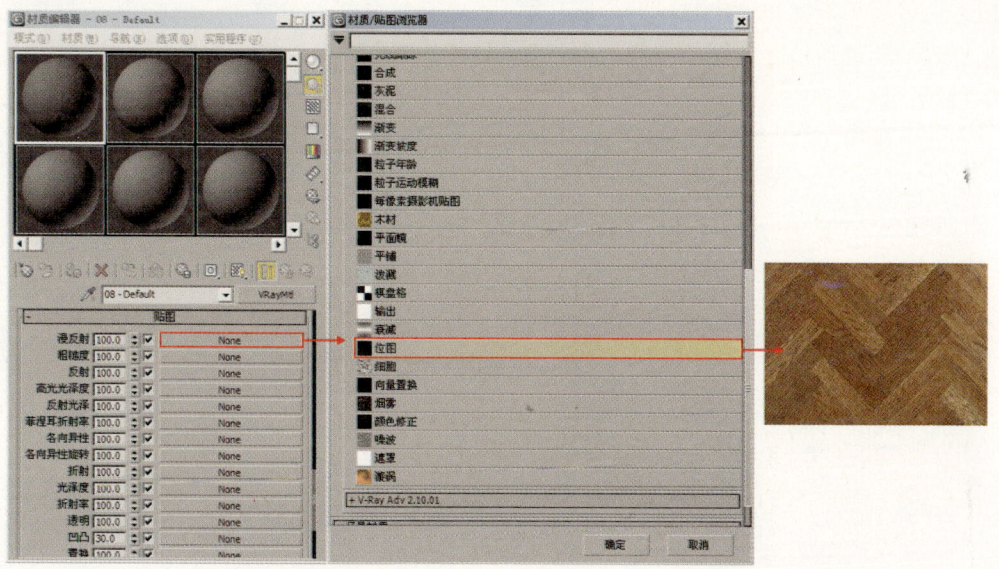

图8-116 加载贴图

方法3：鼠标左键拖曳需要加载的贴图，并在【漫反射】后面的通道上松开鼠标左键，如图8-117所示。

当需要为模型制作凹凸纹理效果时，可以在【凹凸】通道上添加贴图。图8-119所示为平静水面材质的制作。

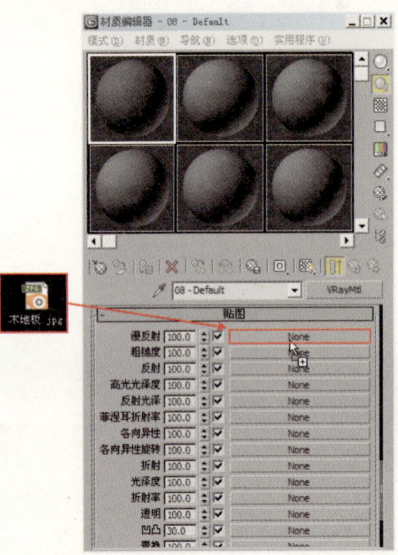

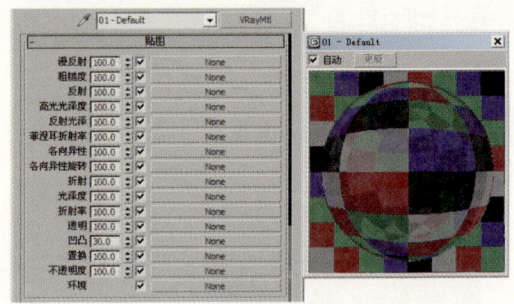

图8-119　平静水面材质

图8-120所示为波纹水面材质的制作。

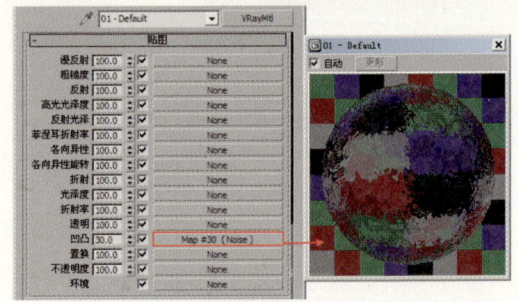

图8-120　波纹水面材质

图8-117　拖曳加载贴图

8.4.4 贴图通道

对于 2D 和 3D 贴图，此列中的单元显示贴图通道值。可以编辑此列中的单元，方法是：单击一个单元，然后将其拖过相应的值。此值高亮显示时，可以键入新的贴图通道值，也可以单击此单元中显示的微调器箭头来更改贴图通道值。【贴图】通道面板如图8-118所示。

> 提示：对于通道知识理解不完全，在这里是非常易错的。比如误把"噪波"贴图加载到漫反射通道上，就会发现制作出来的并没有凹凸效果，如图8-121所示。

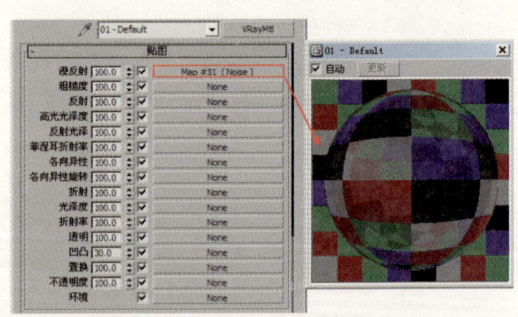

图8-121　错误加载"噪波"贴图

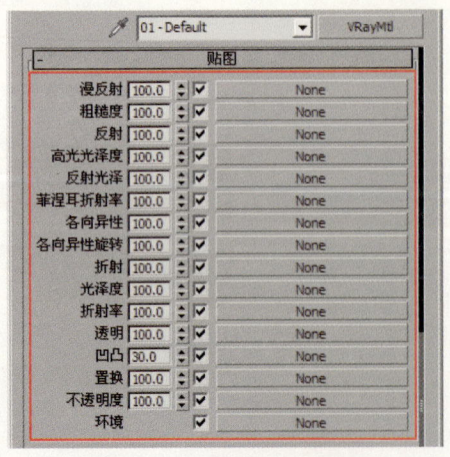

图8-118　【贴图】通道面板

8.4.5 贴图坐标

每一个贴图都有一个空间方位。将带有

贴图的材质应用于对象时，此对象必须拥有贴图坐标。此贴图坐标是以 U、V、W 轴表示的局部坐标。某些对象（如可编辑的网格）没有自动贴图坐标。对于此对象类型，可使用【UVW 贴图】修改器为其指定一个坐标。如果指定一个使用贴图通道的贴图，而没有对对象应用【UVW 贴图】修改器，此时，渲染器显示一个警告，其中列出需要使用贴图坐标的对象。也可以使用【UVW 贴图】来更改对象的默认贴图。

8.5 常用贴图

8.5.1 "位图"贴图

位图是由彩色像素的固定矩阵生成的图像，如马赛克是最常用的贴图，可以添加图片。可以使用一张位图图像来作为贴图，位图贴图支持很多种格式，包括FLC、AVI、BMP、GIF、JPEG、PNG、PSD和TIFF等主流图像格式，图8-122所示是效果图制作中经常使用的几种位图贴图。

【位图参数】卷展栏如图8-123所示。

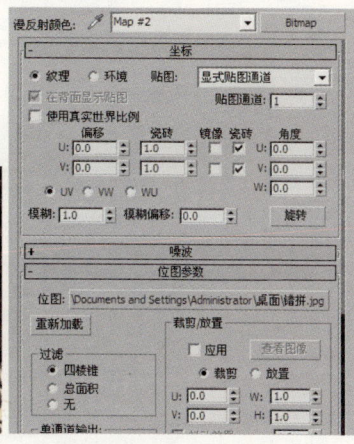

图8-122　"位图"贴图　　　　　图8-123 【位图参数】卷展栏

- 偏移：用来控制贴图的偏移效果，如图8-124所示。

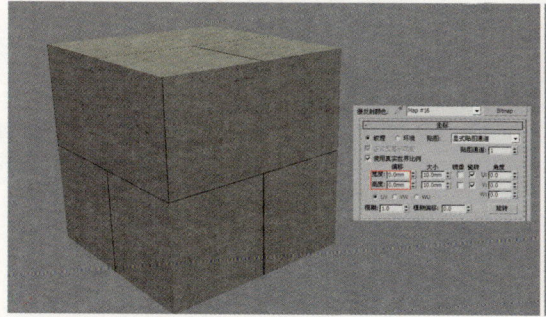
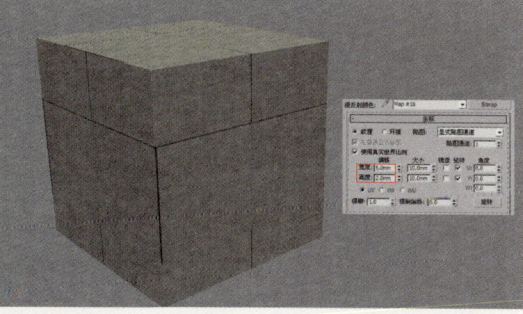

图8-124　偏移参数对比

- 大小：用来控制贴图平铺重复的程度，如图8-125所示。

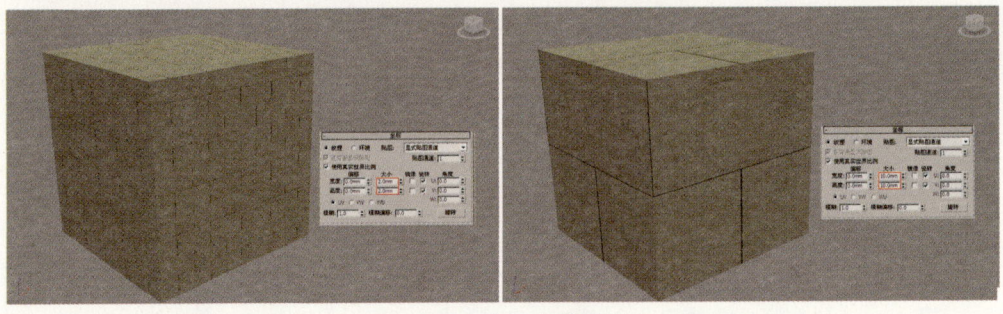

图8-125　大小参数对比

- 角度：用来控制贴图的角度旋转效果，如图8-126所示。

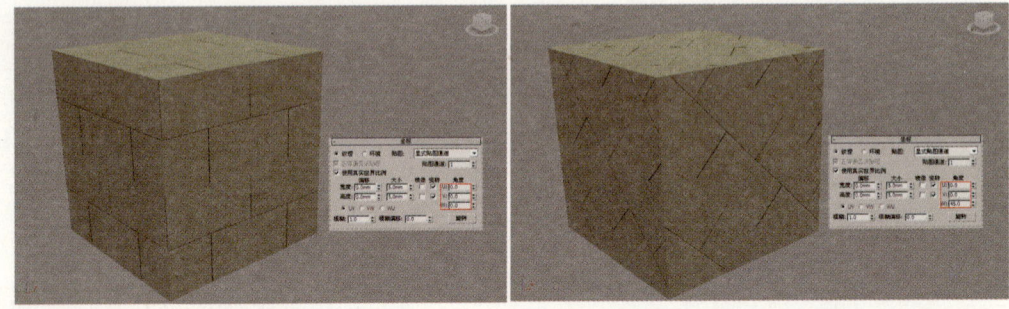

图8-126　角度参数对比

- 模糊：用来控制贴图的模糊程度，数值越大贴图越模糊，渲染速度越快。
- 剪裁/放置：在【位图参数】卷展栏下选中【应用】复选框，然后单击后面的【查看图像】按钮 查看图像 ，接着在弹出的对话框中框选出一个区域，该区域表示贴图只应用框选的这部分区域，如图8-127所示。

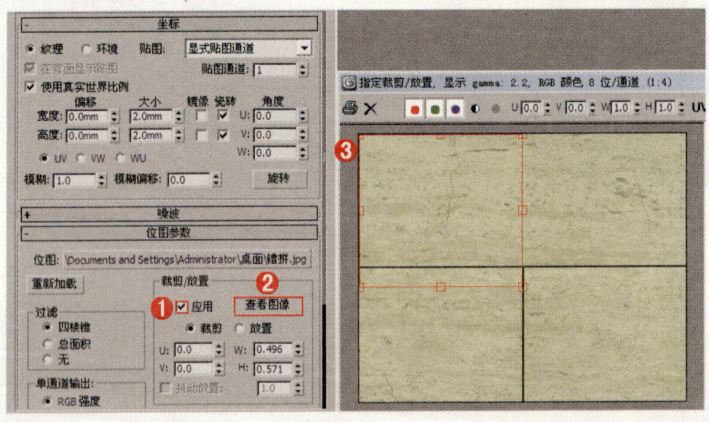

图8-127　剪裁/放置应用

8.5.2 "衰减"贴图

"衰减"贴图基于几何体曲面上面法线的角度衰减来生成从白到黑的值，其参数卷展栏如图8-128所示。

效果图质感表现中的材质与贴图 第8章

图8-128 【衰减参数】卷展栏

- 前：侧：用来设置【衰减】贴图的【前】和【侧】通道参数。
- 衰减类型：设置衰减的方式，共有以下5个选项。
  - ◆ 垂直/平行：在与衰减方向相垂直的面法线和与衰减方向相平行的法线之间设置角度衰减的范围。
  - ◆ 朝向/背离：在面向衰减方向的面法线和背离衰减方向的法线之间设置角度衰减的范围。
  - ◆ Fresnel：基于【折射率】在面向视图的曲面上产生暗淡反射，而在有角的面上产生较明亮的反射。
  - ◆ 阴影/灯光：基于落在对象上的灯光，在两个子纹理之间进行调节。
  - ◆ 距离混合：基于【近端距离】值和【远端距离】值，在两个子纹理之间进行调节。
- 衰减方向：设置衰减的方向。它包括查看方向（摄影机 Z 轴）、摄影机 X/Y 轴、对象、局部 X/Y/Z 轴、世界 X/Y/Z 轴。

● 实战演练062——布纹材质

在这个会客厅一角场景中，主要有两种材质，一种是布纹的材质，另一种是地板的材质，最终渲染效果如图8-129所示。

1 打开本书配套光盘中的【场景文件\第8章\07.max】文件，此时场景效果如图8-130所示。

图8-129 最终渲染效果

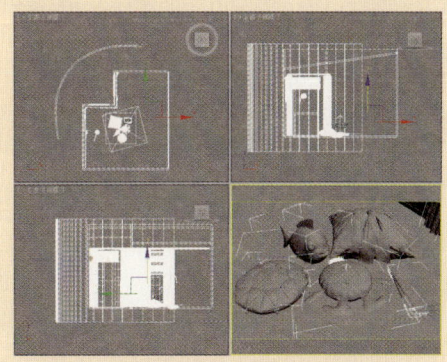

图8-130 场景效果

301

② 按M键，打开【材质编辑器】对话框，选择第一个材质球，单击【Standard】 按钮，在弹出的【材质/贴图浏览器】对话框中选择"VRayMtl"材质，如图8-131所示。

③ 将材质命名为"布纹1"，在【漫反射】选项组下单击并加载"衰减程序"贴图；展开【衰减参数】卷展栏，并加载布纹1.jpg，并设置【衰减类型】为"垂直/平行"；接着在【反射】选项组下设置【反射光泽度】为0.84，选中【菲涅耳反射】复选框，设置【菲涅耳折射率】为2.5，如图8-132所示。

④ 展开【贴图】卷展栏，在【凹凸】后面的通道上加载"一张布纹1凹凸.jpg"贴图文件，最后设置【凹凸】数量为1.0，如图8-133所示。

⑤ 将调制好的布纹1材质赋给抱枕的造型，如图8-134所示。

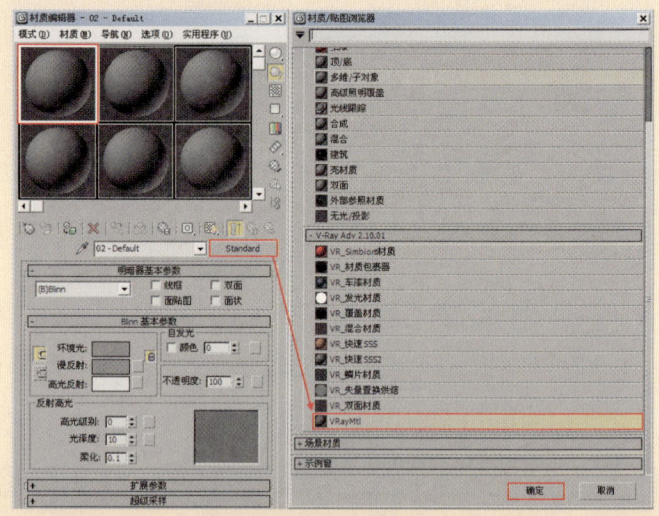

图8-131 选择"VRayMtl"材质

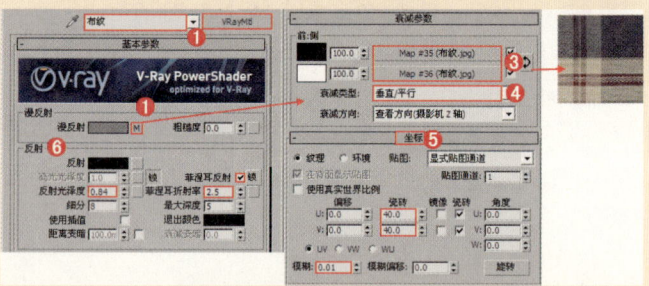

图8-132 布纹材质

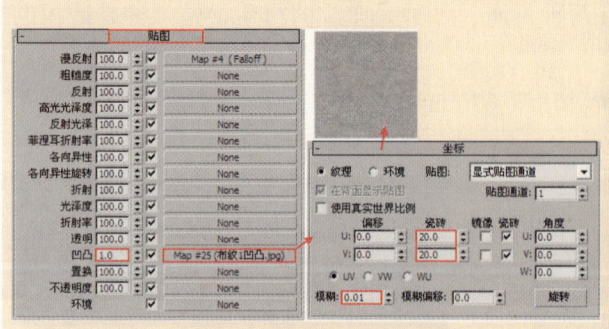

图8-133 加载布纹1凹凸

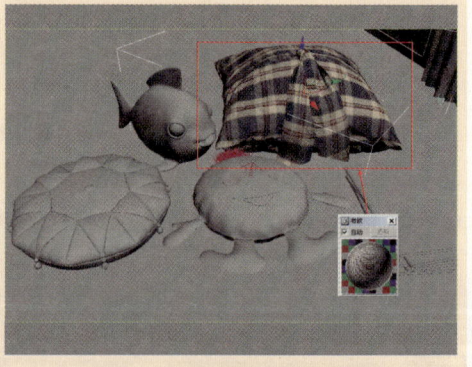

图8-134 将材质赋给模型

下面制作地毯的材质。

① 将材质命名为"地毯"，在【漫反射】选项组下加载"一张地毯.jpg"贴图文件，设置【瓷砖】的UV为6.0，如图8-135所示。

② 将调制好的地毯材质赋给地毯的造型，如图8-136所示。

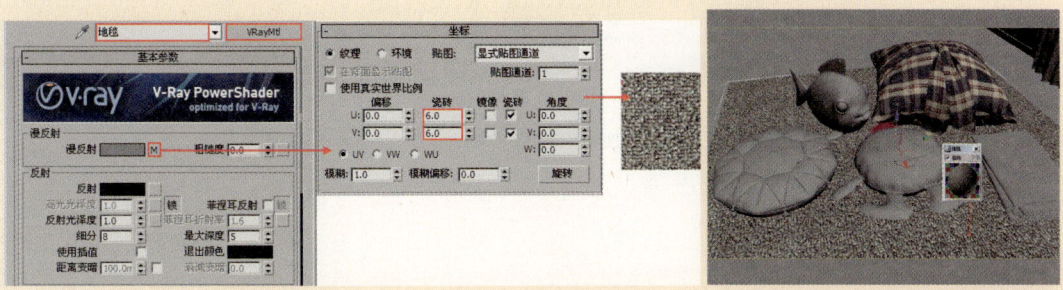

图8-135 地毯参数　　　　　　　图8-136 将材质赋给模型

最后制作布纹2的材质。

① 选择一个空白材质球,然后将其命名为"布纹2",在【漫反射】后面的通道上加载布纹2.jpg贴图文件,接着在【反射】选项组下调节颜色为(红:0.435,绿:0.039,蓝:0.141),设置【光泽度】为0.4,【光泽采样数】为24,如图8-137所示。

② 将调制好的布纹材质赋给抱枕的造型,如图8-138所示。

③ 制作出剩余部分模型的材质。最终渲染效果如图8-139所示。

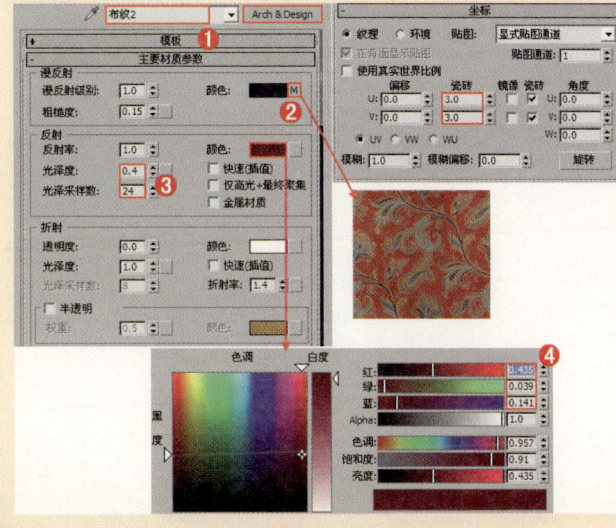

图8-137 布纹2材质的参数

图8-138 将材质赋给模型

图8-139 渲染的效果

8.5.3 "噪波"贴图

"噪波"贴图基于两种颜色或材质的交互创建曲面的随机扰动。其参数卷展栏如图8-140所示。

- 噪波类型：共有3种类型，分别是【规则】、【分形】和【湍流】。
- 大小：以3ds Max为单位设置噪波函数的比例。
- 噪波阈值：控制噪波的效果，取值范围为0~1。
- 级别：决定有多少分形能量用于【分形】和【湍流】噪波函数。
- 相位：控制噪波函数的动画速度。
- 交换：交换两个颜色或贴图的位置。
- 颜色#1/颜色#2：可以从这两个主要噪波颜色中进行选择，并通过所选的两种颜色来生成中间颜色值。

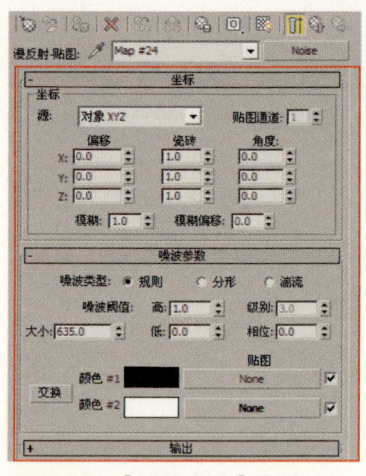

图8-140 【噪波参数】卷展栏

实战演练063——白雪材质

场景文件	场景文件\第8章\08.max	案例文件	最终文件\第8章\实战演练063\白雪材质.max
视频教学	视频\第8章\白雪材质.flv	视频长度	5分45秒
难易指数	★★★★		

在这个室外别墅场景中，主要有两种材质，一种是白雪的材质，另一种是草地和树木的材质，最终渲染效果如图8-141所示。

① 打开本书配套光盘中的【场景文件\第8章\08.max】文件，此时场景效果如图8-142所示。

② 按M键，打开【材质编辑器】对话框，选择第一个

图8-141 最终渲染效果

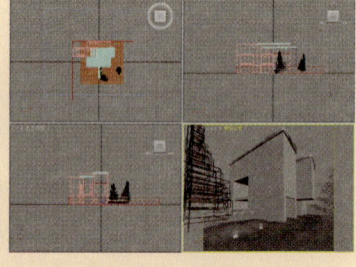
图8-142 场景效果

材质球，将其命名为"白雪"。展开【明暗器基本参数】卷展栏，设置【明暗器基本参数】为（O）Oren-Nayar-Blinn，在【漫反射】后面的通道上加载衰减程序贴图；展开【衰减参数】卷展栏，在【背离】后面的通道上加载"混合程序"贴图，设置【衰减类型】为"朝向/背离"，【衰减方向】为世界Z轴，最后调节混合曲线为图8-143所示的样式。

③ 展开【混合参数】卷展栏，在【颜色#1】

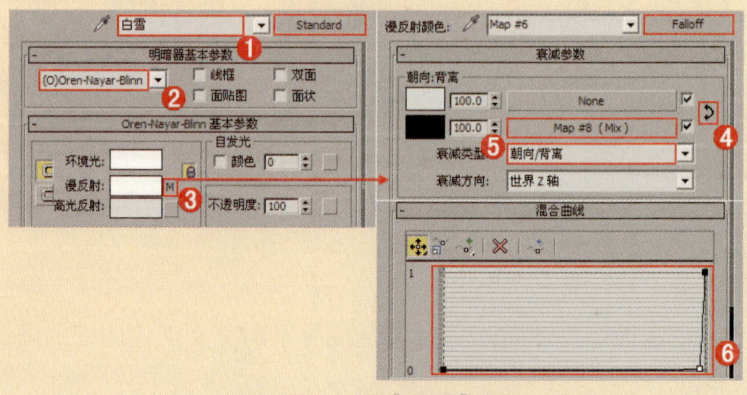

图8-143 加载【衰减】参数

后面的通道上加载"细胞"程序贴图,展开【坐标】卷展栏,设置【瓷砖】的X、Y、Z分别为25.4,【偏移】的Z轴为27.5,展开【细胞参数】卷展栏,在【分界颜色】后面的通道上加载"噪波"程序贴图,在【细胞特性】选项组下选中【碎片】单选按钮,设置【大小】为50,【扩散】为1.08,【迭代次数】为4.02,【凹凸平滑】为0.1,展开【噪波参数】卷展栏,选中【分形】单选按钮,【大小】为50.0,如图8-144所示。

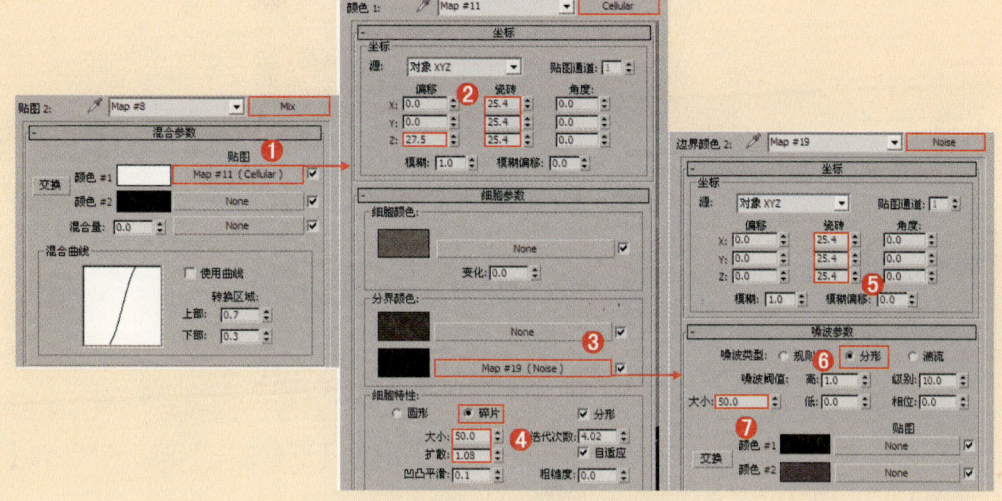

图8-144 加载"细胞"程序贴图

④ 在【混合参数】卷展栏下【颜色#2】的通道上加载"噪波"程序贴图,展开【噪波参数】卷展栏,设置【噪波类型】为【分形】,噪波阈值的【高】为0.675,【低】为0.54,【级别】为3.0,【相位】为18.0,【大小】为25.0,接着在【颜色#1】后面的通道上加载【噪波】程序贴图,展开【噪波参数】卷展栏,设置【噪波类型】为【分形】,噪波阈值的【高】为0.805,【低】为0.43,【级别】为3.0,最后设置【大小】为40.8,如图8-145所示。

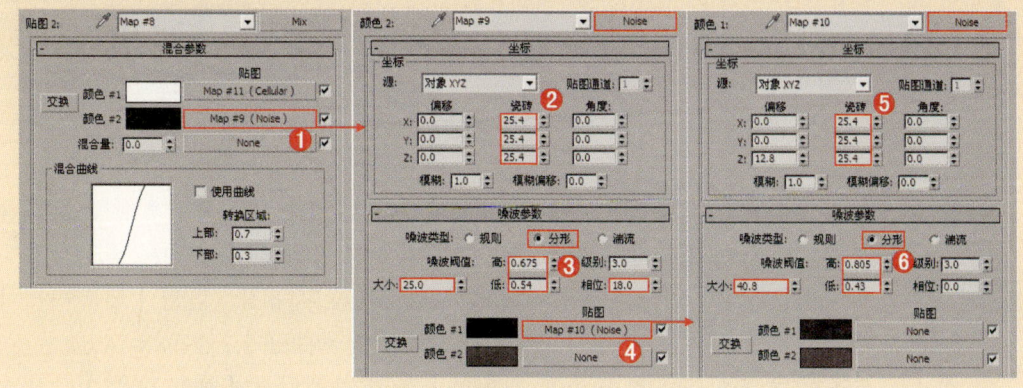

图8-145 加载"噪波"程序贴图

⑤ 在【混合参数】卷展栏下【混合量】后面的通道上加载"衰减"程序贴图,设置【衰减类型】为"朝向/背离",【衰减方向】为"世界Z轴",最后调节【混合曲线】,如图8-146所示。

⑥ 在【自发光】选项组下【颜色】后面的通道上加载"衰减"程序贴图，展开【衰减参数】卷展栏，设置【衰减类型】为"朝向/背离"，【衰减方向】为"世界Z轴"，调节【混合曲线】。接着在【背离】后面的通道上加载"衰减"程序贴图，设置【衰减类型】为"垂直/平行"，设置【衰减方向】为"查看方向摄影机Z轴"，如图8-147所示。

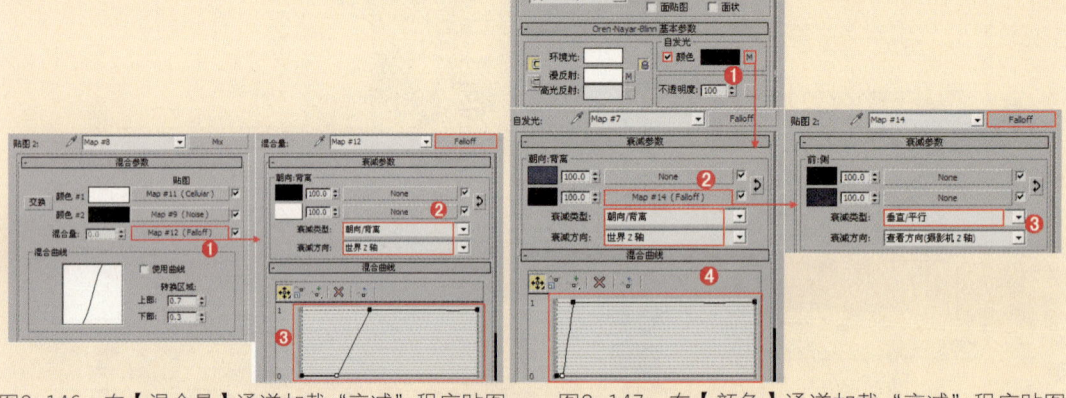

图8-146 在【混合量】通道加载"衰减"程序贴图　　图8-147 在【颜色】通道加载"衰减"程序贴图

⑦ 在【高级漫反射】选项组下设置【漫反射级别】为180，【反射高光】选项组下设置【光泽度】为0，在【粗糙度】后面的通道加载"衰减"程序贴图。展开【衰减参数】卷展栏，设置【衰减类型】为"朝向/背离"，【衰减方向】为"世界Z轴"，调节混合曲线。在【背离】后面的通道上加载"噪波"程序贴图，展开【噪波参数】卷展栏，设置【噪波类型】为"分形"，【噪波阈值】的【高】为0.695，【低】为0.185，【级别】为10.0，【大小】为70.0，如图8-148所示。

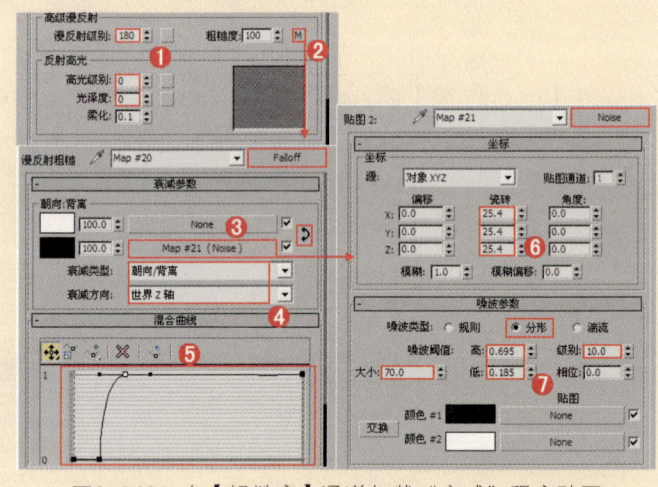

图8-148 在【粗糙度】通道加载"衰减"程序贴图

⑧ 展开【贴图】卷展栏，在【凹凸】后面的通道上加载"衰减"程序贴图，并设置【凹凸】的数值为30，展开【衰减参数】卷展栏，在【朝向】后面的通道上加载"噪波"程序贴图，【背离】后面的通道上加载"混合"程序贴图，设置【衰减类型】为"朝向/背离"，【衰减方向】为"世界Z轴"，调节【混合曲线】，如图8-149所示。

⑨ 进入【噪波】程序贴图中，展开【噪波参数】卷展栏，设置【噪波类型】为【分形】，噪波阈值的【级别】为3.0，【大小】为104.4，在【颜色#1】后面的通道上加载"烟雾"程序贴图，展开【烟雾参数】卷展栏，设置【大小】为28.8，【迭代次数】为5，如图8-150所示。

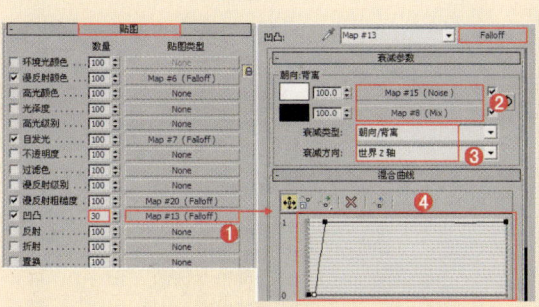
图8-149 在【凹凸】通道加载"衰减"程序贴图

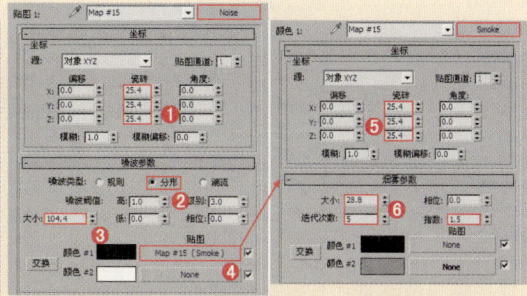
图8-150 加载"烟雾"程序贴图

10 进入【混合】程序贴图中【颜色#1】后面的通道上加载"噪波"程序贴图，接着展开【噪波参数】卷展栏，设置【噪波类型】为【分形】，设置【噪波阈值】的【高】为0.675，【低】为0.315；在【颜色#2】后面的通道上加载"噪波"程序贴图，展开【噪波参数】卷展栏，设置【噪波类型】为"分形"，噪波阈值的【高】为0.805，【低】为0.43，【级别】为3.0，如图8-151所示。

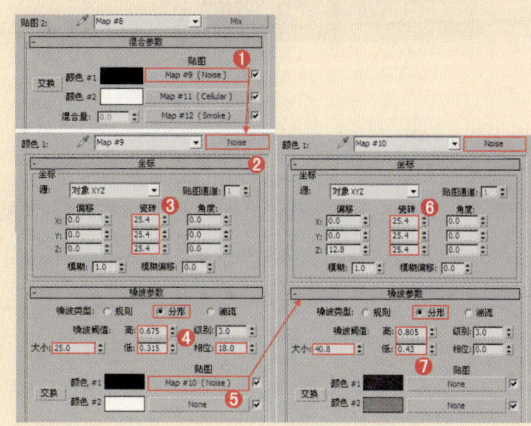
图8-151 在【颜色#1】通道加载"噪波"程序贴图

11 在【颜色#2】后面的通道上加载"细胞"程序贴图，展开【细胞参数】卷展栏，【细胞特性】选项组下设置【大小】为44.3，【扩散】为1.08，【迭代次数】为4.02，如图8-152所示。

12 在【混合量】后面的通道上加载"烟雾"程序贴图，展开【烟雾参数】卷展栏，设置【大小】为43.5，【迭代次数】为5，如图8-153所示。

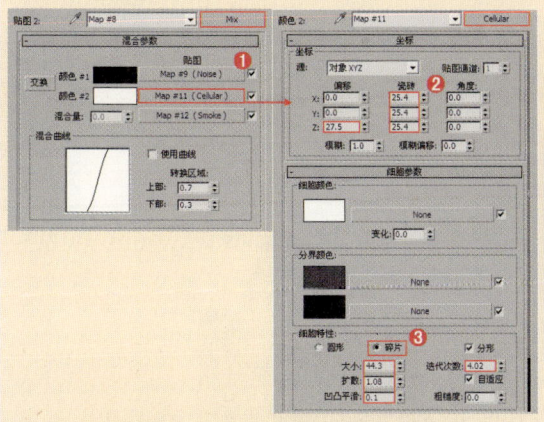
图8-152 加载"细胞"程序贴图

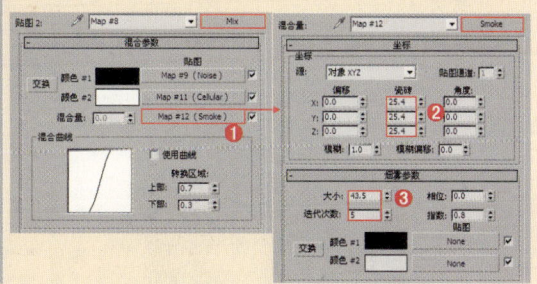
图8-153 加载"烟雾"程序贴图

13 将调制好的白雪材质赋给雪的造型，如图8-154所示。

14 制作出剩余部分模型的材质。最终渲染效果如图8-155所示。

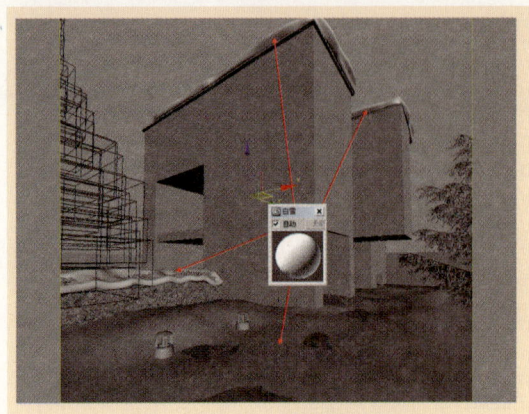
图8-154 将材质赋给雪模型

图8-155 渲染的效果

8.5.4 "VR_天空"贴图

【VR_天空】贴图用来控制场景背景的天空贴图效果,用来模拟真实的天空效果。其卷展栏如图8-156所示。

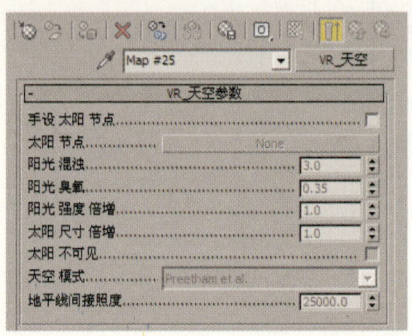
图8-156 【VR_天空参数】卷展栏

- 手动太阳节点:当不选中该复选框时,【VR_天空】的参数将从场景中的【VR太阳】的参数里自动匹配;当选中该复选框时,就可以从场景中选择不同的光源,在这种情况下,【VR_太阳】将不再控制【VR_天空】的效果,【VR_天空】将用它自身的参数来改变天光的效果。

- 太阳节点:单击后面的按钮可以选择太阳光源,这里除了可以选择【VR_太阳】之外,还可以选择其他光源。

> 提示:【VR_天空】的其他参数与【VR_太阳】中的参数作用是相同的,所以这里就不重复介绍了。

图8-157所示为"VR_天空"贴图制作的效果。

图8-157 "VR_天空"贴图制作效果

8.5.5 "VR_HDRI" 贴图

VR_HDRI可以翻译为高动态范围贴图，主要用来设置场景的环境贴图，即把HDRI当作光源来使用，其参数卷展栏如图8-158所示。

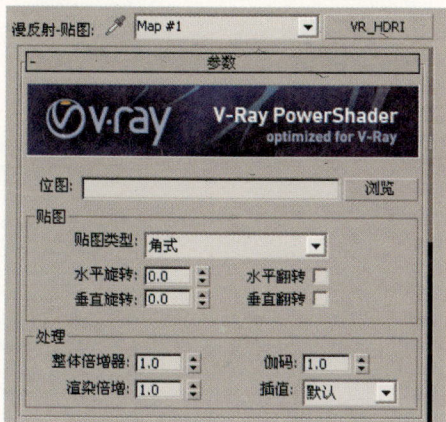

图8-158 【VR_HDRI参数】卷展栏

- 位图：单击后面的【浏览】按钮 浏览 可以指定一张HDR贴图。
- 贴图类型：控制HDRI的贴图方式，主要分为以下5类。
  ◆ 成角贴图：主要用于使用了对角拉伸坐标方式的HDRI。
  ◆ 立方环境贴图：主要用于使用了立方体坐标方式的HDRI。
  ◆ 球状环境贴图：主要用于使用了球形坐标方式的HDRI。
  ◆ 球体反射：主要用于使用了镜像球形坐标方式的HDRI。
  ◆ 直接贴图通道：主要用于对单个物体指定环境贴图。
- 水平旋转：控制HDRI在水平方向的旋转角度。
- 水平翻转：让HDRI在水平方向上反转。
- 垂直旋转：控制HDRI在垂直方向的旋转角度。
- 垂直翻转：让HDRI在垂直方向上反转。
- 整体倍增器：用来控制HDRI的亮度。
- 渲染倍增：设置渲染时的光强度倍增。
- 伽玛：设置贴图的伽玛值。
- 插值：可以选择插值的方式，包括双线性、双立体、四次幂、默认。

图8-159所示为使用"VR_HDRI"制作的真实效果。

图8-159 【VR_HDRI】制作的效果图

8.5.6 "VR_线框贴图" 贴图

"VR_线框贴图"贴图是一个非常简单的材质，效果和3ds Max里的线框材质类似，其参数面板如图8-160所示。

- 颜色：设置边线的颜色。
- 隐藏边线：当选中该复选框时，物体背面的边线也将被渲染出来。
- 厚度：决定边线的厚度，主要分为以下两个单位。
  ◆ 世界单位：厚度单位为场景尺寸单位。
  ◆ 像素：厚度单位为像素。

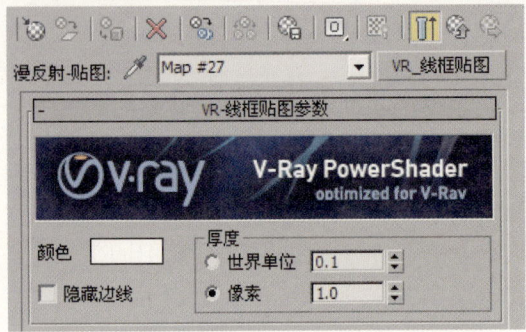

图8-160 【VR_线框贴图参数】卷展栏

> 图8-161是【VRay边纹理材质】的测试渲染效果,其参数设置如图8-160所示。

图8-161 【VRay边纹理材质】测试渲染效果

8.5.7 "渐变"贴图

使用"渐变"贴图可以设置3种颜色的渐变效果,如图8-162所示。

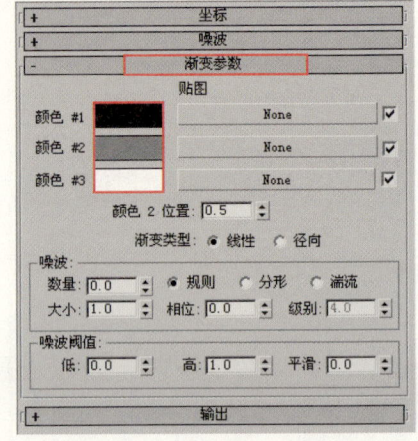

图8-162 "渐变"贴图参数

渐变颜色可以任意修改,修改后的物体的材质颜色也会随之发生改变,如图8-163所示。

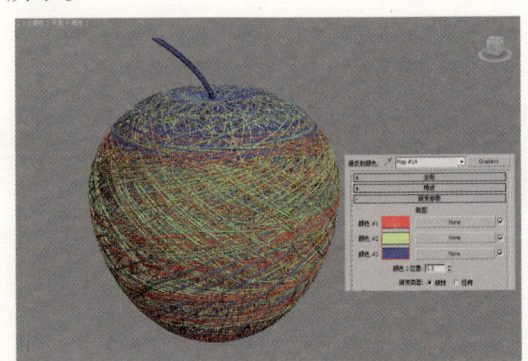

图8-163 渐变颜色设置

8.6 常用材质真实表现

实战演练064——木地板材质

场景文件	场景文件\第8章\09.max
视频教学	视频\第8章\木地板材质.flv
难易指数	★★★☆
案例文件	最终文件\第8章\实战演练064\木地板材质.max
视频长度	2分10秒

在这个休息室场景中，主要应用VRayMtl材质模拟木地板材质，最终渲染效果如图8-164所示。

① 打开本书配套光盘中的【场景文件\第8章\09.max】文件，此时场景效果如图8-165所示。

图8-164　最终渲染效果

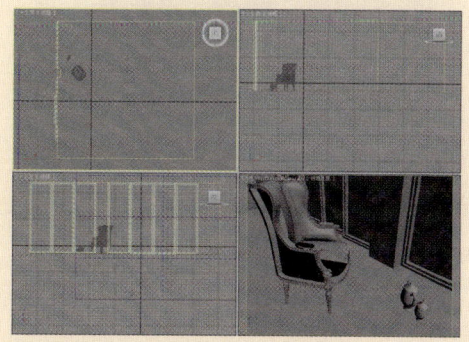

图8-165　场景效果

② 按M键，打开【材质编辑器】对话框，选择第一个材质球，单击【Standard】 Standard 按钮，在弹出的【材质/贴图浏览器】对话框中选择"VRayMtl"材质，如图8-166所示。

③ 将材质命名为"地板"，在【漫反射】后面的通道上加载"地板.jpg"贴图文件，并在【坐标】卷展栏下设置【瓷砖】为2.0，【模糊】为0.5，在【反射】选项组下调节颜色为（红：20，绿：20，蓝：20），设置【反射光泽度】为0.75，【细分】为20，如图8-167所示。

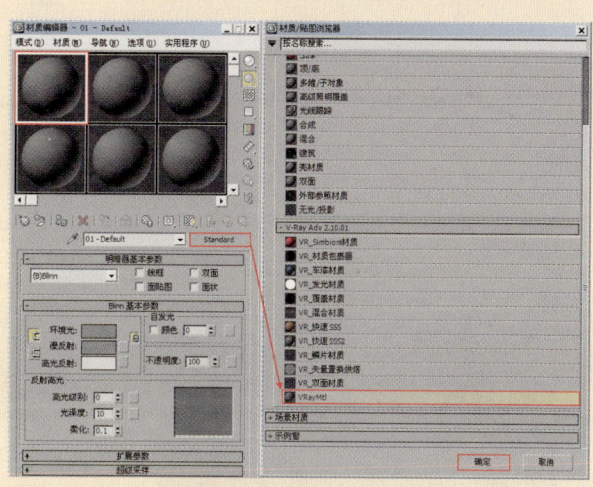

图8-166　选择VRayMtl材质

④ 展开【坐标】卷展栏，在【凹凸】后面的通道上加载"地板凹凸.jpg"贴图文件，在卷展栏下设置【瓷砖】为2，【模糊】为0.5，如图8-168所示。

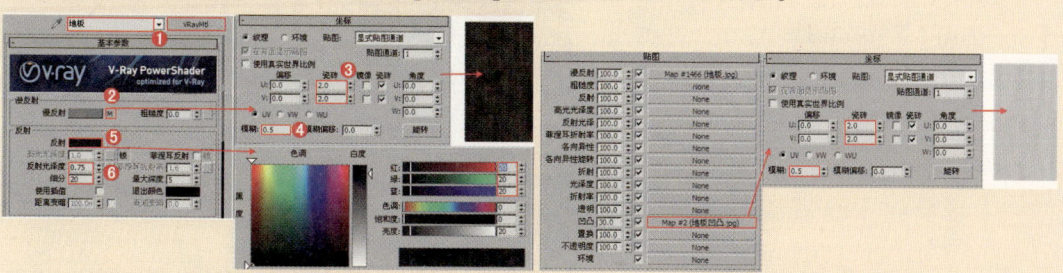

图8-167　材质参数　　　　　　　　图8-168　【凹凸】参数

⑤ 将调制好的地板材质赋给场景中的茶地板模型，如图8-169所示。继续制作剩余部分模型的材质，最后的渲染效果如图8-170所示。

311

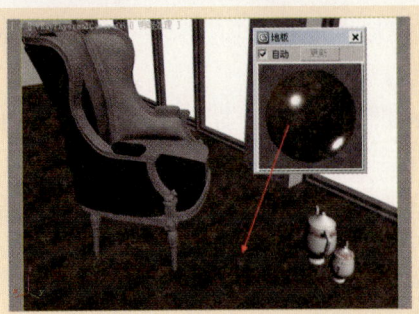

图8-169 材质赋予场景文件

图8-170 最终渲染效果

实战演练065——金属材质

场景文件	场景文件\第8章\10.max	案例文件	最终文件\第8章\实战演练065\金属材质.max
视频教学	视频\第8章\金属材质.flv	视频长度	1分42秒
难易指数	★★★☆		

① 在这个厨房场景中，主要应用VRayMtl材质模拟金属材质，最终渲染效果如图8-171所示。打开本书配套光盘中的【场景文件\第8章\10.max】文件，此时场景效果如图8-172所示。

图8-171 最终渲染效果

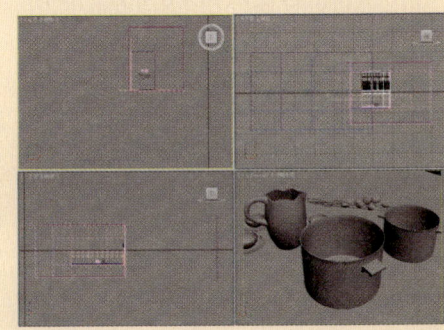

图8-172 场景效果

② 按M键，打开【材质编辑器】对话框，选择第一个材质球，单击【Standard】 Standard 按钮，在弹出的【材质/贴图浏览器】对话框中选择"VRayMtl"材质，如图8-173所示。

③ 将材质命名为"磨砂金属"，在【漫反射】选项组下调节颜色为（红：70，绿：70，蓝：70），在【反射】选项组下调节颜色为（红：150，绿：150，蓝：150），设置【反射光泽度】为0.85，【细分】为20，

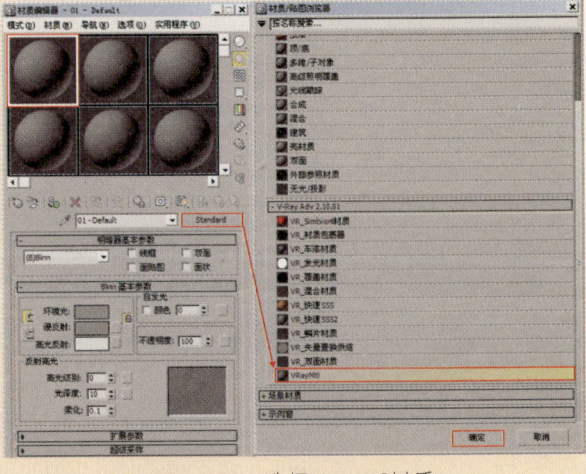

图8-173 选择VRayMtl材质

如图8-174所示。

4 将调制好的磨砂金属材质赋给场景中的锅模型，如图8-175所示。

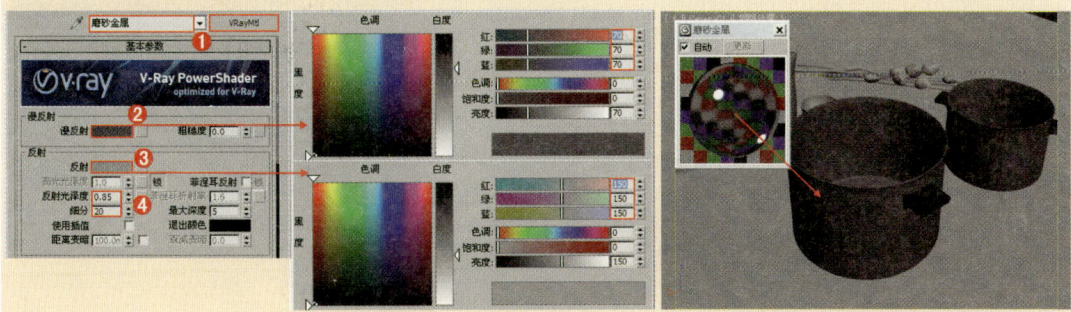

图8-174　材质参数　　　　　　　图8-175　材质赋予模型

5 下面制作塑料材质，选择一个空白的材质球，然后将材质类型设置为"VRayMtl"材质，将材质命名为"塑料"，在【漫反射】选项组下调节颜色为（红：0，绿：0，蓝：0），接着在【反射】选项组下调节反射颜色为（红：15，绿：15，蓝：15），设置【高光光泽度】为0.7，【反射光泽度】为0.8，【细分】为4，如图8-176所示。

图8-176　材质参数

6 将调制好的塑料材质赋给场景中的把手模型，如图8-177所示。

7 继续制作剩余部分模型的材质，最后的渲染效果如图8-178所示。

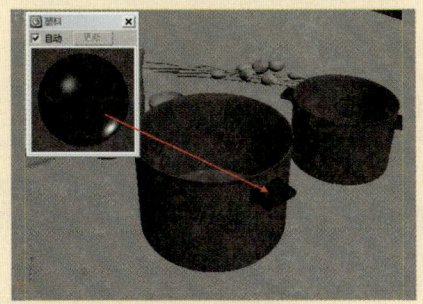 

图8-177　材质赋予模型　　　　　　图8-178　渲染的效果

实战演练066——塑料材质

场景文件	场景文件\第8章\11.max	案例文件	最终文件\第8章\实战演练066\塑料材质.max
视频教学	视频\第8章\塑料材质.flv	视频长度	2分06秒
难易指数	★★★☆		

在这个书桌一角场景中,主要有两种材质,一种是键盘的材质,另一种是书桌纹理的材质,最终渲染效果如图8-179所示。

① 打开本书配套光盘中的【场景文件\第8章\11.max】文件,此时场景效果如图8-180所示。

② 按M键,打开【材质编辑器】对话框,选择第一个材质球,单击【Standard】 Standard 按钮,在弹出的【材质/贴图浏览器】对话框中选择"VRayMtl"材质,如图8-181所示。

图8-180 场景效果

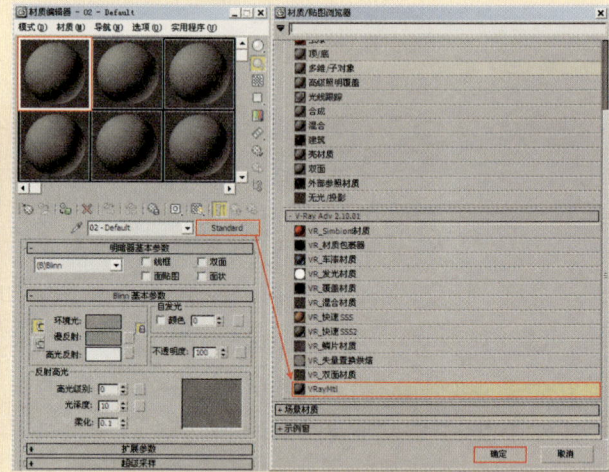

图8-181 选择VRayMtl材质

③ 将材质命名为"键盘",在【漫反射】选项组下加载"键盘.jpg"贴图文件,设置【模糊】为0.01,接着在【反射】选项组下调节颜色为(红:45,绿:45,蓝:45),设置【高光光泽度】为0.8,【反射光泽度】为0.75,【细分】为20,如图8-182所示。

④ 将调制好的键盘材质赋给场景中的键盘按键模型,如图8-183所示。

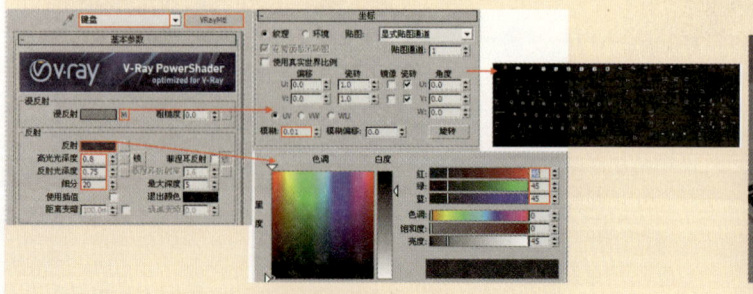

图8-182 键盘材质的参数

图8-183 将材质赋给模型

接着制作键盘2的材质。

1 选择一个空白材质球,并设置材质球类型为"VRayMtl",将材质命名为"键盘2",在【漫反射】选项组下调节颜色为(红:0,绿:0,蓝:0),在【反射】选项组下加载"键盘反射.jpg"贴图文件,最后设置【反射光泽度】为0.75,【细分】为20,如图8-184所示。

2 将调制好的键盘2材质赋给场景中的键盘剩余部分模型,如图8-185所示。

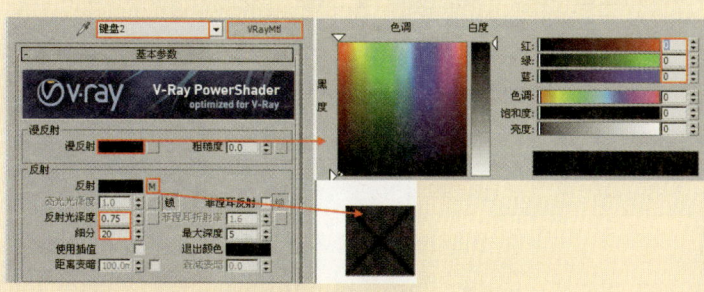
图8-184 键盘2材质的参数

图8-185 将材质赋给模型

3 使用同样的方法创建其他部分的材质,最终渲染效果如图8-186所示。

> **提示** 塑料材质的调节方法与金属的调节方法非常类似,主要区别在于反射和反射光泽度,因此真正理解每一个参数对于产生举一反三的思维非常重要。

图8-186 渲染的效果

实战演练067——水材质

场景文件	场景文件\第8章\12.max	案例文件	最终文件\第8章\实战演练067\水材质.max
视频教学	视频\第8章\水材质.flv	视频长度	3分55秒
难易指数	★★★☆☆		

在这个游泳池场景中,主要应用【VR_材质包裹器】模拟水材质,最终渲染效果如图8-187所示。

1 打开本书配套光盘中的【场景文件\第8章\12.max】文件,此时场景效果如图8-188所示。

2 按M键,打开【材质编辑器】对话框,选择第一个材质球,单击

图8-187 最终渲染效果

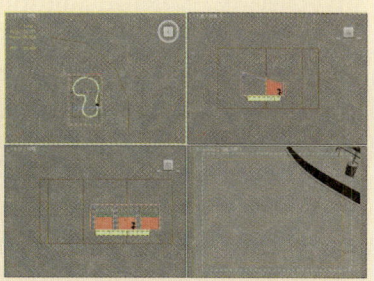
图8-188 场景效果

【Standard】按钮，在弹出的【材质/贴图浏览器】对话框中选择"VR_材质包裹器"材质，如图8-189所示。

3 将材质命名为"水"，在【基本材质】后面的通道上加载"VRayMtl"材质，并命名为"Water"，如图8-190所示。

4 单击进入【基本材质】，在【漫反射】选项组下调节颜色为（红：3，绿：3，蓝：3），在【反射】选项组下调节颜色为（红：250，绿：250，蓝：250），选中【菲涅尔反射】复选框，设置【细分】为15。在【折射】选项组下调节颜色为（红：250，绿：250，蓝：250），设置【折射率】为1.33，【细分】为15，选中【影响阴影】复选框，调节【烟雾颜色】为（红：245，绿：255，蓝：255），设置【烟雾倍增】为0.4，如图8-191所示。

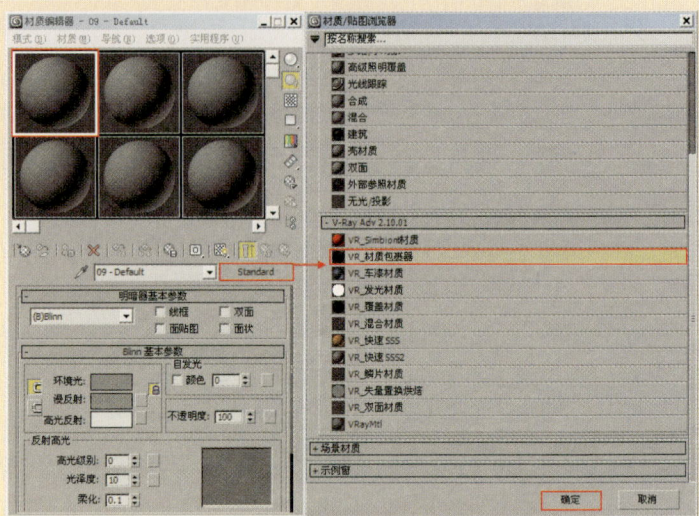

图8-189 选择VRayMtl材质

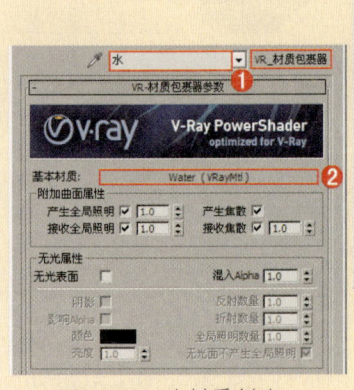

图8-190 水材质创建

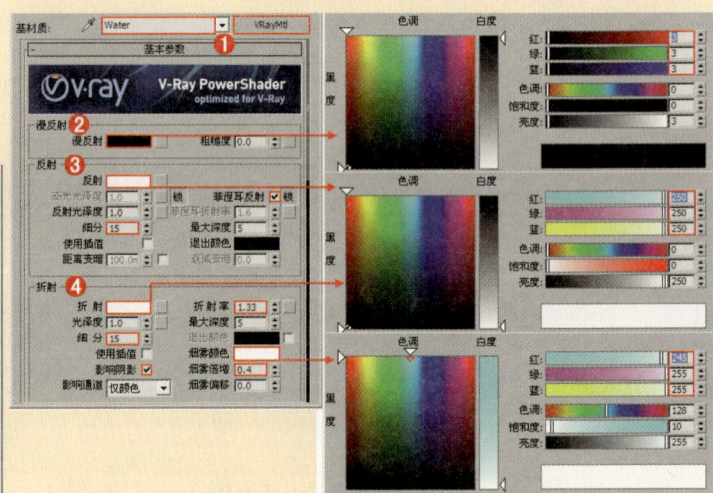

图8-191 材质参数

5 展开【贴图】卷展栏，设置【凹凸】数量为40.0，在【凹凸】后面的通道上加载"噪波"程序贴图，在【噪波参数】卷展栏下设置【噪波类型】为"分形"，【大小】为30.0，如图8-192所示。

6 将调制好的水材质赋给场景中的水模型，如图8-193所示。

7 下面制作马赛克材质，选择一个空白的材质球，然后将材质类型设置为【多维/子对象】，将材质命名为"马赛克材质"，展开【多维/子对象基本参数】卷展栏，设置【设置数量】为4，并分别为其加载"VRayMtl"材质，如图8-194所示。

效果图质感表现中的材质与贴图 第8章

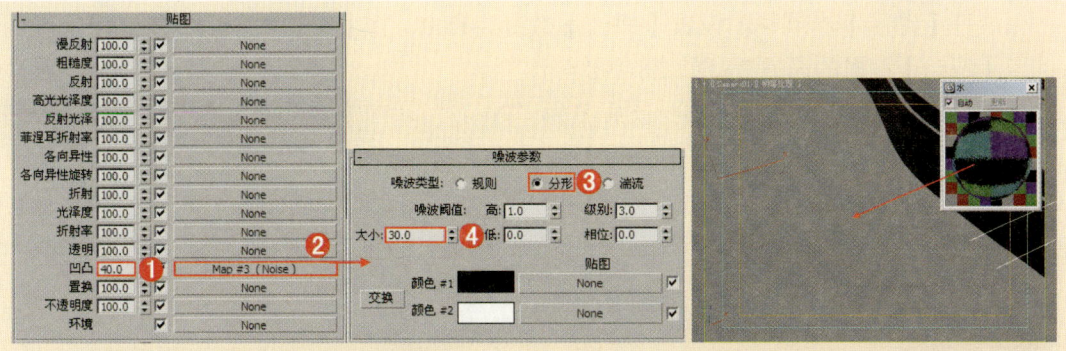

图8-192 凹凸参数　　　　　　　　图8-193 材质赋予模型

⑧ 进入【ID】号为1的通道中,将材质命名为"Pool1",在【漫反射】选项组下加载"马赛克1.jpg"贴图文件,在【坐标】卷展栏下设置【瓷砖】分别为6.0和0.9,【模糊】为0.01,在【反射】选项组下调节颜色为(红:25,绿:25,蓝:25),设置【反射光泽度】为0.8,如图8-195所示。

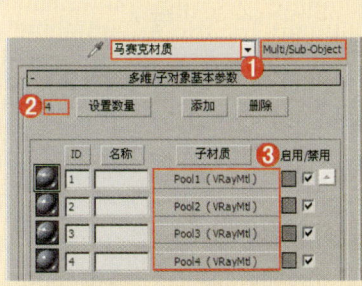 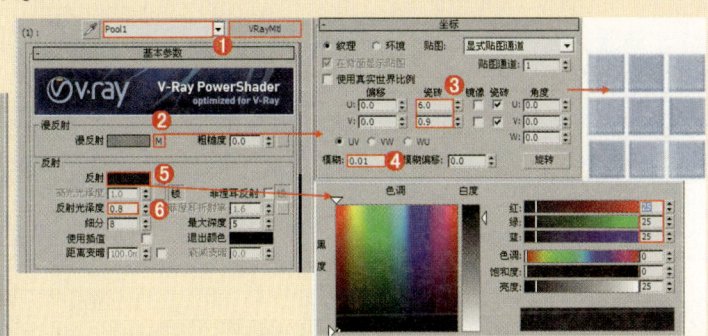

图8-194 马赛克材质制作　　　　　图8-195 材质参数

⑨ 展开【贴图】卷展栏,设置【凹凸】数量为15.0,将【漫反射】后面的通道拖曳到【凹凸】后面的通道上,如图8-196所示。

⑩ 进入ID号为2的通道中,将材质命名为"Pool2",在【漫反射】选项组下加载"马赛克1.jpg"贴图文件,在【坐标】卷展栏下设置【瓷砖】分别为2.5和1,在【反射】选项组下调节颜色为(红:25,绿:25,蓝:25),设置【反射光泽度】为0.8,如图8-197所示。

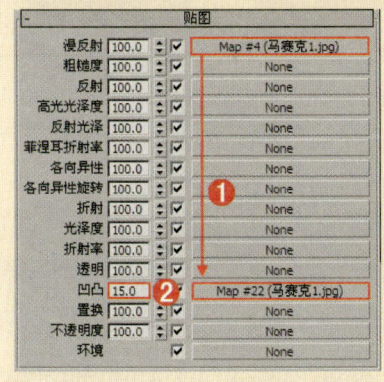 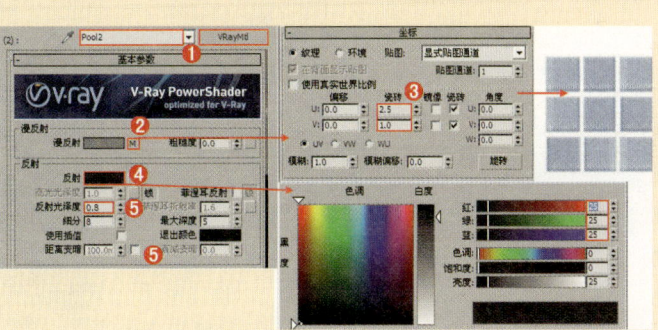

图8-196 拖曳漫反射通道到凹凸通道　　　图8-197 材质参数

317

11 展开【贴图】卷展栏，设置【凹凸】数量为15.0，将【漫反射】后面的通道拖曳到【凹凸】后面的通道上，如图8-198所示。

12 进入ID号为3的通道中，将材质命名为"Pool3"，在【漫反射】选项组下加载"马赛克1.jpg"贴图文件，在【反射】选项组下调节颜色为（红：25，绿：25，蓝：25），设置【反射光泽度】为0.8，如图8-199所示。

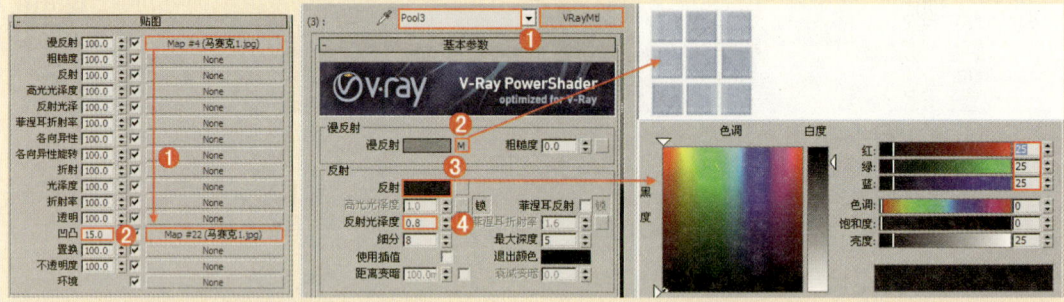

图8-198 拖曳【漫反射】通道到【凹凸】通道　　图8-199 马赛克材质参数

13 展开【贴图】卷展栏，设置【凹凸】数量为15，将【漫反射】后面的通道拖曳到【凹凸】后面的通道上，如图8-200所示。

14 进入ID号为4的通道中，将材质命名为"Pool4"，在【漫反射】选项组下加载"马赛克2.jpg"贴图文件，在【坐标】卷展栏下设置【瓷砖】分别为6.0和12.0，在【反射】选项组下调节颜色为（红：25，绿：25，蓝：25），设置【反射光泽度】为0.8，如图8-201所示。

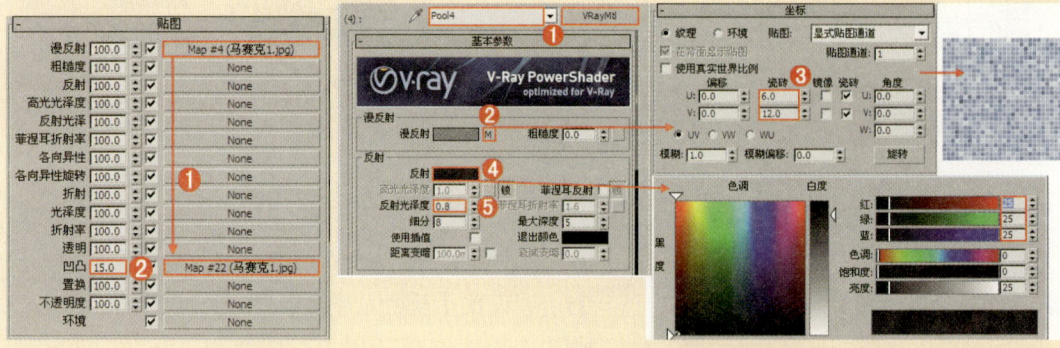

图8-200 拖曳漫反射通道到凹凸通道　　图8-201 马赛克材质参数

15 展开【贴图】卷展栏，设置【凹凸】数量为15.0，在【凹凸】后面的通道上加载"马赛克凹凸"贴图文件，如图8-202所示。

16 将调制好的马赛克材质赋给场景中的游泳池模型，如图8-203所示。

17 继续制作剩余部分模型的材质，最后的渲染效果如图8-204所示。

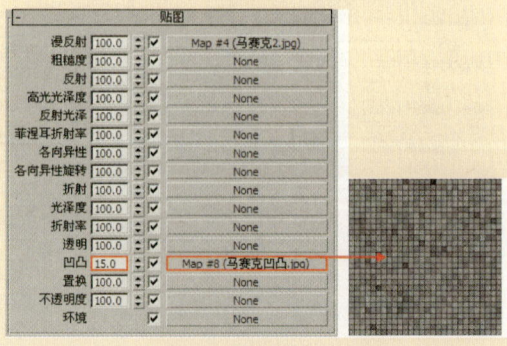

图8-202 凹凸参数

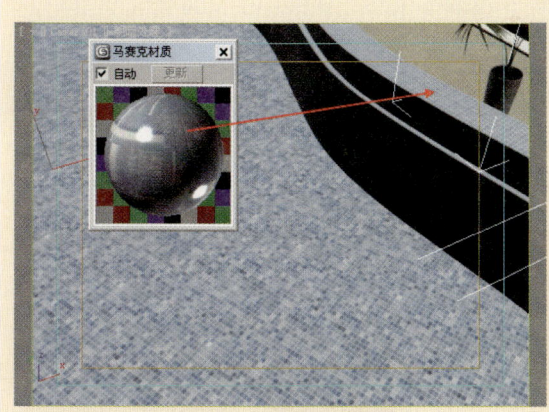
图8-203 材质赋予模型

图8-204 渲染的效果

8.7 课后作业

课后练习——地砖材质

（1）图8-205所示为地砖材质效果。

（2）设置材质类型为"VRayMtl"材质，如图8-206所示。

图8-205 地砖材质效果

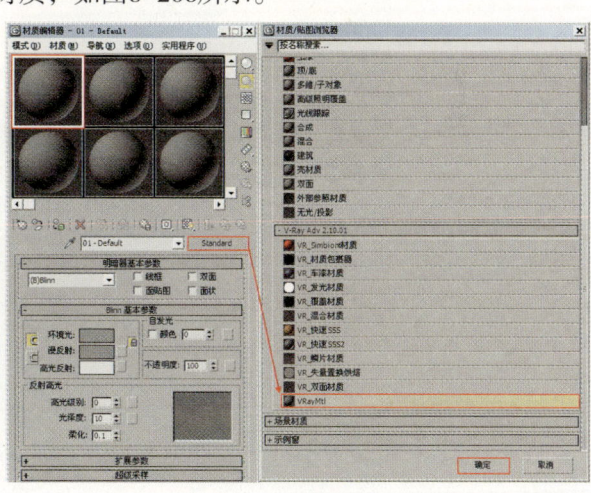
图8-206 设置VRayMtl材质

（3）将材质命名为"地面"，在【漫反射】选项组下的通道上加载"地砖.jpg"贴图，并设置【大小】的【宽度】为4.0mm，【大小】的【高度】为4.0mm，设置【角度】的【V】为40.0、【W】为45.0。接着在【反射】通道上加载"衰减"，设置【衰减类型】为"垂直/平行"，并设置颜色为"深灰色"和"浅灰色"，最后设置【细分】为20，如图8-207所示。

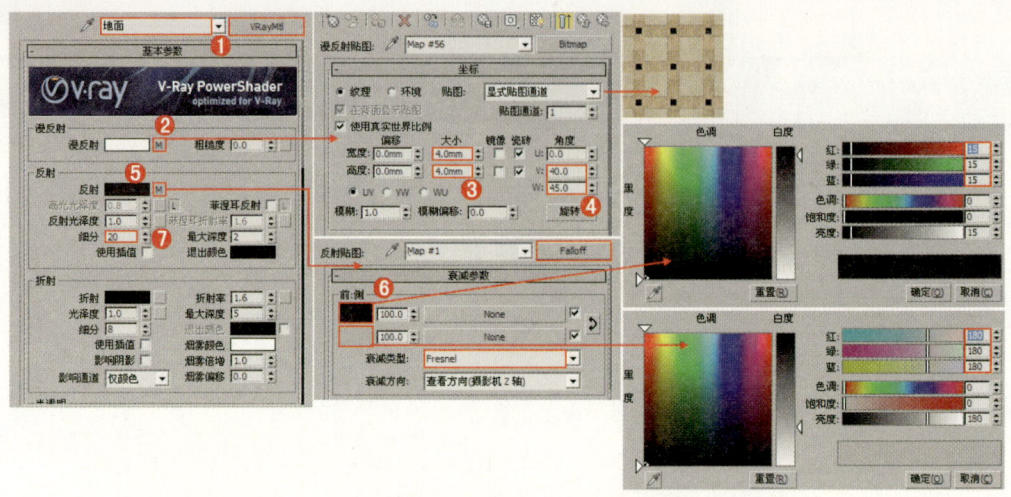

图8-207 地砖材质参数

（4）将制作完的材质赋予给场景中的地面，如图8-208所示。

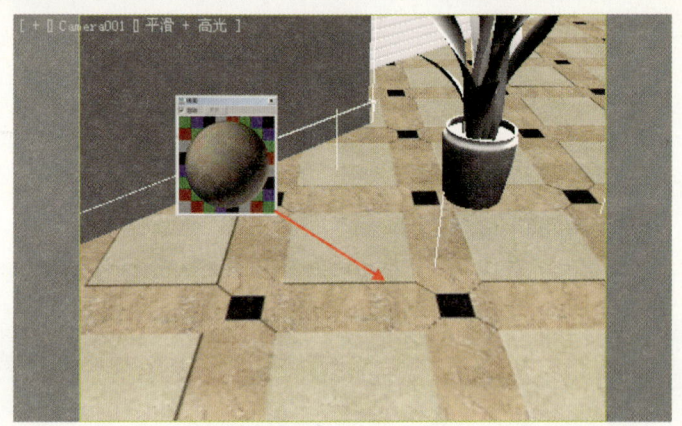

图8-208 材质赋予模型

8.8 本章小结

本章是3ds Max制作过程中非常重要的一个环节，通过设置材质和贴图使物体的质感表现得淋漓尽致。通过本章的学习，应掌握如何快速设置出效果图制作中常用的材质，如木地板、瓷砖、金属、玻璃、水等。

第9章
效果图中的摄影机设置

- 掌握相机的结构
- 目标摄影机的参数
- 自由摄影机的参数
- VR_穹顶像机
- VR_物理像机

9.1 初识摄影机

数码单反的构造比较复杂，适当了解对要学习的摄影机内容有一定的帮助，如图9-1所示。

图9-1 单反相机

成像原理：在按下快门按钮之前，通过镜头的光线由反光镜反射至取景器内部。在按下快门按钮的同时，反光镜弹起，镜头收集的光线通过快门帘幕到达图像感应器，如图9-2所示。

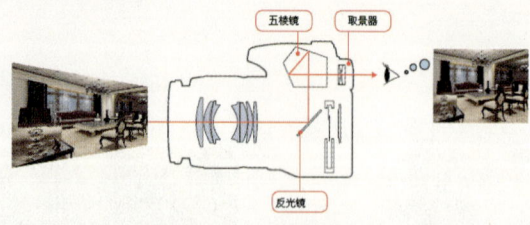

图9-2 成像原理

常用术语：

- 焦距：从镜头的中心点到胶片平面（其他感光材料）上所形成的清晰影像之间的距离。焦距通常以毫米（mm）为单位，一般会标在镜头前面，例如最常用的是27～30毫米、50毫米（也是所说的【标准镜头】，指对于35毫米的胶片）、70毫米等（长焦镜头）。

- 光圈：控制镜头通光量大小的装置。开大一档光圈，进入相机的光量就会增加一倍，缩小一档光圈光量将减半。光圈大小用F值来表示，序列如下：f/1、f/1.4、f/2、f/2.8、f/4、f/5.6、f/8、f/11、f/16、f/22、f/32、f/44、f/64（f值越小，光圈越大）。

- 快门：控制曝光时间长短的装置。一般可分为镜间快门和点焦平面快门。

- 快门速度：快门开启的时间。它是指光线扫过胶片（CCD）的时间（曝光时间）。例如，1/30是指曝光时间为1/30秒。1/60秒的快门是1/30秒快门速度的2倍。其余以此类推。

- 景深：影像相对清晰的范围。景深的长短取决于3个因素：焦距、摄距和光圈大小。它们之间的关系是：焦距越长，景深越短；焦距越短，景深越长；摄距越长，景深越长；光圈越大，景深越小。

- 景深预览：为了看到实际的景深，有的相机提供了景深预览按钮，按下按钮，把光圈收缩到选定的大小，看到场景就和拍摄后胶片(记忆卡)记录的场景一样。

- 感光度（ISO）：表示感光材料感光的快慢程度。单位用度或定来表示，如ISO100/21表示感光度为100度/21定的胶卷。感光度越高，胶片越灵敏（就是在同样的拍摄环境下正常拍摄同一张照片所需要的光线越少，其表现为能用更高的快门或更小的光圈）。

- 色温：各种不同的光所含的不同色素称为色温，单位为K。通常所用的日光型彩色负片所能适应的色温为5400～5600K；灯光型A型、B型所能适应的色温分别为3400K和3200K。所以，要根据拍摄对象、环境来选择不同类型的胶卷，否则就会出现偏色现象（除非用滤色镜校正色温）。
- 白平衡：由于不同光照条件的光谱特性不同，拍出的照片常常会偏色。例如，在日光灯下会偏蓝，在白炽灯下会偏黄等。为了消除或减轻这种色偏，数码相机可根据不同的光线条件调节色彩设置，使照片颜色尽量不失真。因为这种调节常常以白色为基准，故称白平衡。
- 曝光：光到达胶片表面使胶片感光的过程。需注意的是，曝光是指胶片感光，这是要得到照片所必需经过的一个过程。它常取决于光圈和快门的组合，因此又有曝光组合一词。比如，用测光表测得快门为1/30秒时，光圈应用5.6，这样，F5.6、1/30秒就是一个曝光组合。
- 曝光补偿：用于调节曝光不足或曝光过度。

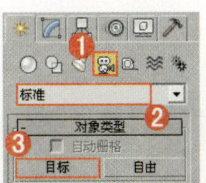

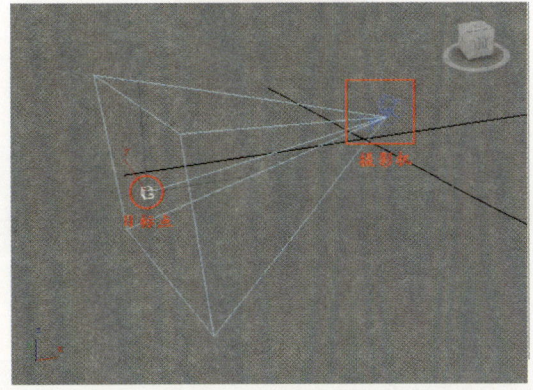

图9-3　目标摄影机

下面介绍目标摄影机的相关参数。

1. 参数

展开【参数】卷展栏，如图9-4所示。

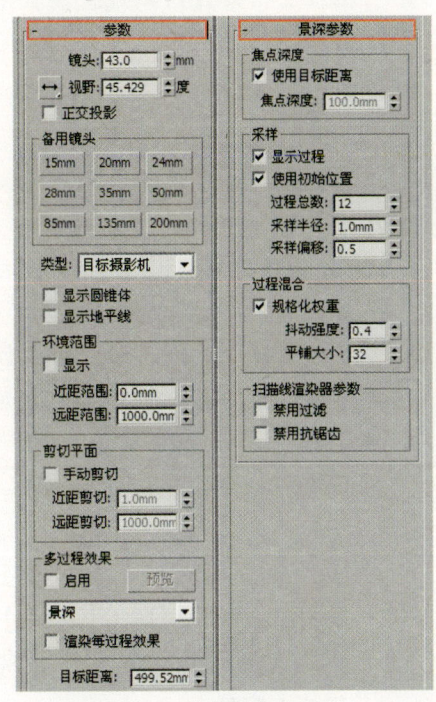

图9-4　【参数】卷展栏

- 镜头：以毫米为单位来设置摄影机的焦距。
- 视野：设置摄影机查看区域的宽度

9.2 标准摄影机

9.2.1 目标摄影机

使用【目标】工具在场景中拖曳光标可以创建一台目标摄影机，可以观察到目标摄影机包含【目标点】和【摄影机】两个部件，如图9-3所示。

视野，有水平↔、垂直↕和对角线↗3种方式。

- 正交投影：选中该复选框后，摄影机视图为用户视图；禁用该选项后，摄影机视图为标准的透视图。
- 备用镜头：系统预置的摄影机镜头包含有15毫米、20毫米、24毫米、28毫米、35毫米、50毫米、85毫米、135毫米和200毫米9种。
- 类型：切换摄影机的类型，包含【目标摄影机】和【自由摄影机】两种。
- 显示圆锥体：显示摄影机视野定义的锥形光线（实际上是一个四棱锥）。锥形光线出现在其他视口，但是显示在摄影机视口中。
- 显示地平线：在摄影机视图中的地平线上显示一条深灰色的线条。
- 显示：显示出在摄影机锥形光线内的矩形。
- 近距/远距范围：设置大气效果的近距范围和远距范围。
- 手动剪切：选中该复选框可定义剪切的平面。
- 近距/远距剪切：设置近距和远距平面。
- 多过程效果：该选项组中的参数主要用来设置摄影机的景深和运动模糊效果。
  - ◆ 启用：选中该复选框后，可以预览渲染效果。
  - ◆ 多过程效果类型：共有【景深（mental ray）】、【景深】和【运动模糊】3个选项，系统默认为【景深】。
  - ◆ 渲染每过程效果：选中该复选框后，系统会将渲染效果应用于多重过滤效果的每个过程（景深或运动模糊）。
- 目标距离：当使用【目标摄影机】时，该选项用来设置摄影机与其目标之间的距离。

2. 景深参数

景深是摄影机的一个非常重要的功能，在实际工作中的使用频率也非常高，常用于表现画面的中心点，如图9-5所示。

图9-5 景深

当设置【多过程效果】类型为【景深】方式时，系统会自动显示出【景深参数】卷展栏，如图9-6所示。

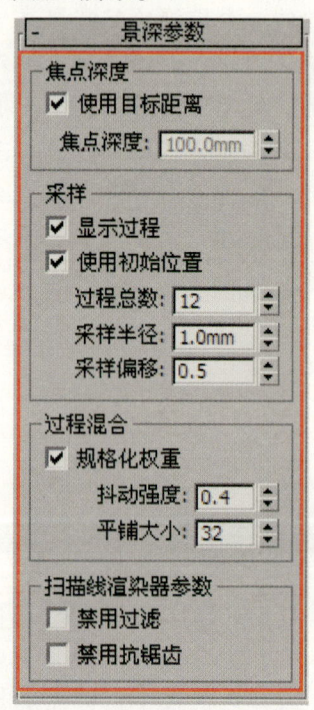

图9-6 【景深参数】卷展栏

- 使用目标距离：选中该复选框后，系统会将摄影机的目标距离用作每个过程偏移摄影机的点。
- 焦点深度：当禁用【使用目标距离】选项时，该选项可以用来设置摄影机的偏移深度，其取值范围为0~100。
- 显示过程：选中该复选框后，【渲染帧窗口】对话框中将显示多个渲染通道。
- 使用初始位置：选中该复选框后，第1个渲染过程将位于摄影机的初始位置。
- 过程总数：设置生成景深效果的过程数。增大该值可以提高效果的真实度，但是会增加渲染时间。
- 采样半径：设置场景生成的模糊半径。数值越大，模糊效果越明显。
- 采样偏移：设置模糊靠近或远离【采样半径】的权重。增加该值将增加景深模糊的数量级，从而得到更均匀的景深效果。
- 规格化权重：选中该复选框后可以将权重规格化，以获得平滑的结果；当禁用该选项后，效果会变得更加清晰，但颗粒效果也更明显。
- 抖动强度：设置应用于渲染通道的抖动程度。增大该值会增加抖动量，并且会生成颗粒状效果，尤其在对象的边缘上最为明显。
- 平铺大小：设置图案的大小。0表示以最小的方式进行平铺；100表示以最大的方式进行平铺。
- 禁用过滤：启用该选项后，系统将禁用过滤的整个过程。
- 禁用抗锯齿：选中该复选框后，可以禁用抗锯齿功能。

3. 运动模糊参数

运动模糊一般用在动画中，常用于表现运动对象高速运动时产生的模糊效果，如图9-7所示。

图9-7 运动模糊

当设置【多过程效果】类型为【运动模糊】方式时，系统会自动显示出【运动模糊参数】卷展栏，如图9-8所示。

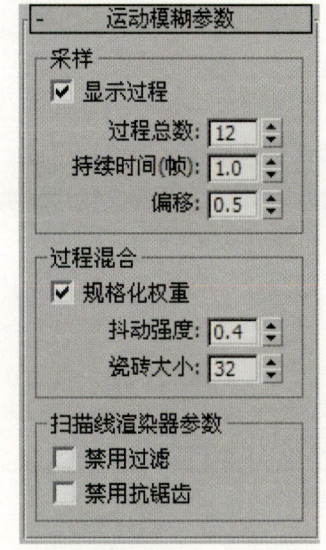

图9-8 【运动模糊参数】卷展栏

- 显示过程：选中该复选框后，【渲染帧窗口】对话框中将显示多个渲染通道。
- 过程总数：设置生成效果的过程数。增大该值可以提高效果的真实度，但会增加渲染时间。

- 持续时间（帧）：在制作动画时，该选项用来设置应用运动模糊的帧数。
- 偏移：设置模糊的偏移距离。
- 规格化权重：选中该复选框后，可以将权重规格化，以获得平滑的结果；当禁用该选项后，效果会变得更加清晰，但颗粒效果也更明显。
- 抖动强度：设置应用于渲染通道的抖动程度。增大该值会增加抖动量，并且会生成颗粒状的效果，尤其在对象的边缘上最为明显。
- 瓷砖大小：设置图案的大小。0表示以最小的方式进行平铺；100表示以最大的方式进行平铺。
- 禁用过滤：选中该复选框后，系统将禁用过滤的整个过程。

4. 剪切平面参数

使用剪切平面可以排除场景的一些几何体，以只查看或渲染场景的某些部分。每部摄影机都具有近端和远端剪切平面。对于摄影机，比近距剪切平面近或比远距剪切平面远的对象是不可视的。

如果场景中拥有许多复杂几何体，那么剪切平面对于渲染其中所选的部分场景非常有用。它们还可以帮助创建剖面视图。剪切平面设置是摄影机创建参数的一部分。每个剪切平面的位置是以场景的当前单位，沿着摄影机的视线（其局部Z轴）测量的。

剪切平面是摄影机常规参数的一部分，如图9-9所示。

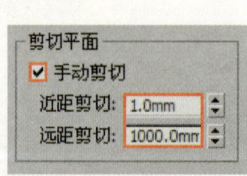

图9-9 【剪切平面】参数

5. 摄影机校正

选择目标摄影机，然后单击右键并在弹出的菜单中选择【应用摄影机校正修改器】

命令，如图9-10所示。

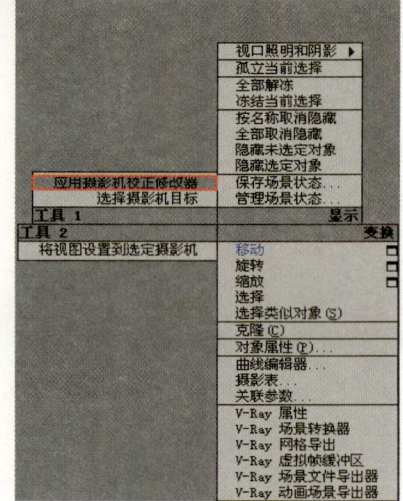

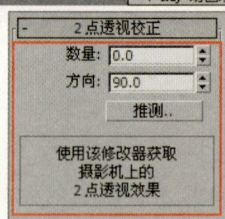

图9-10 应用摄影机校正修改器

- 数量：设置两点透视的校正数量。默认设置是0.0。
- 方向：偏移方向。默认值为90.0。大于90.0设置方向向左偏移校正。小于90.0设置方向向右偏移校正。
- 推测：单击以使【摄影机校正】修改器设置第一次推测数量值。

9.2.2 自由摄影机

使用【目标】工具 自由 在场景中拖曳光标可以创建一台自由摄影机，可以观察到自由摄影机只包含【摄影机】一个部件，如图9-11所示。

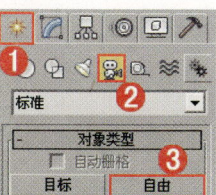

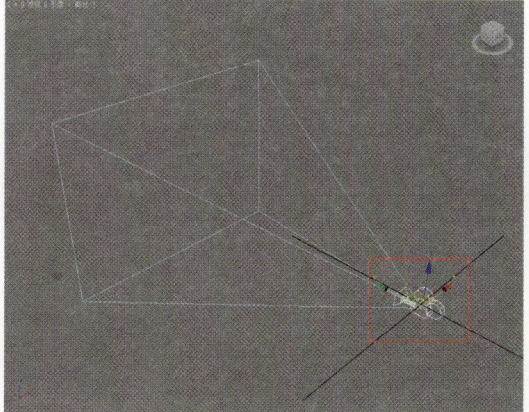

图9-11 自由摄影机创建

其具体参数与目标摄影机的一致，如图9-12所示。

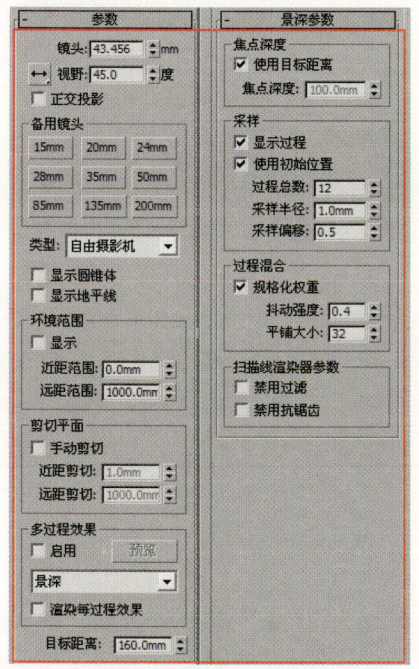

图9-12 自由摄影机参数

> **提示** 在目标摄影机和自由摄影机的参数中可以在【类型】选项组下选择需要的摄影机类型，如图9-13所示。

图9-13 类型切换

9.3 VRay像机

9.3.1 VR_穹顶像机

【VR_穹顶像机】常用于渲染半球圆顶效果，其参数面板如图9-14所示。

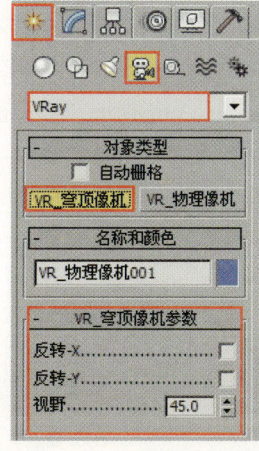

图9-14 VR_穹顶像机参数面板

● 反转X：让渲染的图像在X轴上反转，如图9-15所示。

图9-15 X轴上反转

● 反转Y：让渲染的图像在Y轴上反转，如图9-16所示。

图9-16 Y轴上反转

- 视野：设置视角的大小。

9.3.2 VR_物理像机

【VR_物理像机】的功能与现实中的相机功能相似，都有光圈、快门、曝光、ISO等调节功能，通过【VR_物理像机】能制作出更真实的效果图，其参数面板如图9-17所示。

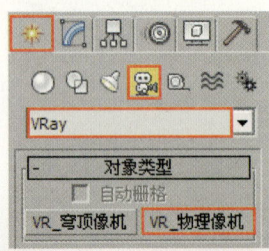

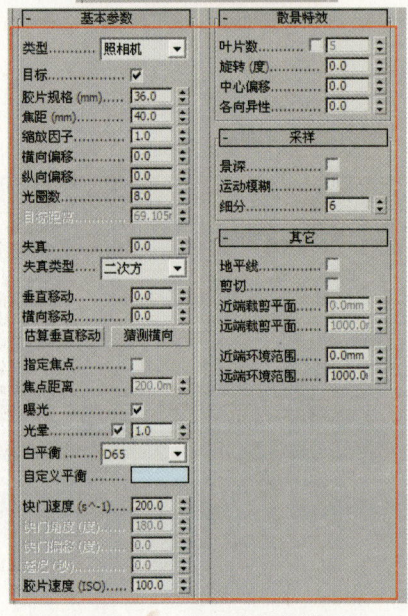

图9-17 VR_物理像机参数面板

1. 基本参数

- 类型：VR_物理像机内置了以下3种类型的摄影机。
  - ◆ 照相机：用来模拟一台常规快门的静态画面照相机。
  - ◆ 摄影机（电影）：用来模拟一台圆形快门的电影摄影机。
  - ◆ 摄像机（DV）：用来模拟带CCD矩阵的快门摄像机。
- 目标：当选中该复选框时，摄影机的目标点将放在焦平面上；当禁用该选项时，可以通过下面的【目标距离】选项来控制摄影机到目标点的位置。
- 胶片规格（mm）：控制摄影机所看到的景色范围。值越大，看到的景越多。
- 焦距（mm）：控制摄影机的焦长。
- 缩放因子：控制摄影机视图的缩放。值越大，摄影机视图拉得越近。
- 光圈数：设置摄影机的光圈大小，主要用来控制最终渲染的亮度。数值越小，图像越亮；数值越大，图像越暗。如图9-18所示。
- 目标距离：摄影机到目标点的距离，默认情况下是禁用的。当禁用摄影机的【目标】选项时，就可以用【目标距离】来控制摄影机的目标点距离。
- 失真：控制摄影机的扭曲系数。
- 垂直移动：控制摄影机在垂直方向上的变形，主要用于纠正三点透视到两点透视。
- 指定焦点：选中这个复选框后，可以手动控制焦点。
- 焦点距离：控制焦距的大小。

图9-18 光圈参数对比

图9-19 光晕参数对比

- 曝光：当选中这个复选框后，【VR_物理相机】中的【光圈】、【快门速度】和【胶片感光度】设置才会起作用。
- 光晕：模拟真实摄影机里的光晕效果，选中【光晕】复选框可以模拟图像四周黑色光晕效果，如图9-19所示。
- 白平衡：和真实摄影机的功能一样，控制图像的色偏。
- 快门速度（s^-1）：控制光的进光时间，值越小，进光时间越长，图像就越亮；值越大，进光时间就越小。
- 快门角度（度）：当摄影机选择【摄影机（电影）】类型的时候，该选项才被激活，其作用和上面的【快门速度】的作用一样，主要用来控制图像的亮暗。

- 快门偏移（度）：当摄影机选择【摄影机（电影）】类型的时候，该选项才被激活，主要用来控制快门角度的偏移。
- 延迟（秒）：当摄影机选择【摄像机（DV）】类型的时候，该选项才被激活，作用和上面的【快门速度】的作用一样，主要用来控制图像的亮暗，值越大，表示光越充足，图像也越亮。
- 胶片速度（ISO）：控制图像的亮暗，值越大，表示ISO的感光系数越强，图像也越亮。一般白天效果比较适合用较小的ISO，而晚上效果比较适合用较大的ISO。

2. 散景特效

【散景特效】卷展栏下的参数主要用于控制散景效果，当渲染景深的时候，或多或少都会产生一些散景效果，这主要和散景到摄影机的距离有关，图9-20所示为使用真实摄影机拍摄的散景效果。

- 叶片数：控制散景产生的小圆圈的边，默认值为5表示散景的小圆圈为正五边形。
- 旋转（度）：散景小圆圈的旋转角度。
- 中心偏移：散景偏移源物体的距离。
- 各向异性：控制散景的各向异性，值越大，散景的小圆圈拉得越长，即变成椭圆。

3. 采样

- 景深：控制是否产生景深。如果想要得到景深，就需要选中该复选框。
- 运动模糊：控制是否产生动态模糊效果。
- 细分：控制景深和动态模糊的采样细分，值越高，杂点越大，图的品质就越高，但是会减慢渲染时间。

图9-20 真实摄影机拍摄的散景效果

9.4 摄影机的几种表现技巧

实战演练068——利用目标摄影机为场景设置合适的角度

场景文件	场景文件\第9章\01.max	案例文件	最终文件\第9章\实战演练068\利用目标摄影机为场景设置合适的角度.max
视频教学	视频\第9章\利用目标摄影机为场景设置合适的角度.flv	视频长度	2分49秒
难易指数	★★★☆☆		

本案例是浴室场景，主要介绍了使用目标摄影机中【剪切平面】的功能，最终渲染效果如图9-21所示。

1. 创建目标摄影机

打开本书配套光盘中的【场景文件\第9章\01.max】文件，此时场景效果如图9-22所示。

图9-21 最终渲染效果

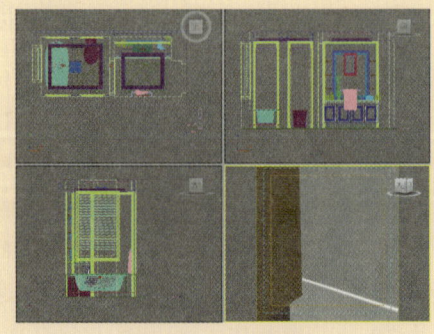

图9-22 场景文件

② 单击【创建】|【摄影机】|【目标】按钮，单击并在视图中拖曳创建，位置如图9-23所示。

图9-23 目标摄影机创建

> 提示：可以在打开的场景中激活【透】视图然后按Ctrl+C组合键创建目标摄影机。

③ 此时场景中摄影机的位置如图9-24所示。【摄影机】视图效果如图9-25所示。

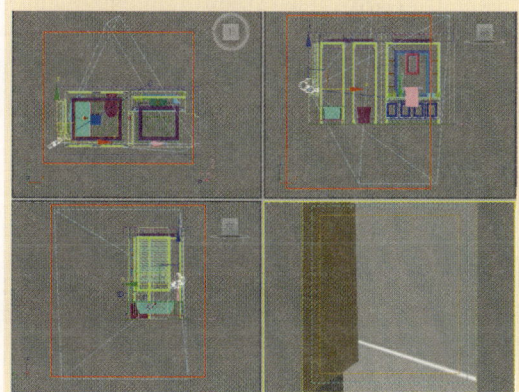

图9-24 摄影机位置

图9-25 【摄影机】视图效果

> 提示：从【摄影机】视图来看并不是想要的效果，摄影机被墙壁遮挡住了，需要进行下面的操作以得到需要的效果。

④ 选择目标摄影机，展开【参数】卷展栏，设置【镜头】为27.021mm，【视野】为63.339，如图9-26所示。在透视图中按C键，【透】视图变成了【摄影机】视图，如图9-27所示。

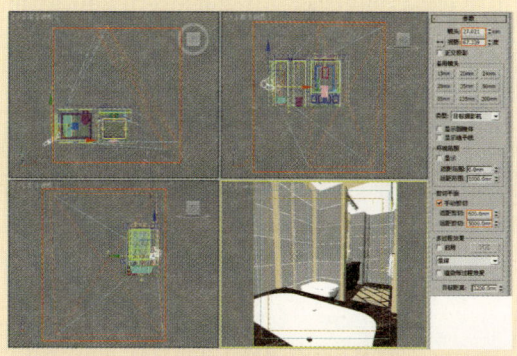

图9-26 目标摄影机参数

图9-27 【摄影机】视图

⑤ 选择摄影机然后在【修改】面板下选中【手动剪切】复选框，设置【近距剪切】为600.0mm，【远距剪切】为5000.0mm，此时摄影机参数和【摄影机】视图效果如图9-28所示。

> 提示：此时的【摄影机】视图并没有出现场景中所有的物体，只有墙体，因为摄影机在房间的外面，如果将摄影机拖曳到室内则【摄影机】视图就变成了如图所示的样式，但是这并不是想要的【摄影机】视图，而需要使用剪切平面来创建。

⑥ 按F9键渲染当前场景，最终渲染效果如图9-29所示。

图9-28　摄影机参数和视图效果

图9-29　渲染效果

▶ 实战演练069——利用【VR_物理像机】调节场景亮度

场景文件	场景文件\第9章\02.max	案例文件	最终文件\第9章\实战演练069\利用【VR_物理像机】调节场景亮度.max
视频教学	视频\第9章\利用【VR_物理像机】调节场景亮度.flv	视频长度	3分09秒
难易指数	★★★★☆		

亮度最终渲染效果如图9-30所示。

图9-30　最终渲染效果

① 打开本书配套光盘中的【场景文件\第9章\02.max】文件，如图9-31所示。

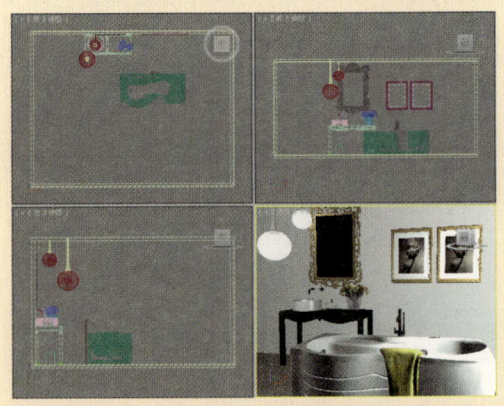

图9-31　场景文件

② 设置【摄影机类型】为VRay，然后在场景中创建一台VRay_物理像机按钮 VR物理摄影机 ，其位置如图9-32所示。

图9-32　创建【VRay_物理像机】

③ 此时【VR物理摄影机】的位置如图9-33所示。选择【VR物理摄影机】，然后在【修改】面板下设置【胶片规格（mm）】为36.0,【焦距（mm）】为40.0,【光圈数】为8.0,调节【自定义平衡】为（红：255，绿：255，蓝：255），如图9-34所示。

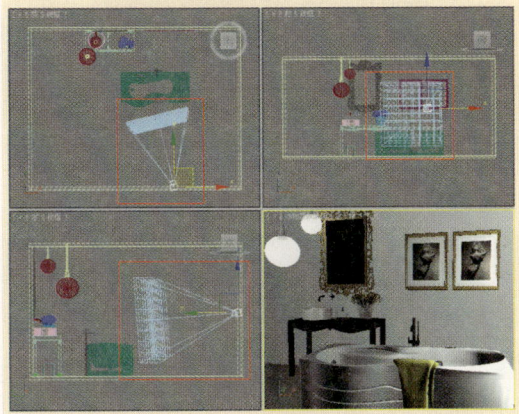

图9-33 摄影机位置

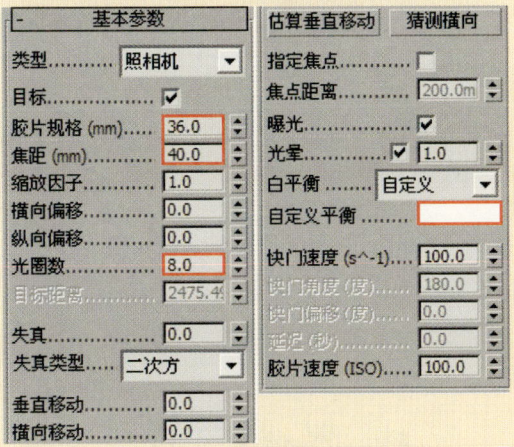

图9-34 摄影机参数

④ 按F9键渲染当前场景，最终渲染效果如图9-35所示。

⑤ 选择【VR物理摄影机】然后在【修改】面板下设置【胶片规格（mm）】为36.0,【焦距（mm）】为40.0,【光圈数】为1.8,调节【自定义平衡】为（红：255，绿：255，蓝：255），调节【快门速度（S^-1）】为100.0,如图9-36所示。

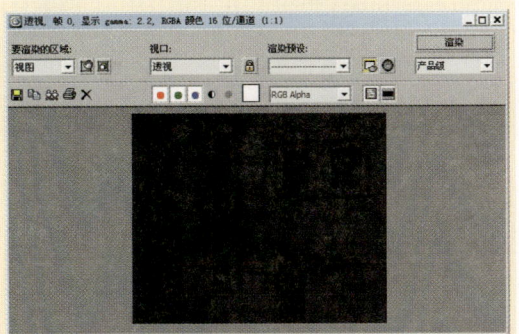

图9-35 渲染效果

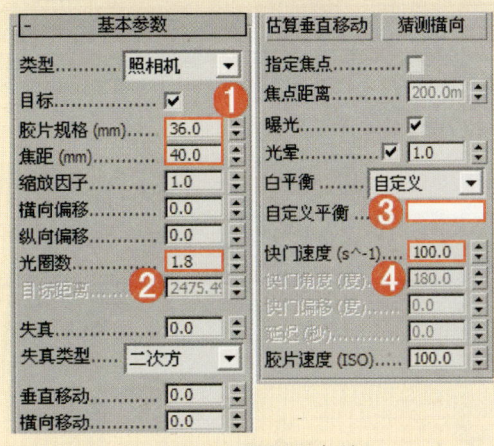

图9-36 摄影机参数

⑥ 按F9键渲染当前场景，最终渲染效果如图9-37所示。

图9-37 渲染效果

⑦ 选择【VR物理摄影机】然后在【修改】面板下设置【胶片规格（mm）】为36.0,【焦距（mm）】为40.0,【光圈数】为1.0,调节【自定义平衡】为（红：255，绿：255，蓝：255），调节【快门速度（S^-1）】为100.0,如图9-38所示。

8 按F9键渲染当前场景，最终渲染效果如图9-39所示。

9 最终渲染效果，如图9-40所示。

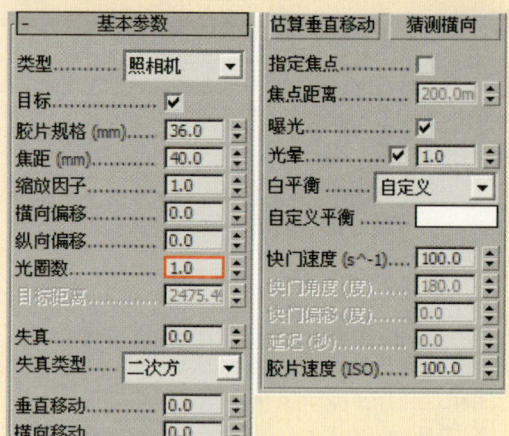

图9-38 摄影机参数

图9-39 渲染效果

图9-40 最终渲染效果

实战演练070——利用摄影机调节景深效果

📁 场景文件	场景文件\第9章\03.max	📁 案例文件	最终文件\第9章\实战演练070\利用摄影机调节景深效果.max
🎬 视频教学	视频\第9章\利用摄影机调节景深效果.flv	🎬 视频长度	3分13秒
⚠ 难易指数	★★★★☆		

在这个场景中主要介绍了如何使用目标摄影机中景深的效果，最终渲染效果如图9-41所示。

图9-41 最终渲染效果

1. 创建目标摄影机

① 打开本书配套光盘中的【场景文件\第9章\03.max】文件,此时场景效果如图9-42所示。

图9-42 场景效果

② 单击【创建】｜【摄影机】｜【目标】 目标 按钮,单击在视图中拖曳创建,如图9-43所示。

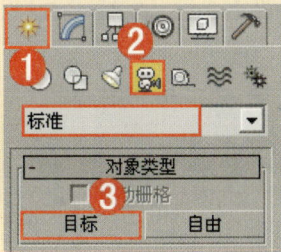

图9-43 目标摄影机

提示：可以按Ctrl+C组合键,快速创建目标摄影机。

③ 此时摄影机的位置以及【摄影机】视图效果如图9-44所示。选择目标摄影机,在【修改】面板下展开【参数】卷展栏,设置【镜头】为43.0,【视野】为45.429,【目标距离】为499.52mm,如图9-45所示。

④ 按Shift+Q组合键,快速渲染【摄影机】视图,其渲染的效果如图9-46所示。

图9-44 目标摄影机的位置

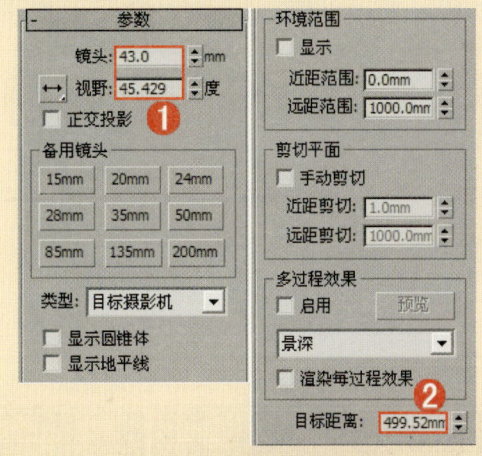

图9-45 目标摄影机的参数

图9-46 测试渲染效果

提示：通过渲染的效果图来看并没有景深的效果,需要在渲染参数中调节摄影机的参数才能得到需要的景深效果。

⑤ 按F10键打开【渲染参数】面板,然后展开【摄像机】卷展栏,在【景

深】选项组下选中【开】复选框,接着选中【从摄影机获取】复选框,其他参数保持不变,如图9-47所示。

❻ 按Shift+Q组合键,快速渲染【摄影机】视图,其渲染的效果如图9-48所示。

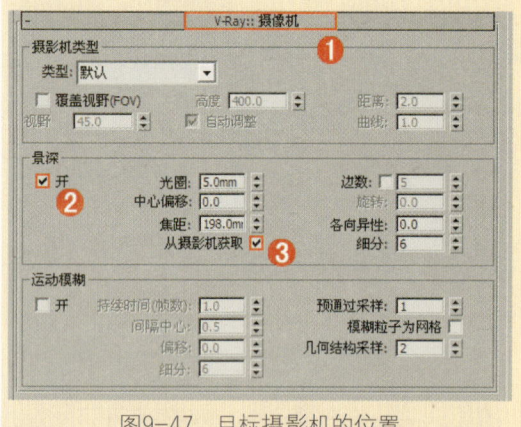

图9-47 目标摄影机的位置

图9-48 最终渲染效果

9.5 课后作业

本案例主要使用【VR_物理像机】调节场景亮度。设置【光圈系数】为5、3、1时的对比效果,如图9-49所示。

图9-49 效果对比

(1)在场景中创建一盏【VR_物理像机】,如图9-50所示。
(2)分别设置【光圈系数】为5、3、1,如图9-51所示。
(3)最终效果如图9-52所示。

第9章 效果图中的摄影机设置

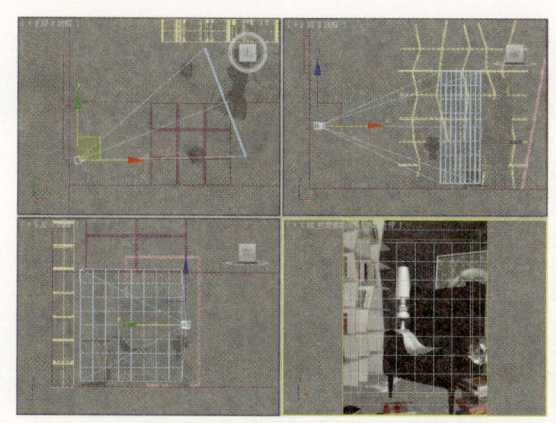

图9-50　创建【VR_物理像机】　　　　　图9-51　光圈参数设置

图9-52　最终效果

9.6　本章小结

　　本章内容比较简单，主要介绍了如何创建和使用摄影机。重点需要学习的是【目标摄影机】和【VR_物理像机】，熟练掌握好摄影机的知识，会准确把握好画面的构图、明暗、景深等。

第10章
效果图中的VRay渲染利器参数详解

- 掌握渲染器的基本常识
- VRay渲染器参数详解

10.1 初识渲染器

10.1.1 渲染器是什么

渲染器是3D引擎的核心部分，它完成将3D物体绘制到屏幕上的任务。根据3D硬件使用方法的不同，可以分为DirectX和OpenGL两种渲染器。OpenGL渲染器通过OpenGL图形库来使用3D硬件，多数3D卡支持这种方法。而DirectX渲染器使用微软的DirectX库——归并到Windows操作系统中。在老的3D卡上面，OpenGL一般绘制速度较快一些，而在现代的3D卡上面，DirectX表现则更加出色。

10.1.2 扫描线渲染器

【默认扫描线渲染器】是点到点方式渲染的一项技术和算法集，是3ds Max最原始的默认渲染器。所有待渲染的多边形首先按照顶点y坐标出现的顺序排序，然后使用扫描线与列表中前面多边形的交点计算图像的每行或者每条扫描线，在活动扫描线逐步沿图像向下计算的时候更新列表丢弃不可见的多边形。

这种方法的一个优点就是没有必要将主内存中的所有顶点都转到工作内存，只有与当前扫描线相交边界的约束顶点才需要，并且每个定点数据只需读取一次。主内存的速度通常远远低于中央处理单元或者高速缓存，避免多次访问主内存中的顶点数据就可以大幅度提升运算速度。

【默认扫描线渲染器】渲染速度相对比较快，但是渲染效果相对较差，对于快速模拟效果和快速渲染动画等情况下可以使用，但是对于需要模拟较为真实、复杂效果时，推荐使用VRay渲染器。图10-1所示为【默认扫描线渲染器】渲染时的效果。

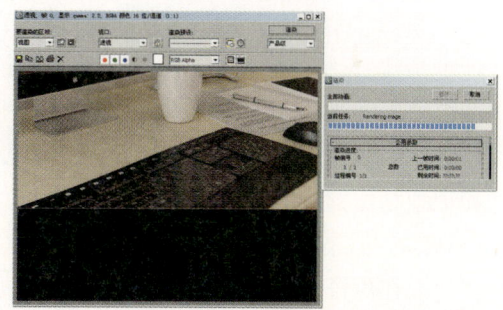

图10-1 扫描线渲染

图10-2所示为【VRay渲染器】渲染时的效果。

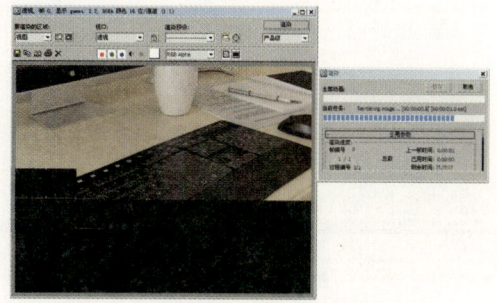

图10-2 【VRay渲染器】渲染的效果

图10-3所示为【渲染设置：默认扫描线渲染器】的参数面板。

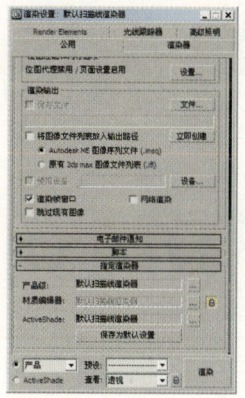

图10-3 【渲染设置：默认扫描线渲染器】参数面板

10.2 VRay渲染器

VRay渲染器是由chaosgroup和asgvis公司出品的，在中国是由曼恒公司负责推广的一款高质量渲染软件。VRay是目前业界最受欢迎的渲染引擎。由于VRay渲染器可以真实地模拟现实光照,并且操作简单,可控性也很强,因此被广泛用于建筑表现、工业设计和动画制作等领域。

VRay的渲染速度与渲染质量比较均衡,也就是说在保证较高渲染质量的前提下也具有较快的渲染速度,所以它是目前效果图制作领域最为流行的渲染器,如图10-4所示。

VRay渲染器参数主要包括【公用】、【VR_基项】、【VR_间接照明】、【VR_设置】和Render Elements(渲染元素)5个选项卡,如图10-6所示。下面重点介绍【VR_基项】、【VR_间接照明】和【VR_设置】这3个选项卡下的参数。

图10-4 效果图作品

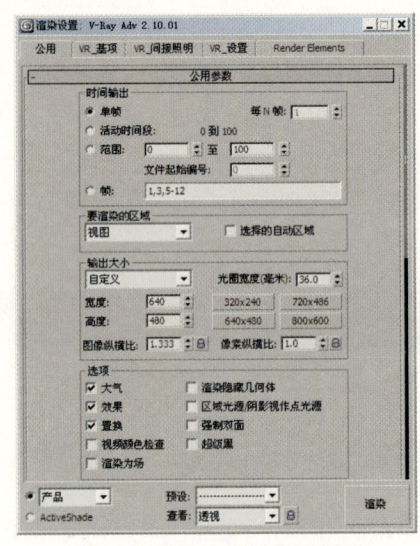

图10-6 【公用参数】卷展栏

安装好VRay渲染器之后,若想使用该渲染器来渲染场景,可以按F10键打开【渲染设置】对话框,然后在【公用】选项卡下展开【指定渲染器】卷展栏,单击【产品级】选项后面的【选择渲染器】按钮，在弹出的【选择渲染器】对话框中选择【V-RayAdv 2.10.01】即可,如图10-5所示。

10.2.1 公用

1. 公用参数

【公用参数】卷展栏用来设置所有渲染器的公用参数,如图10-7所示。

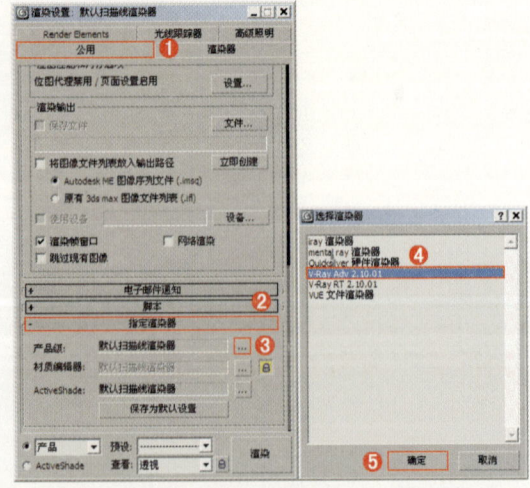

图10-5 选择【V-Ray Adv 2.10.01】

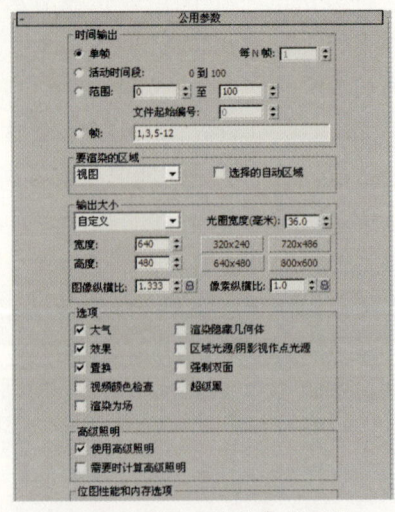

图10-7 【公用参数】卷展栏

- 时间输出：选择要渲染的帧。
    - 单帧：仅当前帧。
    - 活动时间段：为显示在时间滑块内的当前帧范围。
    - 范围：指定两个数值之间（包括这两个数）的所有帧。
    - 帧：可以指定非连续帧，帧与帧之间用逗号隔开（例如 2,5）或连续的帧范围，用连字符相连（例如 0~5）。
- 输出大小：选择一个预定义的大小或在【宽度】和【高度】字段（像素为单位）中输入的另一个大小。这些控件影响图像的纵横比。
    - 下拉列表：可以从中选择几个标准的电影和视频分辨率以及纵横比。
    - 光圈宽度（毫米）：指定用于创建渲染输出的摄影机光圈宽度。
    - 宽度/高度：以像素为单位指定图像的宽度/高度，从而设置输出图像的分辨率。
    - 预设分辨率按钮（320×240、640×480等）：单击这些按钮之一，选择一个预设分辨率。
    - 图像纵横比：设置图像的纵横比。更改此值将改变高度值以保持活动的分辨率正确。
    - 像素纵横比：设置显示在其他设备上的像素纵横比。
    - 锁定按钮：可以锁定像素纵横比。
- 选项：可以控制大气、效果、置换等选项。
    - 大气：选中此复选框后，渲染任何应用的大气效果，如体积雾。
    - 效果：选中此复选框后，渲染任何应用的渲染效果，如模糊。
    - 置换：渲染任何应用的置换贴图。
    - 视频颜色检查：检查超出 NTSC 或 PAL 安全阈值的像素颜色，标记这些像素颜色并将其改为可接受的值。
    - 渲染为场：为视频创建动画时，将视频渲染为场，而不是渲染为帧。
    - 渲染隐藏几何体：渲染场景中所有的几何体对象，包括隐藏的对象。
    - 区域光源/阴影视作点光源：将所有的区域光源或阴影当作从点对象发出的进行渲染，这样可以加快渲染速度。
    - 强制双面：双面材质渲染可渲染所有曲面的两个面。
    - 超级黑：此渲染限制用于视频组合的渲染几何体的暗度。
- 高级照明：可以控制高级照明的相关参数。
    - 使用高级照明：选中此复选框后，3ds Max Design 在渲染过程中提供光能传递解决方案或光跟踪。
    - 需要时计算高级照明：选中此复选框后，当需要逐帧处理时，3ds Max Design 计算光能传递。
- 位图性能和内存选项：控制全局设置和位图代理的数值。
    - 设置：单击以打开【位图代理】对话框的全局设置和默认值。
- 渲染输出：可以控制渲染输出的参数。
    - 保存文件：选中此复选框后，进行渲染时，3ds Max Design 会将渲染后的图像或动画保存到磁盘。
    - 文件：打开【渲染输出文件】对话框，指定输出文件名、格式以及路径。
    - 将图像文件列表放置在输出路径中：选中此复选框可创建图像序

列（IMSQ）文件，并将其保存在与渲染相同的目录中。

- ◆ 立即创建：单击以【手动】创建图像序列文件。首先必须为渲染自身选择一个输出文件。
- ◆ 使用设备：将渲染的输出发送到像录像机这样的设备上。首先单击【设备】按钮指定设备，设备上必须安装相应的驱动程序。
- ◆ 渲染帧窗口：在渲染帧窗口中显示渲染输出。
- ◆ 网络渲染：启用网络渲染，在渲染时将看到【网络作业分配】对话框。
- ◆ 跳过现有图像：选中此对话框且启用【保存文件】后，渲染器将跳过序列中已经渲染到磁盘中的图像。

2．电子邮件通知

使用此卷展栏可使渲染作业发送电子邮件通知，如网络渲染那样。如果启动冗长的渲染（如动画），并且不需要在系统上花费所有时间，这种通知非常有用，如图10-8所示。

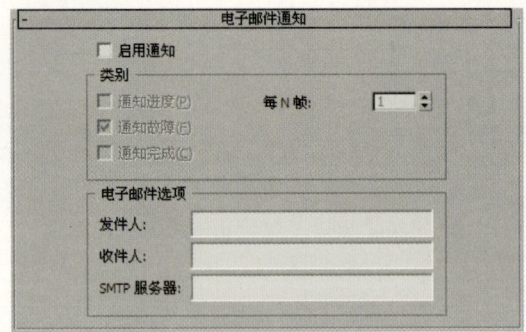

图10-8 【电子邮件通知】面板

- 启用通知：选中此复选框后，渲染器将在某些事件发生时发送电子邮件通知。默认设置为禁用状态。
- 通知进度：发送电子邮件以表明渲染进度。
- 通知故障：只有在出现阻止渲染完成的情况时才发送电子邮件通知。默认设置为启用。
- 通知完成：当渲染作业完成时，发送电子邮件通知。默认设置为禁用状态。
- 发件人：输入启动渲染作业的用户的电子邮件地址。
- 收件人：输入需要了解渲染状态的用户的电子邮件地址。
- SMTP 服务器：输入作为邮件服务器使用的系统的数字 IP 地址。

3．脚本

使用【脚本】卷展栏可以指定在渲染前和后要运行的脚本，如图10-9所示。

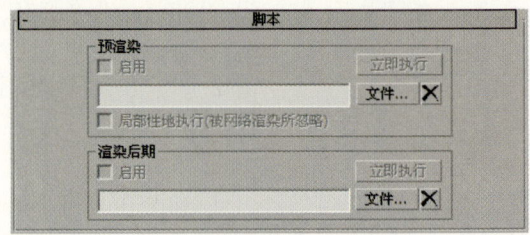

图10-9 【脚本】卷展栏

- 预渲染：渲染之前，指定要运行的脚本。
  - ◆ 启用：选中该复选框之后，启用脚本。
  - ◆ 立即执行：单击可"手动"执行脚本。
  - ◆ 文件名字段：选定脚本之后，该字段显示其路径和名称。可以编辑该字段。
  - ◆ 文件：单击可打开【文件】对话框，并且选择要运行的预渲染脚本。
  - ◆ ✕删除文件：单击可删除脚本。
- 渲染后期：渲染之后，指定要运行的脚本。
  - ◆ 启用：选中该复选框之后，启用脚本。

- 立即执行：单击可"手动"执行脚本。
- 文件名字段：选定脚本后，该字段显示其路径和名称。可以编辑该字段。
- 文件：单击可打开【文件】对话框，并且选择要运行的后期渲染脚本。
- ✕删除文件：单击可删除脚本。

4 指定渲染器

【指定渲染器】卷展栏显示指定给产品级和 ActiveShade 类别的渲染器，也显示【材质编辑器】中的示例窗，如图10-10所示。

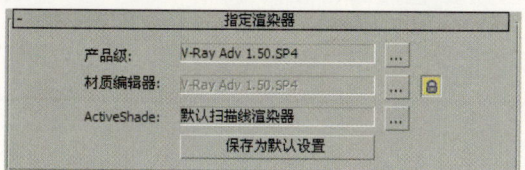

图10-10 【指定渲染器】卷展栏

- 产品级：选择用于渲染图形输出的渲染器。
- 材质编辑器：选择用于渲染【材质编辑器】中示例的渲染器。
- ActiveShade：选择用于预览场景中照明和材质更改效果的 Acti veShade 渲染器。
- 保存为默认设置：单击该按钮可将当前渲染器指定保存为默认设置，以便下次重新启动 3ds Max Design 时它们处于活动状态。

10.2.2 V-Ray

1. 帧缓冲区

【V-Ray::帧缓冲区】卷展栏下的参数可以代替3ds Max自身的帧缓冲窗口。这里可以设置渲染图像的大小，以及保存渲染图像等，其参数卷展栏如图10-11所示。

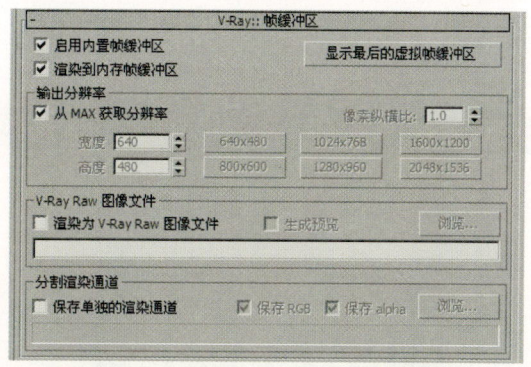

图10-11 【V-Ray::帧缓冲区】卷展栏

- 启用内置帧缓存：选中将使用VR渲染器的内置帧缓冲器，VR渲染器不会渲染任何数据到3ds Max自身的帧缓存窗口，而且减少占用系统内存。不选中则自动使用3ds Max自身的帧缓冲器。

> 提示：默认情况下进行渲染，使用的是3ds Max自身的帧缓冲窗口，如图10-12所示。而选中【启用内置帧缓冲区】复选框后，使用的是VR渲染器内置的帧缓冲器，如图10-13所示。

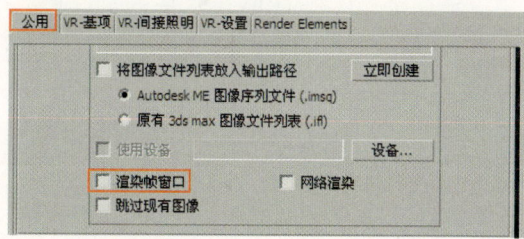

图10-12 关闭3ds Max的帧缓冲窗口

【切换颜色显示模式】按钮：分别为【切换到RGB通道】、【查看红色通道】、【查看绿色通道】、【查看蓝色通道】及【切换到alpha通道】和【单色模式】。

【保存图像】按钮：将渲染后的图像保存到指定的路径中。

【清除图像】按钮 ✕：清除帧缓存中的图像。

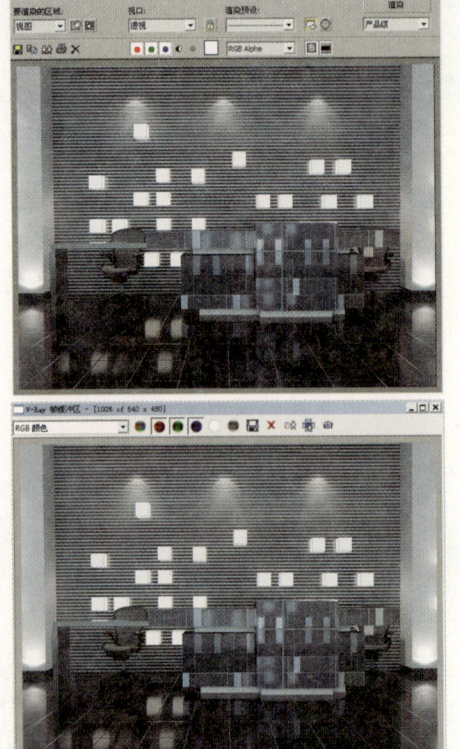

图10-13 3ds Max自身帧缓存窗口和VR内置帧窗口

【复制到Max中的帧缓存】按钮：单击该按钮可以将VRay帧缓存中的图像复制到3ds Max的帧缓存中。

【跟踪鼠标渲染】按钮：强制渲染鼠标所指定的区域，这样可以快速观察到指定的渲染区域。

【显示校正控制器】按钮：单击该按钮会弹出【颜色校正】对话框，在该对话框中可以校正渲染图像的颜色。

【强制颜色箝位】按钮：单击该按钮可以对渲染图像中超出显示范围的色彩不进行警告。

【查看钳制颜色】按钮：单击该按钮可以查看钳制区域中的颜色。

【显示像素通知】按钮：单击该按钮会弹出一个与像素相关的信息通知对话框。

【使用色阶校正】按钮：在【颜色校正】对话框中调整明度的阈值后，单击

该按钮可以将最后调整的结果显示或不显示在渲染的图像中。

【使用颜色曲线校正】按钮：在【颜色校正】对话框中调整好曲线的阈值后，单击该按钮可以将最后调整的结果显示或不显示在渲染的图像中。

【使用曝光校正】按钮：控制是否对曝光进行修正。

【显示SRGB颜色空间】按钮：SRGB是国际通用的一种RGB颜色模式，还有Adobe RGB和ColorMatch RGB模式，这些RGB模式的主要区别在于Gamma值的不同。

- 渲染到内存帧缓存：当选中该复选框时，可以将图像渲染到内存中，然后再由帧缓存窗口显示出来，这样可以方便用户观察渲染的过程；当禁用该选项时，不会出现渲染框，而直接保存到指定的硬盘文件夹中，这样的好处是可以节约内存资源。
- 从Max获取分辨率：选中时VR将使用设置的3ds Max的分辨率。
- 像素长宽比：控制渲染图像的长宽比。
- 宽度：设置像素的宽度。
- 长度：设置像素的长度。
- 渲染为VRay Raw格式图像：控制是否将渲染后的文件保存到所指定的路径中，选中该复选框后渲染的图像将以.vrimg的文件格式进行保存。
- 保存单独的渲染通道：选中该复选框后允许在缓存中指定的特殊通道作为一个单独的文件保存在指定的目录。
- 保存RGB：控制是否保存RGB色彩。
- 保存Alpha：控制是否保存Alpha通道。
- 【浏览】按钮：单击该按钮

可以保存RGB和Alpha文件。

2. 全局开关

【V-Ray::全局开关】展卷栏下的参数主要用来对场景中的灯光、材质、置换等进行全局设置，比如是否使用默认灯光、是否开启阴影、是否开启模糊等，其参数卷展栏如图10-14所示。

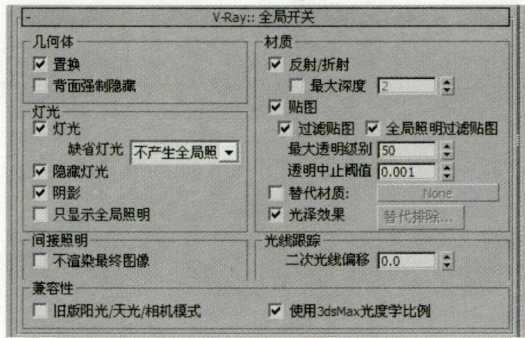

图10-14 【V-Ray::全局开关】卷展栏

（1）几何体

- 置换：决定是否使用VR置换贴图，此选项不会影响3ds Max自身的置换贴图。在VRay的置换系统中，一共有两种置换方式，分别是材质置换方式和VRay置换修改器方式，如图10-15所示。当禁用该选项时，场景中的两种置换都不会有其作用。

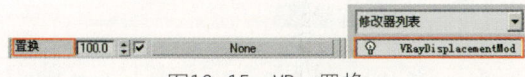

图10-15 VRay置换

- 背面强制隐藏：执行3ds Max中的【自定义/首选项】菜单命令，在弹出的对话框中的【视口】选项卡下有一个【创建对象时背面消隐】选项，如图10-16所示。【背面强制隐藏】与【创建对象时背面消隐】选项相似，但【创建对象时背面消隐】只用于视图，对渲染没有影响，而【强制背面隐藏】是针对渲染而言的，选中该复选框后反法线

的物体将不可见。

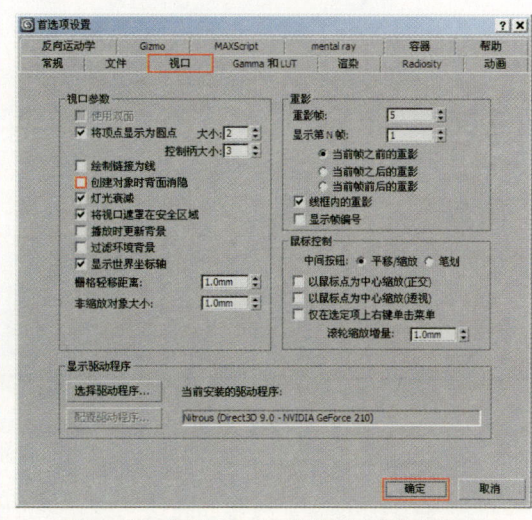

图10-16 【创建对象时背面消隐】复选框

（2）灯光

- 灯光：开启VR场景中的直接灯光，不包含3ds Max场景的默认灯光。如果不选中的话，系统自动使用场景默认灯光渲染场景。
- 缺省灯光：指的是3ds Max的默认灯光。
- 隐藏灯光：选中时隐藏的灯光也会被渲染。
- 阴影：控制场景是否产生阴影。
- 只显示全局照明：选中时直接光照不参与最终的图像渲染。GI在计算全局光的时候直接光照也会参与，但是最后只显示间接光照。

（3）材质

- 反射/折射：控制是否开启场景中的材质的反射和折射效果。
- 最大深度：控制整个场景中的反射、折射的最大深度，后面的输入框数值表示反射、折射的次数。
- 贴图：控制是否让场景中的物体的程序贴图和纹理贴图渲染出来。如果禁用该选项，那么渲染出来的图像就不会显示贴图，取而代之的是漫反射通道里的颜色。
- 过滤贴图：这个选项用来控制VRay渲染时是否使用贴图纹理过滤。
- 全局照明过滤贴图：控制是否在全局照明中过滤贴图。
- 最大透明级别：控制透明材质被光线追踪的最大深度。值越高，被光线追踪的深度越深，效果越好，但渲染速度会变慢。
- 透明中止阈值：控制VRay渲染器对透明材质的追踪终止值。当光线透明度的累计比当前设定的阈值低时，将停止光线透明追踪。
- 替代材质：是否给场景赋予一个全局材质。当在后面的通道中设置了一个材质后，那么场景中所有的物体都将使用该材质进行渲染，这在测试阳光的方向时非常有用。
- 光泽效果：是否开启反射或折射模糊效果。当禁用该选项时，场景中带模糊的材质将不会渲染出反射或折射模糊效果。

（4）间接照明

不渲染最终图像：控制是否渲染最终图像。如果选中该复选框，VRay将在计算完光子以后，不再渲染最终图像，这对跑小光子图非常方便。

（5）光线跟踪

二次光线偏移：设置光线发生二次反弹时的偏移距离，主要用于检查建模时有无重面，并且纠正其反射出现的错误，在默认情况下将产生黑斑，一般设为0.001。

3．图像采样器（反锯齿）

反锯齿在渲染设置中是一个必须调整的参数，其数值的大小决定了图像的渲染精度和渲染时间，但反锯齿与全局照明精度的高低没有关系，只作用于场景物体的图像和物体的边缘精度，其参数卷展栏如图10-17所示。

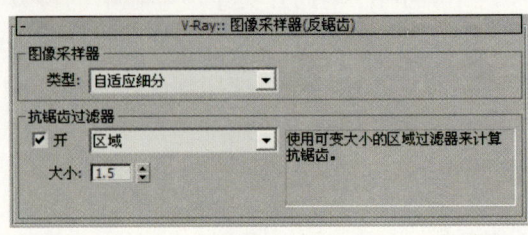

图10-17 【V-Ray::图像采样器（反锯齿）】参数卷展栏

- 类型：用来设置【图像采样器】的类型，包括【固定】、【自适应DMC】和【自适应细分】3种类型。
  - 固定：VRay中最简单的采样器，对于每一个像素它使用一个固定数量的样本。
  - 自适应DMC：是一种高级抗锯齿采样器，在渲染高质量图像时可以使用。
  - 自适应细分：是用得最多的采样器，对于模糊和细节要求不太高的场景，它可以得到速度和质量的平衡。在室内效果图的制作中，这个采样器几乎可以适用于所有场景。

> 提示：一般情况下【固定】方式由于其速度较快而用于测试，细分值保持默认，在最终出图时选用【自适应DMC】或者【自适应细分】。对于具有大量模糊特效（比如运动模糊、景深模糊、反射模糊、折射模糊）或高细节的纹理贴图场景，使用【固定】方式是兼顾图像品质与渲染时间的最好选择。

- 开：当关闭抗锯齿过滤器时，常用于测试渲染，渲染速度非常快、质量较差。如图10-18所示。

效果图中的VRay渲染利器参数详解 第10章

- 四方形：和【清晰四方形】相似，能产生一定的模糊效果，如图10-21所示。

图10-18 关闭抗锯齿过滤器效果

- 抗锯齿过滤器：设置渲染场景的抗锯齿过滤器。当选中【开】复选框后，可以从后面的下拉列表中选择一个抗锯齿方式来对场景进行抗锯齿处理；如果不选中【开】复选框，那么渲染时将使用纹理抗锯齿过滤型。
  - 区域：用其大小来计算抗锯齿，如图10-19所示。

图10-21 四方形抗锯齿过滤器效果

- 立方体：基于立方体的25像素过滤器，能产生一定的模糊效果，如图10-22所示。

图10-19 计算抗锯齿的效果

- 清晰四方形：来自Neslon Max算法的清晰9像素重组过滤器，如图10-20所示。

图10-22 立方体抗锯齿过滤器效果

- 视频：适合制作视频动画的一种抗锯齿过滤器，如图10-23所示。

图10-20 清晰四方形抗锯齿过滤器效果

图10-23 视频抗锯齿过滤器效果

- 柔化：用于程度模糊效果的一种抗锯齿过滤器，如图10-24所示。

347

图10-24　柔化抗锯齿过滤器效果

图10-27　Blackman抗锯齿过滤器效果

◆ Cook变量：一种通用过滤器，较小的数值可以得到清晰的图像效果，如图10-25所示。

◆ Mitchell-Netravali：一种常用的过滤器，能产生微量模糊的图像效果，如图10-28所示。

图10-25　Cook变量抗锯齿过滤器效果

图10-28　Mitchell-Netravali抗锯齿过滤器效果

◆ 混合：一种用混合值来确定图像清晰或模糊的抗锯齿过滤器，如图10-26所示。

◆ Catmull-Rom：一种具有边缘增强的过滤器，可以产生较清晰的图像效果，如图10-29所示。

图10-26　混合抗锯齿过滤器效果

图10-29　Catmull-Rom抗锯齿过滤器效果

◆ Blackman：一种没有边缘增强效果的抗锯齿过滤器，如图10-27所示。

◆ 图版匹配/MAX R2：使用3ds Max R2的方法（无贴图过滤）将摄影机和场景或【无光/投影】元素与未过滤的背景图像相

匹配，如图10-30所示。

图10-30　图版匹配/MAX　R2抗锯齿过滤器效果

◆ **VRayLanczos/VRaySinc过滤器**：VRay新版本中的两个新抗锯齿过滤器，可以很好地平衡渲染速度和渲染质量，如图10-31所示。

图10-31　VRayLanczos/VRaySinc抗锯齿过滤器效果

◆ **VRay盒子/VRay三角形过滤器**：这也是VRay新版本中的抗锯齿过滤器，它们以【盒子】和【三角形】的方式进行抗锯齿。

● **大小**：设置过滤器的大小。

> 通常是测试时关闭抗锯齿过滤器，最终渲染选用Mitchell-Netravali 或 Catmull-Rom。

4. 自适应细分图像采样器

【V-Ray::自适应细分图像采样器】是用得最多的采样器，对于模糊和细节要求不太高的场景，它可以得到速度和质量的平衡。在室内效果图的制作中，这个采样器几乎可以用于所有场景。如图10-32所示。

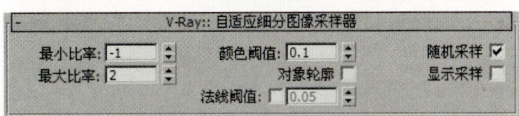

图10-32　【V-Ray::自适应细分图像采样器】卷展栏

● **最小比率**：决定每个像素使用的样本的最小数量。值为0意味着一个像素使用一个样本；值为-1意味着每两个像素使用一个样本；值为-2则意味着每4个像素使用一个样本，采样值越大效果越好。

● **最大比率**：决定每个像素使用的样本的最大数量。值为0意味着一个像素使用一个样本；值为1意味着每个像素使用4个样本；值为2则意味着每个像素使用8个样本，采样值越大效果越好。

● **颜色阈值**：表示像素亮度对采样的敏感度的差异。值越小效果越好，所花时间也会较长，值越高效果越差边缘颗粒感越重。一般设为0.1可以得到清晰平滑的效果。这里的颜色指的是色彩的灰度。

● **对象轮廓**：选中的时候表示采样器强制在物体的边进行高质量超级采样而不管它是否需要进行超级采样。注意，这个选项在使用景深或运动模糊的时候会失效。

● **法线阈值**：选中时将使超级采样取得好的效果。同样，在使用景深或运动模糊的时候会失效。此选项决定自适应细分在物体表面法线的采样程度，一般设为0.04即可。

● **随机采样**：略微转移样本的位置以便在垂直线或水平线条附近得到更好的效果。

● **显示采样**：勾选该选项后，可以看到【自适应细分】的样本分布情况。

5. 环境

【V-Ray::环境（无名）】卷展栏分为【全局照明环境（天光）覆盖】、【反射/折射环境覆盖】和【折射环境覆盖】3个选项组，如图10-33所示。

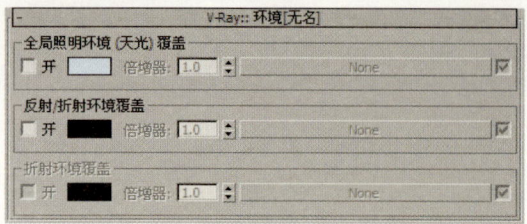

图10-33 【V-Ray::环境（无名）】卷展栏

（1）全局照明环境（天光）覆盖

- 开：控制是否开启VRay的天光。当使用这个选项以后，3ds Max默认的天光效果将不起光照作用。图10-34所示为不选中【开】和选中【开】复选框，并设置倍增器为1.5的对比效果。

- 颜色：设置天光的颜色。
- 倍增器：设置天光亮度的倍增。值越高，天光的亮度越高。
- None（无）按钮：选择贴图来作为天光的光照。

（2）反射/折射环境覆盖

- 开：当选中该复选框后，当前场景中的反射环境将由它来控制。
- 颜色：设置反射环境的颜色。
- 倍增器：设置反射环境亮度的倍增。值越高，反射环境的亮度越高。
- None（无）按钮：选择贴图来作为反射环境。

（3）折射环境覆盖

- 开：当选中该选项后，当前场景中的折射环境由它来控制。
- 颜色：设置折射环境的颜色。
- 倍增器：设置反射环境亮度的倍增。值越高，折射环境的亮度越高。
- None（无）按钮：选择贴图来作为折射环境。

6．颜色贴图

【V-Ray::颜色贴图】卷展栏下的参数用来控制整个场景的色彩和曝光方式，其参数卷展栏如图10-35所示。

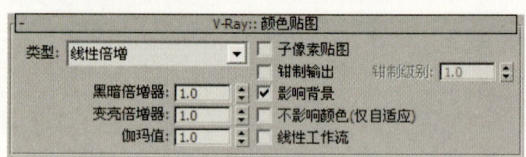

图10-35 【V-Ray::颜色贴图】卷展栏

- 类型：提供不同的曝光模式，包括【线性倍增】、【指数】、【HSV指数】、【强度指数】、【伽玛校正】、【亮度伽玛】和【莱因哈德】7种模式。

  ◆ 线性倍增：这种模式将基于最终色彩亮度来进行线性的倍增，这种模式可能会导致靠近光源的点

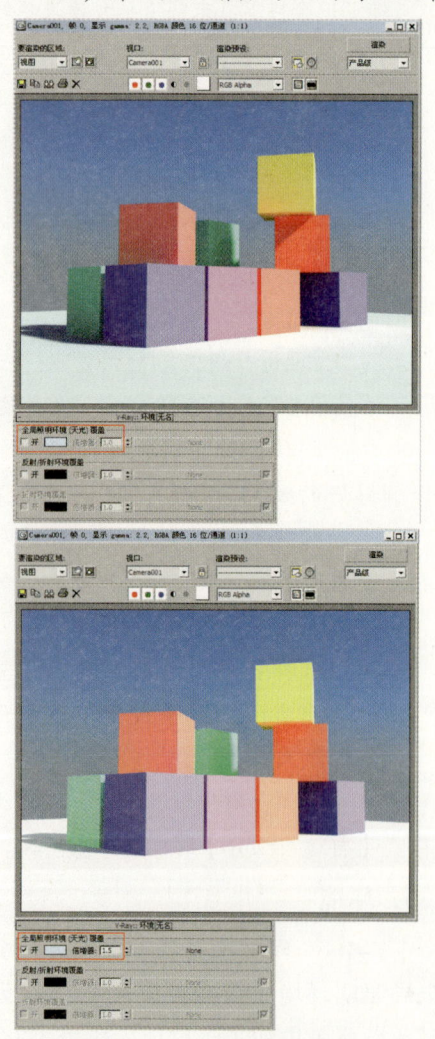

图10-34 天光对比效果

过分明亮，容易产生曝光效果，如图10-36所示。其参数包括，【黑暗倍增器】（增大该值可以提高暗部的亮度）、【变亮倍增器】（增大该值可以提高亮部的亮度）、【伽玛值】（用来控制图像的灰度值）。

图10-36　线性倍增效果

- 指数：这种曝光是采用指数模式，它可以降低靠近光源处表面的曝光效果，同时场景颜色的饱和度会降低，易产生柔和效果，如图10-37所示。

图10-37　指数效果

- HSV指数：与【指数】曝光比较相似，不同点在于可以保持场景物体的颜色饱和度，但是这种方式会取消高光的计算，如图10-38所示。

图10-38　HSV指数效果

- 强度指数：这种方式是对上面两种指数曝光的结合，既抑制了光源附近的曝光效果，又保持了场景物体的颜色饱和度，如图10-39所示。

图10-39　强度指数效果

- 伽玛校正：采用伽玛来修正场景中的灯光衰减和贴图色彩，其效果和【线性倍增】曝光模式类似，如图10-40所示。

图10-40　伽玛校正效果

- 亮度伽玛：这种曝光模式不仅拥有【伽玛校正】的优点，同时还可以修正场景灯光的亮度，如图10-41所示。

图10-41　亮度伽玛效果

◆ 莱因哈德：这种曝光方式可以把【线性倍增】和【指数】曝光混合起来，如图10-42所示。它包括一个【倍增值】局部参数，主要用来控制【线性倍增】和【指数】曝光的混合值，0表示【线性倍增】不参与混合；1表示【指数】不参加混合；0.5表示【线性倍增】和【指数】曝光效果各占一半。

图10-42 莱因哈德效果

● 子像素贴图：在实际渲染时，物体的高光区与非高光区的界限处会有明显的黑边，而选中【子像素贴图】复选框后就可以缓解这种现象，图10-43所示是选中与不选中【子像素贴图】复选框时的对比。

● 钳制输出：当选中这个复选框后，在渲染图中有些无法表现出来的色彩会通过限制来自动纠正。但是当使用HDRI（高动态范围贴图）的时候，如果限制了色彩的输出会出现一些问题。

● 影响背景：控制是否让曝光模式影响背景。当禁用该选项时，背景不受曝光模式的影响。

● 不影响颜色（仅自适应）：在使用HDRI（高动态范围贴图）和【VRay发光材质】时，若不选中该复选框，【颜色映射】卷展栏下

的参数将对这些具有发光功能的材质或贴图产生影响。

图10-43 选中与不选中【子像素贴图】复选框时效果对比

7. 摄影机

【V-Ray::摄影机】卷展栏下的参数用来控制【摄影机类型】、【景深】、【运动模糊】等参数，其参数卷展栏如图10-44所示。

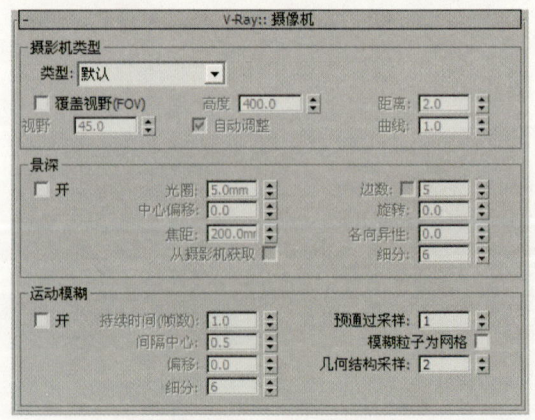

图10-44 【V-Ray::摄影机】卷展栏

- 摄影机类型：该选项控制摄影机的基本参数，如类型、距离、视野等。
  - 类型：VRay支持下列几种类型的摄影机，分别是【默认】、【球形】、【圆柱（点）】、【圆柱（正交）】、【盒】、【鱼眼】、【变形球（旧式）】。
  - 覆盖视野（FOV）：该设定让人能够忽略3ds Max的FOV视场角。
  - 高度：此处可以指定圆柱（正交）类型摄影机的高度。注意：只有当选用了圆柱（正交）类型的摄影机时才会有效。
  - 距离：该设定只适用于【鱼眼】摄影机。
  - 视野：此处可以指定视场角度。
  - 自动调整：该设定用于控制【鱼眼】摄影机的自动适配功能。
  - 曲线：该设定仅用于【鱼眼】摄影机。该设定决定图像的扭曲方式。
- 景深：该选项控制摄影机产生景深的参数。
  - 开：打开和关闭运动景深。
  - 光圈：使用世界单位定义虚拟摄影机的光圈尺寸。较小的光圈值将减小景深效果，大的参数值将产生更多的模糊效果。
  - 边数：边数。这个选项允许用户模拟真实世界摄影机的多边形形状的光圈。
  - 中心偏移：中心偏移。这个参数决定景深效果的一致性，值为0意味着光线均匀地通过光圈，正值意味着光线趋向于向光圈边缘集中，负值意味着向光圈中心集中。
  - 旋转：指定光圈形状的方位。
  - 焦距：确定从摄影机到物体被完全聚焦的距离。靠近或远离这个距离的物体都将被模糊。
  - 各向异性：这是一个新增功能，可以单独控制对水平方向或垂直方向的模糊效果。
  - 从摄影机获取：当这个选项激活时，如果渲染的是【摄影机】视图，焦距由摄影机的目标点确定。
  - 细分：该参数用于控制景深效果的品质。
- 运动模糊：该选项控制摄影机产生运动模糊的参数。
  - 开：打开和关闭运动模糊。
  - 持续时间（帧数）：对于当前帧进行运动模糊计算时，该值决定VRay进行模糊计算的帧数。
  - 预通过采样：设定计算发光贴图的过程中，在时间段上使用的样本数量。
  - 间隔中心：指定关于3ds Max的动画帧的运动模糊的时间间隔中心。
  - 模糊粒子为网格：用于控制粒子系统的模糊效果，当选中的时候，粒子系统会被作为正常的网格物体来产生模糊效果。然而，许多粒子系统在不同的动画帧中会改变粒子的数量。
  - 偏移：控制运动模糊效果的偏移，值为0意味着灯光均匀通过全部运动模糊间隔。
  - 几何结构采样：设置产生近似运动模糊的几何学片断的数量，物体被假设在两个几何学样本之间进行线性移动，对于快速旋转的物体，需要增加这个参数值才能得到正确的运动模糊效果。一般设置为3。
  - 细分：确定运动模糊的品质。

10.2.3 V-Ray::间接照明

1. 间接照明（GI）

在VRay渲染器中，如果没有开启VRay间接照明时的效果就是直接照明效果，开启后就可以得到间接照明效果。开启VRay间接照明后，光线会在物体与物体间互相反弹，因此光线计算的会更准确，图像也更加真实，其参数设置面板如图10-45所示。

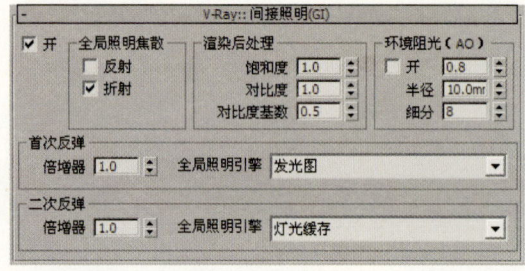

图10-45 【V-Ray::间接照明（GI）】卷展栏

- 开：选中该复选框后，将打开间接照明效果。
- 全局照明焦散：控制GI产生的反射/折射的现象。它可以由天光、自发光物体等产生。但是由直接光照产生的焦散不受这里参数的控制，它与焦散卷展栏的参数相关。不过，焦散需要更多的样本，否则会在GI计算中产生噪波。
  ◆ 反射：控制是否开启反射焦散效果。
  ◆ 折射：控制是否开启折射焦散效果。
- 渲染后处理：主要是对间接光照明进行加工和补充，一般情况下使用默认参数值。
  ◆ 饱和度：可以用来控制色溢，降低该数值可以降低色溢效果。
  ◆ 对比度：可使明暗对比更为强烈。亮的地方越亮，暗的地方越暗。
  ◆ 对比度基数：主要控制明暗对比的强弱，其值越接近对比度的值，对比越弱。通常设为0.5。
- 环境阻光（AO）：环境阻光能得到更加准确和平滑的阴影，所产生的结果类似于使用了全局光，合成环境阻光在最终渲染图片中能够在许多方面改进最终效果，使场景产生深度，也使模型增加更多的细节。
- 首次反弹/二次反弹：在真实世界中，光线的反弹一次比一次减弱。VRay渲染器中的全局照明有【首次反弹】和【二次反弹】，但并不是说光线只反射两次，【首次反弹】可以理解为直接照明的反弹，光线照射到A物体后反射到B物体，B物体所接收到的光就是【首次反弹】，B物体再将光线反射到D物体，D物体再将光线反射到E物体……，D物体以后的物体所得到的光的反射就是【二次反弹】。
  ◆ 倍增器：控制【首次反弹】和【二次反弹】的光的倍增值。值越高，【首次反弹】和【二次反弹】的光的能量越强，渲染场景越亮，默认情况下值为1。
  ◆ 全局照明引擎：设置【首次反弹】和【二次反弹】的全局照明引擎。

2. 发光贴图

【V-Ray::发光图（无名）】是一种常用的全局照明引擎，它只存在于【首次反弹】引擎中，其参数卷展栏如图10-46所示。

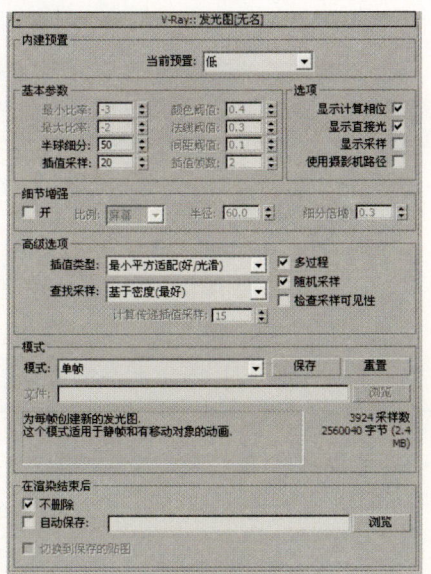

图10-46 【V-Ray::发光图（无名）】卷展栏

（1）内建预置

当前预置：设置发光贴图的预设类型，共有以下8种。如无特殊情况，这几种模式应该可以满足一般需要。非常低，这个预设模式仅仅对预览目的有用，只表现场景中的普通照明；低，一种低品质的用于预览的预设模式；中等，一种中等品质的预设模式，如果场景中不需要太多细节，大多数情况下可以产生好的效果；中等品质动画模式，一种中等品质的预设动画模式，目标就是减少动画中的闪烁；高，一种高品质的预设模式，可以应用在最多的情形下，即使是具有大量细节的动画；高品质动画，主要用于解决 High 预设模式下渲染动画闪烁的问题；非常高，一种极高品质的预设模式，一般用于有大量极细小的细节或极复杂的场景；自定义，选择这个模式可以根据自己需要设置不同的参数，这也是默认的选项。

（2）基本参数

● 最小比率：主要控制场景中比较平坦面积比较大的面的质量受光，这个参数确定 GI 首次传递的分辨率。

● 最大比率：主要控制场景中细节比较多弯曲较大的物体表面或物体交汇处的质量。测试时可以给到−5或−4，最终出图时可以给到−2或−1或 0.光子图可设为−1。

● 半球细分：为VRay采用的是几何光学，它可以模拟光线的条数。这个参数就是用来模拟光线的数量，值越高，表现光线越多，那么样本精度也就越高，渲染的品质就越好，同时渲染时间也会增加。

● 插值采样：这个参数是对样本进行模糊处理，较大的值可以得到比较模糊的效果，较小的值可以得到比较锐利的效果。

● 颜色阈值：这个值主要是让渲染器分辨哪些是平坦区域，哪些不是平坦区域，它是按照颜色的灰度来区分的。值越小，对灰度的敏感度越高，区分能力越强。

● 法线阈值：这个值主要是让渲染器分辨哪些是交叉区域，哪些不是。它是按照法线的方向来区分的。值越小，对法线方向的敏感度越高，区分能力越强。

● 间距阈值：这个值主要是让渲染器分辨哪些是弯曲表面区域，哪些不是，它是按照表面距离和表面弧度的比较来区分的。值越高，表示弯曲表面的样本越多，区分能力越强。

（3）选项

● 显示计算相位：选中的时候，VR在计算发光贴图的时将显示发光贴图，一般选中该复选框。

● 显示直接光：在预计算的时候显示直接照明，以方便用户观察直接光照的位置。
- 显示采样：显示采样的分布以及分布的密度，帮助用户分析GI的精度是否够。

（4）细节增强
- 开：指是否开启【细部增强】功能。
- 比例：细分半径的单位依据，有【屏幕】和【世界】两个单位选项。【屏幕】是指用渲染图的最后尺寸来作为单位；【世界】是用3ds Max系统中的单位来定义的。
- 半径：表示细节部分有多大区域使用【细节增强】功能。【半径】值越大，使用【细部增强】功能的区域也就越大，同时渲染时间也越慢。
- 细分倍增：控制细部的细分，但是这个值和【发光贴图】里的【半球细分】有关系，0.3代表细分是【半球细分】的30%；1代表和【半球细分】的值一样。值越低，细部就会产生杂点，渲染速度比较快；值越高，细部就可以避免产生杂点，同时渲染速度会变慢。

（5）高级选项
- 插值类型：VRay提供了4种样本插补方式，为【发光贴图】的样本的相似点进行插补。
  - 加权平均值（好/穷尽计算）：一种简单的插补方法，可以将插补采样以一种平均值的方法进行计算，能得到较好的光滑效果。
  - 最小平方适配（好/光滑）：默认的插补类型，可以对样本进行最适合的插补采样，能得到比【加权平均值（好/穷尽计算）】更光滑的效果。
  - 三角测试法（好/精确）：最精确的插补算法，可以得到非常精确的效果，但是要有更多的【半球细分】才不会出现斑驳效果，且渲染时间较长。
  - 最小方形加权测试法（测试）：结合了【加权平均值（好/穷尽计算）】和【最小方形适配（好/光滑）】两种类型的优点，但渲染时间较长。
- 查找采样：它主要控制哪些位置的采样点适合用来作为基础插补的采样点。VRay内部提供了以下4种样本查找方式。
  - 四采样点平衡方式（好）：它将插补点的空间划分为4个区域，然后尽量在其中寻找相等数量的样本，它的渲染效果比【临近采样（草图）】效果好，但是渲染速度比【临近采样（草图）】慢。
  - 临近采样（草图）：这种方式是一种草图方式，它简单地使用【发光贴图】里的最靠近的插补点样本来渲染图形，渲染速度比较快。
  - 重叠（非常好/快）：这种查找方式需要对【发光贴图】进行预处理，然后对每个样本半径进行计算。低密度区域样本半径比较大，而高密度区域样本半径比较小。渲染速度比其他3种都快。
  - 基于密度（最好）：它基于总体密度来进行样本查找，不但物体边缘处理非常好，而且在物体表面也处理得十分均匀。它的效果比【重叠（非常好/快）】更好,其速度也是4种查找方式中最慢的一种。

- 计算传递插值采样:用在计算【发光贴图】过程中,主要计算已被查找后的插补样本的使用数量。较低的数值可以加速计算过程,但是会导致信息不足;较高的值计算速度会减慢,但是所利用的样本数量比较多,所以渲染质量也较好。官方推荐使用10~25之间的数值。
- 多过程:当选中该复选框时,VRay会根据【最大采样比】和【最小采样比】进行多次计算。如果禁用该选项,那么就强制一次性计算完。一般根据多次计算以后的样本分布会均匀合理一些。
- 随机采样:控制【发光贴图】的样本是否随机分配。
- 检查采样可见性:在灯光通过比较薄的物体时,很有可能会产生漏光现象,选中该复选框可以解决这个问题,但是渲染时间就会长一些。通常在比较高的GI情况下,也不会漏光,所以一般情况下不选中该复选框。如图10-47所示。

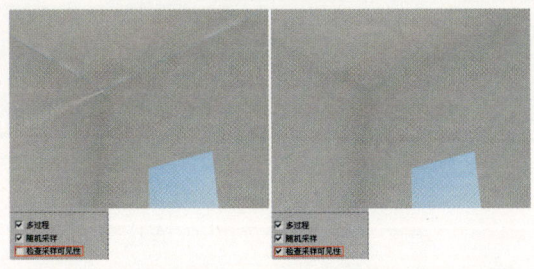

图10-47 【检查采样可见性】复选框选中与否对比

(6)模式
- 模式:一共有以下8种模式。
    ◆ 单帧:一般用来渲染静帧图像。
    ◆ 多帧累加:这个模式用于渲染仅有摄影机移动的动画。当VRay计算完第1帧的光子以后,在后面的帧里根据第1帧里没有的光子信息进行新计算,这样就节约了渲染时间。
    ◆ 从文件:当渲染完光子以后,可以将其保存起来,这个选项就是调用保存的光子图进行动画计算(静帧同样也可以这样)。
    ◆ 添加到当前贴图:当渲染完一个角度的时候,可以把摄影机转一个角度再全新计算新角度的光子,最后把这两次的光子叠加起来,这样的光子信息更丰富、更准确,同时也可以进行多次叠加。
    ◆ 增量添加到当前贴图:这个模式和【添加到当前贴图】相似,只不过它不是全新计算新角度的光子,而是只对没有计算过的区域进行新的计算。
    ◆ 块模式:把整个图分成块来计算,渲染完一个块再进行下一个块的计算,但是在低GI的情况下,渲染出来的块会出现错位的情况。它主要用于网络渲染,速度比其他方式快。
    ◆ 动画(预处理):适合动画预览,使用这种模式要预先保存好光子贴图。
    ◆ 动画(渲染):适合最终动画渲染,这种模式要预先保存好光子贴图。
- 【保存】按钮 保存 :将光子图保存到硬盘。
- 【重置】按钮 重置 :将光子图从内存中清除。
- 文件:设置光子图所保存的路径。

- 【浏览】按钮：从硬盘中调用需要的光子图进行渲染。

（7）在渲染结束后

- 不删除：当光子渲染完以后，不把光子从内存中删掉。
- 自动保存：当光子渲染完以后，自动保存在硬盘中，单击【浏览】按钮就可以选择保存位置。
- 切换到保存的贴图：当选中了【自动保存】复选框后，在渲染结束时会自动进入【从文件】模式并调用光子贴图。

3. 灯光缓存

【灯光缓存】与【发光贴图】比较相似，都是将最后的光发散到摄影机后得到最终图像，只是【灯光缓存】与【发光贴图】的光线路径是相反的，【发光贴图】的光线追踪方向是从光源发射到场景的模型中，最后再反弹到摄影机，而【灯光缓存】是从摄影机开始追踪光线到光源，摄影机追踪光线的数量就是【灯光缓存】的最后精度。由于【灯光缓存】是从摄影机方向开始追踪的光线的，所以最后的渲染时间与渲染图像的像素没有关系，只与其中的参数有关，一般适用于【二次反弹】，其参数卷展栏如图10-48所示。

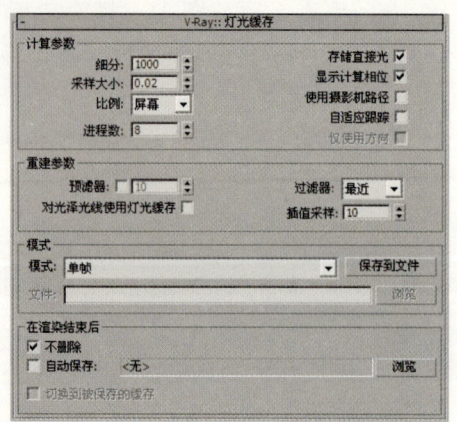

图10-48 【V-Ray::灯光缓存】卷展栏

（1）计算参数

- 细分：用来决定【灯光缓存】的样本数量。值越高，样本总量越多，渲染效果越好，渲染时间越慢，如图10-49所示。

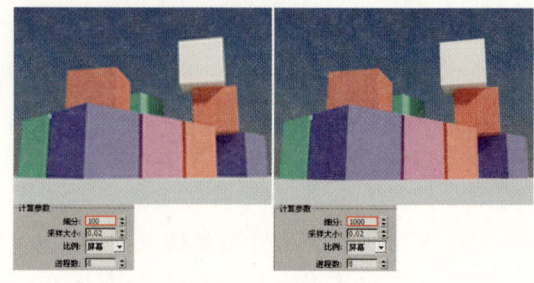

图10-49 细分对比

- 采样大小：用来控制【灯光缓存】的样本大小，比较小的样本可以得到更多的细节，但是同时需要更多的样本，如图10-50所示。

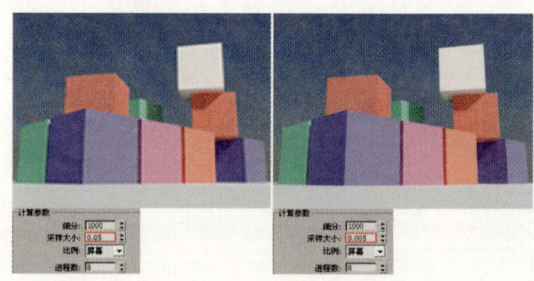

图10-50 采样大小对比

- 比例：主要用来确定样本的大小依靠什么单位，这里提供了以下两种单位。一般在效果图中使用【屏幕】选项，在动画中使用【世界】选项。
- 进程数：这个参数由CPU的个数来确定，如果是单CUP单核单线程，那么就可以设定为1；如果是双核，就可以设定为2。注意，这个值设定得太大会让渲染的图像有点模糊。
- 存储直接光：选中该复选框以后，【灯光缓存】将保存直接光照信息。当场景中有很多灯光时，使用这个选项会提高渲染速度。因为它已经把直接光照信息保存到【灯光缓存】里，在渲染出图的时候，不需要对直接光照再进行采样计算。
- 显示计算相位：选中该复选框以后，可以显示【灯光缓存】的计算过程，方便观察。
- 自适应跟踪：这个选项的作用在于记录场景中的灯光位置，并在光的位置上采用更多的样本，同时模糊特效也会处理得更快，但是会占用更多的内存资源。
- 仅使用方向：当选中【自适应跟踪】复选框以后，该选项才被激活。它的作用在于只记录直接光照的信息，而不考虑间接照明，可以加快渲染速度。

（2）重建参数
- 预滤器：当选中该复选框以后，可以对【灯光缓存】样本进行提前过滤，它主要是查找样本边界，然后对其进行模糊处理。
- 对光泽光线使用灯光缓存：是否使用平滑的灯光缓存，开启该功能后会使渲染效果更加平滑，但会影响到细节效果。
- 过滤器：该选项是在渲染最后成图时，对样本进行过滤，其下拉列表中共有以下3个选项。
  - ◆ 无：对样本不进行过滤。
  - ◆ 最近：当使用这个过滤方式时，过滤器会对样本的边界进行查找，然后对色彩进行均化处理，从而得到一个模糊效果。
  - ◆ 固定：这个方式和【邻近】方式的不同点在于，它采用距离的判断来对样本进行模糊处理。

- 对光泽光线使用灯光缓存：选中该复选框以后，会提高对场景中反射和折射模糊效果的渲染速度。

（3）模式
- 模式：设置光子图的使用模式，共有以下4种。
  - ◆ 单帧：一般用来渲染静帧图像。
  - ◆ 穿行：这个模式用在动画方面，它把第1帧到最后1帧的所有样本都融合在一起。
  - ◆ 从文件：使用这种模式，VRay要导入一个预先渲染好的光子贴图，该功能只渲染光影追踪。
  - ◆ 渐进路径跟踪：这个模式就是常说的PPT，它是一种新的计算方式，和【自适应DMC】一样是一个精确的计算方式。不同的是，它不停地去计算样本，不对任何样本进行优化，直到样本计算完毕为止。
- 【保存到文件】按钮 保存到文件 ：将保存在内存中的光子贴图再次进行保存。
- 【浏览】按钮 浏览 ：从硬盘中浏览保存好的光子图。

（4）在渲染结束后
- 不删除：当光子渲染完以后，不把光子从内存中删掉。
- 自动保存：当光子渲染完以后，自动保存在硬盘中，单击【浏览】按钮 浏览 可以选择保存位置。
- 切换到被保存的缓存：当选中【自动保存】复选框以后，这个选项才被激活。当选中该复选框以后，系统会自动使用最新渲染的光子图来进行大图渲染。

10.2.4 设置

1. 确定性蒙特卡洛采样器

【V-Ray::确定性蒙特卡洛采样器】卷展栏下的参数可以用来控制整体的渲染质量和速度，其参数卷展栏如图10-51所示。

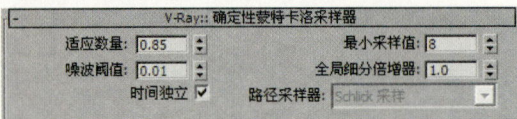

图10-51 【V-Ray::确定性蒙特卡洛采样器】卷展栏

- 适应数量：主要用来控制自适应的百分比。
- 噪波阈值：控制渲染中所有产生噪点的极限值，包括灯光细分、抗锯齿等。数值越小，渲染品质越高，渲染速度就越慢。
- 时间独立：控制是否在渲染动画时对每一帧都使用相同的【DMC采样器】参数设置。
- 最少采样值：设置样本及样本插补中使用的最少样本数量。数值越小，渲染品质越低，速度就越快。
- 全局细分倍增器：VRay渲染器有很多【细分】选项，该选项是用来控制所有细分的百分比。
- 路径采样器：设置样本路径的选择方式，每种方式都会影响渲染速度和品质，在一般情况下选择默认方式即可。

2. 默认置换

【V-Ray::默认置换】卷展栏下的参数是用灰度贴图来实现物体表面的凹凸效果，它对材质中的置换起作用，而不作用于物体表面，其参数卷展栏如图10-52所示。

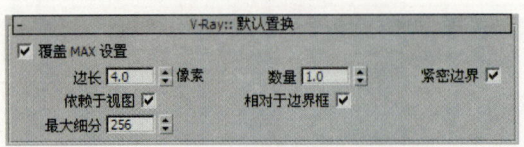

图10-52 【V-Ray::默认置换】卷展栏

- 覆盖MAX的设置：控制是否用【默认置换】卷展栏下的参数来替代3ds Max中的置换参数。
- 边长：设置3D置换中产生最小的三角面长度。数值越小，精度越高，渲染速度越慢。
- 依赖于视图：控制是否将渲染图像中的像素长度设置为【边长】的单位。若不选中该复选框，系统将以3ds Max中的单位为准。
- 最大细分：设置物体表面置换后可产生的最大细分值。
- 数量：设置置换的强度总量。数值越大，置换效果越明显。
- 相对于边界框：控制是否在置换时关联（缝合）边界。若不选中该复选框，在物体的转角处可能会产生裂面现象。
- 紧密界限：控制是否对置换进行预先计算。

3. 系统

【V-Ray::系统】卷展栏下的参数不仅对渲染速度有影响，而且还会影响渲染的显示和提示功能，同时还可以完成联机渲染，其参数卷展栏如图10-53所示。

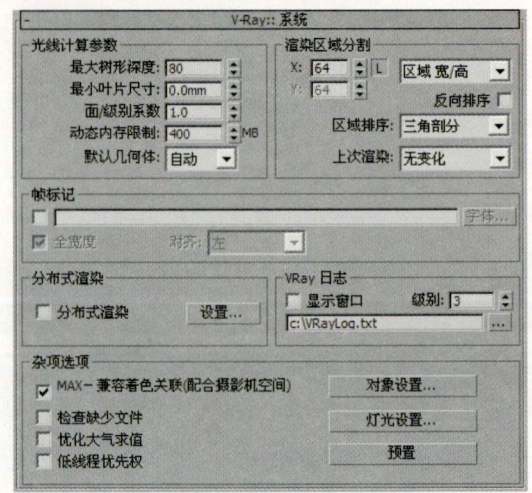

图10-53 【V-Ray::系统】卷展栏

(1) 光线投射参数
- 最大树形深度：控制根节点的最大分支数量。较高的值会加快渲染速度，同时会占用较多的内存。
- 最小叶片尺寸：控制叶节点的最小尺寸，当达到叶节点尺寸以后，系统停止计算场景。0表示考虑计算所有的叶节点，这个参数对速度的影响不大。
- 面/级别系数：控制一个节点中的最大三角面数量，当未超过临近点时计算速度较快；当超过临近点以后，渲染速度会减慢。所以，这个值要根据不同的场景来设定，进而提高渲染速度。
- 动态内存限制：控制动态内存的总量。注意，这里的动态内存被分配给每个线程，如果是双线程，那么每个线程各占一半的动态内存。如果这个值较小，那么系统经常在内存中加载并释放一些信息，这样就减慢了渲染速度。用户应该根据自己的内存情况来确定该值。
- 默认几何体：控制内存的使用方式，共有以下3种方式。
  - 自动：VRay会根据使用内存的情况自动调整使用静态或动态的方式。
  - 静态：在渲染过程中采用静态内存会加快渲染速度，同时在复杂场景中，由于需要的内存资源较多，经常会出现3ds Max跳出的情况。这是因为系统需要更多的内存资源，这时应该选择动态内存。
  - 动态：使用内存资源交换技术，当渲染完一个块后就会释放占用的内存资源，同时开始下个块的计算。这样就有效地扩展了内存的使用。注意，动态内存的渲染速度比静态内存慢。

(2) 渲染区域分割
- X：当在后面的选择框里选择【区域宽/高】时，表示渲染块的像素宽度；当后面的选择框里选择【区域数量】时，表示水平方向一共有多少个渲染块。
- Y：当后面的选择框里选择【区域宽/高】时，表示渲染块的像素高度；当后面的选择框里选择【区域数量】时，表示垂直方向一共有多少个渲染块。
- 【L】按钮L：当单击该按钮使其凹陷后，将强制x和y的值相同。
- 反向排序：当选中该复选框以后，渲染顺序将和设定的顺序相反。
- 区域排序：控制渲染块的渲染顺序，共有以下6种方式。
  - 从上->下：渲染块将按照从上到下的渲染顺序渲染。
  - 左->右：渲染块将按照从左到右的渲染顺序渲染。
  - 棋盘格：渲染块将按照棋盘格方式的渲染顺序渲染。
  - 螺旋：渲染块将按照从里到外的渲染顺序渲染。
  - 三角剖分：这是VRay默认的渲染方式，它将图形分为两个三角形依次进行渲染。
  - 希耳伯特曲线：渲染块将按照【希耳伯特曲线】方式的渲染顺序渲染。
- 上次渲染：这个参数确定在渲染开

始的时候,在3ds Max默认的帧缓存框中以什么样的方式处理先前的渲染图像。这些参数的设置不会影响最终渲染效果,系统提供了以下5种方式。

- ◆ 无变化:与前一次渲染的图像保持一致。
- ◆ 交叉:每隔两个像素图像设置为黑色。
- ◆ 区域:每隔一条线设置为黑色。
- ◆ 暗色:图像的颜色设置为黑色。
- ◆ 蓝色:图像的颜色设置为蓝色。

(3)帧标记

- ☑ V-Ray %vrayversion | 文件: %filename | 帧: %frame | 基画数: %pri :当选中该复选框后,就可以显示水印。
- 【字体】按钮 字体 :修改水印里的字体属性。
- 全宽度:水印的最大宽度。当选中该复选框后,它的宽度和渲染图像的宽度相同。
- 对齐:控制水印里的字体排列位置,有【左】、【中】、【右】3个选项。

(4)分布式渲染

- 分布式渲染:当选中该复选框后,可以开启【分布式渲染】功能。
- 【设置】按钮 设置... :控制网络中计算机的添加、删除等。

(5)VRay日志

- 显示窗口:选中该复选框后,可以显示【VRay日志】的窗口。
- 级别:控制【VRay日志】的显示内容,一共分为4个级别。1表示仅显示错误信息;2表示显示错误和警告信息;3表示显示错误、警告和情报信息;4表示显示错误、警告、情报和调试信息。
- c:\VRayLog.txt ... :可以选择保存【VRay日志】文件的位置。

(6)杂项选项

- MAX-兼容着色关联(需对相机窗口进行渲染):有些3ds Max插件(例如大气等)是采用摄影机空间来进行计算的,因为它们都是针对默认的扫描线渲染器而开发的。为了保持与这些插件的兼容性,VRay通过转换来自这些插件的点或向量的数据,模拟在摄影机空间计算。
- 检查缺少文件:当选中该复选框时,VRay会自己寻找场景中丢失的文件,并将它们进行列表,然后保存到C:\VRayLog.txt中。
- 优化大气计算:当场景中拥有大气效果,并且大气比较稀薄的时候,选中这个复选框可以得到比较优秀的大气效果。
- 低线程优先权:当选中该复选框时,VRay将使用低线程进行渲染。
- 【对象设置】按钮 对象设置... :单击该按钮会弹出【VRay对象属性】对话框,在该对话框中可以设置场景物体的局部参数。
- 【灯光设置】按钮 灯光设置... :单击该按钮会弹出【VR_光源属性】对话框,在该对话框中可以设置场景灯光的一些参数。
- 【预设】按钮 预设 :单击该按钮会打开【VRay预置】对话框,在该对话框中可以保持当前VRay渲染参数的各种属性,方便以后调用。

10.2.5 Render Elements（渲染元素）

通过添加【渲染元素】，可以针对某一级别单独进行渲染，并在后期进行调节、合成、处理，非常方便。如图10-54所示。

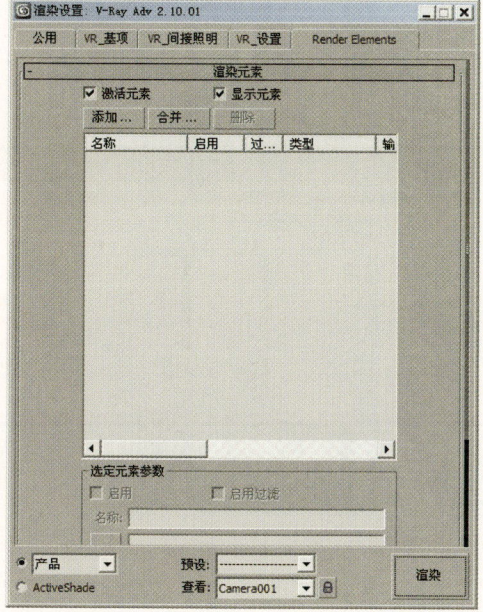

图10-54 【渲染设置：V-RayAdv2.10.01】面板

- 添加：单击可将新元素添加到列表中。此按钮会显示【渲染元素】对话框。
- 合并：单击可合并来自其他 3ds Max Design 场景中的渲染元素。【合并】会显示一个【文件】文件对话框，可以从中选择要获取元素的场景文件。选定文件中的渲染元素列表将添加到当前的列表中。
- 删除：单击可从列表中删除选定对象。
- 激活元素：选中该复选框后，单击【渲染】按钮可分别对元素进行渲染。默认设置为启用。
- 显示元素：选中此复选框后，每个渲染元素会显示在各自的窗口中，并且其中的每个窗口都是渲染帧窗口的精简版。
- 元素渲染列表：这个可滚动的列表显示要单独进行渲染的元素，以及它们的状态。若要重新调整列表中列的大小，可拖动两列之间的边框。
- 选定元素参数：这些控制用来编辑列表中选定的元素。
  ◆ 启用：选中该复选框可启用对选定元素的渲染。
  ◆ 启用过滤：选中该复选框后，将活动抗锯齿过滤器应用于渲染元素。
  ◆ 名称：显示当前选定元素的名称。可以输入元素的自定义名称。
  ◆ [...]（浏览）：在文本框中输入元素的路径和文件名称。
- "输出到 Combustion"：选中该复选框后，会生成包含正进行渲染元素的 Combustion 工作区（CWS）文件。
  ◆ 启用：选中该复选框后，创建包含已渲染元素的 CWS 文件。
  ◆ [...]（浏览）：在文本框中输入 CWS 文件的路径和文件名称。
  ◆ 立即创建 Combustion 工作区：单击此选项之后，创建 Combustion 工作区（CWS 文件）。

1 图10-55所示为添加【VR-Alpha】渲染元素的方法。

2 图10-56所示为添加【VR-Alpha】渲染元素后的渲染效果，从中会发现渲染出了一张黑白色的图像。

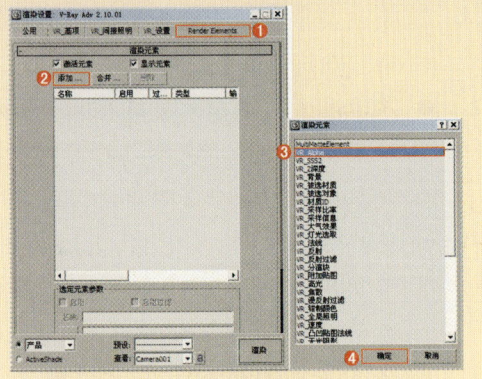

图10-55 添加【VR-Alpha】渲染元素

④ 图10-58所示为添加【VR-线框颜色】渲染元素后的渲染效果,从中会发现渲染出了一张彩色的图像。

图10-58 添加【VR-线框颜色】效果

⑤ 图10-59所示为使用【VR-线框颜色】图像调节背景颜色的效果。

图10-56 添加【VR-Alpha】后的效果

③ 图10-57所示为添加【VR-线框颜色】渲染元素的方法。

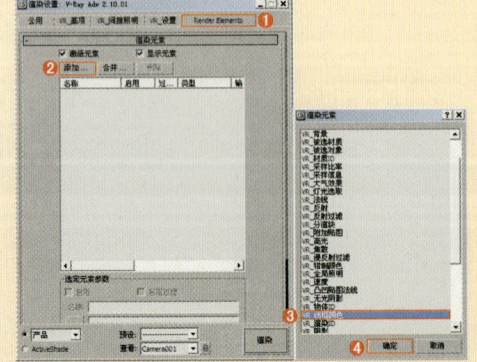

图10-57 添加【VR-线框颜色】渲染元素

图10-59 调整前后对比

10.3 测试渲染参数设置方案

测试渲染最主要的就是要求渲染速度非常快，因此在保证渲染质量基本可以的情况下，加快渲染速度是需要重点研究的。

这里为读者推荐一套测试渲染的参数，当然并不代表适合于所有的场景，参数设置如下所述。

1 设置测试渲染的【宽度】和【高度】尽量小一些。如图10-60所示。

2 设置【VR_基项】下的类型为【固定】，取消选中【开启】复选框，设置【颜色映射】的类型为【VR_指数】，选中【子像素映射】和【钳制输出】复选框，如图10-61所示。

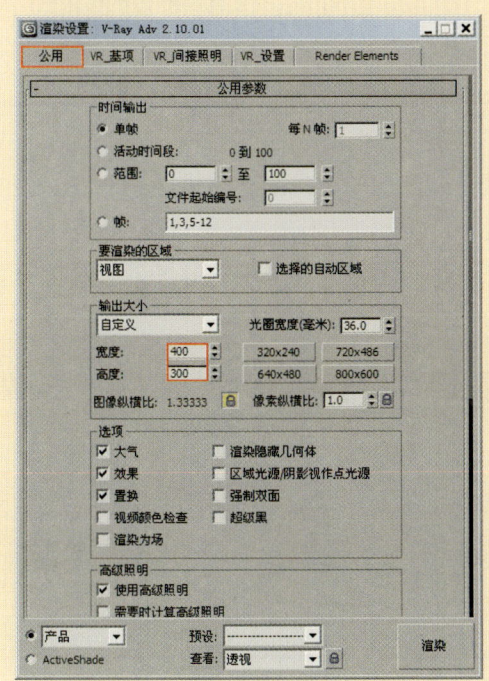
图10-60 【宽度】/【高度】设置

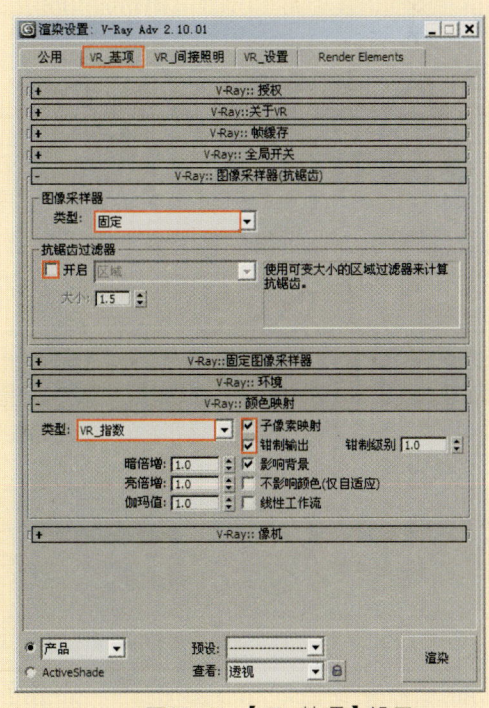
图10-61 【VR_基项】设置

3 设置【V-Ray::间接照明全局照明】下的【首次反弹】为"发光贴图"，【二次反弹】为"灯光缓存"，设置【当前预置】为"非常低"，最后选中【显示计算过程】和【显示直接照明】复选框，如图10-62所示。

4 设置【VR_间接照明】下的【细分】为400，选中【保存直接光】和【显示计算状态】复选框，如图10-63所示。

5 取消选中【VR_设置】下的【显示信息窗口】复选框，如图10-64所示。

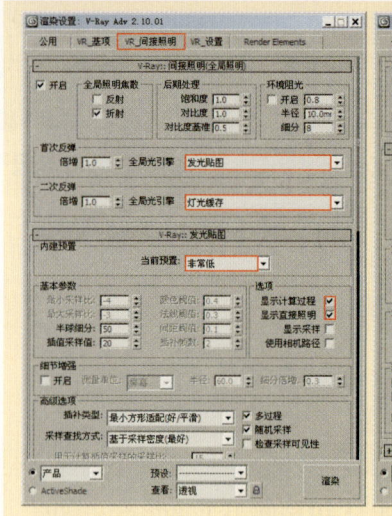
图10-62 VR_间接照明设置

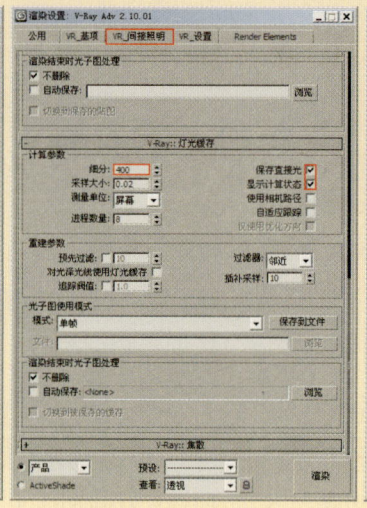
图10-63 【VR_间接照明】设置

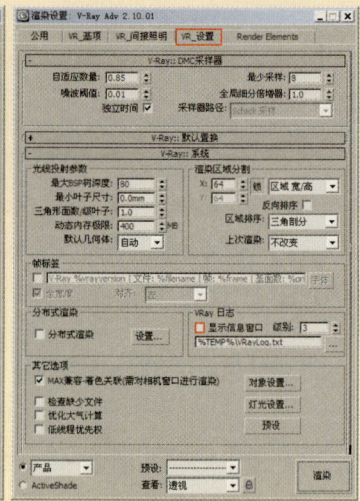
图10-64 取消选中【显示信息窗口】复选框

10.4 最终渲染参数设置方案

最终渲染最主要的就是要求渲染质量非常高，因此如何既能保证渲染质量非常高，又能保证渲染速度比较快，是需要重点研究的。

这里为读者推荐一套最终渲染的参数，当然并不代表适合于所有的场景，参数设置如下所述。

1 设置最终渲染的【宽度】和【高度】尽量大一些，如图10-65所示。

2 设置【VR_基项】下的类型为"自适应DMC"，选中【开启】复选框，并设置类型为"Catmull-Rom"；设置【颜色映射】的类型为"VR_指数"，选中【子像素映射】和【钳制输出】复选框，如图10-66所示。

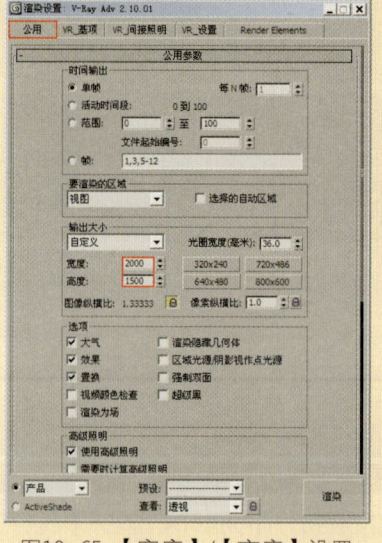
图10-65 【宽度】/【高度】设置

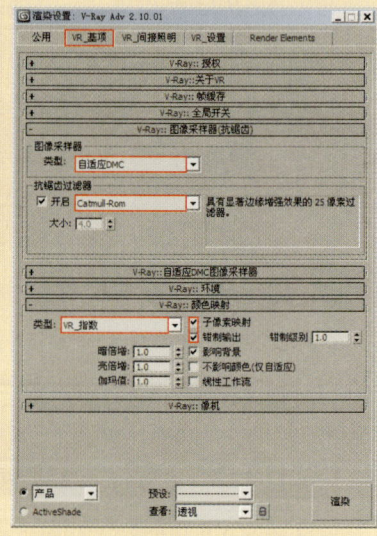
图10-66 【VR_基项】设置

3 设置【V-Ray::间接照明（全局照明）】下的【首次反弹】为"发光贴图"，【二次反弹】为"灯光缓存"，设置【当前预置】为"低"，最后选中【显示计算过程】

和【显示直接照明】复选框，如图10-67所示。

④ 设置【VR_间接照明】下的【细分】为1200，选中【保存直接光】和【显示计算状态】复选框，如图10-68所示。

⑤ 取消选中【VR_设置】下的【显示信息窗口】复选框，如果10-69所示。

⑥ 在【Reneer Elements】选项卡下添加【VR_线框颜色】选框，如图10-70所示。

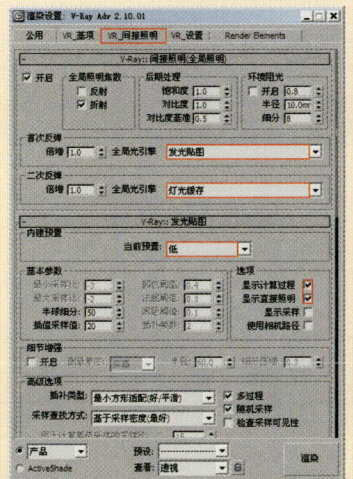

图10-67 【V-Ray:: _间接照明（全局照明）】设置

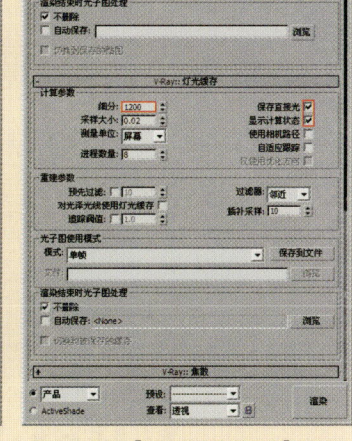

图10-68 【VR_间接照明】设置

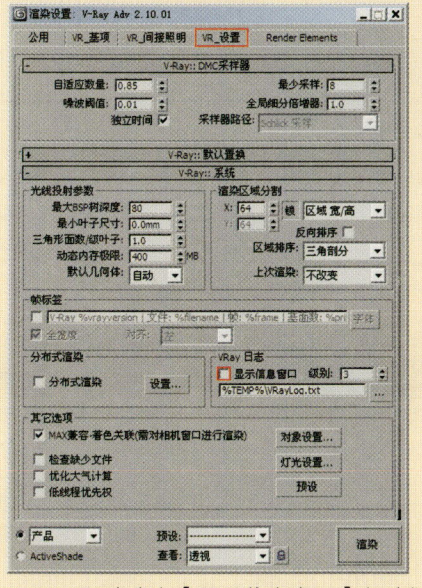

图10-69 取消选中【显示信息窗口】复选框

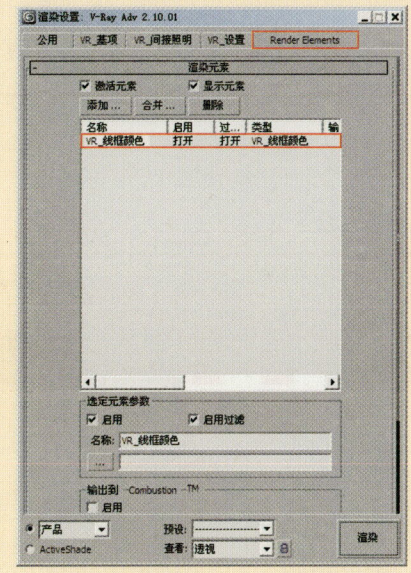

图10-70 添加【VR_线框颜色】选项

10.5 本章小结

本章主要对渲染器的参数设置进行了详细介绍。通过本章的学习，会对常用的一些渲染器参数有比较深入的了解。渲染是3ds Max中最后的一个步骤，因此如何把握渲染的速度和质量的平衡是非常重要的。

第11章
VRay渲染器综合运用

- 掌握VRay渲染器的应用
- 灯光材质渲染器综合运用

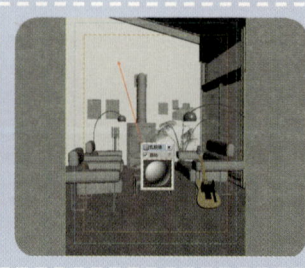

11.1 利用VRay渲染器渲染起居室白天效果

▶ **实战演练071——利用VRay渲染器渲染起居室白天效果**

场景文件	场景文件\第11章\01.max	案例文件	最终文件\第11章\实战演练071\利用VRay渲染器渲染起居室白天效果.max
视频教学	视频\第11章\利用VRay渲染器渲染起居室白天效果.flv	视频长度	8分05秒
难易指数	★★★☆		

本例是一个起居室场景空间，室内明亮灯光表现主要使用了VR_光源来制作，使用VRayMtl材质制作本案例的主要材质，最终渲染的效果效果如图11-1所示。

图11-1 最终渲染效果

11.1.1 设置VRay渲染器

1 打开本书配套光盘中的【场景文件/第11章/01.max】文件，此时场景效果如图11-2所示。

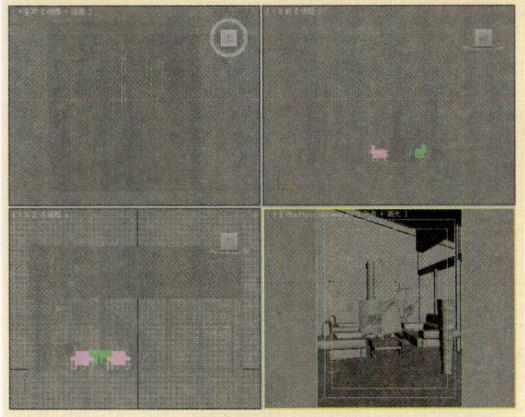

图11-2 场景效果

2 按F10键，打开【渲染设置】对话框，选择【公用】选项卡，在【指定渲染器】卷展栏下单击 按钮，在弹出的【选择渲染器】对话框中选择"V-Ray Adv 2.10.01"，如图11-3所示。

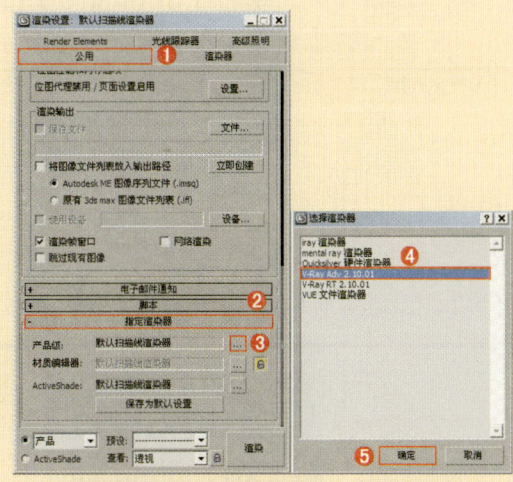

图11-3 选择V-Ray Adv 2.10.01渲染器

3 此时在【指定渲染器】卷展栏，【产品级】后面显示了【V-Ray Adv 2.10.01】，【渲染设置】对话框中出现了【V-Ray】、【间接照明】、【设置】选项卡，如图11-4所示。

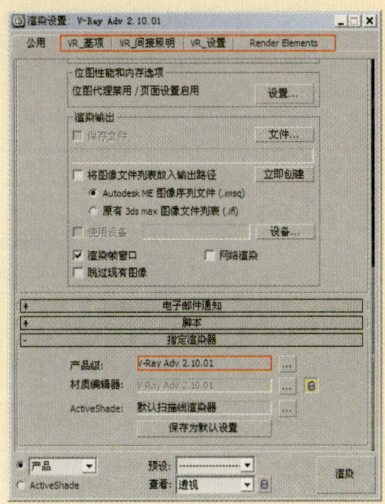

图11-4 VRay渲染器参数

11.1.2 材质的制作

下面就来介绍场景中主要材质的调制,包括地板、沙发、金属、玻璃、植物叶子、黑色金属材质等,效果如图11-5所示。

1. 地板材质的制作

按M键,打开【材质编辑器】对话框,选择第一个材质球,单击【Standard】按钮,在弹出的【材质/贴图浏览器】对话框中选择"VRayMtl"材质,如图11-6所示。

将其命名为"地板",在【漫反射】选项组下后面的通道上加载"一张地板.jpg"程序贴图,并设置【模糊】为0.01,在【反射】选项组下调节颜色为(红:40,绿:40,蓝:40),设置【高光光泽度】为0.8,【反射光泽度】为0.84,【细分】为20,如图11-7所示。

图11-5 场景中主要材质

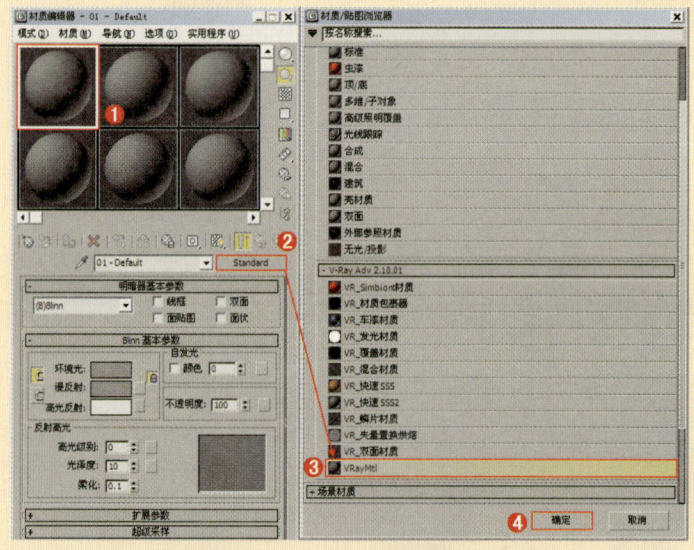

图11-6 选择VRayMtl

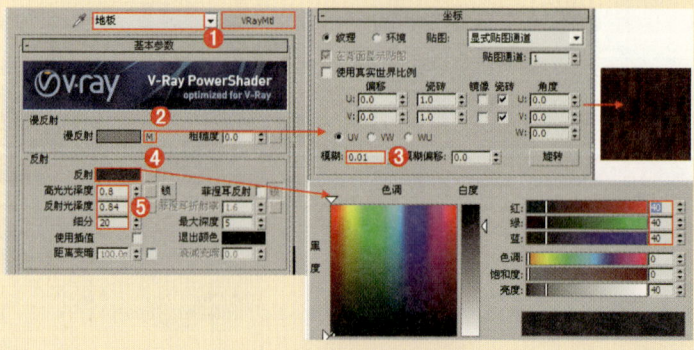

图11-7 加载地板贴图文件

③ 展开【贴图】卷展栏，单击【漫反射】通道上的贴图文件并将其拖曳到【凹凸】通道上，并设置【方法】为复制，最后设置【凹凸】数量为15.0，如图11-8所示。

④ 将制作好的地板材质赋给场景中的地板模型，如图11-9所示。

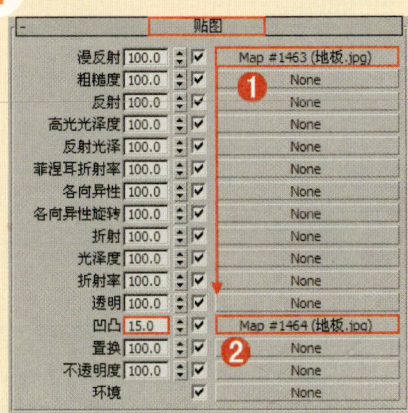
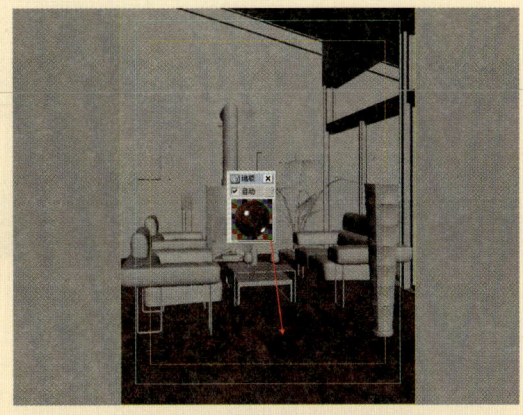

图11-8 【凹凸】贴图　　　　　　　图11-9 将材质赋给模型

2. 玻璃材质的制作

① 按M键，打开【材质编辑器】对话框，选择第一个材质球，单击【Standard】按钮，在弹出的【材质/贴图浏览器】对话框中选择"VRayMtl"材质，如图11-10所示。

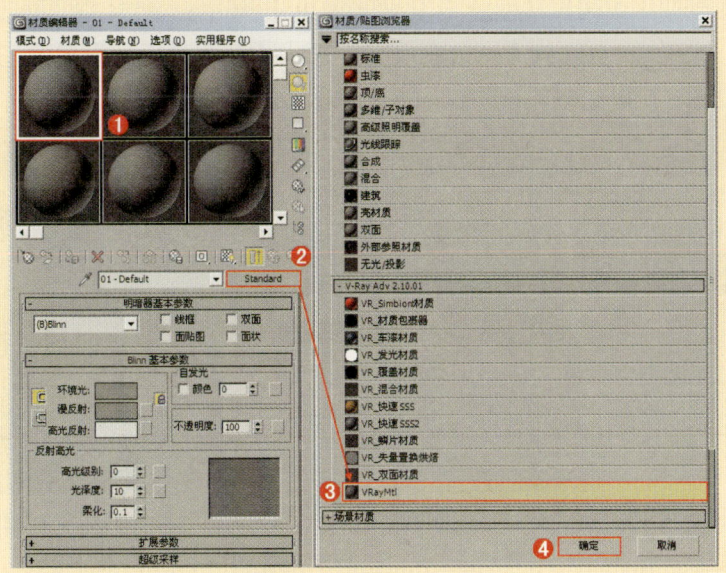

图11-10 选择VRayMtl

② 将其命名为"玻璃"，在【漫反射】选项组下调节【漫反射】颜色为（红：231，绿：242，绿：242）；在【反射】选项组下调节颜色为（红：225，绿：225，蓝：225），选中【菲涅耳反射】复选框；在【折射】选项组下调节颜色为（红：240，绿：240，蓝：240），选中【影响阴影】复选框，设置【烟雾倍增】为0.2，设置【影响通道】为【颜色+alpha】，如图11-11所示。

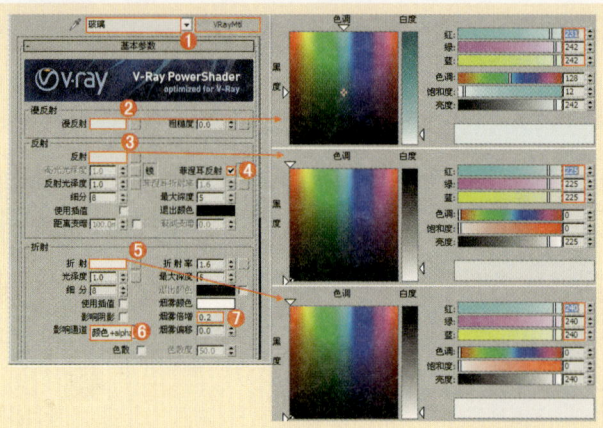

图11-11 玻璃材质的制作参数

将制作好的玻璃材质赋给场景中的茶几模型,如图11-12所示。

3. 黑色金属材质的制作

选择一个空白材质球,然后将材质类型设置为"VRayMtl",接着将其命名为"黑色金属"。在【漫反射】选项组下调节颜色为(红:38,绿:39,蓝:44);接着在【反射】选项组下调节颜色为(红:208,绿:208,蓝:208),设置【高光光泽度】为0.52,【反射光泽度】为0.8,【细分】为15,选中【菲涅耳反射】复选框,设置【菲涅耳折射率】为2.2,【最大深度】为4,如图11-13所示。

图11-12 将材质赋给模型

将制作好的黑色金属材质赋给场景中顶棚和窗框部分的模型,如图11-14所示。

图11-13 黑色金属材质的参数

图11-14 将材质赋给模型

4. 沙发材质的制作

选择一个空白材质球,然后将材质类型设置为"VRayMtl",接着将其命名为"沙发"。在【漫反射】选项组下调节颜色为(红:236,绿:224,蓝:205);在【反射】选项组下调节颜色为(红:9,绿:9,蓝:9),设置【反射光泽度】为0.85,【细分】为15,如图11-15所示。

将制作好的沙发材质赋给场景中沙发的模型,如图11-16所示。

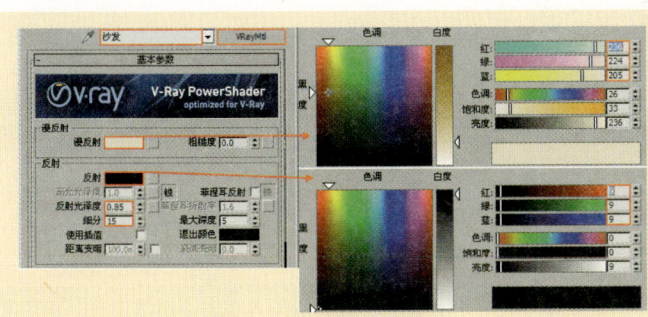
图11-15 沙发材质的参数

图11-16 将材质赋给模型

5．金属材质的制作

① 选择一个空白材质球，然后将材质类型设置为"标准材质"，接着将其命名为"金属"。展开【明暗器基本参数】卷展栏，并选择（M）金属，调节【漫反射】颜色为（红：65，绿：65，蓝：60）；在【反射高光】选项组下设置【高光级别】为469，【光泽度】为47，如图11-17所示。

② 将制作好的金属材质赋给场景中沙发腿的模型，如图11-18所示。

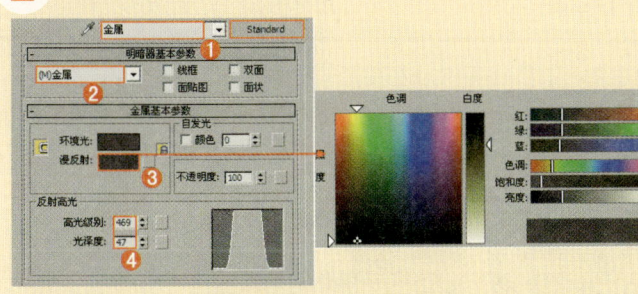
图11-17 木纹材质的参数

图11-18 加载凹凸贴图

6．植物叶子材质的制作

① 选择一个空白材质球，然后将材质类型设置为"VRayMtl"，接着将其命名为"植物叶子"。在【漫反射】选项组下在通道上加载"植物叶子.jpg"贴图文件，接着在【反射】选项组下调节颜色为（红：50，绿：50，蓝：50），设置【反射光泽度】为0.5，如图11-19所示。

② 将制作好的植物叶子材质赋给场景中顶棚和窗框部分的模型，如图11-20所示。

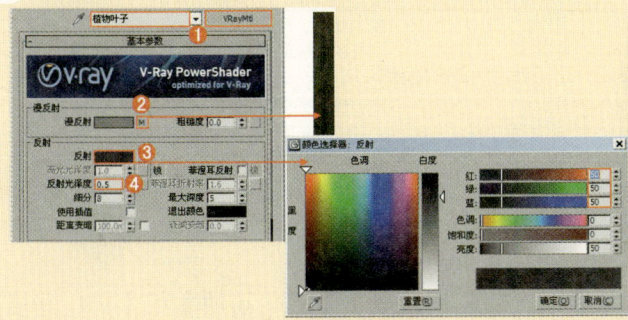
图11-19 木纹材质的参数

图11-20 加载凹凸贴图

至此场景中主要模型的材质已经制作完毕，其他材质的制作方法不再介绍了。

11.1.3 设置灯光并进行草图渲染

在这个起居室场景中，使用两部分灯光照明来表现，一部分使用了自然光效果，另一部分使用了室内灯光的照明。也就是说想得到好的效果，必须配合室内的一些照明，最后设置一下辅助光源即可。

1. 设置阳光

① 单击【创建】※【灯光】【VR_光源】 VR_光源 按钮，在【顶】视图中单击并拖曳鼠标，创建一盏VR_光源，在各个视图中调整一下它的位置，具体位置如图11-21所示。

② 选择VR_光源，在【修改】面板下设置【类型】为"球体"，设置【倍增器】为0.4，调节【颜色】为（红:255，绿:238，蓝:218），【半径】为150.0cm，选中【不可见】和【不衰减】复选框，最后设置【细分】为16，如图11-22所示。

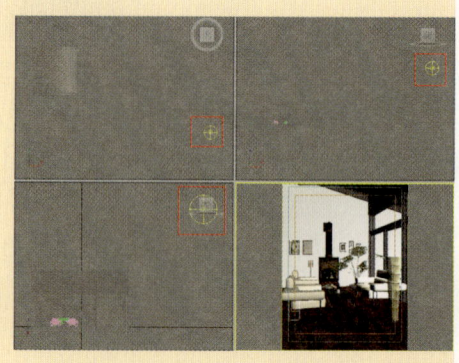

图11-21 VR_光源的位置

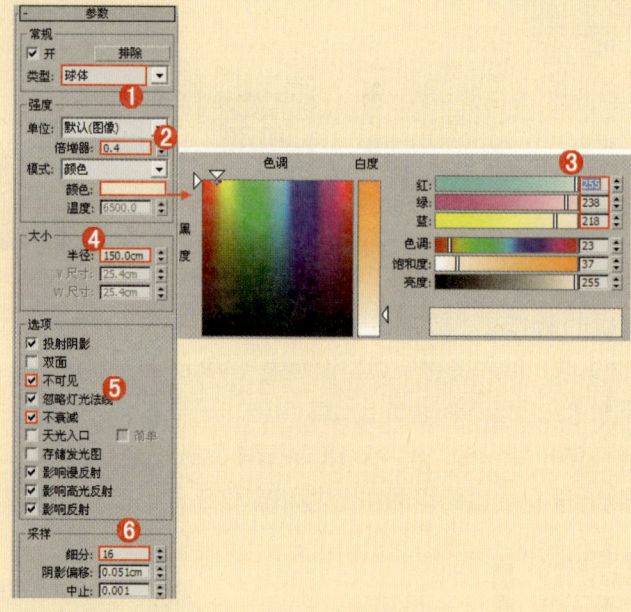

图11-22 VR_光源的参数

> 提示：VR_光源可以模拟太阳灯光，在这里需要选中【不衰减】复选框，因为真实世界中的太阳光几乎是没有衰减的。

设置完这盏VR_光源，就可以设置一下简单的渲染参数。

③ 按F10键，打开【渲染设置】对话框。首先设置一下【VR_基项】和【VR_间接照明】选项卡下的参数，刚开始设置的是一个草图，目的是进行快速渲染，以来观看整体的效果，参数设置如图11-23所示。

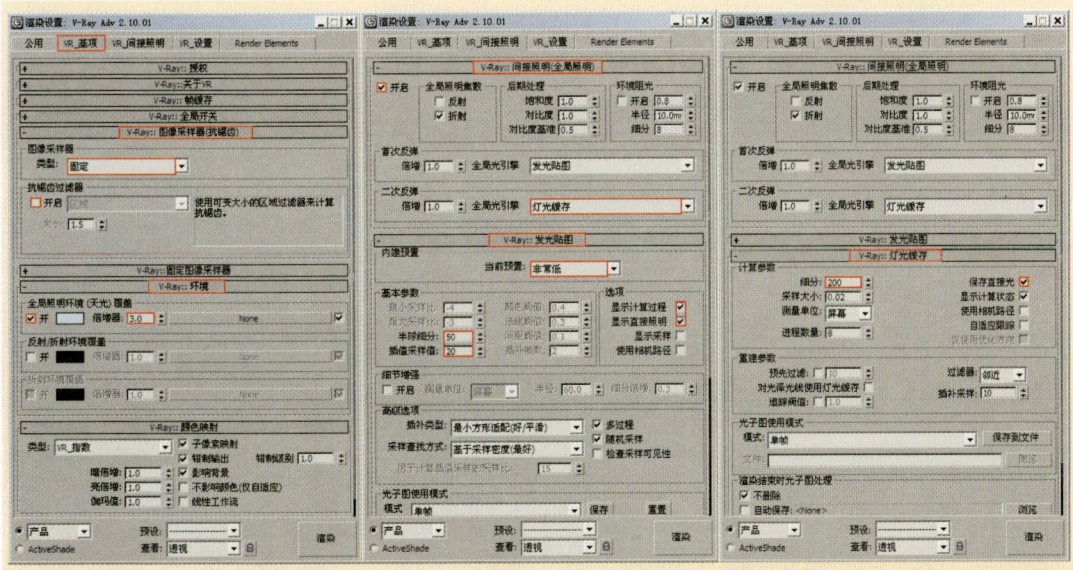

图11-23 VRay渲染器测试渲染参数

4 按8键,打开【环境和效果】面板,并在环境贴图下面的通道上加载"环境.jpg"贴图文件,如图11-24所示。

5 按Shift+Q组合键,快速渲染【摄影机】视图,其渲染效果如图11-25所示。

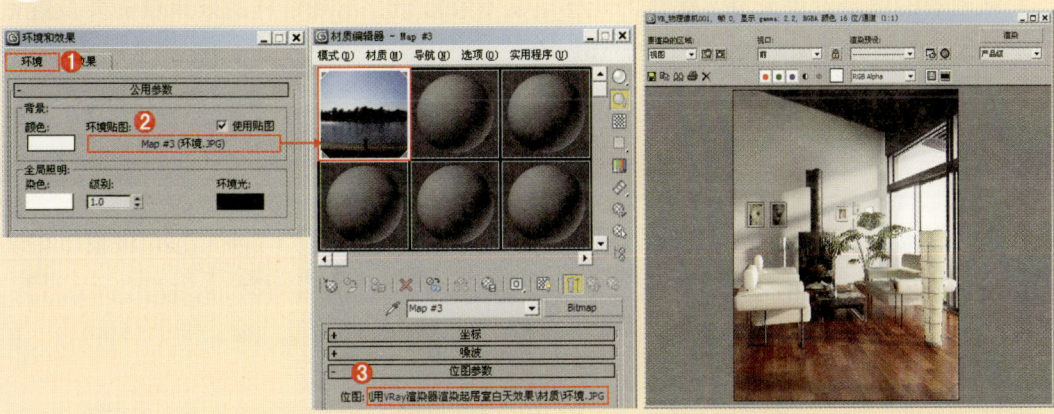

图11-24 【环境和效果】面板参数　　　　　图11-25 测试渲染的效果

2．设置天光

1 单击【创建】【灯光】【VR_光源】 VR_光源 按钮,在【前】视图中玻璃门的位置创建一盏VR_光源,大小与玻璃门差不多,将它移动到玻璃门的外面,然后使用【选择并移动】工具进行复制1盏VR_光源,位置如图11-26所示。

2 选择上一步创建的VR_光源,然后在【修改】面板下设置【类型】为"平面",设置【倍增器】为1.0,调节【颜色】为(红:255,绿:255,蓝:255),【1/2长】为150.0cm,【1/2宽】为150.0cm,选中【不可见】复选框,取消选中【影响反射】复选框,最后设置【细分】为16,如图11-27所示。

③ 按Shift+Q组合键，快速渲染【摄影机】视图，其渲染的效果如图11-28所示。

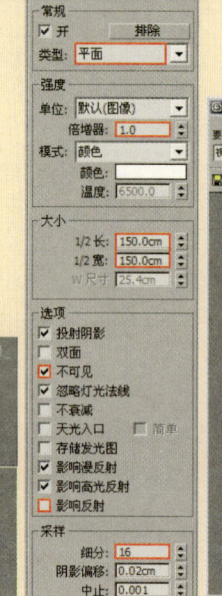

图11-26　VR_光源的位置　　图11-27　VR_光源的参数　　　　图11-28　测试渲染效果

从上面的渲染效果来看，整体的光感还是不够理想，出现这样的效果就需要设置室内的灯光作为辅助光源来提亮整体的空间。

3．设置辅助灯光

① 使用VR_光源在【左】视图中创建1盏，使用【选择并移动】工具复制3盏灯光，并放置在壁炉中，具体的位置如图11-29所示。

② 选择刚创建的VR_光源，在【修改】面板下设置【类型】为"平面"，设置【倍增器】为9.0，调节【颜色】为（红:232，绿:148，蓝:77），【1/2长】为22.0cm，【1/2宽】为9.0cm，选中【不可见】复选框，取消选中【影响反射】复选框，如图11-30所示。

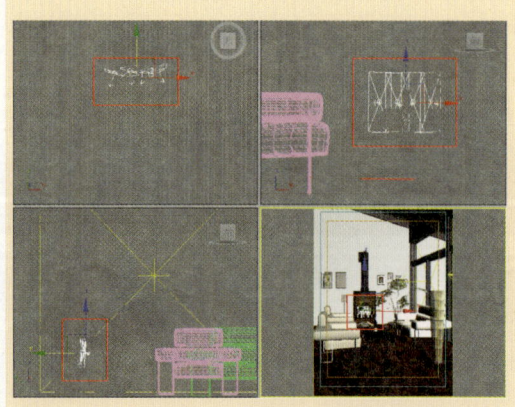
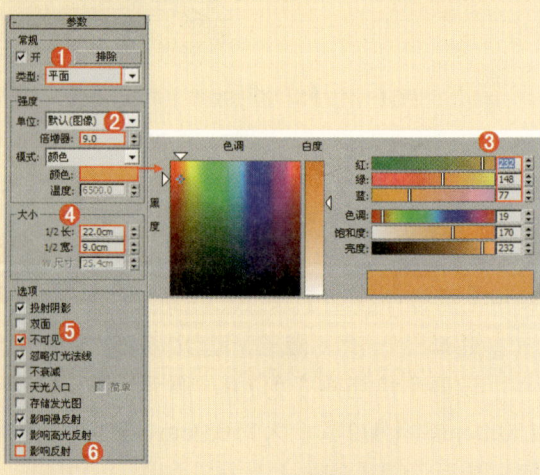

图11-29　VR_光源的位置　　　　　　　图11-30　VR_光源的参数

③ 继续使用VR_光源在【左】视图中创建1盏，使用【选择并移动】工具复制1盏灯光，并放置在壁炉中，具体的位置如图11-31所示。

图11-31　VR_光源的位置

④ 选择刚创建的VR_光源，在【修改】面板下设置【类型】为"球体"，设置【倍增器】为9.0，调节【颜色】为（红:223，绿:121，蓝:40），【半径】为12.0cm，选中【不可见】复选框，取消选中【影响高光反射】和【影响反射】复选框，如图11-32所示。

⑤ 按Shift+Q组合键，快速渲染【摄影机】视图，其渲染的效果如图11-33所示。

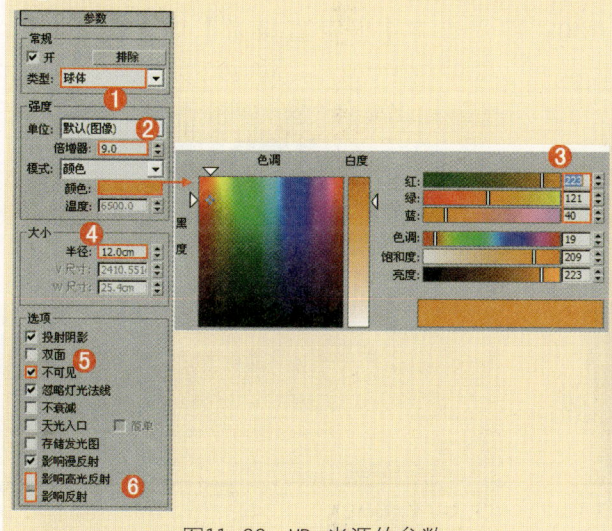

图11-32　VR_光源的参数

图11-33　VR_光源的位置

从现在的这个效果来看，整体还是不错的，但就是局部有点灰暗、曝光，这个问题在渲染参数里面就可以解决，而不用担心。整个场景中的灯光就设置完成了，下面需要做的就是精细调整一下灯光细分参数及渲染参数，进行最终的渲染。

11.1.4　设置成图渲染参数

经过前面的操作，已经将大量烦琐的工作完成，下面需要做的就是把渲染的参数设置高一些，再进行渲染输出。

① 重新设置一下渲染参数，按F10键，在打开的【渲染设置】对话框中，选择【VRay-基项】选项卡，展开【V-Ray::图形采样器（抗锯齿）】卷展栏，设置【类型】为自适应DMC，接着在【抗锯齿过滤器】选项组下选中【开启】复选框，并选择"Mitchell-Netravali"；展开【V-Ray::自适应DMC图像采样器】卷展栏，设置【最小采样比】为2，【最大采样比】为5，如图11-34所示。

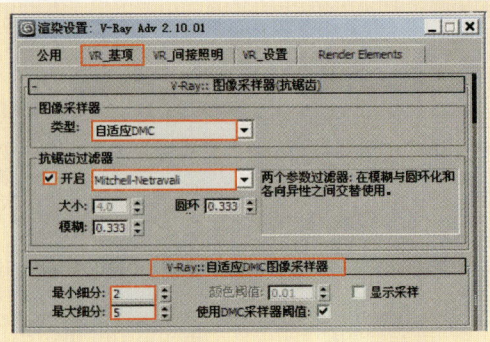

图11-34 【VRay-基项】选项卡的参数

② 展开【V-Ray::环境】卷展栏，在【全局照明环境（天光）覆盖】选项组，选中【开】复选框，设置【倍增器】为3.0，接着在【反射/折射环境覆盖】选项组下选中【开】复选框，设置【倍增器】为5.0；展开【V-Ray::颜色映射】卷展栏，设置【类型】为V-Ray指数，设置【暗倍增】为3.5，【亮倍增】为2.4，【伽玛值】为0.8，选中【子像素映射】和【钳制输出】复选框，如图11-35所示。

③ 选择【VR_间接照明】选项卡，展开【V-Ray::发光贴图】卷展栏，设置【当前预置】为低，设置【半球细分】为50，【插值采样值】为30；展开【灯光缓存】卷展栏，设置【细分】为1000，取消选中【保存直接光】复选框，如图11-36所示。

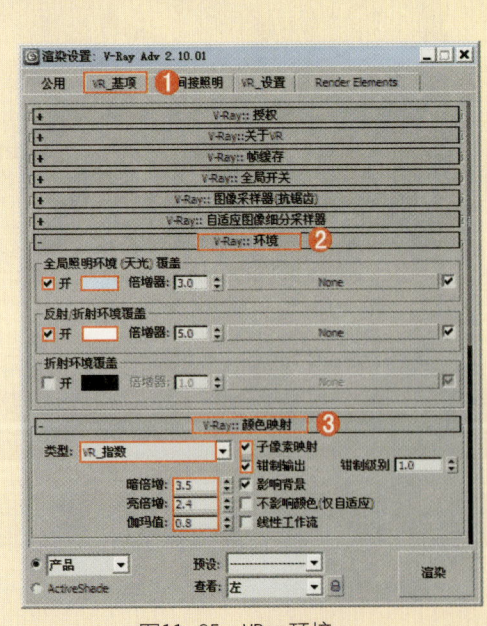

图11-35 VRay环境

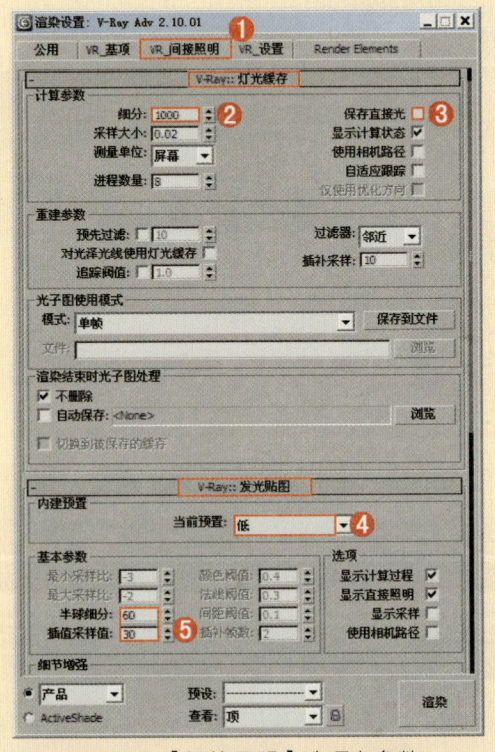

图11-36 【间接照明】选项卡参数

4 选择【VR_设置】选项卡,展开【V-Ray::DMC采样器】卷展栏,设置【噪波阈值】为0.005,【最小采样】为10,展开【VRay系统】卷展栏,设置【最大BSP树深度】为80,设置【区域排序】为从上→下,最后取消选中【显示信息窗口】复选框,如图11-37所示。

5 单击【公用】选项卡,设置【宽度】和【高度】分别为1200、1600,如图11-38所示。

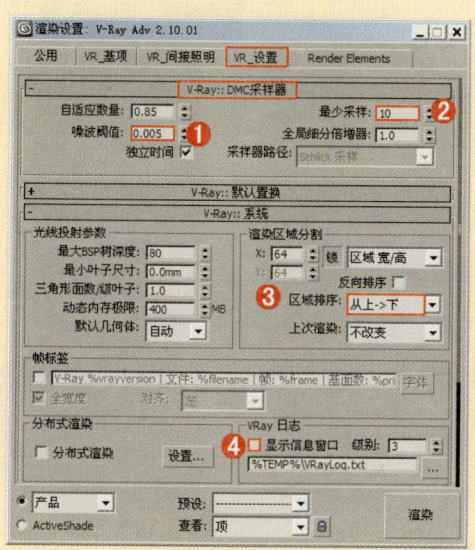

图11-37 【设置】选项卡参数

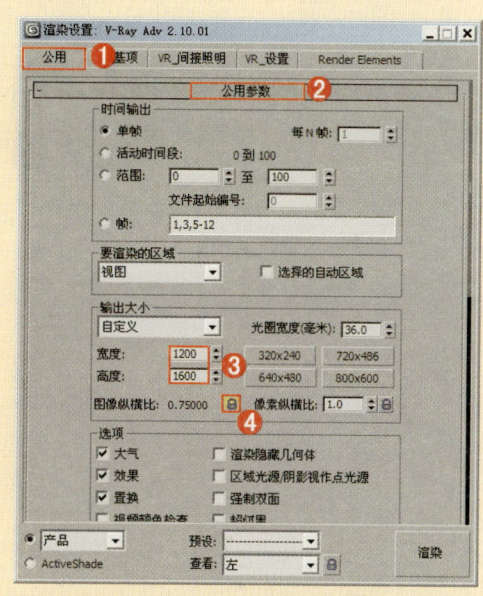

图11-38 【公用】选项卡参数

6 等待一段时间后就渲染完成了,最终的效果如图11-39所示。

7 单击【保存位图】按钮,在弹出的【保存图像】对话框中选择一个路径,在【保存类型】下拉列表框中选择【BMP图像文件(*.bmp)】格式,【文件名】为"实战演练——利用VRay渲染器渲染起居室白天效果",如图11-40所示。

8 最终渲染效果如图11-41所示。

图11-39 渲染的效果

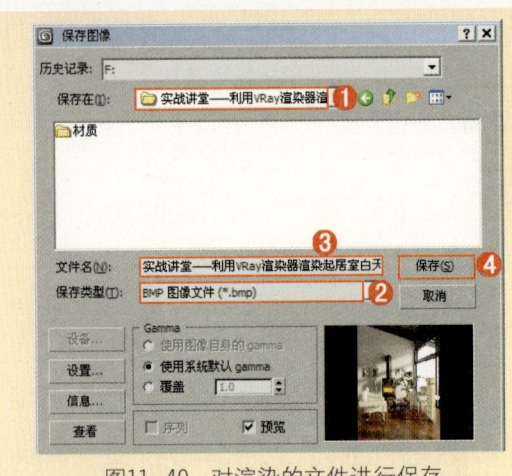
图11-40 对渲染的文件进行保存

图11-41 最终渲染效果

11.2 利用VRay渲染器渲染起居室夜晚效果

▶ 实战演练072——利用VRay渲染器渲染起居室夜晚效果

场景文件	场景文件\第11章\02.max	案例文件	最终文件\第11章\实战演练072利用VRay渲染器渲染起居室夜晚效果.max
视频教学	视频\第11章\利用VRay渲染器渲染起居室夜晚效果.flv		
难易指数	★★★★☆	视频长度	5分34秒

本例是一个起居室场景空间，室内明亮灯光表现主要使用了VR_光源来制作，使用VRayMtl材质制作本案例的主要材质，最终渲染的效果效果如图11-42所示。

图11-42 最终渲染效果

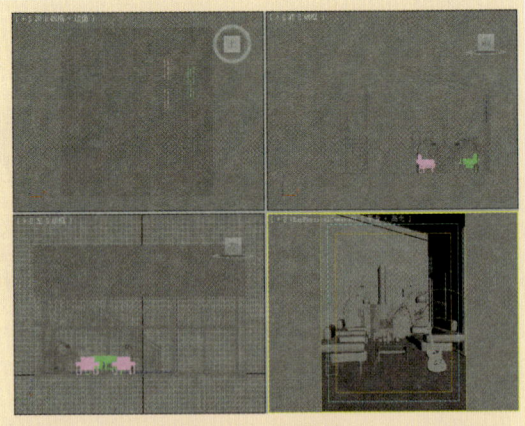
图11-43 场景效果

11.2.1 设置VRay渲染器

① 打开本书配套光盘中的【场景文件\第11章\02.max】文件，此时场景效果如图11-43所示。

② 按F10键，打开【渲染设置】对话框，选择【公用】选项卡，在【指定渲染器】卷展栏下单击 按钮，在弹出的【选择渲染器】对话框中选择"V-Ray Adv 2.10.01"，如图11-44所示。

11-46所示。

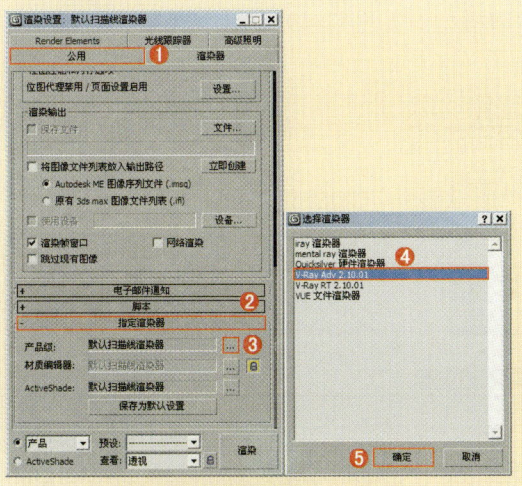

图11-44 执行VRay渲染器

图11-46 场景中主要材质

③ 此时在【指定渲染器】卷展栏，【产品级】后面显示了"V-Ray Adv 2.10.01"，【渲染设置】对话框中出现了【VR_基项】、【VR_间接照明】、【VR_设置】选项卡，如图11-45所示。

1．玻璃材质的制作

① 按M键，打开【材质编辑器】对话框，选择第一个材质球，单击【Standard】 Standard 按钮，在弹出的【材质/贴图浏览器】对话框中选择"VRayMtl"材质，如图11-47所示。

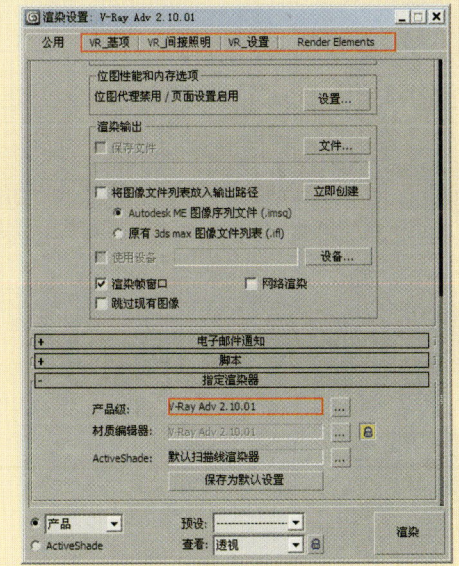

图11-45 VRay渲染器参数

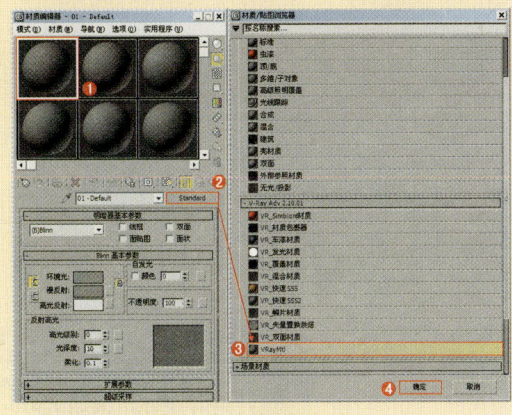

图11-47 选择VRayMtl

11.2.2 材质的制作

下面就来介绍场景中的主要材质的调制，包括木纹、玻璃酒瓶、金属、玻璃、壁炉金属、乳胶漆材质等，效果如图

② 将其命名为"玻璃"，在【漫反射】选项组下调节颜色为（红：128，绿：128，蓝：128）；在【反射】选项组下调节颜色为（红：43，绿：43，蓝：43）；在【折射】选项组下调节颜色为（红：204，绿：204，蓝：204），最后选中【影响阴影】复选框，如图11-48所示。

③ 将制作好的玻璃材质赋给场景中的窗户玻璃模型，如图11-49所示。

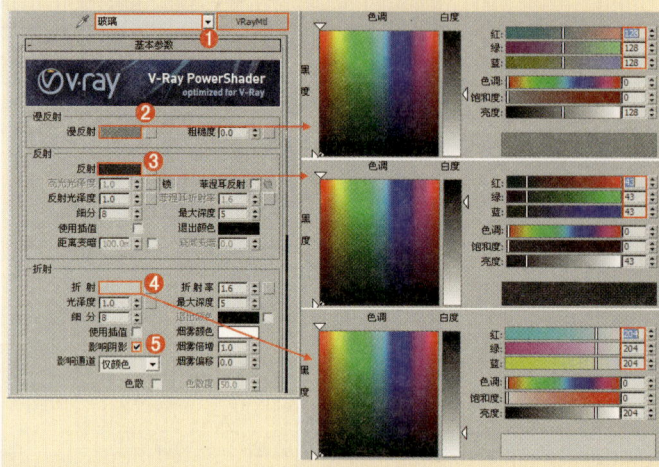

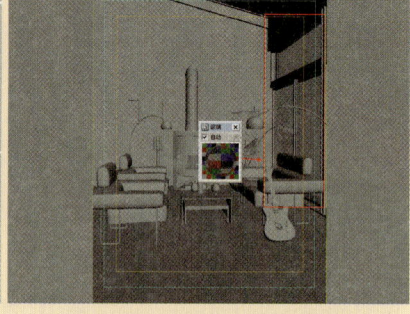

图11-48 制作玻璃材质的参数　　图11-49 将材质赋给模型

2．木纹材质的制作

① 按M键，打开【材质编辑器】对话框，选择第一个材质球，单击 Standard 【Standard】按钮，在弹出的【材质/贴图浏览器】对话框中选择VRayMtl材质，如图11-50所示。

② 将其命名为"木质"，在【漫反射】选项组下在后面的通道上加载"木纹.jpg"贴图文件，在【反射】选项组后面的通道上加载"衰减"程序贴图，设置【衰减类型】为"Fresnel"，设置【反射光泽度】为0.94，【细分】为20，如图11-51所示。

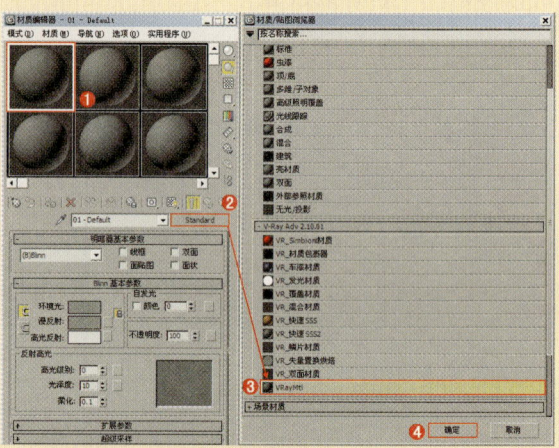

图11-50 选择VRayMtl

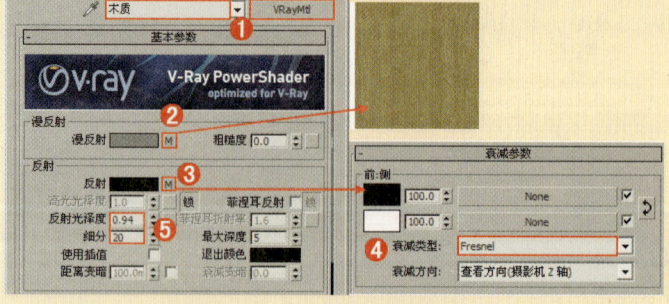

图11-51 木质材质的制作参数

③ 展开【贴图】卷展栏，单击【漫反射】通道上的贴图文件并将其拖曳到【凹凸】后的通道上，最后设置【凹凸】数量为15.0，如图11-52所示。

④ 将制作好的木纹材质赋给场景中的其他部分模型，如图11-53所示。

3. 金属材质的制作

① 选择一个空白材质球，然后将材质类型设置为"VRayMtl"，

图11-52 加载凹凸贴图　　图11-53 将材质赋给模型

接着将其命名为"金属"，在【漫反射】选项组下调节颜色为（红：98，绿：98，蓝：98），接着在【反射】选项组下调节颜色为（红：184，绿：184，蓝：184），设置【反射光泽度】为0.98，【细分】为20，如图11-54所示。

② 将制作好的金属材质赋给场景中的落地灯模型，如图11-55所示。

图11-54 金属材质的参数　　图11-55 将材质赋给模型

4. 乳胶漆的制作

① 选择一个空白材质球，然后将材质类型设置为"VRayMtl"，接着将其命名为"乳胶漆"，在【漫反射】选项组下调节颜色为（红：233，绿：233，蓝：233），如图11-56所示。

② 将制作好的乳胶漆材质赋给场景中墙面的模型，如图11-57所示。

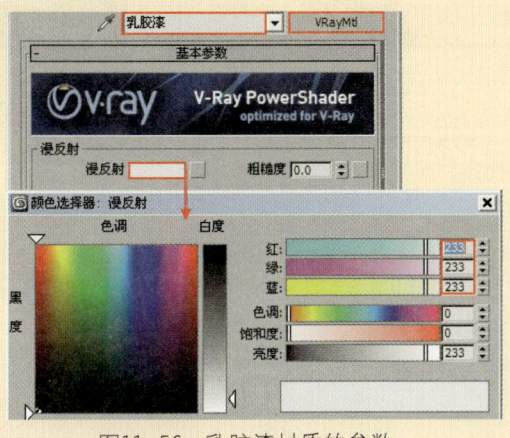
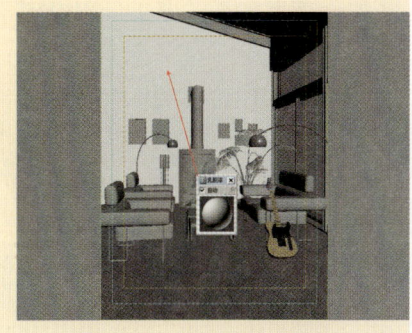

图11-56 乳胶漆材质的参数　　图11-57 将材质赋给模型

5. 玻璃酒瓶材质的制作

① 选择一个空白材质球，然后将材质类型设置为"VRayMtl"，接着将其命名为"玻璃酒瓶"，在【漫反射】选项组下调节颜色为（红：1，绿：0，蓝：13）；接着在【反射】选项组后面的通道上加载"衰减"程序贴图，设置【衰减类型】为"垂直/平行"，设置【反射光泽度】为0.8，【细分】为16；在【折射】选项组下调节颜色为（红：129，绿：129，蓝：129），设置【细分】为20，选中【影响阴影】复选框，如图11-58所示。

② 将制作好的玻璃酒瓶材质赋给场景中的玻璃酒瓶模型，如图11-59所示。

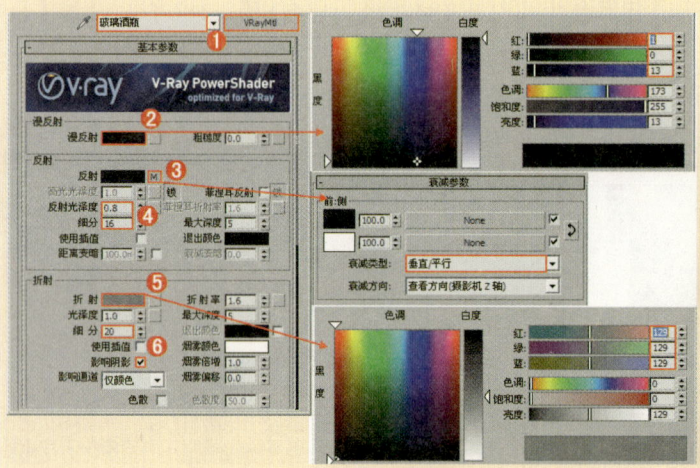

图11-58 玻璃酒瓶材质的参数 　　　　图11-59 将材质赋给模型

6. 壁炉金属材质的制作

① 选择一个空白材质球，然后将材质类型设置为"VRayMtl"，接着将其命名为"壁炉金属"，在【漫反射】选项组下在通道上加载"壁炉金属.jpg"贴图文件，接着在【反射】选项组下后面的通道上加载"壁炉反射.jpg"贴图文件，如图11-60所示。

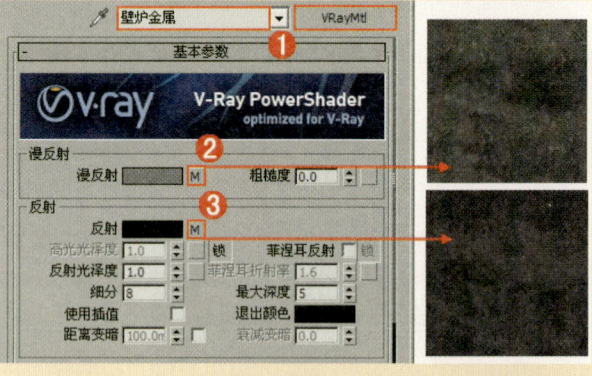

图11-60 壁炉金属材质的参数

② 展开【贴图】卷展栏，在【反射光泽】后面的通道上加载"壁炉金属黑白.jpg"贴图文件，设置【反射光泽】为45.0，接着在【凹凸】后面的通道上加载"壁炉金属黑白.jpg"贴图文件，最后设置【凹凸】数值为10.0，如图11-61所示。

③ 将制作好的植物叶子材质赋给场景中的顶棚和窗框部分模型，如图11-62所示。

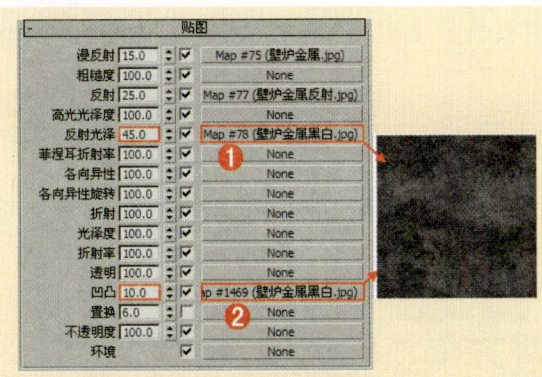
图11-61 加载贴图
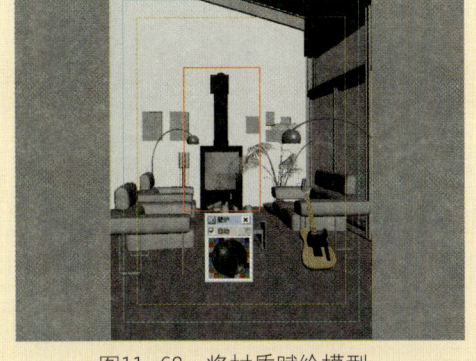
图11-62 将材质赋给模型

至此场景中主要模型的材质已经制作完毕,其他材质的制作方法就不再介绍了。

12.2.3 设置灯光并进行草图渲染

在这个起居室场景中,使用两部分灯光照明来表现,一部分使用了自然光效果,另一部分使用了室内灯光的照明。也就是说想得到好的效果,必须配合室内的一些照明,最后设置一下壁炉光源即可。

1. 设置夜光光源

① 单击【创建】|【灯光】|【VR_光源】 VR_光源 按钮,在【顶】视图中单击并拖曳鼠标,创建一盏VR_光源,在各个视图中调整一下它的位置,使用【选择并移动】工具复制1盏VR_光源,具体的位置如图11-63所示。

② 选择VR_光源,在【修改】面板下设置【类型】为平面,设置【倍增器】为2.0,调节【颜色】为(红:110,绿:130,蓝:171),【1/2长】为150.0cm,【1/2宽】为150.0cm,选中【不可见】复选框,最后设置【细分】为16,如图11-64所示。

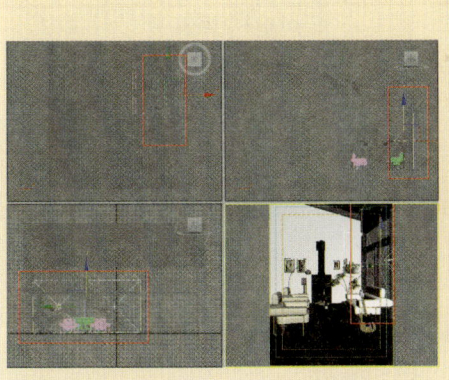
图11-63 VR_光源的位置

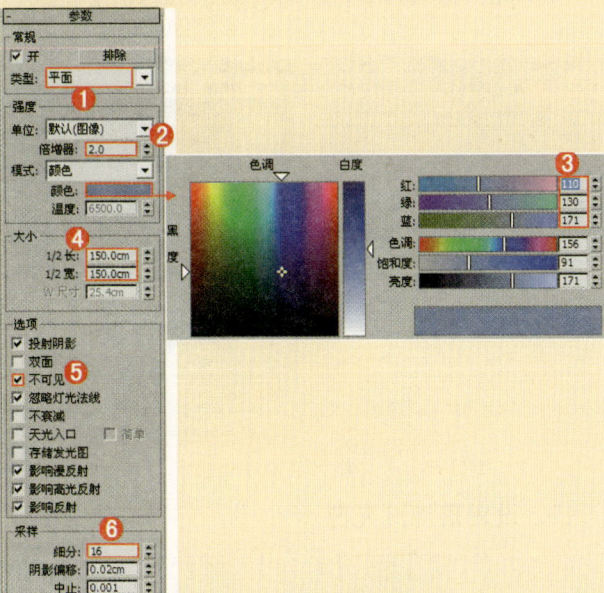
图11-64 VR_光源的参数

> VR_光源可以模拟太阳灯光，在这里需要选中【不衰减】复选框，因为真实世界中的太阳光几乎是没有衰减的。

设置完这盏VR_光源，就可以设置一下简单的渲染参数。

3 按F10键，打开【渲染设置】对话框。首先设置一下【VR_基项】和【VR_间接照明】选项卡下的参数，刚开始设置的是一个草图设置，目的是进行快速渲染，以观看整体的效果，参数设置如图11-65所示。

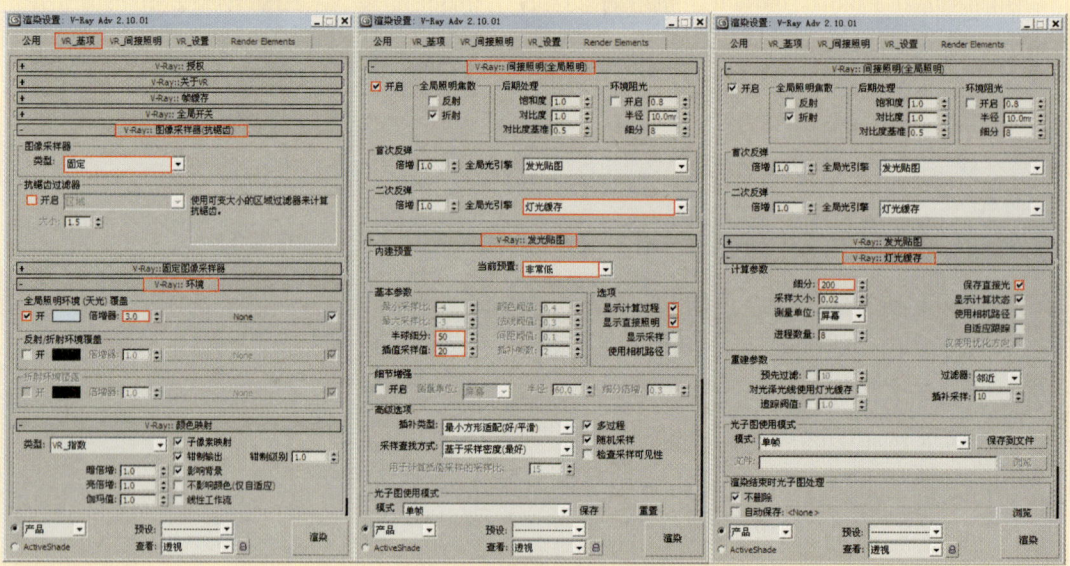

图11-65　VRay渲染器测试渲染参数

4 按8键，打开【环境和效果】面板，并在环境贴图下面的通道上加载"环境.jpg"贴图文件，如图11-66所示。

5 按Shift+Q组合键，快速渲染【摄影机】视图，其渲染的效果如图11-67所示。

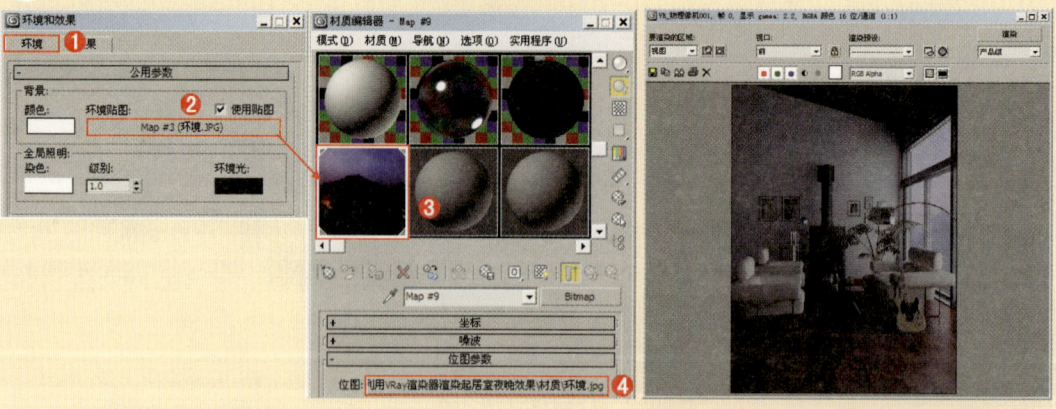

图11-66　【环境和效果】面板参数　　　　图11-67　测试渲染的效果

2．设置落地灯光源

1 单击【创建】｜【灯光】｜【VR_光源】｜ VR_光源 按钮，在【前】视图中玻璃门的位置创建一盏VR_光源，大小与玻璃门差不多，将它移动到玻璃门的外面，然后使用

【选择并移动】工具进行复制1盏VR_光源,并放置在落地灯的灯罩中,如图11-68所示。

选择上一步创建的VR_光源,然后在【修改】面板下设置【类型】为"平面",设置【倍增器】为200.0,调节【颜色】为(红:232,绿:148,蓝:77),【1/2长】为7.5cm,【1/2宽】为7.0cm,选中【不可见】复选框,取消选中【影响反射】复选框,最后设置【细分】为15,如图11-69所示。

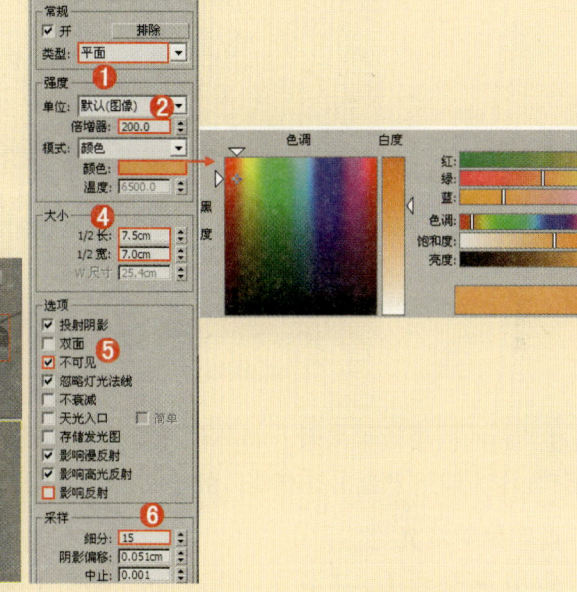

图11-68 VR_光源的位置　　　　　　　　图11-69 VR_光源的参数

继续使用VR_光源创建,然后将其放置在如图11-70所示的位置。

选择刚创建的VR_光源,在【修改】面板下设置【类型】为"平面",设置【倍增器】为150.0,调节【颜色】为(红:191,绿:218,蓝:248),【1/2长】为7.5cm,【1/2宽】为7.0cm,选中【不可见】复选框,取消选中【影响反射】复选框,如图11-71所示。

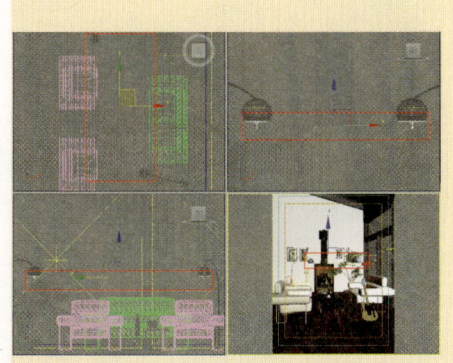
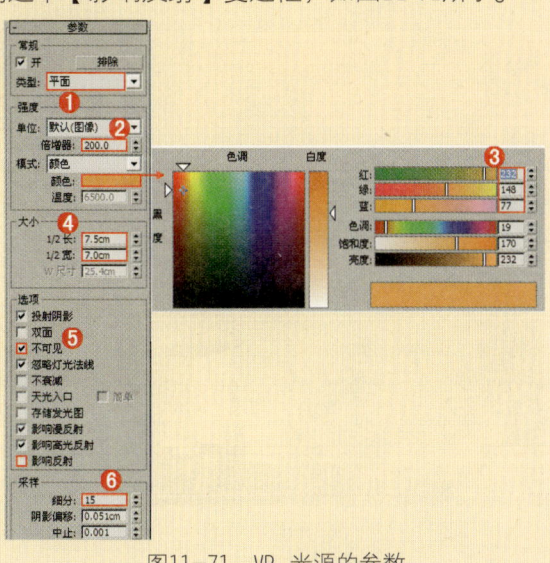

图11-70 VR_光源的位置　　　　　　　　图11-71 VR_光源的参数

⑤ 按Shift+Q组合键，快速渲染【摄影机】视图，其渲染的效果如图11-72所示。

图11-72　测试渲染效果

通过上面的渲染效果来看，整体的光感还是不够理想，出现这样的效果就需要设置室内的灯光作为辅助光源来提亮整体的空间。

3. 设置壁炉灯光

① 使用VR_光源在【左】视图中创建1盏，使用【选择并移动】工具复制3盏灯光，并放置在壁炉中，具体的位置如图11-73所示。

② 选择刚创建的VR_光源，在【修改】面板下设置【类型】为平面，设置【倍增器】为9.0，调节【颜色】为（红:232，绿:148，蓝:77），【1/2长】为22.0cm，【1/2宽】为9.0cm，选中【不可见】复选框，取消选中【影响反射】复选框，如图11-74所示。

图11-73　VR_光源的位置　　　　　图11-74　VR_光源的参数

③ 继续使用VR_光源在【左】视图中创建1盏，使用【选择并移动】工具复制1盏灯光，并放置在壁炉中，具体的位置如图11-75所示。

④ 选择刚创建的VR_光源，在【修改】面板下设置【类型】为"球体"，设置【倍增器】为9.0，调节【颜色】为（红:223，绿:121，蓝:40），【半径】为12.0cm，选中【不可见】复选框，取消选中【影响高光反射】和【影响反射】复选框，如图11-76所示。

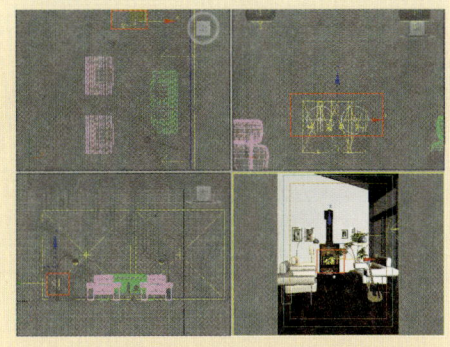

图11-75 VR_光源的位置

⑤ 按Shift+Q组合键，快速渲染【摄影机】视图，其渲染的效果如图11-77所示。

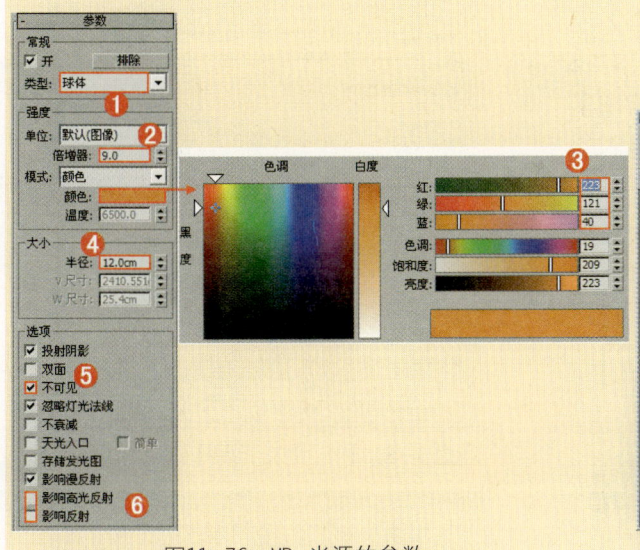

图11-76 VR_光源的参数　　　　图11-77 测试渲染效果

从现在的这个效果来看，整体还是不错的，但就是局部有点灰暗、曝光，这个问题在渲染参数里面就可以解决，而不用担心。整个场景中的灯光就设置完成了，下面需要做的就是精细调整一下灯光细分参数及渲染参数，进行最终的渲染。

11.2.4 设置成图渲染参数

经过了前面的操作，已经将大量烦琐的工作做完了，下面需要做的就是把渲染的参数设置高一些，再进行渲染输出。

① 重新设置一下渲染参数，按F10键，在打开的【渲染设置】对话框中，选择【VR-基项】选项卡，展开【V-Ray::图形采样器（抗锯齿）】卷展栏，设置【类型】为自适应DMC，接着在【抗锯齿过滤器】选项组下选中【开启】复选框，并选择"Mitchell-Netravali"，展开【V-Ray::自适应DMC图像采样器】卷展栏，设置【最小采样比】为2，【最大采样比】为4，如图11-78所示。

置【噪波阈值】为0.005,【最小采样】为10；展开【V-Ray::系统】卷展栏，设置【最大BSP树深度】为60，设置【区域排序】为从上→下，最后取消选中【显示信息窗口】复选框，如图11-81所示。

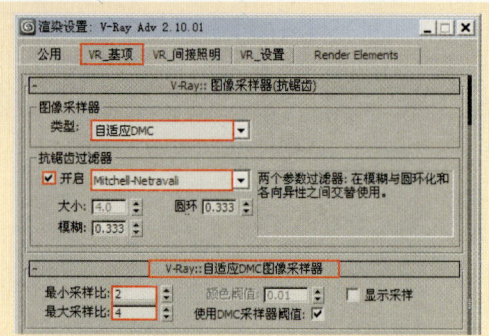

图11-78 【VR_基项】选项卡的参数

2 展开【V-Ray::环境】卷展栏，在【全局照明环境（天光）覆盖】选项组，选中【开】复选框，设置【倍增器】为1.0，展开【V-Ray::颜色映射】卷展栏，设置【类型】为VR_指数，设置【暗倍增】为2.5，选中【子像素映射】和【钳制输出】复选框，如图11-79所示。

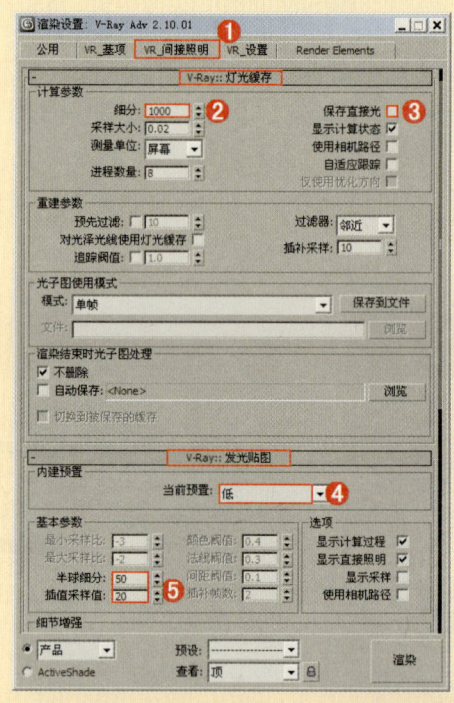

图11-80 【VR_间接照明】选项卡参数

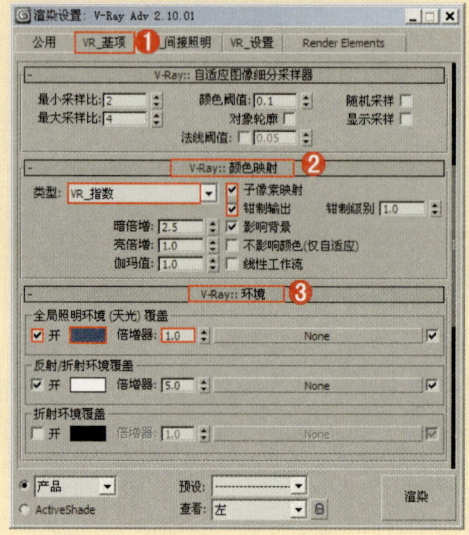

图11-79 VRay环境

3 选择【VR_间接照明】选项卡，展开【V-Ray::发光贴图】卷展栏，设置【当前预置】为低，设置【半球细分】为50，【插值采样值】为20；展开【V-Ray::灯光缓存】卷展栏，设置【细分】为1000，取消选中【保存直接光】复选框，如图11-80所示。

4 选择【VR_设置】选项卡，展开【V-Ray::DMC采样器】卷展栏，设

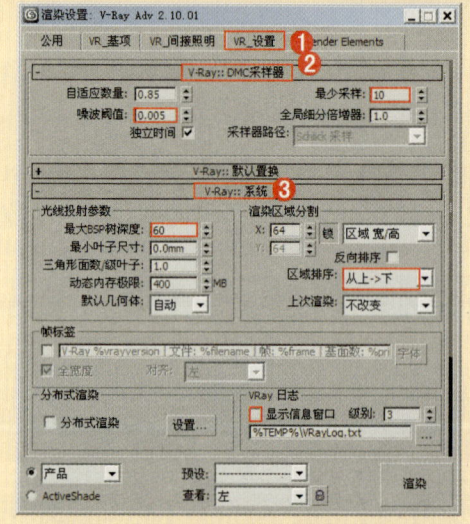

图11-81 【VR_设置】选项卡参数

5 单击【公用参数】选项卡，设置【宽度】、【高度】分别为1200、1600，

如图11-82所示。

⑦ 单击【保存位图】按钮，在弹出的【保存图像】对话框中选择一个路径，在【保存类型】下拉列表框中选择【BMP图像文件（*.bmp）】格式，【文件名】为"实战演练——利用VRay渲染器渲染起居室白天效果"，如图11-84所示。

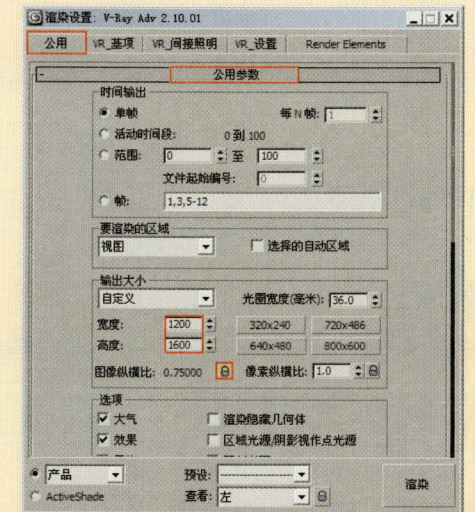

图11-82 【公用】选项卡参数

⑥ 等待一段时间后就渲染完成了，最终的效果如图11-83所示。

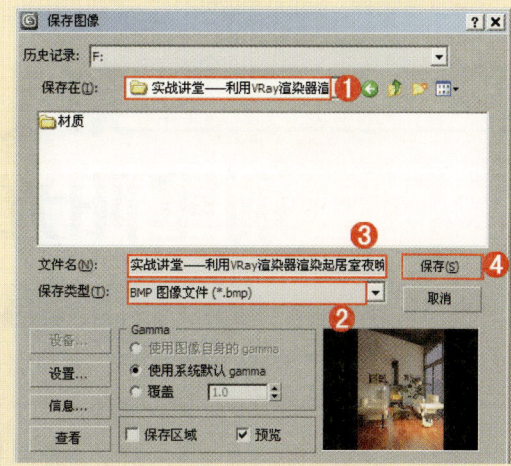

图11-84 对渲染的文件进行保存

⑧ 最终渲染效果如图11-85所示。

图11-83 渲染的效果

图11-85 最终渲染效果

11.3 本章小结

　　通过对本章的学习，需要熟练掌握中小型空间的材质、灯光、渲染、后期处理参数的设置，以及如何将一个文件各方面考虑周全，并将它渲染出一张真实的作品的过程。主要学习如何制作出真实的白天、夜晚的光照，学习各种室内材质的制作。从而达到深入了解使用3ds Max制作效果图的完整流程和制作效果图过程中需要注意的各种问题。

第12章
别墅阳光效果表现

- 掌握3ds Max 2012制作效果图的流程
- 掌握室内常用材制的制作方法
- 掌握灯光的创建方法
- 掌握测试渲染和最终渲染的参数设置
- 掌握后期处理的常用技巧

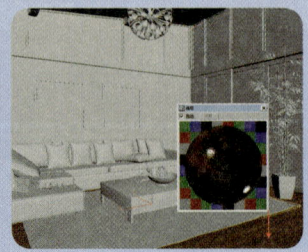
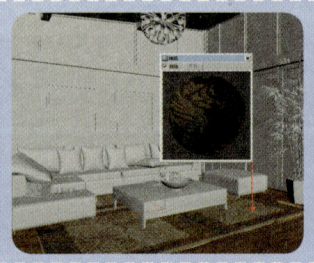

12.1 别墅阳光效果表现整体设置

实战演练073——别墅阳光效果

场景文件	场景文件\第12章\01.max	案例文件	最终文件\第12章\实战演练073\别墅阳光效果.max
视频教学	视频\第12章\别墅阳光效果.flv	视频长度	7分40秒
难易指数	★★★★★		

本例是一个阳光别墅，灯光表现主要使用了VR_光源、VR_太阳来制作，使用VRayMtl材质、VR_发光材质作为本案例的主要材质，制作完毕后最终渲染效果如图12-1所示。

图12-1 最终渲染效果

12.1.1 设置VRay渲染器

1 打开本书配套光盘中的【场景文件\第12章\12.max】文件，此时场景效果如图12-2所示。

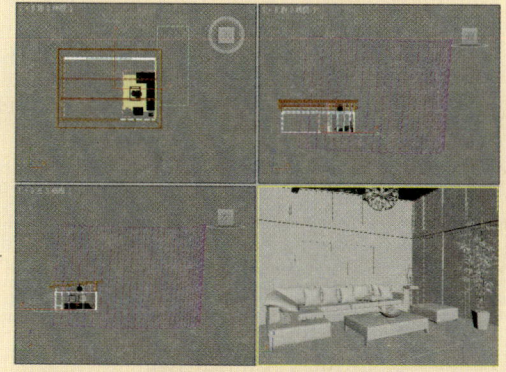

图12-2 场景效果

2 按F10键，打开【渲染设置】对话框，选择【公用】选项卡，在【指定渲染器】卷展栏下单击 ... 按钮，在弹出的【选择渲染器】对话框中选择"V-Ray Adv 2.10.01"，如图12-3所示。

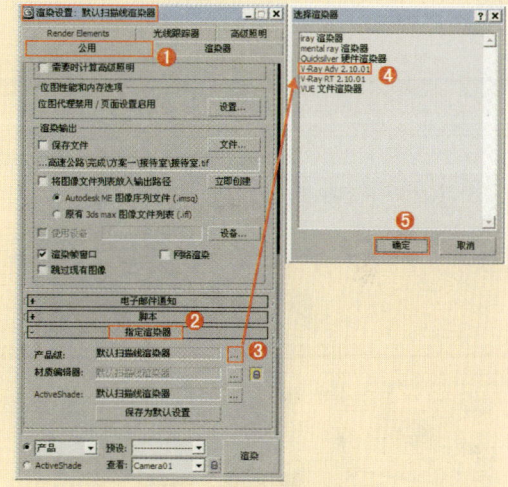

图12-3 执行VRay渲染器

3 此时在【指定渲染器】卷展栏，【产品级】后面显示了"V-Ray Adv 2.10.01"，【渲染设置】对话框中出现了【VR_基项】、【VR_间接照明】、【VR_设置】选项卡，如图12-4所示。

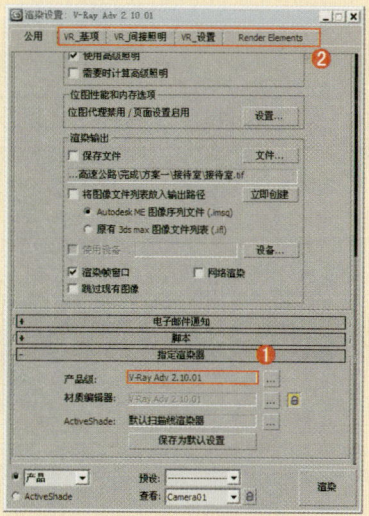

图12-4 VRay渲染器参数

12.1.2 材质的制作

下面就来介绍场景中的主要材质的调制,包括地板、地毯、抱枕、茶几、玻璃、环境材质等,效果如图12-5所示。

1. 地板材质的制作

① 按M键,打开【材质编辑器】对话框,选择第一个材质球,单击【Standard】按钮,在弹出的【材质/贴图浏览器】对话框中选择"VRayMtl"材质,如图12-6所示。

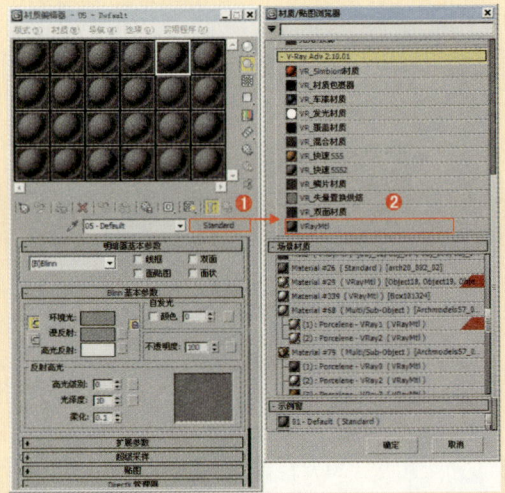

图12-5 场景中主要材质　　　　　图12-6 选择"VRayMtl"材质

② 将其命名为"地板",在【漫反射】选项组下后面的通道上加载"平铺"程序贴图,在【标准控制】卷展栏下,设置预设类型为"自定义平铺",打开【高级控制】卷展栏,在【纹理】选项组后面的通道上加载"一张木纹地板.jpg"贴图文件,设置【水平数】为3.0,【垂直数】为8.0,设置【颜色变化】为0.1,【淡出变化】为0.7,在【砖缝设置】选项卡下,设置【水平间距】为0.0,设置【垂直间距】为0.06,如图12-7所示。

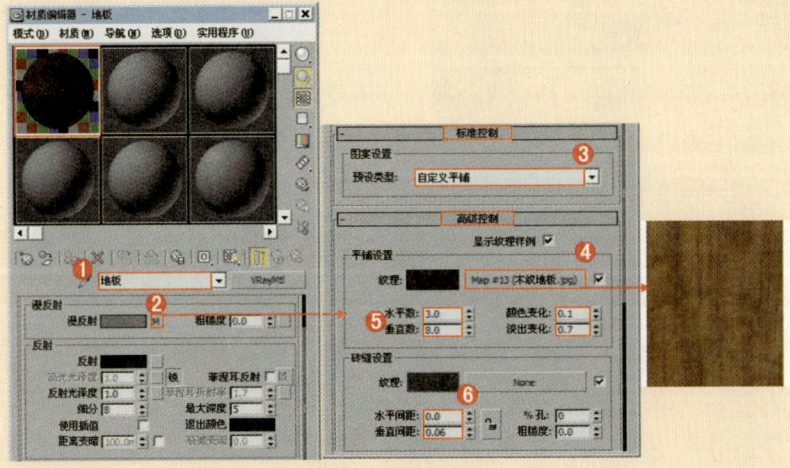

图12-7 加载贴图

3 在【反射】选项组下调节颜色为（红：49，绿：49，蓝：49，）设置【高光光泽度】为0.85，设置【反射光泽度】为0.86，设置【细分】为10，如图12-8所示。

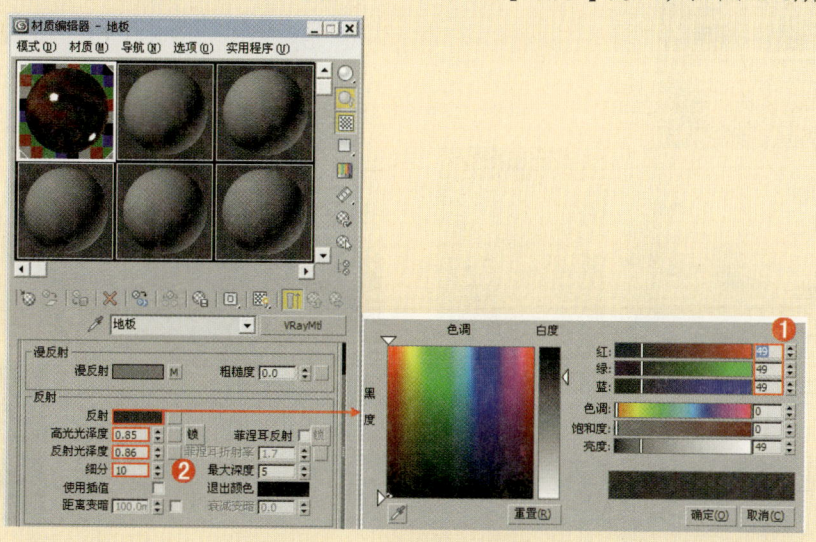

图12-8　选择VRay材质

4 展开【贴图】卷展栏，设置【凹凸】数量为80.0，并拖曳【漫反射】通道到【凹凸】通道上，如图12-9所示。

5 将制作好的地板材质赋给场景中的地面模型，如图12-10所示。

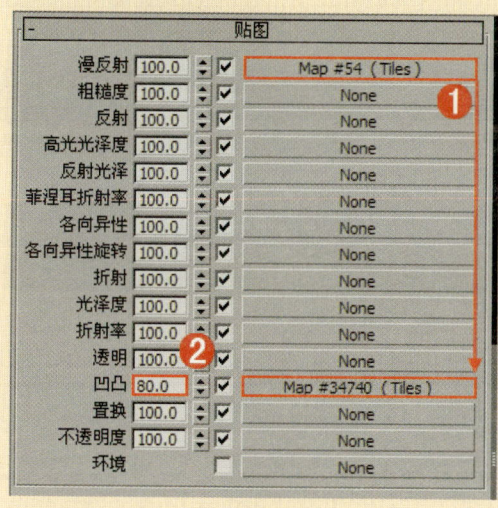

图12-9　加载贴图

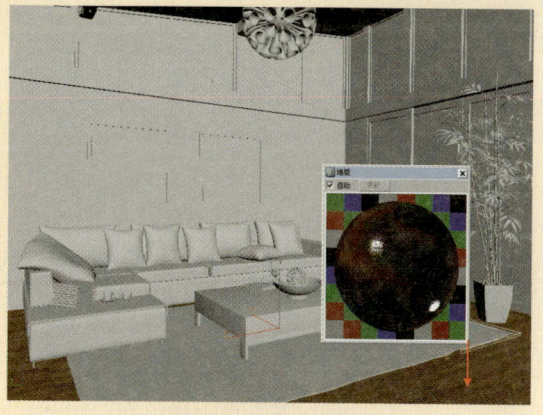

图12-10　加载贴图

2. 地毯材质的制作

1 选择一个空白材质球，然后将材质类型设置为"VRayMtl"，接着将其命名为"地毯"，在【漫反射】选项组下后面的通道上加载"一张地毯.jpg"贴图文件，如图12-11所示。

2 展开【贴图】卷展栏，设置【置换】数值为2，并拖曳【漫反射】通道到【凹凸】通道上，如图12-12所示。

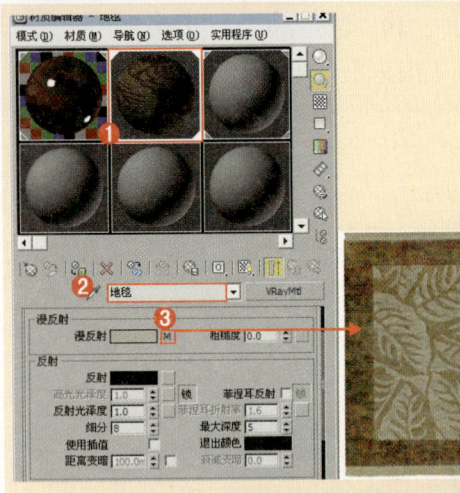

图12-11 加载"地毯"贴图

3. 抱枕材质的制作

① 选择一个空白材质球,然后将材质类型设置为"VRayMtl",接着将其命名为"抱枕",在【漫反射】选项组后面的通道上加载"斑点.jpg"贴图文件,如图12-14所示。

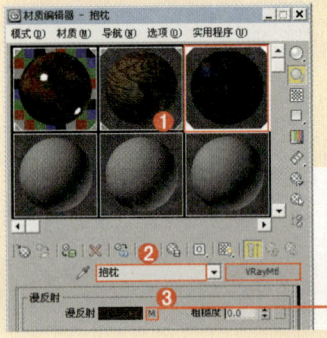

图12-14 加载贴图

② 将制作好的抱枕材质赋给场景中装饰墙面的模型,如图12-15所示。

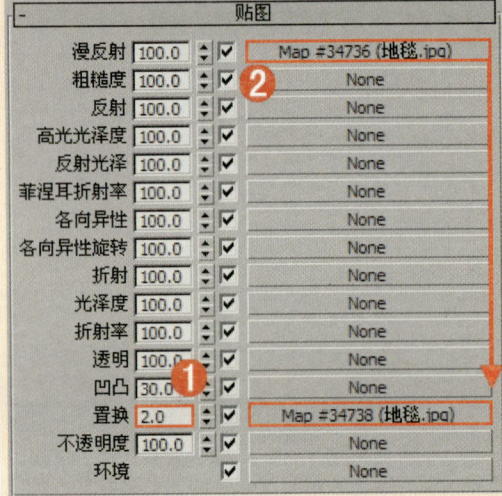

图12-12 拖曳到【凹凸】通道

③ 将制作好的"地毯"材质赋给场景中的地面模型,如图12-13所示。

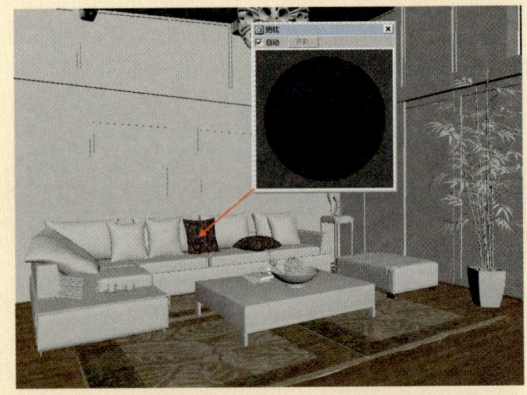

图12-15 将材质赋给模型

4. 茶几材质的制作

① 选择一个空白材质球,然后将材质类型设置为"VRayMtl",将其命名为"茶几",在【漫反射】选项组下调节颜色为(红:255,绿:255,蓝:255),在【反射】选项组下调节颜色为(红:22,绿:22,蓝:22),设置【高光光泽度】为0.75,设置【反射光泽度】为0.85,如图12-16所示。

② 将制作好的"茶几"材质赋给场景中沙发的模型,如图12-17所示。

图12-13 将材质赋给模型

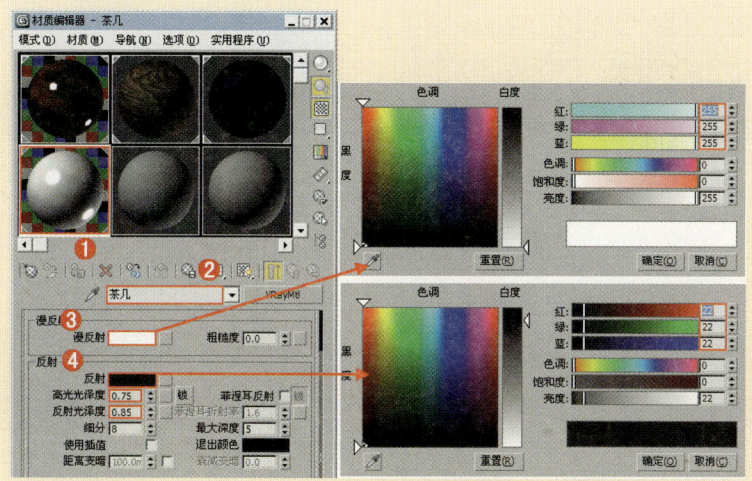

图12-16 茶几详细参数

5．玻璃的制作

① 选择一个空白材质球，然后将材质类型设置为"VRayMtl"，接着将其命名为"玻璃"，在【漫反射】选项组下调节颜色为（红：84，绿：100，蓝：92），在【折射】选项组下调节颜色为（红：244，绿：244，蓝：244），如图12-18所示。

② 在【反射】选项组后面的通道上加载"VR_颜色程序"贴图，设置（红：0.003，绿：0.005，蓝：0.004），设置伽玛校正为指定，如图12-19所示。

图12-17 将茶几材质赋给沙发模型

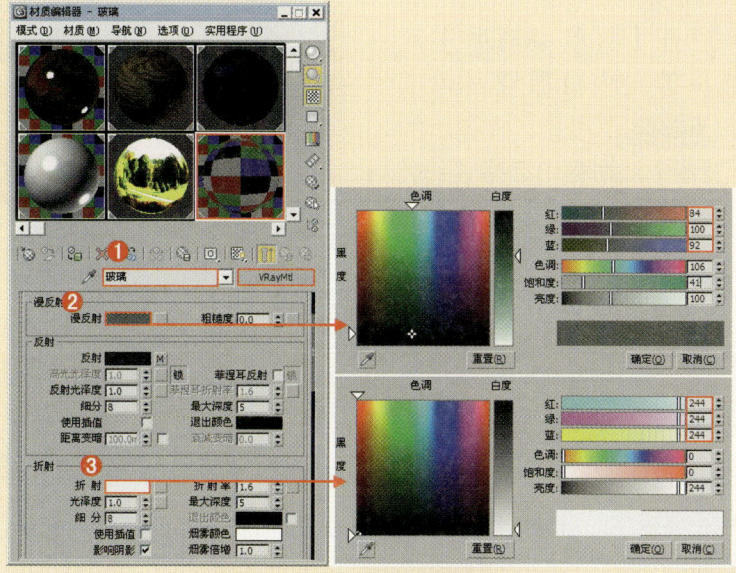

图12-18 台灯材质的参数

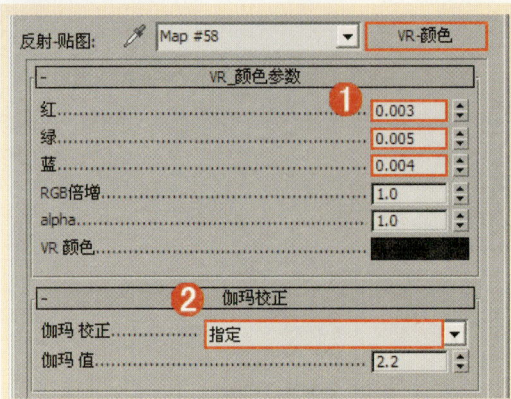

图12-19 将材质赋给模型

③ 将制作好的玻璃材质赋给场景中的门窗模型，如图12-20所示。

图12-20 将材质赋给模型

6．环境材质的制作

① 按M键，打开【材质编辑器】对话框，选择第一个材质球，单击【Standard】 Standard 按钮，在弹出的【材质/贴图浏览器】对话框中选择"VR_发光材质"，如图12-21所示。

② 将其命名为"环境"，设置【颜色】强度为5.0，在【颜色】选项组下后面的通道上加载"外景.jpg"贴图文件，如图12-22所示。

③ 将制作好的环境材质赋给场景中的外景模型，如图12-23所示。

至此场景中主要模型的材质已经制作完毕，其他材质的制作方法就不再介绍了。

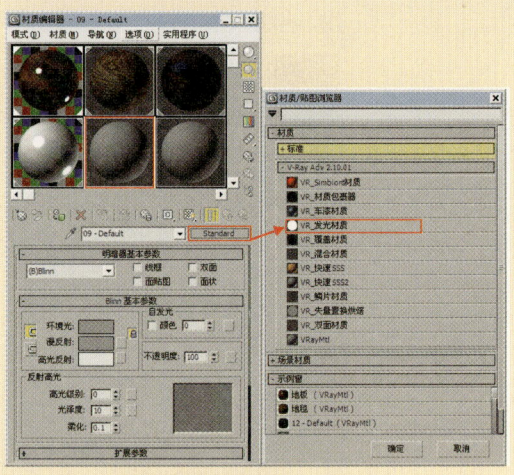

图12-21 选择VR_发光材质

图12-22 VR_发光材质参数

图12-23 将材质赋给模型

12.1.3 设置灯光并进行测试渲染

在这个阳光别墅场景中，主要以太阳光为主光源。

1. 制作白天室外阳光

① 单击【创建】 ☀ |【灯光】 ◁ |【VR_太阳】 VR_太阳 按钮，在【顶】视图中单击并拖曳鼠标，创建一盏VR_太阳，在各个视图中调整一下它的位置，具体位置如图12-24所示。

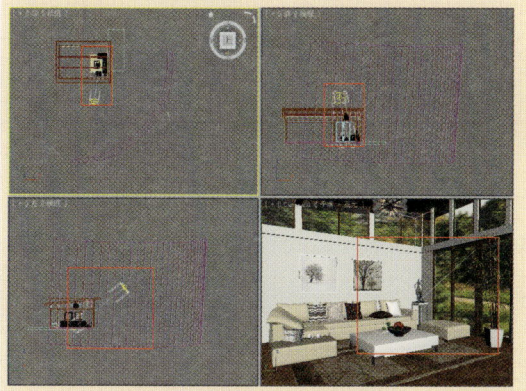

图12-24　VR_太阳的位置

② 选择VR_太阳灯光，并将灯光的【臭氧】设置为1.0，【强度倍增】设置为0.09，【尺寸倍增】设置为2.0，【阴影细分】设置为10，【光子发射半径】设置为500.0，如图12-25所示。

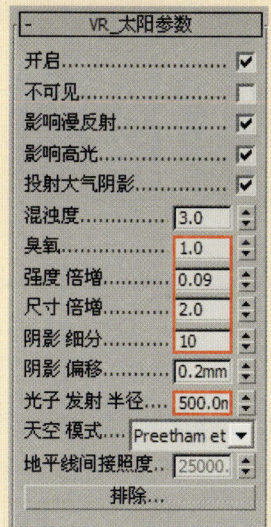

图12-25　VR_太阳的参数

③ 单击【创建】 ☀ |【灯光】 ◁ |【VR_太阳】 VR_光源 按钮，在【左】视图

中创建1盏，并将其拖曳到室外，VR灯光的大小与窗口类似，具体的位置如图12-26所示。

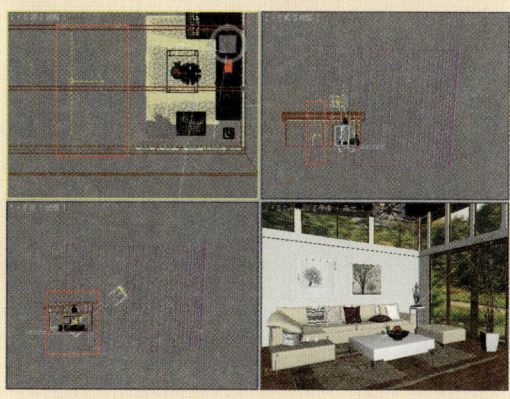

图12-26　VR_光源的位置

④ 选择上一步创建的VR_光源，在【修改】面板下设置【类型】为平面，设置【倍增器】为4.0，调节颜色为（红：204，绿：213，蓝：250），设置【半长度】为230.0mm，【半宽度】为160.0mm，选中【不可见】复选框，具体参数如图12-27所示。

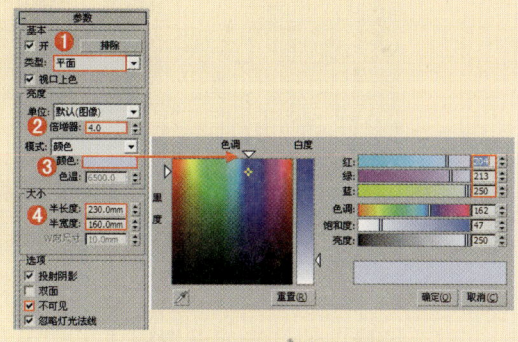

图12-27　VR_光源的参数

⑤ 按F10键，打开【渲染设置】对话框。首先设置一下【VR_基项】和【VR_间接照明】选项卡下的参数，刚开始设置的是一个草图设置，目的是进行快速渲染，以观看整体的效果，参数设置如图12-28所示。

⑥ 按Shift+Q组合键，快速渲染【摄影机】视图，其渲染的效果如图12-29所示。

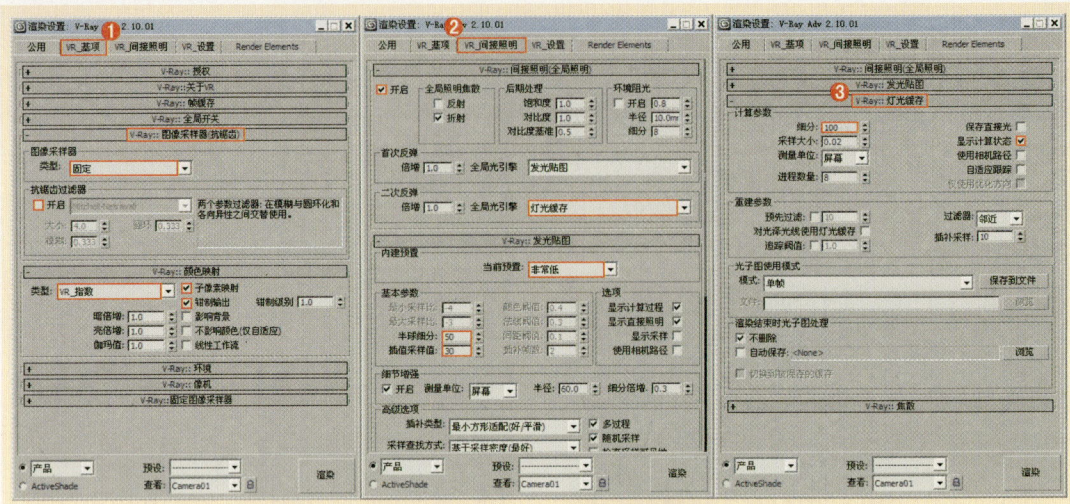

图12-28　VRay渲染器参数的设置

图12-29　测试渲染的效果

整个场景中的灯光就设置完成了，下面需要做的就是精细调整一下灯光细分参数及渲染参数，进行最终的渲染。

12.1.4　设置成图渲染参数

① 重新设置一下渲染参数，按F10键，在打开的【渲染设置】对话框中，选择【VR_基项】选项卡，展开【V-Ray::图形采样器（抗锯齿）】卷展栏，设置【类型】为"自适应DMC"，接着在【抗锯齿过滤器】选项组下选中【开启】复选框，并选择"Mitchell-Netravali"，展开【V-Ray::自适应DMC图像采样器】卷展栏，设置【最小细分】为2，【最大细分】为4，如图12-30所示。

别墅阳光效果表现 第12章

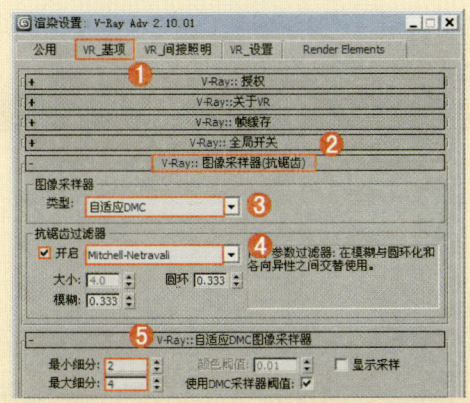

图12-30 【V-Ray】选项卡的参数

② 展开【V-Ray::颜色映射】卷展栏，设置【类型】为"VR_指数"，选中【子像素映射】和【钳制输出】复选框，如图12-31所示。

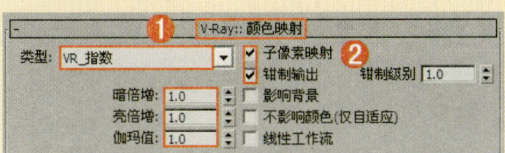

图12-31 【环境】和【颜色贴图】参数

③ 选择【VR_间接照明】选项卡，展开【V-Ray::发光贴图】卷展栏，设置【当前预置】为低，设置【半球细分】为50，【插值采样值】为30；展开【V-Ray::灯光缓存】卷展栏，设置【细分】为1 000，取消选中【保存直接光】复选框，如图12-32所示。

④ 选择【VR_设置】选项卡，展开【V-Ray::DMC采样器】卷展栏，设置【噪波阈值】为0.008，【最少采样】为10；展开【V-Ray::系统】卷展栏，设置【默认几何体】为静态，【区域排序】为"从上→下"，最后取消选中【显示信息窗口】复选框，如图12-33所示。

⑤ 单击【Render Elements】选项卡，单击【添加】并在弹出的【渲染元素】面板中选择【VR_线框颜色】选项，如图12-34所示。

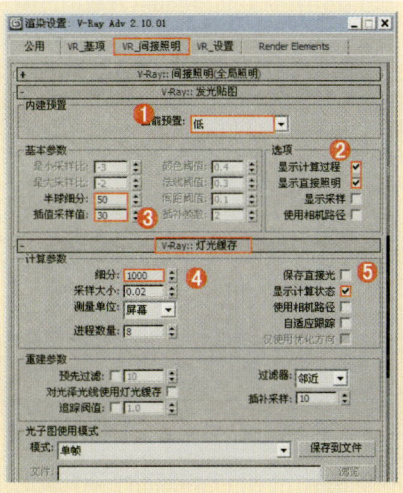

图12-32 【间接照明】的参数

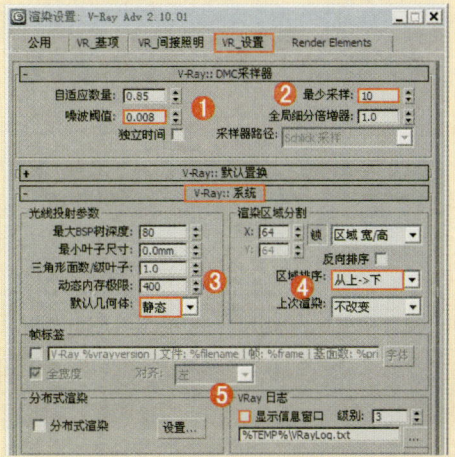

图12-33 【设置】选项卡参数

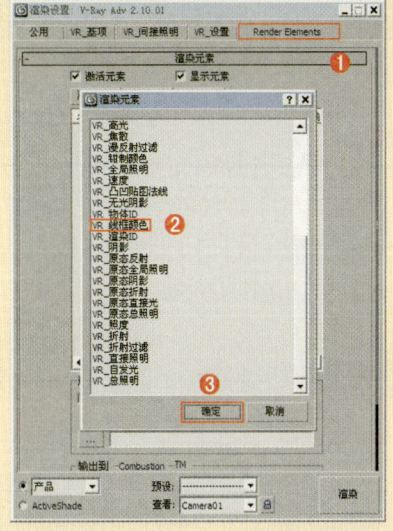

图12-34 【Render Elements】选项卡参数

401

⑥ 单击【公用】选项卡，设置【宽度】和【高度】分别为1900、1425，如图12-35所示。

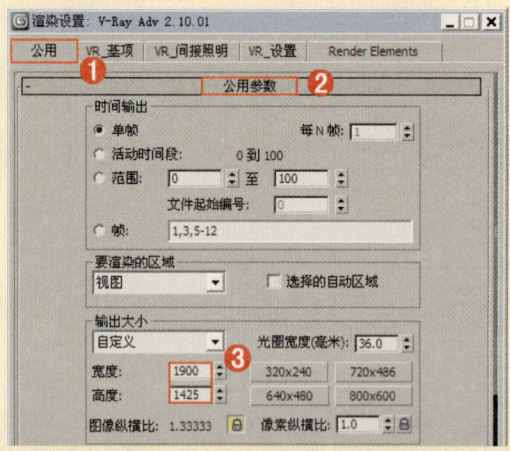

图12-35 【公用】选项卡参数

⑦ 等待一段时间后就渲染完成了，最终效果如图12-36所示。

图12-36 最终渲染效果

⑧ 单击【保存位图】按钮，在弹出的【保存图像】对话框中选择一个路径，在【保存类型】下拉列表框中选择【BMP图像文件（*.bmp）】格式，【文件名】为"别墅阳光效果"，如图12-37所示。

12.1.5 后期处理

现在观察和分析渲染的接待大厅效果，可以看出图稍微有些暗，并且带点灰，这就需要使用后期软件提高图像的对比度。图12-38和图12-39所示分别为后期处理前后效果。

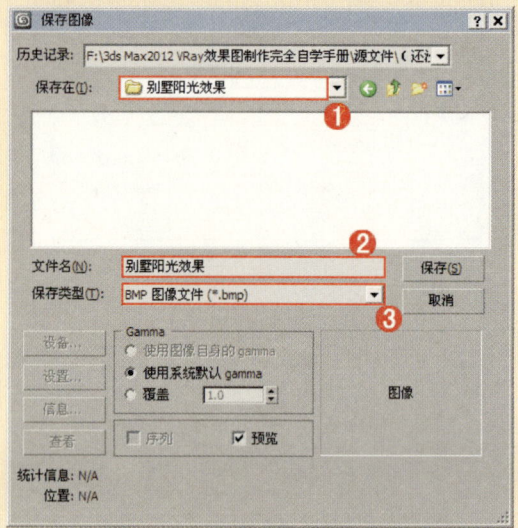

图12-37 对渲染的文件进行保存

图12-38 处理前的效果

图12-39 处理后的效果

① 启动Photoshop CS5中文版。打开上面输出的"别墅阳光效果.bmp"文件，效果如图12-40所示。

图12-40 打开文件

② 选择菜单栏中的【图像】|【调整】|【亮度/对比度】选项,如图12-41所示。在弹出的【亮度/对比度】对话框中调节亮度和对比度,调节后的效果如图12-42所示。

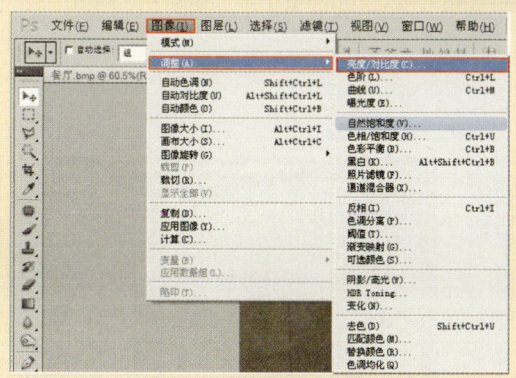

图12-41 【曲线】调节

图12-42 执行【亮度/对比度】

③ 选择菜单栏中的【图像】|【调整】|【色彩平衡】命令,并在弹出的【色彩平衡】对话框中调节其具体的参数,如图12-43和图12-44所示。

图12-43 选择【色彩平衡】命令

图12-44 效果

4. 选择菜单栏中的【滤镜】|【锐化】|【智能锐化】命令,如图12-45所示。在弹出的【智能锐化】对话框中,设置【数量】为35,【半径】为0.5,如图12-46所示。

5. 选择菜单栏中的【文件】|【存储为】命令,将处理后的文件另存为"效果图制作综合实例——别墅阳光.bmp"。最终图像效果如图12-47所示。

图12-45 【智能锐化】命令

图12-46 执行【智能锐化】命令

图12-47 最终效果

12.2 本章小结

通过对本章的学习,需要熟练掌握别墅阳光场景的制作方法。在材质方面主要掌握VRayMtl、VR_发光材质的使用,并制作出地板、地毯、抱枕、茶几、玻璃、环境等材质。在灯光方面主要掌握VR_光源、VR_太阳的使用,并制作出室外阳光的效果。学习本章,可以达到深入了解效果图制作的完整流程,并可以举一反三制作相似的场景,制作思路是相同的。

第13章
中式接待室日景效果表现

- 掌握装饰风格的把握
- 掌握室内常用材质的制作方法
- 掌握多层次灯光的创建方法
- 掌握测试渲染和最终渲染的参数设置
- 掌握后期处理的常用技巧

13.1 中式接待室日景效果整体设置

实战演练074——中式接待室日景效果

场景文件	场景文件\第13章\13.max	案例文件	源文件\第13章\实战演练074\中式接待室日景效果.max
视频教学	视频\第13章\中式接待室日景效果.flv	视频长度	7分36秒
难易指数	★★★★		

本例是一个充满阳光的中式接待室，现代中式的设计风格是在原有的中式风格的基础上增加了一些现代元素。在保留了中式原有的红木风格的整体下，加入现代简约的设计理念，室内日景灯光表现主要使用了VR_光源、目标平行光、目标灯光来制作，使用VRayMtl材质、VR_材质包裹器材质制作本案例的主要材质，制作完毕后，最终渲染效果如图13-1所示。

图13-1 最终渲染效果

13.1.1 设置VRay渲染器

1 打开本书配套光盘中的【场景文件\第13章\13.max】文件，此时场景效果如图13-2所示。

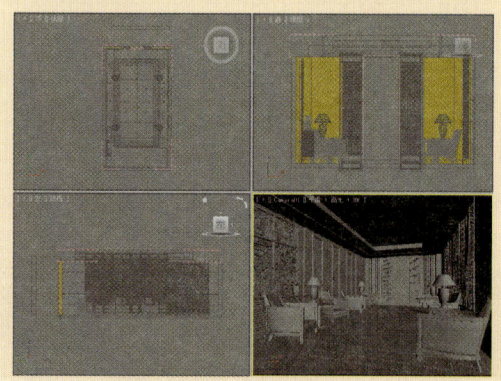

图13-2 场景效果

2 按F10键，打开【渲染设置】对话框，选择【公用】选项卡，在【指定渲染器】卷展栏下单击 ... 按钮，在弹出的【选择渲染器】对话框中选择"V-Ray Adv 2.10.01"，如图13-3所示。

3 此时在【指定渲染器】卷展栏，【产品级】后面显示了"V-Ray Adv 2.10.01"，【渲染设置】对话框中出现了【VR_基项】、【VR_间接照明】、【VR_设置】选项卡，如图13-4所示。

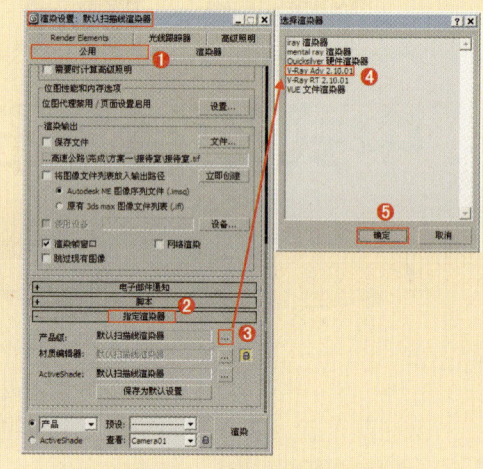

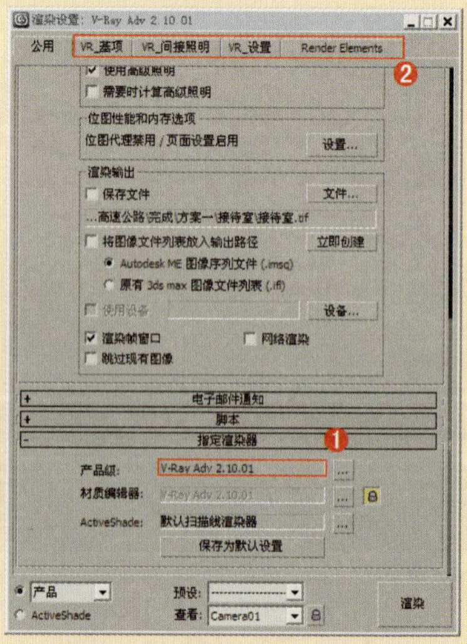

图13-3 选择VRay渲染器

图13-4 VRay渲染器参数

13.1.2 材质的制作

下面就来介绍场景中的主要材质的调制,包括地砖、地毯、沙发垫、台灯、装饰墙、吊顶、浮雕材质等,效果如图13-5所示。

图13-5 场景中主要材质

1. 地砖材质的制作

① 按M键,打开【材质编辑器】对话框,选择第一个材质球,单击【Standard】 Standard 按钮,在弹出的【材质/贴图浏览器】对话框中选择"VRayMtl"材质,如图13-6所示。

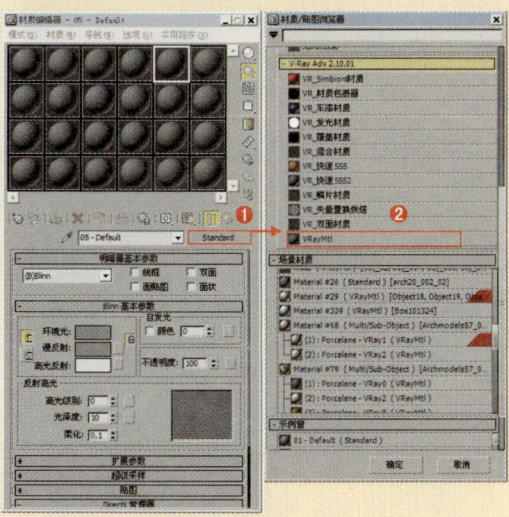

图13-6 选择"VRayMtl"材质

② 将其命名为"地砖",在【漫反射】选项组下后面的通道上加载"一张大理石地面.jpg"贴图,设置【高光光泽度】为0.85,设置【反射光泽度】为0.9;在【反射】选项组下后面的通道上加载"衰减"程序贴图,设置第一个颜色为黑色,设置第二个颜色为灰色,【衰减类型】为"Fresnel",如图13-7所示。

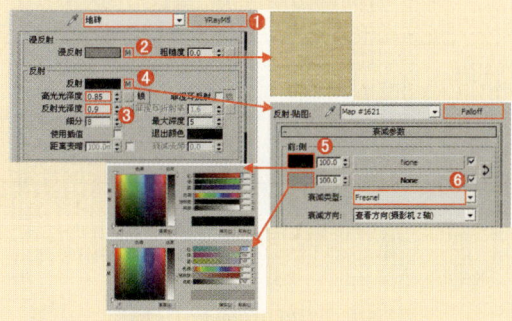

图13-7 加载大理石地面贴图

③ 将制作好的地砖材质赋给场景中的地面的模型,如图13-8所示。

图13-8 将材质赋给模型

2. 地毯材质的制作

① 按M键,打开【材质编辑器】对话框,选择第一个材质球,单击【Standard】 Standard 按钮,在弹出的【材质/贴图浏览器】对话框中选择"VRayMtl"材质,如图13-9所示。

② 将其命名为"地毯",在【漫反射】选项组下后面的通道上加载"一张地毯.jpg"程序贴图,设置【高光光泽度】为0.25,并设置【模糊】为0.01,如图13-10所示。

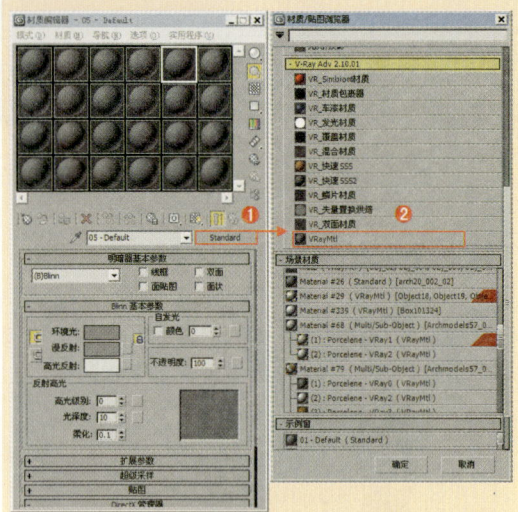

图13-9 选择"VRayMtl"材质

"Fresnel",如图13-12和图13-13所示。

图13-11 将材质赋给模型

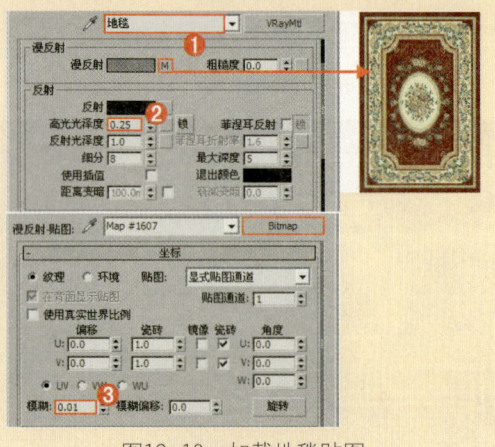

图13-10 加载地毯贴图

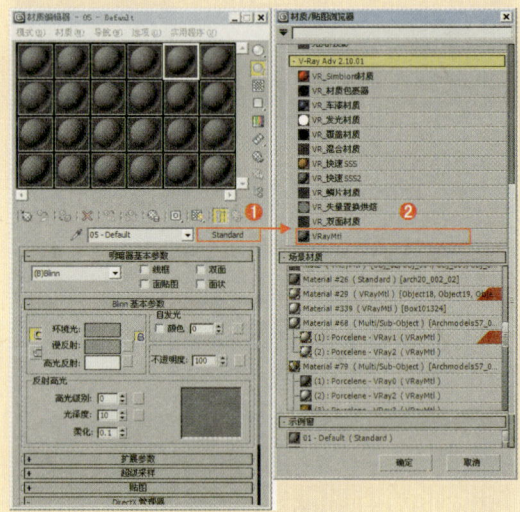

图13-12 选择材质球

提示 在坐标卷展栏下的【模糊】数值越低则渲染的贴图精度越高。

③ 将制作好的地毯材质赋给场景中的地面模型,如图13-11所示。

3. 沙发垫材质的制作

① 选择一个空白材质球,然后将材质类型设置为"VRayMtl",接着将其命名为"沙发垫",在【漫反射】选项组后面的通道上加载"衰减"程序贴图,在第一个颜色通道上加载"毛绒.jpg"贴图文件,在第二个颜色通道上加载"毛绒.jpg"贴图文件,设置【衰减类型】为

② 在【反射】选项组后面的通道上加载"衰减"程序贴图,设置第一个颜色为(红:5,蓝:5,蓝:5),设置第二个颜色为(红:29,蓝:29,蓝:29),【衰减类型】为"Fresnel",然后设置【高光光泽度】为0.5,设置【反射光泽度】为0.7,如图13-14所示。

③ 展开【贴图】卷展栏,在【凹凸】后面的通道上加载"黑白毛绒.jpg"贴图文件,并设置其具体的参数,最后设置【凹凸】数量为15.0,如图13-15所示。

④ 将制作好的沙发垫材质赋给场景中装饰墙面的模型,如图13-16所示。

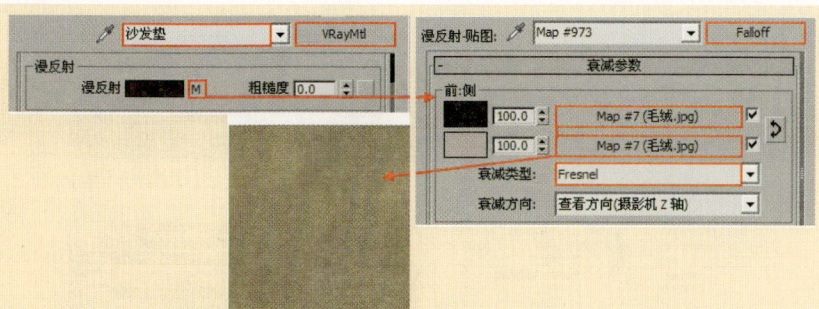

图13-13　将材质赋给模型

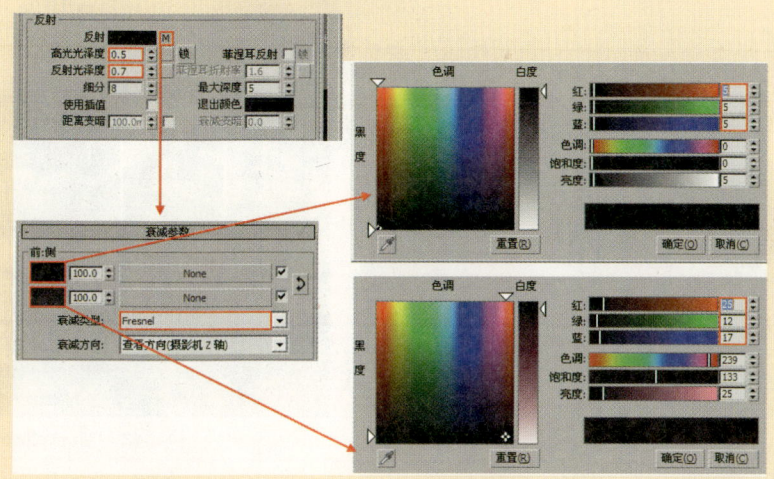

图13-14　将材质赋给模型

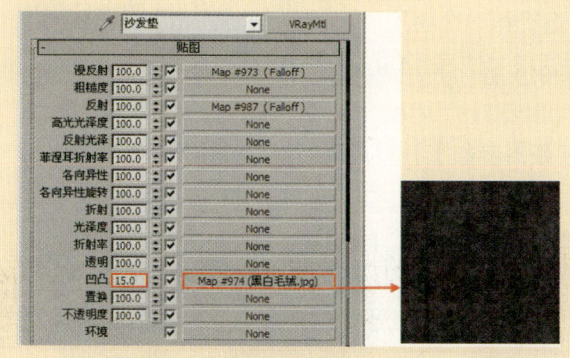

图13-15　将材质赋给模型

图13-16　将材质赋给模型

4．浮雕材质的制作

① 选择一个空白材质球，然后将材质类型设置为"VRayMtl"材质，将其命名为"浮雕"，在【漫反射】选项组下调节颜色为（红：116，绿：95，蓝：75）；在【反射】选项组下调节颜色为（红：25，绿：25，蓝：25，设置【高光光泽度】为0.23，如图13-17所示。

② 展开【贴图】卷展栏，在【凹凸】后面的通道上加载"浮雕凹凸.jpg"贴图文件，并设置其具体参数，最后设置【凹凸】数量为44.0，如图13-18所示。

③ 将制作好的浮雕材质赋给场景中的沙发模型，如图13-19所示。

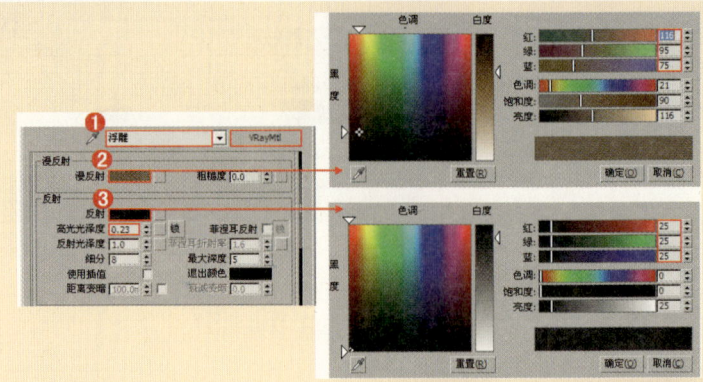

图13-17　浮雕详细参数

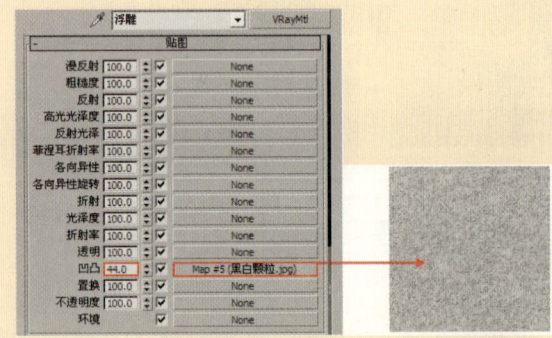

图13-18　浮雕详细参数

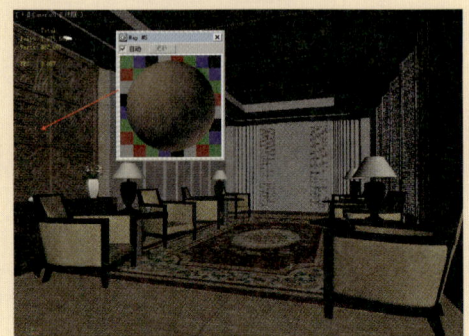

图13-19　将材质赋给模型

5．装饰墙材质的制作

1 按M键，打开【材质编辑器】对话框，选择第一个材质球，单击【Standard】按钮，在弹出的【材质/贴图浏览器】对话框中选择"VRay_材质包裹器"材质，如图13-20所示。

2 将其命名为"装饰墙"，在【VR_材质包裹器参数】卷展栏下加载"VRayMtl"，设置【产生全局照明】为0.85，如图13-21所示。

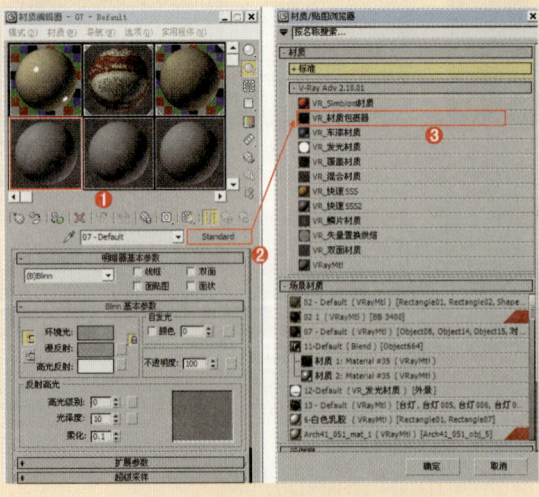

图13-20　选择VR_材质包裹器

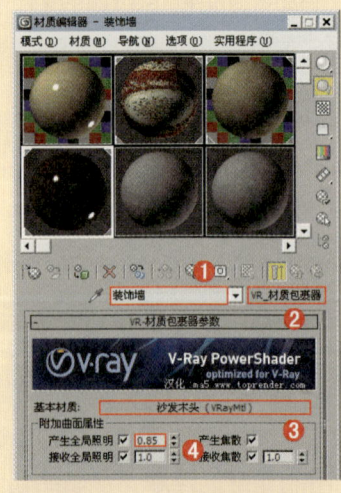

图13-21　VR_材质包裹器参数

> 提示：当有大面积的材质时，如墙面顶面乳胶漆、地面地板还有溢色严重的材质，最好使用VR_材质包裹器，要不然会严重溢色，影响室内效果。

3 单击进入【基本材质】后面的通道中，在【漫反射】选项组下后面的通道上加载"一张红枫木饰面.jpg"贴图文件，接着在【反射】选项组下加载"衰减"程序贴图，设置【高光光泽度】为0.85，设置【反射光泽度】为0.9，【细分】为15，如图13-22所示。

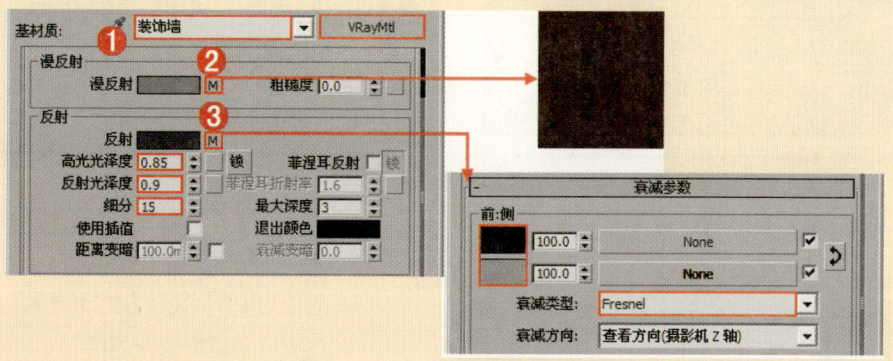

图13-22 VRayMtl材质的参数

4 将制作好的材质赋给场景中的装饰墙面模型，如图13-23所示。

6. 台灯的制作

1 选择一个空白材质球，然后将材质类型设置为"VRayMtl"材质，接着将其命名为"台灯"，在【漫反射】选项组的通道上加载"黑色理石.jpg"贴图文件，在【反射】选项组下调节反射颜色为（红：255，绿：255，蓝：255），设置【反射光泽度】为0.9，如图13-24所示。

图13-23 将材质赋给模型

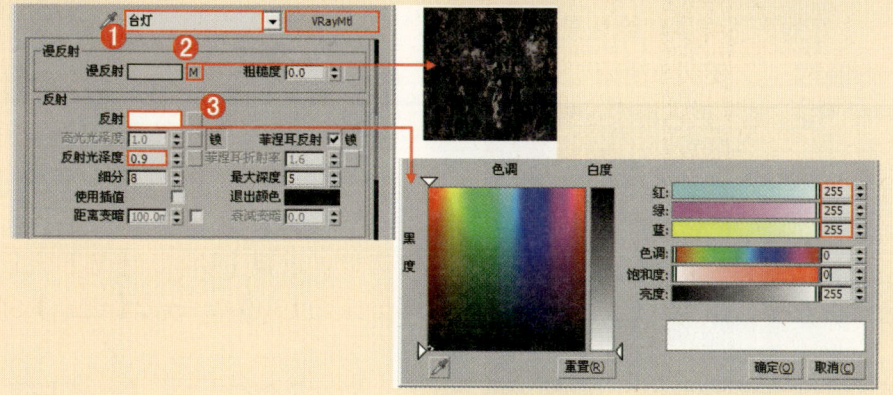

图13-24 台灯材质的参数

2 将制作好的理石台面材质赋给场景中茶几台面的模型，如图13-25所示。

图13-25 将材质赋给模型

7. 吊顶材质的制作

① 选择一个空白材质球,然后将材质类型设置为"VRayMtl",接着将其命名为"乳胶漆",在【漫反射】选项组下调节颜色为(红:245,绿:245,蓝:245);在【反射】选项组下调节颜色为(红:15,绿:15,蓝:15),设置【高光光泽度】为0.35,如图13-26所示。

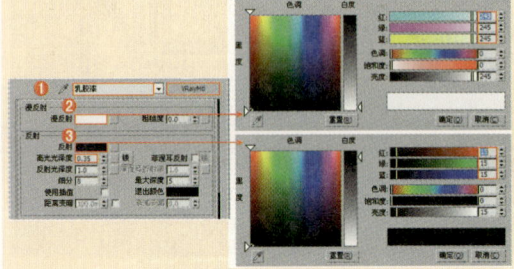

图13-26 瓷瓶材质的参数

② 将制作好的吊顶材质赋给场景中装饰瓷瓶的模型,如图13-27所示。

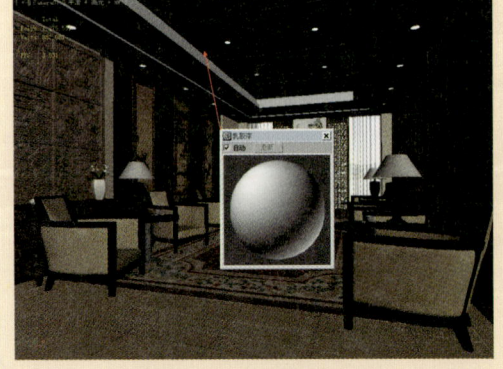

图13-27 将材质赋给模型

> 提示:选中【菲涅耳反射】复选框可以使其反射更加真实。

至此场景中主要模型的材质已经制作完毕,其他材质的制作方法就不再介绍了。

13.1.3 设置灯光并进行测试渲染

在这个中式接待室场景中,使用两部分灯光照明来表现,一部分使用了太阳光,另一部分使用了室内灯光的照明(吊灯、台灯、灯带、射灯)。

1. 制作白天室外阳光

① 单击【创建】|【灯光】|【目标平行光】 目标平行光 按钮,在【左】视图中创建1盏,并将其拖曳到室外,具体的位置如图13-28所示。

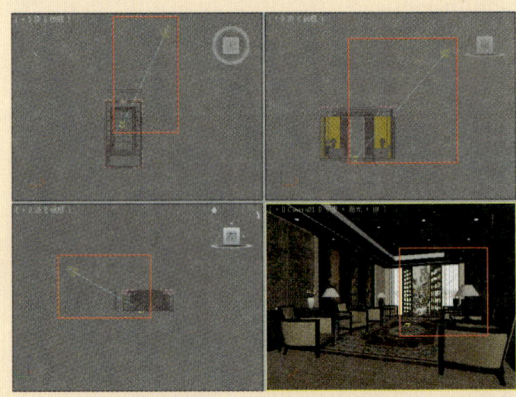

图13-28 VR_光源的位置

② 选择上一步创建的目标平行光,在【修改】面板下选中【启用】复选框,并设置【阴影类型】为"VRayShadow",设置【倍增】为6.0,设置【颜色】为(红:255,绿:239,蓝:210),选中【区域阴影】复选框,设置【U】、【V】、【W】大小分别为1000.0mm,【细分】为20,如图13-29所示。

③ 单击【创建】|【灯光】|【VR_光源】 VR_光源 按钮,在【左】视图中创建1盏,并将其拖曳到室外,VR

灯光的大小与窗口类似，具体的位置如图13-30所示。

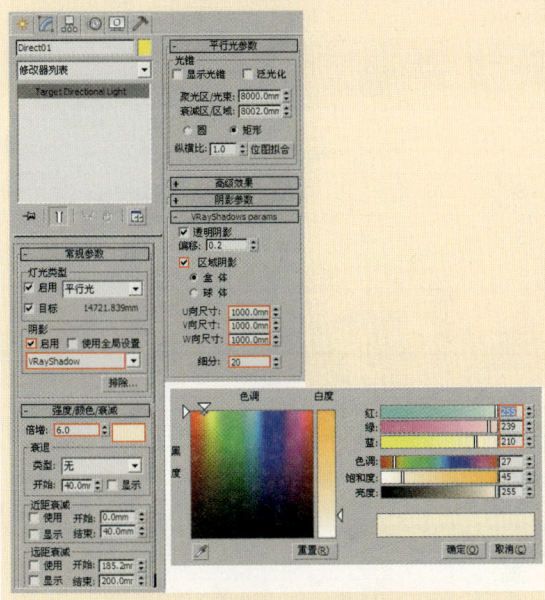

图13-29　VR_光源的参数

图13-30　VR灯光设置

4 选择上一步创建的VR_光源，在【修改】面板下设置【类型】为"平面"，设置【倍增器】为20.0，调节【颜色】为（红：134，绿：185，蓝：255），设置【半长度】为1800.0mm，【半宽度】为1500.0mm，选中【不可见】复选框，具体参数如图13-31所示。

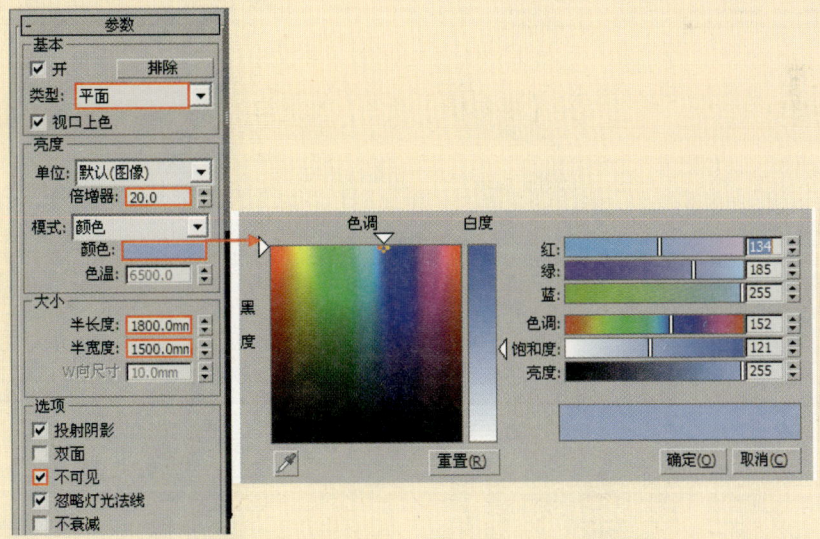

图13-31　调整颜色

5 按F10键，打开【渲染设置】对话框。首先设置一下【VR_基项】和【VR_间接照明】选项卡下的参数，刚开始设置的是一个草图设置，目的是进行快速渲染，以观看整体的效果，参数设置如图13-32所示。

6 按数字8键，打开【环境和效果】面板，调节颜色为（红：195，绿：223，蓝：255），如图13-33所示。

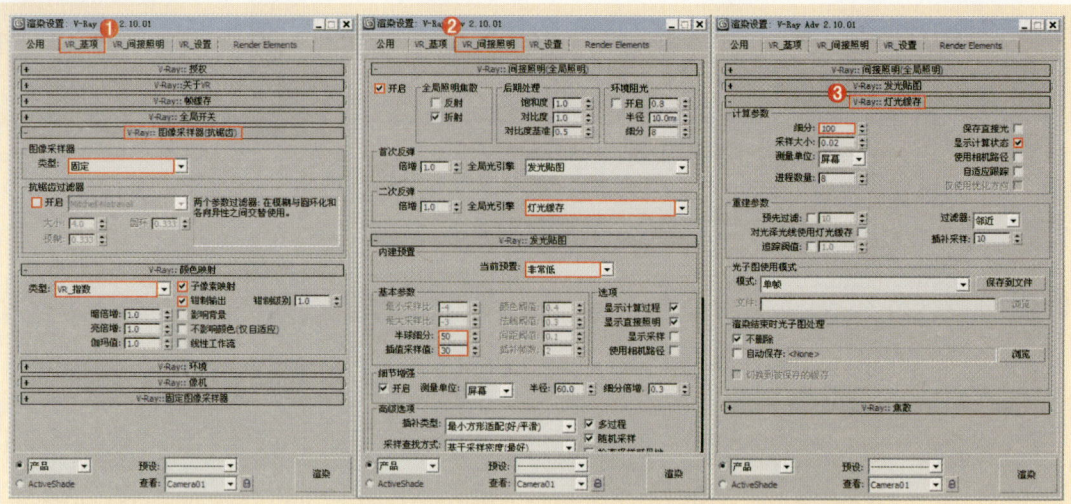

图13-32　VRay渲染器参数的设置

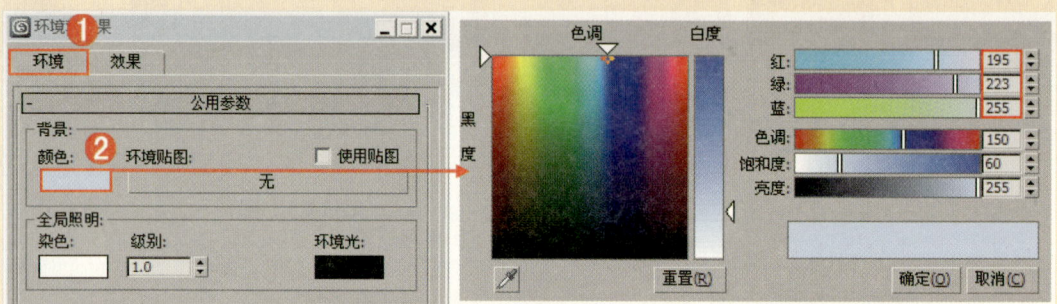

图13-33　环境和效果面板

⑦ 按Shift+Q组合键，快速渲染【摄影机】视图，其渲染的效果如图13-34所示。

图13-34　测试渲染的效果

从上面的渲染效果来看，接待室窗口室外部分的效果基本满意，但是室内四周比较黑暗，需要制作射灯的光源，即制作场景中的主要光源。

2．制作射灯的光源

① 单击【创建】|【灯光】|【目标灯光】 目标灯光 按钮，在【前】视图中创建1盏，接着使用【选择并移动】工具复制11盏灯光，并将其拖曳到射灯的下方，位置如图13-35所示。

② 选择上一步创建的目标灯光，在【修改】面板下选中【启用】复选框，并设置【阴影类型】为"VRayShadow"，设置【分布（类型）】为"光度学Web"，接着在通道上加载"筒灯.ies光域网文件"，设置【强度】为1516.0，设置【颜色】为（红：255，绿：245，蓝：228），如图13-36所示。

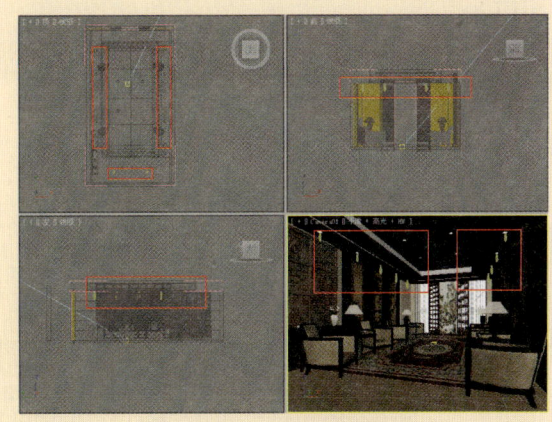

图13-35 目标灯光的位置

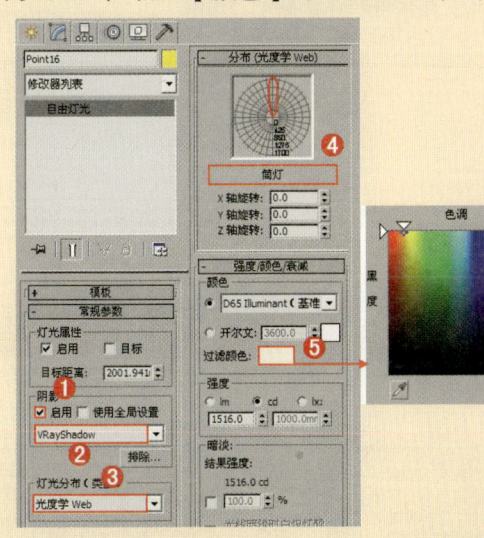
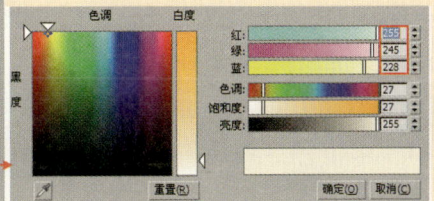

图13-36 目标灯光的参数

③ 单击【创建】|【灯光】|【目标类光】 目标灯光 按钮，在【前】视图中创建1盏，接着使用【选择并移动】工具复制3盏灯光，并将其拖曳到射灯的下方，位置如图13-37所示。

④ 选择上一步创建的目标灯光，在【修改】面板下选中【启用】复选框，并设置【阴影类型】为"VRayShadow"，设置【分布（类型）】为"光度学Web"，接着在通道上加载"20.ies光域网

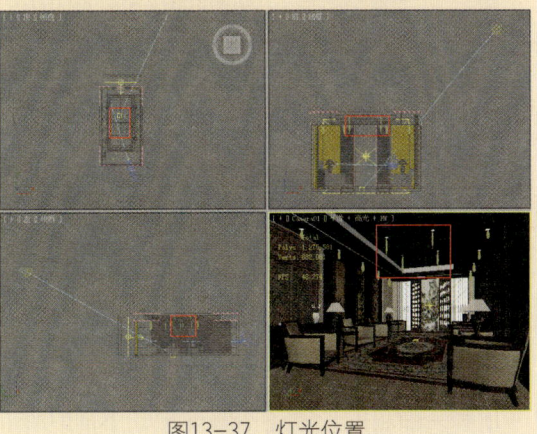

图13-37 灯光位置

文件",设置【强度】为34000.0,设置【颜色】为(红:255,绿:224,蓝:175),如图13-38所示。

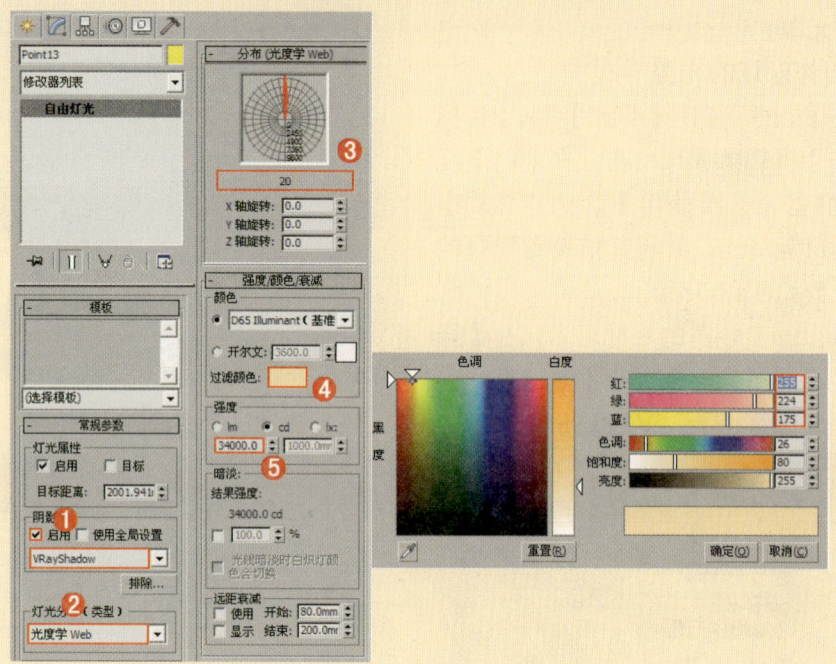

图13-38 调整颜色

5 按Shift+Q组合键,快速渲染【摄影机】视图,其渲染的效果如图13-39所示。

图13-39 测试渲染效果

通过上面的渲染效果来看,接待室四周的射灯灯光效果基本满意,但是接待室中央吊顶和装饰墙的光源还不够理想,下面制作接待室顶棚和装饰墙光源。

3. 制作客厅顶棚灯带的光源

① 单击【创建】|【灯光】|【VR_光源】 VR_光源 按钮，在【顶】视图中创建1盏，接着使用【选择并移动】工具复制3盏并将其放置到吊顶的上方部位，位置如图13-40所示。

② 选择上一步创建的VR_光源，在【修改】面板下设置【类型】为"平面"，【倍增器】为6.0，调节【颜色】为（红：255，绿：224，蓝：175），【半长度】为29.0mm，【半宽度】为2650.0mm，选中【不可见】复选框，如图13-41所示。

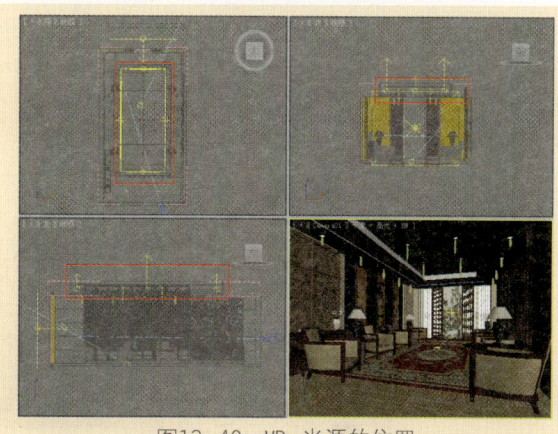

图13-40 VR_光源的位置

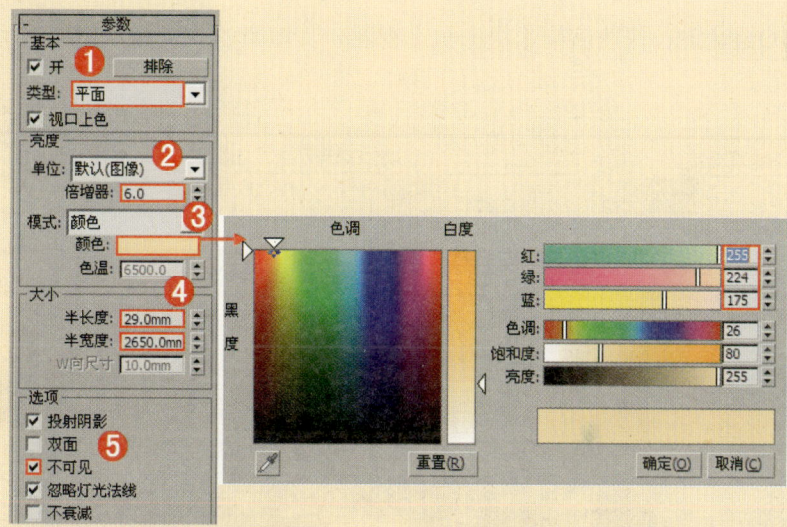

图13-41 VR_光源的参数

③ 单击【创建】|【灯光】|【VR_光源】 VR_光源 按钮，在【顶】视图中创建1盏，使用【选择并移动】工具将其放置到装饰墙的上方部位，然后使用【选择并旋转】工具旋转到合适角度，位置如图13-42所示。

④ 选择上一步创建的VR_光源，在【修改】面板下设置【类型】为"平面"，【倍增器】为7.0，调节颜色为（红：255，绿：224，蓝：175），【半长度】为25.0mm，【半宽度】为1750.0mm，选中【不可见】复选框，如图13-43所示。

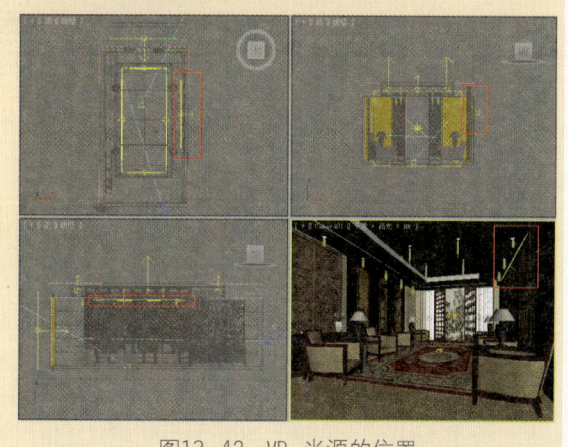

图13-42 VR_光源的位置

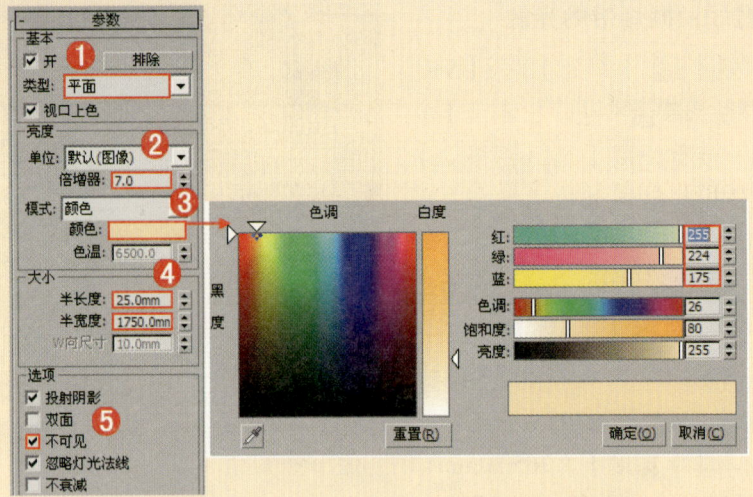

图13-43 VR_光源的参数

按Shift+Q组合键,快速渲染【摄影机】视图,其渲染的效果如图13-44所示。

图13-44 测试渲染效果

通过上面的渲染效果来看,在吊顶的位置处出现了一道灯带,效果基本满意,最后制作接待室台灯的光源。

4. 制作客厅中台灯的光源

单击【创建】|【灯光】|【VR_光源】 VR_光源 按钮,在【顶】视图中创建1盏,并将其放置在台灯灯罩中,使用【选择并移动】工具复制3盏到其他台灯灯罩中,位置如图13-45所示。

选择上一步创建的VR_光源,在【修改】面板下设置【类型】为"球体",【倍增器】为60.0,调节【颜色】为(红:238,绿:195,蓝:119),【半径】为95.0mm,

选中【不可见】复选框,如图13-46所示。

③ 按Shift+Q组合键,快速渲染【摄影机】视图,其渲染的效果如图13-47所示。

整个场景中的灯光就设置完成了,下面需要做的就是精细调整一下灯光细分参数及渲染参数,进行最终的渲染。

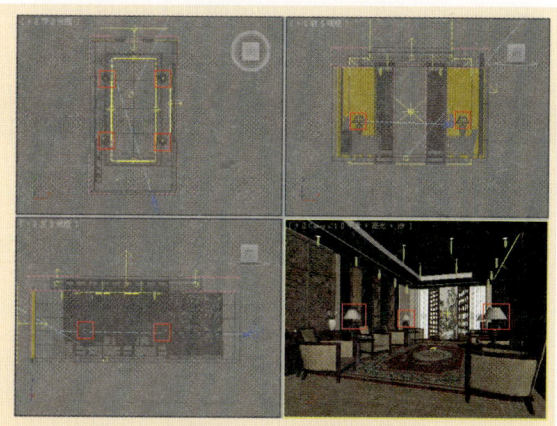

图13-45　VR_光源的位置

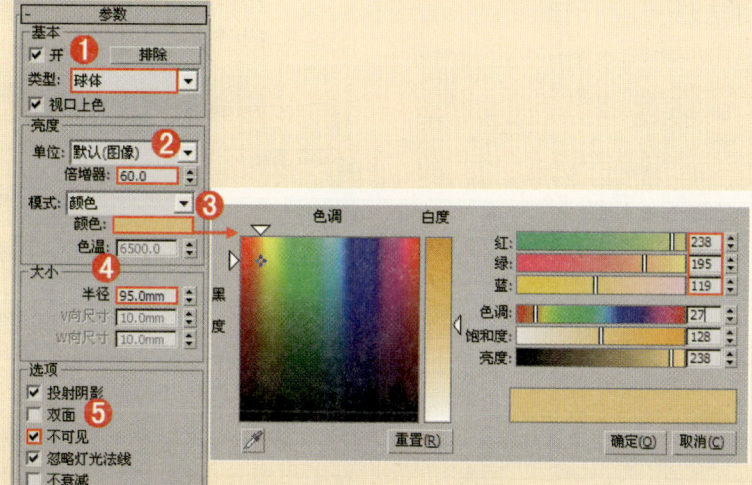

图13-46　VR_光源的参数

图13-47　测试渲染效果

13.1.4 设置成图渲染参数

① 重新设置一下渲染参数,按F10键,在打开的【渲染设置】对话框中,选择【VR_基项】选项卡,展开【V-Ray::图形采样器(抗锯齿)】卷展栏,设置【类型】为"自适应DMC",接着在【抗锯齿过滤器】选项组下选中【开启】复选框,并选择"Mitchell-Netravali"选项;展开【V-Ray::自适应DMC图像采样器】卷展栏,设置【最小细分】为2,【最大细分】为4,如图13-48所示。

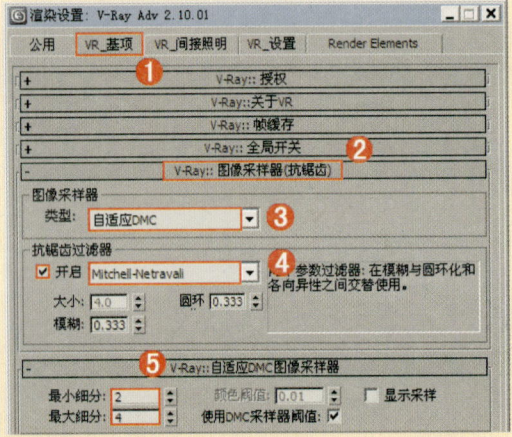

图13-48 【VR_基项】选项卡的参数

② 展开【V-Ray::颜色映射】卷展栏,设置【类型】为"VR_指数",选中【子像素映射】和【钳制输出】复选框,如图13-49所示。

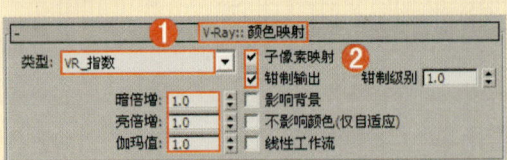

图13-49 【环境】和【颜色贴图】参数

③ 选择【间接照明】选项卡,展开【V-Ray::发光贴图全局照片】卷展栏,设置【当前预置】为低,设置【半球细分】为50,【插值采样值】为30,展开【V-Ray::灯光缓存】卷展栏,设置【细分】为1000,取消选中【保存直接光】复选框,如图13-50所示。

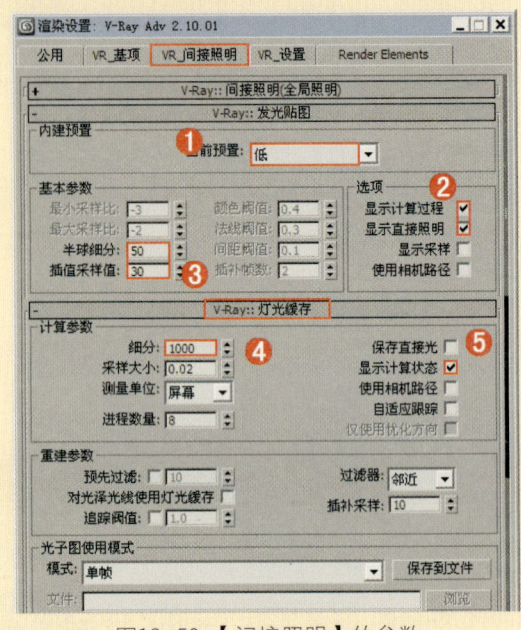

图13-50 【间接照明】的参数

④ 选择【设置】选项卡,展开【V-Ray::DMC采样器】卷展栏,设置【噪波阈值】为0.008,【最少采样】为10,展开【V-Ray::系统】卷展栏,设置【默认几何体】为静态,【区域排序】为"从上→下",最后取消选中【显示信息窗口】复选框,如图13-51所示。

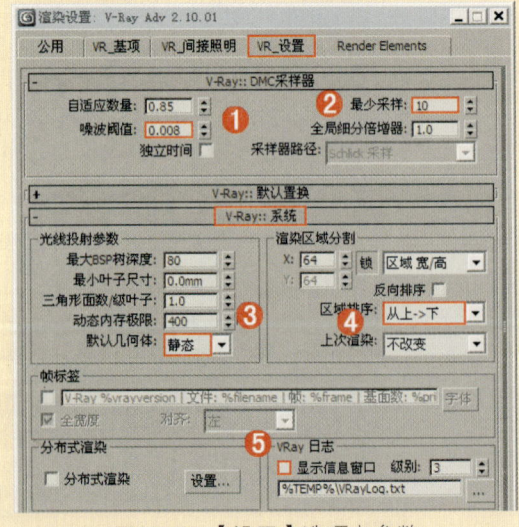

图13-51 【设置】选项卡参数

⑤ 单击【Render Elements】选项卡，单击【添加】并在弹出的【渲染元素】面板中选择【VR_线框颜色】选项，如图13-52所示。

⑦ 等待一段时间后就渲染完成了，最终的效果如图13-54所示。

图13-54　最终渲染效果

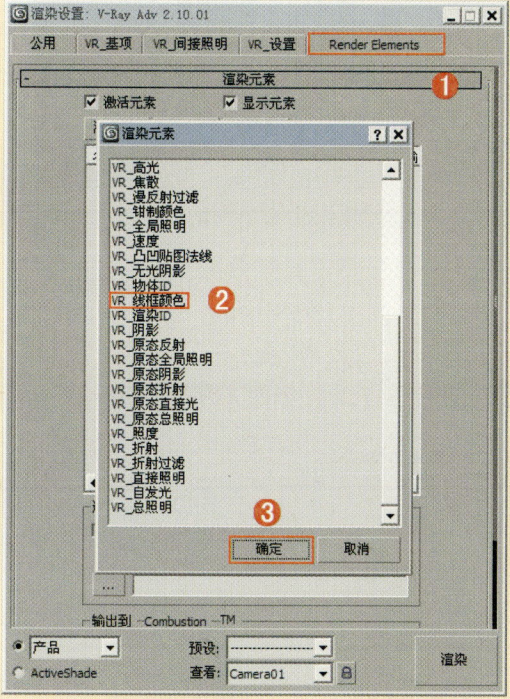

图13-52　【Render Elements】选项卡参数

⑥ 单击【公用】选项卡，设置【宽度】和【高度】分别为1900、1425，如图13-53所示。

⑧ 单击【保存位图】按钮，在弹出的【保存图像】对话框中选择一个路径，在【保存类型】下拉列表框中选择【BMP图像文件（*.bmp）】格式，【文件名】为"中式接待室日景效果"，如图13-55所示。

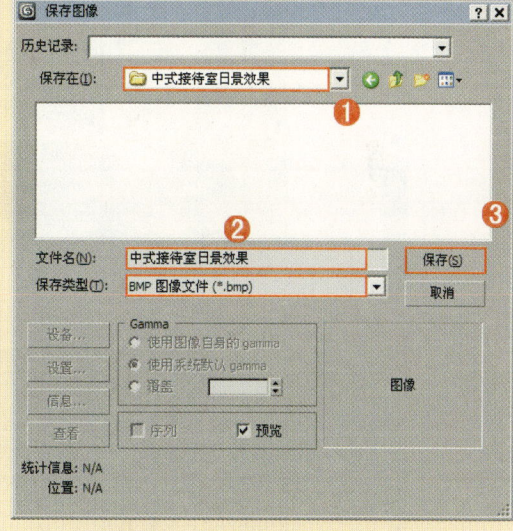

图13-55　对渲染的文件进行保存

13.1.5 后期处理

当渲染完成以后，就需要对图像进行后期处理，即最后的调整。图13-56和图13-57所示分别为后期处理前后的效果。

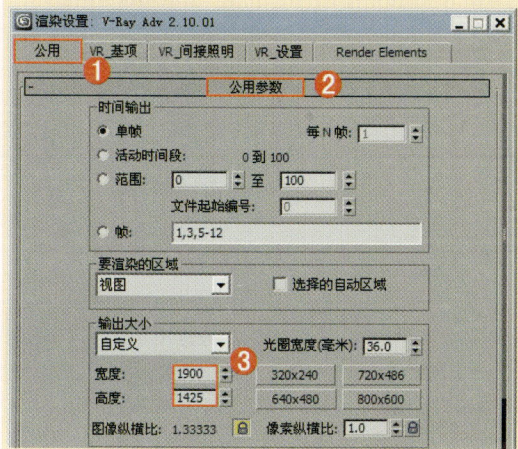

图13-53　【公用】选项卡参数

图13-56 处理前的效果

图13-57 处理后的效果

1 启动Photoshop CS5中文版。打开上面输出的"中式接待室日景效果.bmp"文件。按Ctrl+M组合键,打开【曲线】对话框,调整参数,如图13-58所示。

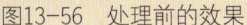
图13-58 打开软件

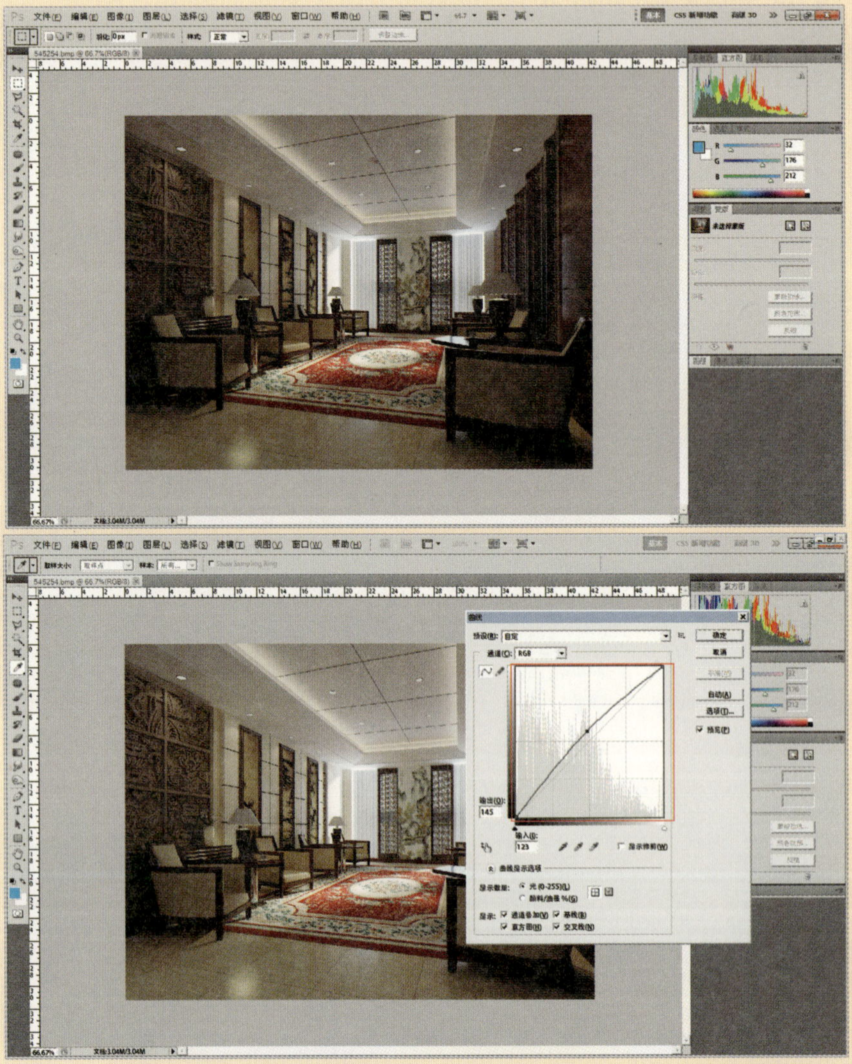

② 选择【图像】|【调整】|【亮度/对比度】命令,如图13-59所示。在弹出的【亮度/对比度】对话框中调节亮度和对比度,调节后的效果如图13-60所示。

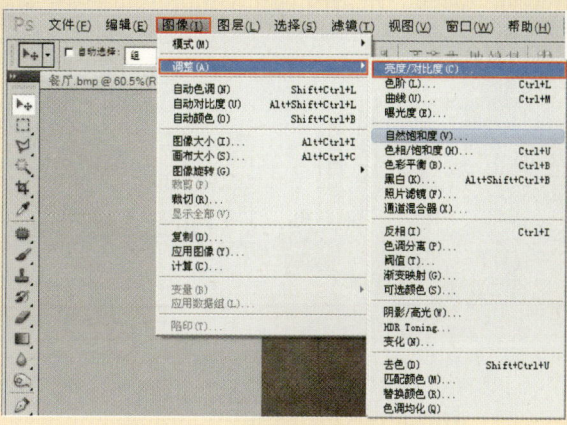

图13-59 【宽度/对比度】调节

图13-60 调节【亮度/对比度】

③ 选择菜单栏中的【图像】|【调整】|【色彩平衡】命令,并在弹出的【色彩平衡】对话框中调节其具体的参数,如图13-61至图13-62所示。

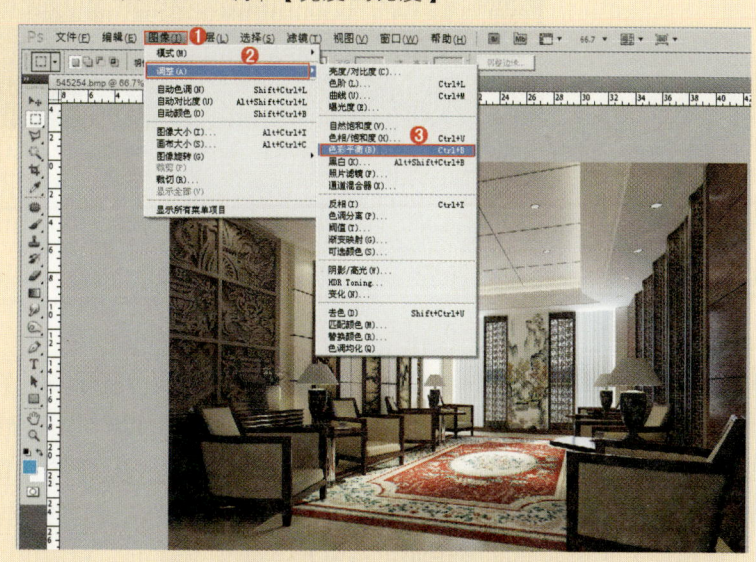

图13-61 【色彩平衡】调节

图13-62　调节【色彩平衡】

4 选择菜单栏中的【文件】|【存储为】命令，将处理后的文件另存为"效果图制作综合实例——中式接待室日景效果.Bmp"。最终图像效果如图13-63所示。

图13-63　最终渲染效果

13.2 本章小结

　　通过对本章的学习，我们需要熟练掌握中式接待室场景的制作方法。在材质方面主要掌握VRayMtl材质、VR_材质包裹器材质的使用，并制作出地砖、地毯、沙发垫、浮雕、装饰墙、台灯、吊顶等材质。在灯光方面主要掌握VR_光源、目标灯光、目标平行灯的使用，并制作出白天室外阳光、射灯、客厅顶棚灯带、台灯的灯光效果。学习本章，我们可以达到深入了解效果图制作的完整流程，并掌握模型、材质、灯光对室内风格的影响，可以完全应对自如。